火电厂电气运维

技能培训教材

关建民　编著

中国电力出版社
CHINA ELECTRIC POWER PRESS

内 容 提 要

本教材分别介绍了火力发电厂电气系统及设备概述、电气一次系统及设备结构与工作原理、电气二次系统及设备结构与工作原理、电气运行维护、电气设备的过电压保护与绝缘配合和电气设备的检修与预防性试验等内容。

本书适合作为火电厂电专业相关岗位的培训教材，同时可供从事电气运维相关工作的基层人员学习和参考。

图书在版编目（CIP）数据

火电厂电气运维技能培训教材/关建民编著．——北京：中国电力出版社，2019.8

ISBN 978-7-5198-3491-3

Ⅰ.①火… Ⅱ.①关… Ⅲ.①火电厂—电气设备—运行—技术培训—教材 Ⅳ.①TM621.27

中国版本图书馆 CIP 数据核字（2019）第 168986 号

出版发行：中国电力出版社

地　　址：北京市东城区北京站西街 19 号（邮政编码 100005）

网　　址：http：//www.cepp.sgcc.com.cn

责任编辑：娄雪芳（010－63412375）

责任校对：黄　蓓　李　楠

装帧设计：郝晓燕

责任印制：吴　迪

印　　刷：三河市百盛印装有限公司

版　　次：2019 年 12 月第一版

印　　次：2019 年 12 月北京第一次印刷

开　　本：787 毫米×1092 毫米　16 开本

印　　张：28.25

字　　数：690 千字

印　　数：0001－1500 册

定　　价：118.00 元

前　言

火力发电厂作为技术和设备密集型生产企业，为保证其正常的发供电生产过程，要求在各个生产技术岗位的从业人员，必须具备必要的专业知识技能。为此，发电企业一直将员工职业技能培训放在特别重要的位置。针对这种培训需求，各种形式的培训教材层出不穷。随着社会进步和科学技术的发展，在新建电厂和已建电厂的设备技术改造工程中，新技术、新材料、新工艺得以推广应用，相应的国家、行业技术标准随之更新换代。一般每过几年，电厂设备技术都会有较大的改变。这些变化必然为职业技能培训注入新的内容和要求。

本书吸取以往同类专业书刊精华，重点以现场应用的视角，来编集更加贴近实用的职业技能培训教材。本书的宗旨与内容特点是：求新、求全和适当求深。求新即以与时俱进态度，尤其关注设备技术和标准的新动态，尽量收编最新的、成熟的设备型式和相关的国家标准或行业标准；求全即尽量覆盖火电厂内与电气专业有关的岗位培训需求，如一次的和二次的、运行的和检修的、一线的和管理的，让这些岗位的人员都可以从本书中找到自己想了解的内容；适当求深指所涉专业内容有一定的深度和广度，深度指知其然还知其所以然，但仅至定性了解，这应基本满足现场的求知愿望，广度指某一专业与其他专业相涉交叉部分，通过本书内容也可知其一二，有助于开阔阅读者的眼界，提升专业认知和解决问题的能力。

全书共六章，第一章主要介绍火电厂目前的地位和未来的前景，并简要叙述燃煤发电的工艺流程、电气系统及设备；第二、三章分别介绍电气一次、二次系统及设备的结构与工作原理；第四章介绍电气运行维护技术及要点；第五章介绍电气设备的过电压保护与绝缘配合；第六章介绍电气设备的检修与预防性试验。

书中不足之处，欢迎广大读者批评指正。

编者

2019 年 4 月

目 录

第一章
概　　述

第一节　火电的现状与未来

电力是现代社会生产与生活的重要需求，人们获得电能的主要途径为电网，而电网的“源泉”是众多的发电站，发电的形式多种多样，以一次能源转化为二次能源电能来分类，能形成一定规模的一般分火电（含煤电、气电、油电，我国火电中气电、油电所占百分比较小、不足8%）、核电、水电、风电、光电（含光热发电和光伏发电）等，其中后三类又称为可再生能源。截至2017年年底，我国各类能源装机容量以及所占总量的百分比见表1-1-1。从中电联最新发布的《2018年1-6月全国电力工业统计数据一览表》看，火电发电量为全国发电总量的74.78%。国家《能源发展“十三五”规划》中，“十三五”时期能源发展主要指标包括非化石能源的装机容量、发电量百分比，2020年分别达到39%和31%。可见当今乃至未来较长的一段时期内，火电仍是我国发电的主要形式。但随着节能环保的要求越来越高，煤电正面临着发展减缓、产业升级的现实形势。国家发展改革委对2020年煤电规划建设风险的预警见表1-1-2，勾勒了未来煤电发展的前景。

表1-1-1　　各类能源装机容量

种　类	装机容量（万kW）	年平均利用小时（h）	装机容量百分比（%）
火电	110 604	4209	67.21
水电	34 119	3579	20.73
核电	3582	7108	2.18
风电	16 367	1948	9.95
太阳能发电	13 025		7.91
全国	164 575	3785	100.00

表1-1-2　　2020年煤电规划建设风险预警

序号	地区		煤电建设经济性预警指标	煤电装机充裕度预警指标	资源约束指标	煤电规划建设风险预警结果
1	黑龙江		绿色	红色	绿色	红色
2	吉林		绿色	红色	绿色	红色
3	辽宁		橙色	红色	绿色	红色
4	内蒙古	蒙东	绿色	红色	绿色	红色
5		蒙西	绿色	红色	绿色	红色

续表

序号	地区	煤电建设经济性预警指标	煤电装机充裕度预警指标	资源约束指标	煤电规划建设风险预警结果
6	北京	—	—	红色	红色
7	天津	橙色	红色	红色	红色
8	河北	绿色	红色	红色	红色
9	山东	红色	红色	红色	红色
10	山西	红色	红色	绿色	红色
11	陕西	绿色	红色	绿色	红色
12	甘肃	红色	红色	绿色	红色
13	青海	红色	红色	绿色	红色
14	宁夏	橙色	红色	绿色	红色
15	新疆	绿色	红色	绿色	红色
16	河南	绿色	橙色	绿色	橙色
17	湖北	红色	橙色	绿色	橙色
18	湖南	绿色	绿色	绿色	绿色
19	江西	绿色	橙色	绿色	橙色
20	四川	红色	红色	绿色	红色
21	重庆	红色	红色	绿色	红色
22	西藏	—	—	—	—
23	上海	绿色	红色	红色	红色
24	江苏	绿色	绿色	红色	红色
25	浙江	绿色	红色	红色	红色
26	安徽	绿色	橙色	绿色	橙色
27	福建	红色	红色	绿色	红色
28	广东	绿色	红色	红色	红色
29	广西	红色	红色	绿色	红色
30	云南	红色	红色	绿色	红色
31	贵州	红色	红色	绿色	红色
32	海南	绿色	绿色	绿色	绿色

注 红色表示煤电装机明显冗余、系统备用率过高；橙色表示煤电装机较为充裕、系统备用率偏高；绿色表示电力供需基本平衡或有缺口、系统备用率适当或者偏低。

一、火电现状

火电虽有化石能源燃烧对环境影响较大的劣势，但与其他发电形式相比，它具有机组容量大、可长期带稳定负荷、建设造价和运营成本低等难以替代的优势。而水电存在季节性限制；核电存在核环境容量限制，机组不宜频繁启停，只能带电网基本负荷；风电和光电存在一次能源波动性大、目前建设运营造价高等现实问题。各种发电形式的特点决定了电网电源仍采用以火电为基础，其他能源补充的基本格局。

火电对于现代社会的重要性毋容置疑，各国在大力发展的同时，持续致力于环保技术的研发和应用，以促其逐渐减少对环境的影响，今天的火电厂再也不是20世纪中叶以前空中浓烟滚滚、周边灰尘满地的景象：烟气排放普遍除尘率99.6%以上，脱硫率95%以上，脱硝率80%以上，废水零排放（内部循环）等环保治理措施普遍落实。发电过程产生的曾被称为废料的煤灰，现在已是畅销的水泥添加剂；发电后的“废汽”是向周边供热制冷的优质资源。打造清洁能源基地，建设花园式工厂正成为众多火电厂的目标和行动。

除了环保治理措施外，提高火力发电的热效率，降低发供电煤耗，一直是火电行业孜孜以求的目标，而提高机组蒸汽初参数则是提高这类火电厂效率的主要手段。当机组蒸汽压力提到高于22.1MPa时称为超临界机组，蒸汽初压力超过27MPa，则称为超超临界火电机组。一般而言，采用亚临界的机组，在计入脱硫与脱硝后的净效率约为38%，把亚临界参数过渡到超临界，净效率可提高到40%～42%；当蒸汽初温提高到610～700℃，相应的压力提高到30～40MPa，供电效率将达到50%～55%。

我国火电机组装机单机容量从最初的6MW起步，20世纪90年代，我国建设电站已经以200MW、300MW机组为主，21世纪初，火电建设逐步过渡到以600MW机组为主，并着力发展超超临界的百万千瓦级机组，目前已有数十台1000MW机组在运行，电厂热效率44.86%～46.21%，锅炉效率93.76%～94.5%，汽轮机热耗7315～7354kJ/(kW·h)，发电机效率99%；标志电厂能效的主要指标供电煤耗273～284g标准煤/(kW·h)。

二、能源发展前景

国家能源发展“十三五”规划描绘了未来能源发展前景：世界能源低碳化进程进一步加快，天然气和非化石能源成为世界能源发展的主要方向，2030年天然气有望成为第一大能源品种。“十三五”时期是我国实现非化石能源消费百分比达到15%目标的决胜期，也是为2030年前后碳排放达到峰值奠定基础的关键期，煤炭消费百分比将进一步降低，非化石能源和天然气消费百分比将显著提高，我国主体能源由油气替代煤炭、非化石能源替代化石能源的双重更替进程将加快推进。能源发展的主要目标指标见表1-1-3。

表1-1-3 “十三五”时期能源发展主要指标

类别	指标	单位	2015年	2020年	年均增长	属性
能源总量	一次能源生产量	亿t标准煤	36.2	40	2.0%	预期性
	电力装机总量	亿kW	15.3	20	5.5%	预期性
	能源消费总量	亿t标准煤	43.0	<50	<3.0%	预期性
	煤炭消费总量	亿t原煤	39.6	41	0.7%	预期性
	全社会用电量	万亿kW·h	5.69	6.8～7.2	3.6～4.8%	预期性
能源安全	能源自给率	%	84	>80		预期性
能源结构	非化石能源装机比重	%	35	39	〔4〕	预期性
	非化石能源发电量比重	%	27	31	〔4〕	预期性
	非化石能源消费比重	%	12	15	〔3〕	约束性
	天然气消费比重	%	5.9	10	〔4.1〕	预期性
	煤炭消费比重	%	64	58	〔−6〕	约束性
	电煤占煤炭消费比重	%	49	55	〔6〕	预期性

续表

类 别	指 标	单 位	2015年	2020年	年均增长	属 性
能源效率	单位国内生产总值能耗降低	%	—	—	〔15〕	约束性
	单位国内生产总值能耗降低	%	—	—	〔15〕	约束性
	煤电机组供电煤耗	g标准煤/(kW·h)	318	<310		约束性
	电网线损率	%	6.64	<6.5		预期性
能源环保	单位国内生产总值二氧化碳排放降低	%	—	—	〔18〕	约束性

注 〔 〕内为五年累计值。

三、能源发展“十三五”规划中有关火电的内容

1. 未来我国能源发展规划的政策取向

对存在产能过剩和潜在过剩的传统能源行业，大力推进升级改造和淘汰落后产能；大力推广热、电、冷、气一体化集成供能。

2. 未来能源发展的主要任务

加大既有热电联产机组、燃煤发电机组调峰灵活性改造力度，改善电力系统调峰性能，减少冗余装机和运行成本；因地制宜推广天然气热电冷三联供、分布式再生能源发电、地热能供暖制冷等供能模式，加强热、电、冷、气等能源生产耦合集成和互补利用；煤电加快淘汰落后产能，促进煤电清洁高效发展；采取有力措施提高存量机组利用率，使全国煤电机组平均利用小时数达到合理水平；提高煤电能耗、环保等准入标准；全面实施燃煤机组超低排放与节能改造，推广应用清洁高效煤电技术，严格执行能效环保标准；2020年煤电机组平均供电煤耗控制在310g/(kW·h)以下，其中新建机组控制在300g/(kW·h)以下，二氧化硫、氮氧化物和烟尘排放浓度分别不高于每立方米35mg、50mg、10mg。

3.“十三五”火电发展重点

火电中的煤电。控制新增投产规模在2亿kW以内；逐步淘汰不符合环保、能效等要求且不实施改造的30万kW以下、运行满20年以上纯凝汽式机组、25年及以上抽凝热电机组；“十三五”期间完成煤电机组超低排放改造4.2亿kW，节能改造3.4亿kW。

按照“十三五”规划煤电能耗指标要求，国内众多600MW以下机组的能耗水平还有相当大的差距，表1-1-4摘录了前国家电力公司对火电厂国产凝汽式机组的供电能耗考核基础值，310g标准煤/(kW·h)的供电煤耗对于亚临界及以下参数的机组，惟有升级技术改造，才能摆脱被淘汰关停的命运。

表1-1-4　　凝汽式机组的供电煤耗考核基础值

参 数	容量(MW)	一流[g标准煤/(kW·h)]	达标[g标准煤/(kW·h)]
超临界	600	305	310
亚临界	600	330	340
亚临界	300	338	340

续表

参 数	容量(MW)	一流[g标准煤/(kW·h)]	达标[g标准煤/(kW·h)]
超高压	200	363	372
超高压	125	365	368
高压	100	392	398

火电中的油电。我国曾在20世纪70年代和90年代两度发展过油电，但随着国际油价的攀升，用油发电入不敷出，故现除部分用于应急或移动用途的小型发电外，已极少采用。

火电中的气电。燃用清洁能源天然气，可免除粉尘和减少CO_2和SO_2的排放（CO_2排放量为煤的40%左右），减少对大气环境的污染，是我国能源未来的发展重点。但目前因天然气价格水平总体偏高，气电成本较高，在电力市场直接与煤电相比缺乏竞争力。"十三五"期间国家将积极推进天然气价格改革，推动天然气市场建设，探索建立合理气、电价格联动机制，降低天然气综合使用成本，扩大天然气消费规模。合理布局天然气销售网络和服务设施，以民用、发电、交通和工业等领域为着力点，实施天然气消费提升行动。以京津冀及周边地区、长三角、珠三角、东北地区为重点，推进重点城市"煤改气"工程。加快建设天然气分布式能源项目和天然气调峰电站。2020年气电装机规模达到1.1亿kW。

未来火电除了向机组高参数、大型化发展的趋势外，国家同时鼓励有条件的地方发展分布式能源电站，并通过循环经济模式实现冷、热、电联供，就地消纳当地负荷，既可规避系统风险，又可进一步提高能源利用效率，减少远距离输电损耗。纯凝汽式发电的能源利用效率之所以难以大幅提高，根本原因是汽轮机做功发电后的乏汽仍含不小的热量未被充分利用，而冷、热、电联供则可有效解决这一问题，乏汽参数正好适用于部分工业和民用用热需求，发电余热被充分利用，因而机组热效率可超过70%（最高可达90%以上）。当然由于受用热负荷的大小和供热范围（供热水半径20km，供蒸汽半径10km）的限制，供热机组的规模都不大，处在单机容量50～300MW的水平。

火电中煤电所占比重较大，且工艺相对复杂，设备系统更为庞杂，故本文所述火电厂主要针对煤电而言。

第二节 燃煤发电工艺流程

燃煤发电工艺流程会因机组选型、容量大小以及建设条件等因素而异，典型的发电工艺流程示意如图1-2-1所示，图中把全厂的生产工艺流程分为主流程和辅助流程两类。主流程指实现火电厂能源转换的发电生产工艺流程，其中间环节的设备故障可能直接导致机组停运；辅助流程指对主流程提供安全、经济运行保障的工艺流程，其中间环节的设备故障可能导致机组降效、减负荷甚至停机。

为便于观看，图1-2-1简单化了各环节之间的关系，实际上各流程之间相互交叉，组成复杂的发电生产系统，以确保整个发电生产过程可长时间的安全稳定连续运行。一般来讲，如果不是调度指令停机，或出现停机设备故障的话，机组至少可在一个小修周期6～8个月不间断运行。

1. 发电主流程

主要功能为将一次能源原煤的化学能转换为二次能源电能，主要由锅炉点火装置、给粉

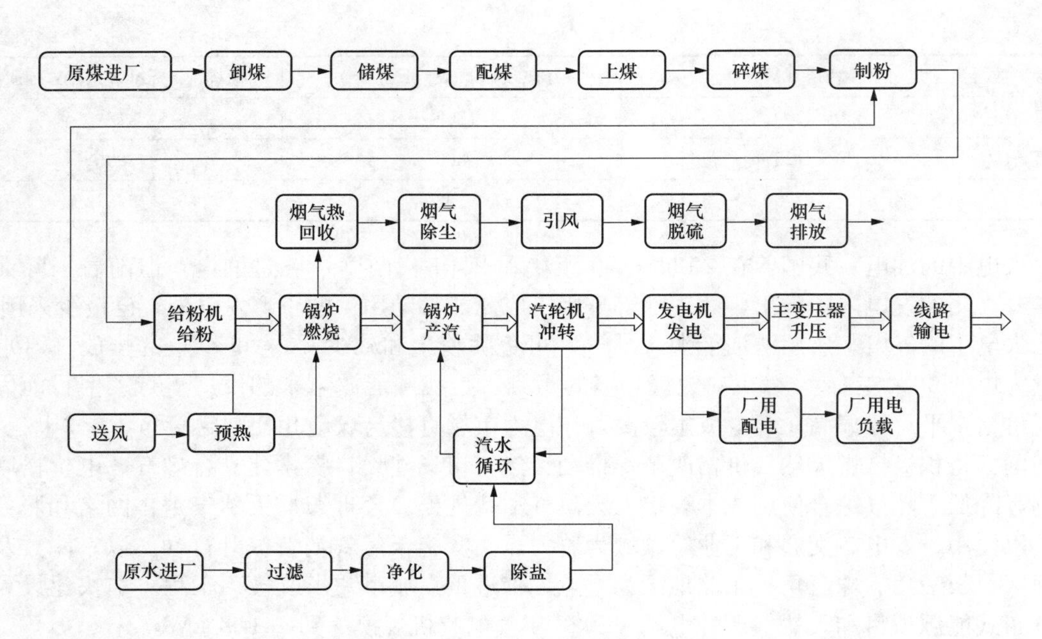

图 1-2-1　煤电发电工艺流程示意图

机、锅炉本体（含燃烧器、水冷壁管、汽包、过热器等）、汽轮机、发电机、主变压器、输电线路等设备的运行共同完成。

发电的主要过程：锅炉点火，点火装置打火点燃油枪喷出的燃油（也有直接打火点燃煤粉），依靠燃油或煤粉的燃烧使炉膛内温度升到一定参数后，由给粉机给粉并通过燃烧器向锅炉膛内喷射干燥且预热的煤粉，煤粉在高温的炉膛中立即着火燃烧，释放出来的热量被炉内水冷壁管、过热器、再热器管内工质水吸收，工质水升温沸腾汽化，生成的高温高压蒸汽通过主蒸汽管导入汽轮机，蒸汽在汽轮机内逐级膨胀，推动汽轮机转子高速旋转，并拖动同轴系的发电机转子；此时向发电机转子通入励磁电流，根据电磁感应原理，发电机的动能转换为电能，经过主变压器的升压和输电线路的输送，接入电网源源不断地将电能送向千家万户。

发电生产辅助流程主要有输煤、制粉、风烟、除尘、脱硫、热力循环、化学制水、循环水等。

2. 输煤流程

主要功能为卸煤、存煤、配煤、上煤，为发电生产提供源源不断的燃料，主要设备有抓斗机、斗轮机、皮带机、推土机、碎煤机等。主流程为：原煤进厂→卸煤→储煤→配煤→除杂物→碎煤→原煤仓。

入厂原煤从火车或轮船通过卸煤设备（抓斗机、斗轮机、皮带机等）卸至厂内干煤棚，用推土机、皮带机按照煤种、时序分别堆放（一般电厂存煤按满足 7 天燃烧量考虑），并对所有来煤抽样进行简化试验，以掌握其主要化学物理特性，为配煤、锅炉燃烧调节控制提供依据。

当需要上煤时，按照煤样简化试验数据进行配煤（即各煤种按比例混合上煤），然后通过输煤皮带一站一站地将原煤从低位输送到高位的煤仓。输送过程同时完成除去杂物、称重、碎煤等工艺。去除杂物包括用隔筛隔除采煤运输的遗留物木块、用吸铁器吸取铁钉等；称重即利用皮带秤对上煤过程经过的煤动态秤重，其数据是入炉煤计算的重要依据；碎煤即用碎煤机将部分较大的煤块破碎，以利于下一步制粉。

3. 制粉流程

主要功能为将经输煤系统初加工的原煤研磨至合适细度的煤粉，主要设备有给煤机、磨煤机、粗细粉分离器等。主流程为：原煤仓→给煤机→磨煤机→粗粉分离器→细粉分离器→煤粉仓。

煤仓的原煤经给煤机控制进入磨煤机，磨煤机通过挤压研磨（中速磨、球磨）或撞击摩擦（扇磨）等形式将煤块粉碎，粗、细粉分离器分级将颗粒较大的煤粒分离出来重新再磨，煤粉细度合适的进入煤粉仓。制粉流程是煤电厂用电量大户，如何选择制粉的细度对发电的经济性影响不小，细度小可使煤粉燃烧时更易燃尽烧透，有利于提高热效率，但却延长了制粉时间，增大了电能消耗。所以需通过专门的试验及分析获得优选值。

4. 热风流程

主要功能是为锅炉燃烧和制粉流程提供热风，维持炉膛的工作气压，回收烟气余热。主要设备有送风机、排粉风机、引风机、再热器（气侧）、省煤器（气侧）、空气预热器等。主流程为：空气→送风机→空气预热器→磨煤机→排粉风机→锅炉→再热器（气侧）→省煤器（气侧）→引风机→脱硫系统→烟囱排大气。

送风机从大气中吸入冷（常温）空气，经空气预热器加热，一方面为锅炉燃烧提供所需氧量，另一方面为制粉系统提供干燥热风，防止煤粉受潮结块；炉前送风和炉后引风，共同形成锅炉顺畅的烟气流，并使炉膛内处于安全的微负压。锅炉燃烧后的烟气，被炉内的水冷壁管、各级过热器吸热后烟温尚高，在流经尾部烟道时，进一步被再热器、省煤器和空气预热器逐级吸热，在余热被充分利用的同时，降低烟气排放的温度，减少对大气的热污染。

5. 烟气除尘流程

主要功能为去除锅炉烟气所含粉尘，降低向大气排放的粉尘浓度。目前电厂普遍采用电除尘器，其除尘效率可达99%以上。主要设备有除尘电场（极板、极线、振打）、高压整流器、自动控制装置、灰罐、空气压缩机、干燥器、灰库、灰料装车机等。主流程分为两条：锅炉尾部烟气→除尘1电场→除尘2电场→除尘3电场→除尘4电场→脱硫流程；粘附在极板极线的烟尘→振打→灰罐→输灰→灰库→装车外运。

在沿锅炉尾部烟气排放通道后面，依次布置4个高压直流电场，锅炉燃烧后带有大量粉尘粒子的烟气通过电场时，粉尘粒子被电离带电，被电场极板、极线俘获并粘附其上；振打极板、极线使粉尘脱落于灰罐中；向灰罐充入干燥压缩空气将灰流化，以利于通过干灰管输送到灰库，再用灰罐车外运。各电场回收的干灰因颗粒细度分等级，可成为商品水泥添加剂，是典型的变废为宝工艺环节。

6. 烟气脱硫流程

主要功能为脱去锅炉烟气所含的二氧化硫，降低向大气排放的硫化物浓度。目前普遍采用的湿法脱硫，其脱硫效率超过95%。主要设备有增压风机、换热器、脱硫剂制备系统（石灰石粉仓、循环泵）、吸收塔、浆液返回系统、石膏脱水系统、工艺水和冷却水系统、压缩空气系统等。

工艺主流程为：经除尘后的锅炉烟气，经脱硫增压风机升压后，由换热器的吸热侧降温进入脱硫吸收塔，与塔内淋洒的石灰石浆液（CaO）充分接触，烟气中的二氧化硫与浆液中的碳酸钙以及从塔下部鼓入的空气进行氧化反应生成硫酸钙，经“洗涤”脱去二氧化硫的烟气，经过除雾器除去雾滴，在换热器的放热侧被加热至80℃以上，再进入烟囱排入大气。

脱硫过程产生的硫酸钙达到一定饱和度后，结晶形成二水石膏。吸收塔排出的石膏浆液经浓缩、脱水至含水量小于10%，然后由输送机送至石膏贮仓堆放。

脱硫剂制备：从厂外采购的成品石灰石粉，用专用密封罐车运入以气力输送方式卸入石灰石粉仓，再制成石灰石浆液泵送至吸收塔。

7. 热力循环流程

主要功能为维持发电汽水的内部循环，减少冷源损失，提高机组热效率。主要设备有凝汽器、凝结水泵、高低压加热器、除氧器、给水泵等。主要流程：锅炉主蒸汽→汽轮机→凝汽器→凝结水泵→低压加热器→除氧器→给水泵→高压加热器→锅炉，进入下一循环。

锅炉产出的主蒸汽进入汽轮机做功，经多级膨胀做功放热后，成为低温低压的乏汽，在凝汽器冷却为凝结水，由凝结水泵将水打至除氧器，在除氧器中去除水中溶解的氧气（以消除其对热力设备的氧化腐蚀），然后通过给水泵将水压提升至高压进入锅炉本体水系统，开始下一产汽循环。在这些流程中，加入高、低压加热器的加热环节，可提高机组热效率。因为加热器的热源来自汽轮机中间抽出、已经做过功的部分蒸汽，这部分蒸汽加热给水而不再排入凝汽器中，故热量得到充分利用。

8. 化学制水流程

主要功能为锅炉给水提供合格除盐水。主要设备设施有滤池、过滤器、高压泵、反渗透装置、中间水泵、中间水箱等。除盐水制水的工艺流程为：水源→原水箱→原水泵→混凝沉淀→清水箱→清水泵→过滤→超滤→高压泵加压→反渗透装置除盐→中间水箱→中间水泵→电渗析装置（EDI）→除盐水箱→除盐水泵→除氧器。

原水因各电厂取水条件不同可能为江、河、湖、海、水库、地下水或市政自来水，一般按原水质情况决定具体化学制水方案及工艺流程。EDI全膜脱盐的制水工艺流程如上所述，原水进来后首先进行预处理混凝和过滤超滤，在水中加入混凝剂使水中的胶体聚集成大颗粒而沉降，再采用多级各种方式的过滤（滤池、细砂、滤芯、活性炭、纤维膜等），以达到下级除盐装置的进水质要求；高压泵为反渗透装置预脱盐提供压力，反渗透装置除去水中98%的无机盐后，再经EDI的精脱盐处理，产出合格除盐水。

9. 循环水流程

主要功能是为汽轮机凝汽器、发电机冷却器、大型电动机提供冷却用水，对于开放式冷却水系统的主要设备有滤网、循环水泵、凝汽器、发电机冷却器等，对于半开放式冷却水系统的主要设备有集水池、滤网、凉水塔、循环水泵、凝汽器、发电机冷却器等。

开放式冷却水适用于临近江、河、湖、海、水库而建的电厂，循环水直接利用自然水体进行设备冷却，工艺简单可靠，只需对水体进行过滤即可使用；半开放式冷却水循环流程为凝汽器（发电机冷却器）→循环水泵→集水池→滤网→凉水塔→凉水池→凝汽器（发电机冷却器）。冷却塔内安装淋水装置，热水从中淋下，塔内自然通风将其热量带走，落下凉水池进入下一循环。

除了上述辅助流程以外，还有一些流程简单而重要的设备系统辅助着发电主流程的正常运转，如锅炉的点火（油或煤粉）系统、吹灰系统、疏水系统；汽轮机的润滑油系统、辅助蒸汽系统、热电机组的供热系统、真空抽气系统、内冷式发电机的冷却水系统等。

第三节　火电厂的电气系统及设备

火电厂的电气系统及设备型式因各厂而异，但基本的电气系统主要有发电机-变压器组系统、升压站系统、厂用电系统（含高压、机炉、输煤、化水、除尘、除灰、脱硫、污水处理、水源地、公用、照明等厂用电）、电除尘系统、直流系统、不间断供电系统、保安系统等。各系统及主要设备见表 1-3-1。

表 1-3-1　火电厂的电系统及气设备

系　统	主 要 设 备	备　注
发电机-变压器组	发电机，励磁变压器，励磁调节装置，发电机封闭母线，发电机中性点接地装置，主变压器，主变压器中性点接地装置	部分机组励磁装置采用直流励磁机
升压站	110kV 及以上母线，主变压器、高压备用变压器、线路、母联间隔	
厂用电	高压厂用变压器，高压厂用母线，高压厂用负荷间隔	
	低压厂用变压器：机炉、循环水、输煤、煤仓、化水、除尘、除灰、脱硫、污水、水源地、公用变压器及配电母线，各负荷、母联、备用电源间隔	
	高压备用变压器，高压备用配电母线及负荷间隔，低压备用变压器，低压备用配电母线及负荷间隔	
	机炉动力负荷中心（MCC）：汽轮机房、锅炉房、程控室、单元控制室、给煤机、磨煤机、给粉机、引风机、空气预热器、吹灰系统、锅炉控制中心	
电除尘	高压电场，整流变压器，控制调节装置，振打装置	
直流	直流母线，充电装置，蓄电池组，直流油泵、事故照明、各直流负荷	
不间断供电	UPS 装置，旁路开关，各负荷	
保安	柴油发电机组	
照明	全厂正常照明、事故照明	

此外，分布在发电各工艺系统中的电气设备包括众多的高低压电动机、电动阀门、变频器等，见表 1-3-2，电动机根据容量分为高压或低压；变频器作为调速的有效手段近年来为越来越多的电厂所采用，用以取代传统的阀门调节，有显著的节能效果，但存在投入大、工艺参数匹配度低以及影响可靠性等问题，故只选择某些场合使用。

表 1-3-2　分布在各工艺系统的电气设备

系统	设备
输煤	翻车机，煤棚吊机，斗轮机，皮带机，堆取料机、碎煤机
锅炉	磨煤机，排粉风机，送风机，引风机，一次风机，给煤机，给粉机，捞渣机，空气压缩机，干燥器，上水泵，回水泵，磨煤机油泵，轻油泵，灰库气化风机、电加热器
汽轮机	电动给水泵，循环水泵，凝结水泵，凝结水升压泵，闭冷泵，定冷水泵，小汽轮机调速油泵，汽动给水泵前置泵、真空泵，交流润滑油泵，直流润滑油泵，顶轴油泵，氢冷轴封油泵，低加疏水泵，盘车
化学	取水泵，清水泵，公用水泵，高压泵，中间水泵，除盐水泵，消防水泵，罗茨鼓风机，中和泵
脱硫	增压风机，氧化风机，循环泵

第二章
电气一次系统及设备的结构与工作原理

电气设备分一次部分和二次部分，一次部分一般以高电压、大电流的主导电回路为主要特征；二次部分以低电压、小电流的控制、保护、信号、计量回路为主要特征。但是一些电气设备，如励磁、整流、调速等装置，元件本身就包含了主导电回路和控制回路。对于这些设备，本文将其归入二次部分。

第一节 发电机-变压器组系统

一、发电机-变压器组系统组成

锅炉、汽轮机、发电机和主变压器被称为火电厂的主设备。发电机和主变压器联结成的系统称为发电机-变压器组系统，是发电厂发电工艺的核心环节，在这环节里，实现将汽轮机的机械能转化为电能并将电压升高对外输出电力的功能。该系统主要由发电机本体、发电机中性点设备、发电机一次封闭母线、励磁/厂用分支、主变压器以及该段电气回路的电流互感器、电压互感器、避雷器等设备组成。

大、中型机组的发电机-主变压器通常采用单元式接线方式，如图 2-1-1 所示。图中，发电机出线通过封闭母线直接与主变压器相连接，具有结构简单、防护可靠的特点。这种接线方式的不足，是当发电机一次系统内任一点（包括高压厂用变压器、励磁变压器）发生故障时，无可选择地只能跳开主变压器高压侧开关，机组停运的同时也切断了本机组厂用电，这对于高压厂用变压器、励磁变压器等属于支路的故障而言，本来只需断开故障元件的却扩大了事故影响范围。

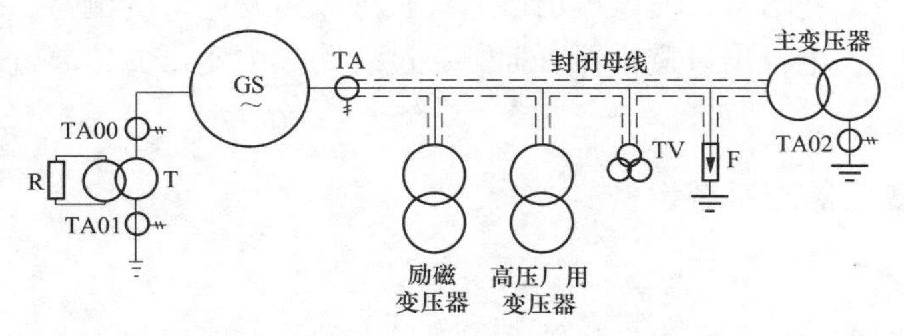

图 2-1-1 发变组单元接线

GS—同步发电机；TA—发电机出口电流互感器；T—发电机中性点接地变压器；
R—发电机中性点接地电阻；TA00/TA01—发电机中性点接地电流互感器；
TV—发电机电压互感器；F—避雷器；TA02—主变压器中性点接地电流互感器

中、小型机组通常不采用发电机-变压器单元接线方式，而是在发电机出口和厂用分支入口设置断路器，当高压厂用变压器及后面设备故障时，跳开厂用分支断路器，备用厂用电源自动投入，发电机组仍可维持正常运行，不会扩大事故影响范围；当发电机故障时，保护跳闸发电机断路器，本机组厂用电由主变压器倒送供电，有利于事故的后续处理。此外正常开机时，断开发电机断路器，通过主变压器倒送电高压厂用变压器，最后用发电机断路器并网，运行方式具有更好的灵活性。

但对于大机组，由于发电机一次回路的额定电流和短路电流都很大，设置发电机断路器，对断路器的开断性能要求很高，目前国内生产的发电机断路器最大的短路开断电流58kA，远不能满足大机组开断短路电流的要求；一些国外产品价格昂贵，体型庞大，国内很少采用，所以发电机-变压器组多选择单元接线方式。

发电机中性点的接地方式以发电机的单相接地故障电容电流的大小决定，大中型发电机通常采用电阻接地的方式，以将发电机单相接地电流限制在相对安全的范围内，限制接地过程中产生的过电压。采用单相配电变压器阻抗变换的方式，可降低接地电阻器的阻值。也有采用中性点接消弧线圈接地的，用线圈的电感电流补偿发电机的接地电容电流。发电机单相接地的电容电流包括发电机本身及其引出回路所连接元件（主母线、厂用分支线、主变压器低压绕组等）的对地电容电流。当故障电流超过允许值时，将烧伤发电机定子铁芯，进而损坏定子绕组绝缘，引起匝间或相间短路，故需采取必要的中性点限流措施。

主变压器中性点的接地方式取决于所接电网系统的中性点接地方式。在我国，110kV及以上电网均采用中性点有效接地方式，以降低电网的过电压水平，相应地降低对电网一次设备绝缘水平的要求，降低这些设备的造价。火电厂主变压器高压侧多为110kV及以上电压等级，变压器投入运行时，变压器高压侧绕组中性点通过隔离开关接地。之所以采用隔离开关接地，是因为需适应电网运行方式的变化而进行的投退操作：电网调度根据网内运行方式和单相接地电流的大小，来选择网内接地点，一般一个电厂至少有一个接地点。另外在变压器中性点隔离开关的两端并接一组避雷器和放电间隙，当主变压器运行时中性点隔离开关没投入接地，避雷器可防护变压器中性点绝缘免受冲击过电压损坏，放电间隙可防护变压器中性点绝缘免受工频过电压损坏。

发电机出口电流互感器为发电机的测量、保护及励磁提供电流取样信号，发电机中性点电流互感器为发电机的接地保护提供电流取样信号，主变压器中性点电流互感器为主变压器的接地保护提供电流取样信号，发电机出口电压互感器为发电机的测量、保护、并机及励磁提供电压取样信号，发电机出口避雷器可抑制通过线路—主变压器传导过来的雷电过电压对发电机的侵害。

二、发电机-变压器组系统设备

（一）发电机

汽轮发电机的主要功能是将汽轮机轴系传递过来的机械能转化为电能：发电机转子绕组通以励磁电流并在汽轮机拖动下以额定转速旋转，其产生的旋转磁场不断切割定子绕组，依电磁感应原理，定子绕组感生电势，当发电机外接电路接入负载时产生定子电流，该电流磁场反过来对转子转动产生延滞作用，使转子转速慢下来，为维持原转速，需加大汽轮机的出力（如开大调节汽门或提高锅炉进粉速度提升蒸汽参数），使汽轮发电机在新的平衡状态下继续运行。当发电机负载变化时，汽轮发电机组自动调控系统随之调整输入动能，使发电机的运行频率稳定在±0.2Hz范围内。

1. 发电机的工作原理

发电机主要由定子和转子两部分组成，如图2-1-2所示。图中，定子上嵌有AX、BY、CZ三相绕组，它们在空间上彼此相差120°电角度，每相绕组的匝数相等。转子磁极上装有励磁绕组，由直流励磁，其磁通方向从转子N极出来，经过气隙、定子铁芯、气隙，再进入转子S极而构成回路，如图中的虚线所示。

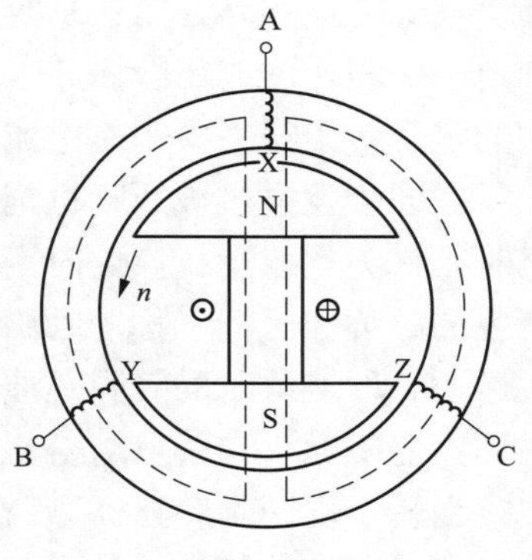

图2-1-2　发电机原理图

设用原动机拖动发电机转子沿逆时针方向以转速 n 旋转，则转子励磁磁场将切割定子绕组的导体，由电磁感应定律可知，在定子导体中就会感应出交变的电势，即

$$e=B_{m}lv\sin\omega t=E_{m}\sin\omega t \tag{2-1-1}$$

式中，B_m 为正弦波磁密的最大值，l 为磁力线切割导体的长度，v 为磁力线切割导体的线速度，$\omega=2\pi f$，f 为电势的频率，E_m 为正弦波电势的最大值。

由于发电机定子三相绕组在物理空间布置上相差120°，设转子磁场的磁力线先切割A相绕组，再切割B相，最后切割C相，则定子三相感应电势大小相等，在相位上彼此互差120°电角度。设相电势最大值为 E_m，A相电势的初相角为零，则三相电势的瞬时值为

$$\begin{cases}e_{A}=E_{m}\sin\omega t\\e_{B}=E_{m}\sin(\omega t-120^{\circ})\\e_{C}=E_{m}\sin(\omega t-240^{\circ})\end{cases} \tag{2-1-2}$$

如果某发电机有 p 对极，转子每分钟转数为 n，则转子每秒钟旋转 $n/60$ 转，那么感应电势将每秒交变 $\frac{pn}{60}$ 次，即频率为 $f=\frac{pn}{60}$。由于汽轮发电机的极对数为1，所以 $n=3000$r/min情况下，$f=50$Hz。

在实际的电机中，由于磁极磁场是不可能完全按正弦规律分布，因此，在定子绕组内的感应电势也不完全是正弦波形，即除了正弦波形的基波外，还包含着一系列的谐波。谐波的次数越高，它的幅值越小，对电势波形的影响越小。高次谐波的存在，对发电机会产生许多不良的影响，如：

（1）发电机本身的损耗增加，效率降低，温升增大；

（2）可能引起输电线路的电感和电容产生谐振，产生过电压；

（3）对邻近的通信线路产生干扰。

削弱谐波的常用方法如下：

（1）隐极汽轮发电机的气隙是均匀的，因此只要把每极范围内安放的励磁绕组与极距之比设计在0.7～0.8范围内，就可使发电机磁极磁场的波形比较接近于正弦形；

（2）采用Y形连接，由于3次谐波及其倍数奇次谐波是同大小、同相位的，采用这种接线可把这些谐波抵消掉；

（3）采用短距绕组，可削弱5、7次谐波；

（4）采用分布绕组，即增大每极每相槽数，可显著削弱高次谐波电势。

交流发电机的磁通分为两部分，一部分与定、转子绕组同时交链，称为气隙磁通，是发

电机进行机电能量转换的媒介；另一部分仅与定子绕组或仅与转子绕组相交链，称为漏磁通。气隙磁通的路径是：从定子磁轭经过定子齿、空气隙到转子，再经过空气隙、定子齿回到定子磁轭，形成闭合磁路。气隙磁通可由定子磁势建立，也可由转子磁势建立。当发电机中的定、转子绕组中都有电流时，则由定、转子磁势共同建立。

当同步发电机被原动机拖动到同步转速时，转子绕组中通入直流励磁电流而定子绕组开路时，称为空载运行。此时定子电枢电流为零，电机气隙中只有转子电流（励磁电流）单独产生的磁势和磁场，称为励磁磁势和励磁磁场。既交链转子又经过气隙交链定子的磁通称为主磁通，即空载时的气隙磁通，或称励磁磁通。而只交链励磁绕组而不与定子绕组相链的磁通称为漏磁通，它不参与电机之间的能量转换过程。

当转子以同步转速 n_1 旋转时，主磁通切割定子绕组感应出频率为 $f=pn_1/60$ 的三相基波电势，其有效值为：$E_0=4.44fNk\Phi_0$，其中 N 为每相定子绕组串联的匝数，k 为由定子绕组结构决定的绕组系数。这样，改变励磁电流就可以改变主磁通，空载电势值也将改变。

当定子接上对称的负载后，负载电流产生了第二个磁势-电枢磁势。电枢磁势与励磁磁势相互作用形成负载时气隙中的合成磁势，并建立负载时的气隙磁场。因此，所谓对称负载时的电枢反应，即对称负载时电枢磁势的基波对主极磁场基波的影响。

由对称三相绕组中流过的三相对称负载电流产生的电枢磁势的基波是一个旋转磁势，其转速 $n=\dfrac{60f}{p}$，以 $f=\dfrac{p\,n_1}{60}$ 代入则 $n=n_1$，即电枢磁势基波的转速与励磁磁势的转速（电机转子转速）相等，且两者的转向一致。由此可见，电枢磁势基波与励磁磁势同转速、同转向，彼此在空间上始终保持相对静止的关系。正是由于这种相对静止，才使它们之间的相互关系保持不变，从而共同建立数值稳定的气隙磁场和产生平均电磁转矩，实现机-电能量转换。这种“定、转子磁势相对静止”是一切电磁感应电机能够正常运行的基本条件。

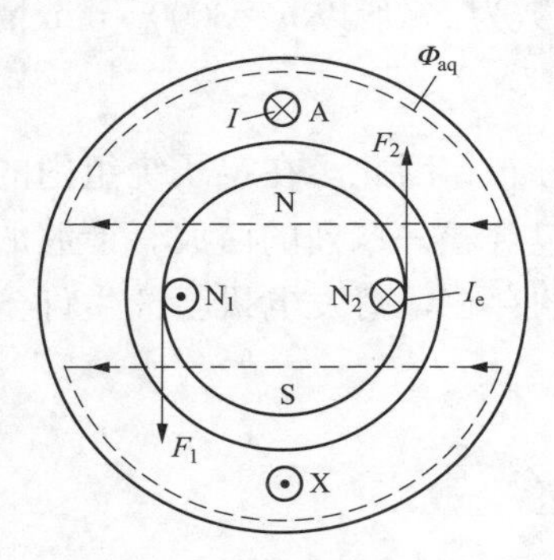

图 2-1-3　发电机运行力矩平衡

同步发电机对称稳定运行时，忽略定子绕组的铜损，发电机的输出功率等于从转子传递到定子的电磁功率。与此对应的电磁转矩，对转子运动产生作用力矩的方向如图 2-1-3 所示。设图中转子沿顺时针方向旋转，当转子励磁绕组 N_1-N_2 中流过电流 I_e 时，建立的转子磁场极性用 N-S 表示，它在定子绕组 A-X 中感应电动势的方向，由绕组 A 端进 X 端出。发电机有功电流 I 的方向与定子绕组感应电动势同向。有功电流产生的横轴电枢反应磁通 ϕ_{aq} 与励磁电流相互作用，产生电磁力 F_1 和 F_2，这一对力构成力矩，欲使转子沿相反时针方向旋转，成为阻止转子旋转的阻力矩，称为电磁制动转矩，有功功率越大，电磁转矩的制动作用越大。电磁制动转矩的作用有使转子旋转的转速下降的趋势，为维持转子的转速，需加大原动机的出力，如汽轮机开大汽门增加进汽量，直到输入的机械功率与输出的电磁功率相平衡，机组进入一个新的平衡稳定状态运行。

2. 发电机组的技术要求

现代电力系统是以大电厂、大机组、高电压、高自动化为标志的大电网，大电网与大机组之间，应该相互协调趋利避害，充分发挥它们相互作用的有利因素与技术经济效益，防止它们相互影响、连锁反应而造成电网或机组事故。大电网对大机组的技术要求主要有：

（1）机组轴系自然扭振频率避开 93～108Hz（500MW 及以上机组装设扭应力分析器）；
（2）能承受 20 个振荡周期的失步运行；
（3）能承受高压线路单相重合闸的能力；
（4）具备承受误并列的能力；
（5）长期安全运行的频率范围为 48.5～50.5Hz；
（6）在有功功率为额定值时可以按功率因素为进相 0.95 的条件吸收无功功率；
（7）具备一定的调峰能力；
（8）具备失磁异步运行能力（定子和转子电流不大于 1.1 倍标幺值运行 10min）。

我国发电机制造、运行具有代表性的单机容量等级经历了几个阶段：6MW—12MW—50MW—125MW—300MW—600MW—1000MW。截至目前，百万千瓦等级代表了我国火电机组的最高水平，现投产运行的数十台 1000MW 汽轮发电机，发电机效率都达 99%。除了发电机自身效率的提升外，大容量的规格与高热力参数的锅炉、汽轮机配套，组成高效率的汽轮发电机组。我国各容量等级汽轮发电机主要的规格参数见表 2-1-1。

表 2-1-1　　汽轮发电机的容量规格参数

额定功率（MW）	额定容量（MVA）	额定电压（kV）	额定功率因数 $\cos\varphi$	效率（%）	冷却方式
12	15.00	6.3，10.5	0.80	97.0	空冷
15	18.75	6.3，10.5	0.80	97.0	空冷
25	31.25	6.3，10.5	0.80	97.4	空冷
30	37.50	6.3，10.5	0.80	97.4	空冷
50	62.50	6.3，10.5	0.80	98.2	空冷
60	75.00	6.3，10.5	0.80	98.2	空冷
100	117.70	10.5	0.85	98.4	空冷
100	117.70	10.5，13.8	0.85	98.4	氢冷和水冷
125	147.00	13.8	0.85	98.4	空冷
125	147.00	10.5，13.8	0.85	98.4	氢冷和水冷
135	158.80	13.8	0.85	98.4	空冷
135	158.50	10.5，13.8	0.85	98.4	氢冷和水冷
150	176.46	13.8，15.75	0.85	98.4	空冷
200	235.30	15.75，18	0.85	98.5	空冷
200	235.30	15.75	0.85	98.6	氢冷和水冷
300	353.00	18～22	0.85	98.6	空冷
300	353.00	18，20，24	0.85	98.7	氢冷和水冷
600	666.66	20，22，24	0.90	98.8	氢冷和水冷
900	1000.00	24，27	0.90	98.9	氢冷和水冷
1000	1111.10	24，27	0.90	98.9	氢冷和水冷
1200	1333.33	24，27	0.90	99.0	氢冷和水冷
1500	1666.66	27，30	0.90	99.0	氢冷和水冷

3. 发电机的冷却方式

发电机的冷却方式主要指发电机的定子绕组、转子绕组和定子铁芯在运行中电磁损耗产生的热量采用何种冷却介质和通过什么途径来进行热交换散发出去，以确保这些元件能在设计范围内正常工作。

发电机结构因冷却方式的差别变化很大，中小型发电机多为空外冷机组，结构简单、运行可靠是其最主要的优点。当发电机单机容量进一步增大时，受发电机定子运输条件、转子锻件材料和转子挠度、振动等因素的限制，按原有形式简单成比例地增加所用材料和体积不可行。因此除了结构设计、使用材料和制造工艺的改善之外，主要还是通过增大设计电磁参数来解决容量增大问题，并通过改变通风散热结构，改变冷却方式来解决电磁密度增大带来的热耗问题。电磁参数增大时，增加铁芯的磁通密度空间有限，主要还是靠提高线圈的线负荷（即沿电枢圆周单位长度上的安培导体数）的方法来应对。如表 2-1-2 所列，线负荷随发电机功率由 100MW 的 1000A/cm 增大到 1200MW 的大于 2500A/cm。增大的发热量必须采取更有效的冷却方式来散热。

表 2-1-2　　汽轮发电机容量与线负荷

功率 P（MW）	100	300	600	1200
定子线负荷（A/cm）	1000	1401	1995	＞2500

发电机的冷却介质主要有空气、水和氢气，他们的冷却性能比较见表 2-1-3。从表 2-1-3 可以看出，氢气和水的相对吸热能力远大于空气，0.31MPa 表压氢气是空气的 4 倍，水是空气的 50 倍，都是比较理想的冷却介质。

表 2-1-3　　发电机的冷却介质

冷却介质	相对比热容	相对密度	冷却介质相对消耗量	相对吸热能力
空气	1.0	1.0	1.0	1.0
氢气（0.31MPa）	14.35	0.28	1.0	4.0
水	4.16	1000	0.012	50

目前大容量发电机普遍采用氢气为冷却介质，其特点如下：

（1）氢气密度小，纯氢仅为空气的 7%，可大大降低通风损耗和转子摩擦损耗；

（2）氢气的热导率约为空气的 7 倍，纯度为 97%的氢气的表面散热系数比空气约大 35%，高导热性和高表面传热系数，可使发电机的有效材料单位体积输出容量显著提高；

（3）氢气冷却为密闭循环系统，长期运行可保持机内干净无尘，减少检修费用；

（4）发电机内无氧无尘，可减少异常运行状态下发生电晕导致的对绝缘的有害影响，有利于延长绝缘寿命；

（5）需增加供氢装置和控制设备，结构复杂，投资维修费用大；

（6）在一定条件下，可能发生爆炸。

现商业性氢气是惰性的和非爆炸性的，而且不会助燃，所以正常使用是安全的。只要在发电机结构设计、安装及运行中遵循相应规范，安全是有保障的。实际应用于发电机冷却的氢气，纯度额定值 98%、允许值 95%，压力额定值 0.2～0.7MPa。

冷却方式除了所用冷却介质的区别外，还有就是冷却途径外冷和内冷的区别。外冷是指发热芯体（绕组导体）的热量通过中间介质绝缘层的热传递到物体表面，再通过表面流动的冷却介质吸收带走热量。随着发电机容量的增加，电压等级也相应提高，绝缘厚度不可避免地要随之增加，绝缘温降和绕组的温升增大，不利于元件的长期安全运行。要解决大容量发电机绝缘温降高的问题，最有效的办法是采用冷却介质在发热体内部直接冷却，这就是内冷。内冷使冷却介质与发热体直接接触，更有效地进行热交换，既提高了散热的效率，又避免了绝缘传热的困难。

由于水内冷效果比氢内冷更好（水冷却介质热容量大、黏度小、流动性好，绕组导体铜对水的温差一般为1～2℃，而对氢气的温差高达30℃），水冷的定子绕组正常运行时温度在80℃以下，温升不超过45℃，绕组线圈总的热膨胀小，温度低，对瞬时过载导致线圈承受的额外机械负荷有较大的适应能力，即过载的裕度较大，能更好地适应电机运行中负载变化的要求，故现大机组多采用水、氢、氢冷却方式，即定子绕组水（内）冷，定子铁芯和转子氢冷。

除了水、氢、氢机组，双水内冷机组也被广泛采用，与氢冷机组相比其更优越的技术特点：

（1）机座设计不需要考虑防爆和氢气密封结构，因而发电机结构比较简单，定子机座重量轻；

（2）冷却系统相对简单，省却制氢设备和密封油系统，安装、运行、维修方便；

（3）水冷定子、转子绕组运行温度低，绝缘寿命长，转子线圈不易变形，转子平衡，振动稳定，制造、安装、检修都较方便；

（4）转子绕组连续绝缘，匝间绝缘可靠。

当然转子水内冷需解决好高速旋转转子水路密封问题，否则易诱发发电机绝缘故障。

此外，20世纪70年代末，国外又在改善通风冷却结构设计的基础上开发了全空内冷汽轮发电机系列，可广泛应用于200MW及以下的热电机组，虽然体积重量都比氢冷机组要大，但因其省却制氢环节，运行的安全风险和维护费用都相对较小而备受青睐。

4. 发电机的基本结构

发电机的结构与冷却方式、容量大小等有关，基本结构由定子（含机座、铁芯、绕组）、转子（含铁芯、绕组、风扇）、冷却器等组成，如图2-1-4所示。定子铁芯通过夹紧环和隔振装置固定在定子机座上；转子支承在两端端盖上，端盖内装有轴承，并有油密封和氢气密封结构；转子大轴汽端套装联轴器与汽轮机靠背轮连接，大轴励端套装滑环，通过电刷架中电刷，导入励磁电流；转子自带风扇为机内气体散热循环提供动力；机座汽端上部装设的氢冷却器，管内通以循环冷却水，通过热交换把氢气工作热量带走；定子绕组通过下部出线盒及电流互感器引出定子电流。

（1）水、氢、氢机组：

1）发电机定子：

发电机定子由机座、定子铁芯、定子绕组、端盖、冷却器、出线盒等组成。

①定子机座。主要功用：固定和支撑定子；承装两端端盖，端盖上装设轴承以承载转子的动、静负荷；承装氢气冷却器；密封壳体隔离机内外氢气与空气的接触；内腔构成发电机通风循环回路。要求其机械强度和刚度能承受发电机的整体重量和运转时（包括短路引起）的各种应力、力矩和振动的作用，承受外附附件（端盖、冷却器等）的重量和作用力，承受

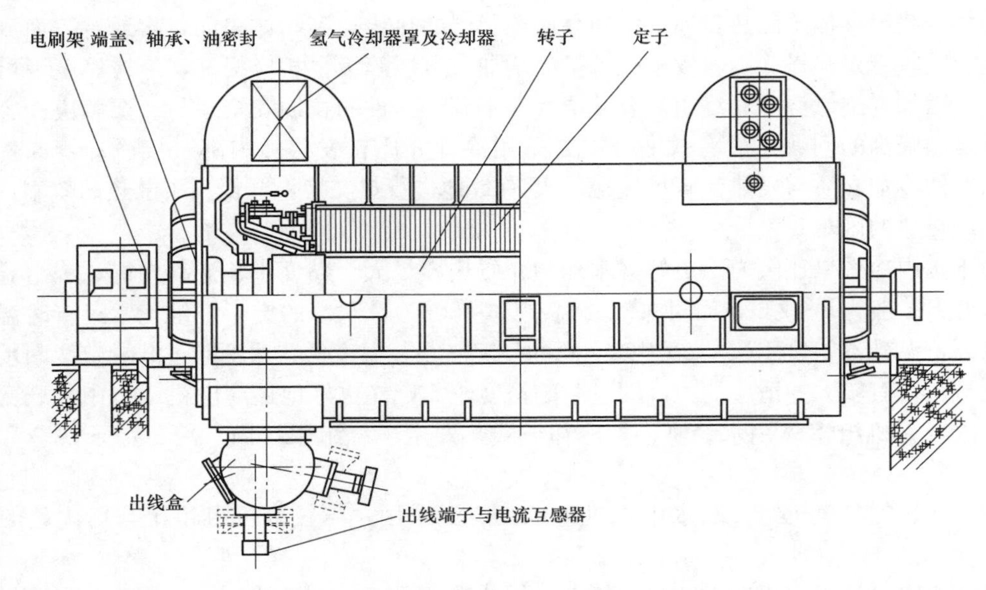

图 2-1-4 发电机基本结构

机内意外氢爆的冲击而不产生不允许的变形。

机座一般为中厚钢板（如外罩板厚度 20mm 以上，中壁板厚度 30～38mm，机座与端盖相连的外机壁板厚度 100～130mm）焊接结构，包括圆柱形的机壳及汽端冷却器端罩，机壳、端罩由两端法兰环和若干轴向及径向加强筋组成的笼式结构。

定子铁芯通过夹紧环收紧结构和隔振装置固定在机座上，以减小发电机运行时基频振动和倍频振动对机座和基础的影响。隔振装置由弹簧板组成，有轴向组合式卧式和切向立式等形式，前者的结构特点为弹性元件与定位肋组合在一起，在机内轴向分布，这种结构使机座外径尺寸比其他结构较小；后者沿定子机座内圆圆周左右和下面切向设置，隔振效果比卧式更好，大型机组多采用。

为降低运输质量（发电机定子整体运输重 300MW 超过 190t，600MW 超过 320t，1000MW 超过 420t），大型发电机机座有些设计成三段式或内外式的，三段式的由中间段（固定和支撑定子铁芯和绕组装置部分）和两端段（保护绕组端部部分）组成，运输时分段运输，到达现场后再把各段焊接成整体；内外式的由内机座（叠装铁芯和固定绕组部分）和外机座（安装冷却器、通风管道、端盖、底脚、吊攀部分）组成，在制造厂内为进行性能和密封试验，内机座是穿入外机座组合成整体的，运输时将内外机座拆卸分别运输，到达现场后再将内机座穿入外机座重新组合成整体。

图 2-1-5 发电机定子铁芯通风道

②定子铁芯。定子铁芯的作用是嵌放定子绕组，使发电机主磁通在定子处获得低磁阻的磁路。

定子铁芯由扇形硅钢片一层层交错叠装成圆形，叠片沿轴向分设若干挡，每挡几十毫米，档之间设垫条以形成通风道利于铁芯散热，如图 2-1-5 所示；叠装后的铁芯通过沿轴向放置、圆周均匀分布的定位肋固定在机座横隔板内圆上，与铁芯两端的压圈、齿压板和和穿芯螺杆组成一个紧固整体。

发电机定子铁芯硅钢片一般为厚度 0.35mm 或 0.5mm 的高导磁、低损耗无取向冷轧硅钢片。硅钢片在制造时冲剪、去毛刺后双面涂以 F 级硅钢片漆，使叠装后各片之间彼此绝缘，以减少涡流损耗，同时可使压装后的铁心成更加紧密、坚固。冲片涂层要求以最小的漆膜厚度达到要求的绝缘电阻，片间电阻不低于 $10^6\Omega cm^2$，击穿电压不低于 10V。

定子铁芯上为嵌放定子绕组的开槽有各种槽形，因为定子线棒的主绝缘需要在下线以前包扎好并进行浸烘处理，故发电机的定子槽形采用开口槽以利嵌线。开口槽增大了气隙磁场中的磁导齿谐波分量，为避免因此引起较大的空载附加损耗，可采用磁性槽楔。

发电机运行时，其两端部的旋转漏磁场漏磁通沿定子压圈、压指和端部最边段铁芯齿通过，导致这些部位的附加损耗增大温度升高，附加损耗主要是漏磁通在金属材料内引起的涡流损耗，涡流透入的深度与频率和材料的电阻有关，也和金属部件在磁场中的位置和距离有关，附加损耗约占总损耗的 20%。为此采取减少端部铁芯损耗的措施有：

◇ 将铁芯端部做成阶梯形，既扩大端部铁芯内径，又加大了定子和转子间的气隙，使漏磁通依磁阻分散在各阶梯段上，同时也加强了端部铁芯的通风冷却。

◇ 压圈、压指或压板采用电阻系数低的非磁性钢板或铸钢材料，以减少其涡流损耗。

◇ 在压圈外加装环形电屏蔽（电导率高的铜板或铝板），利用电屏蔽内的涡流阻止漏磁进入压圈的内圆，用“堵”的办法将压圈内圆处集中的漏磁分散开。

◇ 在齿压板和压圈间加装磁屏蔽（无齿扇形硅钢片叠成锥形），以形成一个磁分路，使漏磁通沿轴向均匀分布，不致在边缘铁芯少数片上出现集中现象。

③ 定子绕组。定子绕组是发电机能量转换、输出电能的核心部件，其结构设计的合理性和制造工艺的先进性，决定了整个发电机的性能、寿命和可靠性，对其的技术要求为：

◇ 定子绕组绝缘需满足其寿命期间内的全部功能和性能要求，在电气性能上承受持续运行电压、暂时过电压、操作过电压和雷电过电压（与避雷器配合），在 30 年后定子绕组主绝缘耐电性能仍具有耐压 1.5 倍额定电压以上的水平。

◇ 在热性能上应具有较高的耐热性和良好的导热能力，耐热等级达 F 级材料极限温度（按 B 级材料考核）；在机械性能上具有较高的机械强度、弹性和韧性，以利于制造加工和质量保障，在运行中线棒不因热胀冷缩、振动产生裂痕、分层、开裂等不良现象。

◇ 在使用环境适应性上耐油、耐潮和耐腐蚀，对使用过程中有时难免的轴承漏油，停用时空气潮气或水内冷机内漏水或冷却装置管道漏水的侵袭，机内的腐蚀性气体腐蚀等，绝缘材料都应能耐受不致迅速劣化损坏。

◇ 线圈形式、接线方式等能形成输出三相对称的线电压波形全谐波畸变不超过 5%的正弦波。

◇ 能承受异常运行的各种工况，如突然短路导致的冲击力比正常运行时大 100 倍以上，断水运行持续时间 30s，1.5 倍额定定子电流历时 30s。

发电机定子绕组线棒载流导体材料采用无氧铜线，线棒通常由 2～6 排矩形实心铜线或空心铜导线或实—空线组合而成。空心铜线内可通以气体（空气或氢气）或液体（水）实现直冷，但由此减少了线圈的载流截面积，增大了附加损耗，权衡得失，现多采取一根空心线和 2～4 根实心线组合为一组的结构形式，实心线的工作热量通过薄的匝间绝缘传导到空心线，再由空心线内的冷却介质流体把热量带走。

定子绕组按槽内层数分为单层绕组和双层绕组，双层绕组又分为叠绕组和波绕组，按每极每相槽数是整数还是分数分为整数槽绕组和分数槽绕组。对于大型汽轮发电机，多采用三相双层、短距叠绕、每极每相整数槽绕组。双层绕组的优点是可以选择有利的节距以改善磁势与电势波形，使发电机的电气性能较好，端部排列方便，线圈尺寸相同，利于制造。缺点是多用了绝缘材料。定子绕组接线形式为Y接或双Y接（以降低单个线圈电流密度）。短节距（短距系数 0.81 左右）可减少定子线圈内的 3、5、7 次高次谐波。

定子绕组绝缘目前普遍采用F级热固性高压绝缘系统，线棒采用玻璃云母带连续半迭包（云母带用少量环氧树脂将云母粘贴在一层很薄的高强度补底材料上制成），然后用环氧树脂真空浸渍并通过高温模压固化成形，消除所有空隙，具有良好的绝缘强度、机械强度和导热性，同时起着密封绕组、防潮、防腐的作用。完成绝缘和固化处理后，对各定子线棒的绝缘进行高电压试验，以进行质量控制。

定子绕组绝缘的耐电强度不仅决定于绝缘材料的性能，还与主绝缘层的厚度和结构有关。定子线棒的主绝缘厚度 $\delta \geqslant 0.24U_N + 1$，单位为 mm，$U_N$ 为电机的额定电压，单位为 kV。

由于定子线棒受交变磁场的作用，线棒中除了流过负载电流外，还有附加电流。附加电流有两部分，其中一部分是股线内局部流通的涡流，它使交流电阻增加，由此增加定子铜损，该部分损耗称挤流附加损耗；另一部分是因线棒中的各股线在定子槽内和端部所处的磁位不同，所以各股线感应的电动势也不同，通过鼻端并联的接头短接后，在各股线间产生的环流，称为环流附加损耗。为减少涡流引起的附加损耗和股间环流损耗，线棒的直线部分和端部通常进行 360°或 540°的编织换位，从而使各股线平均而言处于相同的磁位，这样，除了端部影响外，各股线的电动势基本相同，从而减少环流损耗。

由于采用双层线圈，定子槽内上下层线棒漏磁场不同，产生的涡流不同，则附加损耗不同。当上下层线圈同相或异相时，上层线棒的涡流损耗分别是下层线棒的若干倍，因而上下层线棒股线中的电流不一样。故大机组定子线圈往往采用上下层线棒不同截面的结构，通过增加上层线棒的实心和空心导线，以平衡上层和下层之间的损耗，减少两者之间的温差，从而减少槽形高度，提高槽的利用率。

为了降低定子绕组的电晕电位，定子线棒表面进行防晕处理。线棒经一次模压成型，因而具有良好的绝缘强度、机械强度和防电晕性能。定子绕组的槽部固定结构为在槽底和上下层线棒间填加外包聚酯薄膜的热固性适形材料，在槽楔下采用弹性绝缘波纹板径向固定，防止槽楔松动。在线棒的侧面和槽壁之间，配垫半导体垫条，使线棒表面良好接地，以降低线棒表面的电晕电位。定子槽楔为高强度F级绝缘的玻璃布卷制模压成型。某发电机定子绕组在槽内的绝缘结构如图 2-1-6 所示。

发电机各相和中性点出线均通过励端机座下部的出线罩引出机外，出线罩板采用非磁性材料制成，以减少定子电流产生的涡流损耗。定子出线通过高压套管穿出机壳引出机外，套管上装有电流互感器。

水内冷定子水路系统包括水冷的定子线圈、水电接头、绝缘引水管、总进出水管及其接头等，水路有两种形式：一种是串联水路，适用于线圈边较短的小型机组；另一种是并联水路，一个线棒一个水路，进水与出水分别在发电机的两端，水路长度减半，被冷却线圈的温

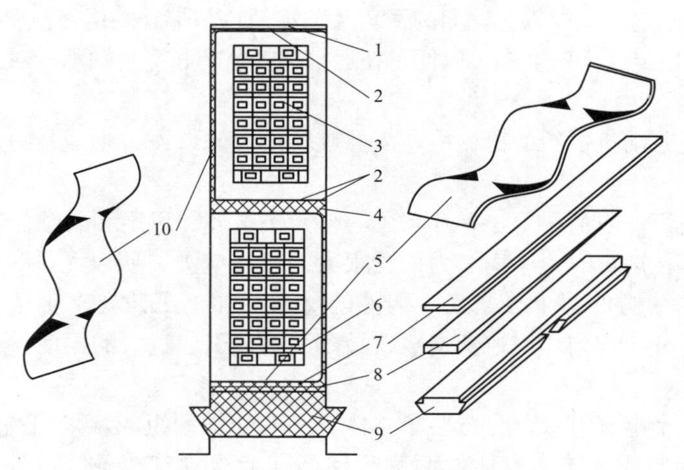

图 2-1-6　发电机定子绕组槽部固定示意图

1—槽底垫条；2—适形垫条；3—下层线棒；4—层间垫条；5—楔下波纹板；6—上层线棒；7—楔下垫条及调节垫条；8—斜楔；9—定子槽楔；10—侧面波纹板

升较低而均匀，适用于大中型机组。

并联水路通常由发电机励端设总进水管，进水压力约为 0.2～0.3MPa，进至汇水管通过绝缘引水管分别引入到各个线棒等支路和出线瓷套，热交换后的热水流经绝缘引水管汇集到出水汇水管，最后由汽端总出水管排出到外部的水箱，通过冷却水循环泵、热交换器，把热水变为冷水，进入下一冷却循环。

水电接头和绝缘引水管是水内冷方式的关键部件，定子线圈既通电又通水，线圈端部的连接结构不仅是上下层间或极间连接线的电联结，还必须是一个可靠的水接头，其可靠和合理性对发电机运行具有重要意义，要求结构简单，有足够的刚度和强度。绝缘引水管要求耐电压（定子线圈的对地电压）、耐温（出水水温）、耐水压（1MPa 以上）、耐腐蚀、耐老化（90℃0.5MPa 寿命 10 年以上）、抗振（对振动具有较强的适应性）。

④发电机端盖、轴承及油封。端盖的作用为保护定子和转子的端部，使发电机内形成一个与外界隔绝的风路系统，氢冷发电机的端盖还要承装轴承与支座，承受发电机转子的动、静负荷。氢冷发电机的端盖与机座、出线盒和冷却器一起组成“耐爆”压力容器，端盖由厚钢板拼焊而成，所有焊缝均为气密性焊接，焊后要进行焊缝的气密性试验和退火处理，并要承受水压试验。上下半端盖的合缝面密封及端盖与机座把合面密封均采用密封槽填充密封胶的结构。

发电机轴承采用液体摩擦滑动轴承，其工作原理是依靠被润滑的一对固体摩擦面间的相对运动，使介于固体间的润滑流体膜内产生压力，以承受外载荷而免除固体间相互接触，从而起到减少摩擦阻力和保护固体表面的作用。

氢冷机组轴承坐落在端盖处，大容量发电机的轴承为分块式可倾瓦，其上半部为圆柱瓦，下半部为二块纯铜瓦基体的可倾瓦，抗油膜扰度能力强，具有良好的运行稳定性。分块瓦下有瓦托，瓦块与瓦托的支承点在 45°的中心线上并作为轴瓦的摆动支点。轴承润滑和冷却所用油是由汽轮机油系统提供，通过固定在下半端盖上的油管轴瓦座和下半轴瓦实现供油。在发电机启动和盘车期间，轴承采用高压顶轴油系统。

为防止轴电流，发电机支撑轴瓦球面的瓦套及轴承销钉与端盖绝缘，汽侧轴承对地绝缘为单重式，励侧轴承对地绝缘为双重式，以便于在运行期间监视和测量轴承的对地绝缘状态。

2）发电机转子：

主要功用：传递原动机供给的机械能，支撑旋转的励磁线圈，形成良好的磁通路径和转子散热通道。

转子由转轴、绕组、阻尼绕组、护环、中心环、集电环、风扇和联轴器等构成。

高速旋转的转子在运行时由于离心力而受很大的机械应力，所以无论是转子绕组、护环还是风扇、固定环等结构件都十分紧凑，构件的材质和加工工艺要求都很高，对于发热部件，还要求它的温度分布均匀，以避免造成机械不平衡而引起过大的振动。

①发电机转轴：

发电机转轴由一个电气有效部分（转子本体）和两处轴颈组成，采用高强度高导磁的镉镍钼钒整体合金锻钢制成。转子本体的两侧阶梯形轴上布置着转子绕组端部、护环、中心环、风扇装置、滑环、联轴器等，转轴的一端联轴器与汽轮机转子轴联结，另一端联轴器与励磁机转子相连。对有中心孔的转轴，在中心孔内塞填磁棒，以增加转子导磁面积，改善发电机性能。

转子本体圆周上约有三分之二铣有轴向槽用以嵌放转子绕组，因为汽轮发电机转子线圈一般都是同心式的，所以二极发电机转子线圈的槽数是 4 的倍数，大型汽轮发电机常用槽数是 24、28、32、36、40。槽形为开口半梯形槽，即槽形的上半部是开口的平行槽，下半部是梯形槽，以尽可能增加槽内布置的铜线面积，降低转子铜耗。

在转子本体每一磁极的大齿部分，各开有横向月牙槽，因大齿部分的刚度比极间小槽区的大，当转子旋转时，受自重和转动惯量的影响，因转子位置的不同，转轴弯曲程度（扰度）也不相同，大齿在垂直位置时弯曲程度大，转子每转一圈，弯曲程度的大小要变化两个周期，转轴会发生双频振动，大型机组的转子细长，用平衡方法无法消除。为此在转子本体大齿表面上沿轴向铣出一定数量的圆弧形横向月牙槽，使大齿区域和小齿区域两个方向刚度接近相等，以降低转子的双频振动。同时，因为在励磁机端轴柄的磁极中心线位置有两条磁极引线槽，所以在该处轴柄的几何中心线位置上，也开有两条均衡槽，以均衡该两个中心线方向的刚度差。

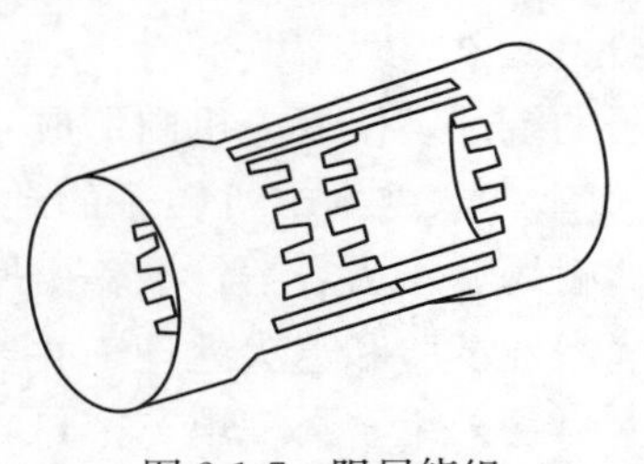
图 2-1-7　阻尼绕组

在转子本体每一磁极的大齿上开有阻尼槽，阻尼槽内放置高导电率的阻尼条，在转子线圈各槽的槽楔下也压有一根全长的阻尼条，所有阻尼条的两端用铜皮包缠后联结在一起，构成形似鼠笼的短路环即全阻尼绕组，如图 2-1-7 所示。

阻尼系统
发电机三相负荷不平衡或发生不对称短路时，定子电流便会出现负序电流，产生负序旋转磁场，并在转子上感生双频涡流，涡流在转子表面（深度约几毫米）经转子齿到槽楔和护环形成回路，由此引起该回路中各部件的温度升高，尤其是转子本体两端部位，是涡流集中的区域，容易出现局部高温点严重时可使护环内圆与转子本体的搭接面烧伤，这是限制发电机承受负序电流能力的重要因素。 为此，在发电机转子装设阻尼系统，利用分布在转子表面的低电阻阻尼条与两端短路环的良好接触，将涡流导入其中，从而避免涡流对转子端部的损害。

②发电机转子绕组：

转子绕组亦称励磁绕组，其励磁功率与主机容量之比约为0.4%～1.0%。

转子线圈由带有冷却风孔的含银铜线制造，含银铜线比一般紫铜线疲劳极限高，电导率约降低0.5%，在高温下抗蠕变强度有显著提高，这可减少和防止导线在多次启停过程中因热胀冷缩而出现的残余形变和匝间短路。

转子绕组形式为同心式，由嵌入转子本体轴向槽中的多个线圈串联组成，每一磁极下有若干组线圈，每个线圈为若干匝，每匝铜线由上、下二根铜线组成。

转子绕组的绝缘包括匝间绝缘、排间绝缘、槽绝缘、垫条及护环绝缘。转子绕组的工作电压不高，在500V以下，但考虑其承受的机械和热应力，绝缘的耐电强度和爬电距离需有一定的安全系数。转子绕组在槽内的对地绝缘为高强度复合箔热压成形槽衬，匝间绝缘为带状玻璃布板，粘贴在每匝导线的底部，护环下的绝缘由绝缘漆浸渍的玻璃布卷成的绝缘玻璃布筒加工而成，在转子铜线与槽绝缘、护环绝缘和楔下垫条均压黏聚四氟乙烯滑移层，使铜线在离心力高压下能自由热胀冷缩，避免永久性残余变形，以适应调峰运行工况的需要。

转子线圈放入槽内后，槽口用铝合金槽楔和钢槽楔固紧，槽楔一直延伸到护环下面，护环兼起阻尼绕组的短路环作用。非磁性槽楔和磁性槽楔的应用，以利合理的磁通分布。

③发电机护环、集电环、刷架与电刷：

护环的作用是保护和紧固转子绕组端部及其固定垫块，使其免于在高速旋转中位移、变形，同时它与转子本体齿和槽楔的紧密接触，也起传递负序电流引起的涡流和保护转子齿头的作用。

护环处于定子和转子两端部的空间，运行中受到定子和转子绕组漏磁通的作用，为减少漏磁以及漏磁在护环上产生的附加损耗及发热，护环大都采用高电阻非磁性合金冷锻钢，具有较好的抗应力腐蚀性能和断裂韧性。

护环绝缘为整体圆筒式，采用耐高温的聚酯玻璃布制成的绝缘环热套在护环内，考虑转子本体、绝缘、绕组铜排之间的膨胀系数相差较大，所以在护环绝缘环的内表面粘有滑移层，使转子绕组和护环绝缘之间可以相对移动，以减小热胀冷缩引起的摩擦力及磨损。

转子绕组励磁电流的导入因励磁方式而异，有刷励磁通过集电环（又称滑环）导入，在滑环外圆表面车削有螺旋形槽．以消除电刷与滑环表面间在高速运转时形成的空气薄膜层。改善二者之间的接触。滑环上开有许多径向通风孔，二个滑环之间还装有离心式风扇，滑环的通风系统采用下出风方式，即进出风用管道布置在运转层下引出，以降低此处噪声。集电环通过绝缘套筒热套于转子轴上，在电气上通过导电螺钉与组装在转子中心孔内的导电杆和转子绕组相接。

刷架用以承载刷盒，由并排布置的周向导电环和夹在中间沿圆周分布的若干个刷盒支撑板组成，承担着导电及机械支撑作用，整个导电环经绝缘板固定到基础上。刷盒自成一体，电刷装于其中并由恒压弹簧保持适当的压力，可在运行中即插即拔。为便于发电机在运行时能安全、迅速更换电刷，采用盒式刷握结构，每次可更换一组几个电刷。

集电环与刷架有独立的通风系统，冷空气由两个集电环的外侧进入，中间排出，由转轴上的离心式风扇驱动，进出风由外接管道引出之不同的区域，防止混风。

电刷是将励磁电流通入高速旋转转子绕组的关键部件，采用天然石墨材料黏结制成，有较低的摩擦系数和一定的自润滑作用，电刷尾部装有柔性铜引线（刷辫），将接触电流引至导电环。

④发电机转子风扇与机内通风冷却系统：

在水、氢、氢机组，定子线圈由水冷却，定子铁芯、转子线圈的工作热量则靠发电机内部的通风冷却系统冷却。转子风扇为发电机内气体流动提供动力，风扇有一端多级离心式风扇和两端单级螺桨式风扇等型式，铝合金锻件风扇叶片安装在合金钢锻件风扇座上，风扇坐热套在转轴上随发电机旋转产生高压风，驱动机内通风冷却系统运转。

定子铁芯沿轴向分为若干个进风区和出风区，发电机运转时，随转轴旋转的两端轴流式风扇驱动产生的强气流，经两端盖上导流结构导流从两端向中部相向流动，分别进入定、转子间的气隙和机座底部外通风道。进入机座底部外通风道的气体进入铁芯背部，经铁芯径向风道冷却进风区铁芯后，进入气隙，少部分气体进入转子槽内风道，冷却转子绕组，其他大部分气体再折回铁芯，冷却出风区铁芯，最后从机座顶部外风道进入冷却器，被冷却器冷却后的冷风进入下一循环。这种交替进出的径向多流通风，有利于发电机铁芯和绕组各部的均匀冷却，减少结构件热应力和避免局部过热。

转子绕组的冷却系统如图 2-1-8 所示，转子绕组槽部采用气隙取气斜流通风的内冷方式，利用转子自泵风作用，从进风区气隙吸入氢气，通过转子槽楔后，进入两排斜流风道，以冷却转子铜线。氢气到达铜线后，转向进入另一排风道，冷却转子铜线后再通过转子槽楔，从出风区排入气隙。

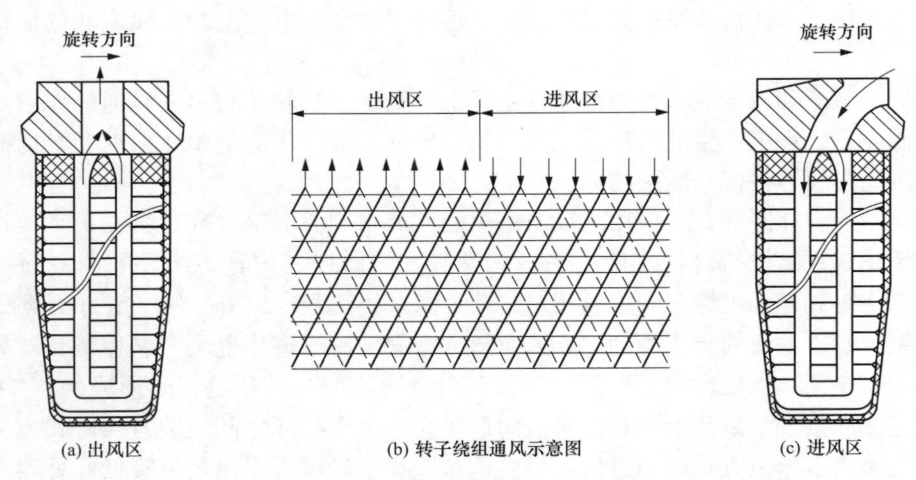

图 2-1-8　发电机转子绕组冷却系统示意图

3）发电机冷却装置：

发电机的氢冷器在定子机座内有竖式（垂直）布置和卧式（水平）布置两种布置方式，根据设计的通风风路和发电机轴系的临界转速等因素而定。竖式布置对安装、维护来说比较方便，冷却器机座可以用吊车吊出吊进，运行或维修时冷却器漏水不会直接漏到机内，有利安全。卧式布置于发电机顶部，结构简单，缺点是拆装相对不便。冷却器每组两个或以上的，水路为各自独立的并联系统，当停运一个冷却器时，尚可维持发电机 80％的额定负荷运行。

氢气冷却器为串片式热交换器，冷却管外散热片侧为氢气通道，冷却管内侧为冷却水通道，冷却水源接自厂内循环冷却水系统。各组冷却器的冷却水路并行连接，所有并行连接的水路具有相同的流阻，以保证各冷却器的冷却水供应均匀，并保证各冷却器的冷风温度相同。所需冷却水流量是通过热水侧（出水侧）的调节阀调节，通过对出口侧的冷却水流量进行控制，可以确保冷却水不间断地流经各冷却器，从而不影响冷却器性能。

4）发电机监测系统。发电机的监测包括对温度、振动、对地绝缘、漏水、氢气湿度、机内无线电射频和局部过热等量的监视测量。为监视运行中各部的实际温度、振动、泄漏情况，通过埋设测量元件于各部来取得信息，测点位置主要有：定子铁芯，定子槽内上下层线圈之间，定子汽端出水绝缘引水管接头处，发电机端盖进风区，发电机机座背部，底部出风区，轴瓦，轴承出油等。

发电机监测系统测量元件布置见表 2-1-4。

表 2-1-4　　发电机监测系统测量元件布置

监测功能	测量元件设置部位	测量元件
定子绕组温度	定子槽部上下层线棒之间（每槽 1 只）	铜电阻或铂电阻
定子铁芯温度	定子边段铁芯的齿顶、齿轭，压指、磁屏蔽	热电偶
定子绕组回水温度	汽端总出水汇流管的上下层线棒出水接头	热电偶
主引线及出线瓷套端子回水温度	出线盒内出水汇流管的水接头	电阻温度计
定子绕组冷却水进出水温度	励端总进水管和汽端总出水管	热电偶
机内氢气温度	汽端和励端冷却器罩内冷风侧和热风侧各 1 只	铂电阻
机内氢气温度超高限报警	两端冷却器上半端盖上冷氢进风区	温度控制器
机内氢气温度显示	发电机两端热氢出口处	电阻测温显示
轴承温度	汽、励两端下半轴承瓦块	热电偶
轴承回油温度	汽、励两端轴承回油管	热电偶
转子轴颈振动	汽、励两端和励磁机轴承外挡油盖	非接触式拾振器
轴承座等部位绝缘	励端轴承座、轴承止动销、上下半轴瓦绝缘垫块、密封支座、中间环、高压进油管、外挡油盖	引出测量线到端子板
机内漏水情况	发电机出线盒、机座中下顶部、冷却器外罩底部、中性点外罩底部	漏水收集外引至漏水探测器
机内局部放电	发电机中心点接地线	频率变送器

5）发电机辅助系统。为保障发电机的安全、稳定运行，在发电机本体以外需配置必要的辅助系统，主要有氢气系统、密封油系统、冷却水系统等。

①发电机氢气系统：

氢气系统的主要功用为：

◇ 给发电机充、排氢气和二氧化碳气体；

◇ 发电机运行时自动维持机内的氢气压力和湿度；

◇ 监视发电机内氢气的压力、湿度和纯度；

◇ 监视发电机内的漏油或漏水情况。

氢气系统的组成如图 2-1-9 所示。氢气源为制氢站输出或氢气瓶，经第一级减压将氢压减至 2～3MPa，第二级减压再将氢压减至 1～1.2MPa，减压后的氢气送到氢气控制装置再减压至发电机所需压力（0.3～0.5MPa，因设备而异）后送入发电机内的氢气汇流管。

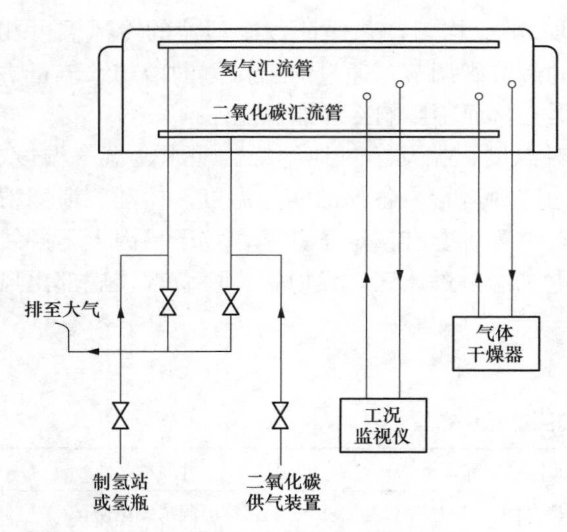

图 2-1-9　发电机氢气系统示意

二氧化碳气体由气瓶通过管道或软管接入。由于二氧化碳在大多数情况下是以液体形式储存在气瓶内，二氧化碳蒸发器将来自二氧化碳汇流排液态二氧化碳加热气化，调节蒸发器入口的调节阀，将二氧化碳降到1.6MPa左右，调节蒸发器出口的调节阀，将二氧化碳气体降到0.1MPa左右，后送入发电机内的二氧化碳气体汇流管，供发电机气体置换使用。

氢气干燥器用于干燥发电机内的氢气，干燥器由二个干燥塔组成，塔内填有高性能干燥剂和加热元件，一个工作时另一个加热再生。每个塔内都装有一台循环风机，连续工作。工作塔内风机用以加大气体循环量并使气体在干燥剂内均匀分布；再生塔内的风机用以循环再生气体，迫使再生气体流经冷凝器、气水分离器等，使干燥剂内吸附的水分分离出来。由于是闭式循环，所以不消耗氢气，也不会引入空气。干燥器从氢气中分离出的水分人工排放。

②发电机密封油系统：

为防止氢气从定子本体流出，在汽轮机外端盖上安装着轴的油密封装置。油密封装置采用双环双流环式油密封瓦，置于发电机两端端盖的内侧，通过轴颈与密封瓦之间的压力油膜阻止氢气外逸。双流即密封瓦的氢侧与空侧各自是独立的油路，平衡阀使两路油压维持均衡，严格控制两路油的互相串流，从而大大减少空气对机内氢气的污染。密封瓦可以随轴颈径向浮动，为了防止其随轴转动，在环上装有圆键，定位于密封座内。从密封瓦流出的氢侧回油汇集在密封座下部与下瓣端盖组成的回油腔进行氢油分离，分离氢气后的油流回氢侧回油箱，在独立的氢侧油路中循环，而顺轴流出的空侧回油则与轴承的回油一起流入主油箱，油中带有的少量氢气在氢油分离箱中分离，再由抽烟机排出室外，从而使回到主油箱的轴承油中不含有氢气。在任何运行状态下油压高于氢压，此压差靠油系统的压差调节阀自动维持。密封座的机内一侧装有浮动式迷宫组合挡油环，运用气封作用，防止风扇将密封油抽入机内，轴承外亦装有类似组合挡油环。

③发电机冷却水系统：

定子绕组冷却水系统由水箱、水泵、水冷却器、过滤器、补给水源等组成，如图2-1-10所示，其中水泵、水冷却器、过滤器均为双设备配置，一用一备，水泵具有联动功能。

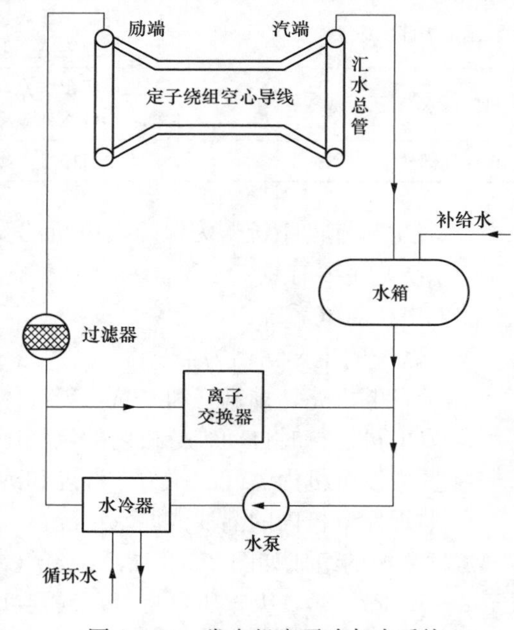

图 2-1-10　发电机定子冷却水系统

定子出水首先进入水箱，这样可消除回水汽化现象，水中含有的微量氢气可在水箱内释放，当水箱内氢气压力升高到0.035MPa，安全阀自动打开排气；水泵为系统的水循环提供动力；过滤器滤去水中杂物。

补给水源一般可接用厂内化学制水得到的除盐水，或在系统中加入离子交换器，正常情况下，只需在主循环冷却水中连续引出一小部分经过混床式离子交换器处理即可满足水电导率的要求。

(2) 双水内冷机组。与水、氢、氢机组相比，双水内冷机组的结构差别主要在机座端盖结构、转子绕组冷却结构以及空气冷却器布置等方面，其余部分结构则基本相同（不同的厂家的产品大同小异）。

1) 发电机机座：

由于发电机机座承受的空气压力较低，密封要求不高，所以外罩板、机壁和内隔板、支撑板等组成的机座，只要具有一定的机械强度和刚度，能保护定子铁芯和定子绕组，保证运输过程中不变形，以及机座的固有振动频率避开额定工频和倍频，就可以满足要求。机座无氢气密封要求，接合面比较简单，构件钢板厚度较薄（如外罩板10～12mm，外壁板50～60mm，中壁板20～25mm）。

非氢冷发电机是独立的轴承座结构，转子由座式轴承支撑，转子与定子机座没有直接相连，轴承形式也是按机组的大小分别采用椭圆瓦/圆柱瓦。

端盖为铸铝合金材料，以降低发电机端部的附加损耗，端盖和转轴配合处设计有气封结构，以防止外界的油污（轴承油）进入发电机内部。在端盖顶部装有防爆气窗，万一发电机发生突然短路重大事故时，由电弧形成的高速气流能迅速从顶部溢出，以防人身伤亡事故。端盖两侧面还具有有机玻璃视察窗，机内装有低压防振照明灯，在机组运行时，可窥视定子端部的状况。

2) 发电机转子绕组冷却系统：

从冷却性能的比较看，转子绕组水冷远优于氢冷：水冷具有使绕组运行温度低而分布均匀，使转子绕组温升引起的损耗减少20%以上，转子绝缘寿命长等特点，从表2-1-5列出的这两种介质冷却效率参数的比较可以说明水冷的优势。

表2-1-5　　氢、水冷却介质对转子绕组的冷却效率比较

冷却介质	散热能力	速度	温升	冷却介质通道	可带走的 I^2R 损耗	电流密度	安匝数（≈容量）
	与空气比较	m/s	℃	%	与0.4MPa氢气做比较		
氢	5	45.7	50	30	1.00	1.0	1.0
水	3800	2.7	30	30	2.65	1.7	1.7
				15	1.33	1.1	1.3

水内冷转子绕组导线与空内冷绕组一样，截面结构有多种形式，如外方内方空心铜线，匝间绝缘采用聚醇酯薄膜和聚酯薄膜依次连续包扎在铜线外面，厚度约0.2～0.3mm，除此以外，每两匝导体间加放两层0.2mm厚的环氧玻璃布板垫条，每匝铜线经绝缘后，在槽内的宽度方向布置成两排，两排铜线之间还衬有一层用环氧玻璃坯布压成的绝缘作为排间绝缘，以保转子绕组匝间绝缘结构的牢固可靠。

水内冷转子的水路系统如图2-1-11所示，冷却水从励端转轴中心孔衬管进入进水箱4，

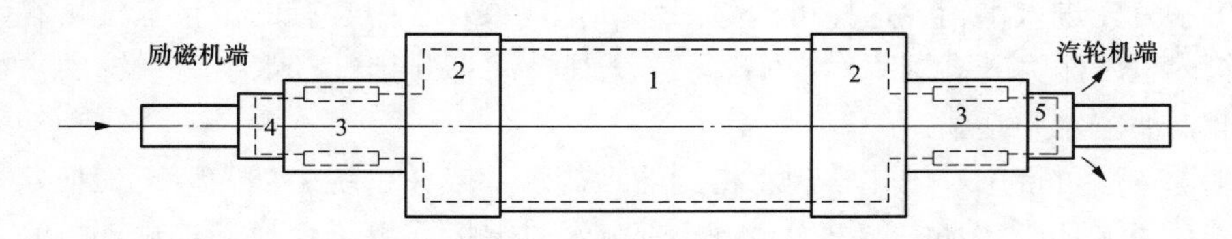

图 2-1-11　水内冷转子冷却水路

通过绝缘引水管 3 把水分成多支路 2 进入各转子线圈 1，冷却水在转子线圈内循环，吸收励磁损耗产生的热量成为热水，从汽端线圈出口通过绝缘引水管排至出水箱 5，在出水箱的两个侧面开有许多螺孔，一侧与转子绝缘水管相连后接至线圈水接头上，另一侧的螺孔则用来出水，通过出水箱的螺孔甩出来的水汇集至静止的出水支座内再进行热交换往复循环。

转子绝缘引水管与定子绝缘引水管相似，但两者之间存在一定的差别：转子引水管承受的是直流电压，存在电解腐蚀问题，所以水管包括接头材料必须具有耐电腐蚀性能；转子绝缘引水管承受的水压比定子高得多，按一般水系统布置，绝缘引水管作超速试验时，要承受的压力在 6MPa 以上（定子水压 0.2～0.3MPa）；转子绝缘引水管要承受离心力的作用，管体既要有一定的刚度不发生过度变形，又要柔软便于安装。早期的转子绝缘引水管不仅检修更换周期短，且运行中常出现龟裂现象，现采用外层不锈钢丝补强的聚四氟乙烯管，其可靠性和寿命都远优于以前的材料和工艺。

转轴中心孔进水、出水箱出水这一通水方式，充分利用了转子进出水的位差所产生的离心泵作用原理，冷却水的进口压力可随着转子转速的上升和水流的抽水泵作用而自行降低甚至变成负压，使供水系统工作压力大为减小，降低了对进水密封的要求。

通常转子线圈的电流密度比定子线圈高，但转子线圈不存在附加损耗，故转子线圈全部是由空心铜线绕制的。空心铜线内承受的水压较高，大容量发电机要达 15～25MPa，所以铜线管壁较厚，内孔尺寸除了考虑冷却水正常流量流速外，还要考虑孔内结垢腐蚀、少许杂物带进等不利因素。

3）发电机空气冷却器布置：

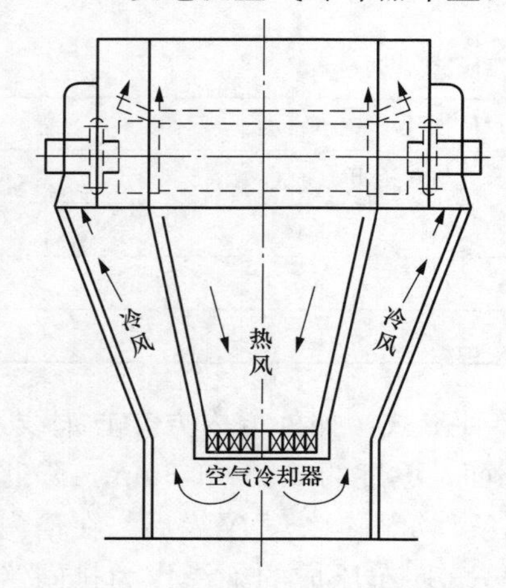

图 2-1-12　发电机空气冷却器布置

由于不存在氢气密封问题，机内的除定、转子绕组外的部件损耗热量都通过内部通风系统来进行冷却，冷却器通常布置在发电机座下部，如图 2-1-12 所示。机座下方设有冷风室，内装空气冷却器，发电机的热风从中部由上向下吹向空冷器，经热交换变成冷风，再被发电机转轴两端的风扇抽回，加入下一空气冷却循环。

（二）主变压器

主变压器是火电厂中仅次于三大主机（锅炉、汽轮机、发电机）的重要设备，是发电主流程中的重要一环，它和三大主机一样只有工作设备没有备用设备，设备故障就意味着停机。主变压器的主要功用是将发电机电压升高以利远距离输出电能，并在需要时将电网电压降低倒送厂用电。

1. 变压器的工作原理

变压器是一个应用电磁感应定律将电能转换为磁能，再将磁能转换成电能，以实现电压变化的电磁装置。变压器主要由铁芯和一次绕组、二次绕组构成，变压器的工作原理如图 2-1-13 所示。当变压器一次绕组接入电源，在交流电压 U_1 的作用下，一次绕组产生励磁电流 I_μ 和励磁磁动势 $I_\mu N_1$，该磁动势在铁芯中建立了交变磁通 Φ_0 和磁通密度 B_0（$B_0=\Phi_0/S_c$，S_c 是铁芯的有效截面积）。据电磁感应定律，铁芯中的交变磁通 Φ_0 在一次绕组两端产生自感电动势 E_1，在二次绕组两端产生互感电动势 E_2：

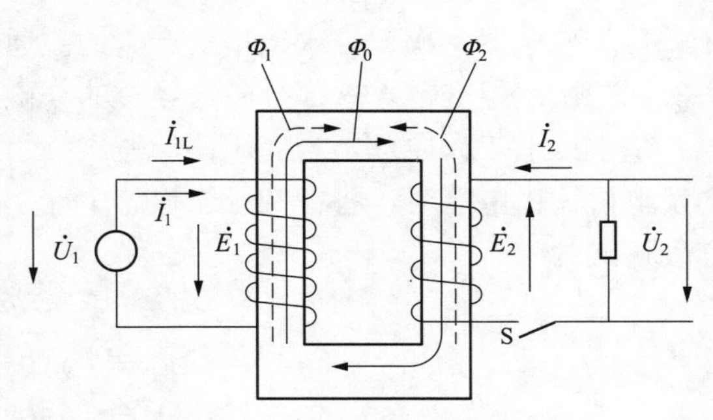

图 2-1-13　变压器工作原理图

$$E_1=4.44fN_1B_0S_c\times10^4 \tag{2-1-3}$$

$$E_2=4.44fN_2B_0S_c\times10^4 \tag{2-1-4}$$

式中：f 为频率，Hz；N_1 为变压器一次绕组的匝数；N_2 为变压器二次绕组的匝数；B_0 为铁芯的磁通密度，T；S_c 为铁芯的有效截面积，cm^2。

不考虑一次、二次绕组的阻抗时，有

$$U_1=E_1=4.44fN_1B_0S_c\times10^4 \tag{2-1-5}$$

$$U_2=E_2=4.44fN_2B_0S_c\times10^4 \tag{2-1-6}$$

$$\frac{U_1}{U_2}=\frac{N_1}{N_2} \tag{2-1-7}$$

从式（2-1-7）可见，改变一次与二次绕组的匝数比，可以改变一次侧与二次侧的电压比。当图 2-1-13 中的开关 S 接通，变压器开始向二次负载供电，二次回路产生负载电流 I_2、反磁动势 N_2I_2 和反磁通 Φ_2。此时，一次回路同时产生一个新的电流 I_{1L}，新的磁动势 N_1I_{1L}，新的磁通 Φ_1，与 N_2I_2、Φ_2 相平衡，此时有

$$\Phi_1+\Phi_2=0 \tag{2-1-8}$$

$$N_1I_{1L}+N_2I_2=0 \tag{2-1-9}$$

由此得到

$$I_{1L}=\frac{N_2}{N_1}I_2 \tag{2-1-10}$$

考虑实际变压器的一次、二次绕组电阻和漏抗、铁芯损耗和漏磁通不与一次二次绕组全部交链等因素，则一次、二次绕组阻抗 Z_1、Z_2 的压降为

$$\Delta\dot{U}_1=\dot{I}_1Z_1 \tag{2-1-11}$$

$$\Delta\dot{U}_2=\dot{I}_2Z_2 \tag{2-1-12}$$

$\Delta\dot{U}_1$ 使一次绕组感应电压降低，$\dot{E}_1=\dot{U}_1-\Delta\dot{U}_1=\dot{U}_1-\dot{I}_1Z_1$；$\Delta\dot{U}_2$ 使二次绕组负载电压降低，$\dot{U}_2=\dot{E}_2-\Delta\dot{U}_2=\dot{E}_2-\dot{I}_2Z_2$，导致变压器的匝数比不等于一次侧与二次侧的电压比，而等于感应电动势比

$$\frac{E_1}{E_2}=\frac{N_1}{N_2}=k \tag{2-1-13}$$

式中，k 为变压器的电压比。

实际变压器一次、二次绕组所产生的磁通，并没有全部通过主磁路铁芯，也没有全部与一次和二次绕组交链，这部分磁通经过非铁磁物质闭合，称为漏磁通。

基于以上工作原理，当变压器的一次绕组（如主变压器低压侧）通以三相对称正弦交变的发电机输出电压时，将在变压器铁芯中产生按正弦变化的对称的三相主磁通 Φ_a，Φ_b，Φ_c，其表达式为

$$\Phi_a = \Phi_m \cos\omega t \tag{2-1-14}$$

$$\Phi_b = \Phi_m \cos(\omega t - 120^\circ) \tag{2-1-15}$$

$$\Phi_c = \Phi_m \cos(\omega t - 240^\circ) \tag{2-1-16}$$

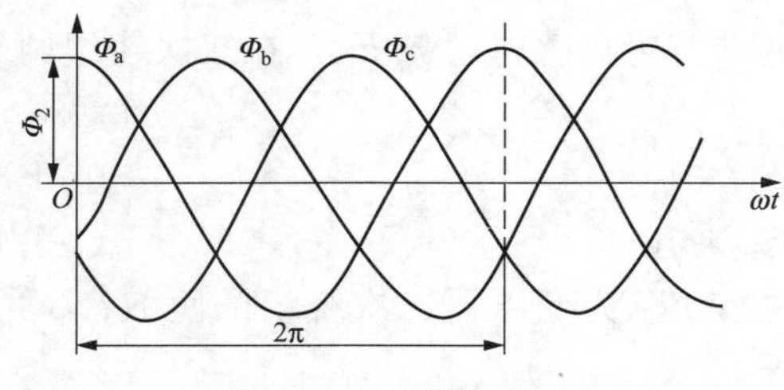

图 2-1-14　磁通波形图

相应的磁通波形图如图 2-1-14 所示。

主磁通通过铁芯柱和上下铁轭以及相邻两铁芯柱形成闭合磁路，在此闭合磁路中，同样套在该铁芯柱上的二次绕组（高压侧）被感应出交流电动势，二次绕组接上外电路负载就产生负载电流从而送出电能。主变压器利用大的匝数比，将发电机一次低电压（如 10～27kV），提高到十几倍的高电压（如 110～500kV），并通过输电线路、电网与负载连接，实现远距离、大容量的电能输送。

2. 变压器的技术要求

GB/T 1094—2013《电力变压器》、GB/T 6451—2015《油浸式电力变压器技术参数和要求》等标准规范对各电压等级、各级容量变压器的性能参数都做了规定，内容包括额定容量、电压组合、分接范围、联结组标号、空载损耗、负载损耗、空载电流及短路阻抗等，此外，还对安全保护装置、冷却系统、油保护装置、油温测量装置、变压器油箱及其附件的要求做了规定。主要的有：

（1）直接接到发电机的变压器，在发电机甩负荷时，变压器与发电机相连的端子上，应能承受 1.4 倍额定电压，历时 5s。

（2）变压器线路端子的最高电压值应等于或略大于每个绕组的额定电压。

（3）变压器的绝缘应能承受长期的最高工作电压，短时工频过电压和雷电冲击过电压。

（4）变压器应具备在所接系统条件下，变压器出口短路动、热稳定的能力。

（5）变压器应装有气体继电器、压力保护装置，有载调压变压器的有载分接开关应有自己的安全保护装置。

（6）强油风冷及强油水冷变压器，当冷却系统发生故障切除全部冷却器时，在额定负载下允许运行 30min。当油面温度尚未达到 75℃时，允许上升到 75℃，但切除冷却器后的最长运行时间不得超过 1h。

（7）变压器应采取防油老化措施，以确保变压器油不与大气接触，如在储油柜内部加装胶囊、隔膜或采用金属波纹密封式储油柜。

（8）变压器油箱应具有能承受住真空度为 133Pa 和正压力为 100kPa 的机械强度的能力，不应有损伤和不允许的永久变形。

3. 变压器的基本结构

电力变压器按绝缘及冷却介质分主要有油浸式、充气式（充 SF_6）和干式（环氧树脂绝缘）三种，它们的典型性能见表 2-1-6。

表 2-1-6　　不同绝缘介质变压器的典型性能

绝缘介质	SF_6	环氧树脂	变压器油
绝缘耐热等级	E	F	A
绕组温升（℃）	75	95	65
冷却介质	SF_6	空气	变压器油
主要绝缘材料	树脂薄膜	环氧树脂	绝缘纸
最高电压等级（kV）	500	35	1000
最大容量（MVA）	400	24	1000
使用场所	户内、户外	户内	户内、户外
防潮性	极好	一般	一般
防尘性	极好	不佳	一般
密封性	全密封	敞开	半密封
防燃性	不燃	难燃	可燃
绝缘耐老化程度	不易老化	不易老化	不易老化
常规维修工作量	基本不维修	每年一次	5 年一次
噪声［dB(A)］	<65	<75	<65
受环境污染水平	小	大	较小

SF_6 气体绝缘变压器具有不燃、不爆、占地少、日常维护工作量小等优点，但 SF_6 气体是一种有很强温室效应的气体，以往因为现存于地球大气中的 SF_6 气体浓度非常低，故认为其作用影响较小。随着全球化的环境保护行动，减少 SF_6 气体排放（使用）日益为人们所认知，SF_6 气体变压器不再是重点发展的产品，目前多限于 110kV 级 63MVA 以下的变压器在使用。

干式变压器有两大类，一类是包封式，即绕组被固体绝缘包裹，不和空气接触，绕组产生的工作热量通过固体绝缘导热，由固体绝缘表面对空气散热；另一类是敞开式，绕组直接和空气接触散热，但因防潮性能较差而很少被采用。

对于大容量变压器，固体绝缘散热形式难以满足要求，故干式变压器目前主要在配电系统应用，产品多在电压等级 35kV 及以下，容量 20 000kVA 以下。

对于容量大电压高的发电厂主变压器，基本都为油浸式变压器。油浸式变压器的应用历史悠久而广泛，它除了变压器油储存量丰富、价格低廉外，还有着自身的独特的优点：

1）与纤维材料配合使用，绝缘性能良好。

2）变压器油的黏度低，传热性能好。

3）能很好地保护铁芯和绕组，免受空气中湿气的影响。

4）保护绝缘纸和纸板不受氧的作用，延长绝缘材料及变压器的使用寿命。

油浸式电力变压器的基本结构由铁芯、绕组、绝缘油、油箱、附件、冷却装置和分接开关等组成，多数变压器为三相式，部分大容量变压器因运输、安装等条件限制而采用三台单相变压器组成的变压器组。一台油浸式 755MVA 主变压器的外形如图 2-1-15 所示。

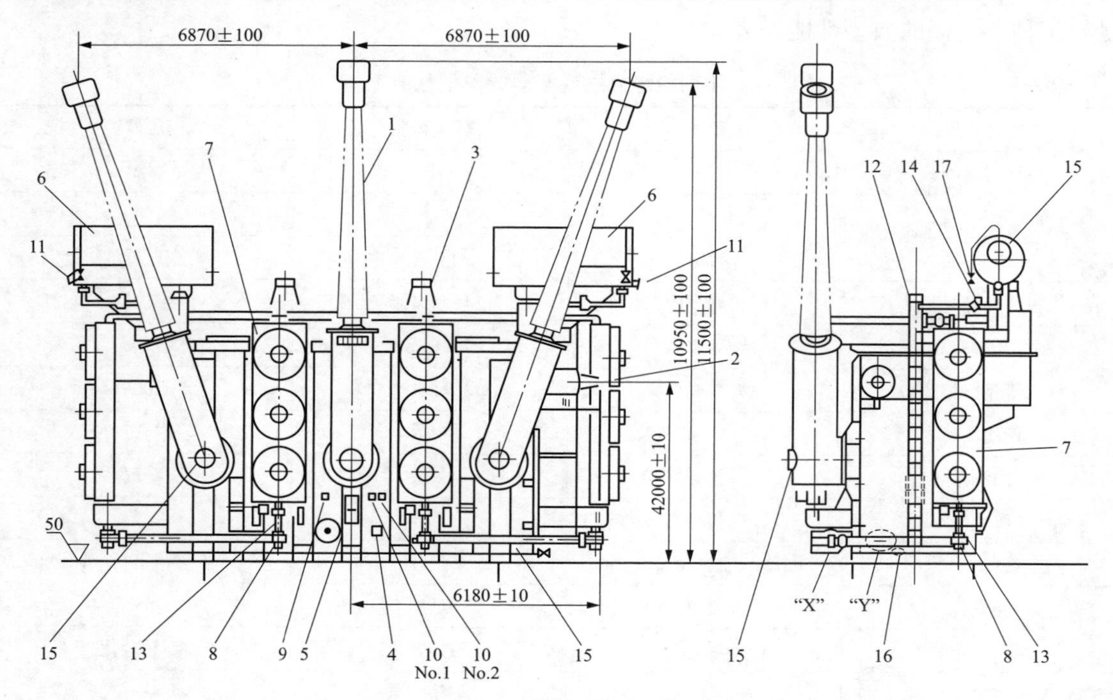

图 2-1-15　变压器外形图

1—高压套管；2—高压中性套管；3—低压套管；4—分接头切换操作器；5—铭牌；6—储油柜；7—冷却器；8—油泵；9—油温指示器；10—绕组温度指示器；11—油位计；12—压力释放装置；13—油流指示器；14—气体（瓦斯）继电器；15—人孔；16—干燥过滤网；17—真空阀

图中，高压套管 1 把变压器三相高压绕组的三个线端引出，外接高压侧回路；高压侧中性套管 2 把三相高压绕组的三个线尾在内部接在一起后引出，用以接中性点设备；低压套管 3 把变压器三相低压绕组的首尾相接（△接）后引出，接发电机出线；分接头切换操作器 4 用以手动操作高压绕组的分接头；储油柜 6 存放的变压器油，以补偿因温度变化的油位，确保油箱内始终充满油；冷却器 7 用以冷却散热器油管中的油；油泵 8 用以驱动变压器内的油冷却循环；油温指示器 9 用以监视变压器上层油温；绕组温度指示器 10 用以监视变压器线圈内的温度；油位计 11 用以监视变压器的实际油位；压力释放阀 12 用以释放变压器内部的异常升高压力；油流指示器 13 用以监视强迫油循环的油流；气体（瓦斯）继电器 14 用以监测变压器内部气体的异常快速增加，以及时告警或跳闸变压器；人孔 15 用以各相应部分的内部检查操作；干燥过滤网 16 用以过滤干燥进入储油柜的空气；真空阀 17 用以变压器排油后重新进油前的抽真空。

（1）变压器铁芯：

变压器铁芯由叠片、绝缘件和铁芯结构件等组成。铁芯叠片由电工磁性钢片叠积而成，为铁芯的主体；铁芯结构件主要由夹件、垫脚、撑板、拉带、拉螺杆和压钉等组成，其作用是保证叠片的充分夹紧，形成完整而牢固的铁芯结构；铁芯叠片与铁芯结构件之间均垫有绝缘件以进行隔离。

铁芯叠片材料采用磁性钢片，从普通铁片到热轧磁性钢片、冷轧取向磁性钢片、高导磁磁性钢片、磁畴细化（通过激光照射或机械压痕）低损耗磁性钢片、非晶合金片的替代，使铁耗不断降低。非晶合金片的铁芯损耗要比取向磁性钢片小，磁导率更高，但由于其饱和磁通密度低、厚度薄、加工困难、材料价格高等因素，目前仅限于部分配电变压器应用。

磁性钢片的厚度小有利于减少涡流，变压器铁芯叠片厚度从早期的0.5mm到0.35mm、0.3mm、0.26mm、0.18mm、0.15mm不断降低。但对于一般电力变压器，从性能、成本等因素综合考虑，现变压器铁芯叠片多采用0.35mm或0.3mm厚的高导取向磁磁性钢片。

变压器铁芯结构有多种形式，其中适用于电厂主变常用的变压器铁芯结构形式见表2-1-7。

表 2-1-7　　各种铁芯结构特征和适用范围

结构型式	结构特征	适用范围
三相三柱式	分别在三个铁芯柱上套装绕组	这种铁芯又称三相芯式铁芯，是目前应用范围最广泛的，大中小型三相变压器均应用
三相五柱式	在中间三个铁芯柱上套装绕组；与三相三柱式铁芯结构相比，可满足大型变压器降低铁轭高度的要求	大型三相变压器
单相单柱旁轭式	在中间铁芯柱上套装绕组，可在旁轭上套装调压绕组和励磁绕组；与单相双柱式铁芯结构相比，可降低变压器运输高度	大型单相变压器
单相双柱旁轭式	在中间两个铁芯柱上套装绕组（相互并联），可在旁轭上套装调压绕组和励磁绕组；可降低变压器运输高度	超高压、大容量的单相变压器以构成三相变压器组

以上所列变压器铁芯形式，三相三柱式变压器具有叠装工艺简单、单位重量损耗小、节省材料、效率高等优点应用最为广泛。由三个单相变压器组成的组式变压器中，每一个单相变压器体积小、重量轻、搬运方便，所以对于一些超高电压，特大容量的变压器，鉴于制造或运输的困难而选择采用。

三相三柱式变压器铁芯的结构示意图如图2-1-16所示，铁芯叠片柱10用环氧绑带7绑紧；铁轭用上夹件2、下夹件8、夹紧螺杆5、夹紧绑带共同紧固；拉板6将上、下夹件连为一体，以使上夹件吊轴承受的铁芯起吊作用力传递到下夹件。绑扎带采用高收缩性绝缘带，具有干燥处理后不但不松散，反而更紧实的特性。

大容量变压器铁芯叠片每隔一定距离放置绝缘纸板，使铁芯在厚度方向分为数个部分，每个部分用铜带再连接起来。原因是大容量变压器铁芯面积大，叠片间电容大，多片电容上的电位相加可以达到比较高的电压值，采取隔板+铜带连接措施可以消除这一现象。

对于三相三柱变压器，铁芯中主磁通是按正弦工频交变的，所以在各个瞬时三个铁芯柱三相磁通都是互成回路而流通的，例如a相的磁通就以b、c两相铁芯柱为自己的磁回路，同样，b相的磁通就以a、c两相铁芯柱为自己的磁回路，c相的磁通就以a、b两相铁芯柱为自己的磁回路。

变压器的总损耗是由空载损耗（铁损）和负载损耗（铜损）两部分构成的，空载损耗占总损耗的1/6～1/4左右。为降低铁损，改进铁芯叠片接缝方式是有效措施之一：采用45°斜接缝方式来取代直接缝方式，因为前者的磁通方向与轧制方向不相一致的部位的面积，大大超过后者，从而使转角部位的局部损耗增大；改传统的交错接缝为阶梯接缝，因为空气隙的

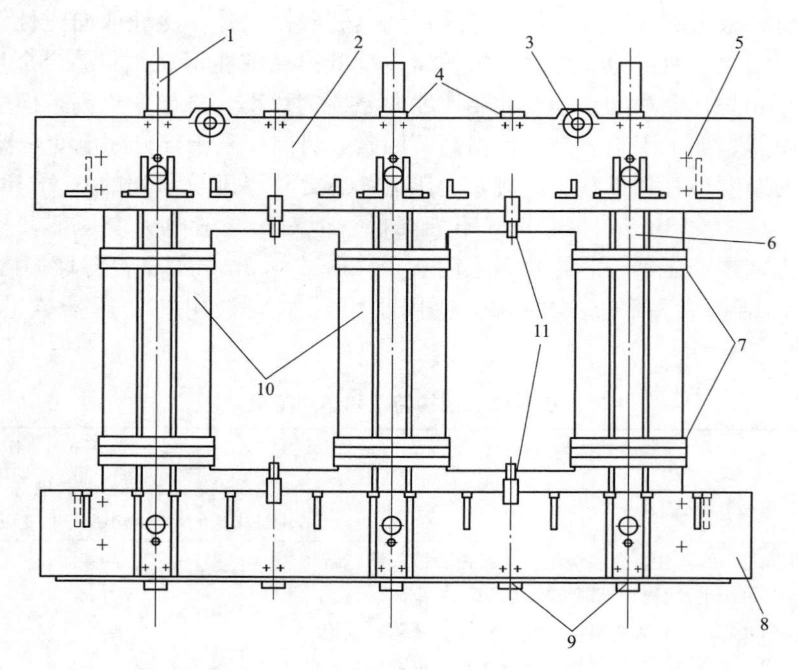

图 2-1-16　三相三柱式变压器铁芯

1—上夹件定位件；2—上夹件；3—上夹件吊轴；4—撑板；5—夹紧螺杆；6—拉板；
7—环氧绑带；8—下夹件；9—垫脚；10—铁芯叠片柱；11—夹紧绑带

磁阻比硅钢片大 1000～2000 倍，所以在接缝处大部分磁通改变方向进入相邻的硅钢片去越过间隙，使硅钢片的局部磁密增大并造成磁通饱和，从而增大了局部损耗，采用阶梯接缝即可消除这种现象，使空载损耗降低 6%～8%，空载电流降低 40%以上，同时可降低铁心噪声 2～7dB。

铁芯硅钢片运行中在励磁下的磁致伸缩使铁芯产生纵向和横向振动，从而构成变压器铁芯的噪声源，噪声水平随着变压器容量和铁芯中的磁通密度的增大而增大，故降低磁通密度和紧固铁芯是降噪的主要措施。

为避免铁芯及结构件电位悬浮引起放电，铁芯必须接地，但又不能多点接地，以避免多个接地点间形成漏磁回路，一般将铁芯接地线引出到油箱外再可靠接地，以便于需要检查铁芯的对地绝缘状态时解开。

（2）变压器绕组：

变压器绕组导体可选材料有铜、铝和银，银因矿藏储量有限，价格昂贵而难以采用。铝的物理性能远不如铜，铝材的电导率（半硬材料）35mΩ/mm^2 远比铜材（56mΩ/mm^2）低，铝的机械强度远不如铜，铝导体的连接工艺复杂，故现变压器绕组导体基本都采用铜材。

变压器绕组用线除了小型变压器外，基本都是采用纸绝缘扁导线。大容量变压器绕组中需要流过较大的电流，则采用多根（2～9 根）扁导线并联的组合导线，由于并联导线之间可以认为几乎没有什么电位差，因此它们之间的绝缘较薄。

油浸式变压器内绝缘的材料主要是变压器油和油浸纸（板），其中绝缘的性能决定于变压器油，变压器油具有良好的绝缘和散热性能：

1）纯净的变压器油的抗电强度很高，一般可达200～250kV/cm，它与固体材料结合使用效果更好，由此可大大缩小变压器的体积。

2）变压器油流动性好，击穿以后绝缘强度可以自行恢复，不会留下永久性的放电通道。

3）变压器油能够很好渗透变压器的器身内部，充满整个空间，排出内部空气，从而提高耐压强度，同时保护绕组及其他固件绝缘不受潮。

4）变压器油具有较高的比热容，它在变压器内部的流动循环，可有效带出绕组、铁芯以及各构件的工作热量，并通过冷却装置散至体外。

除了变压器油外，油浸变压器的绝缘材料是绝缘纸和绝缘纸板，变压器常用的匝绝缘纸和绝缘纸板主要是由未经漂白的硫酸盐纤维制成的，纸中的主要成分是α-纤维素，具有透气性、吸水性和吸油性，击穿强度、机械强度和耐热性均不高，但干燥浸渍变压器后，电气性能就大为提高。常用的绝缘纸有电话纸、皱纹纸、电缆纸和变压器匝绝缘纸，如表2-1-8所列。

表2-1-8　　变压器绕组常用绝缘纸规格

材料名称	厚度（mm）	工频击穿电压（kV/层）	密度（g/cm³）	主要用途
电话纸	0.050		0.82	绕组匝间绝缘
皱纹纸	0.300～0.400	油中≥2.5	定量60g/m²	包扎绝缘
电缆纸	0.080	≥0.6	0.85	绕组匝间、层间绝缘
	0.120	≥0.9		
变压器匝绝缘纸	0.075	≥0.6	0.95	绕组匝间绝缘
	0.125	≥1.0		

变压器按各级绕组相对布置方式有所谓同心式和交叠式之分。同心式即将各级绕组分别同心套在铁芯柱上，通常低压绕组靠近铁芯，高压绕组在外侧，主要是从绝缘要求容易满足和便于高压分接开关接线来考虑的；交叠式即将各级绕组交替叠放沿轴向套在铁芯柱上，一般用于电炉变压器。

变压器绕组的绕线方式有多种结构，按电压等级的高低和电流的大小选择使用，如大容量变压器的低压绕组常用螺旋式、连续式；高压绕组常用纠结式等。螺旋式绕组的外形如图2-1-17所示，这种绕组采用多根扁导线并联按螺旋线绕制，各线饼间放置垫块构成冷却油隙。为了进一步把采用不完全换位的螺旋式绕组的附加损耗降至最低的程度，使用了换位导线。所谓换位导线，就是将多股分散的并绕导线，在绕线圈之前，先按一定的规律，360°连续地进行换位，最后从外表看，被编织成为单根较粗的，包有绝缘纸的导线。

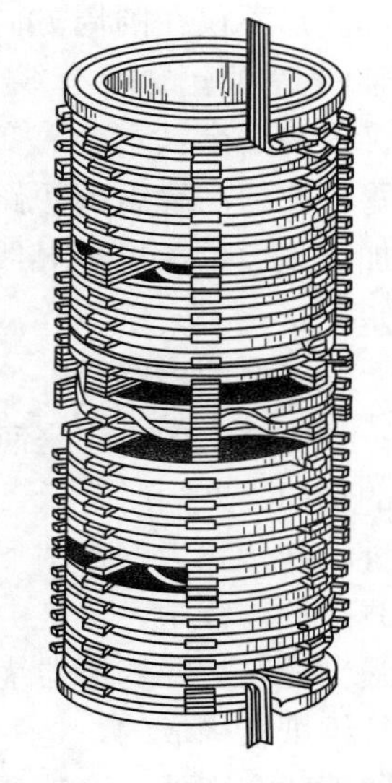

图2-1-17　螺旋式绕组外形

变压器每个绕组至少有两个端头，三相变压器的三相绕组首端分别引出，尾端连接在一起的称为星形连接，三相绕组分别首尾相接称为三角形联结。联结的方式对于高压绕组用大写字母Y、D表示，对于中、低压绕组用小写字母y、d表示；对于有中性点引出的联结用YN或yn表示；变压器各电压绕组的字母标识按按额定电压递减的顺序标准，在中压绕组及低压绕组的联结组字母后，紧接着标出其相位移钟时序数。变压器的联结组别表示高压绕组与中、低压绕组之间的相位关系，绕组的联结相同是两台变压器并联运行的必要条件，否则会造成并联运行的变压器之间有电位差而在绕组中流过远大于额定电流的环流，危及变压器的安全。发电厂主变常用联结组别如YNd11，表示高压绕组星形联结且中性点引出，低压绕组三角形联结，低压绕组比高压绕组相位偏移30°（相当于时钟11点）。

变压器供电的近区短路时，变压器的漏磁通密度是正常运行时的数倍，短路电流很大，而短路电动力正比于电流的二次方，变压器绕组将承受很大的机械应力，可能会导致绕组变形损坏。

短路时变压器绕组的幅向受力情况如图2-1-18所示，由于绕组的匝与匝、饼与饼、层与层之间各匝的短路电流方向相同，在绕组内部产生相互吸引的短路力，在该力的作用下，绕组内的各导线有紧紧地靠在一起缩成一团的趋势。而就内绕组（低压绕组）与外绕组（高压绕组）的短路力而言，若两个绕组流过的电流方向相反时，两个绕组流之间的幅向短路力相互排斥，从而使高压绕组受到张力，使绕组的直径增大，导线增长；而低压绕组受到压缩力，使绕组直径缩小，长度缩短。

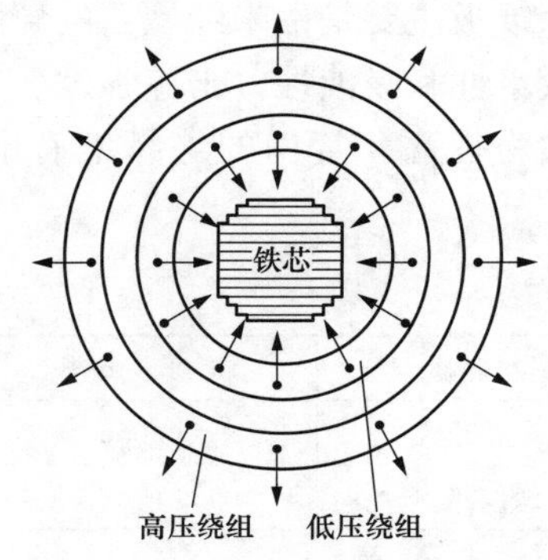

图2-1-18　短路时变压器绕组幅向受力情况

由于低压绕组通常绕在由绝缘筒支撑的撑条上，致使两撑条跨距之间的导线在幅向压缩短路力的作用下产生弯曲应力，当应力超过临界应力值时，绕组在某一撑条间距内的某些线饼的所有线匝同时向内凹陷，而在相邻撑条间距内，这些线饼的所有线匝却同时向外凸出，如图2-1-19所示。这种局部变形不仅在圆周方向是不对称的，而且整个绕组轴向高度上的所有线饼也不一定都产生这种变形。这种残余（永久）变形称为受压缩绕组的幅向失稳。要提高绕组的短路强度，所采取的对策包括增加撑条数量，提高导线的硬度，在绕制绕组时把线匝尽量绕得紧实一些，装配时尽量减小内绕组与铁芯柱之间的间隙等。

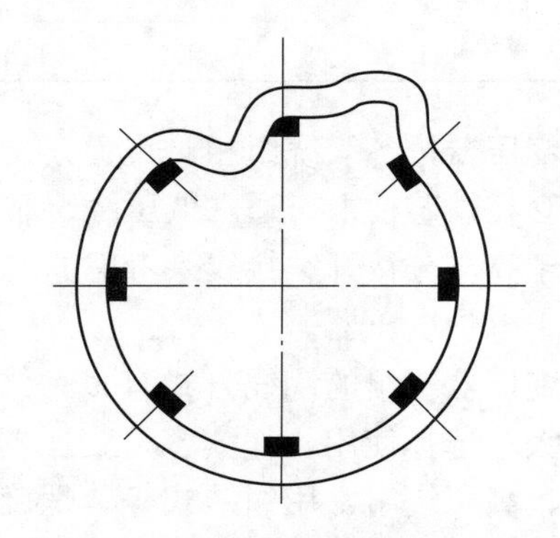
图2-1-19　变压器绕组受压缩幅向失稳

除了幅向短路力外，由于磁力线在绕组端部弯曲产生轴向漏磁分量，从而引起轴向短路力。该短路力的作用是使内侧和外侧绕组同时受到从两端向中部的轴向压缩，力图使两个绕组的轴向高度同时降低。由于饼式绕组沿线饼圆周方向有垫块存在，故两垫块之间的导线在这种轴向短路力的作用下，出现轴向弯曲，产生弯曲应力，且最大的弯曲应力出现在绕组两端线饼的导线中，这是由于绕组两端的幅向漏磁分量最大、绕组两端的线饼受到轴向短路力也最大的缘故。变压器绕组的轴向紧固方式是通过上下压板-垫块-线饼压紧的，由于垫块是由纤维纸板构成的，是一种可压缩的材料，在压力作用下比较容易变形，而且当压力去除后会留下残余变形，这就意味着丧失弹性势必会引起绕组的松动。相应对策包括选用高密度绝缘纸板作为垫块的材料并作预压密化处理、绕组恒压干燥处理、总装配时轴向预压紧力的准确控制等。

变压器绕组在承受短路电流的作用时除要保持动稳定外，还要保持热稳定，按照国标规定，变压器短路持续时间按 2s 考虑，短路电流作用后，变压器绕组平均温度的最高限值对于 A 级绝缘的油浸式变压器是 250℃（铜导线）。

（3）变压器油箱：

油浸式变压器的油箱是保护变压器器身的外壳和盛油的容器，又是装配变压器外部结构件的骨架，同时通过变压器油将器身损耗所产生的热量以对流和辐射方式散至大气中。

作为盛油容器，要求其密封不漏油，一是钢板材料和所有焊线均不得渗漏，二是机械连接的密封处不漏油，以保证变压器长期运行而外部清洁无油污，外界的空气、水分不能进入油箱内。

变压器油箱的密封性能实验：试验压力 30kPa 并维持规定的时间。现场真空密封试验：施加现场运行要求的最高真空水平，达到规定值后继续抽真空 2h 后或者一直到获得稳定的真空压力值为止，以停止抽真空 10min 后为基准，30min 的真空降小于 100Pa。

变压器油箱的机械强度性能要求见表 2-1-9 。

表 2-1-9　　油浸电力变压器油箱的机械强度性能要求

电压等级（kV）	一般结构油箱		波纹式油箱	密封式油箱
	真空度	正压力	正压力	正压力
6，10			≤315kVA 的，25kPa ≥400kVA 的，20kPa，5min	70kPa，5min
35	≥400kVA 的，50kPa	60kPa	<400kVA 的 ，25kPa ≥400kVA 的，20kPa	70kPa
66	<20，000kVA 的 ，真空度：50kPa；正压力：60kPa ≥20，000kVA 的，真空度：20kPa；正压力：80kPa			
110	真空度：133Pa；正压力：100kPa			
220	真空度：133Pa；正压力：100kPa			
330	真空度：133Pa；正压力：100kPa			
500	真空度：133Pa；正压力：100kPa			

变压器油箱常用的两种结构形式，一种是筒式油箱，其下部油箱主体为长方形或椭圆形油桶结构，顶部为平顶箱盖，箱盖和油箱主体通过箱沿用螺栓连接合成整体（利用耐油橡胶条进行密封），这种油箱适用于中小变压器；另一种是钟罩式油箱，其油箱分上、下两节构成，当将上节油箱（称为钟罩）吊开后，变压器器身的绝大部分暴露出来，这给现场检查修理带来极大方便，且因不带铁芯起吊，起吊重量大大减小，更适用于大中型变压器。

变压器油箱上需装设的零部件主要有：安全保护装置的气体继电器，压力释放装置，辅助回路控制箱；冷却控制箱；储油柜；油温测量的温度计，温度信号元件，远距离测温元件；排油阀门；爬梯；套管等。

（4）变压器分接开关：

分接开关用以变换变压器绕组的分接头，在一定范围内改变变压器的变比；因为高压绕组相对低压绕组电流较小、匝数较多，布置调压分接区对变压器安匝平衡影响小，通常变压器的分接头置于高压绕组侧。变压器分接开关分无载分接开关和有载分接开关两类。

1）无载（无励磁）分接开关：

无载分接开关在变压器不施加电压的条件下，进行变换分接位置操作，以调节变压器的输出电压。无载分接开关的调压范围通常为±5%或±2×2.5%；分接位置数3或5。

无载分接开关由安装于变压器油箱顶盖（或下部）的头部法兰和带有动触头的主轴及带有静触头的笼子两大部分组成，如图2-1-20所示，头部法兰上的顶盖手轮，通过联轴器将操作力传至触头系统的动触头上，实现分接触头的切换和定位。

分接开关的触头系统结构形式有鼓形、笼形、条形、盘形和楔形，常用的鼓形结构如图2-1-21所示，图中各圆柱形分接静触头（2、3、4、5、6、7）均布于静触头笼子圆周上，动触头在变压器油箱盖上通过操作杆的传动下旋转，选择分接位置并在与静触头良好接触定位。

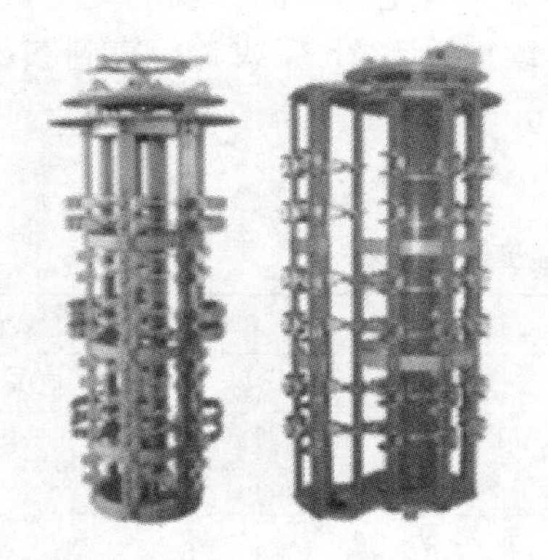

图2-1-20　变压器无载分接开关

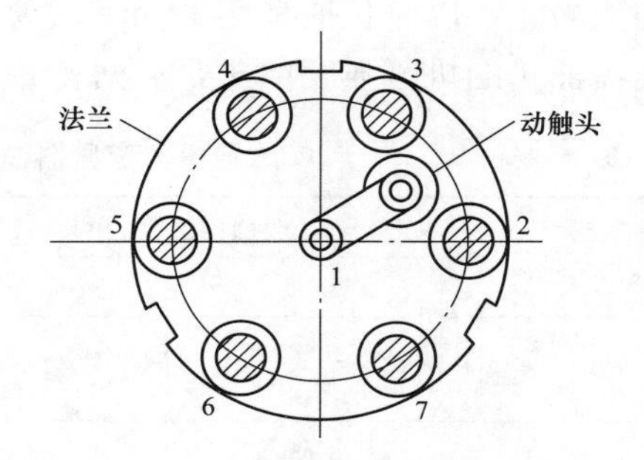

图2-1-21　鼓形无载分接开关

无励磁分接开关的接线按调压部位有中性点调压、中部调压和线端调压方式。图2-1-22所示为变压器分接开关中性点调压和中部调压接线原理图。图（a）所示为三相中性点调压接线，是有载分接开关和分接绕组的最简便和最紧凑的设计方案；图中动触头接X2、Y2、Z2，将三相绕组尾端接在一起作为中性点，如果动触头切换到X1、Y1、Z1或X3、Y3、Z3，则可调整变压器绕组接入运行的匝数。图（b）所示为中部调压接线，常用于35kV及以上的

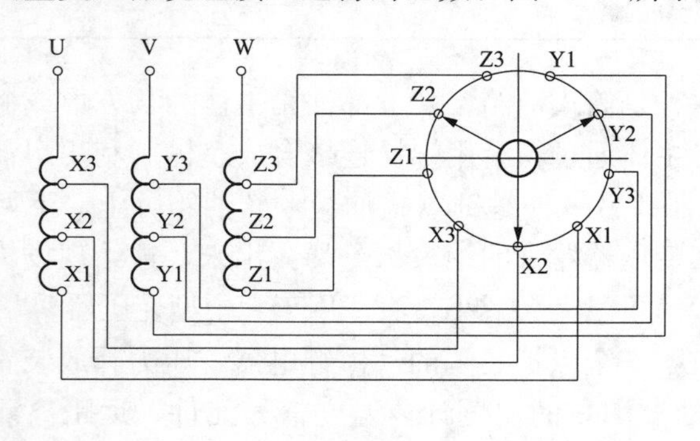

(a) 三相中性点调压

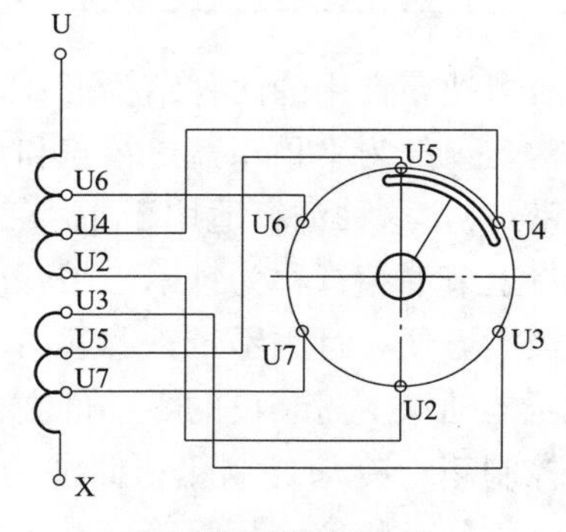

(b) 中部调压(仅示出一相)

图2-1-22　变压器分接开关接线原理

高压绕组。在电压等级为110kV及以上时，由于相间绝缘要求，分接开关常做成单相结构；电压为220kV及以上的高压绕组通常是中部出线。图中可调节动触头，接通相邻的两个分接点，调整变压器绕组接入运行的匝数。

2）有载分接开关：

有载分接开关可在变压器励磁或负载状态下操作，用以调换绕组的分接位置，改变变压器的电压比，实现运行中调整电压之目的。

图 2-1-23　组合式操动机构

有载分接开关的基本结构由开关本体和操动机构两大部分组成。开关本体主要包括分接选择器、切换开关以及油室等；操动机构含驱动电机、传动机构及控制电路等部分。按分接选择器和切换开关的组合方式有复合式（如V型）和组合式（如M型）之分。前者分接选择器和切换开关的功能集成为一体，多用于电压等级和开关额定容量较低的变压器；后者如图2-1-23所示，切换开关与分接选择器上下布置，上部为切换开关本体，在一个内充变压器油的密封油室内，包括了绝缘转轴、储能机构、切换机构（触头系统）及过渡电阻；也有真空式，用真空管代替油浸式分接开关的电弧触头，使熄弧发生在真空管内。分接选择器上的引线从油室的外部接入切换开关。油室头部有法兰、头盖、头部蜗杆蜗轮机构、爆破盖、油室观察窗、溢油排气螺钉等结构部件。分接开关借助开关头盖安装在变压器油箱盖上。分接开关的电动机构通过传动轴、油室头部齿轮机构等结构，与分接开关机械连接，将电动机的转动动力转换为分接开关的水平方向转动，控制分接开关的切换操作。触头系统在切换过程中，电弧会使变压器油分解，产生游离碳和可燃气体，所以不能让油室中的变压器油渗漏到变压器的主油箱中。

有载分接开关的工作原理如图2-1-24所示：切换两分接点过程中，短时接入过渡电阻，保持电路不断开，当切换至下一分接点后，再断开过渡电阻。切换过程的电流路径如图中的粗实线所示。

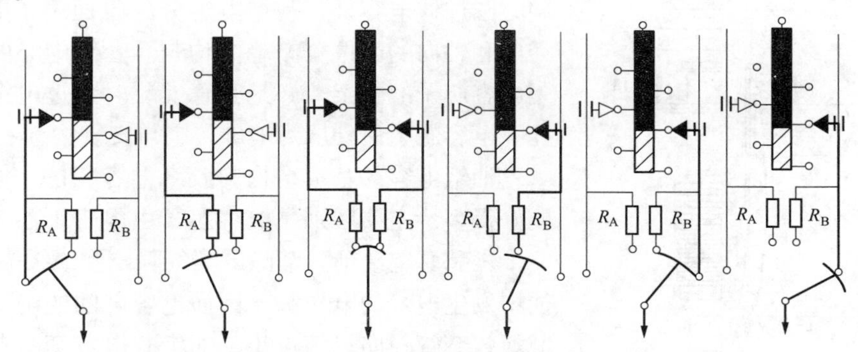

图 2-1-24　有载分接开关工作过程

分接开关的切换操作过程，先是分接选择器动作，在分接头预选择完成后的同时，拉紧储能弹簧，切换开关将在储能弹簧释放的瞬间动作，此操作不受驱动装置的动作影响。切换开关的动作时间一般为35～50ms，过渡电阻将承受短时（20～30ms）的负载电流。有载分接开关的总动作时间为3～10s。

（5）变压器套管：

变压器需要通过套管将各个不同电压等级的绕组连接到线路中，需要使用不同电压等级的套管对油箱进行绝缘，根据使用条件满足使用的绝缘（内绝缘和外绝缘）、载流（额定和过载）、机械强度（稳定和地震）等各方面的要求（GB/T 4109《交流电压高于1000V的绝缘套管》）：

1）耐受额定热短时电流 I_{th} 是套管额定电流 I_r 的25倍，持续时间2s，对于 $I_r \geqslant 4000A$ 的套管，I_{th} 为100kA；

2）耐受额定动稳定电流 I_d 是 I_{th} 的2.5倍的第一个波峰的幅值；

3）悬臂耐受负荷、磁绝缘外套的爬电距离、温度极限和温升、绝缘水平等符合相关规定。

变压器套管按主绝缘结构分类有注油式和电容式套管，注油式套管用于60kV及以下电压等级，结构比较简单，导电部分穿过套管，内绝缘为变压器油，外绝缘为瓷套管；大电流套管的导电体穿过变压器箱盖时会产生涡流，须采取隔磁措施：在变压器箱盖上套管安装孔圆周外割出隔磁缝，再用非导磁材料补焊回。

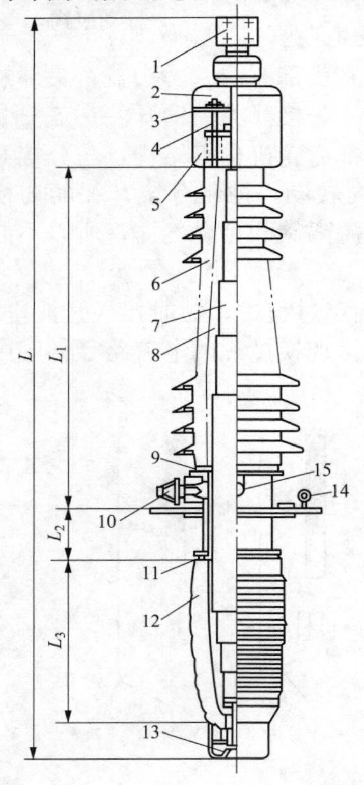

图 2-1-25　油浸式电容套管

1—接线头；2—均压罩；3—压圈；4—螺栓及弹簧；5—储油柜；6—上节瓷套；7—电容芯子；8—变压器油；9—密封垫圈；10—测量端子；11—密封垫圈；12—下节瓷套；13—均压罩；14—吊环；15—放油塞

60kV及以上高压套管基本都是电容式的。电容式套管的引线与接地屏之间的绝缘，是多层紧密配合的绝缘纸和铝箔交错卷制成的电容芯子。根据电容芯子的材质及制造方法，电容式套管又分为胶纸电容和油纸电容两种。

胶纸电容芯子由0.05～0.07mm厚的单面上胶纸和0.01mm或0.007mm厚的铝箔加温加压交错卷制成型，经加热硬化后，外表面浸防潮漆而成。铝箔是在胶纸的层间每隔1～2mm放一层，形成很多与中心导管并列的同心圆柱体电容屏，利用电容分压原理调整电场，使其径向和轴向的电位分布趋向均匀。套管中心的铜导管既是电容芯子的骨架，又是套管安装时穿过电缆引线的通孔。电容芯子最外屏为地屏，它与安装法兰一起接地。

油纸电容的基本结构与胶纸电容相仿，但电气性能要好得多。主要区别是电容芯子由电容纸卷制，经过真空干燥和真空浸油，消除屏端气隙，主绝缘为变压器油，油中发生电晕的电压高，因而电容屏间的绝缘厚度可以减薄，套管径向尺寸更小。油纸式电容套管典型结构如图2-1-25所示。图中接线头1为变压器绕组引出线的接点，其上部为接线板，下部有穿缆和导杆两种结构，当套管额定电流较大（大于1250A）采用后者，接线头内螺纹直接与铜管连接，电流直接由铜管传导，铜管下端接绕组引出线；上下均压罩2、13用于改善套管上、下端的电场分布；螺栓及弹簧4起机械紧固作用，既保证密封，又可补偿由于温度变化而引起的各部件长度变化；电容芯子7由高压电缆纸和导电铝箔组成，由于铜导电管处于额定电压高电位，而其最外侧接近接地法兰处是地电位，两者之间采用电容式结构可使电场分布均匀；测量端子10内接电容芯子最外层极板，以便套管试验时接线用，运行时须将其妥善接地；密封垫圈11是下节套管的油密封件，因为套管上端比变压器储油柜的油位还要高，如果套管油漏进变压器油箱，则套管电容芯子的上部就有可能浸不到油，油纸失去绝缘性能将被击穿。

油纸套管制造工艺简单、成熟、应用广泛，但也存在固有问题即油密封问题，油纸套管内所充变压器油量很少，密封不良容易引致内部干涸、受潮，电气强度大幅下降。油密封件为耐油橡胶，会因安装压缩不当、悬臂负荷及引线应力、橡胶老化、环境温度变化等诸因素影响，造成密封不良渗漏油。

电容型套管还有干式套管，其基本结构为：以金属导管为主导电回路；以玻璃钢为支撑筒；电容芯子以非液体为主绝缘，胶浸纤维套管的电容芯体如图2-1-26所示。在金属导体上采用绝缘纤维包绕制成绝缘层，采用导电或半导电材料制成电容屏，绝缘层与电容屏交替包绕间隔设置达到设计要求后，在真空状态下浸渍环氧树脂混合料，经高温固化制成真空胶浸纤维电容芯子。电容芯子与联接法兰和外绝缘增爬伞裙以及其他附件组装在一起制成真空胶浸纤维电容型干式套管。

图2-1-26　胶浸纤维电容芯体

干式套管具有重量轻、悬臂负荷应力小、不存在破碎爆炸危险、维护简单、防污性能优异等优点，可作为瓷套管的替代品。但也存在一些不足，如制造工艺复杂，质量不容易控制；运行经验少等。此外，干式套管内绝缘依然要求外密封良好，当密封失效后，不能从外观及时发现可能留下隐患。

（6）变压器冷却器：

变压器运行中线圈和铁芯都有损耗热量产生，需要专门的冷却器将其散发出去，油浸变压器首先通过本体与散热器间的油循环将热量传递给散热器，散热器再与其冷却介质热交换将热量散发出去。冷却器按其外部冷却介质分有空气冷却器和水冷却器两类；而按外部冷却介质的循环方式有自然对流和强迫循环（风扇、泵等）两类。一般中小型电力变压器采用自然对流方式冷却，大中型变压器大都采用强迫循环冷却。

1）风冷却器：

风冷却器的组件主要有冷却管、风扇、油泵、油流继电器、控制箱、蝶阀、温度计等。冷却管由多根垂直钢管或铝管排列，管的外表面装有翅片以增大空气侧的传热面积，管内有扰流丝使管内的油流变为紊流，以加大油对冷却管的传热；风扇装在冷却器的背部驱动空气流加速吹过冷却管，带走冷却管表面散发出来的热量；油泵为强迫变压器油加速循环提供动力；油流指示器监视油循环油流的正常与否。由于强迫油循环可显著降低运行油温，提升变压器的负荷能力，故配置强油循环的变压器，要求冷却系统必须双电源供电，当冷却系统全部或部分风冷却器停运，变压器应减负荷运行。

机械行业标准对风冷却器的主要技术要求有：

◇ 冷却器冷却容量应至少具有5%的储备裕度，辅机损耗率不大于3%；

◇ 冷却器的油流速：冷却容量 125kW 及以下不大于 2.5m/s，160kW 及以上不大于 2m/s；

◇ 整体结构能承受住真空度为 65Pa、持续时间为 10min 的真空强度试验，不得有永久变形和损伤；

◇ 整体结构能承受真空度为 500kPa、初始油温为 70℃、历时 6h 的油压试验，不得有渗漏、永久变形和损伤；

◇ 冷却系统的所有密封元件，能长期耐受 105℃变压器油；

◇ 冷却器主电源回路须装设油泵及风扇的过载、短路、断相保护装置；

◇ 所有电器设备金属外壳可靠接地，控制系统电器元件能承受 2kV 持续时间 1min 的工频耐压试验。

①变压器风扇。变压器风扇一般为轴流式叶轮和户外三相异步电动机直轴连接的结构。机械行业标准对变压器风扇的主要技术要求有：

◇ 风扇电动机的性能（效率和功率因素）不低于标准所列的规定值。

◇ 额定电压下的堵转转矩、最大转矩、起动最小转矩、堵转电流、风扇最高全压效率等指标符合标准规定值。

◇ 风扇电动机绕组的绝缘电阻常温下不低于 50MΩ，热状态下不低于 5MΩ；规定的耐压试验（工频电压 2000V1min，冲击电压峰值 5000V）不击穿。

◇ 电动机运行绕组的温升不超过 45℃，轴承温度不超过 95℃。

◇ 风扇各级叶轮声压级水平不超过标准的规定。

◇ 风扇振动速度不超过 4.5mm/s。

②变压器油泵。变压器油泵有一般油泵和潜油泵等形式，潜油泵的电动机浸在油中潜油运行。油泵按叶片的形式分为离心式和轴流式油泵，前者适用于一般强油冷却器系统，后者适用于低扬程、大流量、低油阻力的片式散热器冷却系统，可作为多种冷却方式的切换：当泵停运时，油泵只相当于一段低阻力的管路，系统为自冷或风冷运行。油泵电动机的形式分普通电动机和盘式电动机，普通电动机转子在同心的定子的内部，定子对转子的电磁作用是通过径向间隙实现的；而盘式电动机定子与转子在轴向是平行排列的，定子与转子的电磁作用是通过轴向间隙实现的，这种结构的好处是电动机与泵结合紧密、省略电动机前端盖、轴承盖等零部件，同时油泵防渗漏效果好。

机械行业标准对变压器用油泵的主要技术要求是：

◇ 油泵能承受初始油温为 75～85℃、0.5MPa 的油压试验，历时 5h 无渗漏现象；

◇ 在额定流量下运行时，油泵的振动速度不超过 2.8mm/s，声压级水平不超过规定的限值；

◇ 额定电压下的堵转转矩、最大转矩、起动最小转矩、堵转电流等指标符合标准规定值；

◇ 油泵电动机的绝缘电阻不低于 50MΩ，规定的耐压试验不击穿；

◇ 油泵叶轮应采用耐磨材料制造，油泵电机绕组采用高强度耐变压器油的漆包线制造，绝缘材料耐热至少为 120（E）级，轴承精度至少为 E 级、寿命至少五年，外壳防护等级为 IP55。

2）水冷却器。采用水冷方式的变压器，油箱上不装散热器。油/水热交换系统由油泵、滤油器、油流计和水冷却器等构成，其工作流程为：变压器的上层热油由油泵抽出，经过水冷器冷却（在水冷却器管内通冷却水，管外流过变压器热油，冷却水将油的热量吸收后，在水/气热交换系统交换到周围大气）后，从油箱下部流回变压器，去冷却变压器的铁芯和绕组，油在吸收变压器内损耗热后温度升高，自然浮上变压器的顶部并被抽出，进入下一循环。由于水的散热效率比空气高得多，强迫油循环水冷式与强迫油循环风冷式相比，散出同样的热量所消耗的材料和电能比较少，造价较低，所需冷却器的数量较少。但水/气热交换系统需定期添加防冻剂、定期补水、清扫等维护工作量较多。另外，水冷系统构成复杂，水泵、油泵长时间满负荷运转，水冷系统整体运行寿命短，无法实现与变压器同寿命，实际变压器水冷方式的应用较少。

（7）气体继电器：

气体继电器是油浸变压器的一种保护用组件，当变压器内部有故障而使油分解产生气体或造成油流冲击时，继电器的接点动作，给出告警信号或切除变压器。气体继电器装于变压器油箱和储油柜之间的管路中，由变压器的安装坡度和气体继电器安装油管的坡度决定，变压器内部产生气体或油流时，必然通过油箱和储油柜之间的管路向储油柜流去，从而冲动气体继电器。

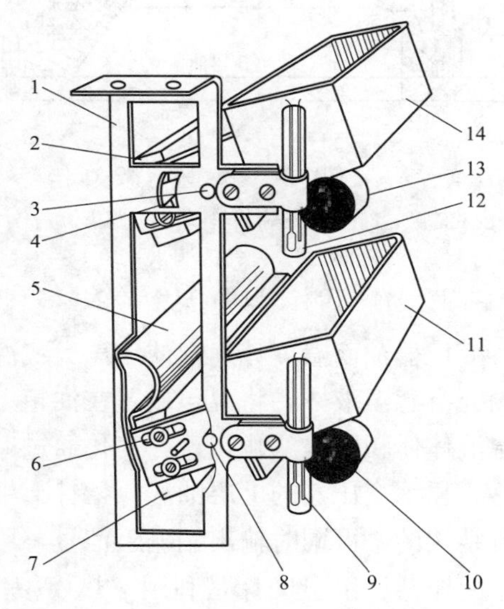

图 2-1-27 气体继电器的内部结构

1—框架；2、7—平衡锤；3、8—轴；4—限位杆；5—挡板；6—平衡锤调整螺钉；9、12—干簧接点；10、13—磁铁；11、14—开口杯

气体继电器的形式较多，图 2-1-27 示出其中一种继电器的内部结构，其工作原理为：正常运行时，继电器内充满了油，开口杯 11、14 处于翘起的位置；变压器内部发生轻微故障时，产生的气体聚集在继电器的上部使油面下降，开口杯由于杯内油的重力作用使其随油面降低，磁铁 13 随之下降，到达干簧管 12 接点附近，使干簧管接点闭合发出信号；当变压器内部出现严重故障时，产生大量气体，造成强烈油流冲击挡板 5，使下开口杯 11 向下转动，磁铁 10 随之下降，干簧管接点 9 闭合，作用于变压器跳闸；当变压器因漏油而油面下降时，上开口杯 14 先随之下降，接点 12 先闭合，如果油面继续下降，下开口杯 11 随之下降，接点 9 闭合。

（8）压力释放阀：

压力释放阀是变压器的一种压力保护装置。由于变压器基本是密闭体，变压器内部通过隔膜、胶囊或干燥剂与大气接触，当变压器内部因故障或其他原因瞬间产生大量气体压力骤升时，如果不给予保护释放将导致油箱破裂，故国标要求 800kVA 及以上变压器应装设压力保护装置。压力释放后，压力释放阀将自动闭合，保持油箱的密封性。

压力释放阀的典型结构如图 2-1-28 所示。释放阀用螺栓固定在变压器油箱盖上油密封垫圈 2 密封，盖 6 由螺栓 11 固定在法兰 1 上，盖通过两个弹簧 7 对膜盘 3 施加压力，膜盘通过两个密封垫圈 4 和 5 密封。

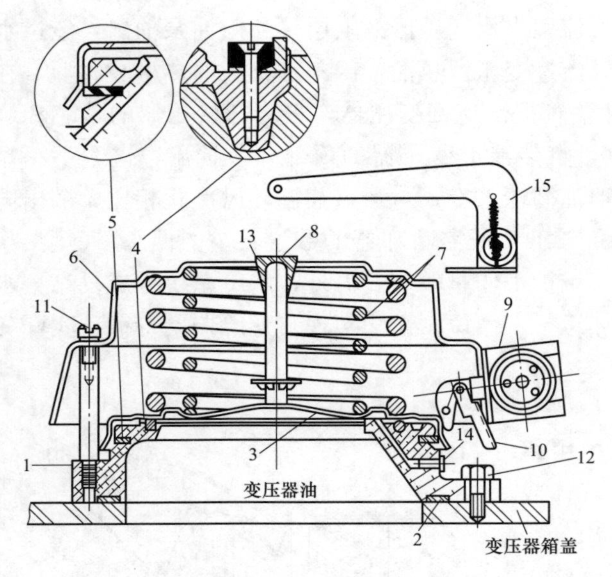

图 2-1-28 压力释放阀

1—安装法兰；2、4、5—密封垫圈 3—膜盘；6—外罩；7—弹簧；8—机械指示销；9—信号开关；10—手推复位杆；11、12—螺栓；13—导向套；14—放气塞；15—长臂信号杆

当油箱内变压器油对膜盘的压力大于弹簧压力时，膜盘向上移动到弹簧限定的位置，变压器油排出，当油箱内压力释放到关闭值，膜盘在弹簧的作用下回复到原来位置，释放阀重新密封。在膜盘向上移动时，同时推动机械指示销8移动，并由导向套13保持在向上位置，以表示释放阀曾动作，需手动复位；长臂信号杆15可更远距离观察到动作信号；信号开关9可远传动作信号，需通过复位杆10手动复位。

（9）变压器温度计：

变压器的安全运行和使用寿命与运行温度密切相关，一般变压器都装设油面温度计，大中型变压器还加设绕组测温元件，温度信号远传至控制室用以监视、报警，并接入变压器继电保护回路。

变压器油面温度计通常使用压力式温度计，其结构由指示仪器、温包和毛细管组成。温包内充有感温液体，将温包放置在油箱上的温度计座内，当变压器油温度变化时，温包内的感温液体体积随之变化，这一变化通过毛细管传递到指示仪表，仪表将其转变为指针的机械位移，显示变压器的上层油温，指针上带有电接点，可用于设定报警限值。也有将温包做成复合结构的，可同时输出铂电阻信号，用于信号远传。

变压器绕组温度计是利用“热模拟”原理来进行绕组温度测量的，而不是直接测量绕组温度。油浸式变压器的热分布如图 2-1-29所示。图中假定绕组和绕组中的温度都是随高度线性增加的，g 表示绕组与油的温差，H_g 表示绕组热点温度与顶部油的温差，其中 H 是热点系数，表示热点温升比绕组顶部平均温升要高，H 的值与变压器的容量大小和短路阻抗有关。基于这一理论，变压器绕组温度计是在压力式温度计测量顶层油温的基础上，增加一个对应 H_g 或 g 的增量即铜油温差，代表对应绕组热点温度或绕组顶层平均温度。铜油温差是绕组对油的温升，这一温升与绕组中的损耗和通过的电流大小有关，因此，需要通过电流互感器的二次电流加热仪表的电热元件得到这一增量，从而得到绕组的温度，如图 2-1-30 所示。当变压器负载的电流通过电热元件时，电热元件产生热量，使仪表内的弹性元件的变形量增大，此增加量对应铜油温差，因此，仪表指示对应变压器绕组的温度。

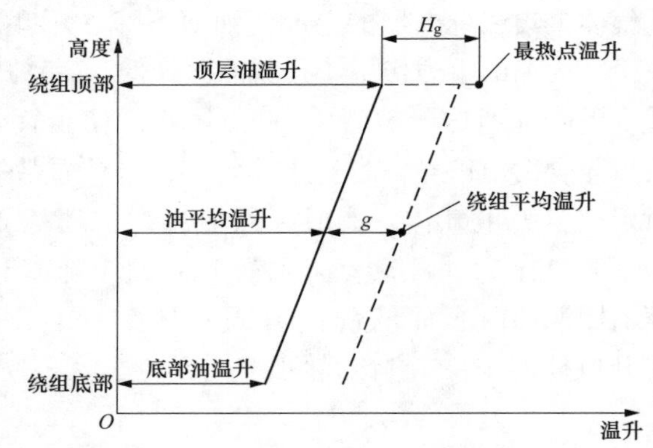

图 2-1-29 油浸式变压器热分布图

（10）变压器储油柜：

密封式储油柜是满足变压器油体积变化，防止水分和空气进入变压器，延缓变压器油和绝缘老化的保护装置。变压器储油柜一般分为敞开式和密封式，其中密封式又有胶囊式、隔膜式和金属波纹式之分，大、中型变压器均采用密封式。储油柜的容积约为变压器油箱内充油量的6.6%。

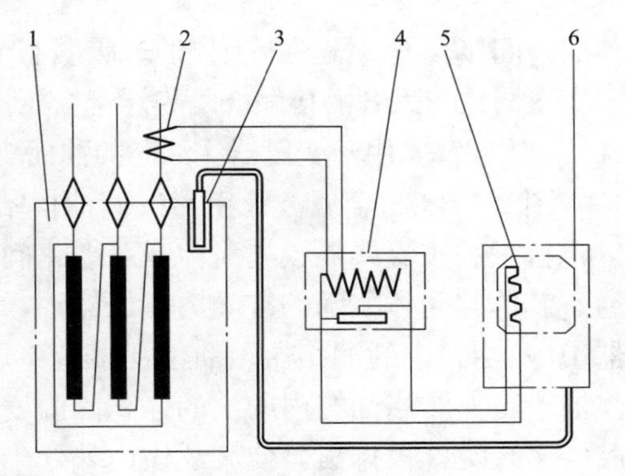

图 2-1-30　绕组温度计原理

1—变压器；2—电流互感器；3—温包；4—匹配器；5—电热元件；6—仪表

图 2-1-31 为胶囊密封式储油柜结构示意图，胶囊 2 置于油面上，胶囊内侧通过吸湿器与大气相通，胶囊外侧与变压器油接触，胶囊隔绝了变压器油与大气的接触，油位上升压缩胶囊，油位下降胶囊随之下降，实现自由呼吸，胶囊下面接有连接杆，把油位变化的位移量传递到油位计 4，放气管 3 用于变压器下部注油时的上部排气。

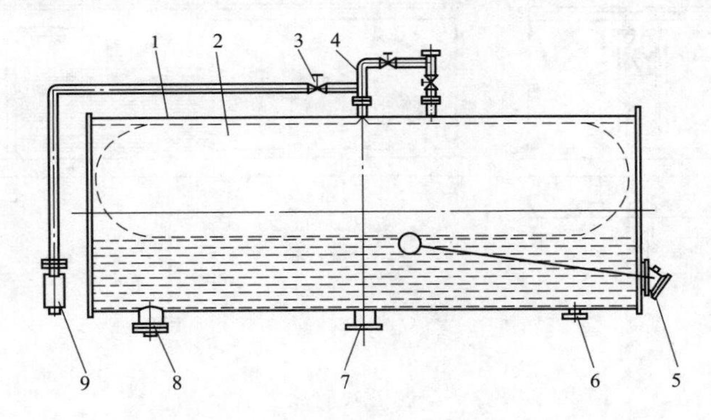

图 2-1-31　胶囊密封式储油柜

1—柜体；2—胶囊；3—阀门；4—连管（接抽真空装置）；5—油位计；6—注放油管；7—气体继电器联管；8—集污盒；9—吸湿器

图 2-1-32 为隔膜密封式储油柜结构示意图，柜体 1 由上下两部分组成，隔膜安装于上下柜

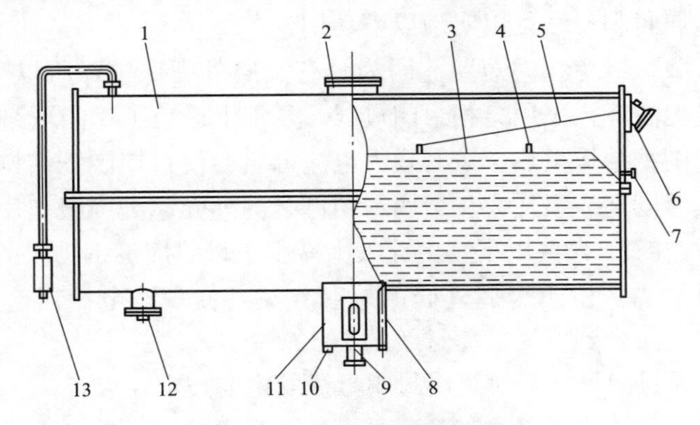

图 2-1-32　隔膜密封式储油柜

1—柜体；2—视察窗；3—隔膜；4—放气塞；5—连杆；6—油位计；7—放水塞；8—放气管；9—气体继电器联管；10—注放油管；11—集气盒；12—集污盒；13—吸湿器

体的中间接合面。隔膜 3 上侧通过吸湿器 13 与大气相通，隔膜下侧与变压器油接触，隔膜隔绝了变压器油与大气的接触。隔膜浮于变压器油面上，油面变化的位移量通过连杆 5 传递到油位计 6，放气塞 4 用于变压器注油时的油面排气，放水塞 7 用于将隔膜呼吸时的凝结水排出。

图 2-1-33 为金属波纹密封式储油柜结构示意图，金属波纹芯体采用不锈钢材料制造，用以代替橡胶胶囊或隔膜，避免橡胶老化问题。图中波纹芯体 4 内腔通过排气软管 5 与大气相通；芯体与壳体之间的空间为变压器油，称为储油室，储油室中的油通过三通 8 与气体继电器 10 及油箱中的油相通；油位视察窗 1 可直观反映内部油位；注油管 7 可用于变压器本体注油。工作时当油箱内的油的体积因温度升高而增大时，体积增量将波纹体压缩，波纹体内腔的多余空气被排出，使波纹体内外处于压力平衡状态，反之，当油箱内的油的体积因温度降低而缩小时，储油室中油的压力小于波纹体内腔的空气压力，在空气压力的作用下，波纹体伸长，将储油室的油回送到油箱，实现隔离呼吸功能。

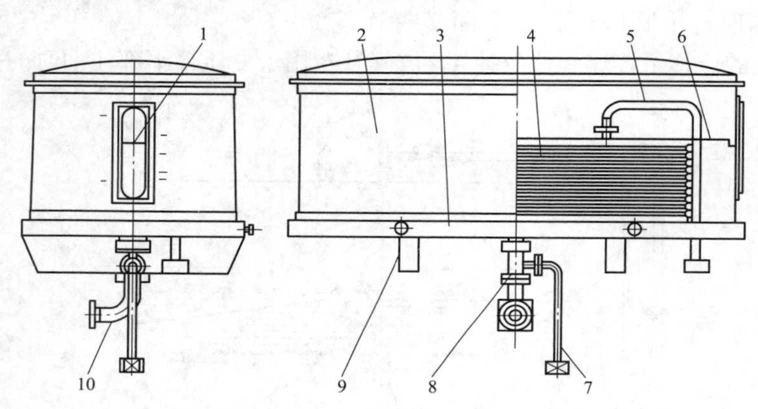

图 2-1-33　金属波纹管密封式储油柜

1—油位视察窗；2—防护罩；3—柜座；4—金属波纹芯体；5—排气软管；
6—油位指针；7—注油管；8—三通；9—柜脚；10—气体继电器联管

（三）封闭母线

大中型发电机出线到主变压器的电气连接，包括主回路和分支回路一般都采用离相式金属封闭母线。采用金属封闭母线可以实现以下功用：

（1）减少接地故障，避免相间短路。因为具有金属外壳保护，所以基本上可消除潮气、灰尘和异物引起的接地故障；采用分相封闭母线，基本上避免了相间短路故障。

（2）减少母线周围钢结构发热。敞露式大电流母线会使得周围钢结构在电磁感应下产生涡流和环流，其发热温度高、损耗大。金属封闭母线的外壳起到屏蔽作用，使外壳以外部分的磁场大约可降到敞露时的 10%以下，由此大大减少了母线周围钢结构的发热。

（3）减少相间电动力。由于金属外壳的屏蔽作用，使短路电流所产生的磁通大大地减弱，所以使相间电动力减少到仅为敞露母线的 20%～30%。

GB/T 8349《金属封闭母线》对金属封闭母线的主要技术要求有：

（1）金属封闭母线的绝缘水平（工频耐受电压、雷电冲击耐受电压）符合标准的规定。

（2）金属封闭母线承受规定的动、热稳定电流作用后，不得有影响产品正常工作的任何机械损伤。

（3）金属封闭母线最热点的温度和温升不超过标准的允许值。

（4）金属封闭母线的导体采用1060牌号的铝材或T2牌号的铜材。

（5）离相封闭母线的外壳通常采用全连式，即每相外壳电气上连通，分别在三相外壳首末端处短路并接地的封闭母线。

（6）当母线通过短路电流时，外壳的感应电压不超过24V。

（7）离相封闭母线外壳的防护等级为IP54。

（8）微正压充气离相封闭母线的外壳内充以300～2500Pa压力的干燥净化空气，其空气泄漏率每小时不超过外壳内容积的6%。

（9）电流不小于3000A的导体，其螺栓连接的导电接触面应镀银。

（10）电流大于3000A的导体其紧固件应采用非磁性材料。

（11）金属封闭母线超过20m长的直线段、不同基础连接段及设备连接处等部位，应设置热胀冷缩或基础沉降的补偿装置，其导体采用编织线铜辫或薄铝、铜叠片伸缩节，外壳则采用橡胶伸缩套、铝波纹管或其他连接方式。

（12）氢冷发电机出线端子箱上应设置排氢孔，端子箱与离相封闭母线连接处应采取密封隔氢措施。

全连式离相封闭母线的结构主要由母线导体、支柱绝缘子、外壳、金具、密封隔断装置、伸缩补偿装置、短路板、穿墙板、外壳支持件、各种设备柜及与发电机、变压器等设备的连接结构构成，其中母线导体和外壳均采用铝管结构，母线导体的支撑方式有单个、两个、三个和四个绝缘子四种方案，其中三个绝缘子支持方案因具有结构简单、受力好、安装检修方便等优点而广为采用，如图2-1-34所示。图中三个绝缘子在空间以彼此相差120°的位置安装，将绝缘子的主要受弯力作用变为主要受压力作用，大大降低了对绝缘子机械强度的要求。

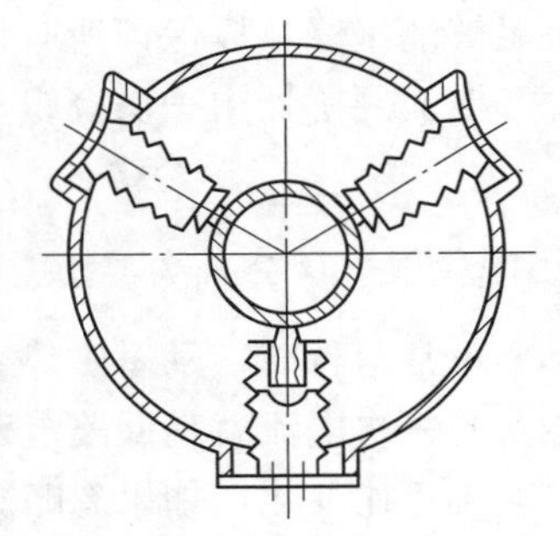

图2-1-34　离相封闭母线

封闭母线与设备连接处和长直段连接处等部位，其导体采用编织线铜辫或铝簿叠片伸缩节，外壳则采用橡胶伸缩套和铝波纹管作为补偿装置，用以补偿导体和外壳之间因温度变化基础差异沉降造成的位移，并兼有隔振作用。外壳与设备连接采用波纹管或活动套筒，外壳和设备外壳间相互绝缘，以避免母线外壳和设备外壳构成回路，使设备外壳因流过环流而过热。

对于氢冷机组，发电机引出端子与封闭母线连接处装设隔氢装置，封闭母线侧装排氢装置以便于氢气逸出。封闭母线与发电机连接端装有密封隔离套管或者盆式绝缘子，以防止氢气漏人封闭母线外壳内，防止有空气或灰尘的侵入，并装设在线漏氢检测设备。

封闭母线的导体、接点和外壳等容易过热的部位设置测温装置，其中导体采用非接触式测温，在母线导体需测温的部位对应的外壳上，设置红外线测温头，利用发热体不同的温度辐射不同频率电磁波的原理，接收测温部位的电磁波，从而获知该部位的实际温度。

封闭母线设有防潮防露措施，以防发电机停运或检修期间环境潮湿空气的渗入，除了壳体密封外，还加装微正压装置。微正压装置一般由两部分组成，一是不加热的再生式空气干燥，另一部分是自动加压系统，它可使系统中的压缩空气露点降到－45℃以下，实现封闭母线中空气的恒压。微正压装置所需的压缩空气通常取自发电厂内干灰处理系统中的压缩空气系统，并经过过滤至无尘无油后使用。

一般的封闭母线采用自然冷却方式，当机组容量大到一定程度后，部分机组的封闭母线采用强制风冷的冷却方式。采用强制风冷，母线导体载流量可增加 0.5～1 倍，母线导体和外壳、外径等大为减小，从而节省大量有色金属，但由于增加了风机、冷却器，增加了维护工作量。

（四）互感器

发电机-变压器组系统所用互感器包括发电机出口和中性点电流互感器、发电机电压互感器，分别用于发电机电流、电压信号的取样，供测量、保护、信号回路使用。

1. 电流互感器

（1）电流互感器的工作原理：

电流互感器是一种专门用作变换电流的特种变压器，在正常工作条件下，其二次电流与一次电压流正比，而且二次电流对一次电流的相位差接近于零。电流互感器的一次绕组串联在电力电路中，二次绕组接有测量仪器、仪表、继电器等设备，这些设备就是电流互感器的二次负荷。当电流互感器所接一次电路的电流发生变化时，电流互感器即将此变化的信息传递给二次绕组所接的负荷。根据所接电路的电压等级，电流互感器的一、二次绕组之间设置有足够的绝缘，以保证所有低压设备与高电压相隔离。

电流互感器由一次绕组、二次绕组和铁芯构成，一、二次绕组遵守磁势平衡关系

$$\dot{I}_1 N_1 + \dot{I}_2 N_2 = \dot{I}_0 N_1 \tag{2-1-17}$$

式中：$\dot{I}_1$、$\dot{I}_2$ 分别为一次、二次电流；N_1、N_2 分别为一次、二次绕组匝数；$\dot{I}_0$ 励磁电流。

正常运行时，励磁磁势 $\dot{I}_0 N_1$ 很小，而且由于互感器的一次绕组串联在电力回路中，互感器的一次电流就是回路电流，只决定于回路参数，为保持磁势平衡关系，二次电流将随一次电流正比变化，如果忽略数值很小的互感器励磁电流，式（2-1-17）可表述为

$$\frac{I_1}{I_2} = \frac{N_2}{N_1} = K_a \tag{2-1-18}$$

式中：K_a 为匝数比，即电流互感器的电流比等于匝数比，在选定互感器的匝数比后，二次电流的大小乘以匝数比 K_a 即可得知一次电流的大小，从而把处于高电位、大电流的电流变化信息传递到低电位、小电流的二次回路中。

由于上述忽略的励磁电流的存在，使得实际的二次电流产生了数值的误差和相位误差；此外，当超过额定电流几倍甚至几十倍的短路电流流过电流互感器的一次绕组时，互感器铁芯中的磁密很高，由于铁磁材料的非线性特性，励磁电流中高次谐波含量很大，波形呈尖顶形，与正弦波相去甚远，即使一次电流是理想的正弦波，二次电流也不是正弦波的，故用复合误差来规定误差特性。

（2）电流互感器的结构：

电流互感器按用途分类有测量用与保护用两类；按绝缘介质分类有干式绝缘、油绝缘、浇注绝缘、气体绝缘等；按一次绕组结构形式分类有单匝式和多匝式，其中单匝式有绕线式与母线式，母线式利用电器设备的母线作为互感器的一次绕组。发电机出线通常分别配置测量用和保护用电流互感器，互感器的形式多为浇注绝缘、母线式，其基本结构比较简单，由铁芯和二次绕组组成。

1）铁芯。电流互感器铁芯的形式有叠积式、卷铁芯和开口铁芯。

叠积式由冲剪成L形或条形的铁芯片叠积而成，铁芯片的叠装方式为单片叠装。卷铁芯由带状电工钢片卷制成圆形、矩形或扁圆形，卷成后退火、定型，内、外圈相邻两层钢片点焊焊牢而成。将卷铁芯切开成两瓣或数瓣即成为开口铁芯，开口铁芯用钢带绑扎使之成为一个完整的互感器铁芯整体。

2）二次绕组。电流互感器的二次绕组都采用漆包线绕制，由于工作电压不高，漆包线的漆膜就能满足绝缘要求。绕组结构形式有筒形和环形，前者多在35kV及以下干式互感器中与叠积式铁芯或开口型铁芯配合使用，是在筒形骨架上绕制、干燥、浸漆处理而成；后者在卷制好的环形铁芯上包扎绝缘后，在铁芯上绕制线圈，构成环形二次绕组。

（3）测量用电流互感器：

测量用电流互感器要求准确度高、误差小，一般认为影响误差的因素有：

1）误差与二次回路总阻抗成正比，即接入互感器二次绕组回路的负荷越少越有利于减少误差。

2）误差与一次安匝成反比，增加一次绕组匝数有利于减少误差，对于发电机出线电流互感器只能采用母线形的，当一次电流较小时，误差相对较大。

3）铁芯的导磁率越高，误差就越小。

4）负荷功率因数增大使电流误差减小而相位差增加。

为减小电流互感器的误差，产品采取相应的补偿措施，以满足在其工作范围额定电流的5%～120%以内（对于特殊用途的范围为1%～120%），保证一定的准确度。电流互感器的准确度以其准确级表征，准确级以该准确级在额定电流下所规定的最大允许电流误差百分数来标称，国家标准规定了各准确级的电流误差和相位差限值，见表2-1-10。特殊用途主要指那些经常处于低负荷电流又要求较高准确度的场合，如电能计费点等。

表2-1-10　　测量用电流互感器电流误差和相位差限值

准确级	在下列额定电流（%）下的电流误差（±%）					在下列额定电流（%）下的相位差×（±′）				
	1	5	20（50）*	100	120	1	5	20	100	120
0.1		0.40	0.20	0.10	0.10		15	8	5	5
0.2		0.75	0.35	0.20	0.20		30	15	10	10
0.5		1.50	0.75	0.50	0.50		90	45	30	30
1.0		3.00	1.50	1.00	1.00		180	90	60	60
0.2S	0.75	0.35	0.20	0.20	0.20	30	15	10	10	10
0.5S	1.50	0.75	0.50	0.50	0.50	90	45	30	30	30
3.0			3.00		3.00					
5.0			5.00		5.00					

* 表示括号内的数字50仅适用于准确级为3和5等级。

电力系统中使用的电流互感器工作中往往会有很大的过电流流过其一次绕组，为避免测量回路的仪表受到大的冲击，要求测量用电流互感器引入仪表保安系数（即仪表保安电流与额定一次电流的比值），当一次电流达到或超过仪表保安系数时，互感器的误差加大，二次电流的增长速度变慢。为此互感器采用初始导磁率很高而饱和磁密较低的铁磁材料制作铁芯，或在互感器的二次回路并联一非线性阻抗，在正常工作情况下，阻抗值很大，对负荷支路的分流作用很小，对电流互感器的正常工作精度影响不大，当一次电流达到一定值时，阻抗值迅速减小，分流作用明显增加，使负荷支路电流的增长速度减慢，从而保证满足仪表保安系数。

（4）保护用电流互感器：

对保护用电流互感器的基本要求是在一定的过电流值下，误差应在一定限值之内，性能指标是保证复合误差不超出规定值时的一次电流倍数，这个倍数称为准确限值系数，国家标准给出的标准准确限值系数是 5、10、15、20、30。保护用电流互感器的准确级是以其额定准确限值一次电流下的最大复合误差的百分比来标称，其后标以字母“P”（表示保护用）。标准准确级为 5P 和 10P，其误差限值见表 2-1-11。实际应用中通常将保护用电流互感器的准确限值系数跟在准确级标称之后标出，例如 5P15 是指互感器的复合误差是 5%，准确限值系数为 15，又如 10P20 是指互感器的复合误差是 10%，准确限值系数为 20。

表 2-1-11　　保护用电流互感器误差限值

准确级	额定一次电流下的电流误差（±%）	额定一次电流下的相位差（±′）	额定准确限值一次电流下的复合误差（%）
5P	1	60	5
10P	3	—	10

一般保护级（P 级）电流互感器的工作磁密是按短路稳态时的复合误差不超限来确定的，能满足复合误差要求的 P 级互感器，在短路暂态过程中很可能会因为暂态磁通比稳态磁通大许多倍而饱和，使励磁电流猛增，误差很大，影响到快速继电保护装置的正确动作，为此需增加互感器铁芯截面，使得在暂态过程中铁芯不致饱和。

2. 电压互感器

电压互感器是一种专门用作变换电压的特种变压器，在正常工作条件下，其二次电压与一次电压成正比，而且二次电压对一次电压的相位差接近于零。电压互感器的一次绕组并联在电力电路中，二次绕组接有测量仪器、仪表、继电器等设备，这些设备就是电压互感器的二次负荷。当电压互感器所接电路的电压发生变化时，电压互感器即将此变化的信息传递给二次绕组所接的负荷。根据所接电路的电压等级，电压互感器的一、二次绕组之间设置有足够的绝缘，以保证所有低压设备与高电压相隔离。

电压互感器的工作原理与之前叙述的变压器工作原理类同。电压互感器按用途分类有测量用与保护用；按相数分类有单相和三相；按变换原理分类有电磁式和电容式两类；按绕组个数分有双绕组、三绕组和四绕组；按绝缘介质分类有干式、浇注式、油浸式和气体绝缘式。发电机一次回路配置的电压互感器通常为浇注式电磁式，由三个单相组成三相互感器组。GB 1207《电磁式电压互感器》对电磁式互感器的技术要求主要有：

1）接到单相系统或接到三相系统间的单相电压互感器和三相电压互感器的额定二次电

压标准值为100V；供三相系统中相与地之间的单相电压互感器，当其额定一次电压为某一数值除以$\sqrt{3}$时，额定二次电压必须是$100/\sqrt{3}$V，以保持额定电压比值不变。

2）由最高运行电压决定的电压因数满足标准规定的标准值。

3）互感器绕组温升不超过标准规定的温升限值。

4）一次绕组的绝缘水平满足标准规定的额定短时工频耐受电压、额定雷电冲击耐受电压和截断雷电（内绝缘）耐受电压；二次绕组绝缘的额定工频耐受电压3kV（方均根值）。

5）局部放电水平不超过标准规定的允许值。

6）在额定电压下励磁时，互感器能承受持续时间为1s的外部短路机械效应和热效应而无损伤。

电压因数

电压互感器应用于各种不同接地条件的场合时，电磁式互感器的最高连续运行电压也不同，由此根据一次绕组联结方式和系统接地方式，在其额定电压基础上乘上一个数值称额定电压因数，以确定电压互感器必须满足规定时间内有关热性能要求和满足有关准确级要求的最高电压。国家标准中给出的额定电压因数标准值见表2-1-12。

表2-1-12　　额定电压因数标准值

额定电压因数	额定时间	一次绕组联结方式和系统接地方式
1.2	连续	任一电网的相间；任一电网中的变压器中性点与地之间
1.2	连续	中性点有效接地系统中的相与地之间
1.5	30s	
1.2	连续	带有自动切除对地故障装置的中性点非有效接地系统中的相与地之间
1.9	30s	
1.2	连续	无自动切除对地故障装置的中性点绝缘系统或无自动切除对地故障装置的共振接地系统中的相与地之间
1.9	8h	

注　电磁式电压互感器的最高连续运行电压等于设备最高电压（对于接到三相系统的相与地间的电压互感器，还必须除以$\sqrt{3}$）或额定一次电压乘以1.2二者中较小的一个。

发电机一次回路通常配置两组电压互感器，供测量、保护和自动电压调整装置需要，当发电机配有双套自动电压调整装置，且采用零序电压式匝间保护装置时，可再增设一组电压互感器。

（1）测量用电压互感器：

实际应用的电压互感器存在着阻抗压降，使得互感器一、二次电压之比不等于一、二次绕组匝数比，同时因为阻抗压降是一复数，一、二次电压在相位上也有差异，这就是说电压互感器出现了误差，在数值上的差别称为电压误差（比值差），在相位上的差异称为相位差，国家标准规定，测量用电压互感器的准确级，在额定电压和额定负荷下，以该准确级所规定的最大允许电压误差百分数标称。标准准确级为0.1、0.2、0.5、1.0、3.0，它们允许的电压误差和相位差见表2-1-13。产品的型式试验要在80％、100％、120％额定电压、额定频率及25%和100%额定负荷下进行。

表 2-1-13　　测量用电压互感器的电压和相位差限值

准确级	电压误差（±%）	相位差	
		（±′）	（±crad）
0.1	0.1	5	0.15
0.2	0.2	10	0.30
0.5	0.5	20	0.60
1.0	1.0	40	1.20
3.0	3.0	不规定	不规定

（2）保护用电压互感器：

保护用电压互感器的准确级是以该准确级在5%额定电压到额定电压因数相对应的电压范围内的最大允许电压误差百分数标称，其后标以字母P，保护用电压互感器的标准准确级为3P和6P，它们对应的电压误差和相位差限值见表2-1-14。产品的型式试验要在2%、5%、100%额定电压和额定电压与额定电压因数相乘的电压，负荷为25%和100%额定负荷，且功率因数为0.8（滞后）的情况下进行。

表 2-1-14　　保护用电压互感器的电压和相位差限值

准确级	电压误差（±%）	相位差	
		（±′）	（±crad）
3P	3.0	120	3.5
6P	6.0	240	7.0

剩余电压绕组

组成三相组的单相电压互感器的一个绕组，用在联结成开口三角形的三台单相电压互感器组中，其目的是：在发生接地故障时，产生剩余电压；阻尼铁磁谐振。剩余电压绕组的额定二次电压为100/3V或100V。

当中性点非有效接地系统发生单相接地故障时，两完好相对地电压升高$\sqrt{3}$倍，且它们之间的相位差由$2\pi/3$变为$\pi/3$，接于故障相的电压互感器的一次电压为零，剩余电压绕组电压也为零，完好相的电压互感器的剩余电压绕组电压升高$\sqrt{3}$倍。相位也相应变化，开口角电压是两个完好相电压的相量和，设B相接地，此时的开口角电压$\dot{U}_d$等于A、C两相剩余电压绕组电压$\dot{U}_{Ra}$与$\dot{U}_{Rc}$的相量和，于是得出：

$$\dot{U}_d=\dot{U}_{Ra}+\dot{U}_{Rc}=\dot{U}_{Ra}+\dot{U}_{Ra}e^{j\pi/3}=\sqrt{3}\dot{U}_{Ra}e^{j\pi/6}$$

绕组中，一相电压为零，另两相电压为$\sqrt{3}\times100/3$V，且两相电压夹角为60°，所以TV二次侧输出为幅值$2\sqrt{3}\times U$相的两相矢量和，所以开口三角的输出为100V。

（五）避雷器

关于避雷器的结构及工作原理在后面的章节中介绍。

（六）中性点设备

1. 发电机中性点设备

发电机中性点设备因接地方式不同而异，发电机中性点的接地方式的选择主要依据国家标准 GB/T 50064—2014《交流电气装置的过电压保护和绝缘配合设计规范》中关于发电机单相接地故障电容电流的最高允许值，见表 2-1-15。

表 2-1-15　　发电机单相接地故障电容电流最高允许值

发电机额定电压（kV）	发电机额定容量（MW）	电流允许值（A）
6.30	⩽50	4
10.50	50～100	3
13.80～15.75	125～200	2*
⩾18.00	⩾300	1

* 对于额定电压为 13.80～15.75kV 的氢冷发电机，电流允许值为 2.5A。

发电机中性点接地方式通常有以下几种：

1）不接地。适用于 125MW 及以下的中小型机组，单相接地电流不超过允许值。当发生单相接地故障时，除了非故障相的电压升高之外同时还具有中性点不稳定的特点。

2）谐振（消弧线圈）接地。适用于单相接地电流大于允许值的中小型机组或 200MW 及以上大机组要求能带单相接地故障运行的。经消弧线圈的补偿后，单相接地电流一般小于 1A，因此，发电机接地后可不跳闸停机，保护仅作用于发信号。

3）高电阻接地。适用于额定电压 6.3kV 及以上系统、当发电机内部发生单相接地故障要求瞬时切机的机组，为减小接地电阻值，一般经配电变压器接入中性点，电阻接在配电变压器二次侧。发电机中性点经高电阻接地后，可限制过电压不超过 2.6 倍额定相电压；限制接地故障电流不超过 10～15A。相对于谐振接地方式，高电阻接地方式在正常运行的大多时间内都不会引起中性点电压偏移增大，起到限制过电压的作用，此外，经高阻消能元件增大零序回路阻尼，无传递过电压和暂态过电压危险，目前较为广泛应用。

（1）谐振接地装置：

谐振接地装置由消弧线圈及其调节控制装置组成，消弧线圈接在发电机中性点与接地点之间，对于发电机定子绕组为双 Y 接且中性点分别引出时，消弧线圈仅接在其中一个 Y 接引出点上，而不能接同时在两个 Y 绕组的中性点上，否则会将两个中性点之间的电流互感器短路。

消弧线圈的工作原理如图 2-1-35 所示。图中 L 为可调感的消弧线圈，$\dot{I}_L$ 为感性电流，C_{01}、C_{02}、C_{03} 分别是线路 1、2、3 上设备的对地电容。设 C 相接地时，流过故障点 k 的电容电流 $\dot{I}_C$ 是该系统上所有元件的电容电流总和，感性电流 $\dot{I}_L$ 与电容电流 $\dot{I}_C$ 在相位上相差 180°，在这里补偿了部分电容电流，使之减少甚至减为零，从而降低接地故障电流的破坏作用。为取得更好的补偿效果，要求消弧线圈的感性电流尽量接近电路上的容性电流，为此消弧线圈的电感量要做到可调，以根据电路的接入情况进行调整。消弧线圈的调感方式有调匝式（通过调节整定线圈的接入匝数，实现调整所需电感量的目的）、调气隙式（消弧线圈是将铁芯分成上下两部分，下部分铁芯同线圈固定在框架上，上部分铁芯用电动机带动传动机构可调，通过调节气隙的大小达到改变电感值的目的）、偏磁式（在其交流工作线圈内布置一个铁芯磁化段，通过改变铁芯磁化段磁路上的直流助磁磁通大小来调节交流等值磁导，实现电感连续可调的目的）、调容式（利用变压器的折射原理，增设消弧线圈二次电容负荷绕组，同时在该消弧线圈的二次绕组上并联若干组低压电容器，通过控制真空开关或反并联晶

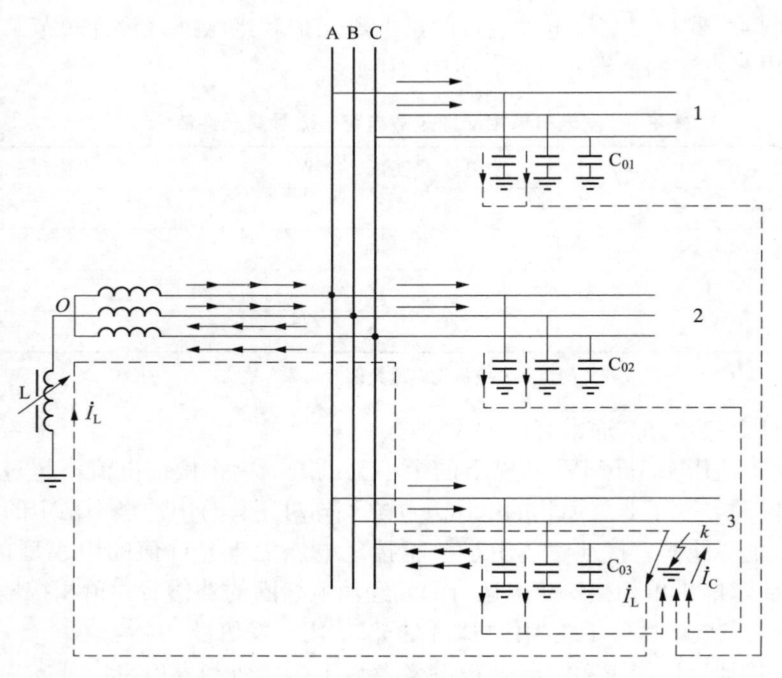

图 2-1-35　消弧线圈工作原理示意图

闸管的通断组合来控制二次电容器投入的数量，来调节消弧线圈二次容抗的大小，从而改变消弧线圈一次侧电感电流的大小）、相控式（结构与普通变压器类似，带有一次和二次绕组。它的一次绕组作为工作绕组接入电路中性点，二次绕组作为控制绕组由两个反向并接的晶闸管短路，晶闸管的导通角由触发控制器控制。调节晶闸管的导通角由0～180°之间变化，使晶闸管的等效阻抗在无穷大至零之间变化，则一次绕组两端的等效阻抗就在无穷大至变压器的短路阻抗之间变化，输出的补偿电流就可在零至额定值之间得到连续无级调）。

消弧线圈调节控制方式有手动式和自动跟踪式。手动式就是在系统正常运行时，通过实时测量流过消弧线圈电流的幅值和相位变化，计算出各种方式下的对地电容电流，根据预先设定的最小残流值或失谐度，由人工控制调节消弧线圈的有载调压分接头到所需要的补偿挡位，在发生接地故障后，故障点的残流可以被限制在设定的范围之内。自动跟踪式就是装置运行中实时跟踪测量、运算系统的电容电流，当发生单相接地故障时，自动调整补偿电感电流，实现精确补偿。

（2）高电阻接地装置：

发电机中性点高电阻接地装置结构简单，主要由单相接地变压器、电阻器、隔离开关等组成，利用变压器阻抗变换原理，通过选择合适的电压比 k，可将二次侧的小电阻 Z_2 变换为一次侧高电阻 Z_1：

$$|Z_1|=\frac{U_1}{I_1}=\frac{(N_1/N_2)U_2}{(N_2/N_1)I_2}=\left(\frac{N_1}{N_2}\right)^2|Z_2|=k^2|Z_2| \tag{2-1-19}$$

接地变压器通常采用干式单相配电变压器，变压器的一次电压取发电机的额定电压，二次电压取220V或100V，变压器容量按不小于电阻的消耗功率考虑。电阻值按其变换为一次值等于或小于发电机三相对地总容抗，使得单相接地故障有功电流等于或大于电容电流。发电机中性点电阻柜的技术参数见表 2-1-16。

表 2-1-16　　发电机中性点电阻柜技术参数

发电机容量（MW）	100/125		200	300		600		900/1000	
发电机额定电压（kV）	10.50	13.80	15.75	18.00	20.00	20.00	24.00	24.00	27.00
预计回路单相接地最大电容电流（A）	4		5	6		8		10	
接地变压器一次侧电压（kV）	$10.50/\sqrt{3}$	$13.80/\sqrt{3}$	$15.75/\sqrt{3}$	$18.00/\sqrt{3}$	$20.00/\sqrt{3}$	$20.00/\sqrt{3}$	$24.00/\sqrt{3}$	$24.00/\sqrt{3}$	$27.00/\sqrt{3}$
接地变压器二次侧电压（kV）	0.22		0.22	0.22		0.22		0.22	
接地变压器额定容量（kVA）	30		30	50		50		63	
二次侧电阻值（Ω）	1.0		0.8	0.5		0.4		0.3	
接地保护抽取电压（kV）	0.1		0.1	0.1		0.1		0.1	

2. 主变压器中性点设备

电厂 110kV 及以上电压等级的主变压器，接入的电网为直接接地系统，主变压器中性点设备的配置根据主变压器高压侧绕组中性点的绝缘水平选择，常见配置如图 2-1-36 所示。图中，TM 为主变压器；TA02、TA03 为零序电流互感器；QS 为接地隔离开关；F1 为避雷器；F2 为放电间隙。由于主变压器高压侧绕组中性点正常运行时处于较低电位，为降低变压器造价，常将绕组中性点按降低绝缘水平（与绕组线端比较）设计，称为分级绝缘变压器。当然也有全绝缘变压器，即绕组中性点与绕组出线端点相同的绝缘水平。

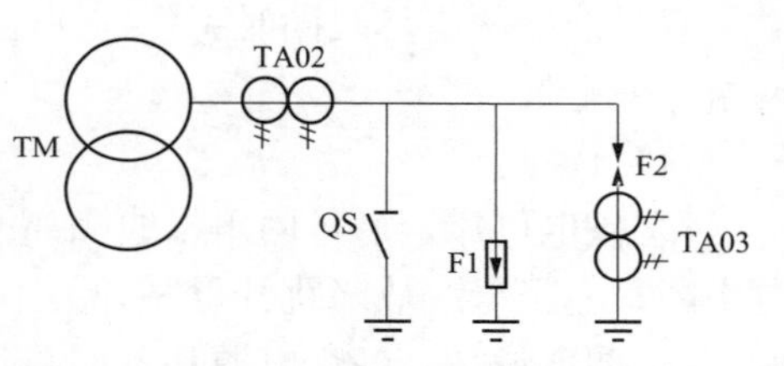

图 2-1-36　主变压器中性点设备配置

主变压器中性点接地隔离开关通常采用单相隔离开关，变压器投、退操作前合上，中性点直接接地。正常运行时是否合上，根据调度指令执行，当接地开关合上时，变压器中性点接地运行，TA02 为接地保护提供电流信息；当接地开关打开时，变压器中性点处于不接地运行状态，此时变压器高压绕组中性点的绝缘依靠避雷器和放电间隙保护，其中避雷器主要用于雷电过电压和冲击过电压水平的限制，放电间隙主要用于工频过电压水平的限制，放电间隙通常由两根铜棒相对而设，铜棒间的距离根据保护放电电压而定；TA03 用于放电间隙动作保护提供电流信息。

第二节　升压站高压配电系统

一、高压配电母线的接线方式

升压站高压配电系统是发电厂内实现发、供电流程的重要组成部分，其基本功能是接受和分配电能，接受发电机供出的电能，将电能分配到各输电线路上，在电源侧或负荷侧设备故障时，迅速切断故障部分，维持系统的正常运行。升压站高压配电系统由升压站高压汇流母线（含母线隔离开关、母联开关、电压互感器、避雷器等）；与母线连接的主变压器、高压备用厂变、输电线路设备间隔等电气装置组成。

高压配电母线的接线方式有单母线、单母线分段、双母线、双母线分段、增设旁路母线等多种形式。接线方式决定于电压等级及输电线路出线回路数，它们的特点分别为：

1. 单母线

单母线接线优点是接线简单清晰、设备少、操作方便、便于扩建和使用成套配电装置。缺点是不够灵活可靠，任一元件（母线及母线隔离开关等）故障或检修，均需整段母线配电装置停电。适用于只有一台发电机组和出线回路数少的情况。

2. 单母线分段（用断路器分段）

单母线分段接线优点是对重要用户可以从不同段各引出一个回路，由不同电源供电；当一段母线发生故障，分段断路器可自动将故障段隔离，使非故障段维持运行，避免故障影响范围扩大。缺点是当一段母线故障或检修时，该段母线所接的间隔都要停电，可能影响部分用户的供电。适用于电压等级为220kV及以下的情况。

3. 双母线

双母线的两组母线同时工作，并通过母线联络断路器并联运行，电源与负荷平均分配在两组母线上。

(1) 优点：

1) 供电可靠。通过两组母线隔离开关的倒换操作，可以轮流检修一组母线而不致使供电中断；一组母线故障跳开母联开关不影响另一组母线的运行。

2) 调度灵活。各个电源和各回路负荷可以任意分配到某一组母线上，能灵活地适应系统中各种运行方式调度和潮流变化的需要。

3) 扩建方便。向双母线的左右任何一个方向扩建，均不影响两组母线的电源和负荷均匀分配，不会引起原有回路的停电。

4) 便于试验。当个别回路需要单独进行试验时，可将该回路分开，单独接在一组母线上。

(2) 缺点：

1) 增加一组母线及母线隔离开关设备。

2) 当母线故障或检修时，母线隔离开关操作相对复杂，容易导致误操作，需完善“防误”闭锁装置。

(3) 适用于出线回路数或母线上电源较多、输送和穿越功率较大、母线故障后要求迅速恢复供电、母线或母线设备检修时不允许影响对外的供电、系统运行调度对接线的灵活性有一定要求等的情况。

4. 双母线分段

当高电压等级进出线回路数很多时，或为了限制母线短路电流，或为满足系统解列运行的要求等双母线需要分段。

5. 增设旁路母线

为了保证在进出线断路器检修时（包括其保护装置的检修和调试），不中断对外供电，可增设旁路母线。当进出线断路器检修时，由专用旁路断路器代替，通过旁路母线供电，对原母线的运行没有影响。

对于以大型机组为主的大型电厂，由于其所在系统中的地位重要，发送功率大，发生事故可能使系统稳定破坏甚至瓦解，造成巨大损失，为此，对大型电厂的主接线方式的可靠性提出了特殊要求：

（1）任何断路器检修，不影响对系统的连续供电。

（2）任何一进出线断路器故障或拒动以及母线故障，不应切除一台以上机组和相应的线路。

（3）任何一台断路器检修和另一台断路器故障或拒动相重合，不应切除两台以上机组和相应的线路。

国内外大型电厂的高压配电母线接线形式很多，但多以双母线或基于双母线的其他接线方式，如电源或出线较多时，采用双母线分段带旁路等。图 2-2-1 所示为典型的双机（发电

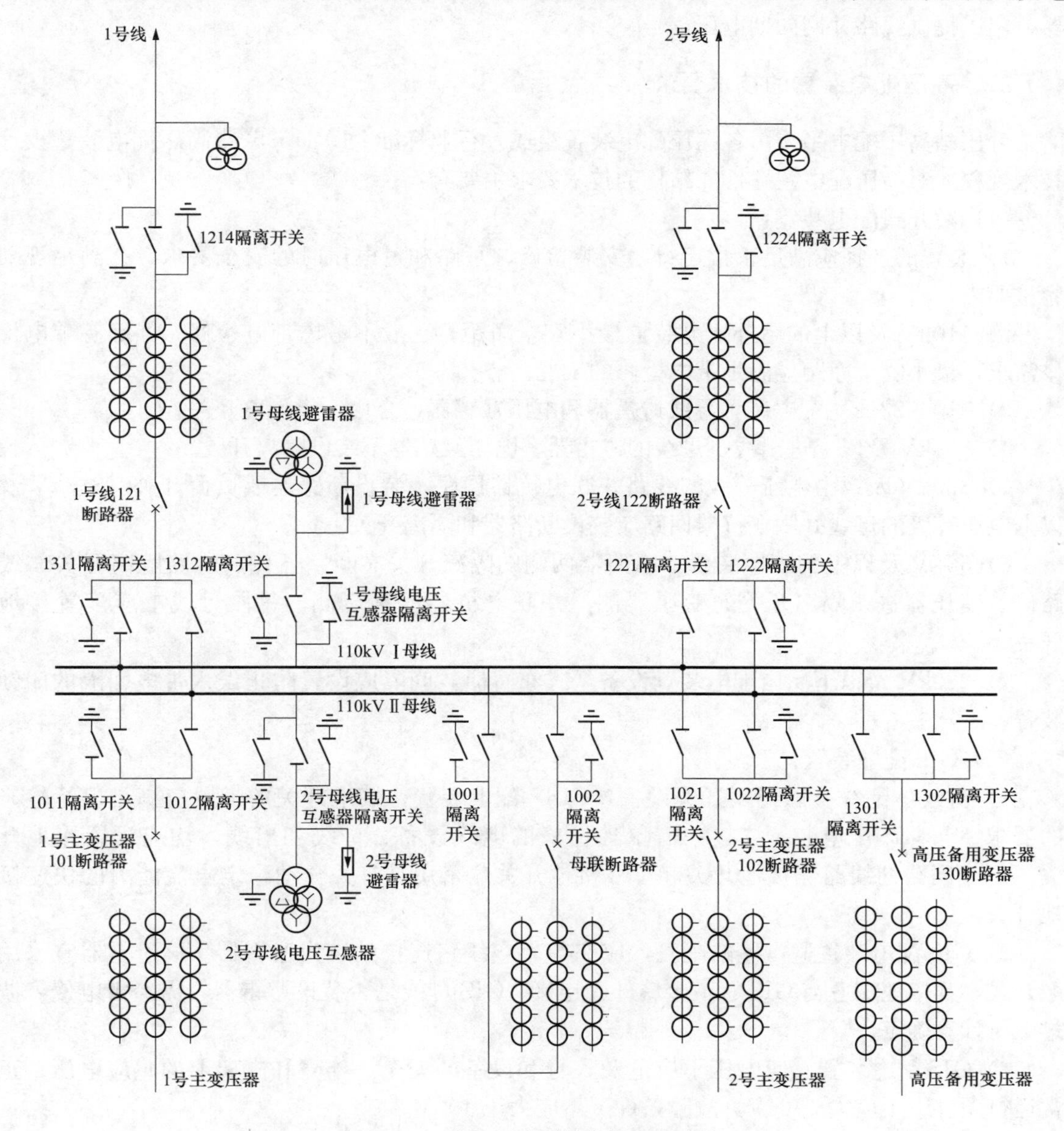

图 2-2-1　发电厂升压站高压配电系统

机组）、双线路（输电线路）的双母线接线方式。图中，1 号主变压器、2 号主变压器分别为高压配电母线的电源，来自 1 号、2 号发电机-变压器组；1 号线路、2 号线路为外接电网送出电能的输电线路；高压备用变压器为电网倒供电的高压备用变压器，可在发电机组停用、启动时倒供厂用电；母联开关为 1 号、2 号母线的联络开关，可利用其合闸或分闸状态来组合不同的母线运行方式，母联开关的保护动作跳闸可减小停电范围；各断路器、隔离开关、电流互感器根据回路要求配置，断路器用以分合负荷电流和切断回路故障电流，隔离开关用以隔离停电设备，接地隔离开关用以停电设备的安全接地，它与本回路隔离开关有机械联锁，防止带电接地；电流互感器供回路测量、保护用电流信号；各母线配置有电压互感器，供母线测量、保护用电压信号，避雷器用以限制母线过电压；输电线路配置有线路电压互感器，用以提供线路并网同期电压信号。

二、高压配电装置的技术要求

升压站高压配电系统由各高压配电装置组成。行业标准 DL/T 5352《高压配电装置设计技术规程》对高压配电装置性能结构的技术要求主要有：

（1）敞开式配电装置：

1）装置的选择应满足正常运行、安装检修、短路和过电压时的安全要求，并满足规划容量要求。

2）110kV 及以上的屋外配电装置最小安全净距，一般不考虑带电检修。如确有带电检修需求，最小安全净距应满足带电检修的工况。

3）110～220kV 配电装置母线避雷器和电压互感器，合用一组隔离开关。

4）330kV 及以上进出线、母线的避雷器、电压互感器不装设隔离开关。

5）330kV 及以上电压等级的线路并联电抗器回路不装设断路器或负荷开关。330kV 及以上电压等级的母线并联电抗器回路应装设断路器和隔离开关。

6）66kV 及以上的配电装置，断路器两侧的隔离开关靠断路器侧、线路隔离开关靠线路侧、变压器进线隔离开关的变压器侧、并联电抗器的高压侧、每段母线上应配置接地开关。

7）220kV 及以下屋内配电装置设备低式布置时，间隔应设置防止误入带电间隔的闭锁装置。

（2）GIS 配电装置：

1）对气体绝缘金属封闭开关设备（GIS）配电装置，接地开关的配置应满足运行检修的要求。与 GIS 配电装置连接并需单独检修的电气设备、母线和出线，均应配置接地开关。出线回路的线路侧接地开关和母线接地开关应采用具有关合动稳定电流能力的快速接地开关。

2）GIS 配电装置避雷器的配置，应在与架空线路连接处装设避雷器。该避雷器宜采用敞开式，其接地端应与 GIS 管道金属外壳连接。GIS 母线是否装设避雷器，需经雷电侵入波过电压计算确定。

3）GIS 配电装置感应电压不应危及人身和设备的安全。外壳和支架上的感应电压，正常运行条件下不应大于 24V，故障条件下不应大于 100V。

4）在 GIS 配电装置间隔内，应设置一条贯穿所有 GIS 间隔的接地母线或环形接地母线。

将 GIS 配电装置的接地线引至接地母线，由接地母线再与接地网连接。

5）GIS 配电装置宜采用多点接地方式，当选用分相设备时，应设置外壳三相短接线，并在短接线上引出接地线通过接地母线接地。外壳的三相短接线的截面应能承受长期通过的最大感应电流，并应按短路电流校验。当设备为铝外壳时，其短接线宜采用铝排；当设备为钢外壳时，其短接线宜采用铜排。

6）GIS 配电装置每间隔应分为若干个隔室，隔室的分隔应满足正常运行条件和间隔元件设备检修要求。

三、高压配电装置

升压站高压配电系统的高压配电装置设备主要有：配电母线、断路器、隔离开关、互感器、避雷器等。

（一）高压配电母线

高压配电母线指由母线载流导体和支撑固定母线的绝缘子构成的母线本体。高压配电母线的功用是连接各进出线间隔，为本系统内接受分配电能流动提供通道。母线载流导体有硬导体和软导线之分，前者适用于工作电流比较大的回路和 GIS 内母线，后者适用于工作电流相对小一些的悬挂式母线。

1．硬导体

母线硬导体一般使用铝或铝合金材料，纯铝的成型导体一般为矩形、槽形和管形。铝合金导体有铝锰合金和铝镁合金两种，铝锰合金因导体载流量大而广泛应用。铜导体一般在特殊条件下才使用，如装置位于化工厂附近，有可能被大量腐蚀性气体影响的或现场位置特别狭窄，使用铝导体有困难的条件下。

矩形导体具有集肤效应小、散热条件好，安装简单，连接方便等优点，适用于工作电流不大于 2000A 的回路，当单片不满足使用需求时，不大于 4000A 的回路可采用多片矩形导体组合；槽形导体的电流分布比较均匀，与同截面的矩形导体相比，其优点是散热条件好，机械强度高，安装也比较方便，适用于工作电流 4000～8000A 的回路；管形导体具有集肤效应系数小，有利于提高电晕起始电压的优点，常用于户外配电装置。户外采用管形母线时要处理一些特殊问题：

（1）管形导体的微风振动。母线受横向稳定的均匀风作用时，在母线的背风面将会产生上下两侧交替按一定频率变化的旋涡，造成流体对圆柱两侧的压力发生交替的变化，形成对圆柱体周期性的干扰力。当干扰力的周期与圆柱体结构的自振频率的周期相近或一致时，就产生共振，引起横向振动。消减微风振动的措施有：

1）选择不易产生微风振动的异形管或加筋板的双管形铝合金母线，既避免微风振动又能提高电晕起始值，但产品造价较高，制造工艺和金具安装都比较复杂，故目前使用上受到限制。

2）在管内加装阻尼线，可用现场的废旧钢芯铝绞线为材料，按母线单位重量的 10%～15%放进管内。简单、经济，缺点是增加了母线的扰度。

3）加装动力消谐器。消谐器是由一个集中质量弹簧（单环或双环）及配件组成，其原理是在振动物体上附加质量弹簧共振系统，这种附加系统在共振时产生的反作用力可使振动物体的振动减小。它固定在铝管母线上，可将母线振动幅值减少到原来最大幅值的 5%以下。

4）采用长托架的支持方式，减少母线的自由跨距，提高母线的自振频率，使母线在垂直方向形成一高频系统，以避免微风振动和减少跨中扰度。

（2）管形导体的端部效应。管母线在伸出支柱绝缘子顶部不长时，其电场强度很不均匀，从而导致端部工频电晕电压起始值下降，特别在雷电作用下，终端绝缘子顶部附近将产生强烈的游离，使终端绝缘子易于放电。因此母线端部将成为整条母线绝缘水平最薄弱的环节，如不采取任何措施，则放电将集中在端部。消除端部效应的方法可以有：

1）端部加装屏蔽电极，以提高母线终端的起始电晕电压。屏蔽电极可采用铝合金圆球，焊在管母线的端部，同时起端部密封作用，防止雨雪、小动物进入管内。

2）适当延长母线端部，一般可延长1m左右，以改善母线端部的电场分布。

2. 软导线

高压配电母线所用软导线一般都是钢芯铝绞线，它内部是钢芯，外部是用铝线通过绞合方式缠绕在钢芯周围，钢芯主要起增加强度的作用，铝绞线主要起传送电能的作用。钢芯多由7根钢线绞合而成（除部分小规格线为1根钢线），铝绞线则由6～48根铝线绞合在钢芯周围，组成从10～800mm^{2}的钢芯铝绞线成品。

软导线一般根据环境条件和回路负荷电流、电晕、无线电干扰等条件选择，在空气中含盐量较大的沿海地区或有明显腐蚀的场所，选用防腐型线；当工作电流比较大时，选用较大截面的导线；当工作电压比较高（220kV及以上）时，导线最小截面必须满足电晕的要求，可增加导线外径或增加每相导线的根数；对于330kV及以上的回路，电晕和无线电干扰是选择的控制条件，可采用空心扩径导线；对于500kV回路，单根空心扩径导线已不能满足电晕等条件要求，需采用由空心扩径导线或铝合金绞线组成的分裂导线。

3. 绝缘子

绝缘子用以支撑硬母排或悬挂软母线，它的一端处于母线高电位，另一端为地电位，在运行中受到下列各种负荷的作用：

1）电气负荷：长期工作电压及各种短时或冲击过电压下的电晕和局部放电；故障条件下的电弧放电；高电压下的介质损耗。

2）机械负荷：导线重量、绝缘子自重、覆冰重量、导线张力、风力、设备操作机械力、短路时的电动力、设备引线的应力和地震振动等。

3）热负荷：周围空气的高温、低温以及温变作用，从导体部件通过的电流热效应。

4）其他环境作用因素：如各种降水过程（雾、露、雨、冰、雪），空气中的氧和臭氧以及其他气体（如火电厂的二氧化硫）和沉降物等。

实际上，绝缘子受到上述各种作用因素的联合作用，如盘形绝缘子在电气、机械、热和环境作用因素的长期反复作用下，机电强度逐渐下降；复合绝缘子外套在潮湿、局部表面放电以及紫外线的照射下产生起痕、蚀损，严重的可导致芯杆暴露在大气中，最后引起击穿、断裂等。为此，对绝缘子提出了各种性能和可靠性（寿命）要求，性能要求可概括为电气性能、力学性能和热性能等。

国家标准对绝缘子的电气特性和机械特性和温差特性作出了规定，其中电气特性指标主要有绝缘子的额定工频耐受电压、额定雷电冲击耐受电压、额定操作冲击耐受电压、最小公称爬电距离等；机械特性指标主要有支柱绝缘子的机械破坏负荷（弯曲强度、扭转强度），悬式绝缘子的额定机电破坏负荷，瓷件温度循环试验规定。

绝缘子按电压种类有交流与直流之分；按主绝缘分有瓷、钢化玻璃和复合绝缘子（由两种绝缘材料构成）；按击穿可能性分有可能击穿和不击穿之分。绝缘子的绝缘件材料根据用途和运行条件选取，如：一般运行条件下的交流绝缘子采用硅质瓷、铝质瓷、或玻璃；GIS要求其机械强度要高并能耐受 SF_6 及其分解产物的作用，形状尺寸能适应于强电场下工作，因此要采用环氧树脂材料。绝缘子的金属附件一般为铸件，其材料为铸铁、球墨铸铁、铸铝、铸黄铜以及非磁性铸铁等；在外形上采用伞棱结构，以增大爬电距离；在绝缘部件和金属附件间的连接上采用胶装、卡装或焊接结构，胶装采用水泥胶合剂。

支持/悬挂高压配电母线的绝缘子，对于硬导体母线用支柱绝缘子，对于软导线母线用悬式绝缘子。

（1）支柱绝缘子：按结构有针形和棒形之分，目前基本都用棒形，它内部为整体实心结构，不会产生穿透性击穿问题；按材料分为电瓷和复合两类，其中电瓷绝缘子具有结构简单、使用寿命长、造价低、既可单节使用，也可多节叠加串联组合使用等特点。支柱绝缘子由瓷件与金属附件构成，瓷件与金属附件通过内胶装/外胶装/联合胶装等形式结合成一个整体。绝缘子表面采用多棱式伞裙，以提高其闪络特性。常见伞裙有多种形式，以适应于各种使用场合，其中大小伞常用于耐污户外棒形支柱绝缘子。

支柱绝缘子形式选择的技术条件主要为电压等级和短路动稳定要求，其中电压等级要求是绝缘子必须能够耐受长期工作电压和安装场所各种过电压的作用；短路动稳定要求是绝缘子的额定破坏负荷（弯曲和扭矩）大于安装回路短路电流的冲击电动力。

由于电瓷绝缘子存在重量重、易破裂的问题，后来开发出树脂浸渍玻璃纤维芯棒和聚合物外套两种绝缘材料构成的复合绝缘子，以其重量轻、尺寸小和不会破裂等优点在一定范围内取代电瓷绝缘子。复合绝缘子的芯棒采用玻璃纤维通过树脂黏合而成，作为内绝缘件有很高的机械强度；绝缘子的外套，采用硅橡胶材料，由多个伞裙安装在芯体上，作为外绝缘件，用来保证芯体不受外界影响，并提供必要的干弧距离和爬电距离；金属附件采用优质碳素结构钢，将外部机械力传递到芯体上，并提供连接端子。

（2）悬式绝缘子：架空高压配电母线多采用盘形悬式绝缘子来悬挂，这种绝缘子与长棒形绝缘子相比，具有绝缘件损坏时导线一般不落地的优点。盘形悬式绝缘子所用材料有瓷和钢化玻璃两大类，其结构由帽、脚和绝缘件组成，金属附件连接结构有球窝型和槽型两种，球窝型连接结构挠性大，可转动，没有方向性，利于装卸，现多采用，槽型结构简单仅用于10kV线路。

盘形悬式绝缘子伞裙有多种形式，其中双层伞常用于耐污盘形绝缘子。

悬式绝缘子通常成串使用，串联的片数除按额定电压、泄漏比距选择，或按内过电压选择，或按大气过电压选择外，还要考虑绝缘子的老化，每串绝缘子预留零值绝缘子数为：35～220kV耐张串2片，悬垂串1片；330kV及以上耐张串2～3片，悬垂串1～2片。

330kV及以上电压的绝缘子串均装设均压和屏蔽装置，以改善绝缘子串的电压分布和防止连接金具发生电晕。

（二）高压断路器

1. 概述

高压断路器的功用在于：控制和保护设备，正常运行时用以开、合电路负载电流，在电路故障时用以切断故障电流。高压断路器属于高压开关范畴，高压开关包括高压断路器、高压负荷开关和高压隔离开关，高压负荷开关能开、合电路负载电流，高压隔离开关只能开、合电路空载电流，而高压断路器可以开、合电路的包括短路电流的所有电流。

高压断路器按灭弧原理划分，有油（多油和少油）、压缩空气、六氟化硫、真空、磁吹和（固体）产气断路器。目前用得较多的是真空断路器和六氟化硫断路器，其中在中压（10～60kV）领域大多用真空断路器，110kV 及以上大多用六氟化硫断路器。油断路器过去用得较多，近年来在不断减少。

国家标准对高压断路器性能和结构的技术要求有：

（1）额定电压等于开关设备所在系统的最高电压，这与其他非开关设备的额定电压定义不同。

（2）额定绝缘水平的额定短时工频耐受电压和额定雷电冲击耐受电压符合标准的规定值，包括断路器相对地和断路器断口间的绝缘水平。

（3）在周围空气温度不超过 40℃时，设备的任何部分的温度和温升不超过标准规定的极限值。

（4）额定短时耐受电流、额定短路开断电流、额定峰值耐受电流、额定关合电流等技术参数符合标准的规定，额定短路持续时间的标准值为 2s。

（5）额定操作顺序可供选择的两种分别为：O—t—CO—t'— CO 和 CO—t'— CO，这里 O 表示一次分闸操作，CO 表示一次合闸操作后立即（即无任何故意的时延）进行分闸操作，t、t'是连续操作之间的时间间隔，以分钟或秒表示。

（6）额定失步关合和开断电流，这对断口两端有可能接有两个不同的电源时的断路器（如母联开关、主变压器开关、线路开关）有要求。

（7）额定容性电流开合电流，对于线路开关、电容器组开关有专门要求。

（8）额定开断时间，是表征断路器开断性能的主要指标，它综合反映了断路器的机械性能和灭弧性能。

（9）断路器操作的同期性要求见表 2-2-1。

表 2-2-1　断路器操作的同期性要求

操作项目	同期性内容	同期要求
各极合闸	极间触头接触时刻的最大差异	不超过额定频率的 1/4 频率
串联开断单元合闸	串联开断单元之间触头接触时刻的最大差异	不超过额定频率的 1/6 频率
各极合闸电阻合闸	各合闸电阻触头接触时刻之间的最大差异	不超过额定频率的半个频率
串联合闸电阻合闸	串联合闸电阻触头接触时刻之间的最大差异	不超过额定频率的 1/3 频率
各极分闸	极间触头分离时刻的最大差异	不超过额定频率的 1/6 频率
串联开断单元分闸	串联的单元之间触头分离时刻的最大差异	不超过额定频率的 1/8 频率

2. 高压断路器的工作原理

高压断路器的主要功能是关合或切开高压电路，关合或切开电路过程中必然会产生电弧，断路器要短时间内将电弧熄灭，使电路安全接通或分离，这在高电压、大电流下条件下并非易事，故高压断路器必须具有灭弧性能甚高的灭弧装置，并配置动力足够的操动机构，才可胜任所要承担的“使命”。了解电弧燃烧和熄灭过程，是明了开关电器的基础内容。

（1）电弧的机理：

1）电弧是一种气体放电现象，也是一种等离子体（等离子体是与固体、液体、气体并列的物质第四态），开关电弧的主要外部特征是：

①电弧是强功率的放电现象。由大电流产生的电弧，可具有上万摄氏度或更高的温度及强辐射，在电弧区的任何固体、液体或气体在电弧作用下都会产生强烈的物理及化学变化。

②电弧是一种自持放电现象。不用很高的电压就能维持相当长的电弧稳定而不熄灭。如在大气中，每厘米长电弧的维持电压只有15V左右，在100kV电压下开断5A电流，电弧长度可达7m。

③电弧是等离子体，质量极轻，极容易改变形状。电弧区内气体的流动，包括自然对流以及外界甚至电弧电流本身产生的磁场都会使电弧受力，改变形状，有时运动速度可达每秒几百米。

开关电弧可以分成气体中电弧和真空电弧两类，两者在物理过程和特性方面有很大不同。除真空开关外，其他开关中的电弧都属于气体中电弧。

2）电弧的物理过程。电弧通常可以分为三个区域：阴极区、弧柱区和阳极区，如图2-2-2所示，电弧的电位和电位梯度分布如图2-2-3所示。通常阴极区的电位降为10～20V，并与触头材料有关。阴极区的长度很小，如在大气中只有10^{-4}cm左右，因此电位梯度很大。阳极区的电位降与阴极区的位降相近，长度稍长。弧柱长度与触头间距离及电弧形状有关，弧柱电位降与电弧长度及所处介质的种类和状态（压力、流动情况等）等有关。弧柱的电位梯度一般不超过几十伏，较阴极电位梯度小得多。

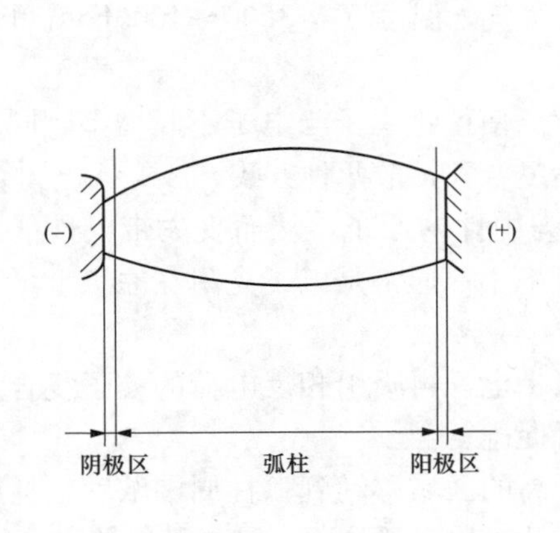

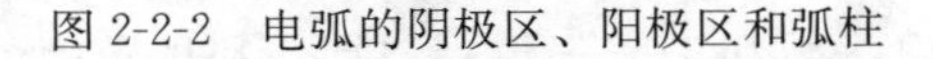

图2-2-2　电弧的阴极区、阳极区和弧柱

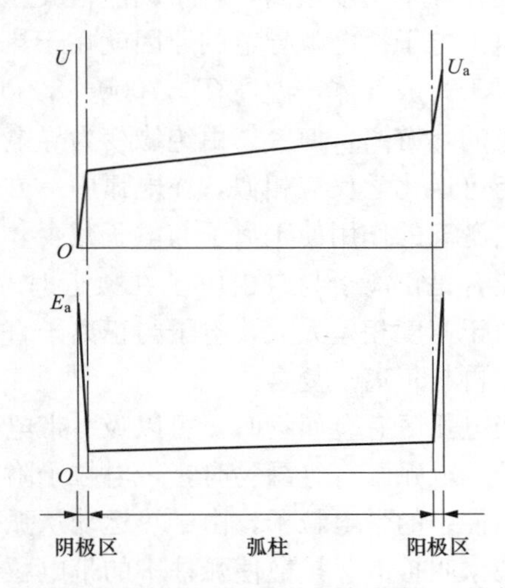

图2-2-3　电弧的电位U和电位梯度E_a的分布

从电弧半径方向看，电弧中心温度最高，电流密度的分布与温度的分布曲线大致相似，如图2-2-4所示。弧柱周围发光较暗的区域称为弧焰，其电流密度很小。

电弧中的电流从微观上看是电子及正离子在电场作用下移动的结果，其中电子的移动构成电流的主要部分。阴极的作用是发射大量电子，在电场的作用下趋向阳极方向从而构成阴极区的电流。

阴极发射电子的机制有两种：热电子发射和场强电子发射。

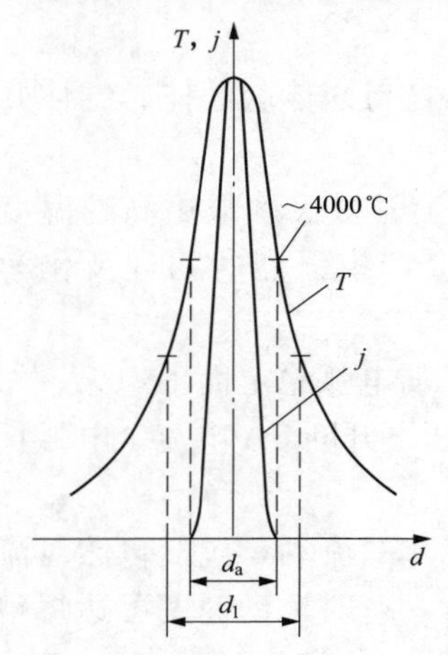

图 2-2-4　电弧径向的温度 T 和电流密度 j 的分布

对于一些高熔点的金属钨、钼等材料制成的阴极，热电子发射居主要地位。由阴极发射出的电子，经阴极区内电场的加速，碰撞气体分子使之游离成正离子及电子。游离出的电子在电场作用下很快趋向阳极。质量大得多的正离子，在阴极区形成正空间电荷，从而产生阴极位降。正离子受阴极吸引轰击阴极而使阴极加热，通常在阴极上可以看到明亮的阴极斑点。阴极斑点比弧柱细，电弧在阴极附近出现收缩区，如图 2-2-2 所示。

当阴极材料为铜、银等低熔点金属时，由于材料气化点太低，不可能出现足够的热电子发射。在此情况下，阴极表面特别是电极表面突出部分附近的电场将电子从电极表面拉出，在电极表面形成很高的电流密度，称为场强电子发射。

阴极表面电子发射只形成阴极区的电流，弧柱部分导电需要在弧柱区域也能出现大量自由电子，即需要使弧柱区的气体原子游离。气体原子游离的方式通常有电场游离和热游离两种。

在弧柱中的电子在电场作用下运动，不断与气体原子等粒子碰撞。当电子的动能超过原子的游离能，则可以使束缚在原子周围的电子释放出来，形成自由电子和正离子。这种现象称为电场游离。

在大气间隙中，电位梯度达到 30kV/cm 时，就会由于电场游离而导致击穿。但在电弧中弧柱电位梯度很小，因此在弧柱中电场游离就微乎其微了。

在弧柱中温度很高，粒子动能很大，其互相之间不断碰撞即可使原子游离，从而产生大量的自由电子。电弧导电的原因就在于热游离。

对于一般气体，温度 $T>7000\sim8000$K；对金属蒸气，温度 $T>3000\sim4000$K 就可以出现明显的热游离，使气体由绝缘变为导电。

与可逆化学反应相似，在电弧中一方面由于热游离使得正离子与电子不断增多，同时也由于去游离的作用使正离子与电子减少。去游离包括复合和扩散两种方式。

复合是正离子与自由电子在接近时互相吸引成为中性的原子，从而丧失带电性能的过程。由于速度相差太大，电子与正离子直接复合的概率小；通常是电子先附在原子上形成负离子，再与正离子复合。

当电弧区有金属物时，可以吸引带电粒子使金属带电，再吸引相反电荷的粒子复合为中性粒子。电弧区有绝缘物时，带电粒子附在上面也可促进复合。

弧柱中的带电粒子，由于热运动从弧柱中浓度较高的区域移动到弧柱周围浓度较低的区域的现象叫扩散。扩散使弧柱中的带电粒子减少，因此扩散对弧柱而言是一种去游离。

在稳定电弧中，单位时间内由游离产生的自由电子数和正离子数，与复合和扩散而消失的自由电子数和正离子数相同。这样，在弧柱内的自由电子数与正离子数保持不变，即弧柱的导电性不变。

在电弧放电中阳极的作用通常不像阴极那样重要，根据阳极作用的不同，可把阳极分为被动型和主动型两种。在被动型中，阳极只起收集电子的作用。在主动型中，阳极不但收集电子而且产生金属蒸气，因而也可以向弧柱提供带电粒子。

对于长度只有几个毫米的短电弧，电弧电压主要由阴极区压降和阳极区压降组成，其中的物理过程对电弧起主要作用。而对于长度较大的长电弧，弧柱则起主要作用，阴极和阳极的过程不起主要作用甚至可以忽略。

（2）断路器灭弧原理：

1）直流电弧的燃烧和熄灭。发电厂高压配电装置中断路器基本都是交流断路器，本段内容适用于前面所述的发电机灭磁断路器的工作原理。

①直流电弧的工作点：

在典型的电阻电感串联直流电路中，有电压为 U 的直流电源、电阻 R、电感 L 及开关 S，当开关处于闭合位置电路达到稳定时，开关两端电压 $U_a=0$，电路电流 $i=I=U/R$；此时将开关 S 打开，产生电弧，电路方程为

$$U=Ri+L\frac{di}{dt}+u_a \tag{2-2-1}$$

开关 S 打开过程初段，电弧长度 l_1 较小，电弧电压 u_{a1} 很低，电弧可以稳定燃烧，即 $\frac{di}{dt}=0$，电路方程为 $U=Ri+u_a$ 或 $u_a=U-Ri$。此时可如图 2-2-5 所示，图中纵坐标为电压 u，横坐标为 i，l_1 的电弧伏安特性 u_{a1}，$(U-Ri)$ 直线交曲线 u_{a1} 于点 1，点 1 称为电弧的工作点，开关 S 未打开前的工作点是 B 点，此点的电流 $I=\frac{U}{R}$，电压为零。

当开关 S 继续打开使电弧不断拉长为 l_2、l_3、l_4…，电弧电压不断加大，电流则逐步减小，各电弧的伏安曲线为 u_{a2}、u_{a3}、u_{a4}…，如图 2-2-6 所示。当工作点为 4 时，曲线 u_{a4} 与直线 $(U-Ri)$ 相切，达到了临界状态。

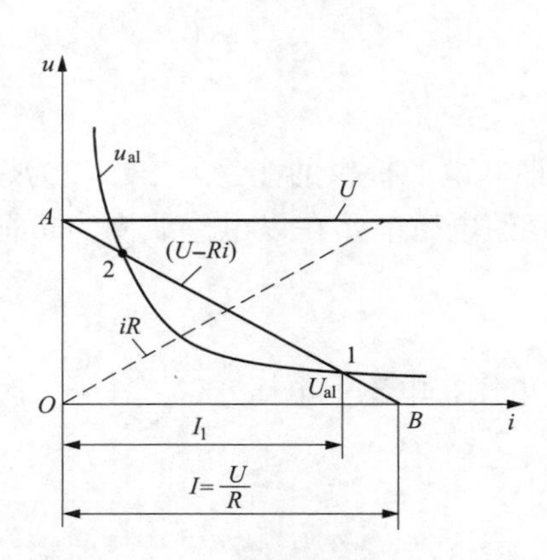

图 2-2-5　直流电弧的工作点

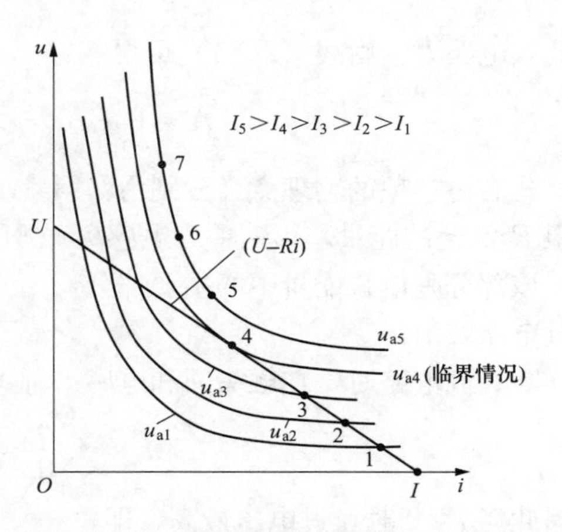

图 2-2-6　电弧不断拉长时工作点的移动

②直流电弧的熄灭条件：

当开关 S 继续打开，电弧长度达 l_5 时，电弧伏安特性 u_{a5}，与直线 $(U-Ri)$ 已无交点，$(U-Ri)<u_{a5}$，即电路方程

$$L\frac{di}{dt}=(U-Ri)-u_{a5}<0 \text{ 或} \frac{di}{dt}<0 \tag{2-2-2}$$

由此可以判定直流电弧在此条件下不断减小直到熄灭。可见直流电弧熄灭的条件为 $u_a>(U-Ri)$。它的物理意义为当电源电压在不足以维持稳态电弧电压及线路电阻压降的条件

下，电弧熄灭。

从直流电弧熄弧条件的影响因素为：

◇ 从电路参数上看，电源电压越高，电路电阻越小（相当于稳态电流 I 越大），越不容易熄弧；

◇ 从开关特性看，为了熄弧，必须采取措施加大电弧电压。

③直流电弧的开断参数：

开断直流电弧过程中，燃弧时间、电弧能量和电感上的过电压峰值是三个重要参数。

燃弧时间：

由式（2-2-1）可得

$$L\frac{\mathrm{d}I}{\mathrm{d}t}=(U-Ri)-U_{\mathrm{a}} \tag{2-2-3}$$

即 $\mathrm{d}t=L\dfrac{\mathrm{d}i}{(U-Ri)-u_a}$

$$t_a=L\int_0^I\frac{\mathrm{d}i}{u_{\mathrm{a}}-(U-Ri)} \tag{2-2-4}$$

由上式可见，电流 I 越大，线路中电感 L 越大，燃弧时间越长；电弧电压 u_{a} 越大，t_{a} 越小。

电弧能量：

电弧能量 A 的计算式为

$$A=\int_0^{t_a}u_a i\,\mathrm{d}t \tag{2-2-5}$$

代入电路方程由式（2-2-1）可得

$$A=\int_0^{t_a}Ui\,\mathrm{d}t-\int_0^{t_a}Ri^2\,\mathrm{d}t+\frac{1}{2}LI^2 \tag{2-2-6}$$

上式右边三项的物理意义分别为：第一项为燃弧期间电源提供的能量，第二项为燃弧期间电阻 R 消耗的能量，第三项为电感 L 在开断前贮存的电磁能，在以电感线圈为负荷的电路中，该部分是电弧能量中的主要部分。

过电压峰值

开断直流电路时，在触头间和电感 L 上均出现过电压，电感上电压

$$u_{\mathrm{L}}=L\frac{\mathrm{d}i}{\mathrm{d}t}=U-Ri-u_a$$

因此当 $i=0$ 时，过电压最高，即

$$U_{\mathrm{Lm}}=U-u_{\mathrm{a}}$$

设过电压倍数为 k，则

$$k=\left|\frac{U_{\mathrm{Lm}}}{U}\right|=\frac{u_a}{U}-1$$

可知电弧电压 u_{a} 越高，过电压倍数越大，因此拉长电弧或加强对电弧的冷却均会增加过电压倍数。在不同情况下，电路中的电感 L 加大会增加燃弧时间，从而增加电弧电压，因此过电压倍数会加大，如图 2-2-7 所示。

④电弧的稳定性和截流：

在一定条件下，电弧特别是小电弧还可能由于出现不稳定现象而导致熄灭，此时，虽然电弧电压 $u_a<(U-Ri)$，不满足熄弧条件，可电弧仍然熄灭了。出现这种熄弧的基本原因是：包含电弧在内的电路，在一定条件下是动态不稳定系统，在外界的干扰下，电弧燃烧不稳定，出现了自激的高频振荡，最后电弧电流降到零导致熄弧。通常，电弧中振荡的频率很高，可达几百千赫，在频率响应较差的示波器显示的示波图中，电流的波形好像电流被突然截断一般，故这一现象通常称为截流现象，截流前电流值称为截流值。分析电弧不稳定现象的等效电路如图 2-2-8 所示。据图可列电路方程式组

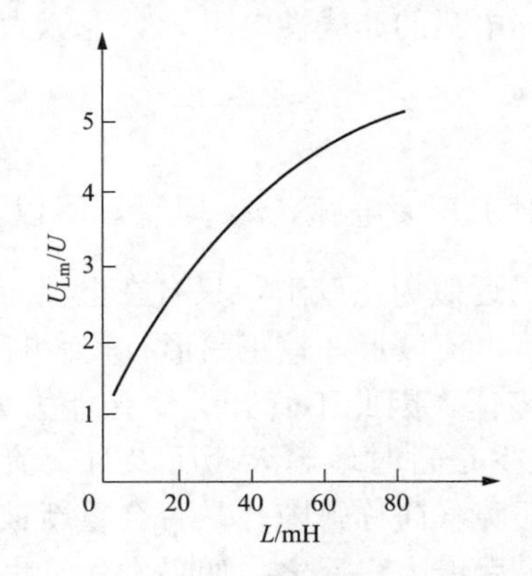

图 2-2-7　电感 L 对过电压倍数的影响

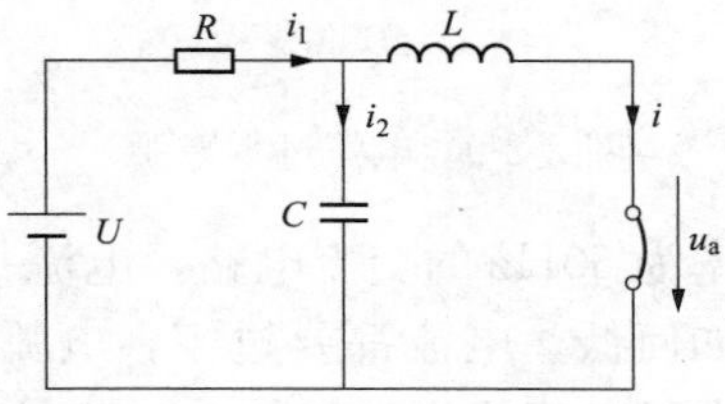

图 2-2-8　电弧不稳定现象的等效电路

$$
\begin{cases}
U=iR+L\dfrac{\mathrm{d}i}{\mathrm{d}t}+u_a \\
L\dfrac{\mathrm{d}i}{\mathrm{d}t}+u_a=\dfrac{1}{C}\displaystyle\int i_2\mathrm{d}t \\
i_1=i+i_2
\end{cases}
\tag{2-2-7}
$$

其中，$u_a=U_{a0}+R_ai$。

根据自动控制原理，一个系统的特征方程各项系数均须大于 0，这是系统稳定的必要条件。因此可得该系统稳定的必要条件为

$$
\begin{cases}
RCL>0 \\
L-CRR_a>0 \\
R-R_a>0
\end{cases}
\tag{2-2-8}
$$

上述第一条自然满足。在第二条中，当伏安特性 U_a 的斜率 R_a 过大时则不满足，在此情况下，当电弧受到不可避免的外界干扰时，在电弧电流上将出现一个高频自激振荡，当这一高频电流的幅值超过工频电流时，电弧电流将降到零，电弧即熄灭。第三个条件是否满足的情况可参见图 2-2-5，图中点 2$(U-Ri)$ 的斜率 R 小于电弧特性在此点的斜率 R_a，不满足稳定条件，所以点 2 是不稳定工作点。

2）交流电弧的熄灭：

①交流电弧的开断：

交流电弧熄灭过程主要有三种：强迫熄弧，截流开断和过零熄弧。在大多数高压断路器开断过程中，电弧电压远低于电源电压，即电源电压足以维持电弧燃烧而不致发生强迫熄弧；在

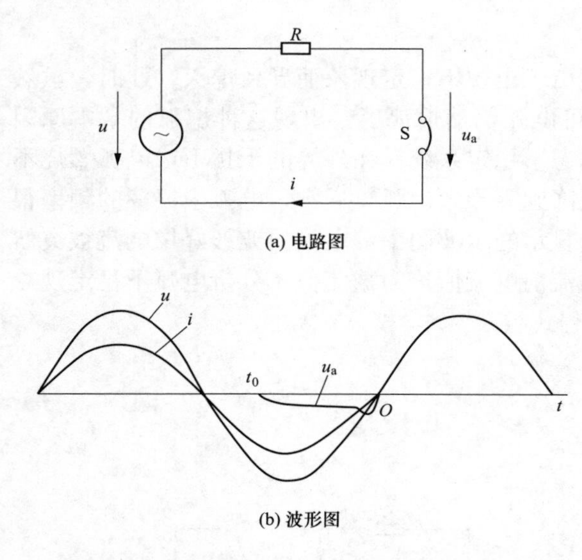

图 2-2-9　电弧过零熄弧

电流较大的情况下也不会出现截流，因此，电弧是在电流零点时熄灭的，即过零熄弧。

过零熄弧原理如图 2-2-9 所示，图（a）是纯电阻电路，图（b）是灭弧过程的波形图，图中 t_0 是触头分离瞬间，电源电压 $u=U_m\sin\omega t$，在触头分离前 $i=\frac{U_m}{R}\sin\omega t$，触头分离后，产生电弧，在电路中除电阻 R 外，又增加电弧的非线性电阻 r_a，电流为

$$i=\frac{u-u_a}{R} \tag{2-2-9}$$

对于开关电弧，$u_a \ll U_m$，所以 $i\approx\frac{u}{R}$，波形仍近似为正弦形，只有在电流 i 的零点前后，电流波形才较正弦形有较大畸变。

对频率为 50Hz 的交流电路，电流每秒有 100 次零值，因此不管开关熄弧能力如何差，电弧电压如何低，电流都要过零，电弧自然熄灭，至少是暂时地熄灭。所以对交流电弧来说，不是电弧电流能否降到零，而是电流过零后电弧间隙（简称弧隙）是否会重新被击穿而复燃的问题。如果电流过零后，弧隙没复燃，电弧就最后熄灭；反之，如果发生复燃，则电弧在电流此次过零时不能熄灭，至少需燃烧至电弧电流下次过零时再熄灭。弧隙是否复燃决定于两方面：一是弧隙的介质强度 u_d，另一是加在弧隙上的电压，通常称为恢复电压 u_{tr} 见图 2-2-10，图中可以看出，弧隙的介质强度 u_d 曲线在恢复电压 u_{tr} 上方，交流电弧过零时熄灭，反之，交流电弧过零后恢复电压 u_{tr} 高于介质强度 u_d，电弧复燃。

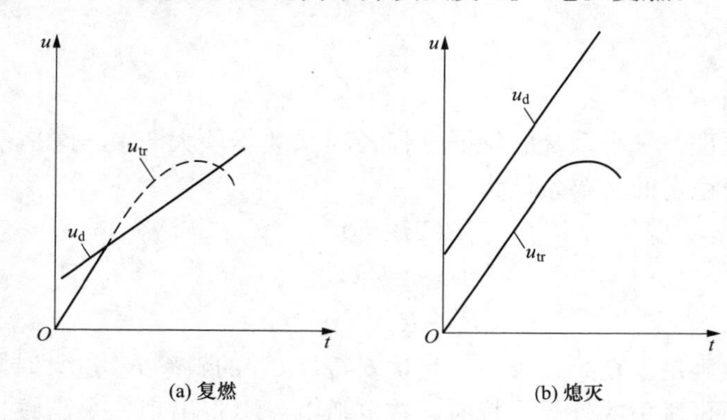

图 2-2-10　交流电弧过零时的复燃与熄灭

由此，可以得到与直流电弧熄灭条件完全不同的交流电弧过零熄灭条件为：$u_d(t)>u_{tr}(t)$。

图 2-2-11 表示在开断电阻回路时的波形图，图中包括电源电压 u，电弧电流 i，电弧电压 u_a，介质强度 u_d 和恢复电压 u_{tr}。图中，t_0 为触头分离瞬间，t_1 是电流第一次过零瞬间，t_{d1} 是 t_1 以后的弧隙介质强度，u_{tr} 为当时的恢复电压。当 $t=t_1'$ 时，$u_{d1}=u_{tr}$，弧隙击穿，电弧复燃，在波形图上又出现马鞍形的电弧电压。t_2 是电弧第二次过零时刻，u_{d2} 是弧隙介质

强度，u_{tr}是恢复电压。由于动触头不断拉开等原因，u_{d2}比u_{d1}来得大，在此情况下，实现了交流熄弧条件$u_d(t)>u_{tr}(t)$，电弧最后熄灭。

电弧电流过零后的介质恢复过程是个复杂的过程，一般把介质恢复过程分为热击穿阶段和电击穿阶段。

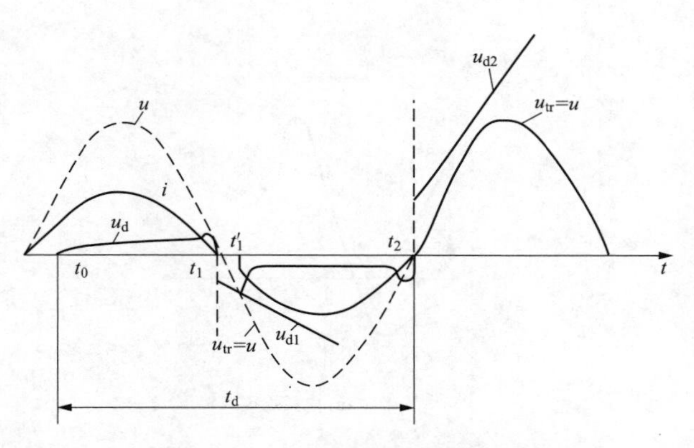

图 2-2-11　开断电阻电路的波形图

a. 热击穿阶段：

断路器在开断电流时，电弧电流过零后，弧隙的介质温度仍很高，高于金属蒸气的开始热游离温度，在此情况下，弧隙仍有一定的电导率。当恢复电压加在弧隙上时，弧隙中即有一小电流流过，这一电流称为弧后电流。此时，在弧隙中同时进行两个过程，一方面，电源供给弧隙以能量；另一方面，弧隙又将能量传给周围介质。如果电源供给弧隙的能量超出传出的能量，弧隙温度将不断上升，最后导致击穿，这称为热击穿。反之，弧隙温度将不断下降，最后弧隙将转变为不导电的介质。此后，弧隙进入电击穿阶段。在弧隙热平衡的情况下，可得

$$u_{tr}^2=r_a\cdot N \text{ 或 } u_{tr}=\sqrt{r_a\cdot N} \tag{2-2-10}$$

式中，u_{tr}为加在弧隙上的恢复电压；N，r_a为弧隙散热功率及电阻。

在此情况下，可以认为弧隙具有一定的介质强度

$$u_a=\sqrt{r_a\cdot N}\text{。} \tag{2-2-11}$$

在热击穿阶段，电弧电流和电压的波形如图 2-2-12 所示。

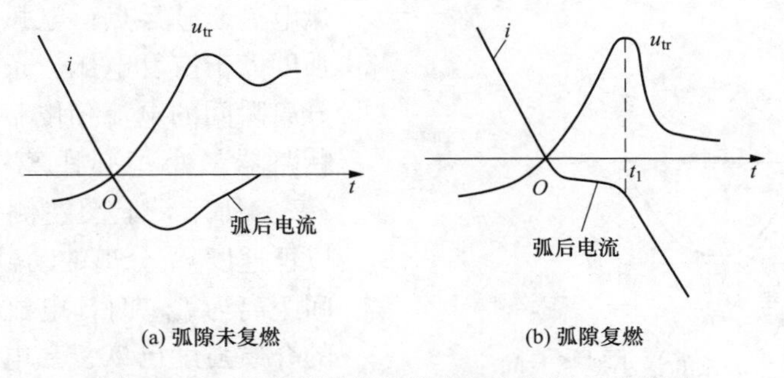

图 2-2-12　热击穿阶段弧隙电压和弧后电流波形

显然，在热击穿阶段，如果介质强度u_d大于恢复电压u_{tr}，电弧不会复燃，因此，在热击穿阶段的熄弧条件为

$$\sqrt{r_a\cdot N}>u_{tr}\text{。} \tag{2-2-12}$$

防止热击穿的基本措施是加强对弧隙的冷却，增加电弧散热功率。

b. 电击穿阶段：

当弧隙温度降低到 3000～4000K，热游离基本结束，弧隙转变为介质，在此阶段如发生电弧复燃即为电击穿，电击穿阶段的波形如图 2-2-13 所示。在图中，电弧电流过零后没有出现弧后电流，也即没有热击穿阶段。

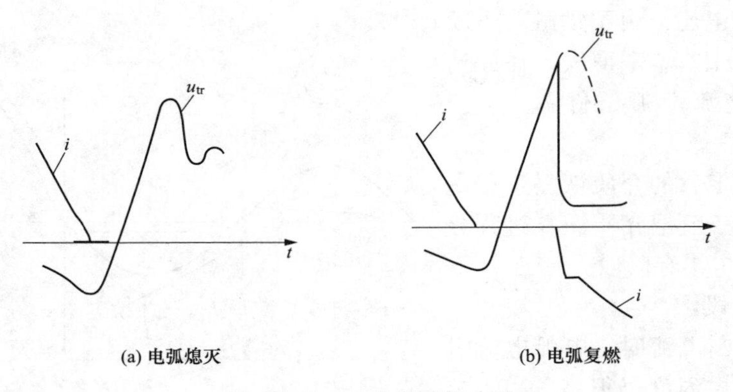

图 2-2-13　电击穿过程波形

发生电击穿现象，一方面与介质的种类、状态（包括压力、温度、流动情况），电极材料、表面形状及状况有关；另一方面与电网结构参数有关。

通常评估恢复电压对断路器开断的影响用恢复电压最大值、恢复电压平均上升率两个参数来表示。恢复电压最大值即为电源电压最大值 U_m；恢复电压平均上升率为坐标原点与电源电压最大值的连线的斜率，对频率为 50Hz 的工频电压，恢复电压平均上升率为 $0.2U_m$。

②交流电弧的开断参数：

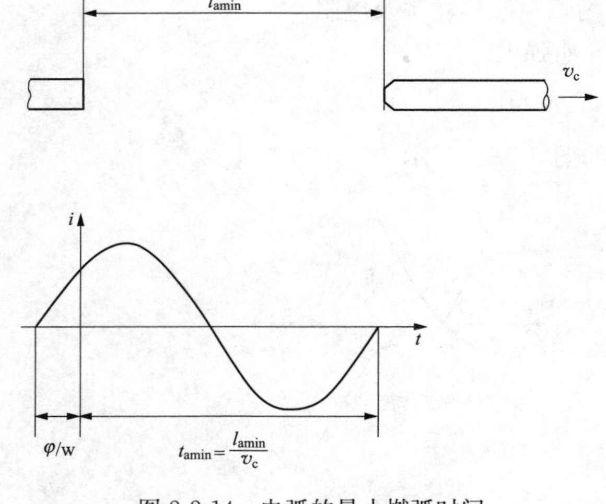

图 2-2-14　电弧的最小燃弧时间

与直流电弧的开断类似，交流电弧开断的重要参数燃弧时间和电弧能量是衡量开断性能的重要指标。

a. 交流电弧的燃弧时间。

已知交流电弧熄灭的两个条件为：电弧电流通过零点；电弧电流过零后的介质强度大于恢复电压。条件一与断路器触头分离瞬间的电流相位 φ 有关，条件二可用断路器最小熄弧距离 l_{amin} 来表示，如图 2-2-14所示，上图左侧为静触头，右侧为以恒速度 v_c 分离的动触头，当动、静触头间距离为 l_{amin} 时，电流过零点，且触头间的介质强度已恢复，电弧熄灭。这一过程中的第一次电流过零时，动、静触头间的距离还小不足以满足条件二。所以，最小燃弧时间为

$$t_{amin}=\frac{l_{amin}}{v_c}$$

由于电流开断的相位是随机的，所以如果动、静触头的距离在小最燃弧时间时刻尚未到达满足条件二的情况下，就要待到电流的下一次过零才能实现熄弧。对于 50Hz 的工频电流，下一次过零的时间就是增加 0.01s，故最大燃弧时间 $t_{amax}=t_{amin}+0.01s$ 。

b. 电弧能量。

电弧能量用 A 表示

$$A=\int_{0}^{t_a}u_a i\,\mathrm{d}t \tag{2-2-13}$$

电弧电流一般为正弦波形：$i=I_m\sin(\omega t+\phi)$（ϕ 为电流开断初相位）

（3）高压断路器短路电流的开合：

电力系统尤其在特别靠近电源的发电厂内高压配电系统发生短路故障时，短路电流很大，关合与开断故障电路，是高压断路器最基本也是最困难的任务。

高压断路器关合短路故障，指断路器关合前电路已存在故障，或继电保护控制跳闸后自动重合闸于故障尚未消除的电路上。由于各种断路器关合短路电流最困难，所以，额定关合短路电流参数是衡量断路器开断性能的最重要指标之一。

电力系统内大多是电感电阻性电路，由此关合开断灭弧的过程就与前述断路器在电阻性负载回路开断的灭弧过程不一样了。如图 2-2-15 所示，图（a）中，u 为工频电源电压，S 为断路器触头，L 和 R 为电路等效电感和电阻，C 和 r_a 为断路器触头的等效电容和弧隙电阻。触头 S 闭合时，电流 i 落后于电压 u 角度 φ，电流和电压的波形如图（b）中所示。在 $t=t_0$ 时触头 S 分开，产生电弧，由于电弧电压 u_a 很小，电源电压绝大部分降落在电感 L 和电阻 R 上，电流仍按正弦变化。$t=t_1$ 时，电流过零时电路中断，电源电压 u 全部加到触头（弧隙）两端，弧隙上的电压恢复过程将是由电弧电压 u_a 上升到电源电压 u 的过渡过程。由于弧隙间电容 C 的存在，弧隙电压不可能突变，电压恢复过程将是一个振荡过程。

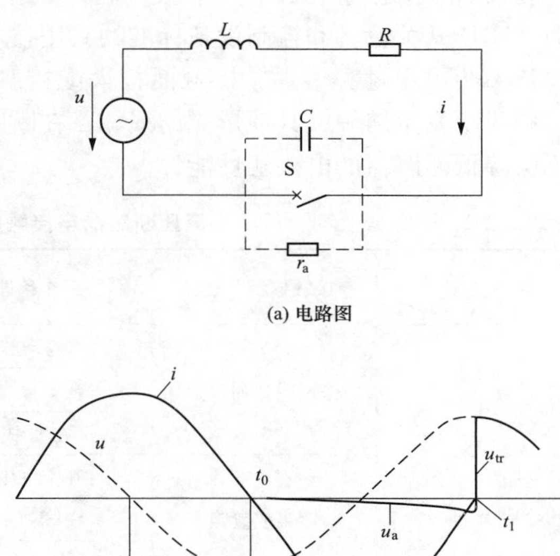

图 2-2-15　电感电阻性电路及电压电流波形

电压恢复过程中，首先出现在弧隙两端的是具有瞬态特性的电压，称为瞬态恢复电压，它存在的时间很短，只有几十微秒至几毫秒。瞬态恢复电压消失后，弧隙两端出现的是由工频电源决定的电压，称为工频恢复电压，工频恢复电压也可以说是电弧熄灭后弧隙两端恢复电压的稳态值。瞬态恢复电压与工频恢复电压统称为恢复电压。从高压断路器灭弧的角度看，在开断短路故障时，瞬态恢复电压具有决定性的意义，许多场合下所提的恢复电压往往就是指瞬态恢复电压。

瞬态恢复电压的变化取决于：工频恢复电压的大小；电路中电感、电容和电阻的数值以及它们的分布情况；断路器的电弧特性。

3. 交流高压断路器的结构及工作原理

交流高压断路器的结构因灭弧原理而异，但基本结构由以下几部分组成：电接触部分、灭弧部分、操动机构和连接机构等。

（1）电接触部分。高压断路器的电接触部分由固定接触、可分接触和滑（滚）动接触三类工作方式组成：固定接触指用紧固件如螺钉、螺纹、铆钉等压紧的接触方式；可分接触指在工作过程中可以分离的电接触，如动、静触头的接触；滑动（滚）接触指在工作过程中，触头间可以互相滑动或滚动但不能分离的电接触，一般就是断路器的中间触头的接触方式。高压断路器的导电回路由上述的三种接触方式构成：静触头用螺钉固定在断路器的金属本体座上，本体座外设断路器的一端出线端子与外电路相接；动触头与中间触头滑动（滚）接触，中间触头用螺钉固定在断路器的另一端金属本体座上，通过出线端子与外电路相接。断路器操作时，动触头通过传动机构受操动机构驱动，高速运动与静触头进行电接触接或电接触分离动作，实现断路器的关合或开断电路功能。

1）对高压断路器的电接触主要要求：

在长期的额定电流工作中，温度和温升不超过规定值，如表 2-2-2 所列（参见 GB/T 11022—2011《高压开关设备和控制设备标准的共用技术要求》）；短时（规定的时间内）通过额定短路电流不会出现触头熔焊、接触面打火或接触电阻增大劣化等现象；在关合额定短路电流时，触头不发生熔焊或其他形式的损坏；在断路器的寿命期内，触头的机械磨损和电磨损程度不会降低断路器的电接触性能。

表 2-2-2　　高压断路器电接触的温度和温升极限

<table>
<tr><th>部件类别</th><th>接触材料/工艺</th><th>工作条件</th><th>温度（℃）</th><th>周围空气温度不超过40℃时的温升（℃）</th></tr>
<tr><td rowspan="6">触头</td><td rowspan="3">裸铜或裸铜合金</td><td>在空气中</td><td>75</td><td>35</td></tr>
<tr><td>在 SF_6 中</td><td>105</td><td>65</td></tr>
<tr><td>在油中</td><td>80</td><td>40</td></tr>
<tr><td rowspan="3">镀银或镀镍</td><td>在空气中</td><td>105</td><td>65</td></tr>
<tr><td>在 SF_6 中</td><td>105</td><td>65</td></tr>
<tr><td>在油中</td><td>90</td><td>50</td></tr>
<tr><td rowspan="6">用螺栓的或与其等效的联结</td><td rowspan="3">裸铜、裸铜合金或裸铝合金</td><td>在空气中</td><td>90</td><td>50</td></tr>
<tr><td>在 SF_6 中</td><td>115</td><td>75</td></tr>
<tr><td>在油中</td><td>100</td><td>60</td></tr>
<tr><td rowspan="3">镀银或镀镍</td><td>在空气中</td><td>115</td><td>75</td></tr>
<tr><td>在 SF_6 中</td><td>115</td><td>75</td></tr>
<tr><td>在油中</td><td>100</td><td>60</td></tr>
<tr><td rowspan="2">用螺栓或螺钉与外部导体连接的端子</td><td>裸的</td><td></td><td>90</td><td>50</td></tr>
<tr><td>镀银、镀镍或镀锡</td><td></td><td>105</td><td>65</td></tr>
</table>

2）电接触的接触电阻：

影响接触电阻的因素主要有构成电接触的金属材料的性质和接触的形式及接触压力。常用的电接触金属材料有银、铜、铝等，它们在接触电阻性能方面各有特点：银的电阻率最小，且不易氧化，银的氧化物电阻率也很低，所以银是最理想的导电材料，但因价格较贵，故常用铜镀银或镶银的方式用于电器；铜的电阻率比银略大，从减小接触电阻看是仅次于银的材料，但铜有在大气中和变压器油中易氧化的缺点，通常在铜触头的表面上镀银或镀锡来避免铜氧化膜的影响；铝的电阻率比铜高，且化学性质活泼，在空气中易生成又硬又厚的氧化膜，从而增大接触电阻，因此，铝一般只用于固定接触，并常用表面覆盖锡的方法来减小接触电阻。

电接触按接触件外形的几何形状不同，有点接触、线接触和面接触三类。已知接触电阻的大小主要影响因素有接触点的数量和接触点的接触压力。一般固定接触采用面接触，面接触既有多点接触又有连接螺栓紧固的压力，可使接触电阻很小；可分接触通常为线接触，由静触头弹簧施加的接触压力，可使动静触头形成多条有效接触线。

3）电接触的动、热稳定：

高压断路器在通过短路电流时，对于不可分的电接触，主要有接触点发热问题，对于可分的电接触（触头）就有动、热稳定问题。

已知电流流经接触点时会出现电流收缩现象，产生收缩电动力。收缩电动力的方向总是朝着推开触头的方向，力的大小与电流平方成正比。因此，断路器要能耐受额定冲击电流，就必须使合闸中的动、静触头的接触压力，大于短路电流产生的收缩电动力，以防止触头被推开产生电弧。触头能承受短路电流产生的电动力而不致发生熔接的能力称为触头的电动稳定性。电动稳定性以电流峰值 I_{m} 表示，称为峰值耐受电流，与时间无关。峰值耐受电流由实验得到的经验公式计算：

$$I_{m}=K_{e}\sqrt{0.1F} \tag{2-2-14}$$

式中，F 为接触压力；K_{e} 为系数，决定于触头的材料和接触形式，铜-铜玫瑰触头的一个触指取 5000。

在高压断路器中，常采用多个触指并联组成的玫瑰触头，这类触头通过电流时，各触指间流过同方向的电流，产生相互吸引的电动力，从而提高了触头的电动稳定性。

高压断路器的触头在流过短路电流时，接触部分强烈发热，在几秒的时间内，触头可能因过热而出现局部熔化。触头能承受短路电流热作用的能力称为触头的热稳定性。热稳定性用短时耐受电流及短路持续时间两个参数来表征。

4）可分电接触的结构：

高压断路器的可分电接触即动静触头的接触形式常见有两类，一类为插入式，另一类为平接式。前者多用于油断路器和 SF_6 断路器，后者仅用于真空断路器。

插入式触头一般包含主触头和消弧触头。消弧触头在断路器操作过程中起引弧作用，合闸时消弧触头先接触，分闸时消弧触头后分离，使难以避免的电弧灼伤发生在消弧触头上，而主触头始终保持完好状况，确保断路器动接触的主回路不因灭弧过程而接触不良。消弧触头头部通常焊有耐高温材料如铜钨合金，以降低引弧灼伤的程度。主触头通常表面镀银，以降低接触电阻，改善导电性能。

插入式触头的动触头多为铜导电杆；静触头一般由多片铜触指围成圆形组成玫瑰式触头，触指背后装有弹簧向触指施以向心压力，以增加其在合闸状态时与动触杆的接触压力。断路器合闸操作时，动触杆插入静触头并走过一段接触行程，使接触面有自洁作用，最后与静触头各触指沿圆周形成多条线接触，完成动接触动作。

真空断路器的接触形式为平接式，即动、静触头的接触是通过彼此的平面贴合并压紧来实现的。真空断路器多用于 110kV 以下中压开关，发电厂高压配电系统很少用到。

（2）灭弧部分。交流高压断路器因不同的灭弧介质决定了不同的灭弧结构，但灭弧的原理都是基于电弧的生成、维持与熄灭原理进行设计的，都是采用冷却电弧减弱热游离、吹弧拉长电弧加强带电粒子的复合和扩散，同时把弧隙中的带电粒子吹散，迅速恢复介质的绝缘强度等方法达成目的的。灭弧的能量虽有它能和自能两种之分，但实际常见的都是自能的，即断路器利用自身在合、分闸过程产生的电弧能量来进行灭弧的。目前常见的交流高压断路器的灭弧原理有油灭弧、SF_6 灭弧和真空灭弧，它们的灭弧结构及灭弧原理如下。

1）油灭弧装置的结构及灭弧原理：

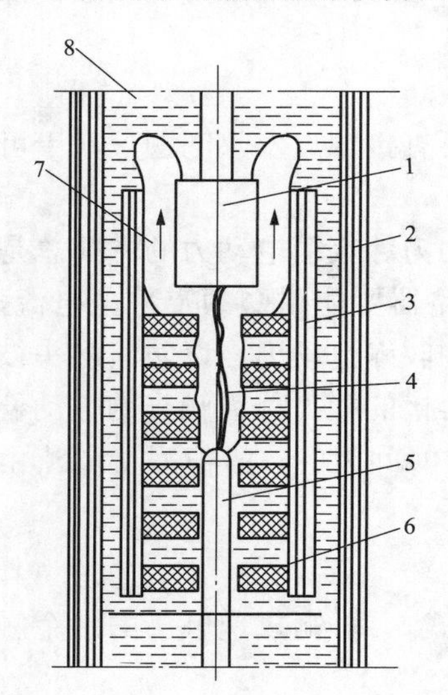

图 2-2-16 纵吹灭弧室
1—静触头；2—外绝缘筒；3—内绝缘筒；4—电弧；5—导电杆；6—灭弧片；7—气流方向；8—变压器油

油断路器有多油和少油之分，其中高压多油断路器现在已极少见。少油断路器的灭弧装置即灭弧室，按灭弧过程的吹弧方式有纵吹（吹弧介质沿电弧平行方向吹拂）、横吹（吹弧介质沿电弧垂直方向吹拂）和纵横吹三种之分，其中横吹和纵横吹多用于中压断路器，纵吹式多用于高压断路器。吹弧能促进弧柱中的带电质点向外扩散，使新鲜介质更好地与炽热电弧接触，加强电弧的冷却，有利于迅速灭弧。图 2-2-16 示意了典型的少油断路器纵吹灭弧室结构。图中灭弧室由若干片灭弧片 6 在内绝缘筒 3 内相叠并压紧而成，每片灭弧片向下一面布置有 6 个不穿透的圆窝，每两片灭弧片之间装有垫环，构成了灭弧的储能结构：断路器加油时，油位自下而上地将容器内的气体排出，唯有灭弧片窝内的空气留存下来，在灭弧室内形成多个气囊。当断路器分、合闸时电弧灼烧变压器油，产生大量的油气并使灭弧室内压力陡升时，同时压缩了灭弧片窝内的气囊，为纵吹电弧积聚了能量。内绝缘筒 3 的作用是隔离灭弧室的工作压力，以免其传递出来损坏外瓷套。

图 2-2-16 所示的灭弧原理是：当断路器分闸时，动触头（导电杆）向下运动，从上面的静触头内分离出来，触头分开后产生电弧。导电杆向下运动拉伸电弧的同时，导电杆让出的空间被周围的变压器油补充。变压器油被电弧灼烧、分解产生大量的油气，使灭弧室内压力陡升，压缩了灭弧片窝内的气囊。当交流电流过零瞬间熄灭时，在被压缩气囊压力释放的作用下，灭弧室内的油喷向导电杆让出的空间，即弧道，将弧道中的热量带走，迅速恢复弧道的介质强度。如果电流第一次过零时尚不能完成灭弧，则在导电杆继续往下运动到下一次电流过零时，动、静触头间的距离已经比较大，在下面的灭弧片的吹弧作用下，电弧将被熄灭。

2）SF_6 灭弧装置的结构及灭弧原理：

①SF_6 气体的基本性能：

纯 SF_6 气体是一种无色、无味、无毒和不可燃的卤素化合物气体，在 20℃和 0.1MPa 时，其相对密度为 6.135，即是空气相对密度的 5 倍；SF_6 的传热系数为 0.034，是空气的 1.6 倍。SF_6 气体常温常压下化学性能十分稳定，在电弧高温的作用下，SF_6 分解出的低氟化物具有强烈的腐蚀性和毒性，在温度降低后大部分低氟化物也会复合，SF_6 断路器内一般都装设分子筛来吸附低氟化物。鉴于 SF_6 气体的这些特性，装有 SF_6 设备的室内场所，须配置装于下部的机械通风装置；在 SF_6 设备检修或故障时，更要严格遵循安全规程来进行操作。

②SF_6 气体的热化学特性：

在 150℃以下 SF_6 具有化学惰性，对高压断路器中的金属、绝缘材料不发生化学作用。然而，在大电流电弧高温作用下，它分解和游离成各种不同成分，这些成分与蒸发的金属结合成一种极细的金属氟化物粉末，其电阻很高，附在断路器触头的表面会影响电接触的性能，故断路器的触头合闸操作时必须有自洁的功能，以除去接触面上的这种氟化物。

SF_6 气体在电弧高温下的分解能吸收较多的能量，对弧柱有较强的冷却作用。此外，SF_6 气体在电弧高温下电离形成的电导率急剧增大，使得电弧电流几乎全部通过弧芯部分，在弧芯周围的热区温度很低，而 SF_6 对自由电子的强吸引力，使热区空间只有很小的电导，导热系数很高。当电弧电流接近零值时，仅在很细的弧芯上有很高温度，而其周围是非电导层，这样，在电流过零时，电弧间隙介质强度将很快恢复，并超过恢复电压的上升速度。这种在 SF_6 气体中极细小的弧芯，一直存在小电流范围的特点，在断路器开断中是非常好的特性，因为它满足了在电流过零时由导体向绝缘体的急剧变化的要求。正是由于这些特点，即使在开断小电流时，电弧弧芯仍能连续地收缩，一直持续到电流零值，不会发生电流的强制开断亦即不会产生电流截断，因此，也就很少产生操作过电压。

③SF_6 气体的负电性：

SF_6 气体具有负电性，即其分子或离解原子具有很强的生成负离子倾向，SF_6 及其分解产生的卤族分子和原子强烈地吸附电弧中的电子，形成负离子，而负离子的质量又比电子大得多，在电场作用下负离子的运动比电子小得多，很容易与正离子复合成中性的分子和原子。因此，空间导电性的消灭过程非常迅速，此种现象与电离空间的冷却能力非常强的现象具有同样的效果，从而电弧在电流零值附近电导率的变化非常快，这种特性与上述电弧形成极细的弧芯一起，使电弧时间常数变得很短。对于灭弧来说，大量 SF_6 中性分子与电弧接触是有效的方法。

对灭弧介质的基本要求，不仅要有高介质强度，而主要是应具有介质强度的高恢复速度，还应具有另一重要特性即当电弧电流过零时的热时间常数非常小，SF_6 作为灭弧介质就具有这些特性。

④SF_6 断路器灭弧室：

SF_6 断路器的灭弧室原理有双压气吹式、单压气吹式、压气式、混压式、自能式和磁吹电弧式。目前广泛应用的基本都是自能式。自能式灭弧原理是最大限度地利用电弧自身的能量，加热膨胀压气室中的 SF_6 气体建立起高气压，在喷口处形成高速气流，与电弧发生强烈的能量交换，当电流过零时，达到熄灭电弧的目的。

由于是利用电弧能量使灭弧室建立起吹弧所必需的压力，不需要操动机构提供很大的压缩功；不需要高的压气分闸速度。所以可使灭弧室压气缸直径减小，传动系统运动件质量减轻，可以采用低操作功而简单可靠的操动机构型式，如弹簧机构等。

一种常见的 SF_6 断路器灭弧室及灭弧过程如图 2-2-17 所示。图中的弧静触头 1、主静触头 3、弧动触头 4、主动触头 5、滑动触头 7 属于断路器的可分电接触系统，绝缘喷口 2、贮气室 6、阀门 8 和 11、辅助贮气室 9、固定活塞 10 等组成灭弧部分。

当断路器开断大电流时，动触头系统（包含导电杆、绝缘喷口 2、弧动触头 4、主动触头 5 和贮气室 6）向下运动，主动触头 5 与主静触头 3 首先脱离接触，此时导电杆的头部弧动触头 4 与弧静触头 1 尚未脱离接触；导电杆继续向下运动，弧动触头 4 与弧静触头 1 分离产生电弧，电弧加热周围气体，被加热的气体通过气孔进入贮气室 6，热气体与贮气室中原有的冷气体混合，形成高压力低温气体，当绝缘喷口 2 从弧静触头 1 离开而打开时，高压力气体吹至喷口，与电弧发生强烈的能量交换，当电流过零时熄灭电弧。随后阀门 11 打开，排出多余气体。在整个开断过程中，由于贮气室内的气体压力较高，阀门 8 一直是关闭的，而贮气室 6 向下运动像

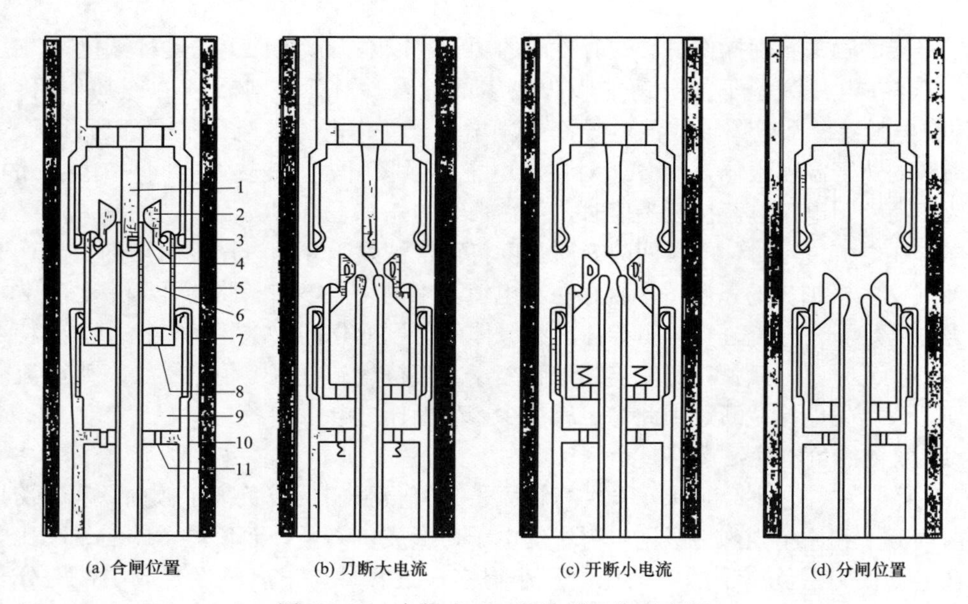

图 2-2-17 自能式 SF_6 断路器工作示意图

1—弧静触头；2—绝缘喷口；3—主静触头；4—弧动触头；5—主动触头；6—贮气室；7—滑动触头；8—贮气室阀门；9—辅助贮气室；10—固定活塞；11—辅助贮气室阀门

活塞一样挤压辅助贮气室内的气体使阀门 11 打开，辅助贮气室不起作用。

开断感性电流和容性小电流时，电弧能量小，依靠电弧能量难以建立熄灭电弧的压力。动触头系统向下运动时，贮气室 6 的外壁与固定活塞 10 的相对移动使辅助贮气室 9 内的气体建立压力并使阀门 11 关闭。当电流过零时，贮气室 6 的气体压力低于辅助贮气室 9 内的气体压力，阀门 8 开启，形成熄灭小电流电弧的助吹，从而增强了开断小电流的能力。

灭弧过程中灭弧室的压力变化情况如图 2-2-18 所示。触头分开产生电弧后，压力随电流变化。交流电流第一次过零时（a）点，压力低难以熄弧。第二次过零时的压力高得多，气吹效果好，电弧熄灭。

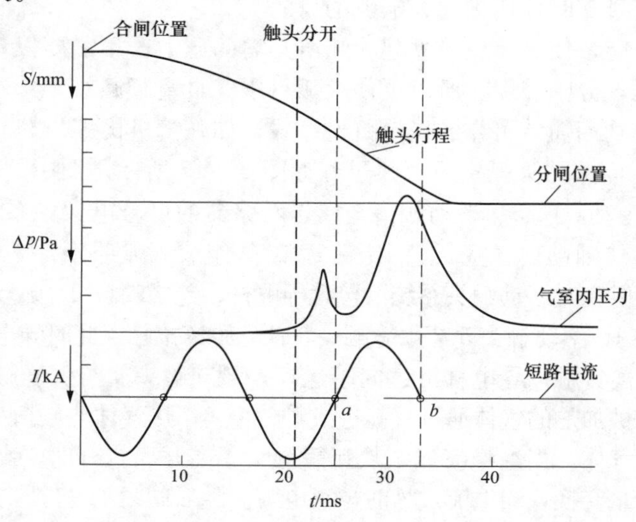

图 2-2-18 灭弧过程中灭弧室的压力变化

（3）操动机构。高压断路器依靠触头的运动来实现合、分操作，触头的运动需要动力，动力来自操动机构。操动机构的类型有电磁（CD）、弹簧（CT）、电动机（CJ）、气动（QD）、液压（CY）和手动（CS）多种。操动机构一般做成独立产品，一种型号的操动机构可以配几种不同型号的断路器，同样，一种型号的断路器可以配几种不同型号的操动机构，但也存在匹配度问题，对性能有些影响，所以宜采用生产厂家的标配。有些操动机构与断路器是一体的，不再作为一个独立产品。

1）对操动机构的要求：

由高压断路器的功用决定了操动机构必须具备的功能包括：合闸操作（在正常情况下和有短路故障的时，操动机构都能使断路器可靠合闸）；保持合闸（在合闸命令和合闸操作功消失后，操动机构应可靠地将断路器保持在合闸位置，不会由于外力等原因引起触头分离）；分闸操作（不仅能接受自动或遥控指令使断路器快速电动分闸，而且在紧急情况下可在操动机构上进行手动分闸）；自由脱扣（是指操动机构在合闸过程中接到分闸命令时，机构将不再执行合闸命令而立即分闸，这样就避免了跳跃）；防跳跃（是指断路器在关合有预伏短路故障的线路时，继电保护装置会快速动作，指令操动机构立即自动分闸，这时若合闸命令尚未解除，断路器会再次合闸于故障线路，如此反复会造成断路器多次合分短路电流）；复位（断路器分闸后，操动机构的各个部件应能自动恢复到准备合闸的位置）；闭锁（断路器自身的安全保护如低气压/液压闭锁操作，电路安全保护如分、合闸位置闭锁）。

操动机构为断路器合闸提供的操作功，需要满足动触头系统克服一定的阻力运动足够的行程，运动的阻力主要包括动触头与静触头接触行程的摩擦力；合闸电流尤其是短路电流拒合的电动力；对于电磁机构和弹簧机构还有分闸弹簧的拉伸力等。在克服上述阻力的前提下，还有合闸速度的要求。操动机构所能提供操作功的大小决定了它的用途。如早期的高压断路器都用电磁机构，当断路器发展到高电压大电流时，电磁机构已不能满足操作功要求了，需用操作功更大的液压机构。

2）操动机构分类：

高压断路器的操动机常见类型及特点见表 2-2-3。

表 2-2-3　　各种类型操动机构的特点

比较项目＼机构类型	电磁机构	弹簧机构	气动-弹簧机构	液压机构
储能与传动介质	直流电源/机械	螺旋压缩弹簧/机械	压缩空气/弹簧	氮气/液压油
适用电压等级（kV）	126 及以下	40.5～252	126～550	126～550
出力特性	硬特性，反应快，自调整能力小	硬特性，反应快，自调整能力小	软特性，反应慢，有一定自调整能力	硬特性，反应快，自调整能力大
对反力、阻力特性	反应敏感，速度特性受影响大	反应敏感，速度特性受影响大	反应较敏感，速度特性在一定程度上受影响	反应不敏感，速度特性基本不受影响
环境适应性	较差，操作噪声小	强，操作噪声小	较差，操作噪声大	强，操作噪声小
人工维护量	小	小	较小	大
相对优缺点	无漏油、漏气问题；须配大功率直流电源	无漏油、漏气问题；体积小，重量轻	存在可能漏气问题	存在可能漏油问题

①电磁操动机构：

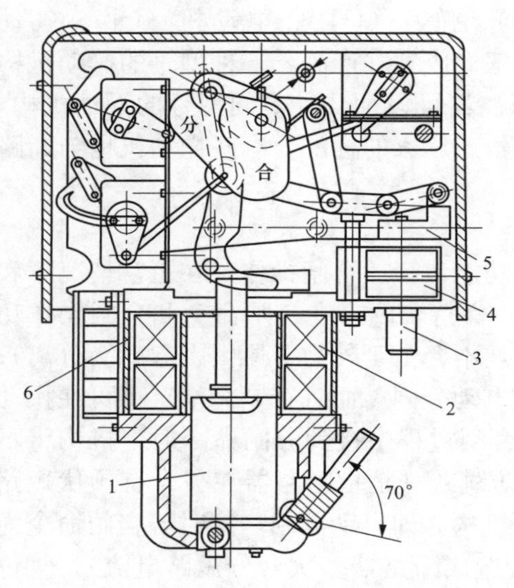

图 2-2-19 电磁操动机构

1—合闸铁芯；2—合闸线圈；3—分闸铁芯；4—分闸线圈；5—铸铁支架；6—铁轭

靠电磁力合闸的操动机构称为电磁操动机构。电磁操动机构的优点是结构简单、工作可靠、制造成本低，缺点是合闸线圈消耗的功率较大，需配置容量较大的蓄电池组对其供电；合闸时间长（0.2～0.8s），难以满足高速断路器的要求，一般用于126kV及以下的断路器。

图 2-2-19 为一款电磁操动机构结构图，主要由合闸铁芯、合闸线圈、分闸铁芯、分闸线圈及机械连接件等组成。

电磁操动机构的动作过程为：合闸指令发出，合闸线圈 2 的直流电源接触器合闸，合闸线圈励磁，在其内部产生的电磁吸力把处于下部的合闸铁芯 1 瞬间吸上，撞击铁芯顶杆，推动滚轮、连杆，使操动主轴顺时针转动，推动与断路器的连杆，克服分闸弹簧的拉力和各种合闸阻力使断路器完成合闸动作。铁芯顶杆上移结束时，鞍架复位，托住滚轮，使断路器保持在合闸位置。合闸过程中，自由脱扣机构各连板始终处于一条直线或接近直线状态，一旦此时接到分闸指令，分闸线圈 4 励磁，吸引分闸铁芯 3 向上冲击自由脱扣机构的死点，使滚轮的合闸运动失去支点而返回，实现自由脱扣功能。断路器合闸时将断路器的分闸弹簧拉伸并保持，相当于为断路器的分闸动力储备能量。当需要分闸时，只需给分闸线圈励磁或手动操作推动分闸铁芯向上运动，使死点向上，轴销向右移动，于是滚轮从鞍架落下，操动机构的主轴在断路器分闸弹簧作用下，向反时针方向转动，完成断路器的分闸操作。

②弹簧操动机构：

依靠弹簧储存的位能释放为动力的操动机构叫弹簧操动机构。弹簧借助储能电动机动力并通过减速装置进行拉伸或压缩的储能，并经过锁扣系统保持在储能状态。断路器分、合闸操作时，锁扣被控制元件脱扣，弹簧释放能量，经过机械传递单元使断路器触头系统运动。

弹簧操动机构的结构原理如图 2-2-20 所示。整个机构大致分成弹簧储能、维持储能、合闸与维持合闸、分闸四个部分。

弹簧储能部分主要由合闸弹簧、电动机、皮带轮、链条、偏心轮、棘爪和棘轮组成。每台机构有两组弹簧。储能时，启动电动机 2，通过皮带轮 1 与链条 3 减速后带动偏心轮 4 转动，偏心轮的转动又推动三角架 cab 绕 b 点摆动，带动棘爪 7 推动棘轮 8 向反时针方向转动。棘轮转动又带动连杆 ef 使合闸弹簧拉长，当连杆转过最高点某一角度后，弹簧储能结束。

维持储能。弹簧储能后，并不需要立刻将能量释放使用，因此需要一套机构将弹簧的位能储存起来。维持储能的机构由掣子 15、杠杆 16 和凸轮 12 组成。弹簧储能结束时，连接在棘轮上的凸轮刚好转到图 2-2-20 所示的位置上，凸轮上的销子正好支在杠杆上，而杠杆又被掣子上的小轮 h 挡住，无法逆时针方向转动，因而可以维持凸轮在图示的位置，将弹簧的位能储存起来。

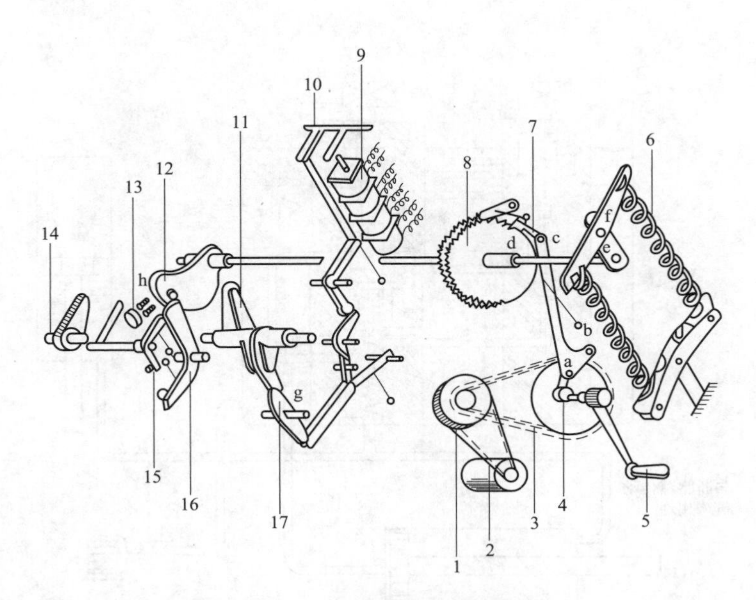

图 2-2-20　弹簧操动机构原理图

1—皮带轮；2—电动机；3—链条；4—偏心轮；5—手柄；6—合闸弹簧；7—棘爪；8—棘轮；9—分闸电磁铁（线圈）；10—连杆；11—拐臂；12—凸轮；13—合闸电磁铁（线圈）；14—输出轴；15—掣子；16—杠杆；17—连杆

合闸与维持合闸。合闸时可让合闸电磁铁（线圈）13 通电，电磁力作用在掣子的转轴上，使小滚轮 h 向上运动，不再阻碍杠杆向逆时针方向转动，因而凸轮上的销子也不再被杠杆挡住。在合闸弹簧力的推动下，凸轮朝着逆时针方向转动，撞击拐臂 11，带动操动机构的输出轴 14 顺时针方向转动，完成断路器的合闸操作。合闸结束时，拐臂上的滚轮 g 正好落在连杆 17 上，利用连杆机构的死点可以保持滚轮 g 的位置不变，从而使断路器保持在合闸位置。合闸结束后，弹簧能量释放，电动机再次启动将弹簧储能，准备下次合闸时使用。

分闸。分闸时给分闸电磁铁（线圈）9 通电，电磁力作用在连杆 10 上，通过几套连杆机构使连杆 17 朝逆时针方向转过一个角度，于是滚轮 g 不再被连杆托住，在断路器分闸弹簧作用下，操动机构输出轴逆时针方向转动，完成断路器的分闸操作。断路器分闸后，由于操动机构合闸弹簧的储能工作早已完成，可随时使断路器再次合闸。因此，弹簧机构可以满足快速自动重合闸的操作要求。

弹簧操动机构的优点是不需要大功率的直流电源，储能电动机功率较小，交流直流两用。缺点是结构比较复杂，零件数量多，加工要求高，随着机构操作功的增大，重量显著增加。

③液压操动机构：

液压操动机构利用液压油作为动力传递介质，具有操作力大、体积小、操作平稳等优势，是高压断路器最常用的操动机构之一。

液压操动机构的基本工作原理是：操作前先用油泵打压，通过油压压缩储压器中的氮气，将能量储存在储压器中。需要操作时，利用工作缸活塞两侧的油压差驱动活塞的运动，带动断路器连杆及动触头系统进行合闸或分闸操作。

图 2-2-21 所示为一种常见液压操动机构结构，它可分为几个部分：

储能部分。由储压器 3、油泵 2 及电动机组成，储压器内充有预压力的氮气。操动机构

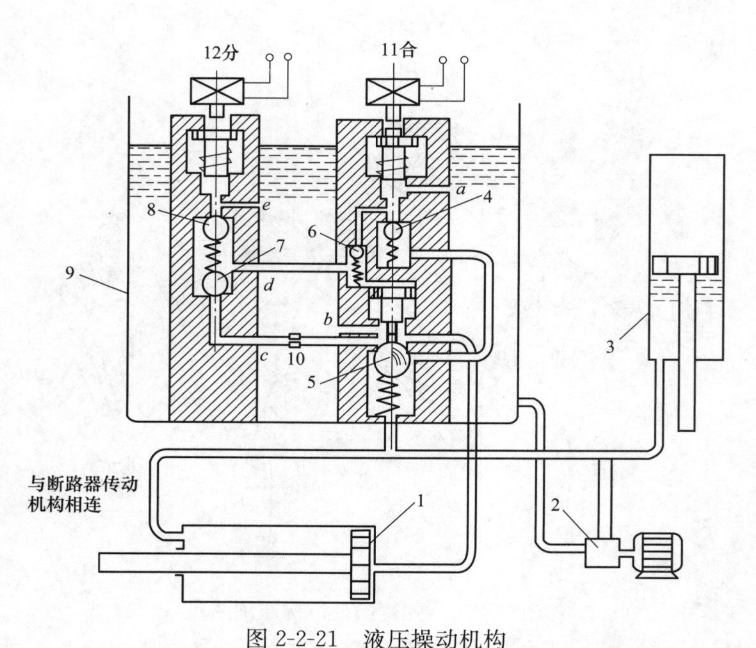

图 2-2-21　液压操动机构

1—工作缸；2—油泵；3—储压器；4—合闸阀；5—主控阀；6，7—单向阀；
8—分闸阀；9—油箱；10—节流孔；11—合闸电磁铁；12—分闸电磁铁

投入时，首先启动电动油泵向液压系统打压，接在液压系统中的储压器通过储压器活塞一侧（油侧）受压，活塞另一侧（气侧）内的氮气预压力小于油压时，氮气被压缩，以气体压缩能的形式储存能量。储能打压到规定值时自动停止，系统内维持高油压以供操作使用。当由于操作或渗漏等原因造成油压降低到一定程度时，油泵自动打压维持高油压。当机构操作时，泄放部分高压油，相当于释放部分气体压缩能，释出的能量通过液压油传递给工作缸活塞，转变为机械能。

执行部分。主要就是工作缸 1，缸内为一个活塞，活塞杆外接断路器本体操动杆；工作缸的两端接有油管，与液压系统相通。通过控制工作缸活塞两端高压油的充入或排出，可使活塞杆前进或后退移动，执行合闸或分闸操作指令。

控制部分。由合闸阀 4、主控阀 5、分闸阀 8、合闸电磁铁 11、分闸电磁铁 12 及相关油管等组成。可以分、合闸线圈较小的电动操作力，通过两级油阀的放大作用，控制高油压机构的操作，并可方便地实现各种电路控制、闭锁与保护功能。

辅助部分。包括油箱 9、连接管道、压力表、继电器等，以保障机构其所有功能的实现。

图 2-2-21 中，机构处于分闸状态，主控阀 5 关闭，工作缸 1 左侧接通高压油，右侧为低压油，活塞处在右边位置，断路器在分闸状态。

合闸过程：合闸线圈通电，合闸电磁铁杆 11 向下运动，在关闭了通向低压油箱 9 的小孔 a 的同时打开合闸控制阀 4，高压油打开单向阀 6，高压油分成两路：一路进入主控阀活塞的上方，使活塞向下动作顶开主控阀 5 钢球的同时，关闭通向低压油箱的孔 b，高压油进入工作缸右侧，利用压差原理推动工作缸活塞向左运动，实现合闸操作；另一路高压油通过管 d 进入分闸控制阀 8 使之闭锁。合闸线圈断电后，合闸控制阀及单向阀关闭，而主控阀依靠节流孔 10、小管 c、单向阀 7、小管 d 进来的高压油使其活塞及钢球维持在打开位置，工作缸与断路器维持在合闸状态。

分闸过程：分闸线圈通电，分闸电磁铁杆 12 向下运动，打开分闸控制阀 8，主控阀活塞上方的高压油经小管 d 与孔 e 泄放，主控阀关闭。工作缸右侧的高压油经孔 b 排入油箱，而此时左侧仍接高压油，因此活塞向右方推动完成断路器的分闸操作。

工作缸的安装位置低于油箱，依靠油的高度差维持工作缸的低压油压力。

这种液压机构存在着“慢分”可能性的问题：当机构处于合闸状态下，由于某种原因（如系统泄漏）使液压系统失压，主控阀活塞上面的维持油压失去，主控阀在下面弹簧的复位作用下向上移动，使主控阀处于分闸位置，这时工作缸活塞两侧都没有油压，没有动力做任何动作。当人工重新建立油压，由于此时主控阀处于分闸位置，在系统油压由零逐渐升起时，油压进入工作缸的左侧（右侧与低压油相通），推动活塞缓慢向右移动，带动断路器缓慢分闸，即出现“慢分”。如果此时断路器本体在带电，触头的缓慢分开引弧，相当于没有灭弧功能的隔离开关分闸，势必烧毁断路器酿成事故。为此，该机构采取了防慢分措施：如在主控制阀内加装横向定位弹簧，其作用力（在不影响原来阀芯动作性能的前提下）大于阀芯下部的复位弹簧作用力，使液压系统失压时，主控制阀保持原位不动，系统重新打压时不会出现“慢分”现象；另外要求操作人员在系统重新打压前，先在断路器底座下临时加装防慢分器具，顶住断路器操作连杆，不让操动机构的分闸动作传递到断路器本体，待操动机构恢复正常的合闸状态，再拿走防慢分器具。

（4）高压断路器的整体结构。

1）油断路器的整体结构：

油断路器又分多油和少油断路器。多油断路器的触头系统整体放置在装有变压器油的油箱中，油箱是接地的。油一方面用来熄灭电弧，另一方面又作为导电部分之间以及导电部分与接地的油箱之间的绝缘介质。由于用油较多，后被发展起来的少油断路器替代。目前仅有 35kV 及以下电压等级的多油断路器在用。

少油断路器中，变压器油仅用来熄灭电弧和作为触头间的绝缘介质，对地绝缘主要采用固体绝缘件，如瓷件，环氧玻璃布板、棒，环氧树脂浇铸件等，因此，用油比多油断路器少得多。

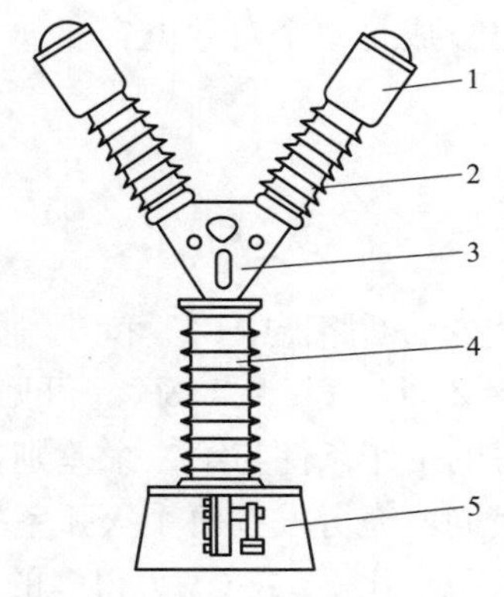

图 2-2-22　户外少油断路器

1—上帽（接线端）；2—灭弧单元；3—中间传动机构箱；4—支持瓷套；5—底架

图 2-2-22 所示为我国最常见的 110kV 户外少油高压断路器，每柱由两个标准结构断口组成，呈“Y”形布置，每极（相）为一柱两个断口，三极用连杆连接起来，由一台操动机构操动。220kV 级由每极两柱四断口串联组成；330kV 级由每极三柱六断口串联组成。断路器各断口上并接有并联电容。330kV 级断路器每极配用一台操动机构，由电气实现三极连动。

图 2-2-22 中，断路器每柱主要由底架、支持瓷套、中间传动机构箱和两个灭弧单元、上帽等组成。它们的功用分别如下。

底架 5 为固定断路器柱体的基座，由型钢焊接而成，上面装有油缓冲器、合闸保护弹簧和传动拐臂：油缓冲器用以吸收断路器分闸后的动能，避免动触头系统分闸末段的跳跃和过大的振动；合闸保护弹簧用以在液压操动机构失压时保持断路器原来的合闸状态；传动拐臂用以把操动机构通过水平连杆传递过来的水平运动转变为提升杆的垂直运动。

支持瓷套 4 构成断路器的对地绝缘，瓷套内的油起着对地内绝缘作用。瓷套油与其上面的灭弧室内的油不直接相通，以免被经过灭弧带有碳粒的油降低瓷套的内绝缘强度；瓷套作为断路器触头系统和两个灭弧室的支撑，同时起着抬高断路器带电部分的对地距离作用；瓷套内有绝缘提升杆，下端连接底座内的传动拐臂，起着将操动机构的动能传递到动触头系统的作用。

中间传动机构位于断路器中部的中间传动机构箱 3 内，采用准确椭圆直线机构，把下部绝缘提升杆传递过来的垂直上下运动转变为两边导电杆的“V”形上下运动。传动机构箱 3 的上面还装着两个中间触头（法兰），法兰外部连接导电板，构成断路器导电回路的一部分。

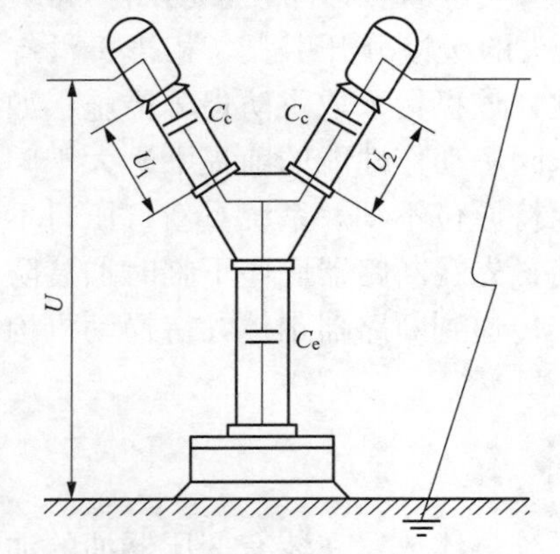

图 2-2-23　断路器中的电容分布

灭弧单元 2 对称地布置成“V”形，固定在三角形传动机构箱上，灭弧单元外绝缘瓷套内装着灭弧室，灭弧室主体内是一个高强度环氧玻璃钢筒，作为断路器开断电弧时内高压的承受件，筒内装有由灭弧片等组成的多油囊纵吹灭弧室（参见图 2-2-16），是断路器触头合分动作灭弧的核心部分。

上帽 1 内固装着静触头，外有接线端子，静触头通过帽本体到接线端子传导电流，是断路器导电回路的一部分。

126kV 及以上电压等级油断路器多在断口配置均压电容，目的是使各串联断口的电压分布均匀，有利于提高断口的耐恢复电压水平。图 2-2-23 示出了单相断路器在开断接地故障后的电路中断路器的电容分布。图 2-2-24 为该电容分布等效电路图，图中 U 为电源电压，电弧熄灭后每个灭弧室的断口可以看成是一个电容 C_c，中间机构箱与底座和大地之间也可看成是一个对地电容 C_e，于是两断口间的电压分布为

$$U_1 = U\frac{C_c + C_e}{2C_c + C_e}$$

$$U_2 = U\frac{C_e}{2C_c + C_e}$$

少油断路器中，C_c 和 C_e 通常都是几十微微法，若 $C_c = C_e$，则 $U_1 = 2/3U$，$U_2 = 1/3U$。可见两个断口的电压差别很大，第一个灭弧室的工作条件与第二个差别很大。为使两个断口灭弧室的工作条件相同，充分发挥每个灭弧室的作用，在每个断口的外面人为地并联上一个比 C_c 或 C_e 大得多的电容，使原来小电容量的差别可以忽略，则两个断口的电压均为约 $U/2$。

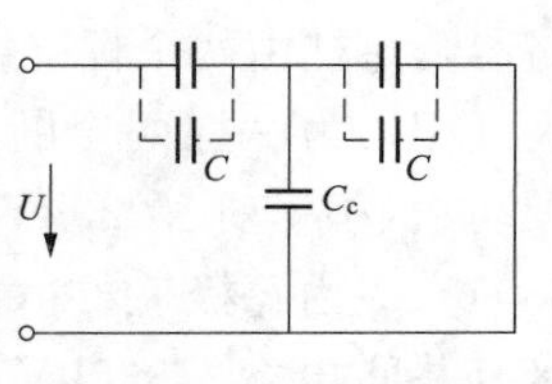

图 2-2-24　断路器断口等效电压分布

当用于 126kV 及以上电压等级时，上述少油断路器采用再串联灭弧单元、加高支持瓷套的方式来构成每极断路器。由此，串联灭弧室过多造成各断口电压分布的不均匀性降低开断性能、多组触头运动难以避免造成的非周期性、以及过高的支持瓷套使稳定性变差等问题，制约了少油断路器向更高电压等级的发展；此外，油断路器分、合灭弧过程内部产生的高油气压存在爆炸风险，在电器无油化趋势下，少油断路器的使用越来越少。

2）SF_6 断路器的整体结构：

SF_6 断路器的结构有瓷套支柱式和落地罐式两大类。前者断路器气体容积较后者小，用气量也小；断路器耐压水平高；结构简单；运动部件少。然而，由于它的重心高，抗震能力差，所以，使用场所受到一定限制。

①瓷套支柱式 SF_6 断路器：

图 2-2-25 所示为我国应用广泛的瓷套支柱式 SF_6 断路器。它的基本结构与少油断路器有些类似，灭弧室置于支持瓷套上部，由绝缘拉杆进行操动。由于 SF_6 气体优良的灭弧性能，110kV 级断路器只用一个断口就胜任其分、合操作功能了。220kV 级 SF_6 断路器有一断口的，也有两断口的，两断口 SF_6 断路器的灭弧室与支柱有呈“Y”型布置的，也有呈“T”型布置的。

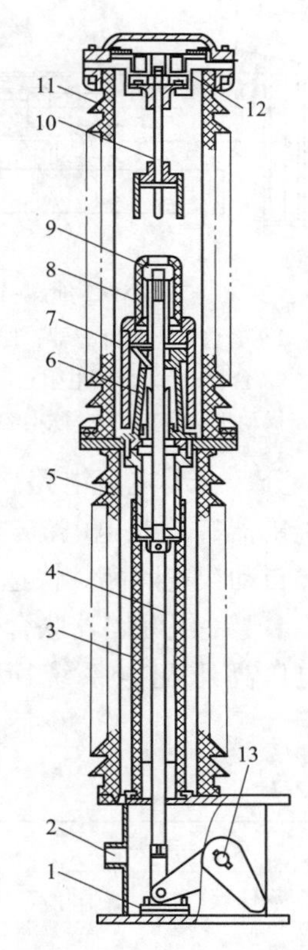

图 2-2-25　瓷套支柱式 SF_6 断路器

1—缓冲和定位装置；2—充（放）气孔；3—绝缘筒；4—绝缘拉杆；5—支持瓷套；6—压气活塞；7—气缸；8—动触头；9—喷口；10—静触头；11—灭弧室瓷套；12—吸附剂；13—传动轴和拐臂

图 2-2-25 中，静触头 10 及静触头座固定在灭弧室瓷套 11 上部法兰，法兰外为上出线端子。动触头 8 通过滑动接触与中间触头相接触，中间触头固定在灭弧室瓷套 11 的下部法兰，法兰外为下出线端子。断路器合闸时的电流通路是下出线端子—中间触头—动触杆—动触头—静触头—上出线端子。灭弧室上部装有分子筛吸附剂 12，用以吸附 SF_6 气体在电弧作用下分解产生的各种有毒物质以及断路器内部残留的水分。

单断口断路器的中间传动机构比双断口的相对简单多了，绝缘拉杆 4 的竖直运动直接带动动触头系统，无需通过变向机构来传递动力。绝缘拉杆 4 的下部连接传动轴和拐臂 13，接受操动机构通过水平连杆传递过来的操动力。缓冲和定位装置 1 的作用是吸收动触头系统分闸后的动能，避免过大的操作振动和动触头的跳跃。

②落地罐式 SF_6 断路器：

落地罐式 SF_6 断路器是全封闭组合电器和复合电器的基础。图 2-2-26 为 550kV 罐式断路器（单极）的结构示意图，每个单极有一个罐体。其结构特点是：触头和灭弧室装于接地的金属箱中，导电回路靠绝缘套管引入，高压带电部分与外壳之间的绝缘主要由 SF_6 气体和环氧树脂浇注绝缘子承担。灭弧室由支撑绝缘筒装配、静触座、静主触头、静弧触头、喷口、辅助喷口、动主触头、动弧触头、压气缸、支持筒（压气活塞）和导气管等元件组成，其灭弧原理与支柱式 SF_6 断路器类似。合闸电阻 4 由合闸电阻片、合闸电阻绝缘杆、传动连杆、动静主触头及弧触头、弹簧等组成，其作用是防止产生合闸过电压，合闸时合闸电阻提前接通，约 10ms 后主触头再合上，再过几十毫秒后，退出合闸电阻，完成一次合闸的全部操作。分闸操作与此相反。并联电容器 7 的作用是为使各断口的电压分布均匀。套管式电流互感器 1 可以方便地为该断路器控制的回路提供电流信号，而无需另装独立式电流互感器。套管 3 由瓷套管、导电杆、均匀环、屏蔽罩、接线端子及电流互感器 1 等元

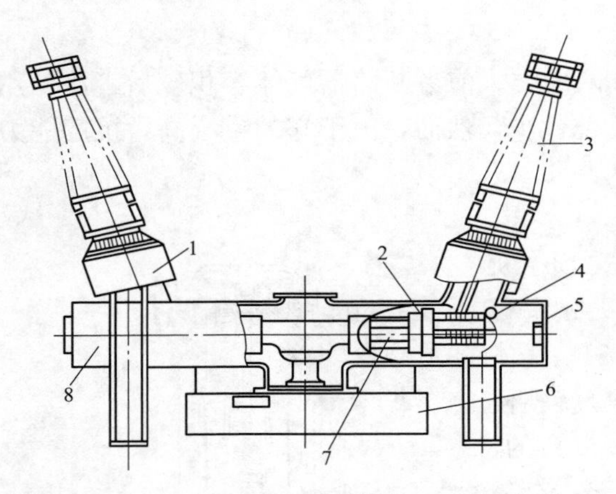

图 2-2-26　550kV 落地罐式 SF_6 断路器

1—套管式电流互感器；2—灭弧室；3—套管；4—合闸电阻；5—吸附剂；6—操动机构箱；7—并联电容器；8—罐体

件构成。操动机构箱 6 可以就近操动断路器的动触头系统，更有利提高可靠性。

（三）高压隔离开关

高压隔离开关的功用在于：在分闸位置时，两端的触头之间有可靠绝缘的明显断口，以满足电路安全隔离的需要；在合闸位置时，能可靠地承载正常工作电流和短路故障电流。高压隔离开关的具体用途可归结为：

（1）检修与分段隔离。利用隔离开关断口的可靠绝缘能力，使需要检修或分段的电路与带电设备相互隔离。

（2）倒换母线。在断口两端接近等电位的条件下，带负荷进行分闸、合闸，变换双母线或其他接线。

（3）分、合小电流电路。隔离开关的分断能力可以用以分合空载母线、短电缆、电压互感器、避雷器等的充电电流。

（4）自动快速隔离。快速隔离开关具有自动快速分开断口的性能，在一定条件下，与快速接地开关、上一级断路器联合使用，迅速隔开已发生故障的设备，起到防止故障扩大的作用。

发电厂高压配电系统所用的高压隔离开关有不同的结构形式，它们各自的特点见表2-2-4。

表 2-2-4　　高压隔离开关的结构形式与特点

结构形式			特　点
平断口	双柱式	平开式（中央开断）	相间距离大；分闸后不占上部空间；瓷柱承受较大弯矩
	三柱（双断口式）	平开式（两端开断）	相间距离较小；分闸后不占上部空间；纵向长度大；瓷柱分别受较大弯矩或扭矩
	伸缩插入式	瓷柱转动（或拉动）	相间距离小；分闸后占上部空间；适用于较高电压等级
	伸缩插入式	瓷柱摆动	相间距离小；分闸后占上部空间；瓷柱承受较大弯矩；适用于较低电压等级
直断口	直臂式		相间距离小；分闸后一侧占空间大；闸刀运动轨迹大
	单柱（伸缩）式	偏折式	相间距离小；分闸后一侧占空间大；适用于架空软、硬母线
	单柱（伸缩）式	对折式	相间距离小；分闸后两侧占空间大；触头钳夹范围大

大部分的高压隔离开关配接地开关，以便于安全接地，同时便于与隔离开关实现机械闭锁，防止带电接地误操作。

1. 高压隔离开关结构与性能的要求

由高压隔离开关的功用，要求其合闸时具有能承载正常工作的额定电流和在规定时间内的短路故障电流；分闸时有明显的断开点，并保证隔离断口的开距满足安全距离。GB/T 1985—2014《高压交流隔离开关》对高压隔离开关的技术要求如下：

（1）隔离开关的额定电压、额定绝缘水平、额定频率、额定电流温升、额定短时耐受电流、额定峰值耐受电流、额定短路持续时间、额定接触区、额定端子机械负荷等技术参数符合规定。

(2) 对于空气和气体绝缘的隔离开关，其额定母线转换电流值是80%的额定电流，通常，不论隔离开关的额定电流多大，额定母线转换电流不超过1600A（开合额定母线转换电流不是将负荷开断，而是将负荷从一条母线转移到另一条母线上，隔离开关在有载条件下进行的开断和关合操作)。

(3) 隔离开关和接地开关基本的机械寿命为1，000次的操作循环。

(4) 空气绝缘的隔离开关小容性电流开合能力的额定值：额定电压126～363kV的为1.0A，额定电压550kV及以上的为2.0A。

(5) 空气绝缘的隔离开关和气体绝缘金属封闭开关设备中的隔离开关小感性电流开合能力的额定值：额定电压126～363kV的为0.5A，额定电压550kV及以上的为1.0A。

(6) 接地开关可动部件与其底座之间的铜质软连接的截面不小于50mm^2（以保证机械强度和抗腐蚀性能)，当软连接用来承载短路电流时，应进行相应的设计。

(7) 隔离开关从其一侧的端子到另一端子不会流过危险的泄漏电流。

(8) 隔离开关和接地开关能承受其额定端子静态和动态机械负荷而不损害其可靠性和载流能力。

(9) 隔离开关和接地开关及其操动机构在重力、风压、振动、合理的撞击作用下或其操作系统连杆受到意外碰撞的情况下，均不会脱离其分闸或合闸位置。

(10) 动力操动机构应该提供人力操作装置，人力操作装置（例如手柄）接到动力操动机构上时，动力操动机构能可靠地将其控制电源断开。

(11) 需要多于一转（例如手动曲柄）操作隔离开关或接地开关所需的力不大于60N，并且在最多为需要的总转数的10%的转数内，操作力的最大值允许为120N。

(12) 需要一转以内（例如摇杆）操作隔离开关或接地开关所需的力不大于250N，在转动角度最大为15°的范围内，操作力的最大值允许为450N。

2. 高压隔离开关的结构及工作原理

最常见的两类高压隔离开关有双柱式和单柱式。双柱式隔离开关的双柱棒形绝缘子分别固定在基座两端的轴承座上，其中一端下接操作连杆，分合闸时通过反向连杆带动另一端柱同时旋转；主触头位于闸刀中央，合闸后两端导电闸刀臂成一直线，分闸时两柱分别旋转90°，分闸后形成水平断口；带接地静触头的导电闸刀臂分闸后位于接地闸刀的上方，接地操作时接地闸刀向上旋转与接地静触头接触，完成接地操作。接地闸刀与导电闸刀之间有机械闭锁，当接地闸刀合上时，闭锁导电闸刀不能进行合闸操作。

单柱式隔离开关的静触头被悬挂在架空母线上，分闸后出现垂直断口，其结构形式按导电闸刀外形的不同，分为对折式和偏折式，电压等级可达到550kV。在开关底座上有一个固定支座（固定支持瓷瓶）和一个传动支座（转动操作瓷瓶)，有隔离开关和接地开关的传动连杆。导电部分由导电闸刀、静触头和均压环等组成。隔离开关的工作原理为：电动机操动机构由异步电动机驱动，通过机械减速装置将力矩传递给机构主轴旋转180°，借助连接钢管传力给隔离开关中间操作绝缘子，并通过连杆带动固定在中间支柱绝缘子上的导电闸刀，使导电闸刀上下垂直伸缩，当导电闸刀向上伸直动触头与静触头接触时为合闸，向下弯曲时为分闸。

接地开关机构输出轴与隔离开关机构输出轴之间设有机械联锁，能保证主分—地合、地分—主合的顺序动作。

(1) 绝缘结构。

1) 对地绝缘。户外隔离开关的对地绝缘，通常为实心的户外型棒形瓷绝缘子。在220kV及以上电压等级，常采用多个绝缘子串叠成的单根瓷柱。在超高压级，除采用高强度瓷质的单根瓷柱外，还采用由多根瓷柱组合而成的立柱或三脚架，以此满足大的抗震和重载的要求。

2) 均压措施。由多节绝缘子串接成的绝缘支柱，各节所承受到的电压并不相等，上节电压最大，中节次之，下节最小。为要使得电压分配均匀，以提高整个绝缘支柱的放电电压，通常采取的办法是在绝缘柱上端装设均压环。

(2) 导电结构。

1) 触头结构。隔离开关和接地开关的触头，一般都暴露在大气中，接触表面易氧化和积集污垢，尤其是户外设备，还受冰雪、风力和导线拉力等很大的影响，因此触头结构设计通常考虑：

①有自洁和自调整能力。触头在闭合过程中，相互接触的表面都有相对摩擦，以实现自洁；此外，当触头位置有些偏斜时，能自行调整适应调整，以确保触头的良好接触。

②有足够长度的接触范围。触头的接触能适应断口距离的变化，为此，触头的接触面范围需有足够的长度，以避免脱离接触或接触不良。

③有可靠的导向性能。动、静触头在闭合前的位置有可能出现较大的相对偏差，隔离开关须有一定范围内的导向功能，以确保动触头顺利进入（或钳住）静触头。

④防止电弧烧伤主接触面。隔离开关在开断小电流、母线转换电流时都会有电弧产生，因此，应采取措施转移弧根，加速熄弧。

2) 导电活动关节结构。中央开断的双柱式隔离开关，其出线座是一个导电活动关节，它使接线端与导电闸刀之间既能相对自由转动，又能可靠通过电流，通常采用导电带或导电触指的结构形式：

①导电带用多层紫铜薄片或编织线制成，根据出线座的整体结构、相邻元件的活动状态确定导电承受到的电压带的长度和卷曲形状。

②导电触指主要有滑动式和滚动式两类，触指可根据关节状态的变化自行调整接触点，同时采用可靠的遮盖或密封措施，保持触点的清洁。

(3) 机械结构。

1) 导电闸刀及其传动机构。隔离开关在分合过程中通常在动静触头闭合和分离时出现很大的操作力矩，为减小操作力矩，通常是运用机械原理中的死点效应或通过分步动作来改变力臂长度。对于垂直断口用的导电闸刀，采用轻质高机械强度的材料（如铝合金）制作闸刀，设平衡装置来抵消闸刀重力的影响来解决自身重力引起的过大操作力矩的问题。

2) 轴承座结构。对于中央开断式的双柱隔离开关，其轴承座支承了整个导电系统和绝缘支柱的全部重量以及引线拉力、风力等产生的弯矩。为使合闸后的触头能始终保持正常接触面不被拉开，同时能顺利传递操作力矩，因此要求轴承座结构稳固而转动灵活，对于供大操作力矩的轴承座采用滚动轴承，以减小摩擦力矩。

(四) 电压互感器

前文所述电压互感器的基本结构及工作原理，是针对中压领域设备，多采用干式或树脂浇注绝缘结构而言的。对于电压等级比较高的电压互感器，多采用油浸式或气体绝缘结构，从而在整体结构上有很大的差别。

发电厂升压站高压配电系统所用电压互感器有两种形式，其中母线电压互感器用电磁式电压互感器，线路用电容式电压互感器。

1. 电磁式电压互感器

高电压的电压互感器通常有油浸式和气体绝缘式两种绝缘的互感器。

(1) 油浸式电压互感器。

1) 绝缘结构：

油浸式电压互感器的主绝缘采用油-纸复合绝缘，主绝缘、层间绝缘、端绝缘、引出线绝缘等均用绝缘纸衬垫或包扎，铁芯与绕组组装后经真空干燥、真空浸油，产品装配后真空注油、真空脱气，以确保其绝缘水平。

油浸式电压互感器有单级式和串级式之分，前者身置于金属油箱内，故又称油箱式，用于220kV及以下各电压等级；后者器身置于瓷箱内，故又称瓷箱式，其内绝缘和电磁耦合关系分为两级及以上，用于66kV及以上电压等级。

图2-2-27所示为单级式（油箱式）电压互感器绝缘结构示意图，图中，一次绕组为宝塔形，二次绕组和剩余电压绕组为层式绕组，各绕组同心布置，铁芯为单柱旁轭式，器身主绝缘为简单的油-隔板绝缘。为缩小体积，减轻重量，主绝缘采用高电气强度的绝缘纸包扎构成。一次绕组层绝缘和高压引线与绕组包扎成一体，构成一次绕组高压端对铁芯、油箱等处于地电位零部件的绝缘。

图2-2-28所示为220kV串级式电压互感器结构图，图中一次绕组分为四级，依次套装

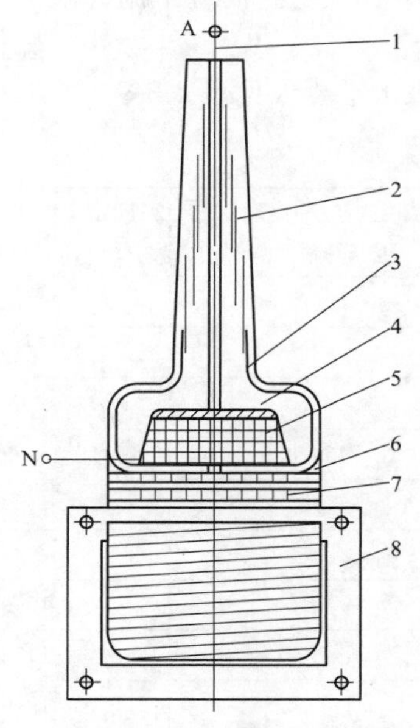

图2-2-27　单级式（油箱式）电压互感器

1— 一次引线；2— 均压电屏；
3— 地电屏；4— 一次绝缘；
5—一次绕组；6—二次绕组；
7—剩余电压绕组；8—铁芯

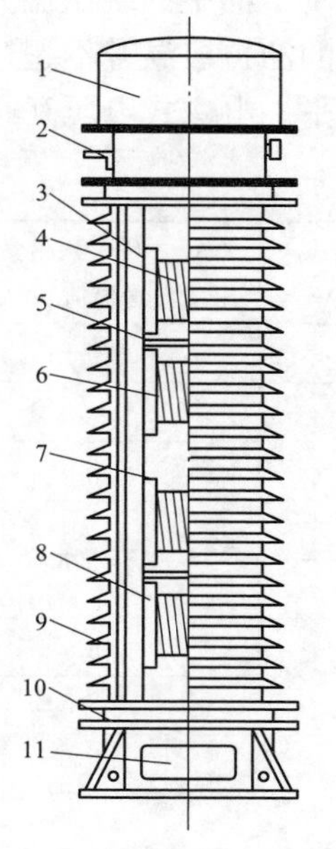

图2-2-28　串级式电压互感器结构原理

1—膨胀器；2— 一次端子；3—绝缘支架；
4—第一级绕组；5—隔板；6—第二级绕组；
7—第三级绕组；8—第四级绕组；9—瓷套；
10—底座；11—二次出线盒

在两个单相双柱铁芯上。第一级绕组只有平衡和第一级一次绕组；第二级绕组除平衡和第二级一次绕组外，还有绕在最外面的耦合绕组；第三级绕组结构与第二级一样；第四级绕组则由平衡、第四级一次绕组和二次及剩余电压绕组组成。上面两级的平衡绕组联结后要与上铁芯作等电位连接，下面两级的平衡绕组联结后要与下铁芯作等电位连接。因为串级式电压互感器的两个铁芯分别带有不同的电压，所以要用绝缘支架支撑。为防止支架发生热击穿，还要求支架材料的介质损耗率和介质损耗率的温度系数都低。

2）密封结构：

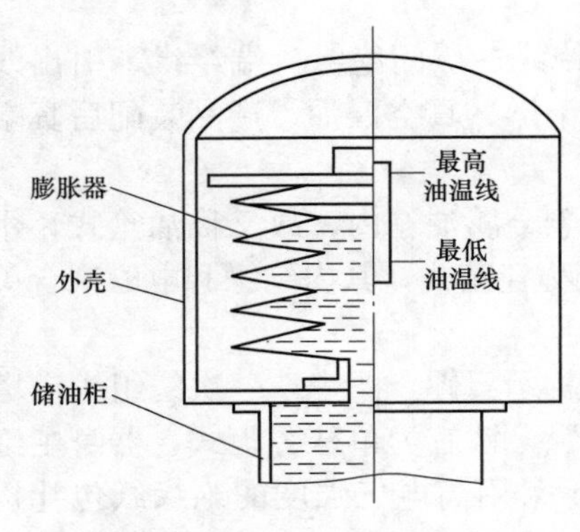

图 2-2-29 波纹式膨胀器

油浸式互感器的密封措施是采用膨胀器，电压高于35kV的油浸式电压互感器都采用全密封结构，以前曾用充氮、橡胶隔膜等结构形式，后因金属膨胀器形式的优点而被取代。金属膨胀器有波纹式和盒式两种，图2-2-29所示的为波纹式膨胀器，它由一定数量的膨胀节串联焊接而成，膨胀节由两个外圆弧焊接在一起的波纹片构成。膨胀器接在互感器储油柜的上部与互感器内的油相通，当油体积随温度升降而变化时，膨胀器随之伸展或收起，起到既隔离油与大气的接触，又能随温度变化呼吸的作用。金属（不锈钢）材料的优点避免了橡胶老化龟裂的弊端。

3）性能技术要求：

GB 1207《电磁式电压互感器》对互感器性能的技术要求为：

①温升。浸于油中的绕组温升限值为 60℃，浸于油中且全密封的绕组温升限值为 65℃，储油柜或油室的油顶层温升不超过 55℃。

②绝缘水平。电磁式电压互感器一次绕组的额定绝缘水平要求见表 2-2-5。

表 2-2-5　互感器一次绕组的额定绝缘水平

设备最高电压 U_{mm}（方均根值）（kV）	额定工短时频耐受电压（方均根值）（kV）	额定操作冲击耐受电压（峰值）（kV）	额定雷电冲击耐受电压（峰值）（kV）	截断雷电冲击（内绝缘）耐受电压（峰值）（kV）
40.5	80/95		185/200	220
72.5	140		325	360
	160		350	385
126	185/200		450/480	530
			550	
252	360		850	950
	395		950	1050
363	460	850	1050	1175
	510	950	1175	1300
550	630	1050	1425	1550
	680	1175	1550	1675
	740	—	1675	—

注　对于斜线下的数值，额定短时工频耐受电压为设备外绝缘干状态下的耐受电压值，额定雷电冲击耐受电压为设备内绝缘的耐受电压值。

③局部放电。设备最高电压 $U_{mm}\geqslant 7.2kV$ 的液体浸渍互感器的局部放电水平不超过 10pC（测量电压为 U_{mm}）或 5pC（测量电压为 $1.2U_{mm}/\sqrt{3}$）。

④外绝缘。户外型互感器的外绝缘其最小标称爬电比距须满足相应污秽等级的要求。

⑤无线电干扰电压。设备最高电压 $U_{mm}\geqslant 126kV$ 的电磁式电压互感器，其在 $1.1U_{mm}/\sqrt{3}$ 下的无线电干扰电压值不大于 2500μV。

⑥传递过电压。设备最高电压 $U_{mm}\geqslant 72.5kV$ 的电磁式电压互感器，由一次传递到二次端子上的过电压值不超过标准规定的限值。

⑦绝缘油性能。油浸式互感器所用绝缘油符合 GB/T 7595《运行中变压器油质量》的要求。

⑧短路承受能力。在额定电压下励磁时，能承受持续时间为 1s 的外部短路机械效应和热效应而无损伤。

⑨机械强度。设备最高电压 $U_{mm}\geqslant 72.5kV$ 的互感器能承受标准规定的包含风力和结冰引起的载荷。

⑩安全要求。设备最高电压 $U_{mm}\geqslant 40.5kV$ 的互感器，有保证绝缘油与外界空气不直接接触或完全隔离的装置（例如：金属膨胀器），或其他的防油老化措施。

（2）气体绝缘电压互感器：

气体绝缘电压互感器有两种结构，一种是组合电器配套用的，另一种是可以单独使用的独立式气体绝缘电压互感器。两者的区别是前者增加了高压线端的引出部分。图 2-2-30 所示为组合气体绝缘电压互感器。

气体绝缘电压互感器一般充的是 SF_6 气体，气体压力一般取 0.3～0.5MPa。SF_6 气体中不允许使用纤维性绝缘材料，因此绕组层间绝缘用聚酯薄膜，为防止导线滑脱，在聚酯薄膜表面涂覆黏结剂，按分级方式制成；低压绕组二次绕组和剩余电压绕组都紧靠铁芯。铁芯为单相双柱叠片式铁芯，一次绕组的高压引线接到盆式绝缘子的顶部。为降低引线表面的场强，装有均压环；为改善一次绕组的冲击分布，在绕组中部设有静电屏，静电屏的端部有均压环，以消除电屏边缘电场集中；在靠近绕组的铁芯内侧表面装有屏蔽板，以改善绕组端部电场，提高局部放电水平。二次出线端子、充放气阀门等均装在外壳上。

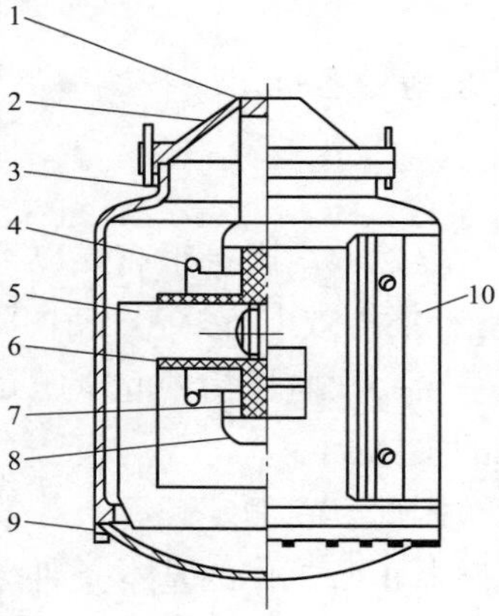

图 2-2-30　组合式气体绝缘电压互感器的绝缘结构

1—一次触头；2—高压绝缘子；3—壳体；4—中间均压电极；5—铁芯；6—二次绕组；7—一次绕组；8—高压均压电极；9—壳底；10—二次接线盒

与组合电器配套的气体绝缘电压互感器有独立的壳体，并充以 SF_6 气体，与其他电器设备隔仓，即相互之间的气体不能流通。壳体上装有密度继电器，供检测壳体内 SF_6 气体的压力。

2. 电容式电压互感器

电容式电压互感器是一种由电容分压器和电磁单元组成的电压互感器，在正常使用条件下工作时，电磁单元的二次电压与加到电容分压器上的一次电压基本上成正比，且相位差接近于零，具有接地电压互感器的功能。电容式电压互感器与电磁式电压互感器相比，有以下特点：

1）高电压主要由电容分压器承担，冲击绝缘强度高。

2）电容分压器可兼作耦合电容器供高频载波通信用。

3）在超高压系统造价比电磁式电压互感器低。

4）使用时可避免工频谐振和铁磁谐振条件。

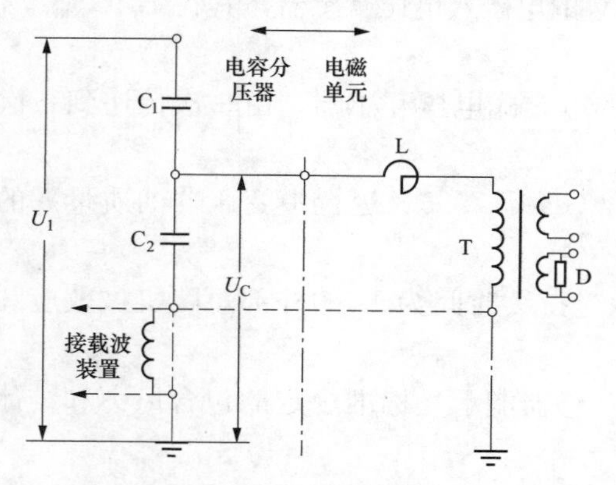

图 2-2-31　电容式电压互感器接线原理

U_1—一次电压；U_C—中间电压；

T—中间变压器；C_2—中压电容器；

C_1—高压电容器；L—补偿电抗器；D—阻尼器

（1）基本工作原理：

电容式电压互感器主要由电容分压器和电磁单元构成，原理接线如图 2-2-31 所示。

电容分压器可视为一个两端口网络，输入为高压端和地端，输出为中压端和地端。按照电路等效发电机原理，输入端电压为 U_1 时，输出端开路电压 U_c（中间电压）是等效发电机电势。

$$U_c = U_1 C_1/(C_1 + C_2) = U_1/K_c \tag{2-2-15}$$

式中，K_c 为电容分压器的分压比。

输入端短路时得到的输出端阻抗是等效发电机的内阻抗，即 C_1 和 C_2 并联，等效电容（$C_1 + C_2$）的额定频率 f_N（角频率 ω_N）阻抗 Z_C 为：

$$Z_C = R_C + jX_C \tag{2-2-16}$$

式中，R_C 为 C_1 与 C_2 的等效电阻；X_C 为 C_1 与 C_2 的等效容抗。

$$X_C = \frac{1}{\omega_N(C_1 + C_2)} \tag{2-2-17}$$

显然，内阻抗很高，以致中压端输出电压随负荷的变化很大，需要输出电路串联电抗 X_L 补偿等效电容 X_C，使内阻抗最小化以改善性能。当 X_L 等于 X_C 时，则所接中间变压器是一台一次电压为中间电压 U_c 的电磁式电压互感器。补偿电抗器和中间变压器组成电磁单元的主体。

因此，在额定频率下等效电容（C_1+C_2）与补偿电抗器电感 L 的谐振，是电容式电压互感器正常工作的基本条件。由此将引起互感器误差特性受电网频率和环境温度变化的影响，并易激发互感器内部的铁磁谐振，需要接入阻尼器和必要的过电压保护装置。

（2）结构特点：

电容式电压互感器的结构形式，按其电容分压器和电磁单元的组合方式分为分装式和单柱式两种。前者电容分压器和电磁单元分别安装，电磁单元有外露套管与分压器的中压端子在外部接线，使用时检测和检修比较方便；后者电容分压器叠装在电磁单元之上，结构紧凑，中压接线封闭在产品内部，也可以是外露结构。单柱式是电容式电压互感器的主要结构形式。

电磁单元通常是油浸式结构，其补偿电抗器和中间变压器的一次绕组皆有多个调节抽头（位于低电位），可以引出到油箱外的调节板上，便于进行电压误差和相位差调节。

（五）电流互感器

前述电流互感器的基本结构及工作原理，那是针对中压领域设备的绝缘结构而言的。对于电压等级比较高的电流互感器，在整体结构上有着显著不同的差别：一次绕组电压较高，多采用油浸式或气体绝缘结构；一次绕组难以采用母线式结构，在互感器内部一次绕组要考虑温升、短路动热稳定问题；互感器的密封问题。

1. 油浸式电流互感器

（1）绕组结构。额定一次电流较大的一次绕组，采用扁铜带、铜母线、铜棒、铜管、铝管等制成。二次绕组用漆包线或玻璃丝包线均匀绕制或按一定的角度分布在铁芯上。63kV及以上电流互感器的一次绕组通常分成数段，通过串、并联换接以得到不同的电流比。一次绕组分为两段时，通过串联或并联换接可以得到1∶2两种的电流比。若每个线段的匝数为N_1，串联时的总匝数为$2N_1$，此时允许通过的电流为I_1，一次安匝为$2I_1N_1$，当改为并联时匝数为N_1，允许通过的电流增加到$2I_1$，一次安匝仍为$2I_1N_1$，从而得到两种电流比；一次绕组分为四段时，通过串联、串—并联和全并联换接可以得到1∶2∶4三种的电流比。

利用一次绕组抽头也可实现改变电流比，如两线段绕组中只接其中的一段，一次匝数只有N_1匝，一次电流可增加到$2I_1$，当然该线段的导体截面应按$2I_1$确定。

（2）绝缘结构。油浸式绝缘实际上是油浸纸绝缘，用于35kV及以上电流互感器，其绝缘结构形式分为链型和电容型两类：

1）链型绝缘。链型一次绕组和环型二次绕组构成两个链环，主绝缘分两部分包扎在一次和二次绕组上，即构成链型绝缘结构。因为高压电极（一次绕组）与低压电极（二次绕组）是互相垂直的链环，而且高低压电极的形状很不规则，内部电场很不均匀，只适用于110kV及以下产品。

2）电容型绝缘。在主绝缘中布置电屏以调整电场就是电容型绝缘。因为在较厚的绝缘层中间设置一些中间电屏，每两个电屏及其中间的绝缘就是一个电容器，将靠近一次绕组的电屏与一次导体作电气联结，靠近二次绕组的电屏接地，这样就构成了接在电路高电压与地电位之间的一组串联电容器。串联电容器各电屏表面场强的差别将随着电屏数的增加进一步缩小，绝缘能得到充分的利用，故在220kV及以上油浸式电流互感器都采用电容型绝缘。绕组形状为U字形的电容型绝缘结构如图2-2-32所示。图中主绝缘全部包扎在一次绕组上，然后再套装环形二次绕组。

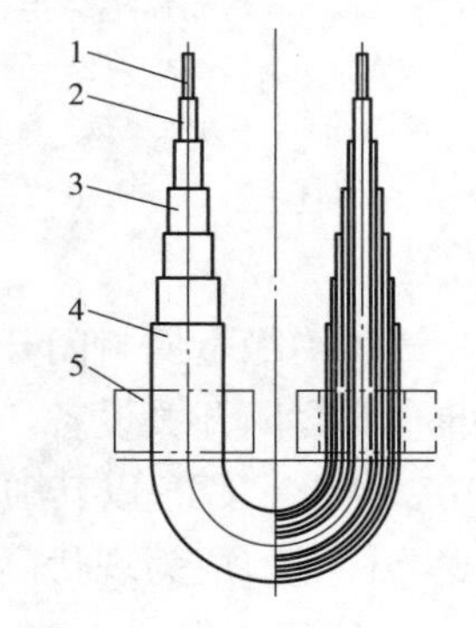

图2-2-32 U型电容绝缘

1—一次导体；2—高压电屏；3—中间电屏；4—地电屏；5—二次绕组

（3）密封结构。高压电流互感器的密封结构和金属膨胀器与电压互感器相同。

（4）性能技术要求。GB 1208《电流互感器》对电流互感器性能的技术要求如下：

1）额定绝缘水平。互感器一次绕组的额定绝缘水平如表2-2-5所列，设备最高电压$U_{mm}\geqslant$40.5kV的电容型油浸式电流互感器的地屏对地能承受额定短时工频耐受电压5kV（方均根值）。一次或二次绕组的段间绝缘能承受额定工频耐受电压3kV（方均根值）。二次绕组能承受额定工频耐受电压3kV（方均根值）。绕组匝间能承受额定耐受电压4.5kV（峰值）。

2）介质损耗因数。设备最高电压$U_{mm}\geqslant$40.5kV的油浸式互感器的介质损耗因数见表2-2-6。

表 2-2-6　　油浸式电流互感器的介质损耗因数

绝缘结构	设备最高电压 U_{mm}(kV)	测量电压（kV）	介质损耗因数 $\tan\delta$
电容型绝缘	550.0	$U_{mm}/\sqrt{3}$	≤0.004
	≤363.0	$U_{mm}/\sqrt{3}$	≤0.005
非电容型绝缘	>40.5	10	≤0.015
	40.5	10	≤0.020

3）短时电流额定值。在二次绕组短路的情况下，电流互感器能承受 1s 且无损伤的一次电流方均根值；能承受住短路电磁力的作用而无电气或机械损伤的最大一次电流峰值。

2. 气体绝缘电流互感器

独立式（不与其他电气设备配套使用，单独安装使用的）SF_6 电流互感器大都采用倒立式结构，如图 2-2-33所示。壳体 1 内装有一次导杆 2 和二次绕组 3。为了屏蔽小的棱角，二次绕组装在屏蔽筒 4 内，为了改善套管根部电场，提高设备的放电电压，设置了屏蔽电极 5。处于设备顶部的二次绕组出线由二次出线管 6 内引到底座 8 的出线盒。二次绕组的全部重量由二次出线管支撑。由于互感器内部的气体压力可达 0.3～0.5MPa，壳体和套管 7 都必须保证长期在这样大的压力下不漏气，而且它们还应能在短时间内承受住更高的内压试验，所以壳体用钢板或用机械强度且气密性高的铸铝合金制成。套管用高强度瓷或环氧树脂与硅橡胶复合制成。

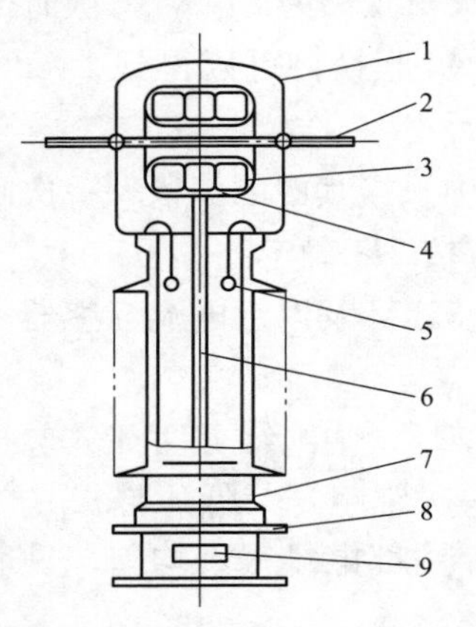

图 2-2-33　气体绝缘电流互感器
1—壳体；2—一次导杆；3—二次绕组；4—屏蔽筒；5—屏蔽电极；6—二次出线管；7—套管；8—底座；9—二次出线盒

（六）气体绝缘金属封闭开关设备（GIS）

气体绝缘金属封闭开关设备是指采用（至少部分地采用）高于大气压的气体作为绝缘介质的金属封闭开关设备，简称 GIS。1968 年，世界第一套以 SF_6 气体为绝缘介质的 GIS 投运成功。从此，GIS 以其独特的小型、紧凑、运行安全、可靠性高、环境适应性好、维护工作量少等优点，成为现代高压开关设备最有发展潜力的新型产品。

1. GIS 结构特点

GIS 典型结构由断路器、隔离开关、电压互感器、接地开关、电流互感器、母线、避雷器和出线套管或电缆终端等高压电器元件按主结线要求组合而成，封闭于内充 SF_6 气体落地的金属罐内，如图 2-2-34 所示。GIS 按安装地点可分为户外式和户内式两种；按主母线结构可分为单相单筒式和三相共筒式两种形式（一般 500kV GIS 均做成单相单筒式）。分箱型的优点是没有相间干扰，不会发生相间故障；缺点是壳体、绝缘件等用量较多，密封环节多；GIS 体积大，占地面积大，外壳感应电流大，损耗大。共箱型的优点是可缩小开关设备占地面积 40%以上，减少了密封环节，节省了原材料，三相磁场平衡，外壳感应电流很小，易于提高额定电流。缺点是相间相互影响较大，电场结构复杂，有发生相间短路、造成三相故障的可能性。

功能单元是 GIS 的基本组合单元。每个功能单元包括共同完成一种功能的所有主回路和

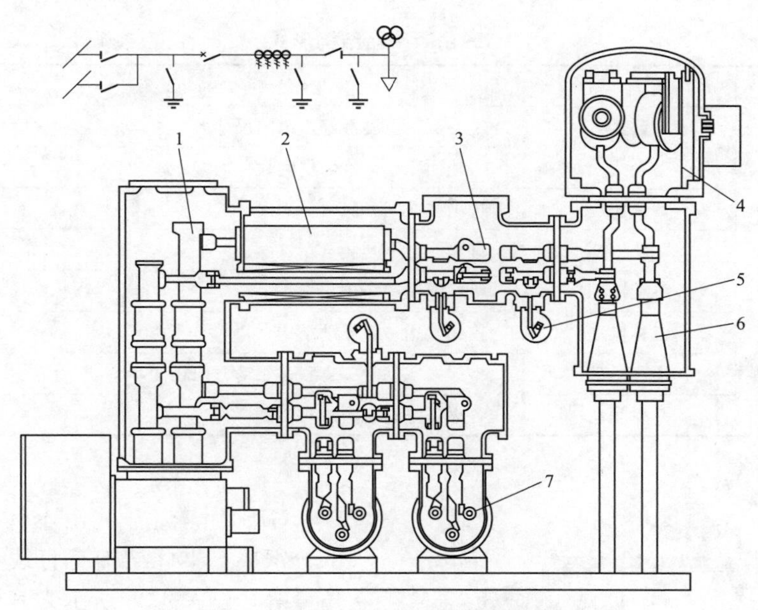

图 2-2-34　三相共筒型 GIS 单线图及内部结构

1—断路器；2—电流互感器；3—隔离开关；4—电压互感器；
5—接地开关；6—电缆终端；7—母线

辅助回路元件，通常每套 GIS 具有若干不同功能单元：架空进（出）线、电缆进（出）线、变压器、母线联络、计量与保护单元等。在构造上，GIS 可以归纳为：载流部件或内部导体，用来传输电能；金属壳体，用来封闭导体；绝缘子，用来支撑和固定导体，并起导体与壳体间绝缘作用；SF_6 气体，确保导体与壳体间绝缘；操动系统，用于操动断路器、隔离开关、接地开关动触头的合分运动；接地系统，用于功能元件的工作接地和安全接地；辅助回路及构件。

（1）导体。一般采用铝管加工制成，对于有大电流要求的可采用铜管。在导体端部（电联接部）需镀银；导体与触头一般采用滑动联接结构，以防止导体热膨胀对绝缘子产生机械应力。

（2）金属壳体。壳体采用板材焊接或铸铝；在壳体端部有法兰，用于螺栓连接；壳体外表面涂漆（保护），内表面一般不涂漆与钢外壳相比，铝制壳体有着下述优点：低的材料电阻，大大减小因回路电流而产生的发热；无磁性材料就不会导致电磁损失，即无涡流；轻质材料提供了较好的抗震性能；良好的导电性能确保电磁屏蔽的效果。

（3）绝缘子。主要功能为支撑导体，并确保导体与壳体间的绝缘，其他功能可用止气型绝缘子分隔相邻气室。绝缘子的类型有通气型、止气型和可开可闭型。绝缘子采用环氧树脂浇注，并填充三氧化二铝，可提高耐电弧和机械性能。一般设计为锥形结构，以增加导体和接地壳体间的绝缘距离。

2. GIS 的构成元件

（1）断路器。GIS 用断路器结构形式及特点见表 2-2-7。GIS 用断路器的导电、绝缘、灭弧、操动结构及原理类同前面介绍的落地罐式 SF_6 断路器，只是断路器两端引出线的结构不同。

表 2-2-7　　　　GIS 用断路器结构形式

类　别	类　型	特　征
总体布置	卧式	重心低，抗震性好，纵向尺寸大
	立式	占地面积小，检修空间大
引线方式	一侧	进出线在同一侧（端）面
	两侧（端）	进出线在不同侧（端）面
操动方式	单相操动	每相配操动结构
	三相操动	三相共用一个操动结构
多断口驱动方式	串联驱动	多灭弧室动触头直联，驱动方向相同
	并联驱动	各灭弧室动触头成对驱动

（2）隔离开关：

GIS 用隔离开关由本体和操动机构两部分组成。本体结构有直线型、“T”型和角型等，图 2-2-35 所示为其中的一种形式。隔离开关通常每相只有一个断口，除要求断口满足静电场强外，还要求各种分合操作的过程中不得对外壳放电。隔离开关动触头分合有直线运动也有旋转运动。一般为三相联动配用动力型简易机构，如电动机构、气动机构、弹簧机构等，并要求可以就地手动操作。为监视断口工作状态，在操动结构输出轴或操作杆上装分、合闸位置指示器。除此以外，壳体上还安装观察窗，以便观察隔离开关触头接触情况。

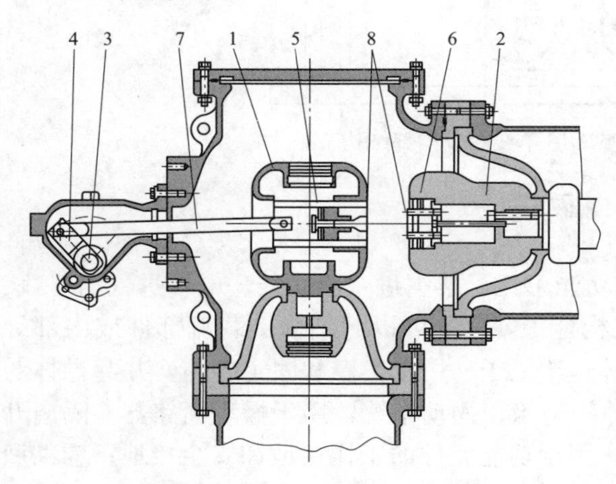

图 2-2-35　GIS 用隔离开关

1—动触头座；2—静触头座；3—传动轴；4—拐臂；5—动触头；6—静触头；7—绝缘拉杆；8—弧触头

根据功能，隔离开关分为无分合能力的和有分合能力的两类。前者只能起隔离作用，后者有以下几种：

1）分合母线转换电流用隔离开关，适用于双母线的 GIS 中，作为母线隔离开关。

2）分合线路转换电流用隔离开关，适用于环形结线 GIS 中，作为线路隔离开关。

3）分合感性小电流隔离开关，用于配电用 GIS 的变压器单元出线侧。

4）分合容性小电流隔离开关，用于分合空载母线或线路充电电流和分合通过断路器断口并联电容器的电流。

（3）接地开关。GIS 用接地开关一般为三相联动，有单独布置或与隔离开关、负荷开关、套管和电缆等组装在一起。接地开关是主回路接地元件，按其功能分为：

1）工作接地开关。其作用是释放主回路上的残余电荷，并应能耐受短时电流，确保设备检修时的人身安全，一般配用人力操动机构，安装在断路器两侧和母线上。

2）有关合短路能力的接地开关。应能关合两次额定动稳定电流。一般装在 GIS 进（出）线单元的线路侧。

3）能开合感应电流的接地开关。当 GIS 的进（出）线为长距离平行共塔线路时，安装在线路入口处的接地开关除应能释放线路残留电荷和承受短时电流外，还应具有分合电磁感应电流和静电感应电流能力。

4）保护用接地开关。为了实现对 GIS 内部电弧故障的保护作用，操动机构需要带脱扣装置，并与保护装置相配合。当内部故障发生时，能及时发出合闸命令，起动脱扣装置，快速关合，造成人为的接地通路，使故障电弧电流转移。电弧熄灭后，最终由下级保护切除故障。

5）能释放电力电缆残留电荷的接地开关。电力电缆对地电容大，残留电荷量多，安装在电缆进线入口处的接地开关接地时，会产生很高的瞬时振荡过电压，常需装设合闸电阻。

以上除第一种外的其他接地开关必须备有简易熄（耐）弧装置，配用动力操动机构，能快速合闸和分闸操作。一般平均速度大于 1m/s，称之为快速接地开关。通常，从检修和运行安全考虑，在以下位置配置接地开关：断开主回路的电器元件的两侧，如断路器、隔离开关等；每一组母线及母线上的电气设备，如避雷器、电压互感器等；与 GIS 连接并需单独检修的电气设备，如变压器等。

（4）电流互感器。GIS 用电流互感器有单独安装在主回路上的，也有与断路器、套管或电缆等组装在一起的。在布置上有内置式和外置式。内置式的一次导体和二次铁芯及绕组均布置在 GIS 金属外壳内部，利用屏蔽筒改善内部电场，二次回路通过绝缘密封端子引出，具有结构简单、布置紧凑的优点，大多数都采用这种形式。外置式的一次导体在 GIS 金属外壳内部，二次铁芯及绕组套在外壳外部，采用干式绝缘，它具有二次绕组检修拆装方便等优点。

（5）电压互感器。GIS 用电压互感器其构成原理与大气绝缘的罐式设备相同，也有电磁式电压互感器和电容式电压互感器之分。其中电磁式电压互感器因具有结构简单、体积小、容量大、精度高、绝缘性能稳定可靠、能释放线路或母线上残留电荷等优点，是目前 GIS 用电压互感器的主要品种。互感器包括一次绕组（在高压侧）和提供低压的二次绕组（包含铁芯磁路部分），安装在一个单独的密封气室内（每相一个）。

（6）避雷器。GIS 用避雷器普遍采用金属氧化物避雷器，其结构形式有罐式或瓷柱式，如图 2-2-36 所示为罐式避雷器，它能适应 GIS 的各种布置形式，方便地安装在合适位置上，具有防污、防潮、抗震和保护特性稳定等优点，在各电压等级 GIS 中广泛采用。图中高压导体 4 与母线相连，当母线上出现雷电过电压，通过氧化锌阀片心 2、底部引线及放电记录仪 7 接地，可限制母线的过电压水平。

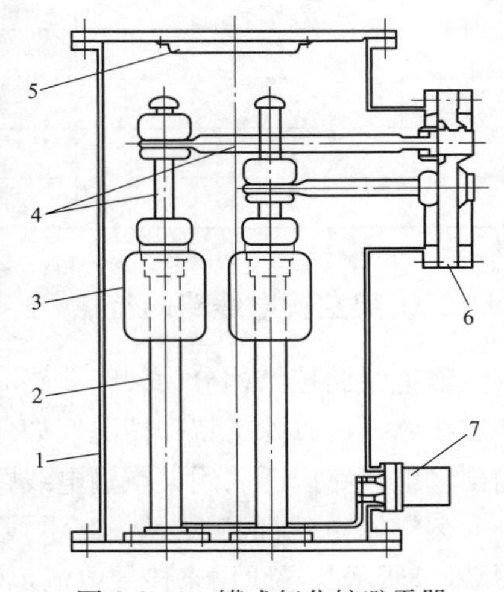

图 2-2-36　罐式氧化锌避雷器

1—外壳；2—氧化锌阀片心柱；3—屏蔽；4—高压导体；5—吸附器；6—隔板绝缘子；7—放电记录仪

（7）母线。母线是 GIS 各功能单元（或元件）之间的联络元件，起汇集与分配电能的作用，因此，其可靠性至关重要。GIS 母线的布置固定有各种形式，导体由绝缘子支承，导体的过渡连接常采用尺寸紧凑、可以自动调节长度的插入方式。触头有梅花瓣形和表带形等形式。在母线组合长度较大时，为补偿安装偏差和运行中外壳材料热胀冷缩效应，在适当位置安装伸缩节。

第三节　输　电　线　路

火电厂的发电工艺流程最后一个环节就是将电能输送至电网，实现的手段通常是架设专用输电线路，接至附近变电站或上一级变电站，通过变电站接入电网将电能输送出去。

一、输电线路的电压等级

发电厂接入系统的电压，一般由电网规划部门根据发电厂的规划容量、分期投入容量、机组容量、发电厂在系统中的地位、发电厂供电范围内电网结构和电网内原有电压等级的配置等因素来选定。从控制电力损失角度来选择电压等级时，按送电线路采用铝导线、电流密度 0.9A/mm^2、受端功率因素为 0.9 的条件，各级电压线路每公里电力损失的相对近似值为

$$U_e = \frac{5L}{\Delta P(\%)} \tag{2-3-1}$$

式中，$\Delta P(\%)$ 为每公里电力损失的相对值；U_e 为线路的额定电压，kV；L 为线路长度，km。

一般送电线路的电力损失不宜超过 5%。表 2-3-1 为我国各级电压输送能力的统计。

表 2-3-1　　我国各级电压输送能力

输电电压（kV）	输送容量（MW）	传输距离（km）
0.38	0.1 及以下	0.6 及以下
3	0.1～1.0	1～3
6	0.1～1.2	4～15
10	0.2～2.0	6～20
35	2～10	20～50
110	10～50	50～150
220	100～500	100～300
330	200～1000	200～600
500	600～1500	400～1000

二、架空输电线路的特点

输电线路按结构分为架空线路和电缆线路。由于电缆线路的技术要求和建设费用远高于架空线路，所以除了特殊情况（如地面狭窄而线路拥挤或有特殊要求等）外，目前发电厂的输出输电线路广泛采用架空输电线路。

架空输电线路由导线、避雷线、电杆（杆塔）、绝缘子串和金具等主要元件组成，如图 2-3-1所示。导线用来传导电流，输送电能；避雷线把雷电流引入大地，以保护线路绝缘免受大气过电压的破坏；杆塔用来支撑导线和避雷线，并使导线和导线间、导线和避雷线间、导线和杆塔间以及导线和大地、公路、铁轨、水面、通信线等被跨越物之间，保持一定的安全距离；绝缘子用来使导线和杆塔之间保持绝缘状态；金具用来连接导线或避雷线，将导线安放在绝缘子上，以及将绝缘子固定在杆塔上的金属元件。

与电缆线路相比，采用架空输电线路具有线路结构简单、施工周期短、建设费用低、输送容量大、维护检修方便等优点，但也存在着线路设备长期露置在大自然环境中，遭受各种气象条件（如大风、覆冰雪、气温变化、雷击等）的侵袭、化学气体的腐蚀及外力的破坏，出现故障的概率较高等缺点。

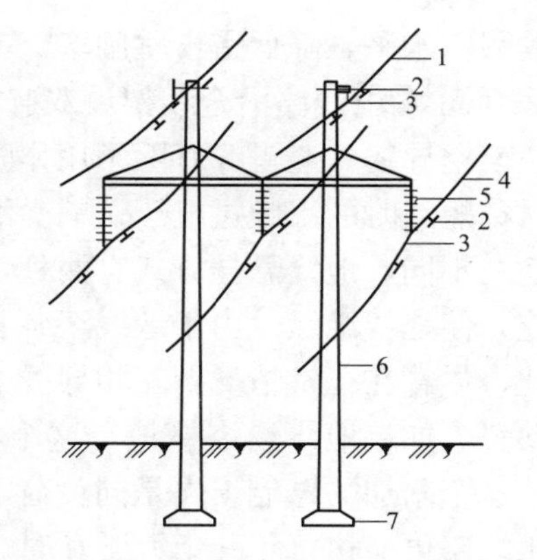

图 2-3-1　架空输电线路

1—避雷线；2—防振锤；3—线夹；4—导线；5—绝缘子；6—杆塔；7—基础

三、架空输电线路的结构组成

1. 导线和避雷线

导线是架空线路的主要组成部分，用以传输电流，不仅要有良好的导电性能，还应具有机械强度高、耐磨耐折、抗腐蚀性强及质轻等特点。常用的架空导线类型较多，各自的结构性能特点与用途见表 2-3-2。

表 2-3-2　各种架空导线的性能与特点

导线类型	结构性能特点	主要用途
铝绞线（LJ）	由多根硬铝线同心绞制而成	档距不大、受力较小的配电线路
钢芯铝绞线（LGJ）	由 1/7/19 根钢线为芯线多根硬铝线同心绞制而成	最常用的架空导线，适用各种线路
钢芯铝合金绞线（LHGJ）	由 1/7/19 根钢线为芯线多根铝合金线同心绞制而成；强度较高，机械过载能力较大；钢芯耐热铝合金绞线的使用温度可达 150℃，载流量较大	较大档距或重冰区的线路

各种导线断面示意图如图 2-3-2 所示。

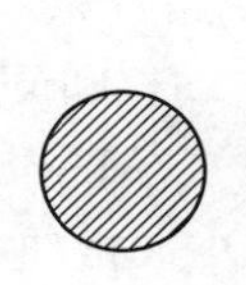
(a) 单股导线

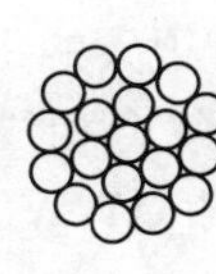
(b) 单金属多股绞线

(c) 钢芯、铝绞线

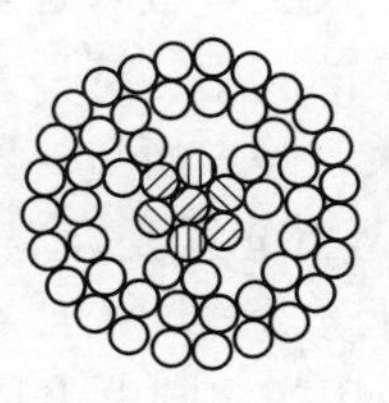
(d) 扩径钢芯铝绞线

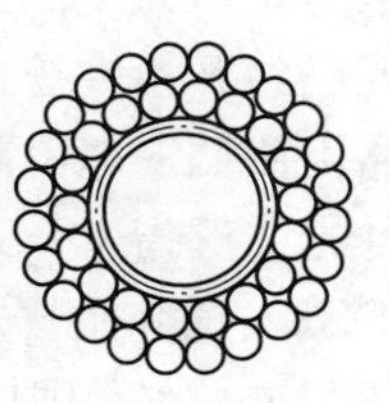
(e) 空心导线(腔中为蛇形管)

图 2-3-2　架空线路各种导线和避雷线断面

钢芯铝绞线的优点是不仅有很好的机械强度，并且有较高的电导率，其所承受的机械荷载由钢芯和铝线共同负担，既发挥了两种材料各自的优点，又补偿了它们各自的缺点。钢芯铝绞线按照铝钢截面比的不同又分为普通型钢芯铝绞线（LGJ）、轻型钢芯铝绞线（LGJQ）、加强型钢芯铝绞线（LGJJ）。普通型和轻型钢芯铝绞线用于一般地区，加强型钢芯铝绞线用于重冰区或大跨越地段。

对于电压为 220kV 及以上的架空线路，为了减小电晕以降低损耗和对无线电的干扰，以及为了减小电抗以提高线路的输送能力，通常采用扩径钢芯铝绞线或分裂导线。分裂导线每相分裂的根数一般为 2～4 根，并以一定的几何形状并联排列而成。

避雷线装设在导线上方，且直接接地，作防雷保护之用，降低雷击导线的概率，提高线路的耐雷水平，降低雷击跳闸率。一般 110kV 及以上输电线路沿全线架设避雷线；经过山区的 220kV 输电线路沿全线架设双避雷线；330kV 及以上输电线路沿全线架设双避雷线。

架空导线（避雷线）除了用作防雷外，还有多方面的综合作用，如实现载波通信；降低不对称短路时的工频过电压；减少潜供电流；作为屏蔽线降低电力线对通信线的干扰等。按用途之不同，地线悬挂方式有两种，一种是直接悬挂在杆塔上，另一种是经过绝缘子与杆塔相连，使地线绝缘。由于地线至各相导线的距离是不相等的，它们之间的互感就有些差别。因此，尽管在正常情况下三相导线上的负荷电流是平衡的，但在地线上仍然要感应出一个纵电动势。如果地线逐塔接地，这个电动势就要产生电流，其结果就是增加了线路的电能损失，这个附加的电能损失是同负荷电流的平方和线路长度成比例。这个附加电能损失对于超高压线路可能达每年几十万千瓦时。因此，超高压线路往往将地线绝缘以减少能耗。地线虽然绝缘，但在雷击时，地线的绝缘在雷电先驱放电阶段即被击穿使地线呈接地状态，因而不会影响其防雷效果。

输电线路的避雷线一般采用有较高强度的镀锌钢绞线，镀锌钢绞线因具有容易加工、便于供应、价格便宜等特点而得多广泛采用。

2. 电力通信光缆

发电厂电能输出的输电线路，其架空地线常被用来敷设通信光缆，以实现与电力系统的通信和保护通道对接。

随着技术的进步，到了 20 世纪的 70、80 年代，一些有别于传统光缆的附加于电力线和加挂于电力杆塔上的光电复合式光缆被开发出来，这些光缆被统称为电力特种光缆。电力系统光纤通信与其他光纤通信系统最大区别之一就是通信光缆的特别性。电力特种光缆受外力破坏的可能性小，可靠性高，虽然其本身造价相对较高，但施工建设成本较低。经过多年的发展，目前电力特殊光缆制造及工程设计已经成熟，特别是 OPGW 和 ADSS 技术，在国内电力特殊光缆已经开始大规模的应用。特种光缆依托于电力系统自己的线路资源，避免了在频率资源、路由协调、电磁兼容等方面与外界的矛盾和纠葛，有很大的主动权和灵活性。

电力特种光缆泛指 OPGW（光纤复合地线）、OPPC（光纤复合相线）、MASS（金属自承光缆）、ADSS（全介质自承光缆）、ADL（相/地捆绑光缆）和 GWWOP（相/地线缠绕光缆）等几种。目前，在我国应用较多的电力特种光缆主要有 OPGW 和 ADSS。

OPGW 又称地线复合光缆、光纤架空地线等，是在电力传输线路的地线中含有供通信用的光纤单元。它具有两种功能：一是作为输电线路的防雷线，对输电导线抗雷闪放电提供屏蔽保护；二是通过复合在地线中的光纤来传输信息。OPGW 是架空地线和光缆的复合体，但并不是它们之间的简单相加。

（1）架空地线复合光缆（OPGW）。OPGW 光缆主要在 500kV 、220kV 、110kV 电压等级线路上使用，受线路停电、安全等因素影响，多在新建线路上应用。OPGW 的适用特点是：

易于维护，对于线路跨越问题易解决，其机械特性可满足线路大跨越；OPGW 外层为金属铠装，对高压电蚀及降解无影响；OPGW 在施工时必须停电，停电损失较大，所以在新建 110kV 以上高压线路中应该使用 OPGW；OPGW 的性能指标中，短路电流越大，越需要用良导体做铠装，则相应降低了抗拉强度，而在抗拉强度一定的情况下，要提高短路电流容量，只有增大金属截面积，从而导致缆径和缆重增加，这样就对线路杆塔强度提出了安全问题。

1）OPGW 的结构。目前电力系统主要使用的几种结构的 OPGW 光缆如图 2-3-3 所示，其中 A、C 型为中心束管式 OPGW 光缆，B 型为偏管层绞式 OPGW 光缆，D 型为骨架式 OPGW 光缆。

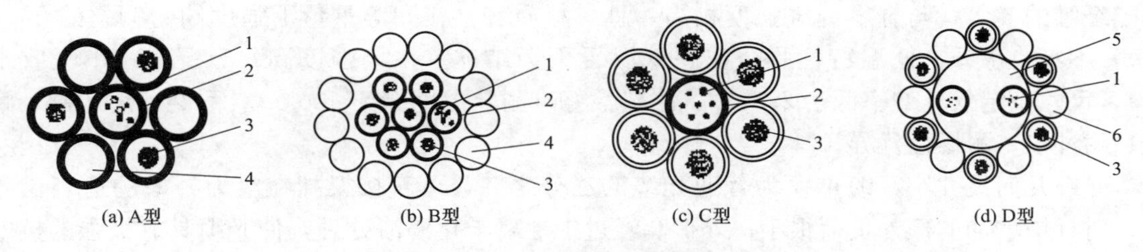

图 2-3-3　几种 OPGW 光缆结构示意图

1—光纤；2—不锈钢钢管（铝管/塑管）；3—铝包钢线；4—铝合金线；5—螺旋形带槽铝合金骨架；6—镀锌钢管

2）OPGW 的特点。光缆铠装层有很好的机械强度特性，因此，光纤能得到很好的保护（不受磨损、不受拉伸的应力、不受侧向压力），在根本上保证了光纤不受外力损害；光缆铠装层有很好的抗雷闪放电性能和短路电流过载能力，因此，在雷电和短路电流过载的情况下，光纤仍可正常运行；OPGW 可直接作为架空地线安装在任意跨距的电力杆塔的地线挂点上；特殊设计的 OPGW 可直接替换原有高压线路的架空地线，不用更换原有塔头；与高压线路同步建设光缆通信系统，可节省光缆施工费用，降低通信工程造价；与原有高压线路的架空地线比较，增加重量很小，不会给铁塔带来大额外荷载；运行温度－40～＋70℃。

（2）无金属自承式架空光缆（ADSS）。ADSS 在 220kV 、110kV 、35kV 电压等级输电线路上广泛使用，特别是在已建线路上使用较多。它能满足电力输电线跨度大、垂度大的要求。标准的 ADSS 设计可达 144 芯。其特点是：ADSS 内光纤张力理论值为零；ADSS 为全绝缘结构，安装及线路维护时可带电作业，这样可大大减少停电损失；ADSS 的伸缩率在温差很大的范围内可保持不变，而且其在极限温度下，具有稳定的光学特性；耐电蚀 ADSS 可减少高压感应电场对光缆的电腐蚀；ADSS 直径小、质量轻，可以减少冰和风对光缆的影响，其对杆塔强度的影响也很小；ADSS 采用了新型材料及光滑外形设计，使其具有优越的空气动力特性。

1）常用 ADSS 的结构。目前在电力系统中应用较广泛的 ADSS 的结构主要有中心束管式和层绞式两种类型，如图 2-3-4 所示。

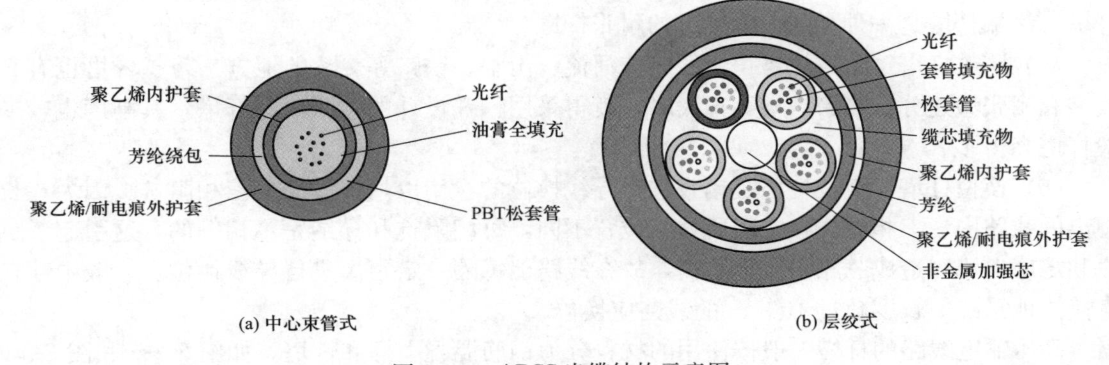

图 2-3-4　ADSS 光缆结构示意图

2）ADSS的特点。ADSS采用了具有高弹性模量的高强度芳纶纱作为抗张元件。芳纶纱是一种高强度、高弹性模量聚芳酯纤维制品，主要由多芳基纤维制成。该纤维的特点是：具有出色的低蠕变性，非吸湿性及极低气温下的高机械物理性及耐湿耐磨耗性。强度约为普通聚酯纤维的6倍，与金属纤维强度相当，且材料质轻（在同等重量下强度约为钢丝的5～6倍），不吸收水分，低温特性强，在超低温下不会结冰。拉伸强度高，吸湿低（不吸收水分），尺寸稳定（延伸率低于2.5%），耐热性好（耐热温度高于400℃），耐磨、耐切割、耐酸、耐冲击、耐燃性优异。

光缆几何尺寸小，缆重仅为普通光缆的三分之一，可直接架挂在电力杆塔的适当位置上，对杆塔增加的额外负荷很小；外护套经过中性离子化浸渍处理，使光缆具有极强的抗电腐蚀能力；光缆采用无金属材料，绝缘性能好，能避免雷击，电力线出故障时，不会影响光缆的正常运行；利用现有电力杆塔，可以不停电施工，与电力线同杆架设，可降低工程造价；运行温度范围宽为－40～＋70℃；使用跨距范围宽为50～1200m。

3. 架空输电线路的杆塔

杆塔按其在线路上的用途可分为：直线杆塔、耐张杆塔、转角杆塔、终端杆塔、跨越杆塔和换位杆塔。

（1）直线杆塔。直线杆塔用在线路的直线段，用悬垂绝缘子或V型绝缘子串悬挂导线。直线杆塔在架空线路中的数量最多，约占杆塔总数的80%左右。在线路正常运行的情况下，直线杆塔不承受线路方向的张力，仅承受导线、避雷线的垂直荷载（包括导线和避路线的自重、覆冰重和绝缘子重量）和垂直于线路方向的水平风力，所以，其绝缘子串是垂直悬挂的。

（2）耐张杆塔。耐张杆塔又叫承力杆塔，用在线路的分段承力处。耐张杆塔上是用耐张绝缘子串和耐张线夹来固定导线的。正常情况下，除承受与直线杆塔相同的荷载外，还承受导线、避雷线的不平衡张力。在断线故障情况下（如倒杆、断线），将线路故障限制在一个耐张段内（两耐张杆塔之间的距离）。一般耐张段的长度：单导线线路不大于5km，2分裂导线线路不大于10km，3分裂导线及以上线路不大于20km。

（3）转角杆塔。转角杆塔用在线路转角处。转角杆塔两侧导线的张力不在一条直线上，除承受垂直重量和风荷载外，还承受较大的角度力。角度力决定于转角的大小和导线的水平张力。转角杆的角度是指转角前原有线路方向的延长线与转角后线路方向之间的夹角。

（4）终端杆塔。终端杆塔位于线路的首、末端，即是发电厂出线、变电站进线的第一基杆塔。终端杆塔是一种承受单侧张力的耐张杆塔。

（5）跨越杆塔。跨越杆塔位于线路与河流、山谷、铁路等交叉的地方。跨越杆塔也有直线型和耐张型之分。当跨越档距很大时，就得采用特殊设计的耐张跨越杆塔，其高度也较一般杆塔高得多。

（6）换位杆塔。换位杆塔是用来进行导线换位的，用以均衡线路的三相阻抗。因为在长距离的线路中，三相导线在空间所处的位置不同，每相阻抗和导纳是不相等的，这引起了负序和零序电流，造成三相阻抗不均衡，故在线路上每隔一定距离进行导线换位。一般中性点直接接地系统，长度超过100km的线路应换位。

高压输电线路的杆塔一般按使用的材料分为钢筋混凝土杆和铁塔。如图2-3-5和图2-3-6所示。

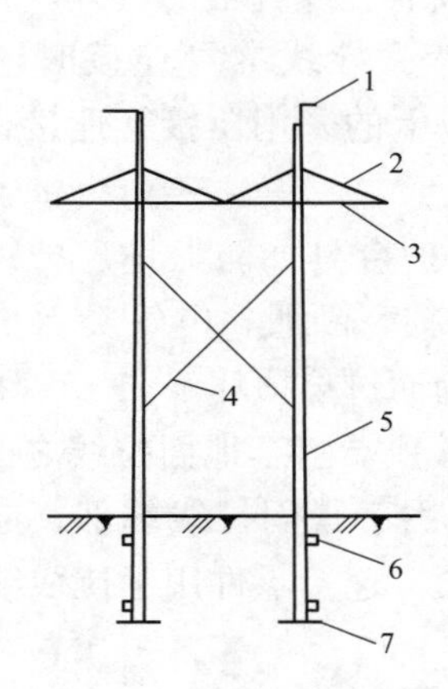

图 2-3-5　混凝土电杆

1—避雷线支架；2—横担吊杆；3—横担；
4—叉架；5—电杆；6—卡盘；7—底盘

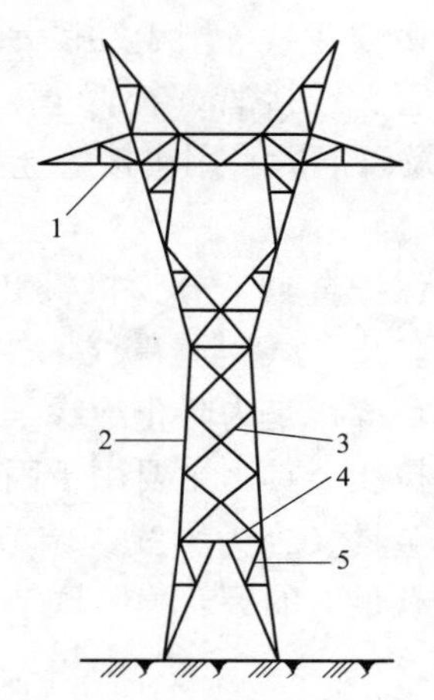

图 2-3-6　输电线路铁塔

1—横担；2—主材；3—斜材；
4—横材；5—辅助材

钢筋混凝土杆的优点是使用年限长，一般寿命不少于 30 年，维护工作量少，投资少。缺点是重量大、施工运输不方便。因此对较高的水泥杆，均采用分段制造，现场组装的安装方式。

铁塔是用角钢焊接或螺栓连接的钢架。其优点是机械强度大，运输方便。缺点是施工工艺复杂，维护工作量大，造价高，占地面积大。一般用于交通不便和地形复杂的地方，或较大荷载的终端、耐张、大转角、大跨越等特种杆塔。

高压输电线路的杆塔除了钢筋混凝土杆和铁塔外，后来又开发了钢管杆，其以单杆的结构具有占地面积少、不用拉线、所需走廊窄、外形美观挺拔简洁、加工安装方便等特点，目前在城镇地区 220kV 及以下输电线路广泛采用。钢管杆杆身为锥形，锥度通常为 1/60～1/30。杆身截面为多边形，边数越多越接近于圆，其应力状态越均匀，通常为十二边形和十六边形。

4. 架空输电线路的绝缘子和金具

架空输电线路用的绝缘子主要是悬式绝缘子，与发电厂内的户外高压配电装置用的悬式绝缘子是相同的。

线路金具在架空输电线路中起着支持、紧固、连接、保护导线和避雷线的作用，按照金具的性能及用途分为：

（1）支持金具。即悬垂线夹，用于将导线固定在直线杆塔的绝缘子串上，将避雷线悬挂在直线杆塔上。

（2）紧固金具。即耐张线夹，用于将导线和避雷线固定在非直线杆塔（如耐张、转角、终端杆塔等）的绝缘子串上，承受导线或避雷线的拉力。导线用的耐张线夹有螺栓型耐张线夹和压缩型耐张线夹两种，对于导线截面 240mm^2 及以下者，因张力较小，采用螺栓型耐张线夹；对于导线截面 300mm^2 及以上的，则采用压缩型耐张线夹。避雷线用的耐张线夹有楔型线夹和压缩型线夹两种，截面 50mm^2 以下钢绞避雷线，采用楔形耐张线夹；截面 50mm^2 以上钢绞避雷线的，则采用压缩型耐张线夹。

（3）连接金具。主要用于将悬式绝缘子组装成串，并将绝缘子串连接、悬挂在杆塔横担上。悬垂线夹、耐张线夹与绝缘子串的连接，拉线金具与杆塔的连接，均要使用连接金具。

(4) 接续金具。用于连接导线和避雷线的端头，连接非直线杆塔的跳线。常用的连接金具有钳接管、压接管、补修管、并沟线夹及跳线线夹等。导线本身连接时，当其截面为 $240mm^2$ 及以下的采用钳接管连接；截面为 $300mm^2$ 及以上的采用压接管连接，以增强其连接强度。

(5) 保护金具。分为机械和电气两大类，机械类保护金具如防振锤、护线条、间隔棒等，是为防止导线、避雷线因受振动、摩擦而造成线磨损、断股；电气类保护金具如均压环、屏蔽环等，是为防止绝缘子因绝缘子电压分布不均匀而过早损坏。

(6) 拉线金具。主要用于固定拉线杆塔，包括从杆塔顶端引至地面拉线之间的所有零部件。拉线金具又分为紧线、调节和连接三类，紧线零件用于紧固拉线端部，与拉线直接接触，必须有足够的握着力。调节零件用于调节拉线的松紧。连接零件用于拉线组装。

第四节　厂用电系统

一、厂用电系统组成

发电厂的厂用电是发电工艺流程的动力之源，不仅发电生产全过程需要不间断的厂用电，就是发电机组停用时，发电设备的维护、保养也离不开厂用电。厂用电系统包括系统的高、低压电源；高、低压厂用变压器；高、低压厂用配电母线；各厂用负荷中心的动力控制中心以及所有厂用电负荷设备。

(一) 厂用电接线

火电厂厂用电接线的合理性，对发电机组的安全运行影响很大。一般对厂用电接线的要求是：

(1) 各机组的厂用电应是独立的，一台机组的故障停运或其辅机的电气故障，不应影响到其他机组的正常运行，并能在短时间内恢复本机组的运行。

(2) 满足机组启动和停运过程的供电要求，一般应配备起动（备用）电源，并能与工作电源并列转换。

(3) 考虑系统扩建的便利性，以尽量减少扩建对运行机组的影响；

(4) 考虑足够容量的交流事故保安电源，当全厂停电时，可以快速起动和自动投入，向保安负荷供电。

(5) 要设置交流不间断供电装置，保证不允许间断供电的热工负荷用电。

大中型发电厂厂用电接线通常做法是：

每台机组的厂用电源分别接自本机组发电机出口，通过分裂型高压厂用变压器，将发电机电压降至 6.3kV，高压厂用变压器的两个低压绕组分别各供一段母线，高压厂用负荷均匀分接两段母线。高压厂用负荷指高压电机用的高压电动机和低压厂用变压器。低压厂用变压器包括锅炉、汽机、除尘、除灰、脱硫、输煤、化水、照明、公用等变压器，将 6.3kV 降至 400V，供本机组和全厂公共的低压厂用负荷。

分裂型高压备用变压器的电源来自升压站高压配电母线，电压降至 6.3kV。高压备用变压器的两个低压绕组分别各供一段高压备用母线，作为全厂的高压备用电源，负荷为各高压厂用母线、各低压备用变压器各低压备用变压器再将 6.3kV 降至 400V，供全厂低压备用母线负荷。

各机组各设一台保安用柴油发电机，发电输出接至本机组的低压备用母线，供本机组的保安负荷。

（二）厂用负荷等级

火电厂的厂用负荷设备很多，须按其重要性来分等级配置供电电源和供电方式。一般分三类负荷：

(1) Ⅰ类负荷。指短时（手动切换恢复供电所需的时间）停电将影响人身或设备安全，使机组停运或发电量大幅下降的负荷，如给水泵、凝结水泵、送风机、引风机等。对Ⅰ类负荷的电动机，必须保证其可靠的自起动；接有Ⅰ类负荷的高、低压厂用母线，须配置备用电源，并设备用电源自动投入装置。

(2) Ⅱ类负荷。指允许短时停电，但较长时间停电有可能损坏设备或影响机组正常运转的负荷，如输煤设备、工业水泵、疏水泵等。接有Ⅱ类负荷的厂用母线，应由两个独立电源供电，一般采用手动切换。

(3) Ⅲ类负荷。指长时间停电不会直接影响生产的负荷，如检修电源等。对于Ⅲ类负荷，一般由一个电源供电。

除了以上所述三类负荷，火电厂还有两类特殊负荷，即事故保安负荷和不间断供电负荷：

(1) 事故保安负荷。指在停机过程中及停机后一段时间内仍应保证供电的负荷，否则将引起主要设备损坏、重要的自动控制失灵。如直流润滑油泵、盘车电动机等。

(2) 不间断供电负荷。指在机组起动、运行到停机过程中，甚至停机以后一段时间内，需要连续供电并具有恒频恒压特性的负荷，如实时控制用电子计算机。不间断供电装置一般采用多电源供电：两路交流厂用电源、一路直流母线电源（含蓄电池组），或自带蓄电池组。

（三）厂用电系统的中性点接地方式

1. 确定中性点接地方式的原则

火电厂厂用电系统负荷众多，多通过电缆供电，大量电力电缆的使用，使得厂用电系统对地电容电流值较大，系统内发生单相接地故障时，流经故障点的电流大小与系统中性点的接地方式有关，因此，确定厂用电系统中性点接地方式的原则应为：

(1) 单相接地故障对连续供电的影响最小，厂用设备能够继续运行较长时间。显然，中性点不接地方式符合这一原则。

(2) 单相接地故障时，健全相的过电压倍数较低，不致破坏厂用电系统绝缘水平，发展为相间短路。对于低压厂用电系统，能减少因熔断器一相熔断造成的电动机两相运行的概率。

(3) 发生单相接地故障时，能将故障电流对电动机、电缆等的危害限制到最低程度，同时又利于实现灵敏而有选择性地接地保护。

(4) 尽量减少厂用设备相互间的影响，如照明、检修网络单相短路时对动力回路的影响和电动机起动时电压波动对照明的影响。

要较好地满足以上原则，通常通过计算厂用电系统的电容电流，按总电流的大小来选择中性点的直接接地、经电阻或消弧线圈接地和不接地方式。

2. 厂用电系统的电容电流

（1）高压厂用电系统的电容电流。高压厂用电系统的电容以电缆的电容电流为主，6kV电缆线路的电容电流可通过下式求出近似值：

$$I_C = \frac{95 + 2.84S}{2200 + 6S} U_N$$

式中，S 为电缆截面，mm^2；U_N 为厂用电系统额定电压，kV。

6kV 电缆线路的电容电流也可采用表 2-4-1 所列的值。6kV 架空线路的电容电流 I_C = 0.015A/km。

表 2-4-1　　6kV 电缆线路的电容电流

电缆截面（mm^2）	电容电流（A/km）	电缆截面（mm^2）	电容电流（A/km）	电缆截面（mm^2）	电容电流（A/km）
10	0.33	50	0.59	150	1.1
16	0.37	70	0.71	185	1.2
25	0.46	95	0.82	240	1.3
35	0.52	120	0.89		

（2）低压厂用电系统的电容电流。低压厂用电系统的接地电容电流一般不超过 1A，其数值与电缆的选型有关。当全部采用全塑型电缆时，其接地电容电流接近于零。

3. 高压厂用电系统中性点的接地方式

（1）中性点不接地方式。适用于接地电容电流小于 10A 的系统，其主要特点为：

1）发生单相接地故障时，故障相对地电压为零，非故障相对地电压升高$\sqrt{3}$倍，流过故障点的电流为容性电流。

2）当厂用电系统单相接地电流较小时（小于 10A），允许继续运行一段时间，以寻找故障点（故障设备）。

3）当厂用电系统单相接地电流较大时（大于 10A），接地电弧电流难以自动熄灭，将产生较高的电弧接地过电压（可达额定相电压的 3.5～5 倍），易发展为多相短路。

4）实现有选择性地接地保护比较困难。目前虽开发了不少接地检测装置，但准确率不是很高，只能起提示作用，需人工现场检测验证配合寻找故障点。

（2）中性点经高电阻接地方式。适用于接地电容电流小于 10A 的系统，其主要特点有：

1）选择适当的电阻，可以抑制单相接地故障时健全相的过电压不超过额定相电压的 2.6 倍，以避免故障扩大。

2）单相接地故障时，流过故障点的电流为一固定值的电阻性电流，有利馈线的零序保护动作。

3）常采用二次侧接电阻器的配电变压器接地方式，无需设置大电阻器就可达到所需要的电阻值，类似发电机中性点的接地方式。

（3）中性点经消弧线圈接地方式。适用于大机组接地电容电流大于 10A 的系统，其主要特点有：

1）单相接地故障时，中性点的位移电压产生感性电流流过接地点，补偿电容电流，将接地点的综合电流限制在安全值以下，达到自动熄弧，继续供电的目的。

2）当机组的负荷变化、厂用电系统的电容电流变化时，补偿的感性电流也应随之调整，故消弧线圈的分接头及二次侧的电阻值均应具有跟踪调整的功能。

3）与其他接地方式相比，中性点经消弧线圈接地方式设备投资增加，运行和保护都比较复杂，但性能能满足系统更高的要求。

4. 低压厂用电系统中性点的接地方式

（1）中性点经高电阻接地方式。适用于火电厂的低压厂用电系统，其主要特点：

1）单相接地故障时，故障电流值在小范围内变化，可采用简单的接地保护装置实现有选择性地保护动作。

2）单相接地故障时，可以避免由于熔断器一相熔断造成的电动机两相运行。

3）对需要单相供电的照明、检修等用电负荷，需另设供电变压器。但由此可消除动力网络与照明、检修网络的相互间影响。

4）对采用交流操作的回路，需要设置控制变压器。

（2）中性点直接接地方式。其主要特点有：

1）照明、检修等负荷用电可与动力负荷用电共用变压器供电，系统相对简单些，但由此降低了厂用电动力回路的可靠性，非动力系统的短路故障有可能越级影响上一级的电源。

2）对于众多的低压设备，交流操作的回路可以直接采用单相对地电压，省去另设控制变压器环节。

3）容量较大的电动机直接启动时，可能使照明由于电源电压的降低而短时影响正常工作。

4）系统中发生单相接地故障时：

①中性点不发生位移，防止了相电压出现不对称或超过 250V；

②保护装置立即动作于跳闸，设备停止运转；

③采用熔断器保护的电动机，由于熔断器一相熔断造成电动机两相运行，易造成电动机过流损坏。

二、厂用电系统设备

（一）变压器

火电厂厂用电系统所用变压器通常按电压等级分为两类，即高压厂用变压器和低压厂用变压器，一台机组配置一台高压厂用变压器和若干台低压厂用变压器。此外，一个电厂配置1～2 台高压备用变压器和若干台低压备用变压器。

1. 高压厂用变压器

高压厂用变压器的容量至少应满足一台机组所有厂用电负荷和公用系统（如输煤、化水、照明、检修、办公等）的供电要求，所以对于 100MW 及以上容量机组而言，高压厂用变压器的容量都在 10MVA 以上。如此容量变压器多为油浸式变压器，其基本结构及工作原理与前面叙述的主变压器类同，差别除了容量较小、冷却装置相对简单外，就是变压器的绕组形式。高压厂用变压器通常采用分裂变压器，即变压器的低压侧绕组分裂为两个绕组，分别接负荷。由于分裂变压器的漏阻抗较大，可以降低低压侧的短路电流水平。当一个分裂绕组发生故障时，对另一个分裂绕组支路影响较小，可维持这部分负荷的继续用电。

分裂变压器有三个漏电抗：两个低压绕组之间的漏电抗称为分裂电抗；两个低压绕组与

高压绕组之间的短路漏电抗称为穿越电抗；两个低压绕组之一开路，另一个低压绕组对高压绕组之间的短路电抗称为半穿越电抗。

分裂变压器的绕组布置结构，通常为从内向外，依次为低压绕组Ⅰ、高压绕组、低压绕组Ⅱ。低压绕组Ⅰ与低压绕组Ⅱ没有电气连接。

2. 低压厂用变压器

这里所说的低压厂用变压器泛指厂内所有一次电压6kV等级、二次电压400V等级的厂用配电变压器。这类变压器容量在几百千伏安至几千千伏安范围内，现基本都采用干式变压器。

干式变压器的绕组结构形式分为两类：一类是包封式，即绕组被固体绝缘包裹，不和空气接触，绕组产生的热量通过固体绝缘导热，由固体绝缘表面对空气散热；另一类是敞开式，绕组直接和空气接触散热。由于敞开式变压器在停用时绕组容易吸潮，故较少采用。从20世纪80年代起，因为聚芳酰胺类绝缘材料的出现（其典型产品为NOMEX纸），用它来制造浸渍式干变可以提高其防潮性能，另外对线圈还可采用无溶剂树脂漆进行真空压力浸渍（通称VPI工艺），也可进一步提高绝缘系统的可靠性。

包封式干式变压器大多采用环氧树脂材料来包裹绕组。环氧树脂是一种早就广泛应用的化工原料，它不仅是一种难燃、阻燃的材料，还具有优越的电气性能，后来逐渐为电工制造业所采用。由于环氧树脂比起空气和变压器油来具有很高的绝缘强度，加之浇注成型后又具有机械强度高以及优越的防潮、防尘性能，所以特别适于制造干式变压器。早期的环氧浇注式干变为B级绝缘，目前国内产品大多数均为F级绝缘，也有少数为H级绝缘的。

环氧树脂浇注干式变的特点如下：

（1）绝缘强度高。浇注用环氧树脂具有18～22kV/mm的绝缘击穿场强，且与电压等级相同的油浸变压器具有大致相同的雷电冲击强度。

（2）抗短路能力强。由于树脂的材料特性，加之绕组是整体浇注，经加热固化成型后成为一个刚体，所以机械强度很高。

（3）防火灾性能突出。环氧树脂难燃、阻燃并能自行熄灭，不致引发爆炸等二次灾害。

（4）环境性能优越。环氧树脂是化学上极其稳定的一种材料，防潮、防尘，即使在大气污秽等恶劣环境下也能可靠地运行，甚至可在100%湿度下正常运行，停运后无需干燥预热即可再次投运。

（5）维护工作量很小。不需要像油变压器那样要定期检测处理油品、防止渗漏油等维护工作，从而降低变压器的运行费用。

体积小、重量轻，不需单独的变压器室，相应节省土建投资。

环氧浇注干式变压器的绕组基本上都是薄绝缘结构，高、低压绕组导体都被玻璃纤维增强的薄层树脂所包封，当树脂内不加填料时绝缘层的厚度为1.5～2mm 。由于采用了玻璃纤维增强，因而大大加强了树脂包封层的机械强度，这种既韧又薄的树脂包封层富有弹性可随绕组一起膨胀和收缩，因而不会开裂。另外，由于包封绝缘层的厚度很薄，既达到了包封的效果，又减少了包封层的温差，因而对改善浇注绕组的热传导是非常有益的。另外，薄绝缘结构还可以在绕组内设置轴向气道，这样就可以增加散热面，从而给制造大容量干式变压器提供了有利的条件。

干式变压器的高压绕组多采用层式绕组或分段层式绕组，若层数一定，则各层的匝数增多，层间电压升高，这样就造成层间绝缘、绕组的辐向尺寸增大。为了改善这种情况而采用分段式绕组，即将层式绕组改为由几个层式绕组串连的结构形式。低压绕组采用箔式绕组，将铜箔或铝箔在专用的箔绕机上绕组而成，每层为一匝，层间绝缘即为匝间绝缘。绕组的轴向气道采用相应耐热等级的引拔条，或短玻璃纤维板按规定长度和宽度制成，随绕制过程绕入而形成气道。

低压箔式绕组的优越性：线圈两端无螺旋角，因而不平衡安匝大幅度减小。短路时，因幅向漏磁产生的轴向电动力大大减小；绕组匝数按幅向布置，风道设置可以更加灵活适用，散热性能可以做得更好；绕组匝间电容大，电位梯度小，抗冲击电压能力强。

干式变压器温度性能的技术要求，温升限值按国标 GB 6450 的规定见表 2-4-2；每个绕组在短路后的平均温度最大允许值按国标 GB 1094.5 的规定见表 2-4-3。

表 2-4-2　　干式变压器的温升限值

部　　位	绝缘系统温度（℃）	最高温升（K）
线圈（用电阻法测量的温升）	105（A）	60
	120（E）	75
	130（B）	80
	155（F）	100
	180（H）	125
	220（C）	150
铁芯、金属部件和与其相邻的材料	在任何情况下，不会出现使铁芯本身、其他部件或与其相邻的材料受到损害的温度	

表 2-4-3　　干式变压器绕组在短路后的平均温度最大允许值

绝缘系统温度（℃）	温度最大值（℃）	
	铜绕组	铝绕组
105（A）	180	180
120（E）	250	200
130（B）	350	200
155（F）	350	200
180（H）	350	200
200	350	200
220	350	200

干式变压器的冷却介质为空气，冷却方式有自然通风和机械通风两种。自然通风即利用热空气自然上升原理，在变压器绕组的轴向风道中形成自然上升的空气对流，将变压器的工作热量散发到周围的环境中。机械通风即在变压器底部安装通风机，风机开动形成的气压，加快上述的空气流动速度，增强散热效果。一般干式变压器的机械通风效果可使变压器多带50%的负荷，但这只是就温降效果而言，实际上还有一个压降问题，多带的负荷电流将使输出电压偏离额定值。

干式变压器一般都配温控装置，装置利用预埋在干式变压器三相绕组中的三只铂热电阻来检测及显示变压器绕组的温度，并具有相应的报警及控制功能，能够自动启停冷却风机对绕组进行强迫风冷。一般风机启动温度目标值为90℃，风机启动回差值为10℃，即风机启动温度大于（90+10）℃，即100℃，风机关闭温度小于（90－10）℃，即80℃；超温报警温度值为130.0℃；超温跳闸温度值为150.0℃。使用者可根据需要调整这些定值。

（二）高压开关柜

厂用电系统高压配电装置一般都由金属封闭开关设备（高压开关柜）组成，柜内配置一次配电母线；电源进线、各馈线和负荷的一次设备（断路器、隔离触头、互感器、避雷器）及二次设备（控制、测量、保护装置）。

高压开关柜的结构形式分固定式和移开式（手车式）两类：

1. 固定式金属封闭开关柜

固定式金属封闭开关柜（简称固定柜）是指主开关（如断路器）和其他主要一次元件固定安装在金属外壳内的开关柜，如图2-4-1所示。固定柜的结构比较简单，具有运行可靠性高、操作简便等特点。但柜内设备检修不方便，体积较大而刚度不足，连排安装的柜体会因某个间隔断路器动作震动而影响相邻间隔继电器的误动，逐渐被移开式金属封闭开关柜取代。

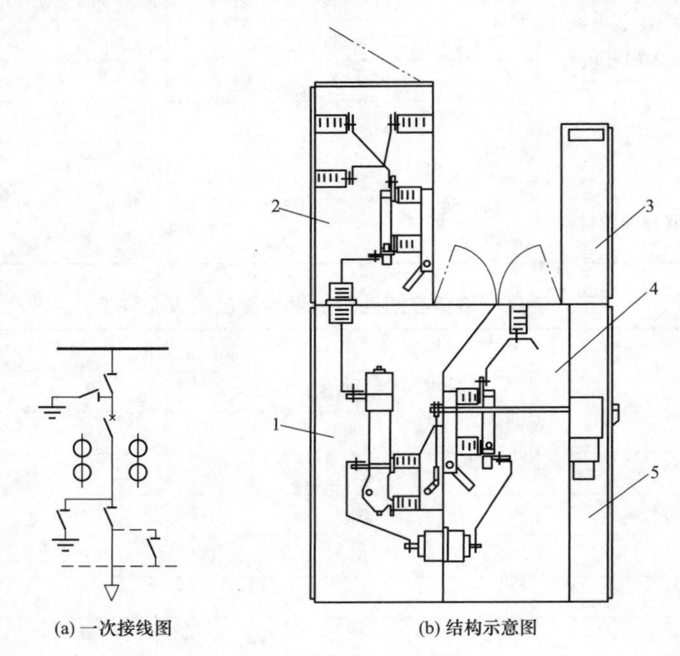

图2-4-1　固定式高压开关柜

1—主开关室；2—主母线室；3—继电器仪表室；4—电缆室；5—操动机构室

2. 移开式金属封闭开关柜

移开式金属封闭开关柜（简称手车柜）是指主开关（如断路器）和其他主要一次元件固定安装在可移动的手车上，这些元件与柜内固定安装的电器元件之间通过隔离触头的啮合实现电气联通。如图2-4-2所示。图中，操作手车可使车上的元件（如断路器）从所在回路断开，并可随车移至柜外，因而车上的元件检测、维修和更换都很方便。手车还可与同类型备用车互换，可大大缩短检修时间。手车柜还具有结构紧凑、体积小的特点。手车柜相对固定柜结构复杂，隔离动、静触头的接合和“五防”机构的配合都要求柜体和各活动部分加工精度高，安装调整到位，否则会造成进、出手车的困难，甚至引致隔离头接触不良发热打火故障。

手车柜各室采用隔板隔离，隔板的作用一是限制柜内故障的蔓延，二是工作人员柜内作业的安全隔离。因为柜内空间狭小，仅按正常情况下的最小安全距离设置，当设备发生电弧故障时，电弧高温熔焊金属产生的金属蒸气四处飘逸，所到之处破坏空气的绝缘性能，使带电体之间或带电体对地之间放电，进一步扩大事故范围。过去电力系统内发生过不少“火烧连营”事故，后全面开展的“全工况”技术改造，主要内容之一就是加强开关柜内各室之间的隔离，采用隔板＋穿墙套管替代原有的一次主母线全贯通形式，达到了预期的效果。

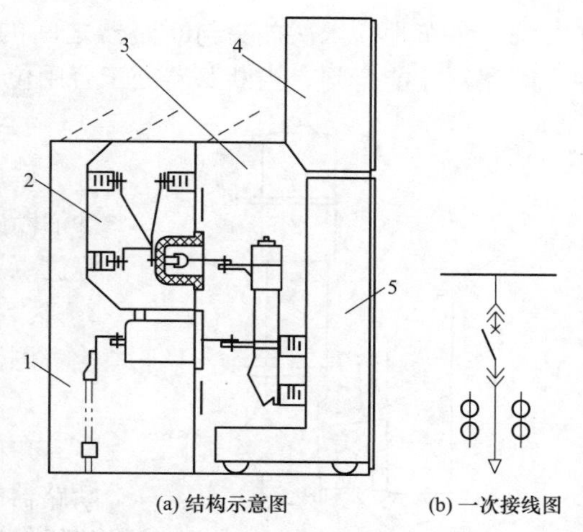

图 2-4-2　移开式金属封装柜

1—电缆室；2—主母线室；3—主开关室；4—继电器仪表室；5—断路器手车

一次隔离触头是手车柜中的一个重要部件，一般采用多点接触的方式，以增加接触面的单位面积压力，降低接触电阻。同时一次触头设计成有较强的自适应性，在动、静触头啮合时，接触点自动找正，用以弥补手车与柜体配合时的偏差。

开关柜的绝缘结构有空气绝缘和复合绝缘两种，前者以大气作为绝缘介质，具有绝缘稳定性好、可靠性高、适应性强、结构简单、生产成本低等特点，其不足之处是柜体积比较大柜内事故防护能力较差；后者由大气和固体绝缘材料组合而成，在带电体之间和带电体对地之间设置绝缘隔板，或在带电体上加绝缘罩或表面涂覆绝缘层，减小空气绝缘的距离，从而缩小柜体积。这样增加了生产成本，同时要求绝缘材料除满足足够的绝缘强度外，还应具有耐老化、耐热、耐潮、阻燃等性能。通常厂用电系统对电流比较大的电源进线柜采用空气绝缘柜，以利柜内散热；其他负荷柜采用复合绝缘柜，因数量较大可显著减少占地面积。

开关柜的柜体结构要求有足够的机械强度和刚度，不因搬运、操作而变形。柜体一般用薄钢板、型钢等材料制成。过去钢板经除锈、酸洗去油、喷漆、烘干处理工艺，环境污染严重，柜体拼装多采用焊接的方式，容易变形。现一些技术条件较好的工厂直接采用成品镀铝钢板（在钢板表层镀铝），只需成形布孔螺栓连接，即可生产出质量好得多的柜体。

开关柜一般都装设机械或电气联锁装置，以保证使用人员的人身安全：

（1）断路器就地操作把手与控制室模拟盘之间的联锁。只有在控制室模拟盘正确操作后，才能取出钥匙去操作一一对应的断路器，防止误分、合断路器。

（2）断路器与隔离插头之间的联锁。只有断路器处于分闸位置才能操作隔离插头，在隔离插头操作过程中，断路器不能操作，防止带负荷操作隔离插头。

（3）接地开关与隔离插头之间的联锁。只有隔离插头打开，才可能操作接地开关合闸；在接地开关处于合闸位置时，不能操作隔离插头，以防带电合地刀。

（4）接地开关与柜门之间的联锁。只有接地开关合闸，才能打开柜门；只有当柜门关闭并锁定且接地开关分闸后，才能对一次回路送电，防止误入带电间隔。

（5）手车柜的二次插头与断路器之间的联锁。只有当二次插头插合后即二次回路接通后，断路器才能合闸；当断路器处于合闸位置时，二次插头不能被拔下。

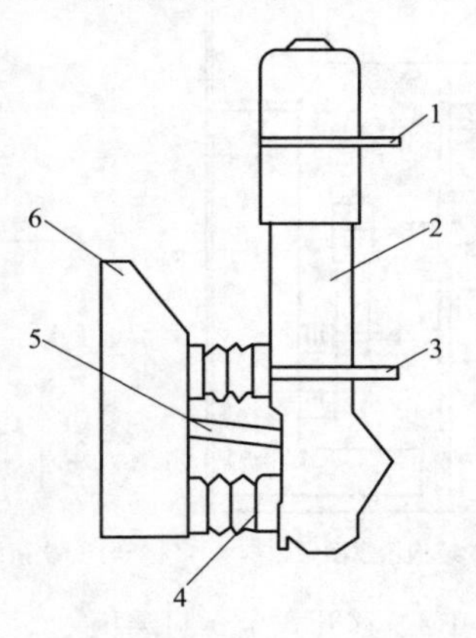

图 2-4-3 户内少油断路器

1—上引出线；2—绝缘筒；3—下引出线；4—支持瓷瓶；5—绝缘拉杆；6—支座

（三）断路器

厂用电系统所用断路器早期基本都是 10kV 等级的少油断路器，后真空断路器以其维护工作量少、无油化等优点逐步替代少油断路器。少油断路器的大修周期是 2～3 年。而真空断路器一般无需大修，只需进行简单的检查测试则可。

1. 户内少油断路器

户内少油断路器的结构比较简单，如图 2-4-3 所示。断路器的灭弧室装在由环氧玻璃布卷成的绝缘筒 2 中，绝缘筒通过支持瓷瓶 4 固定在支架 6 上，动触头通过绝缘拉杆 5 与操动机构相连，将动力传递给动触头系统，实现断路器的分闸、合闸操作。上引出线 1 内接静触头，下引出线 3 内接动触头系统（铜导电杆），组成断路器的导电回路；断路器上部为油气分离器，开关分、合过程中产生的高温油气在此经冷却后气体排入大气，油则回流筒内。

图 2-4-4 所示为应用最广泛的 SN10 型断路器纵横吹灭弧室的工作原理。灭弧室由几种不同形状的三聚氰胺玻璃纤维热压而成的灭弧片叠装而成。

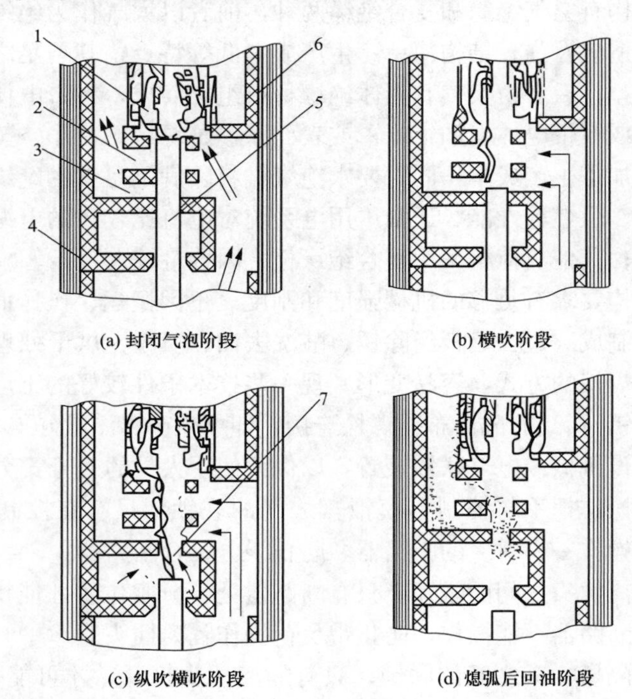

图 2-4-4 纵横吹灭弧室工作原理

1—静触头；2—第一与第二灭弧片之间空腔；3—第二与第三灭弧片之间空腔；4—灭弧筒；5—动触杆；6—上灭弧室；7—电弧

断路器分闸的灭弧过程：动触头向下运动与静触头分离产生电弧，到第一吹弧道打开，称为封闭泡阶段［见图 2-4-4（a)］，在此阶段电弧处在静止的气泡中，冷却作用差，电弧难以熄灭。动触头继续向下运动，第二吹弧道打开，灭弧室中的高压气体经吹弧道向外排出，对电弧横向吹拂，使电弧强烈冷却与去游离［见图 2-4-4（b)］，开断大电流时，电弧在这一阶段就能熄灭；开断小电流时，电弧可能还不能熄灭，动触头继续向下运动，待纵向喷口打开后，纵横吹共同作用将电弧熄灭［见图 2-4-4（c)］；灭弧过程中产生的高温油气从油气分离器分离出来的油回流灭弧室内［见图 2-4-4（d)］。

2. 真空断路器

(1) 概述：

真空断路器利用真空作为触头间的绝缘和灭弧介质。真空包括的范围很广，我国将其划分为粗真空、低真空、高真空、超高真空和极高真空。真空断路器的真空度在 $10^{-4}\sim10^{-7}$ mmHg 间，即 $1.33\times10^{-2}\sim1.33\times10^{-7}$ Pa，属于高真空范畴。在这样高的真空度下，气体的密度很低，气体分子的平均自由路程很长，因此，真空灭弧室（也称真空泡）的绝缘强度很高。

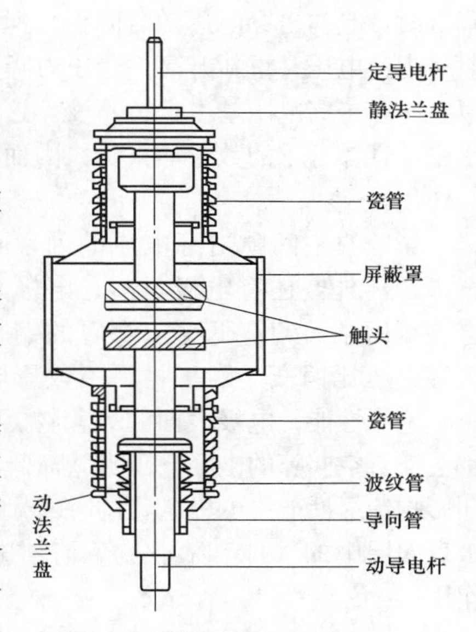

图 2-4-5　真空灭弧室剖面

真空断路器的结构由真空灭弧室、支撑绝缘子和操动机构组成。真空灭弧室如图 2-4-5 所示，其外壳由玻璃或陶瓷制成，动触头运动时的密封靠波纹管。波纹管在一个小的弹性变形范围内伸缩，有足够高的机械寿命（可动作一万次以上）。动、静触头的外周有屏蔽罩，它起着吸收、冷凝金属蒸气，均匀电场分布，保护玻璃或陶瓷泡内表面免受金属蒸气喷溅，防止降低内表面绝缘性能的作用。

真空灭弧室的绝缘性能好，动、静触头的开距小（12kV 级的开距仅 10mm），开断电弧能量小，要求操动机构提供的能量很小，操作机构机械运动行程短、振动小，加上触头开断表面烧损轻微，因此真空断路器的机械寿命和电气寿命远比少油断路器长，通常机械寿命和开合负载电流的寿命都可达到一万次以上（少油断路器为两千次）。允许开合额定开断电流的次数少则 8 次，多则可达 50 次或更多，特别适用于操作频繁的场所。

真空断路器与其他灭弧介质断路器相比，具有使用安全、维护简单和使用寿命长的优势。使用安全指真空断路器开断短路电流时，不会像油断路器那样存在爆炸危险；也不会像 SF_6 断路器那样产生有毒物质需要专门处理；维护简单指维修周期长、维护工作量少，不需要定期解体大修，维护工作仅需按预防性试验规程要求作绝缘试验和机械部件的目视检查即可；使用寿命长指机械寿命和电气寿命远比少油断路器长。故有逐步取代少油断路器的趋势。

(2) 真空特性：

高真空中，气体分子的平均自由路程很长，气体分子的碰撞游离基本不起作用。高真空与其他介质相比的绝缘强度如图 2-4-6 所示。图中可见，10mm 的间隙距离时，高真空的绝缘强度比空气、0.1MPa 的 SF_6 气体和变压器油高得多。但高真空中存在绝缘强度“饱和现象”，即在真空中电极的间隙在1cm时，击穿电压与间隙距离成正比，再增大间隙，击穿电压提高的效果就不显著了。所以，真空断路器单断口的额定电压一般只能达到84kV（而SF_6断路器单断口的额定电压可以达到500kV），只适宜在中压领域应用。

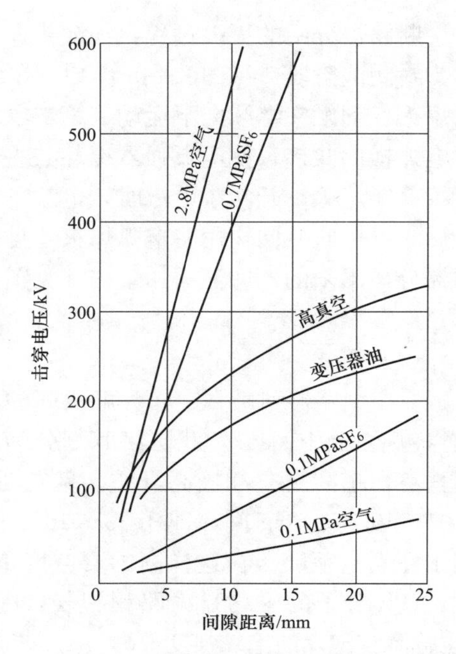

图2-4-6　各种介质的绝缘强度比较

钨电极真空间隙的击穿电压随真空度的变化如图2-4-7所示。由图可见，当间隙压力由大气压状态逐渐降低时，起初击穿电压随着降低，但进一步降低压力时，击穿电压又重新升高，当压力降到1.33×10^{-2}Pa以下时，击穿电压基本保持不变，这是因为在此高真空中，气体分子的数量非常少，因而碰撞游离已经不起作用。

影响真空间隙击穿电压的因素除了有真空度和电极距离外，还有电极材料、电极表面状况和电极老炼等因素。含有低熔点金属的铜合金材料的间隙击穿电压比铜低，触头材料不仅影响导电性能，还影响绝缘性能；电极表面的氧化物、灰尘和金属微粒都会使真空间隙的击穿电压明显降低，开断过电流使触头表面有金属微粒不仅影响导电性能，还影响绝缘性能；电极老炼指通过对电极多次通电，使其放电消除表面的微观凸起、杂质、电极表面层中的气体和氧化物，清洁电极表面，对真空灭弧室开断性能的提高有一定的改善作用。

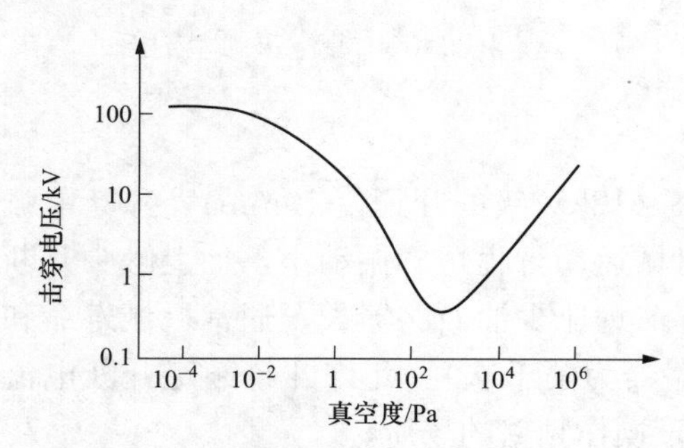

图2-4-7　间隙距离1mm时电极真空间隙击穿电压与真空度的关系

（3）真空电弧：

真空断路器的动、静触头通常采用平面接触形式，从微观上看，两触头接触时其实只有少数表面突起部分接触，通过电流。当触头在分开时，首先是接触压力的减小，接触点的数量和面积随之减少，电流集中在越来越少的接触点上，损耗增加，接触点温度急剧上升出现熔化。随着触头的继续分开，熔化的金属桥被拉长变细并断裂产生金属蒸气。金属蒸气的温度很高，部分原子可能产生热电离，加上触头刚分离时，间隙距离很小，电场强度很高，阴极表面在高温、强电场的作用下又会发射出大量电子，并很快发展成温度很高的阴极斑点。而阴极斑点又会蒸发出新的金属蒸气和发射电子，这样触头间的放电将变为自持的真空电弧了。由此可见，维持真空电弧的是金属蒸气而不是气体分子，真空电弧实为金属蒸气电弧。金属蒸气来自触头材料的蒸发，因此电极材料的特性将对真空电弧的性质起支配作用。

真空电弧有两种形态，即小电流（几千安）的扩散型真空电弧和大电流（一万安以上）的集聚型真空电弧。当铜电极上电弧电流小于100A时，阴极上一般只存在一个高温的发光斑点，斑点的电流密度很高，约为$10^2\sim10^3$A/mm^2，直径为10^{-1}mm数量级。阴极斑点是发射电子和产生金属蒸气的场所。电子与金属蒸气的原子碰撞会游离出新的电子和正离子，这些电子和正离子依靠自身的动能朝向阳极运动过程中还会向径向密度低的区域扩散，呈现出一个圆锥状的微弱发光区，如图 2-4-8 所示，圆锥内有着大量的离子、原子和电子，这就是真空电弧的等离子区，又称弧柱区。在锥体以外的区域，粒子的密度很低。

随着电弧电流的增大，阴极斑点的数量也会增加，相邻的锥体也可能重叠。阴极斑点在阴极表面不停地运动，通常是由电极中心向边缘运动。当阴极斑点到达电极边缘时，等离子区的锥体弯曲，接着阴极斑点突然消失，而在电极中心又会出现新的斑点。这种阴极斑点不断消失、不断产生且向边缘扩散的真空电弧称为扩散型真空电弧，如图 2-4-9 所示。

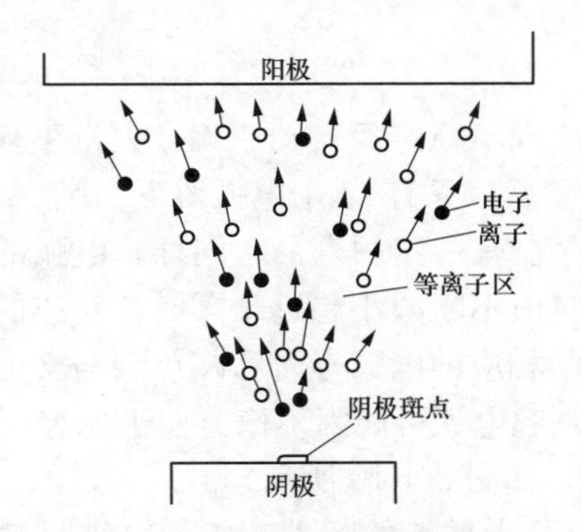

图 2-4-8　单阴极斑点的圆锥形真空电弧

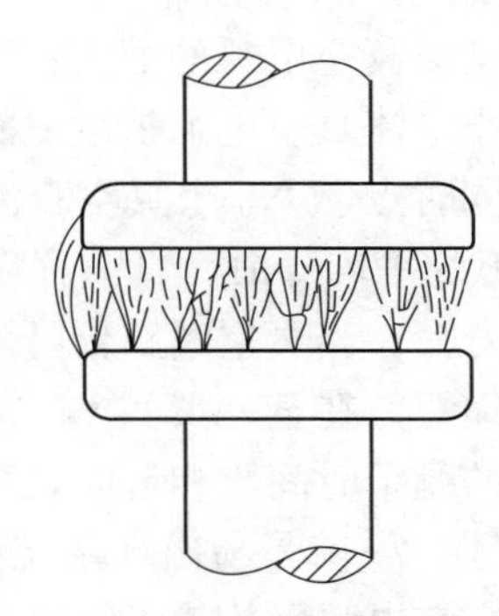
图 2-4-9　单扩散型真空电弧

随着电弧电流的继续增大，阴极斑点的数量不断增多，电弧间隙中的电子数量也急剧增加，大量的电子在电场作用下，朝着阳极运动并撞击阳极，使阳极表面温度升高，出现阳极斑点。它与阴极斑点一样，不仅同样蒸发出金属蒸气和喷射等离子流，甚至可能向弧隙喷射金属颗粒或液滴，使弧隙的金属蒸气和等离子体密度又将增大，导致电弧电压减小，使其他的支弧因电压不足而难以维持。这样就使真空电弧在阳极上集聚，但此时阴极斑点仍能均匀分布在阴极表面，这就是扩散型电弧转变成集聚型电弧前的过渡阶段。当阳极区蒸发的金属蒸气影响到整个电弧间隙时，远离阳极斑点的阴极斑点会因放电路径较长而难以维持，它们或熄灭、或转移到正对阳极斑点的阴极斑点表面，这就导致阴极斑点的集聚。电弧也就由扩散型电弧转变为集聚型电弧。集聚型电弧的外形大致与气体中的电弧相近，有明亮的阴极和阳极斑点。

（4）交流真空电弧的熄灭：

交流真空电弧一般在电流过零时熄灭（出现截流时除外）。如果电流过零前，真空电弧为扩散型，无阳极斑点出现，则在电流过零后，原来的阳极变为新的阴极，新的阴极表面温度低，不会有新的金属蒸气和电子、离子产生。原来的阴极在电流过零后 10^{-2}～10^{-1}μs 内也失去了发射电子的能力，因此只要原来弧柱中残留的电子和离子能够快速地向径向扩散到屏蔽罩表面，经过冷却重新结合成中性原子和分子，电弧就能熄灭。一般扩散型电弧在电流过零瞬间，电弧间隙已经具有良好的绝缘性能。只要真空开关的触头开距够大，足以耐受恢复电压的作用，防止电弧重燃。这也是真空开关能够在很高的恢复电压上升率下仍具有良好开断性能的主要原因。

对于集聚型电弧，虽在电流过零时电弧熄灭，但是由于阴极和阳极表面都有面积较大、且有一定深度的熔区，这些熔区的冷却需要毫秒级的时间。在这段时间内，电极的熔区仍向弧隙提供大量的金属蒸气，在恢复电压的上升过程中，充满金属蒸气的弧隙不可避免地要发生击穿而使电弧重燃。所以，必须采取其他措施，真空开关才能开断较大的交流短路电流：

1）使集聚电流值提高，在被开断的电流范围内，始终保持扩散型电弧，通常利用纵向磁场触头来达到。

2）加强横向磁吹，使电弧在工频半周的末尾重新变为扩散型电弧，以使电流过零后不会再重燃。因为横向磁吹作用使集聚型真空电弧迅速运动，阴极斑点不断地被移向冷的电极表面，不能停留在原来的熔区上，当后半周电流减小时，集聚型电弧就不能维持，在新的触头表面转变成扩散型电弧。

（5）交流真空电弧的截流：

直流小电流真空电弧持续一定时间后会因电弧出现不稳定而自动熄灭，大量重复的试验证明，当同时点燃 N_0 个真空直流电弧，经过时间 T 后，只有 N 个电弧留下，$N=N_0e^{-t/\tau}$，τ 称为电弧的平均寿命。真空直流电弧阴极斑点的存在有一定的寿命，同样，电弧的存在也有一定的寿命。当真空断路器开断小电流，电流瞬时值不断减小趋近于零时，相应的电弧寿命也不断缩短。在某一瞬间 t，与其时电流瞬时值 I_c 相应的电弧寿命已减小到与交流电流自然过零前的剩余时间 t_r 相等时，可以看成从这一时刻起电弧可能因不稳定而迅速熄灭，I_c 突然减小到零，I_c 就是易出现截流值，又称截流水平，如图 2-4-10 所示。

影响真空电弧平均寿命和截流值的主要因素与触头材料的特性有关：电极材料的蒸气压；电极材料的沸点温度与热导率的乘积。

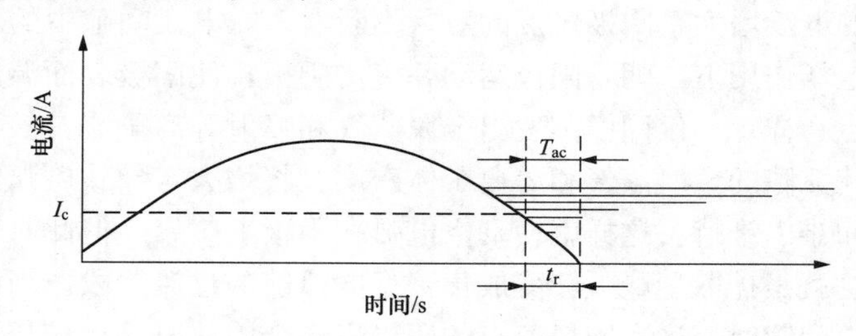

图 2-4-10　截断电流与电弧平均寿命

（6）真空断路器触头：

一般断路器的触头只是用来承载和开、合电流，电弧的熄灭另由专门的灭弧装置来完成。而真空断路器的触头，除了影响截流值外，还影响断路器的开断性能。事实上，真空断路器技术的发展，实质上就是触头材料和触头结构不断改进的结果。

触头结构的改进大致经历了三个阶段：早期的圆盘形触头，结构简单，易于制造，极限开断电流为 7kA；20 世纪 50 年代末开发的横向磁场触头，就是在结构上使触头可产生与弧柱垂直的磁场，它与电弧电流产生的电磁力使电弧在电极表面运动，防止电弧停留在某一点上，延缓阳极斑点的产生，提高开断性能，开断电流可达 50kA；20 世纪 70 年代研发的纵向磁场触头，开断电流可达 100kA。

纵向磁场触头如图 2-4-11 所示，它由盘形触头 1、线圈 2 和导电杆 3 组成。线圈造成轮状，轮缘分割成四段，中心部分与导电杆固定在一起。轮缘上以阴影表示的突起部分与盘形触头固定。盘形触头上开有八个幅向的槽以减少涡流，保证交流电过零时，纵向磁场强度也同时为零，有利于电子和离子的径向扩散。上下动静触头的结构完全相同。电流由导电杆进入线圈的中心部分，然后分成四路经轮辐流向轮缘，再由轮缘的突起部分进入盘形触头，经触头间的电弧再流入上触头。每个轮缘中流过的电流是电弧电流的1/4，相当于配置一匝、流过1/4电弧电流的线圈。电弧间隙中的纵向磁场就是由上下两个线圈共同产生的。

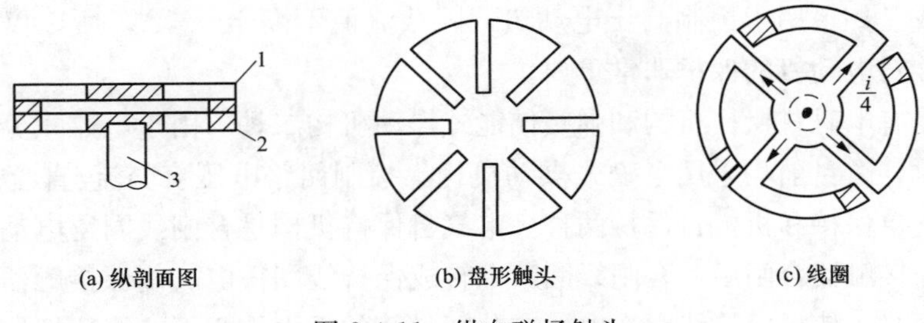

图 2-4-11　纵向磁场触头

除触头结构外，触头材料是影响真空断路器开断性能的另一重要因素。触头材料除了要求具有导电、导热和机械性能好外，还要求耐弧性能好、截断电流小、抗熔焊性能好、含气量低。我国生产的真空断路器大多采用铜铬合金作为触头材料。铜铬合金触头的开断性能好，同时具有较好的绝缘性能，较低的触头烧损和弧后重燃概率，在燃弧过程中还具有吸气作用。缺点是抗熔焊性能稍差。触头材料为铜铬合金，采用纵向磁场的真空断路器在15kV下的额定开断电流为63kA，已经满足一般配电场合使用需要。

（四）F-C回路

在6kV厂用配电系统中，除了重要的进线开关、母联开关和负载特别大的开关外，其余中小容量的变压器、电动机，多采用F-C回路来保护和操作。

高压熔断器加真空接触器回路简称F-C回路，指采用高压限流熔断器和真空接触器组合来保护和操作电动机、变压器等用电设备的电气设备组合。真空接触器作为保护和操作电器，当回路电流小于真空接触器和高压限流熔断器保护交接点电流时，保护和操作功能通过真空接触器实现；高压熔断器作为保护电器，当回路电流大于真空接触器和高压限流熔断器保护交接点电流时，由高压熔断器熔断。

F-C回路中的高压限流熔断器，可在规定的电流范围内且在它的动作期间和动作结束之前，将电流限制到远低于预期电流峰值，作为保护功能元件，具有速断保护特性。

F-C回路中的真空接触器指主触头在高真空室内，能关合、承载及开断正常电流及规定的过载电流的机械开关装置。

F-C回路适用于额定电压为3～10kV，三相短路电流水平为31.5～50kA的火力发电厂。采用F-C回路供电的电动机在2000kW或变压器在2000kVA以下。

1. 高压真空接触器

高压真空接触器由真空灭弧室、绝缘固定架、操动机构、锁扣机构、底盘手车等组成。绝缘固定架上安装了熔断器支座，支座上装配有联动脱扣机构，即便只有一相熔断器熔断时，也能使接触器联动跳闸，同样地，即便只有一相熔断器未安装时，该联动机构也能防止接触器合闸。

真空接触器的主触头是密封在以陶瓷为外壳的真空灭弧室中，灭弧室中的真空度为1.33×10^{-4}Pa。当真空接触器分闸时，真空灭弧室中的动、静触头快速地分离。分闸过程中，在高温触头之间产生的金属蒸气使电弧持续到电流第一次过零点，在电流过零点时，金属蒸气迅速凝结，使动静触头之间重新建立起很高的电介质强度，维持很高的瞬态恢复电压值，实现对开断电流的完成。如果用于控制高压电动机，因截流值不高于0.5A，所以仅产生很低的过电压值，此特性对电动机的保护非常重要。

真空接触器有电磁式操作机构和弹簧储能式操动机构二种，由于电磁式分合闸频率可达到2000次/小时，故目前均采用电磁式操动机构。控制回路电压有交流/直流110V、220V；保持方式有电气自保持和机械自保持两种。电气自保持机构是合闸线圈得电动作使得接触器主触头合闸，当接触器合闸后，合闸线圈断电转成保持线圈得电，确保接触器主触头处于合闸状态。当分闸时，使得保持线圈失电，在分闸弹簧的反力作用下，快速把接触器主触头分闸。机械自保持机构是合闸线圈得电驱动合闸电磁铁通过操动机构使接触器主触头合闸，并由合闸锁扣装置使接触器保持合闸状态，同时合闸线圈失电；当分闸时，分闸电磁铁得电动作使合闸锁扣装置解扣，由分闸弹簧驱动操作机构完成分闸。机械自保持机构由脱扣器和手动分闸按钮组成。

真空接触器主要优点：截流水平低（截流值＜0.5A，一般截流过电压标幺值不超过1.3)；极少量维护；可频繁操作；达到每小时2000次分、合闸动作；寿命长；电气寿命为30万次，机械寿命100万次。

2. 高压限流熔断器

高压限流熔断器为当流过熔体的电流超过给定值一定时间后，通过一根或多根经过专门设计和匹配的熔体的熔化来开断电流并断开回路的一种开关装置。熔断器由熔体、绝缘外壳、触头帽和撞击器等组成。熔断器内配有的撞击器，当三相中任意一相熔断器熔断后撞针弹出，通过撞击杆使接触器跳闸，从而避免设备的缺相运行。

高压限流熔断器在电流动作范围内，能够将短路故障电流限制到远低于预期电流峰值(即限流特性)。其反时限电流保护特性与系统的保护要求一致，故障电流越大，开断速度越快。一般情况下，流经限流熔断器的短路故障电流将在第一个波峰前被熔断器开断，因此熔断器开断短路电流的时间约为10ms（即半个周波）。

（五）低压断路器

1. 低压断路器的基本结构

低压断路器一般由触头系统、灭弧室、自由脱扣机构、操作机构、过电流脱扣器、欠电压（失压）脱扣器、分励脱扣器、辅助触头和基础构件等组成。

触头系统泛指触头、载流母线和软联结等部件。触头的形状有对接式、桥式和插入式，触头的挡数有单、双、三挡之分，单挡触头只有主触头，双挡触头具有主触头和弧触头，三挡触头中增设副触头，副触头作为主触头的二重保护。对触头的基本要求是导电性好、接触电阻小且稳定，抗熔焊且耐磨。

灭弧室的结构形式多样。空气灭弧室常用的有狭缝式和去离子栅式。

自由脱扣机构是用来联系操作机构和触头系统的机构，以达到触头位置与操作机构无关，即操作把手（或电动闭合机构）在闭合位置，机构也可以脱扣，触头断开。

操作机构是实现断路器闭合、断开的机构，有手柄、电磁、电动、气动等形式操作机构。

过电流脱扣器反应流过的一次电流大于整定值即动作使断路器脱扣掉闸。过电流脱扣器有不同的类型，最简单的是电磁脱扣器，由一次电磁线圈和反力弹簧构成，电磁线圈通过的电流越大，电磁力越大，当电磁力增大到可克服反力弹簧力时，电磁线圈中的衔铁被铁芯吸合，衔铁推动脱扣件而使机构脱扣。除了电磁脱扣器，新近推出的智能化脱扣器应用也较为广泛，装有这种脱扣器的断路器可在极短时间内完成电路外部任何故障和断路器内部故障的保护，实现选择性断开，并具有动作显示、记录和报警等功能，整定电流和故障电流可在脱扣器面板上显示出来。

欠电压（失压）脱扣器多为电磁式，当主电路电压消失或降至一定数值以下时，其电磁力不足以继续吸持衔铁，在反力弹簧作用下，衔铁的顶板推动脱扣轴使断路器断开。

分励脱扣器是一个电磁铁，由控制电源供电，可由人工操作或继电保护信号使其线圈通电，铁芯动作，从而使断路器掉闸。

2. 低压断路器的分类

低压厂用系统所用断路器通常有万能式断路器和塑料外壳式断路器两类，分别适用于不同的用途，见表 2-4-4。

表 2-4-4　　万能式断路器和塑料外壳式断路器比较

比较项目	万能式断路器	塑料外壳式断路器
选择性保护	有短延时，可调，可满足选择性保护	无短延时，不能满足选择性保护
脱扣器配置	有过电流、欠电压（也可延时）、分励脱扣器；有闭锁脱扣器功能	只有过电流脱扣器，失压与分励二选一
短路耐受电流和通断能力	较高	较低
额定电流	200～5000A	多在 600A 以下
操作方式	有手操、非储能式、储能式、电动操作	多为手操，有电动操作
维修	较方便	不方便，甚至不可维修
外形尺寸	较大	较小
适用范围	电路主开关、大功率负载开关	支路开关、少操作的电源开关

（1）万能式断路器。万能式断路器是目前低压大电流中最为常用的低压开关之一，它有多种电流规格选择（从 200A 到 5000A）、开断能力强（开断短路电流最大到 80kA）、保护功能齐备（瞬时过流、延时过流、反时限过流、欠压等），安装方式（固定式或抽屉式）、进出线位置方向（板前或板后）、操作机构形式（电磁或电动）等配置均可灵活选择，使用方便。在发电厂厂用电系统中用于母线进线开关、变压器开关、馈线开关和电动机开关。

（2）塑料外壳式断路器。与万能式断路器相比，塑料外壳式断路器的特点就是结构紧凑简单，防护性能好，安装场合范围广，体积小。适用于非频繁操作，电路电流不大（600A 以下），只要求基本保护功能的场合。当然塑料外壳式断路器也可像万能式断路器那样加装各种脱扣器，加装电动操作机构，也有向大容量（电流）规格、保护特性智能化发展的趋势。

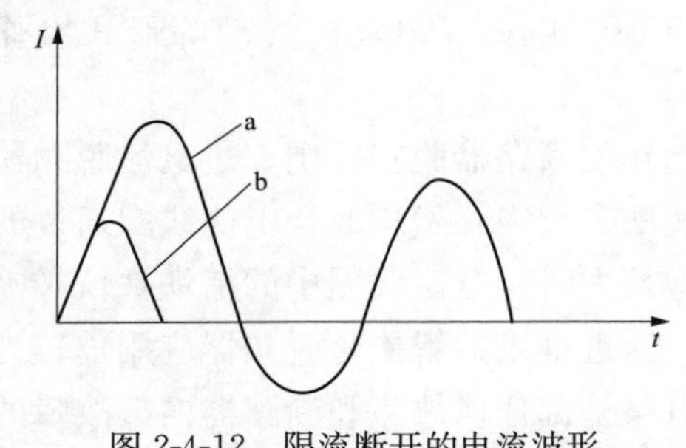

图 2-4-12　限流断开的电流波形

（3）限流断路器。无论是万能式断路器还是塑料外壳式断路器，都是利用短路电流在触头回路间所产生的电动力，在极短的时间内使触头先于自由脱扣机构动作快速斥开，触头断开后产生电弧，电弧电压上升（相当于电弧电阻增加），起到限流作用；同时，瞬时过电流脱扣器动作，自由脱扣机构释放，使触头向断开位置运动，触头开距增大，电弧电压进一步提高，在 4～8ms 内将电流限制到最大实际分断电流，在 8～10ms 内全部分断电路。如图 2-4-12所示。图中曲线 a 为一般断路器分断电流波形，曲线 b 为限流断路器分断电流波形，即在短路电流上升的过程中，通过电弧电阻的消耗和触头的快速分开，将电路预期短路电流限制在开关实际分断电流范围内即完成故障电路的断开。

（六）配电线路

厂用电系统中，从配电母线到各负荷中心和负载，再从各负荷中心到下一级负载，基本都采用电力电缆线路供电。

电力电缆的基本结构为：导线、绝缘层、保护层和屏蔽层（除 1～3kV 级的产品外）。电力电缆可从其型号示出其基本结构，型号的组成和排列顺序为：绝缘，导体，金属屏蔽，内护层，铠装层，外护套。见表 2-4-5。

表 2-4-5　常用电力电缆型号

型号		名称
铜芯	铝芯	
VV	VLV	聚氯乙烯绝缘聚氯乙烯护套电力电缆
VY	VLY	聚氯乙烯绝缘聚乙烯护套电力电缆
VV_{22}	VLV_{22}	聚氯乙烯绝缘钢带铠装聚氯乙烯护套电力电缆
VV_{23}	VLV_{23}	聚氯乙烯绝缘钢带铠装聚乙烯护套电力电缆
VV_{32}	VLV_{32}	聚氯乙烯绝缘细钢丝铠装聚氯乙烯护套电力电缆
VV_{33}	VLV_{33}	聚氯乙烯绝缘细钢丝铠装聚乙烯护套电力电缆
YJV	YJLV	交联聚乙烯绝缘聚氯乙烯护套电力电缆
YJY	YJLY	交联聚乙烯绝缘聚乙烯护套电力电缆
YJV_{22}	$YJLV_{22}$	交联聚乙烯绝缘钢带铠装聚氯乙烯护套电力电缆
YJV_{23}	$YJLV_{23}$	交联聚乙烯绝缘钢带铠装聚乙烯护套电力电缆
YJV_{32}	$YJLV_{32}$	交联聚乙烯绝缘细钢丝铠装聚氯乙烯护套电力电缆
YJV_{33}	$YJLV_{33}$	交联聚乙烯绝缘细钢丝铠装聚乙烯护套电力电缆

厂用电系统中，6kV 电缆多用交联聚乙烯绝缘钢带铠装聚氯乙烯护套电力电缆

(YJV_{22})；低压电缆多用聚氯乙烯绝缘聚氯乙烯护套电力电缆（VV），也有部分采用交联聚乙烯电缆；橡胶电缆多用于移动式负载。

按照国家标准规定，电缆的额定电压用$U_0/U(U_m)$来标示，其中U_0为电缆导体对地电压，U为电缆导体之间的电压，U_m为设备可使用的“最高系统电压”的最大值。

1. 交联聚乙烯绝缘电力电缆

交联聚乙烯绝缘电缆主绝缘材料聚乙烯树脂介电系数和$\tan\delta$较小，且为非极性材料，电气性能良好，但耐热性低，力学性能较差，在环境应力作用下易形成开裂，在运行中由于温度和应力的变化容易在界面上产生气隙而引发树枝化放电，为了克服聚乙烯的缺点，采用物理方法或化学方法将聚乙烯进行交联，使聚乙烯的线型分子结构变成三维空间的网状结构，可极大地提高其击穿强度和耐热性能，而保持了聚乙烯原有的优点。

35kV 及以下的电力电缆大部分为三芯结构，如图 2-4-13所示为分相屏蔽型交联聚乙烯电力电缆。图中导体 1 提供负荷电流的通路；导体屏蔽层 2 和半导体层 4 为半导电屏蔽层，是中高压电缆采用的一项改善金属电极表面电场分布，提高绝缘表面耐电强度的重要技术措施：因为电缆芯线外表面不可能是标准圆，芯线对屏蔽层的距离不会相等，根据电场原理，电场强度也会有大小，为此，在芯线外面加一层外面圆形的半导体层，使主绝缘的厚度相等，达到电场均匀分布的目的；在主绝缘层外，同样也是为消除铜屏蔽层不平导致电场不均匀而设置半导体层；交联聚乙烯绝缘层 3 为将高压电极与地电极可靠隔离的关键结构，承受工作电压及各种过电压长期作用，能耐受发热导体的热作用而保持应有的耐电强度。聚乙烯绝缘外护层 8 为保护绝缘和整个电缆正常可靠工作的重要保证，针对各种环境使用条件设计有相应的护层结构。主要是机械保护（纵向、径向的外力作用），防水、防火、防腐蚀、防生物等，可以根据需要进行各种组合。

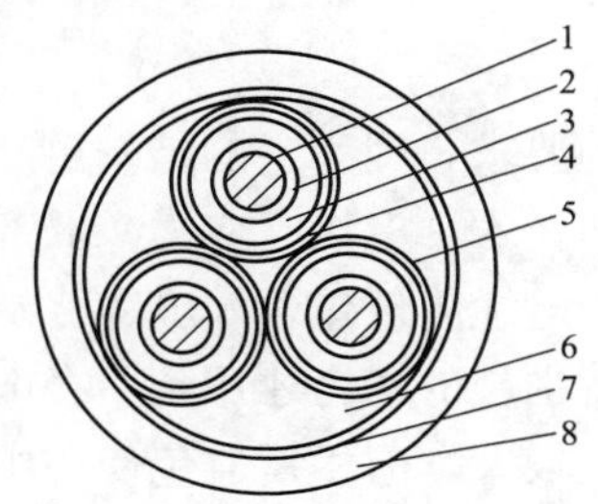

图 2-4-13　交联聚乙烯电缆结构

1—导体；2—导体屏蔽层；
3—交联聚乙烯绝缘层；4—半导体层；
5—铜带；6—填料；7—扎紧布带；
8—聚乙烯绝缘外护层

相电压U_0在 1.8kV 以上的电缆有导体屏蔽层和半导体层。半导电屏蔽层的主要作用是均化电场，使偶然形成的凸纹突起屏蔽于半导体屏蔽层内，防止电场集中；因半导体层和导电线芯是等电位的，故它们之间的气隙不受电场力的作用。半导体层的物理性能介于导体与绝缘层之间，可使三者紧密地结合在一起，减少了气隙和气隙放电的可能。半导体层还有一定的隔热作用，防止由于运行时损耗产生的过热使绝缘加速老化。

额定电压U_0在 1kV 及以上电缆有金属屏蔽层，金属屏蔽层有钢带和钢丝两种结构。额定电压U_0在 21kV 以上且导体标称截面为 $500mm^2$ 以上的电缆采用钢丝屏蔽结构，除此以外，一般的金属屏蔽层由厚度不小于 0.1mm 的软钢带重叠绕包而成。对于三芯电缆，金属屏蔽层有统包或分相绕包。金属屏蔽层的作用主要为：静电屏蔽，提供电容电流及故障电流的通路，电缆敷设时通过金属屏蔽层接地使其电位为零。在分相屏蔽电缆绝缘内的电场径向分布，消除了切向分量，可防止绝缘表面产生滑闪放电。

2. 聚氯乙烯绝缘电力电缆

聚氯乙烯塑料是以聚氯乙烯树脂为基础，配以增塑剂，稳定剂，防老剂等多组份的混合材料，它具有加工简单、生产率高、成本低、耐油、耐腐蚀、化学稳定性好等优点，同时有介质损耗大、耐热性低、耐电强度低、燃烧时产生 HCL 有毒气体等缺点。

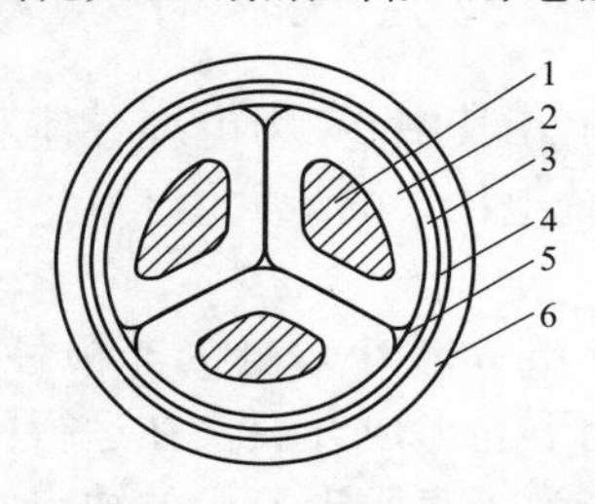

图 2-4-14 聚氯乙烯绝缘电力电缆结构
1—导电线芯；2—聚氯乙烯绝缘；3—聚氯乙烯内护套；4—铠装层；5—填料；6—聚氯乙烯（聚乙烯）外护套

聚氯乙烯绝缘电缆结构如图 2-4-14 所示。1kV 级的三芯电力电缆可以没有金属屏蔽层，三芯成缆后包以铠装层，再挤包外护层。

3. 电力电缆附件

电缆附件是电缆功能的一种延续。对于电缆本体的各项要求，如导体截面及表面特性、半导电层、金属屏蔽层、绝缘层及护层等各部分的要求也适用于电缆附件，尤其是中间接头，即中间接头的各个部分应对应于电缆所有的各个部分。终端也基本一样，只是外绝缘有所特殊。除此之外，附件还有比电缆本体更多的要求，因为它的结构更复杂，弱点也更多，技术上难度也更大，包含的技术包括：导体连接技术、电场（应力）局部集中问题的处理技术、界面耐电强度提高技术、密封技术等。

电缆附件包含了电缆终端接头盒、中间连接接头盒等附件。中间连接接头盒一般只在电缆特别长的场合才用到，在电厂内部电缆通道中一般电缆数量多而密集，使用中间接头安全风险较大，应尽量避免使用中间驳接。

（1）电缆终端电场分布特点。当对电缆终端处的外护层、铠装层和金属屏蔽层剥去后施加电压，沿电缆长度方向的电场分布仍是不均匀的，如图 2-4-15 所示。图中左半部分为只剥去电缆的铅套，右半部分为同时剥去电缆的绝缘层和铅套的电场分布图。电场分布在线芯和金属屏蔽层处比较集中，而且靠近金属屏蔽层边缘处电场强度最大。

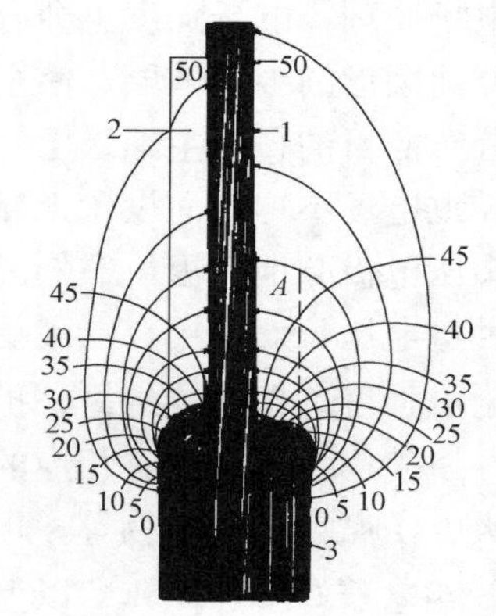

图 2-4-15 电缆终端电场分布
1—线芯；2—电缆绝缘层；3—铅套

另一方面，当剥开金属屏蔽后，不管是否安装终端装置，其绝缘均为两种以上的介质。这样，电场的方向斜射到介质的分界面上，在分界面上就会产生电场的弯折，电场就会产生法向和切向分量。一般介质切向方向耐电强度很低，而且在界面上又极易混有气隙和杂质，在一定条件下就会产生放电，造成绝缘的破坏。

（2）电缆终端的放电形式。电缆终端处的放电是极不均匀电场中的放电，其主要形式为：首先在金属屏蔽层附近发生电晕放电，出现紫色的晕光及丝丝声响。随着电压的升高，电晕向前延伸，逐渐形成由许多平行火花细线组成的光带，这些细光带虽然较电晕明亮，但仍较弱。放电细线的长度随电压正比增加。放电通道中的电流密度较小、压降较大，称为辉光放电。当电压超过某临界值后，放电性质就会发生变化，个别细线开始迅速增长，进而转变为树枝状、紫色、明亮得多的火花。在一处产生后，紧贴介质界面向前发展，随即很快消失，而后又在新的位置产生，这种放电称为滑闪放电。通道中电流密度较大，压降较小。滑闪放电火花随外施电压增加迅速增长，因而电压稍有增加，滑闪放电火花就可能延伸到高压极，形成完全击穿。

（3）电缆终端结构原理。电缆终端的结构经历了浇注型、绕包型、热缩型及冷缩型等几个阶段。目前应用最为广泛的是热缩电缆终端和冷缩电缆终端。从材料角度分析，热缩电缆终端采用的是聚烯烃塑料，冷缩电缆终端采用的是特种硅橡胶。从分子结构来说，硅橡胶更稳定。此外，硅橡胶还具有以下几种独特的性能：硅橡胶在－50～250℃间始终具有良好的弹性；抗露电起痕能力强；适用温度范围广，在－50～200℃情况下都可使用；具有耐辐射、耐X射线、耐Y射线、抗紫外老化的特殊性能；憎水性能优异，淋雨状态下可自动迁移表面脏物，具有抗污秽能力；安装后与电缆本体贴合为一体，对电缆主绝缘施加恒定的压力与电缆同呼吸，能有效降低电缆终端的放电量。

电缆终端结构中，最关键的是电应力控制部件。采用电应力控制的主要目的是要控制处于电缆屏蔽层或隔离层末端处的电应力。如果不采用电应力控制，便会发生放电，这时电缆屏蔽层或隔离层末端的寿命便取决于屏蔽层端部处的电应力及主要电介质的放电电阻，一般寿命不超过一年。因此，对中高压电缆屏蔽切断处均需采用电应力控制措施。解决电应力分布的方法主要有两种：一种是在屏蔽切断处使用应力管，即参数型电应力控制，它是利用材料的阻抗、电阻－电容特性来改善电应力分布；另一种是使用改变屏蔽切断处几何形状的模制电应力锥。

热缩电缆终端采用应力管控制电场应力，它对材料要求很高。制备应力管的材料必须同时满足体积电阻率在 10^{9}～$10^{11}\Omega\cdot cm$ 和介电常数大于25，这两个条件要同时满足是比较困难的。因为这两项电气参数受每道生产工序影响都很大，对材料配方、共混、造粒、直到挤塑等工艺均有较苛刻的要求，导致应力管电气参数极易发生漂移，可靠性较差。

冷缩电缆终端的应力锥，利用部件几何形状来控制电场应力，对材料电气性能参数要求不高，体积电阻率在1～100Ω·cm就可满足。几何形状通过模具成型很容易得到保障，参数基本不会发生偏差。

1）热缩电缆终端：

热缩型电缆终端材料所用材料一般以聚乙烯及乙丙橡胶等多种材料组分的共聚物组成，又称为高分子形状“记忆”材料，主要是利用结晶或半结晶的线性高分子材料经高能射线照射或化学交联后成为三维网状结构而具有形状“记忆效应”的新型高分子功能材料。交联高分子在高弹态间具有弹性，施加外力拉伸或扩张后，骤冷使其维持状态，材料虽经扩张形变但具有“记忆效应”，当温度升高到软化点以上，形变马上消除，立即恢复到原来的形状。使用条件为－30～100℃。

热缩电缆终端根据使用场所的不同，分为户内终端、户外终端。户内终端主要部件有分支手套、应力管、户内绝缘管、密封管、配附件等；户外终端主要部件有分支手套、应力管、户外绝缘管、密封管、三孔雨裙、单孔雨裙、配附件等。其中应力管是关键部件，它是一种绝缘电阻率适中（10^{7}～$10^{8}\Omega\cdot m$），介电常数较大（25～30）的特殊电性参数的热收缩管，利用电气参数强迫电缆绝缘屏蔽断口处的应力疏散成沿应力管较均匀地分布。这一技术只能用于20kV及以下电缆附件中。因为电压等级高时应力管将发热而不能可靠工作。

热缩电缆终端现场安装时必须达到使其软化的温度条件（120～140℃）才能恢复其记忆形状，因此需动明火（液化气或酒精喷灯）加热使其收缩，在烧烤时火焰不能太强，也不能过于集中在某一处时间太长，否则易造成热缩件烧糊，表面碳化，而且，热缩附件的配件含地线、铜扎线材料，也必须要用火烤或电加热焊牢，因此给安装操作带来一定难度。另外在一些不能动明火的特殊场合，如火电厂的油区、电缆隧道等区域，热缩附件在使用上受到限制。

热缩附件是高分子聚烯烃在加热到软化温度时扩张，随后骤然降温使其定型，材料分子之间处于一种平衡状态，除非再次加热到软化温度，否则该形状在常温下可始终保持不变。

因此，热缩附件储存周期基本不受限制。

2）冷缩电缆终端：

冷缩型电缆终端由硅橡胶材料制成，利用高抗撕、高弹性硅橡胶优异的弹性，在制造工厂经预扩张后用螺旋管状塑料支撑。电缆终端现场安装时只需把支撑材料一圈圈连续抽掉，由硅橡胶的优异弹性而自动收缩，附件紧紧地包敷在电缆本体上，不需动明火。加之冷缩附件的配件中用恒力弹簧来固定地线，用铠装带来恢复电缆机械强度，用防水带来恢复电缆外护层和防水，不存在需动明火的地方，安装更为简便。使用条件为－50～200℃。

冷缩电缆终端根据使用场所不同，分为户内终端、户外终端。终端主要部件有终端头、冷缩指套、冷缩绝缘管、冷缩密封管、配附件等。

冷缩附件是基于硅橡胶优异的弹性在常温下利用机械法进行约 2～2.5 倍扩张，随后放入支撑管使其定型，硅橡胶材料处于一种张力状态，当现场安装抽芯取出支撑管时，橡胶的张力会使其自然回缩。由于橡胶始终处于张力状态，在较长时间后会产生弹性疲劳，导致回缩不到位。因此，冷缩附件储存周期受到限制，一般应在 6 ～9 个月之内使用。

综上，硅橡胶比聚烯烃性能更优异，采用硅橡胶材料的冷缩电缆终端比采用聚烯烃材料的热缩电缆终端性能更好，运行更可靠；冷缩电缆终端比热缩电缆终端的安装制作更简单、方便。但目前因冷缩电缆终端比热缩电缆终端价格高得多，使热缩电缆终端仍在广泛使用。

第五节　发电工艺系统中的电气设备

火电厂中分布在发电工艺系统中的电气设备很多，主要是为工艺设备（风机、水泵、阀门等）提供动力的电动机及其调速装置；为各种操作机构提供程序操作的可编程控制器（以前采用电气控制接线实现的联锁回路）。电动机中基本都是交流三相异步电动机，调速装置有可控硅串级调速装置、电磁调速装置和变频器等。本章主要介绍电动机，其余在二次部分介绍。

火电厂厂用电负载中基本都是交流三相异步电动机，三相异步电动机是基于气隙旋转磁场与转子绕组中感应电流相互作用产生电磁转矩，从而实现将电能转换为机械能的一种电工设备，具有结构简单、使用维护方便、运行可靠以及成本较低等优点。异步电动机有较高的运行效率和较好的工作特性，从空载到满载内接近恒速运行，能满足大多数机械传动要求。三相异步电动机分类见表 2-5-1。

表 2-5-1　三相异步电动机分类

分类	转子结构形式	防护形式	冷却方式	安装方式	工作定额	尺寸大小：中心高 H(mm) 定子铁芯外径 D(mm)
类别	鼠笼式	开启式	自冷式	卧式	连续	$H>630$、$D>1000$ 大型
		防护式	空-空冷		断续	$H=350\sim630$ $D=500\sim1000$ 中型
	绕线式	封闭式	空-水冷	立式	短时	$H=80\sim315$ $D=120\sim500$ 小型

一、三相异步电动机的基本结构

异步电动机的基本结构由定子、转子、机座、轴承装置、出线盒等部分组成，大中型电动机还有专门的空气或水冷却器。根据不同的防护形式，应用较为广泛的是防护式和封闭式电动机。防护式能够防止外界的杂物落入电动机内部，并能在与垂直线成45°角的任何方向防止水滴、铁屑等掉入电动机内部。这种电动机的冷却方式是通过电动机转轴上的风扇，将冷空气从端盖的两端抽入电动机，冷却机内工作热量后再从机座旁边排出去。

封闭式电动机是电动机内部的空气和机壳外的空气彼此相互隔开。电动机内部的热量通过机壳的外表面散发出去。为提高散热效果，电动机外壳表面有许多散热筋，用以扩大散热面积，通过电动机外风扇及风罩结构，产生强气流吹拂机壳散热片，将热量迅速带走。

（一）电动机定子

三相异步电动机的定子由定子铁芯、定子绕组和机座三部分组成。

1. 定子铁芯

定子铁芯由厚度为0.35～0.5mm表面涂以绝缘漆的硅钢片叠压而成，硅钢片内圆上有均匀分布的槽，其作用是嵌放定子绕组，同时是电动机磁路的一部分。

2. 定子绕组

定子绕组由三个彼此独立的绕组组成，每个绕组又由若干线圈连接而成。每个绕组即为一相，每个绕组在空间相差120°电角度。线圈由绝缘铜导线或绝缘铝导线绕制。中、小型三相电动机多采用圆漆包线，大、中型三相电动机的定子线圈则用较大截面的绝缘扁铜线或扁铝线绕制后，再按一定规律嵌入定子铁芯槽内。绕组的形式有多种，功率较大电机的多为双层叠绕组，功率较小的电机一般为单层链式绕组。绕组的联结通常大、中型电机接成星形，小容量低压异步电动机把三相绕组的六根出线头都引出来，根据需要可接成星形或三角形。绕组的节距单层绕组一般用整距，双层绕组常用短距。

3. 机座

机座用铸铁或铸钢制成，大中型电机的机座是用钢板焊成的长方体箱式结构，其作用是固定与支撑定子铁芯，并通过两端轴承盖固定与支撑转子。机座内圆处有丛筋，以便和铁芯外圆间形成通风道。

（二）电动机转子

三相异步电动机的转子由转子铁芯、转子绕组和转轴三部分组成。

1. 转子铁芯

转子铁芯由厚度为0.5mm表面涂以绝缘漆的硅钢片叠压而成套装在转轴上，铁芯外圆上有均匀分布的槽，其作用是嵌放转子绕组，同时也是电动机磁路的一部分。

2. 转子绕组

转子绕组有鼠笼式和绕线式两种形式。鼠笼式绕组又分单鼠笼和双鼠笼，由置于转子槽中的导体（铜条或铸铝）及两端的端环组成闭合回路，并与机内风扇整个转子形成一坚实的整体，结构简单而牢固。如图2-5-1所示。100kW以下的异步电动机一般采用铸铝转子。

绕线式绕组，与定子绕组一样也是一个三相绕组，一般接成星形，如图2-5-2所示，三相引出线分别接到转轴上的三个与转轴绝缘的集电环1上，通过电刷装置2与外电路相连，这就有可能在转子电路中串接电阻3或电动势以调整电动机的转速或其他运行性能。

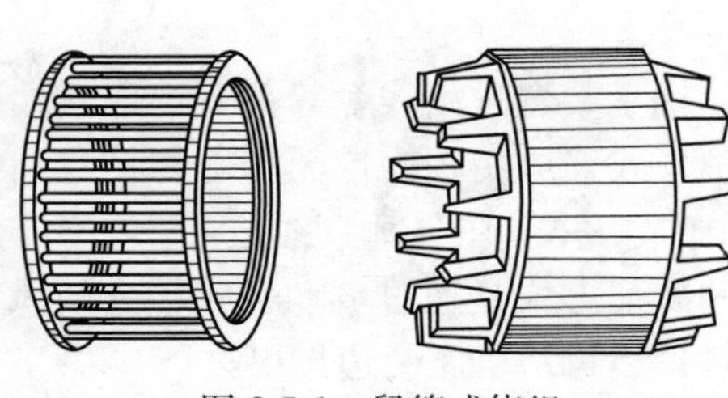

图 2-5-1　鼠笼式绕组

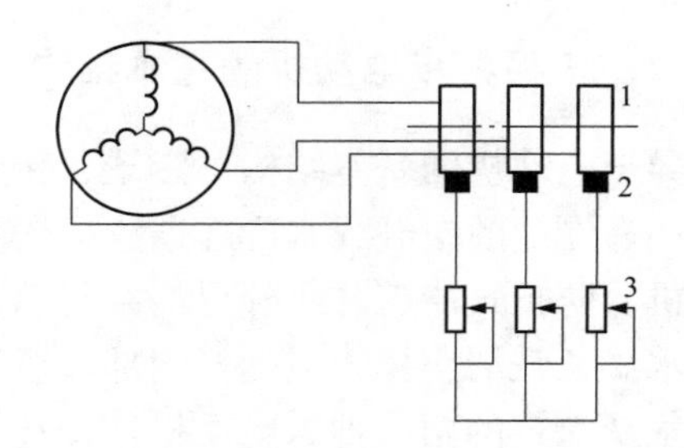

图 2-5-2　线绕式绕组

3. 转轴

转轴的作用是在中部套装固定转子铁芯，两端安装轴承，前端轴伸通过联轴器拖动机械设备，后端轴伸安装外风扇。由此它各部位尺寸要求：铁芯段与转子铁芯的配合，轴承段与轴承的配合，轴伸段与联轴器和外风扇的配合；轴承盖段与轴承内、外盖的间隙密封配合。

（三）电动机的通风冷却

根据冷却空气在电动机中的主要流动途径，电动机的通风系统分为外通风（机壳表面冷却）和机内通风两类，其中外通风系统就是以套在电动机后轴伸的外风扇为动力，吸取外部空气形成强气流，由风罩导向沿电动机轴向从后端向前端吹拂电动机外壳表面及其散热筋；内通风则以电动机内风扇为动力，在机内形成气流循环，将转子的损耗发热量带至机座；定子的损耗发热量大部分通过定子铁芯传给机座，小部分通过循环气流传给机座，最后传到机座的热量从机座表面被冷却空气带走。

对于大中型电动机，其冷却散热不是依靠电动机外壳表面，而靠安装在电动机上部的散热器，散热器由散热管组构成，管外与电动机内部相通，机内气流循环把热量带到管组外壁；管组内通以冷却介质空气或水，通过散热管的热交换，把电动机内部的损耗热量带走。

（四）电动机的轴承装置

轴承属于电动机的易损部件，轴承及其润滑剂选择的合理性，决定了电动机运行稳定性及其维护成本。电动机常用轴承分为滚动轴承和滑动轴承两大类，前者安装维修方便，成本低，一般用于中小型电动机；后者运行可靠性高，使用寿命长，一般用于大中型电动机。

1. 滚动轴承

滚动轴承按结构分有多种形式，常用的有深沟球轴承、推力球轴承、圆柱滚子轴承等。

（1）深沟球轴承。深沟球轴承结构简单、使用方便，是生产批量最大、应用范围最广的一类轴承。它主要用于承受径向载荷，也可承受一定的轴向载荷。当轴承的径向游隙加大时，具有角接触轴承的功能，可承受较大的轴向载荷。

（2）推力球轴承。推力球轴承是一种分离型轴承，轴圈、座圈可以和保持架、钢球的组件分离。轴圈是与轴相配合的套圈，座圈是与轴承座孔相配合的套圈，和轴之间有间隙。推力球轴承只能承受轴向负荷，单向推力球轴承只能承受一个方向的轴向负荷，限制轴和壳体一个方向的轴向位移；双向推力球轴承可以承受两个方向的轴向负荷，限制两个方向的轴向位移。

（3）圆柱滚子轴承。圆柱滚子轴承的滚子通常由一个轴承套圈的两个挡边引导，保持架、滚子和引导套圈组成一组合件，可与另一个轴承套圈分离，属于可分离轴承。此种轴承安装，拆卸比较方便，尤其是当要求内、外圈与轴、壳体都是过盈配合时更显示优点。此类轴承一般只用于承受径向载荷，只有内、外圈均带挡边的单列轴承可承受较小的定常轴向载荷或较大的间歇轴向载荷。主要用于大型电动机等。

滚动轴承的润滑一般采用润滑油脂，在轴承中间填入适量润滑油脂，防止滚动体与轴承圈的干磨，同时油脂可将摩擦产生的热量均布到轴承各部分并通过油封盖和电机端盖散发出去。

2. 滑动轴承

滑动轴承具有结构简单、径向尺寸小、运转精度高、承重载荷大、噪声小、使用寿命长和运行可靠的优点。按结构形式有端盖式球面滑动轴承和宽球面座式滑动轴承，前者是通过端盖悬挂在电动机机壳端板上，转子的重量通过轴承作用在机壳之上，端盖需用厚钢板或薄钢板加筋制成；后者转子的重量通过轴承作用在底架之上，电动机端盖只起密封和保护之用，一般使用在大型高压电动机上。

滑动轴承的润滑大都采用稀油润滑-油膜润滑，润滑方式有自润滑和复合润滑，后者采取循环油加甩油环方式，可将转动摩擦产生的热量通过油循环带走，更有利于安全运行。

二、三相异步电动机的工作原理

（一）旋转磁场

图 2-5-3 表示最简单的三相异步电动机定子绕组 AX、BY、CZ，它们在空间按互差 120° 的规律对称排列。并接成星形与三相电源 U、V、W 相联。则三相定子绕组便通过三相对称电流

$$\dot{I}_A = I_m \sin\omega t \qquad (2\text{-}5\text{-}1)$$

$$\dot{I}_B = I_m \sin(\omega t - 120^\circ) \qquad (2\text{-}5\text{-}2)$$

$$\dot{I}_C = I_m \sin(\omega t + 120^\circ) \qquad (2\text{-}5\text{-}3)$$

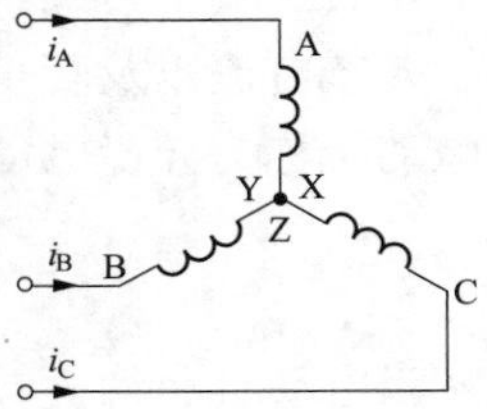

图 2-5-3　电动机三相定子绕组接线

随着电流在定子绕组中通过，在三相定子绕组中就会产生旋转磁场。当 $\omega t=0^\circ$ 时，$\dot{I}_A=0$，AX 绕组中无电流；$\dot{I}_B$ 为负，BY 绕组中的电流从 Y 流入 B 流出；$\dot{I}_C$ 为正，CZ 绕组中的电流从 C 流入 Z 流出；由右手螺旋定则可得合成磁场的方向如图 2-5-4（a）所示。

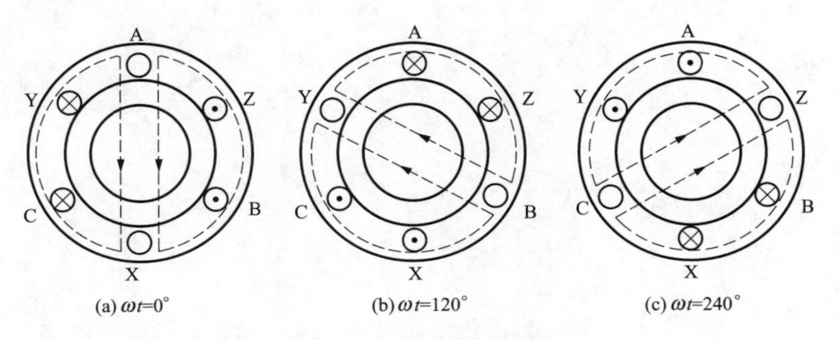

图 2-5-4　电动机旋转磁场

当 $\omega t=120^\circ$ 时，$\dot{I}_B=0$，BY 绕组中无电流；$\dot{I}_A$ 为正，AX 绕组中的电流从 A 流入 X 流

出；$\dot{I}_C$ 为负，CZ 绕组中的电流从 Z 流入 C 流出；由右手螺旋定则可得合成磁场的方向如图 2-5-4（b）所示。

当 $\omega t=240^0$ 时，$\dot{I}_C=0$，CZ 绕组中无电流；$\dot{I}_A$ 为负，AX 绕组中的电流从 X 流入 A 流出；$\dot{I}_B$ 为正，BY 绕组中的电流从 B 流入 Y 流出；由右手螺旋定则可得合成磁场的方向如图 2-5-4（c）所示。

可见，当定子绕组中的电流变化一个周期时，合成磁场也按电流的相序方向在空间旋转一周。随着定子绕组中的三相电流不断地作周期性变化，产生的合成磁场也不断地旋转，因此称为旋转磁场。

旋转磁场的方向是由三相绕组中电流相序决定的，若想改变旋转磁场的方向，只要改变通入定子绕组的电流相序，即将三根电源线中的任意两根对调即可。这时，转子的旋转方向也跟着改变。

（二）转差率

当旋转磁场以同步转速 n_0 开始旋转时，转子则因机械惯性尚未转动，而磁力线就不断切割转子导体，在转子绕组中感生出电动势，并在转子闭合回路中产生电流，该电流磁场在与旋转磁场的作用下产生电磁转矩，使转子克服阻力拖动机械负荷随旋转磁场转动起来。电动机转子转动方向与磁场旋转的方向相同，但转子的转速 n 不可能达到与旋转磁场的转速 n_0 相等，否则转子与旋转磁场之间就没有相对运动，因而磁力线就不切割转子导体，转子电动势、转子电流以及转矩也就都不存在。也就是说旋转磁场与转子之间存在转速差，因此把这种电动机称为异步电动机。用转差率 s 来表示转子转速 n 与磁场转速 n_0 相差的程度，即

$$s=\frac{n_0-n}{n_0} \tag{2-5-4}$$

当电动机启动旋转磁场以同步转速 n_0 开始旋转时，转子则因机械惯性尚未转动，转子的瞬间转速 $n=0$，这时转差率 $s=1$。转子转动起来之后，$n>0$，（n_0-n）差值减小，电动机的转差率 $s<1$。如果转轴上的阻转矩加大，则转子转速 n 降低，即异步程度加大，才能产生足够大的感生电动势和电流，产生足够大的电磁转矩，这时的转差率 s 增大。反之，s 减小。异步电动机运行时，转速与同步转速一般很接近，转差率很小。在额定工作状态下约为 0.015～0.060 之间。

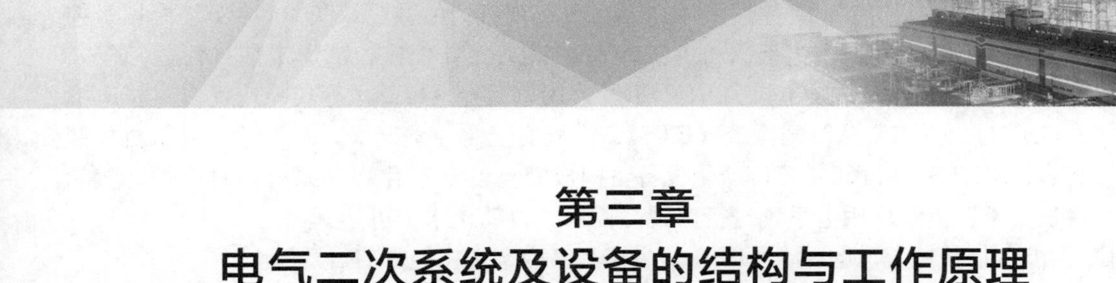

第三章
电气二次系统及设备的结构与工作原理

火电厂中，电气二次系统和设备主要有：电气监控系统、励磁系统（备用励磁系统）、同步系统、直流系统、电除尘系统、电力通信系统、时间同步系统、保护装置、备用电源自动投入装置（BZT）、自动按频率减负荷装置（ZPJH）、不间断电源装置（UPS）、故障录波装置、电调速装置（可控硅串级调速装置、电磁调速装置、变频器）等。

第一节 电气监控系统

一、监控方式

发电厂中电气设备的监控方式，随着电子技术和计算机技术的发展和成熟，由过去的强电监控方式（直流220V/110V）到强弱电并存，现已发展到全面计算机监控方式。

对发电机组的监控，中小型机组的发电厂多采用电气主控制室的监控方式，监控范围包括各机组及电力网络的电气设备；大中型机组多采用单元制监控方式，将单元机组内的机、炉、电集中监控，单元控制室为两机一室或多机一室。电力网络的监控另设网络控制室，电力网络部分较为简单的，其监控设在第一单元控制室内。辅助车间变压器及配电母线进线和分段开关多在电气计算机监控系统监控。

单元监控系统监控的电气设备主要有：发电机及励磁系统、发电机变压器组、高压厂用变压器、停机变压器、高压厂用电源线、低压厂用变压器、主厂房电力中心（PC）、主厂房PC至电动机控制中心（MCC）电源馈线、柴油发电机交流事故保安电源。其他电气设备（包括辅助车间的电气设备）的控制采用就地控制方式。

非单元制电气监控制系统监控的电气设备主要有：全厂发电机及励磁系统、发电机变压器组、主变压器、联络变压器、母线设备、旁路、线路、高压厂用电源线、厂用工作与备用变压器、全厂低压变压器及其分段断路器、主厂房PC至MCC电源馈线、交流事故保安电源开关等。

发电厂电力网络监控系统监控的电气设备主要有：联络变压器、降压变压器、高压配电母线设备、旁路、线路设备，此外有各单元发电机变压器组及启动/备用变压器高压断路器的位置信号。

二、监控系统

1. 机组监控系统

火电厂因热工监控量比电气监控量多得多，热工监控系统多采用分散控制系统（以下简称DCS）作为机组监视和控制的主要手段，由DCS实现机组的数据采集（DAS）、模拟量控制（MCS）、顺序控制（SCS，包括汽机旁路控制、锅炉吹灰程控、锅炉定期排污程控等）、锅炉炉膛安全监控（FSSS）、发电机-变压器组及厂用电监控（ECS）等功能；配以汽机电液控制系统（DEH）、汽机紧急跳闸系统（ETS）、汽机安全监控系统（TSI）、给水泵汽机控制系统（MEH、METS、MTSI）等自动化设备，构成完整的自动化控制系统，对锅炉、汽轮机、发电机-变压器组及厂用电系统进行监视与控制。自动化水平可达到：

（1）在极少量就地人员的配合下，在集中控制室内实现机组的启/停控制。

（2）机组运行人员在集中控制室内以操作员站显示器为主，监控机组的运行工况，通过鼠标（键盘）对机炉的全部辅机和各种阀门、挡板进行启/停、开/合和动作过程调节控制。

（3）可预设模拟量控制和顺序控制程序，实现对机、炉、电协调控制和设备系统的工况自适应调整控制。

（4）异常工况时，联锁保护控制系统自动切投相应的设备或系统，使机组能在安全工况下运行或停机。

（5）根据热量负荷给出机组发电负荷要求，对机组进行自动发电控制（AGC）。

厂内主要电气设备的监控作为一个分系统（ECS）纳入热控计算机系统DCS，电气控制系统配置、控制方式等与机、炉一致。但作为设备系统的保护功能，如继电保护、自动准同步、自动调整励磁、高压厂用电源自动切换、备自投装置、保安电源一般采用专门的电气独立装置或回路来实现，以确保其可靠性和快速性。

电气系统在DCS的监控范围为：发电机-变压器组、发电机励磁系统、厂用高压电源、包括单元工作变压器和启动/备用变压器、主厂房低压变压器及低压母线分段、辅助厂房低压变压器、主厂房PC至MCC馈线和单元机组用柴油发电机等。

除DCS常规配置外，电气还设置少量硬操后备手段，即可手操的开关和显示仪表。主要有：发电机紧急跳闸按钮、发电机灭磁开关紧急跳闸按钮、柴油发电机启动按钮，发电机频率表、发电机功率表等。

DCS的数据采集包括开关量、模拟量和事故顺序记录量（SOE）：

（1）开关量。监控范围所涉及的全部开关量，包括程控、连锁、报警、动态画面等信号所需的开关量。

（2）模拟量。监控范围所涉及的全部模拟量，测点按现行GB/T 50063《电力装置电测量仪表装置设计规范》规定执行，包括变压器的温度模拟量。

（3）事故顺序记录量（SOE）。单元机组范围内的断路器跳闸记录。

DCS通常设置与其他系统、装置的通信接口，以交换有关信息。

2. 网络监控系统（NCS）

大、中型发电厂的高压配电装置通常建设独立的网络监控系统（NCS），监控范围为电厂中的电力网络（输电线路）、高压配电母线和本系统用的直流系统及不间断电源（UPS）。NCS结构一般为开放式、分层分布式结构，设站控层和间隔层。站控层设备集中设置，包括主机/操作员站、工程师站、远动通信设备、公用接口设备等，各设备数据通过以太网通讯。NCS与DCS的关系可采用接口站转发信息，也可共用一个监控平台，相互间共用相同的实时数据库。

NCS的基本功能有：高压配电装置设备的监控、数据采集处理、事件顺序记录、远方集中和就地控制操作、防误操作闭锁、同步鉴定、人机对话和同步时钟对时。

（1）数据采集与处理。通过现场输入/输出（I/O）测控单元采集有关信息，检测出事件、故障、状态、变位信号及模拟量正常、越限信息等，进行包括对数据合理性校验在内的各种预处理，实时更新数据库，其范围包括模拟量、数字量和脉冲量等。模拟量采集包括电流、电压、有功、无功、频率、电能量、功率因数等电量和温度等非电量；数字量采集包括断路器隔离开关以及接地刀闸的位置信号，保护动作信号、运行监视信号及有载调压变压器分接头位置信号等。

（2）监视。通过显示器对主要电气设备运行参数和设备状态进行监视，显示的主要画面有电气主接线图，包括显示设备运行状态、各主要电气量（电流、电压、频率、有功、无功）等的实时值；趋势曲线图，包括历史数据和实时数据；控制操作过程记录及报表；事故追忆记录报告或曲线；事故顺序记录报表；各种统计报表。

（3）报警。当所采集的模拟量发生越限，数字量变位及计算机系统自诊断故障时报警。报警方式分为两种：一种为事故报警，一种为预告报警。前者为非操作引起的断路器跳闸和保护装置动作信号，后者为一般性设备变位，状态异常信号，模拟量越限，计算机监控系统的事件异常等。事故报警和预告报警采用不同颜色、不同音响及语音加以区别，并具有人工确认、自动或手动复归等功能。对重要模拟量越限或发生断路器跳闸等事故时，自动推出相关事故报警图面和提示信息，并自动启动事件记录打印机。报警信号还接入监视屏上的光字牌。

（4）控制和操作。根据操作人员输入的命令实现断路器、隔离开关的分、合闸操作，包括检定同期的并列操作。为保证控制操作的安全可靠，整个系统设有安全保护措施，能实现操作出口的跳合闸闭锁，并发性操作闭锁及键盘操作时的权限闭锁，同时记录操作项目及时间等。操作人员发出的任何控制和调节指令均在1s或者更短的时间内被执行。已被执行完毕的确认信息也在2s内（或更短）在显示器上反映出来。

（5）统计计算。按使用要求对电流、电压、频率、功率和电能量进行统计。保存2年的历史数据。

（6）制表打印。报表分成正常打印和异常打印，启动方式分为定时启动，人工召唤和事件驱动。定时启动指定时打印使用人员所需的各种报表，如按时、值、日、月报表打印等。事件驱动指自动随事件处理结果输出，包括系统设备运行状态变位、测量值越限、遥控操作记录、系统操作记录、遥信记录、事件顺序记录和事件追忆记录。人工召唤指通过人机界面召唤启动打印所需的报表。

断路器的控制回路接线满足以下功能：

1）监视控制回路的电源和跳、合闸绕组回路的完好性。

2）指示断路器合闸与跳闸的位置状态，自动重合闸或跳闸时发出报警信号。

3）合闸和跳闸完成后命令脉冲自动解除。

4）有防止断路器“跳跃”的电气闭锁措施。

5）保护双重化配置的设备，断路器配置两组跳闸线圈，并由两组直流电源分别供电。两套保护的出口继电器接点分别接至对应的一组跳闸线圈。

6）分相操动机构的断路器，当设有综合重合闸或单相重合闸装置时，有满足事故时单相和三相跳、合闸的功能。其他情况下，均采用三相操作控制。

7）液压或空气操动结构的断路器，当传动介质压力降低至规定值时，闭锁相应的重合闸、合闸及跳闸操作。

高压隔离开关设置远方/就地操作功能，以满足远方的带电操作（保人身安全）和检修用的就地操作两种使用要求。隔离开关的控制回路有防止误操作的电气闭锁措施，只有在其所属断路器断开状态下才能操作隔离开关。

3. 辅助设备系统监控

辅助设备系统指发电工艺中除上述的DCS和NCS之外的设备系统，如输煤系统、除灰系统、空气压缩系统、化水系统等，这些系统设备传统的监控多由电气二次设备（继电器、转换开关、电气仪表）及回路（控制、信号、连锁、程控）实现，二次接线复杂且功能受限。现多采用可编程控制器（PLC）为核心组成的系统替代。

PLC是以微处理器为基础，综合楼计算机技术、自动控制技术和通信技术而发展起来的一种新型、通用的自动控制装置，其硬件组成与微型计算机相似，由中央处理单元（CPU）、存储器、输入/输出（I/O）接口、电源等组成。

CPU：接收并存储用户程序和数据；检查电源、存储器及PLC内部电路的工作状态，并诊断用户程序中的语法错误；读取用户指令，完成用户程序中规定的运算，产生相应的控制信号。

存储器：存放系统程序、用户程序和工作数据。

输入/输出模块：分开关量、模拟量、数字量三种。输入接口模块接受来自现场检测部件传来的各种状态控制信号，由接口电路将这些信号转换为CPU能识别和处理的信号；输入接口采用光电耦合电路，以与现场设备隔离开来，提高PLC的抗干扰能力。输出接口模块将CPU送出的弱电信号转换为现场需要的功率信号，驱动被控设备的执行对象。输出接口电路有继电器输出型、晶体管输出型和晶闸管输出型三种类型。

PLC应用通常由设备供应商按照用户使用需要，配置硬件并预先编制系统程序，用户只需将外电路按图接入PLC输入输出端子，即可实现设备的监控功能。

三、信号系统

集中电气信号系统由数据采集、画面显示及声光报警等部分组成。一般信号数据可通过与其他装置通信的方式获得，重要信号则必须通过硬接线接入，以防数据在通信过程中丢失或延时到达。

监控信号分状态信号与报警信号。状态信号一般反应设备的投入与退出，报警信号反应设备状态的异常或故障。报警信号由事故信号和预告信号组成，信号发出时在监控显示器上弹出并发出音响，且事故信号和预告信号声光形式不同。报警信号一般由人工复归。

继电保护和自动装置的动作信号、自动装置的故障信号接入集中电气信号系统，发电机变压器组、厂用电系统保护及其断路器等设备的信号接入发电机组的信号系统，升压站高压配电装置及其断路器等设备的信号接入NCS信号系统，并同时发送机组信号系统。

交流事故保安电源、交流不间断电源、直流系统的重要信号在控制室内显示。

四、测量系统

电厂测量系统一般按规范要求设置，包括交直流电流电压、绝缘电阻、功率、频率和电能等。

1. 测量交流电流的回路

发电机的定子回路，变压器的高压侧，高压厂用电源进线、联络及馈线，低压厂用电源进线、联络及馈线回路，母线联络、分段、旁路回路，高压电动机和 55kW 以上的低压电动机。

2. 测量直流电流的回路

发电机的励磁回路，蓄电池组的输入、输出回路，充电装置的输出回路。

3. 测量电压的回路

（1）交流电压：发电机的定子回路、各电压等级的交流主母线、输电线路线路侧。

（2）直流电压：发电机的励磁回路、直流系统的主母线、蓄电池组、充电装置的直流输出回路。

4. 测量系统绝缘的回路

（1）交流系统：发电机的定子回路，中性点非有效接地系统的母线和回路。

（2）直流系统：发电机的励磁回路，直流系统的主母线和馈线回路。

5. 测量功率的回路

（1）有功：发电机的定子回路、主变压器、励磁变压器、厂用变压器、输电线路和旁路、母联回路。

（2）无功：发电机的定子回路、主变压器、输电线路和旁路、母联回路。

6. 测量频率的回路

发电机、接有发电机变压器组的各段母线、有可能接列运行的母线。

测量回路的交流电流为 1A 或 5A，交流电压为 100V 或$\frac{100}{\sqrt{3}}$V；可通过电量变送器变换为 4～20mA 直流信号接入计算机监控系统或其他电子仪表；属于计量计费用测量的，则交流电流电压信号直接接入电能表。

五、监控系统设备

DCS 中与电气相关的 ECS，其属于电气的设备主要有：电流互感器、电压互感器、电量变送器。其中电流互感器和电压互感器与其他测量用电流、电压回路共用。用于为电量变送器提供交流电流信号的电流互感器，其二次侧额定电流多选为 1A。除计算机监控系统外，其他监控电气设备的使用电气仪表。

1. 电量变送器

由于 DCS 等电子系统不能直接接收电流互感器、电压互感器提供的电流、电压强电信号，因此需要通过电量变送器将强电信号转换成弱电信号，再远传到百十米外的 DCS 等电子系统设备上。电量变送器是一种将被测电量参数（如电流、电压、功率、频率、功率因数等信号）转换成按线性比例直流电流、直流电压并隔离输出模拟信号或数字信号的装置。电量变送器按照被测量的不同，可以分为电流、电压、功率因数、有功功率、无功功率变送器等。智能电量变送器采用单片机作为控制核心，可实现三相四线或其他任意线制的电压、电流等全部电参数的测量，可更新换代传统的电量变送器。

电量变送器的基本部分组成为：输入→[输入隔离电路]→[电量转换电路]→[输出电路]→

输出。

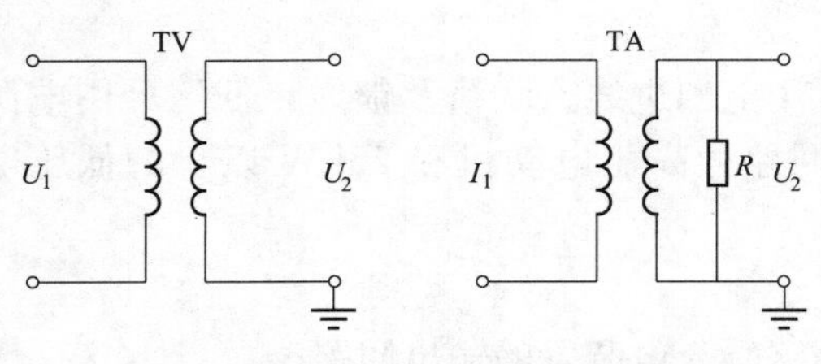

图 3-1-1　变送器输入隔离电路

（1）输入隔离电路。输入隔离可使变送器内电路与外电路无电的直接联系，防止相互间的串扰，输入信号通过电磁感应形式进入变送器。如图 3-1-1 所示。对于电压变送器，采用内部 TV 进行隔离，输入信号 U_1 接 TV 一次绕组，输出信号 U_2 通过 TV 二次绕组输出到下一级转换电路。对于电流变送器，采用内部 TA 进行隔离，输入信号 I_1 接 TA 一次绕组，其二次输出电流 I_2 先经电阻变换为电压后再输入下一级转换电路，其好处为只要选择合适的二次电流值和 R，后面的电路可和电压变送器完全一致。

（2）输出电路。这部分电路的作用是使变送器具有一定的带负载能力，在一定的负载范围内，其输出值不受负载变化的影响，即在电压输出时，应为恒压输出，电流输出时应为恒流输出，输出电路如图 3-1-2 所示。左图为电压输出电路，右图为电流输出电路。由集成运算放大器 N 组成的电压跟随电路特点是输出电阻很小，有利于提升其带负载能力；右图中 V 为晶体三极管，可扩大运算放大器的输出电流。

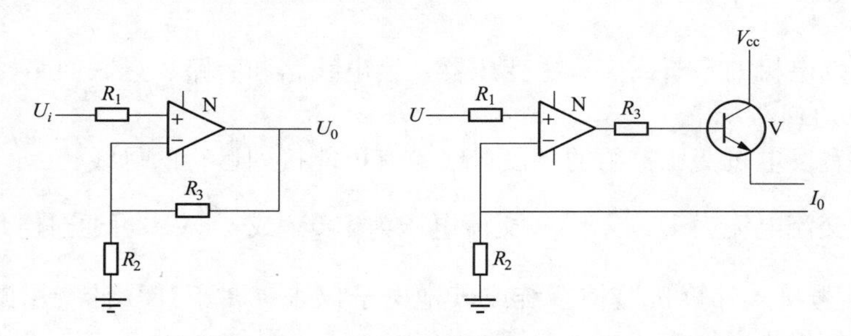

图 3-1-2　变送器输出电路

（3）电量转换电路。该部分是电量变送器的核心，通过它把不同的被测电量转换成相应的输出电量，相应于不同的被测电量而采用不同的转换电路。

1）电流、电压变送器。转换电路比较简单：

输入电路 → 整流电路 → 补偿及整定电路 → 输出电路

输入交流信号经输入电路至整流电路，整流后的直流电压（电流），经线性电路调整整定为所需的直流电压（电流），使输出的直流电压（电流）在规定的范围内（如 1～5V 或 4～20mA），真实反映输入交流信号的变化。由于输入隔离电路中采用互感器器件，其磁化曲线的起始部分有非线性区，当输入被测交流电流在零值附近或较小时，互感器的输出电流与输入电流之间出现非线性关系，故须采取补偿措施以减小这种非线性误差。

2）单相有功功率变送器。在输入隔离电路后，TV 的二次电压和 TA 的二次电流经变换成电压后都输入至乘法器，使乘法器输出的直流电压与输入交流电压、电流的关系为

$$U_{\rm p}=U_u\times U_i\cos\varphi \tag{3-1-1}$$

式中，$U_{\rm p}$为乘法器输出电压；U_u为 TV 二次电压；U_i为 TA 二次电流经 R 变换后的电压；φ 为 U_u与 U_i的夹角。据此可实现交流功率变换为直流电压的目的。

3）三相有功功率变送器。实际上是把二个（二元件）或三个（三元件）单相功率变送器的输出电压相加，如图3-1-3所示，从而得到三相功率变送器。

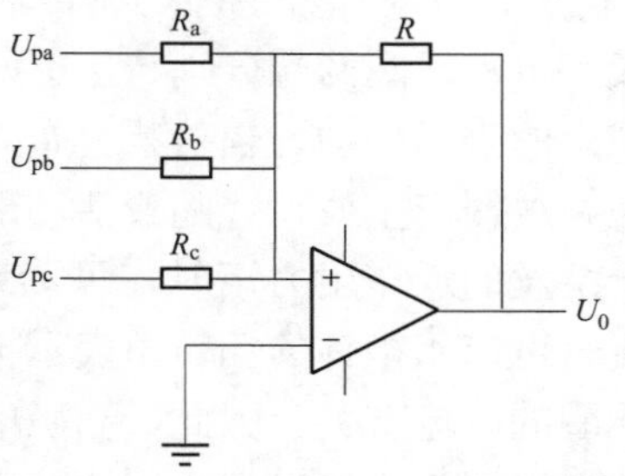

图3-1-3　三相有功功率变送器的转换电路

4）无功功率变送器。无功功率的测量，根据接线方式的不同，一般可分跨相法和90°移相法两种。目前，国内的无功功率测量大部分采用跨相90°无功功率的测量，其基本原理和有功功率测量相同，仅是改变了电压的输入方式。乘法器的输出电压为

$$U_0=kU_{bc}I_a\cos\varphi \tag{3-1-2}$$

式中，k 为比例系数，可由电路设定。

因 U_{bc} 滞后于 U_a 90°，因此公式可变换为

$$U_0=k\sqrt{3}U_aI_a\cos(90°-\varphi)=k\sqrt{3}U_aI_a\sin\varphi \tag{3-1-3}$$

即 U_0 正比于A相的无功功率，由于跨相法的输入线电压幅值为相电压的 $\sqrt{3}$ 倍，因此在变送器内部可调整电路参数，使比例系数 k' 调整为有功功率测量系数 k 值的 $1/\sqrt{3}$，则仍可保证原有转换比例系数不变，如果用有功功率变送器改变外接线的方法来测量无功功率，则必须引入相应的接线系数。

变送器的传统输出直流电信号有0～5V、0～10V、1～5V、0～20mA、4～20mA等，目前广泛用4～20mA电流来传输模拟量。采用电流信号的原因是不容易受干扰，并且电流源内阻无穷大，导线电阻串联在回路中不影响精度，在普通双绞线上可以传输数百米。下限没有取0mA的原因是为了能检测断线：正常工作时不会低于4mA，当传输线因故障断路，环路电流降为0。电流型变送器将物理量转换成4～20mA电流输出，必然要有外电源为其供电。最典型的是变送器需要两根电源线，加上两根电流输出线，总共要接4根线，称之为四线制变送器。当然，电流输出可以与电源公用一根线（公用 V_{CC} 或者GND），可节省一根线，称之为三线制变送器。4～20mA电流本身就可以为变送器供电，变送器在电路中相当于一个特殊的负载，特殊之处在于变送器的耗电电流在4～20mA之间根据传感器输出而变化，这种变送器只需外接2根线，因而被称为两线制变送器。

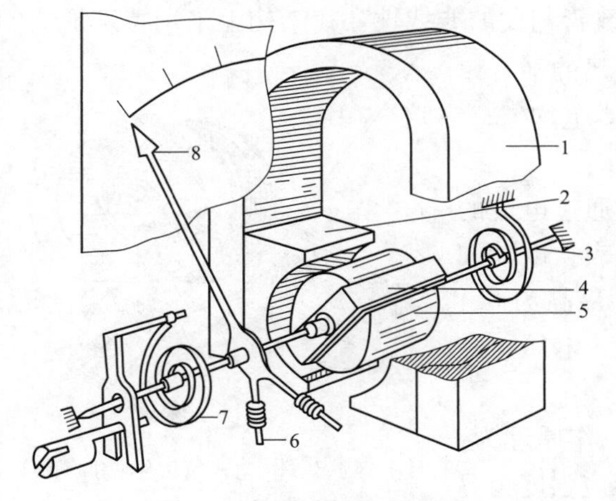

图3-1-4　磁电式仪表结构原理

1—永久磁铁；2—极掌；3—转轴；4—可动线圈；5—圆柱形铁芯；6—平衡锤；7—游丝；8—指针

2. 电气仪表

常用电气仪表按其结构特点及工作原理分类有：磁电式、电磁式、电动式、感应式、整流式、静电式和数字式等。

（1）磁电式仪表：

磁电式仪表用来测量直流量，它具有准确度、灵敏度高，消耗功率小，刻度均匀等特点。

磁电式仪表机构结构如图3-1-4所示，由固定部分的永久磁铁1、极掌2、圆柱形铁芯

5构成；可动部分由固定在转轴3上的铝框及绕在铝框上的可动线圈4、平衡锤6、指针8构成。可动线圈两端分别与上下两个游丝7相连。其工作原理为：在极掌和圆柱形铁芯间的气隙中的磁场呈均匀辐射状分布，可动线圈通电后，线圈两边受到气隙磁场电磁力形成转动力矩，线圈产生偏转，随着活动部分的转动，游丝产生反作用力矩，当可动线圈所受的力矩等于游丝的反作用力矩时，可动线圈处于平衡状态。指针的偏转角正比于流过可动线圈的电流，可以用指针的偏转角表示被测电流的大小。磁电式测量机构的指针偏转角只与流过可动线圈的电流有关，因此，当磁电式仪表用来测量电压时，常用的方法是串联附加电阻，把被测电压变换成与电压成正比的电流来进行测量。

（2）电磁式仪表：

电磁式仪表常用来测量交流量（也可测直流量），它具有结构简单、成本低、测量电流大、过载能力强的特点。

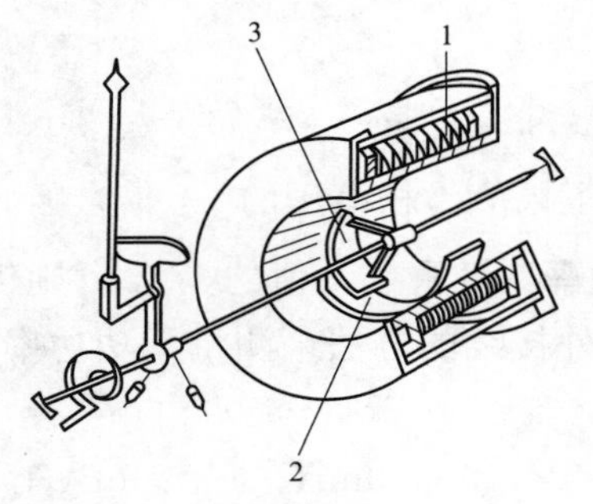

图 3-1-5　电磁式仪表结构原理
1—固定线圈架；2—固定铁芯；3—动铁芯

电磁式仪表测量机构的结构分扁线圈吸引型和圆线圈排斥型两大类。圆线圈排斥型测量机构结构如图3-1-5所示。其工作原理为：当固定线圈通过被测电流时，固定铁芯2和动铁芯3同时被磁化，有相同的磁化极性，从而产生排斥力，使动铁芯偏转。当仪表测量交流时，如果线圈电流为i，在交变电流作用下，可动铁芯所受的瞬时力矩为

$$M_I=\frac{1}{2}i^2\frac{\mathrm{d}L}{\mathrm{d}\alpha} \tag{3-1-4}$$

式中，L为线圈的电感。由于可动铁芯的惯性，来不及跟随转动力矩的瞬时变化而转动，所以偏转角反映的是力矩的平均值

$$M=\frac{1}{T}\int_0^T M_i\mathrm{d}t=\frac{\mathrm{d}L}{\mathrm{d}\alpha}\frac{1}{2T}\int_0^T i^2\mathrm{d}t=\frac{1}{2}I^2\frac{\mathrm{d}L}{\mathrm{d}\alpha} \tag{3-1-5}$$

反作用力由游丝或张丝产生，随着活动部分的转动，游丝产生的反作用力矩为$M_a=W_a$。平衡时有$M=M_a$。电磁式测量机构的偏转角与被测电流的有效值的平方成正比，这是一个非线性关系，因此，标度尺的刻度不均匀。为了改善刻度的非线性，在结构上采用特殊形式的铁芯使$\mathrm{d}L/\mathrm{d}\alpha$的变化呈非线性，用以补偿刻度尺的平方律特性，使标度尺在（10～100）%的这一段上基本上均匀。

（3）电动式仪表：

磁电式仪表由永久磁铁建立磁场，如果用通过电流的固定线圈来代替永久磁铁，便构成了电动式仪表。电动式仪表具有准确度高（准确度可达0.5级以上，最高为0.1级）、可以交直两用的特点可以用来测量电流、电压、有功功率和无功功率等。

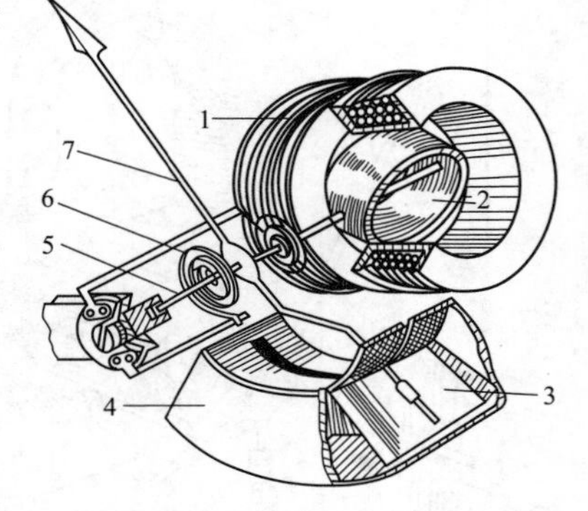

图 3-1-6　电动式仪表结构原理
1—固定线圈；2—可动线圈；3—阻尼翼片；4—空气阻尼密封箱；5—半轴；6—游丝；7—指针

电动式仪表机构结构如图3-1-6所示。其工作原理为：当固定线圈1通以直流电流I_1时，产生一磁感应强度为B的磁场。若可动线圈2通以电流I_2，则可动线圈在磁场B中受到电磁力F，并在这个力的作用下产生偏转。

测量机构的可动部分所受的力矩为

$$M = I_1 I_2 \frac{\mathrm{d}M_{12}}{\mathrm{d}\alpha} \tag{3-1-6}$$

则转矩的平均值为

$$M = \frac{1}{T}\int_0^T i_1 i_2 \frac{\mathrm{d}M_{12}}{\mathrm{d}\alpha}\mathrm{d}t = \frac{1}{T}\frac{\mathrm{d}M_{12}}{\mathrm{d}\alpha}\int_0^T i_1 i_2 \mathrm{d}t = I_1 I_2 \cos\varphi \frac{\mathrm{d}M_{12}}{\mathrm{d}\alpha} \tag{3-1-7}$$

式中，I_1、I_2 为 i_1、i_2 的有效值；φ 为 i_1 与 i_2 之间的相位差角。

可见，电动式测量机构的偏转取决于交流有效值的乘积，并且与 $\cos\varphi$ 有关，所以可做成相位表和功率因数表，也可以做成功率表。

（4）数字式仪表。与模拟式指示仪表相比，数字式仪表有以下优点：

1）准确度高。数字电压表测量直流电压的准确度可达 10^{-6} 数量级；

2）输入阻抗高。数字电压表基本量程的输入阻抗高达 1000MΩ 以上；

3）灵敏度高。如现代的积分式数字电压表的分辨率可达到 1μV 以下；

4）直接读数。测得结果直接以数字形式给出，无读数误差，且记录方便。

数字式仪表的缺点是：结构复杂，不便于观察动态过程，不直观。

数字式仪表按显示位数分可分为三位、四位、五位、六位和七位等。按准确度分为：低准确度在 0.1%以下，中准确度在 0.01%以下和高准确度在 0.01%以上。按测量的参数分可分为直流电压表、交流电压表、功率表、频率表相位表、电路参数表、万用表等。

数字式仪表的电路结构框图如图 3-1-7 所示。图中被测对象可以是电学量、磁学量和各种非电量。对于被测电压或电流信号，首先转化为模拟量直流电压，然后通过模拟-数字转换，变换成相应的数字信号，再通过计数、译码，最后在显示屏上显示测量结果。对于频率、周期等被测数字信号，通过对输入信号进行计数和逻辑控制，累计一定时间间隔内的脉冲数，并将计得的脉冲数转换成相应的二一十进制编码信号，再经译码实现数字显示。

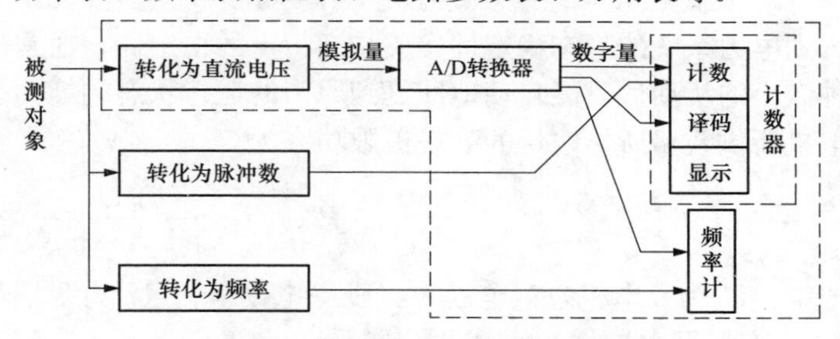

图 3-1-7 数字仪表电路结构原理框图

第二节 励 磁 系 统

励磁系统是提供发电机励磁电流各装置的组合，其基本构成可归结为三大部分：为发电机提供励磁电流的电源，如直流励磁机、交流励磁机、励磁变压器及整流装置等；为对励磁电流进行调节的励磁调节装置，如手动/自动励磁调节装置；为发电机转子回路提供电压保护的自动灭磁装置、励磁绕组过电压保护装置等。

励磁系统是发电机组的重要构成部分，它的技术性能及运行的可靠性，对供电质量、继电保护可靠动作、加快厂用电动机自起动和发电机与电力系统的安全稳定运行都有着重大的影响。

一、发电机励磁系统的基本功能及要求

1. 维持发电机端电压为给定值

当发电机正常运行时，励磁系统提供保持发电机电压和无功输出所需的励磁电流，并根据发电机和电网的工况及时合理地进行调节，以维持发电机端电压为给定值，维持恒定的能力用励磁控制系统的静差率 ε 表示

$$\varepsilon=\frac{U_0-U_N}{U_N}\times 100\% \tag{3-2-1}$$

式中，U_0为空载额定时发电机端电压；U_N为无功补偿单元退出时发电机额定工况下端电压。

2. 合理分配并联运行的发电机之间的无功负荷

由于并列运行的发电机，往往各发电机及励磁控制系统特性不一致，当电网电压发生变化时，会出现各发电机无功分配不合理的情况，不能按发电机无功承受能力进行合理分配，这就限制了发电机的利用率，为此，励磁控制系统适当调整无功输出，以适应发电机本身无功输出能力，称为无功电流补偿率或无功电流调差率

$$m=\frac{U_0-U}{U_0}\times 100\% \tag{3-2-2}$$

式中，U 为发电机无功电流等于额定值时发电机端电压。

3. 提高电力系统的静态稳定极限

电力系统的静态稳定性实质是运行点的稳定性，通常是指发电机在稳态运行时遭受到某种微小的扰动后，能自动地回复到原来的运行状态的能力。在发电机不进行励磁调节时，发电机所供线路所能输送的静态极限功率为

$$P_{mEq}=\frac{E_q U_s}{X_d+X_T+X_L} \tag{3-2-3}$$

式中，E_q为发电机空载电动势（励磁电动势）；U_s为受端母线电压；X_d为发电机同步电抗；X_T为变压器电抗；X_L为线路电抗。

当有励磁调节器，并具有足够能力维持发电机端电压为恒定不变时，线路所能输送的静态极限功率为

$$P_{mUt}=\frac{U_t U_s}{X_T+X_L} \tag{3-2-4}$$

式中，U_t为发电机端电压。

由于发电机内电抗较大，通常 P_{mUt} 要大于 P_{mEq}，这样，发电机励磁调节器相当于起到了补偿发电机内电抗的作用，提高了线路静态稳定功率极限。

二、励磁系统的主要性能指标

励磁系统基本性能要求依据 GB/T 7409.3《同步电机励磁系统大、中型同步发电机励磁系统技术要求》，主要指标包括静态指标和动态指标。

（一）主要静态指标

1. 发电机端电压静差率

发电机端电压静差率表示励磁系统保持发电机机端电压恒定的能力，国家标准要求静差

率为±1％。

2. 调差率（无功电流补偿率）

是发电机在功率因数为零的情况下，无功负荷从零变化到额定值时，发电机端电压的变化率。发电机端电压随无功负荷增加而下降时为正调差，发电机端电压随无功负荷增加而上升时为负调差。国标要求调差率的整定范围不小于±15％。

（二）主要动态指标

1. 励磁系统顶值电压倍数

励磁系统顶值电压倍数（或称强励倍数）指在强励工况下，励磁系统输出的最大励磁电压与额定励磁电压之比。国标要求100MW及以上汽轮发电机的励磁顶值电压倍数为1.8倍，对于励磁电源取自发电机端的电势源静止励磁系统，其励磁顶值电压倍数按80％的发电机额定电压计算。

2. 励磁电压上升率（励磁系统标称响应）

国家标准要求励磁系统响应速率100MW及以上汽轮发电机不低于每秒2倍额定励磁电压。对于快速的无刷励磁系统和自并励静止励磁系统按高起始响应的指标考核。

除了上述主要指标外，国家标准对发电机励磁系统基本性能的技术要求还包括：

（1）励磁系统允许长期连续运行的过电流倍数为1.1倍。

（2）励磁系统的顶值电流不超过2倍额定励磁电流，允许持续时间不小于10s。

（3）励磁系统励磁电压、电流的调节范围、无功电流补偿的整定范围符合规定要求。

（4）励磁系统电压调节的超调量、振荡次数及调节时间符合规定要求。

（5）励磁系统具有转子过电压保护、灭磁功能。

（6）励磁系统功率冗余度、整流装置的均流系数符合规定要求。

（7）励磁系统各部件的绝缘耐电压和温升限值符合规定要求。

发电机励磁系统的基本形式很多，应用较为广泛的主要有：直流励磁机励磁系统，中小容量机组常用；静止励磁系统和交流励磁机—旋转整流器励磁系统（无刷励磁系统），大中型机组多用。

三、直流励磁机励磁系统

直流励磁机系统为早期中、小型机组常用配置，系统结构相对简单，主要由直流励磁机GE、励磁机磁场调节电阻R、灭磁开关Q和励磁调节器等组成，如图3-2-1所示。

直流励磁机与发电机同轴，靠剩磁来建立电压，按励磁机励磁绕组供电方式的不同，又可分为自励和他励两种方式，其中他励直流励磁机系统一般用于水轮发电机组。

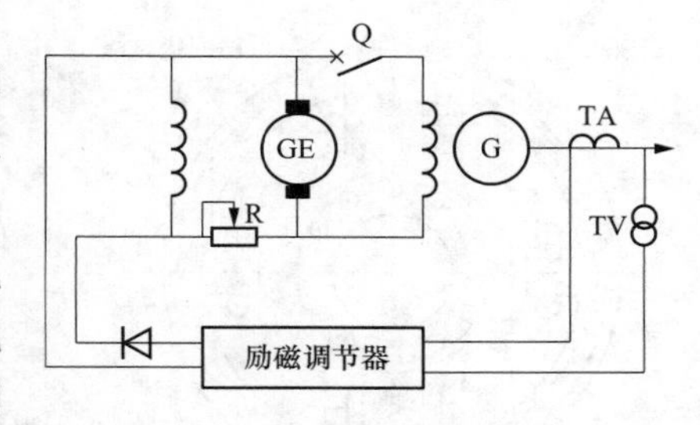

图3-2-1　直流励磁机励磁系统

自励直流励磁机发出的电流，一部分送给发电机的励磁绕组；一部分经过磁场变阻器，回送给励磁机自身的励磁绕组，调整励磁机磁场电阻和调整励磁调节器，可改变励磁机的励磁电流，从而改变发电机励磁电流。由于发电机电流互感器和电压互感器的容量有限，所以励磁调节器的输出电流很小，只占励磁机励磁电流的一小部分，励磁机的励磁电流大部分是由励磁机自并励提供。部分励磁机带有附加励磁绕组，用于接入励磁调节器的输出回路。

（一）直流励磁机

1. 直流电机的基本结构

直流电机的基本结构由定子、转子构成。定子部分包括机座、主磁极、换向极和电刷装置等，转子部分包括电枢铁芯、电枢绕组、换向器、风扇、转轴和轴承等。

（1）定子部分：

1）机座。一般直流电机都用整体机座，它同时能起两方面的作用：一方面起导磁作用，是主磁路的一部分，称定子磁轭，一般多用导磁效果较好的铸钢材料制成；另一方面起机械支撑作用，主磁极、换向极以及架起电机转动部分的两个端盖都固定在电机的机座上。如图3-2-2所示。

2）主磁极。主磁极又叫主极，它的作用是能够在电枢表面外的气隙空间里产生一定形状分布的气隙磁密，一般直流电机的主磁极都是由直流电流来励磁的，所以主磁极上装有励磁线圈。主极铁芯是用1～1.5mm厚的低碳钢板冲成一定形状，然后把冲片叠在一起，用铆钉铆成主极铁芯。把事先绕制好的励磁线圈套在主极铁芯的外面，整个主磁极再用螺钉紧固在机座内表面上，如图3-2-3所示。

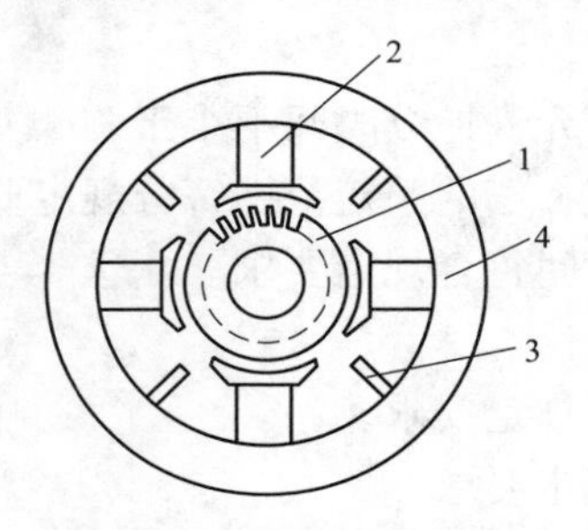

图3-2-2　四极直流电动机

1—电枢铁芯；2—主极铁芯；3—换向极铁芯；4—定子磁轭

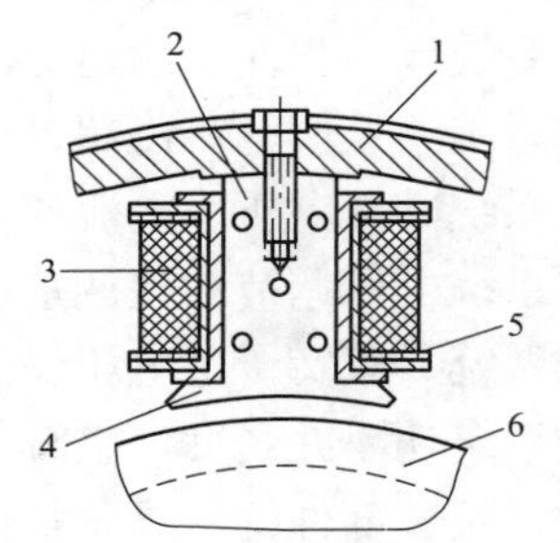

图3-2-3　主磁极装配

1—机座；2—极身；3—励磁线圈；4—极靴；5—框架；6—电枢

套在主极铁芯上的励磁线圈有并励和串励两种，并励线圈匝数多，导线细；串线圈匝数少，导线粗。电机中分别把各个主极上的并励或串励励磁线圈串联起来的部分统称为励磁绕组。当给励磁绕组通入直流电流时，各主极都产生一定的极性。电机中相邻主磁极的极性应为N、S交替出现。为此，在把各主极上的励磁线圈串联时，应注意它们的极性问题。

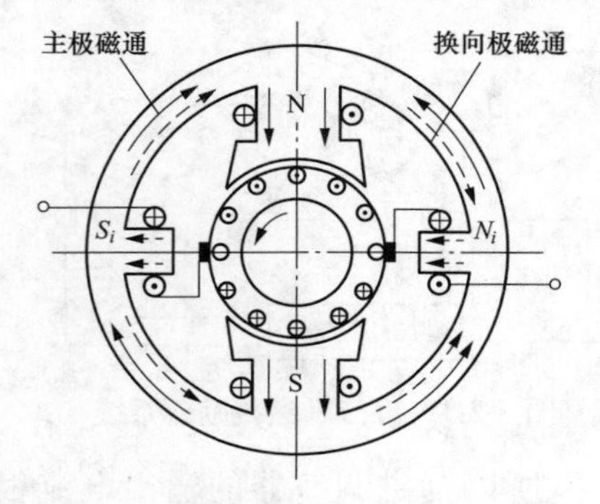

图3-2-4　换向极电路与极性

为了让气隙磁密在沿电枢的周围方向气隙空间分布得更加合理，主极铁芯作成图3-2-3所示的形状，其中较窄的部分叫极身，较宽的部分叫极靴，极靴也起到支撑励磁线圈的作用。

3）换向极。当电机容量较大时，在相邻两主极之间都要装设换向极，如图3-2-4所示，换向极又叫附加极或间极。装设换向极的目的是改善直流电机的换向，减小换向火花。其工作原理为：

直流电机电枢线圈中同一支路里各元件的电流大小与

方向都一样，相邻支路里电流大小虽一样，但方向却是相反的。当某一个元件经过电刷，从一个支路换到另一个支路时，元件里的电流必得变换方向，就产生了直流电机的换向问题，换向不良就会引起电刷下产生火花。换向不良可能有电磁、机械以及化学等方面的原因，装设换向极就是从电磁原因方面改善换向的措施。

装设换向极让它在换向元件处产生一个磁势，首先把电枢反应磁势抵消掉，还产生一个气隙磁密，换向元件切割此磁密产生感应电势，让该电势去抵消换向元件中的电抗电势。为了达到这一目的，换向极的极性在发电机状态，顺着电枢旋转方向看，应与下面主极的极性一致。为了随时都能抵消电枢反应磁势以及抵消电抗电势，换向极里的电流应是电枢电流，为此换向极绕组应与电枢回路串联。大型直流电动机为避免环火现象，还在主极极靴里装上补偿绕组，补偿绕组与电枢及换向极绕组串联，它所产生的磁势恰恰能抵消电枢反应磁势，减轻换向极的负担。

4）电刷装置。直流电机的电刷装置与换向器配合获得直流效果，电刷装置包括电刷盒和刷杆，电刷盒用以安放电刷，上面用弹簧压紧，在电刷上嵌上铜辫，用以引出电流；在电路联结上，把同一个刷杆上的电刷盒并联起来，成为一组电刷，刷杆的数目与电机的主磁极数目一样多，在换向器外表面上沿圆周方向均匀分布。

（2）转动部分：

电枢铁芯是直流电机主磁路的一部分，为减小涡流与磁滞损耗，电枢铁芯通常由0.5mm厚的低硅钢片或冷轧钢片两面涂以绝缘漆叠制而成。

电枢绕组是直流电机的核心部分，电枢绕组由多个单（多）匝元件（线圈）按照一定规律联结起来组成，一个绕组元件也就是一个线圈。线圈通常由纱包绝缘矩形铜线绕制成型，然后将若干个元件绑在一起，再嵌入电枢铁芯槽里。电枢绕组基本的绕组形式有两种：单叠绕组和单波绕组，前者适用于较低电压、较大电流场合，后者适用于较高电压、较小电枢电流的电机。

换向器由多片换向片组成，各个换向片之间用云母彼此绝缘起来，每片换向片内侧焊接电枢线圈的引出线，换向器外表面与电刷动接触，实现电枢与外电路的连接。

2. 直流电机基本工作原理

直流励磁机为直流电机，其工作原理为：电机转子（绕组）在同轴电动机的带动下旋转，在定子绕组磁场中切割磁力线，根据电磁感应定律，就会在电枢（转子）绕组中产生感应电势，由于电枢线圈的两个有效边是交替切割磁力线的，故线圈内的感应电势的方向是交流电势，感应电势的大小为

$$E_0 = \frac{pN}{60a}\Phi_0 n \tag{3-2-5}$$

式中，p 为极对数；N 为电枢绕组全部导体数；a 为并联支路对数；Φ_0 为每极磁通，Wb；n 为电枢的转速，r/min。

因为电枢转动过程中，无论电枢转到什么位置，在换向器的换向作用下，通过电刷引出的都是方向不变、大小变化的脉振电势，每极下的线圈数目越多，电势的脉振就越小，实际上直流发电机线圈圈数较多，换向后的电势脉振程度很小，可以认为是恒定的直流电动势。

当电机带上负载后，在负载电阻里就会有负载电流，调节电机的励磁电流，可改变电机输出电压的大小，当电机的负荷电流和端电压为额定值时，这时的励磁电流为额定励磁电流。

直流励磁机的容量根据发电机所需励磁功率选择，部分与发电机配套的励磁机及主要参数见表 3-2-1。

表 3-2-1　　　　发电机—励磁机配套参数

发电机					励磁机	
容量（MW）	电压（V）	电流（A）	功率因数	效率（%）	功率（kW）	电压（V）
50	6300	5730	0.8	98.2	550	300
	10 500	3440				
60	6300	6870	0.8	98.2	550	300
	10 500	4125				
125	13 800	6150	0.85	98.4	1175	380
300	18 000	11 320	0.85	98.4	1360	485

（二）励磁调节器

励磁调节器的发展经历过机电式、电磁式、晶体管、晶闸管励磁调节器，20 世纪 80 年代中期开始出现了数字式励磁调节器。与直流励磁机系统配用的励磁调节装置常为电磁型或晶闸管型自动调整励磁两类。

1. 电磁型自动调整励磁装置

电磁型自动调整励磁调节装置由相复励装置和电压调整器两部分组成，如图 3-2-5 所示。

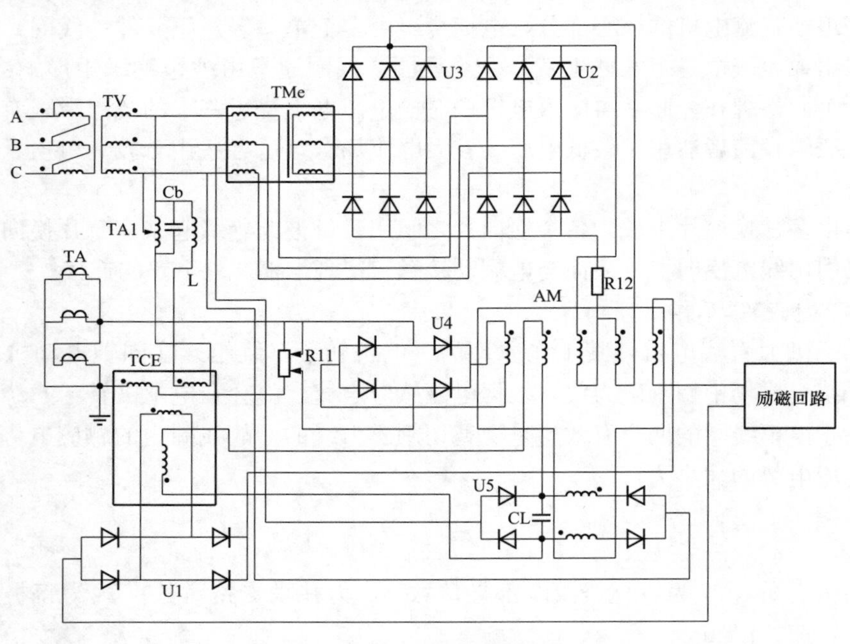

图 3-2-5　电磁型自动调整励磁装置

（1）相复励装置：

相复励装置的主要元件是相复励变压器 TCE，其一次并联绕组经自耦变压器 TA1 和电抗器 L 接至发电机端口电压互感器 TV，TA1 用来升高电压，以便在较小的电压互感器二次电压下获得较高的调整装置输出电压；L 具有可调气隙，其电抗比 TCE 大，并联绕组中的电流滞后于所接电压90°。TCE的一次串联绕组接至发电机端电流互感器TA，二次绕组接至输出整流器U1。TCE二次绕组的电势决定于一次串、并联绕组的几何和，因此，具有相复励特性，即当发电机负载功率因数降低时，TCE二次绕组的电势升高。TCE的控制绕组接入校正器的出口回路，以实现电压的自动调节。

（2）电压校正器：

电压校正器的主要元件是测量变压器TMe和磁放大器AM，TMe工作在饱和状态，一次绕组电流随电压呈非线性变化，与整流器U2组成非线性元件；二次绕组电流随电压呈线性变化，与整流器U3组成非线性元件。磁放大器AM由线性电流与非线性电流的磁通差控制，当发电机电压升高时，AM输出电流增加，反之，输出电流减小，具有反接特性。

AM有两个交流绕组，以实现内部反馈。AM还有校正器输出外反馈，以改变校正器和调整装置特性的陡度。AM的静差控制绕组经调整电阻R和整流器U4接至电流互感器TA，R用以调整调差系数。

当发电机电压升高时，校正器输出电流增加，使相复励变压器TCE铁芯饱和程度增加，TCE变比减小，使调整装置输出电流减小，反之，调整装置输出电流增大，从而使发电机电压恢复至给定值。当发生短路故障等引起发电机端电压严重下降时，一方面来自电流互感器TA的电流增大，另一方面校正器输出电流大大降低，TCE变比增大，可实现对发电机的强行励磁。

2. 晶闸管自动调整励磁装置

晶闸管自动调整励磁装置是利用晶闸管整流器的开关特性工作的。晶闸管元件接在励磁机的励磁回路中，依据发电机端电压与给定值的偏差，改变晶闸管的触发角，从而达到调节励磁电流的目的。

装置由晶闸管元件和测量、放大、触发、调差等单元组成。测量单元从发电机机端取得电压电流信号，与给定值比较得电压偏差信号，经放大单元放大后，用以控制电容器的充、放电速度，控制触发单元触发脉冲的频率，控制晶闸管的导通时间，调节装置的输出电流，调节励磁机的励磁电流。

（三）灭磁开关

灭磁开关用来接通或断开发电机励磁回路。当发电机组正常停机和内部或发电机出口端发生故障时都要快速切断励磁电源，由于发电机转子绕组是个储能的大电感，因此励磁电流突变势必在转子绕组两端引起相当大的暂态过电压，可能造成转子绝缘击穿，所以必须尽快快速消耗转子电感中的磁能，这就是通常所说的灭磁。

通常使用的灭磁方式有灭磁开关灭磁、线性电阻灭磁、非线性电阻灭磁和逆变灭磁，目的是切断励磁回路的同时，在发电机励磁绕组中接入灭磁电阻或在励磁绕组中接入反电势，使磁场电流迅速降至为零，这在发电机内部或发电机出口短路时尤为重要，因为这时故障点无法断开，发电机电压迅速降低可以限制故障扩大。

灭磁开关结构主要由动、静触头，灭弧栅和操作机构等组成。灭弧栅的灭弧片是由石棉水泥或陶土制成。灭磁开关的灭弧原理为：开关分闸时，先断开主触头，后断开灭磁触头，在断开灭磁触头时产生电弧，电弧在专设的磁铁所产生的横向磁场的作用下被驱入灭弧栅，并被其中的灭弧栅片切成串联的短弧，直到励磁绕组中电流下降到零时熄灭。由于长度不变的短弧具有这样的特性：电流在较大范围内变化时，短弧的电压降保持常数，所以，电弧上的总压降也保持常数，等于串联短弧压降之和。因此，灭磁时就好像在励磁回路中加入了一个与励磁电势方向相反的直流电势一样，使励磁电流迅速下降到零值，为防止励磁电流在下降过程中突然中断（电弧突然熄灭），而产生过电压，在灭弧栅上并联电阻R_1～R_n，且$R_1 < R_2 < R_3 \cdots < R_n$。与小电阻值并联的短弧较与大电阻值并联的短弧熄灭得早，因此灭弧栅内各段电弧不是同时熄灭而是依一定次序分别熄灭的。选择适当的电阻值，就可以将过电压控制在预定值。

这种单靠灭磁开关灭磁的方式存在一些问题：开关的能容量有限，大容量的灭磁开关难以制造；灭磁开关在每次灭磁后，灭磁室的绝缘下降，绝缘水平的恢复需要一定的时间；小电流开断时，常常会造成吹弧失败烧坏触头。

为避免产生灭弧过电压，在灭磁开关基础上，使用线性电阻＋非线性电阻的组合灭磁方式，在灭磁电流较小时，灭磁任务完全由线性电阻承担；灭磁电流较大时，励磁绕组中比额定电流稍大的部分通过线性电阻，其余部分的电流由非线性电阻承担利用氧化锌非线性电阻的伏安特性，达到近似恒压灭磁的效果。如图 3-2-6 所示，图中 U 为给发电机供给励磁电流的装置（励磁机或整流器），Q 为灭磁开关，RV 为氧化锌非线性电阻，G 为发电机转子。灭磁过程中的U_0为励磁电压、U_k为灭磁开关弧压、U_R为氧化锌非线性电阻残压。若要使转子电流衰减至零，必须在转子两端加一个与其励磁电源电势相反的电势U，灭磁方程式为$L\mathrm{d}i/\mathrm{d}t + U = 0$（$i$为发电机励磁电流，$L$为发电机转子电感）。

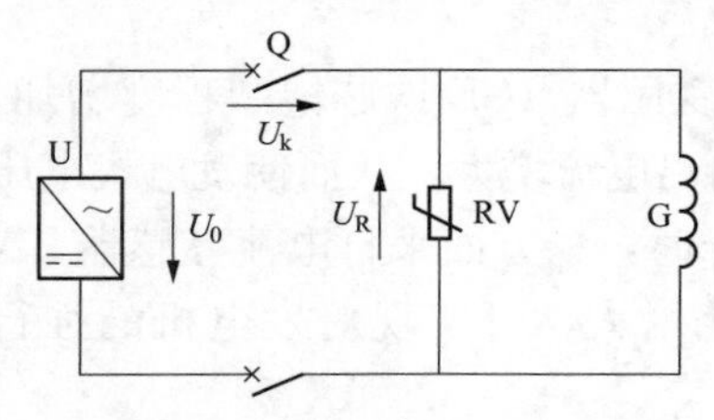

图 3-2-6　发电机组合灭磁原理

可见电感中电流衰减率正比于反向电势U，反向电势越大，灭磁时间越短。但反向电势受转子绝缘水平所限，不能超过转子绝缘允许值，因此最理想的灭磁方式是灭磁电压保持恒定，电流保持一个固定的变化率（$\mathrm{d}i/\mathrm{d}t = -U/L$）按直线规律衰减至零。由于氧化锌非线性电阻的残压$U_R$变化很小，灭磁时近似于恒压，即$U_R = U_0$。发电机正常运行时转子电压低，氧化锌非线性电阻呈高阻态，漏电流仅为微安级。灭磁时，灭磁开关 Q 跳闸，切开励磁电源，在满足$U_k \geqslant U_0 + U_R$时，电流被迫入灭磁过电压保护器中，转子绕组中所储能量被氧化锌非线性电阻消耗，且氧化锌良好的伏安特性保证了这部分能量几乎以恒压的形式消耗，确保了发电机组的安全。

图 3-2-7 为一种发电机转子灭磁及过电压保护装置，图中，采用多组氧化锌非线性电阻并联跨接于发电机转子绕组 G 两端，由氧化锌非线性电阻 RV1、线性电阻 R1、快速熔断器 FU、二极管 V2 组成的支路，其核心部件 RV1 具有限制反向过电压和吸收磁能的作用；各支路中都有特制熔断器 FU，熔断器的熔断时间小于 2ms 并且熔丝电压足够高，当部分支路发生故障，其相应熔断器快速熔断，产生的电压将故障支路的短路电流迅速迫入其他支路，故障支路被切除。线性电阻 R1 和二极管 V2 在机

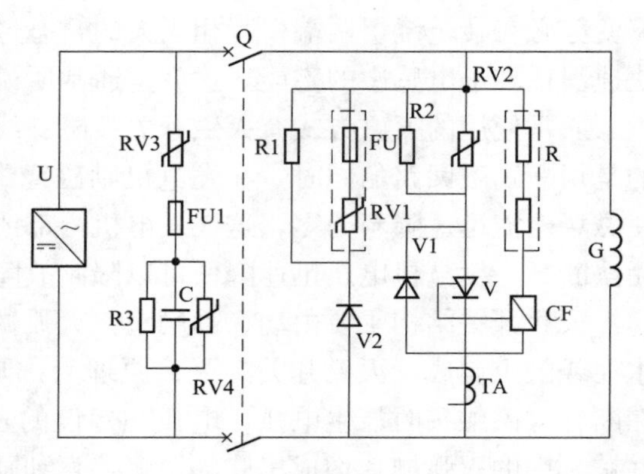

图 3-2-7　发电机转子灭磁及过压保护装置

组正常运行时降低氧化锌非线性电阻 RV1 的荷电率，延缓阀片老化。

此外，当发电机的非全相或非同期合闸等原因使发电机非全相运行或大滑差异步运行时，转子绕组中将产生剧烈的过电压，由于此时电网和励磁电源的能量均能传递到转子绕组中，能量远超过通常灭磁装置的灭磁能量，当灭磁装置中氧化锌阀片的熔断器全部熔断时，转子绕组开路，此时转子绕组相当于恒流源，产生的过电压将会击穿转子绕组的绝缘。图 3-2-7 中由 RV2、线性电阻 R2 和 R、晶闸管触发器 CF、晶闸管 V、二极管 V1 组成非全相及大滑差异步运行保护器，其中 RV2 防止正向及反向过电压，线性电阻 R2 用来降低氧化锌非线性电阻的荷电率，V1 一方面降低正常运行时氧化锌非线性电阻的荷电率，另一方面在出现反向过电压时作为 RV2 的导电通道，线性电阻 R 和晶闸管触发器 CF 配合触发晶闸管 V 启动正向过压回路。在发电机正常运行情况下，非全相及大滑差异步运行保护器处于开路状态，仅有极小的漏电流（微安级），在转子灭磁工况下，因保护器导通电压远高于灭磁高能氧化锌非线性电阻的导通电压，故不会参与灭磁工作；当出现非全相或大滑差异步运行而产生剧烈正向过电压时，灭磁高能氧化锌非线性电阻由于二极管 V1 的阻断作用而不会动作。图中 R 和 CF 所组成的过电压测量回路将动作，发出触发脉冲，晶闸管 V 导通，RV2 进入导通状态，限制发电机转子的过电压，保护转子不受损害。当出现非全相或大滑差异步运行产生反向过电压时保护器不需要触发，只需要 V2 支路即进入工作状态。与此同时，灭磁电阻 RV1 也参与工作，使转子过电压被限制在允许范围内，保障转子不受损害。非全相及大滑差异步运行保护器除具有一般氧化锌非线性电阻的特性以外，还有一个特殊的特性，即在吸收一定的能量以后，将会改变非线性特性曲线，自动降低导通电压，当周期性或持续性的过电压波到来时，随着时间的增加、保护器吸收能量的增加和温度的提高，保护器导通电压迅速下降，低于灭磁氧化锌非线性电阻的导通电压，使灭磁氧化锌非线性电阻退出工作。

对于直流励磁机励磁系统，二极管整流励磁系统，正常运行中出现的正向过电压和灭磁开关分断后电源侧线路电感及变压器漏电感所储存的能量产生的过电压，该装置主要由图中的快速熔断器 FU1 和氧化锌非线性电阻 RV3 组成限制措施。

直流励磁机系统以其结构简单、成本低、励磁机制造工艺成熟、可靠性高的优点仍广为中小型机组采用，但由于主励磁机采用机械整流子输出直流电流，随着发电机容量及转子电流的增大，电刷和整流子的动接触要保持高的运行可靠性变得困难，故 300MW 以上发电机就很少采用直流励磁机励磁方式。

四、静止励磁系统

静止励磁系统如图 3-2-8 所示，由励磁变压器、整流装置 V、励磁调节器、电压起励元件、电压互感器 TV 等组成。由于系统中励磁变压器、整流器等都是静止元件，故称为静止励磁系统。静止励磁系统也有几种不同的励磁方式，如果只用一台励磁变压器并联在机端，则称为自并励方式；如果除了并联的励磁变压器外还有

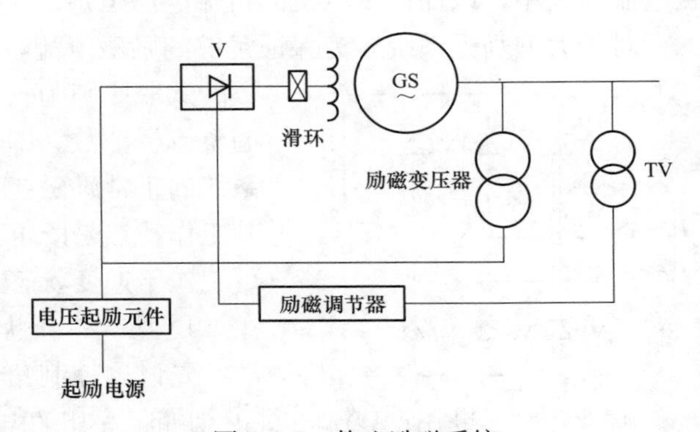

图 3-2-8　静止励磁系统

与发电机定子电流回路串联的励磁变压器（或串联变压器），二者结合起来，则构成所谓自

复励方式。图 3-2-8 为自并励方式。

正常运行中的励磁电源来自发电机出口分支，发电机输出功率部分经励磁变降压接入整流装置 V，整流后的直流，通过滑环把励磁电流送进发电机转子。发电机启动时由厂用电作为起励电源，经起励元件接入整流装置，待发电机建立电压并正常运行后再转由励磁变压器供电。发电机端电流互感器和电压互感器分别取电流、电压信号供励磁调节器控制整流装置的输出电流。此种励磁系统的主要特点为：

(1) 省却了励磁机，免除了励磁机整流子与电刷接触产生火花问题。

(2) 由于不需要同轴励磁机，发电机轴系总长度缩短，减小主厂房面积，减小厂房噪声，维护简单。

(3) 因采用晶闸管整流器和无需考虑同轴励磁机时间常数的影响，可获得很高的电压响应速度。

(一) 励磁变压器

励磁变压器为励磁系统提供励磁能源。对于自并励磁系统的励磁变压器，通常不设自动开关，变压器一次侧直接接发电机出口一次母线。

早期的励磁变压器一般都采用油浸式变压器。近年来，随着干式变压器制造技术的进步及考虑防火、维护等因素，现多采用干式变压器。对于大容量的励磁变压器，采用三个单相干式变组合而成。励磁变压器的联接组别，通常采用 Yd 组别，与普通配电变压器一样，励磁变压器的短路阻抗为 4%～8%。

(二) 整流装置

自并励系统中的大功率整流装置均采用三相桥式接法。这种接法的优点是半导体元件承受的电压低，励磁变压器的利用率高。三相桥式电路可采用半控或全控桥方式，这两者增强励磁的能力相同，但在减磁时，半控桥只能把励磁电压控制到零，而全控桥在逆变运行时可产生负的励磁电压，把励磁电流急速下降到零，把能量反馈到电网。在自并励系统中多采用全控桥。

晶闸管整流桥采用相控方式。对三相全控桥接电感负载，当控制角在 0°～90°之间时，为整流状态（产生正向电压与正向电流）。当控制角在 90°～165°之间时，为逆流状态（产生负向电压与正向电流）。因此当发电机负载发生变化时，通过改变晶闸管的控制角来调整励磁电流的大小，以保证发电机的机端电压恒定。

对于大型励磁系统，为保证足够的励磁电流，多采用数个整流桥并联。整流桥并联支路数的选取原则为（$N+1$）个桥。N 为保证发电机正常励磁的整流桥个数。即当一个整流桥因故障退出时，不影响励磁系统的正常励磁能力。图 3-2-9 为三相全波全控整流电路图，其工作特点是既可工作于整流状态，将交流转变成直流；也可工作于逆变状态，将直流转变成交流。

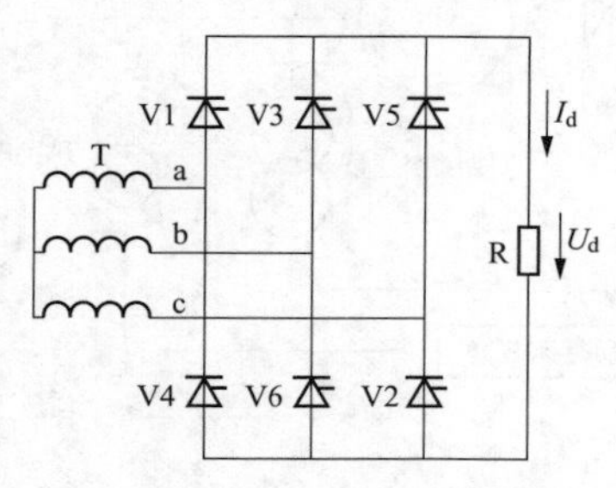

图 3-2-9　三相全控电路

1. 整流工作状态

先讨论控制角 $\alpha=0°$ 的情况。如图 3-2-9 所示，在 ωt_0～ωt_1 期间，a 相的电位最高，b 相的电位最低，有可能构成通路。若在 ωt_0 以前共阳极组的 V6 的触发脉冲 U_{g6} 还存在，在 ωt_0（$\alpha=0°$）时给共阴极的 V1

以触发脉冲U_{g1}，则可由V1与V6构成通路：交流电源的a相→V1→R→V6→电源b相。在负载电阻R上得到线电压U_{ab}，此后只要按顺序给各桥臂元件以触发脉冲，就可依次换流。例如在$\omega t_1 \sim \omega t_2$期间，c相电位最低，在$\omega t_1$时间向V2输入触发脉冲$U_{g2}$，共阳极组的V2即导通，同组的V6因承受反向电压而截止。电流的通路换成：a相→V1→R→V2→c相。负载电阻R上得到线电压U_{ac}. 以此类推，每隔60°依次向共阴极组或共阳极组的可控硅元件以触发脉冲，则每隔60°有一个臂的元件触发换流，每周期内每臂元件导电120°。

控制角$\alpha=0°$时负载电阻R上得到的电压波形与三相桥式不可控整流电路的输出波形相同，这时三相桥式全控整流电路输出电压的平均值最大。

在控制角$\alpha<60°$的情况下，共阴极组输出的阴极电位在每一瞬间都高于共阳极组的阳极电位，故输出电压U_d的瞬时值都大于零，波形是连续的。然而当$\alpha>60°$后，输出电压U_d的瞬时值将出现负的部分，这主要是由于电感性负载产生的反电势，维持负载电流连续流通而产生的。设在$60°<\alpha<90°$的ωt_1时刻，给a相的V1以触发电压，这时a相电位最高，V1导通；c相电位虽然最低，但V2尚未被触发而不会导通，由b相的V6继续保持导通状态。即由V1与V6构成通路，输出电压为U_{ab}。到ωt_2时刻$U_{ab}=0$，输出负载电流I_d有减小的趋势，负载电感L中便产生感应电势E'_L企图阻止I_d的减小，其方向与I_d的流向一致，即整流桥输出的下端为正，上端为负，维持I_d的继续流通。在ωt_2以后，虽然b相电位高于a相电位，即$U_{ab}<0$，但电感L上的感应电势E'_L的绝对值高于U_{ab}的绝对值，实际加在V1与V6元件上的阳极电压仍然为正，维持原来电流I_d的通路。故在$\omega t_2 \sim \omega t'_2$这段时间内，输出电压$U_d$呈现负值。到$\omega t'_2$时刻，V2接受触发脉冲，此时c相电位最低，故V2导通并将V6关断，电流从V6换流到V2。V1此时仍继续导通，b相电位此时虽高于a相，但因b相的V3尚未加触发脉冲而不会导通。电流在V1与V2构成的回路中流通，使输出电压$U_d=U_{ac}>0$。到ωt_3以后，$U_{ac}<0$，又由电感电势维持电流I_d，使输出电压U_d又呈现负的部分，直到触发换流后，U_d才又为正。这样，输出电压U_d将交替出现正负部分。正的部分表示交流线电压产生负载电流I_d，交流电源向负载供电；负的部分表示电感性负载中的感应电势E'_L维持负载电流I_d的流通，将原电感中贮存的能量释放一部分。

输出电压U_d在一周内出现正负波形，其平均值U_d将减小。随着控制α的增大，正值部分的面积渐减，负值部分的面积渐增，U_d平均值愈来愈小。$\alpha=90°$时，U_d波形正负两部分面积相等，输出平均电压$U_d=0$。

三相全控桥式整流电路输出电压U_d的波形在一个周期内为匀称的六段，即输出电压U_d的周期是阳极电压周期的六分之一，故计算其平均电压U_d，只需求交电流电压$\sqrt{2}U_1\cos\omega t$在$\left(-\frac{\pi}{6}+\alpha\right)$至$\left(\frac{\pi}{6}+\alpha\right)$的平均值

$$U_d=\frac{1}{\frac{2\pi}{6}}\int_{-\frac{\pi}{6}+\alpha}^{\frac{\pi}{6}+\alpha}\sqrt{2}\,U_1\cos\omega t\,\mathrm{d}\omega t=\frac{3}{\pi}\sqrt{2}\,U_1 2\sin\frac{\pi}{6}\cos\alpha=1.35\,U_1\cos\alpha \quad (3\text{-}2\text{-}6)$$

在$\alpha<90°$时，输出平均电压U_d为正值，三相全控桥工作在整流状态，将交流转变为直流。

2. 逆变工作状态

在$\alpha>90°$时，输出平均电压U_d则为负值，三相全控桥工作在逆变状态，将直流转变为

交流。设原来三相桥工作在整流状态，负载电流 I_d流经励磁绕组而储存有一定的磁场能量。在 ωt_2 时刻控制角 α 突然后退到 120°时，V1 接受触发脉冲而导通，这时 U_{ab}虽然过零开始变负，但电感 L 上阻止电流 I_d减小的感应电势 E 较大，使 E_L-U_{ab}仍为正，故 V1 与 V6 仍在正向阳极电压下工作。这时电感线圈上的自感电势 E_L与电流 I_d的方向一致，直流侧电压的 U_{ab}瞬时值与电流 I_d的方向相反，交流侧吸收功率，将能量送回交流电网。

到 ωt_3 时刻，对 c 相的 V2 输入触发脉冲，这时 U_{ab}虽然进入负半调，但电感电势 E_L仍足够大，可以维持 V1 与 V2 的导通，继续向交流侧反馈能量。这样一直进行到电感线圈原储存的能量释放完毕，逆变过程才结束。

在 α =150°和 α =180°时，这时逆变电压 U_d的平均值 U_d负得更多，六个桥臂上的晶闸管元件，每个元件都是连续导电 120°，每隔 60°有一个可控硅元件换流。每个元件在一周期内导电的角度固定，与 α 角的大小无关。

在全控桥中常将 $\beta=180°-\alpha$ 叫作逆变角。由于 $\alpha>90°$才进入逆变状态，故逆变角 β 总是小于 90°的。可用下式表示三相全控桥在逆变工作状态时的反向直流平均电压，即

$$U_\beta=-1.35U_1\cos(180°-\beta)=1.35U_1\cos\beta \tag{3-2-7}$$

三相全控整流桥可以兼作同步发电机的自动灭磁装置。当发电机发生内部故障时，继电保护装置给一控制信号至励磁调节器，使控制角 α 由小于 90°的整流运行状态，突然后退到 α 大于 90°的某一个适当的角度，进入逆变运行状态，将发电机转子励磁绕组贮存的磁场能量迅速反馈到交流侧去，使发电机的定子电势迅速下降，这就是所谓逆变灭磁方式。

（三）励磁调节装置

励磁调节装置包括自动电压调节器和起励控制回路。对于大型机组自并励系统中的自动电压调节器，多采用基于微处理器的微机型数字电压调节器。励磁调节器测量发电机机端电压，并与给定值进行比较，当机端电压高于给定值时，增大晶闸管的控制角，减小励磁电流，使发电机机端电压回到设定值。当机端电压低于给定值时，减小晶闸管的控制角，增大励磁电流，维持发电机机端电压为设定值。

图 3-2-10 为一微机励磁调节器的工作原理图，图中，AVR1 为励磁调节器，G 为发电机，L 为发电机转子绕组，TA1 为发电机端电流互感器，TV1 为发电机端电压互感器，T 为励磁变压器，TA2 为励磁变压器次级电流互感器，TV2 为励磁变压器次级电压互感器，U 为整流装置，Q 为灭磁开关。发电机励磁调节器的主要任务是控制发电机机端电压稳定，同时根据发电机定子及转子侧各电气量进行限制和保护处理，励磁调节器还要对自身进行不断的自检和自诊断，发现异常和故障，及时报警并切换到备用通道。该型发电机励磁调节器的工作原理如下。

1. 模拟量采集

采集发电机机端交流电压 U_a、U_b、U_c，定子交流电流 I_a、I_b、I_c，转子电流等模拟量，计算出发电机定子电压、发电机定子电流、发电机有功功率、无功功率、发电机转子电流。调节装置通过模拟信号板将高电压（100V）、大电流（5A）信号进行隔离并调制为±5V 等级电压信号，然后传输到主机板（CPU）上的 A/D 转换器，将模拟信号转换为数字信号。一个周波内（20ms）采样 36 个点，进行实时直角坐标转换，计算出机端电压基波的幅值及频率、有功功率、无功功率、转子电流。

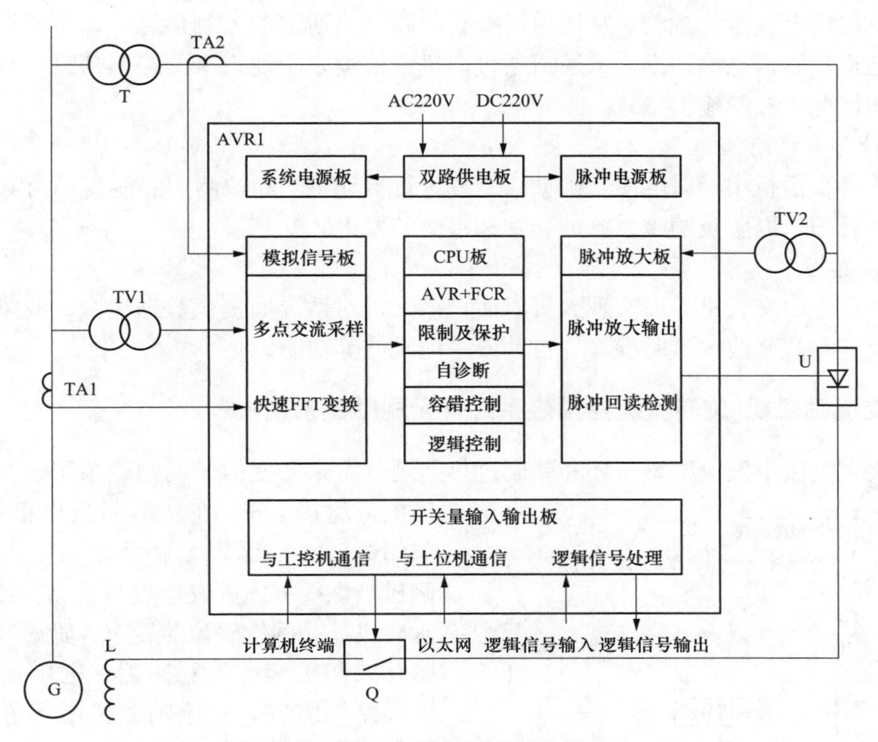

图 3-2-10　微机励磁调节器

2. 闭环调节

励磁控制的目标是：被控制量=对应的给定量，软件的计算模块根据控制调节方式，从而选择测量值与给定值的偏差进行 PID（比例-积分-微分）计算，最终获得整流桥的触发角度。

3. 脉冲输出

将 PID 计算得到的控制角度数据，送至脉冲形成环节，以同步电压为参考，产生对应触发角度的触发脉冲，经脉冲输出回路输出至晶闸管整流装置。

4. 限制和保护

调节装置将采样及计算得到的机组参数值，与调节装置预先整定的限制保护值相比较，分析发电机组的工况，限制发电机组运行在正常安全的范围内。

5. 逻辑判断

在正常运行时，逻辑控制软件模块不断地根据现场输入的操作信号进行逻辑判断，判别是否进入励磁运行，是否进行逆变灭磁，是空载工况运行还是负载工况运行。

6. 给定值设定

正常运行时，软件不断地检测增磁、减磁控制信号，并根据增磁、减磁的控制命令修改给定值。

7. 双机通信

备用通道自动跟踪主通道的电压给定值和触发角。正常运行中，一个自动通道为主通道，另一自动通道为从通道，只有主通道触发脉冲输出去控制晶闸管整流装置。为保证两通道切换时发电机电气量无扰动，从通道需要自动跟踪主通道的控制信息，即主通道通过双机通信将本通道控制信息输送出，从通道通过双机通信读入主通道来的控制信息，从而保证两通道在任何情况下控制输出一致。

8. 自检和自诊断

调节装置在运行中，对电源、硬件、软件进行自动不间断检测，并能自动对异常或故障进行判断和处理，以防止励磁系统的异常和事故的发生。

9. 人机界面

调节器设置中文人机界面实现人机对话，该人机对话界面提供数据读取、故障判断、维护指导、整定参数修改、试验操作、自动或手动录波等功能。

五、交流励磁机-旋转整流器励磁系统（无刷励磁系统）

为解决大电流下发电机集电环和碳刷过热问题，后来开发的无刷励磁系统，对于转子励磁电流达几千安培的大容量发电机尤为适用。如图 3-2-11 所示，无刷励磁系统由交流主励磁机（虚线框内的发电机 G）、旋转整流装置、永磁机、晶闸管整流装置 V、励磁调节器、灭磁开关和机端电流互感器、电压互感器的取样回路等组成。交流励磁机磁场静止，电枢与发电机同轴旋转，交流励磁机电枢输出的三相交流电经同轴旋转的三相整流装置整流为直流，直接送进发电机转子绕组。交流励磁机的励磁电源来自副励磁机（永磁机）和晶闸管整流装置 V，励磁调节器取发电机端电流、电压信号用于控制晶闸管整流装置 V 的输出电流。发电机励磁回路没有灭磁装置，依靠自然灭磁，励磁机则设有灭磁装置。

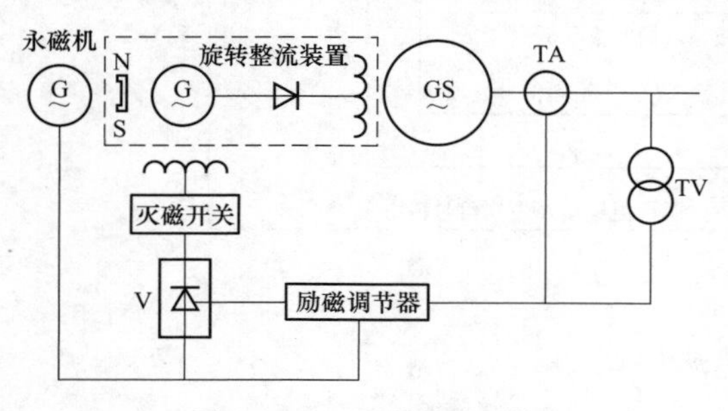

图 3-2-11　无刷励磁系统

无刷励磁系统的主要特点为：

（1）交流励磁机为旋转电枢式，其三相输出端引线嵌在轴上，与旋转盘上的整流器固定连接。整流器输出引线也嵌在轴上，与同步发电机的励磁绕组直接连接，完全取消了滑环和电刷，使得发电机励磁电流的大小不受滑环和电刷的限制，在发电机励磁电流 4000A 以上的大容量机组采用优势更突出，同时也免除了电刷碳粉对发电机和周边环境的污染。

（2）交流励磁机的励磁绕组，由永磁副励磁机发电输出经晶闸管整流桥供电。

（3）由于旋转励磁系统不可能在发电机励磁回路中接入灭磁开关，故由交流励磁机励磁回路的三相晶闸管整流桥实现励磁机的逆变灭磁。也可在交流励磁机励磁绕组采用非线性电阻灭磁。交流励磁机灭磁的同时，发电机励磁绕组可进行续流灭磁。续流灭磁时间稍长，是这种励磁系统的缺点。

（4）发电机励磁电压是由发电机励磁绕组引出两个小滑环，经电刷引至电压表来测量。发电机励磁电流的测量采用间接方式。通常是在交流励磁机磁场的 q 轴上装一组线圈，用来感应电枢反应磁场中的高次谐波，这就间接地测量出交流励磁机的电枢电流。

（5）当旋转整流桥一臂并联元件全部损坏时，交流励磁机便处于两相运行。由于自动励磁调整装置的调节作用，发电机仍保持所需的励磁电流，指示仪表反映不出交流励磁机的非对称运行状态，长时间运行将损坏交流励磁机。可采用测量交流励磁机绕组二次谐波电流的方式来指示。

(6) 设有手动调整励磁装置，作为自动调整励磁装置的备用及零起升压用。该部分包括隔离变压器、感应调压器及整流器等部分。

（一）主励磁机（交流励磁机）

交流励磁机是一台旋转电枢式的三相交流同步发电机，与旋转磁极式的主发电机的差别是，交流励磁机的定子为凸极或隐极励磁磁极，在定子内产生励磁磁场，转子为电枢，电枢绕组在同轴发电机的带动下高速旋转，切割定子磁场感应产生三相电势，输出三相负载电流。如图 3-2-12 所示。

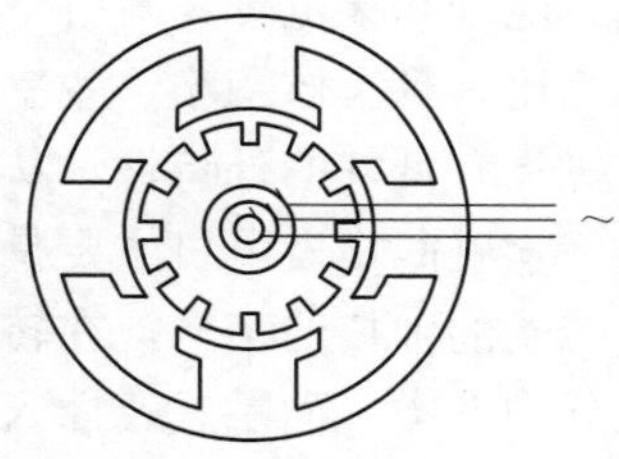

图 3-2-12　交流励磁机

交流励磁机的电枢铁芯用优质的 0.35mm 厚电工硅钢片冲制后，紧密叠压在电枢支架上，然后再热套到轴上；电枢绕组端部用玻璃钢绑扎，以承受高速旋转下的离心力作用。定子磁极用特殊硅钢片组成，具有适当的磁能积，以保证发电机能自立建压，有时为了提高起励的可靠性，不仅在励磁回路中采取起励措施，而且还在交流励磁机的定子磁极极靴安放小块永久磁铁加以励磁。

为提高动态特性，交流励磁机通常采用中频频率（150～200Hz），由此发电机磁极为 6～8 极（对于转速为 3000r/min 的汽轮发电机）。为适应带整流负载的要求，通常采用较大储备容量的发电机，当发电机出口三相短路或不对称短路时，励磁机不致产生有害的变形或过热。

（二）旋转整流装置

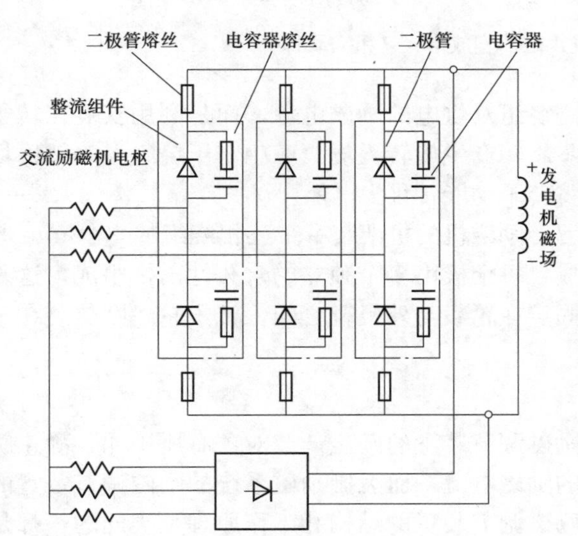

图 3-2-13　交流励磁机电枢与旋转整流桥连接示意图

无刷励磁系统中的整流装置在电气性能和结构上与一般三相桥式整流装置没什么区别，只是它装于与发电机同轴系统中，随发电机同步高速旋转，由此称旋转整流装置，旋转整流装置与交流励磁机电枢的连接示意如图 3-2-13 所示，图中，整流组件由三相整流桥为核心，附以二极管保护的熔断器、电容器组成。交流励磁机的三相输出电压接入旋转整流桥的交流侧，整流后的正、负极电压接至发电机的转子绕组作为发电机的励磁电源。

旋转整流器一般分为两组，分别装设在两个同轴旋转并与轴绝缘的散热圆盘上，一组称为阳极盘，另一组称为阴极盘。整流桥每臂二极管并联的个数根据额定励磁电流加足够的裕度来确定，当每臂并联元件部分损坏时，发电机仍可在包括强励等各种额定工况下运行。为简化二极管的过压保护，通常采用高反向峰值电压的二极管。

整流桥每只整流元件均串有快速熔断器作为过电流保护，熔断器两端并有氖灯，作为熔断指示，可用光学玻璃观察，或通过光电吸收装置及数字显示装置显示出哪一相哪一个熔断器熔断。

旋转整流装置是无刷励磁技术的核心部分，众多的整流元件、熔断器、保护电容器及一切引线都必须布置在高速旋转和空间很小的转盘内，因此，必须妥善解决一些技术难题：如高速旋转下各元件的离心惯性力、空气摩擦和散热等问题。

（三）副励磁机

副励磁机通常采用中频（400～500Hz）永磁同步发电机。永磁同步发电机没有励磁绕组、电刷和集电环，节省了用铜量，减少了铜损耗和机械损耗。它与同容量的电磁同步发电机相比，具有体积小、效率高、维护方便、运行可靠、不需要励磁装置等特点。永磁同步发电机具有良好的外特性，从发电机空载到强行励磁时，其端电压变化不超过10%额定值。

永磁同步发电机主要是由转子、端盖及定子等各部件组成的。与常用发电机的最大不同是转子的独特的结构，在转子上放有永磁体磁极。由永磁体的安放位置不同，永磁同步发电机分为三类：面贴式、插入式和内嵌式，如图 3-2-14 所示。面贴式因转动惯性较小，结构简单，制造方便而应用广泛。

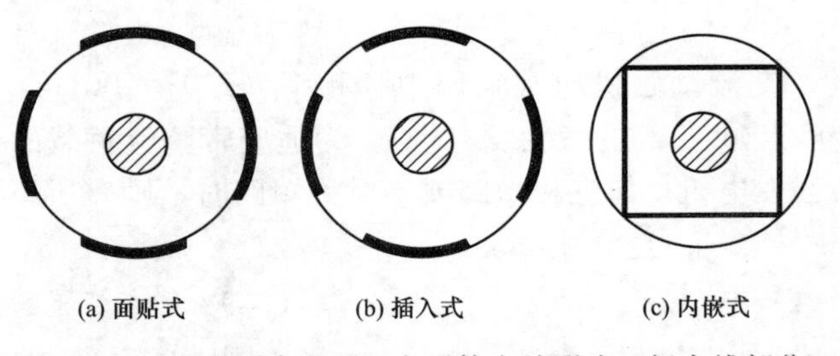

图 3-2-14　永磁同步发电机永磁体安放形式（粗实线部分）

永磁同步发电机产生励磁磁场不再用励磁绕组及供电的励磁电源，而是利用安装在转子上的永磁体产生磁场，转子随同轴发电机同步旋转产生旋转磁场，三相定子绕组在旋转磁场作用下通过电枢反应，感应三相对称电流，将转子动能转化为电能。

三相副励磁机的结构系多极旋转磁场装置，励磁机的机架装有带三相绕组的 0.35mm 厚硅钢叠片铁芯，转子由具有悬挂极的轮毂组成，每个极由多个独立的永久性磁铁组成，这些磁铁装在一个非磁性的金属壳内，并用螺栓固定在轮毂与外极靴之间，转子轮毂则热装在轴的自由端。

（四）励磁调节装置

与静止励磁系统相比，无刷励磁系统的励磁调节装置的励磁调节对象有所不同，静止励磁系统的励磁调节装置调整的对象是发电机的励磁电流，而无刷励磁系统的励磁调节装置的励磁调节对象是励磁机的励磁电流，但作为励磁调节装置的结构和工作原理是类同的，都是按照给定值和现场变化量来调整可控硅的导通角，最终实现调整控制发电机励磁电流、无功功率，稳定发电机端电压等目的。

无刷励磁系统的励磁调节器的构成及基本功能如下。

1. 测量比较、综合放大和移相触发单元

测量比较单元用来测量经过变换的与发电机端电压成比例的直流电压，并与相应的电压整定值进行比较，得到偏差；电压偏差信号输入到综合放大单元，综合放大单元对测量等信号起综合放大作用；移相触发单元则根据输入的控制信号的变化，改变输出到晶闸管的触发脉冲，改变导通角，从而控制晶闸管的输出电压，以调节发电机的励磁电流，精确地控制和调节发电机的机端电压和无功功率，对励磁电压快速作出反应，响应时间为几个毫秒，实现自动电压调节。

2. 调节控制通道

系统设置两个完全独立的调节器和控制通道，两个通道完全相同，可以自由地选择其中之一作为工作通道。备用的通道（不工作的通道）总是自动地跟踪工作通道。如果工作通道检测到故障，将自动地紧急切换到第二个通道，直到故障修复才可能再切回到工作通道。如果不工作的通道故障，不能实现从工作通道到不工作通道的手动切换。若一个通道发生故障，发电机电压同时也发生动态扰动，立即自动切换到不工作的通道，此不工作的通道不跟随发电机电压的动态扰动。

3. 主通道自动/手动方式的切换

在自动方式中，发电机电压受到调节，在发电机机端产生恒定的电压。而在手动方式中，发电机励磁（磁场电流）保持恒定，随着发电机负荷的变化，发电机励磁（磁场电流的设定点）手动调整，以使发电机电压不变。手动方式作为特殊运行的调节器（作为备用调节器），只具有励磁电流调节功能。

4. 紧急备用通道

除两个主通道之外，励磁系统还附加两个紧急备用通道，与主通道的手动方式相类似的紧急备用通道，装有一个励磁电流调节器。除了励磁电流调节器之外，紧急备用通道还装有过电压保护和独立于主通道的触发脉冲控制器。紧急备用通道的励磁电流调节器的作用与主通道的励磁电流调节器是相同的，也就是紧急备用通道仅仅是调节励磁电流，而不是调节发电机电压。紧急备用通道的励磁电流调节器自动地跟随主通道，在主通道发生故障的情况下，自动地进行无扰动切换。

5. 电力系统稳定器（PSS）

电力系统稳定器通过引入附加反馈信号来抑制同步发电机的低频振荡，提高电网的稳定性。PSS 的控制算法基于双输入型的 PSS 模型，附加反馈信号为机组的加速功率信号，由电功率信号和转子角频率信号综合而成。发电机的有功功率达到某一设定值时，就可以手动投入电力系统稳定器 PSS，发电机电压则被限制在设置的给定范围内。如果发电机有功功率及电压超出设定值或者与电网解列，PSS 将自动退出。

6. 最大励磁电流限制器

最大励磁电流限制器用于防止转子回路过热，它具有反时限特性。限制器有两个限制值：一个是强励顶值电流限制值，另一个是连续运行允许的过热限制值。与过热限制值关联的两个控制参数分别是转子等效加热时间和转子等效冷却时间。

7. 定子电流限制器

定子电流限制器用于防止发电机定子过热，在过励和欠励侧均有效。其工作原理与最大励磁电流限制器的工作原理相似。主要差别在于定子电流限制器没有一个确定的最大定子电流限制值，当时间趋于零时，限制值理论上可趋于无限大（$I_{max}=\infty$），通过适当的参数整定，可以得到接近于定子绕组最大允许热能的反时限特性。定子电流限制器分为欠励侧和过励侧两部分，其限制量均为定子电流的平均值。当发电机过励时，欠励侧定子电流限制器截止，反之亦然。通过检测负载的功率因数，保证定子电流限制器双方向（过励和欠励）动作的正确性。定子电流限制器不能影响发电机的有功电流分量，如果发电机的有功电流分量高于定子电流限制器的限制值，为避免误动作，限制器会自动将发电机无功功率调整为零。

8. P/Q 限制器

P/Q 限制器本质上是一个欠励限制器，用于防止发电机进入不稳定运行区，限制器的限制曲线由对应五个有功功率点（$P=0\%$，$P=25\%$，$P=50\%$，$P=75\%$，$P=100\%$）的五个无功功率设定值确定，曲线与发电机的定子电压水平有关，发电机电压变化时，限制曲线随之偏移。

9. 失励保护

发电机运行点在超出其稳定极限时，失励保护动作，跳发电机。利用功率圆图上的五个点设定保护曲线，保护曲线与 P/Q 限制器的限制曲线相似。但 P/Q 保护曲线在 P/Q 限制曲线基础上左移 5%到 10%。由于同步发电机的稳定极限与机端电压有关，P/Q 保护曲线也与发电机端电压成比例校正。发电机工作点超过保护曲线时，触发定时器，经过可整定的延时后发出跳发电机命令。定时器延时启动信号也可用于报警。

10. 过激磁保护

过激磁保护用于防止同步发电机和变压器过磁通。过激磁保护首先根据发电机频率和设定值计算出当前的机端电压允许值，如果发电机实际电压超过允许值，就会触发定时器延时，在延时结束前，如果电压仍没有返回到允许值，则发出跳闸信号。

11. 转子接地保护

当励磁回路绝缘电阻下降到一定值时报警，当绝缘电阻继续下降至一定值时，保护即动作切除发电机组，以防止发生两点接导致灾难性事故。

第三节　同　步　系　统

并列运行的同步发电机，其转子以相同的电角速度旋转，每个发电机转子的相对电角速度都在允许的限值以内同步运行。一般来说，发电机在没有并入电网前，与系统中其他发电机是不同步的，存在着频率差、电压差和相角差，并列时将产生冲击电流（有效值）

$$I_{ip}=\sqrt{\left(\frac{U_G-U_S\cos\varphi}{X''_d}\right)^2+\left(\frac{U_S\sin\varphi}{X''_q}\right)^2} \quad (3\text{-}3\text{-}1)$$

式中，U_G为发电机电压；U_S为系统电压；φ 为发电机电压与系统电压的相角差；X''_d、X''_q 为发电机（直轴、交轴）次暂态电抗。由式（3-3-1）可见，在并列瞬间，除相角差等于 0°且发电机电压与系统电压相等的条件外，其他情况下都将产生冲击电流。其中：

（1）如频率相等而两电压有效值不等时，产生的冲击电流有效值为

$$I_{ip}=\frac{U_G-U_S}{X''_d} \quad (3\text{-}3\text{-}2)$$

如果两端电压差较大，冲击电流产生的电动力有可能引起发电机绕组的端部变形。

（2）如频率相等、电压幅值相等而相位不等时，产生的冲击电流最大值为

$$i_{\mathrm{ip.max}}=\frac{1.9\times\sqrt{2}\,U_{\mathrm{G}}}{X''_{\mathrm{q}}}2\sin\frac{\varphi}{2} \tag{3-3-3}$$

当相角差为 180°时，冲击电流出现最大值，有可能损坏发电机。

(3) 如发电机电压与系统电压相等而两端频率不等时（$f_{\mathrm{G}}\neq f_{\mathrm{S}}$），待并发电机与系统的电压相量如图 3-3-1 所示。

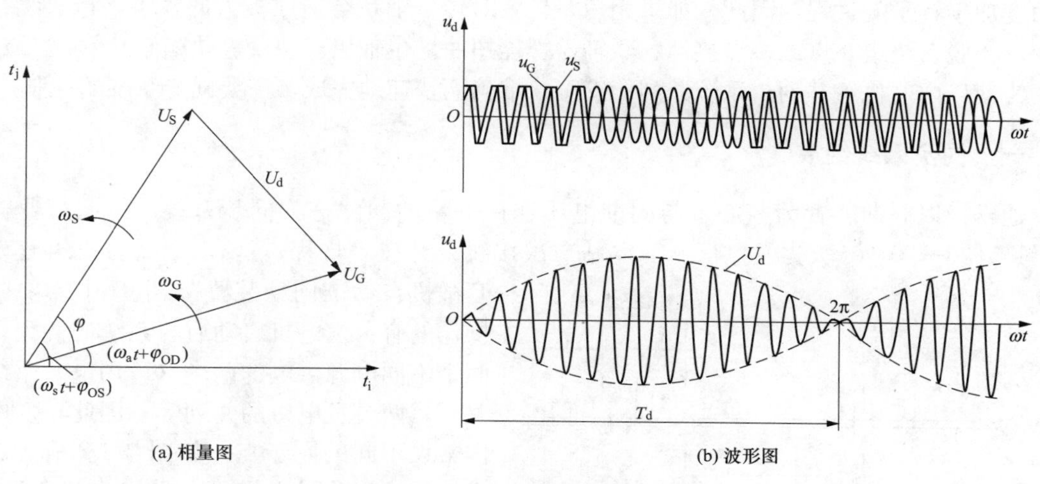

图 3-3-1　准同步时频率条件分析

图中，并列断路器两侧电压为脉振变化，脉振电压 U_{d} 为

$$U_{\mathrm{d}}=U_{\mathrm{Gm}}\sin(\omega_{\mathrm{G}}t+\varphi_{0\mathrm{G}})-U_{\mathrm{Sm}}\sin(\omega_{\mathrm{S}}t+\varphi_{0\mathrm{S}}) \tag{3-3-4}$$

式中，U_{Gm} 为发电机侧电压幅值；U_{Sm} 为系统侧电压幅值；ω_{G} 为发电机的角频率；ω_{S} 为系统的角频率；$\varphi_{0\mathrm{G}}$ 为发电机的初相角；$\varphi_{0\mathrm{S}}$ 为系统的初相角；t 为时间。

如设 $\varphi_{0\mathrm{G}}=\varphi_{0\mathrm{S}}=0$，$U_{\mathrm{Gm}}=U_{\mathrm{Sm}}$，则

$$U_{\mathrm{d}}=2U_{\mathrm{Gm}}\sin\left(\frac{\omega_{\mathrm{G}}-\omega_{\mathrm{S}}}{2}t\right)\cos\left(\frac{\omega_{\mathrm{G}}+\omega_{\mathrm{S}}}{2}t\right) \tag{3-3-5}$$

如定义 $U_{\mathrm{dm}}=2U_{\mathrm{Gm}}\left(\frac{\omega_{\mathrm{G}}-\omega_{\mathrm{S}}}{2}t\right)$ 为脉振电压的幅值，则

$$U_{\mathrm{d}}=U_{\mathrm{dm}}\cos\left(\frac{\omega_{\mathrm{G}}+\omega_{\mathrm{S}}}{2}t\right) \tag{3-3-6}$$

即 U_{d} 为幅值 U_{dm}、频率接近于工频的交流电压。断路器两侧电压的频率差称滑差，滑差角频率

$$\omega_{\mathrm{d}}=\omega_{\mathrm{G}}-\omega_{\mathrm{S}} \tag{3-3-7}$$

如将系统电压 U_{S} 设为参考轴，则待并发电机电压 U_{G} 将以滑差角频率 ω_{d} 相对 U_{S} 旋转，旋转一周的时间为滑差周期 $T_{\mathrm{d}}=\frac{1}{f_{\mathrm{d}}}=\frac{2\pi}{\omega_{\mathrm{d}}}$，$f_{\mathrm{d}}$ 称滑差频率，滑差周期、滑差频率和滑差角频率都可用来表示待并发电机与系统间频率相差的程度。如果在频率差较大时并列，频率高的一方会将多余的动能传递给另一方，当传递能量过大时，待并发电机需经历一个暂态过程才能拉入同步运行，严重时甚至导致失步。

由以上可知，在同步并列时，频率差、电压差和相角差都是直接影响发电机运行、寿命

及稳定的因素，尤其是相角差过大，对发电机的危害更大。相角差是发电机的转子直轴和定子三相电流合成的同步旋转磁场磁轴之间的角差，在并列瞬间，系统电压施加在发电机定子上，由其产生的三相电流合成并以角速度ω_S旋转的旋转磁场将产生一个电磁转矩，强迫发电机转子轴系（发电机转子、汽轮机转子、励磁机转子等的合成体）的磁轴与其取向一致，这一拉入同步的过程是一个质量数百吨的转子轴系于极短时间内在定子电磁转矩作用下旋转一个角度加于转子的过程。因此，如果相角差较大对转子轴系会造成极大的损害，造成绕组线棒变形松脱、绕组一点或多点接地、联轴器螺栓扭曲、主轴出现裂纹等缺陷。

为使厂内的机组并列、系统并列能安全、准确而快速地完成，需要同步系统的控制。

一、同步系统组成

通常把以同期装置为核心、与同期电压连接关系的回路称为同步系统。按照行业标准DL/T 5136—2012《火力发电厂、变电站二次接线设计技术规程》，要求“每台机组宜设一套微机自动准同期装置”。电厂中需要同期操作的有：发电机启动后与系统的并列；由两个不同电源供电的两个（厂用电）系统的并列；两台发电机的并列等。因此，发电厂内常设不同的同步点，如图 3-3-2 所示。可进行同步操作的断路器如：发电机断路器、发电机双绕组变压器高压侧、发电机三绕组变压器各电源侧、母线联络、旁路、35kV以上系统联络线。此外，高压厂用电源的切换、工作电源与备用电源相角差较大或非同一系统而进行的电源切换采用同步闭锁措施。

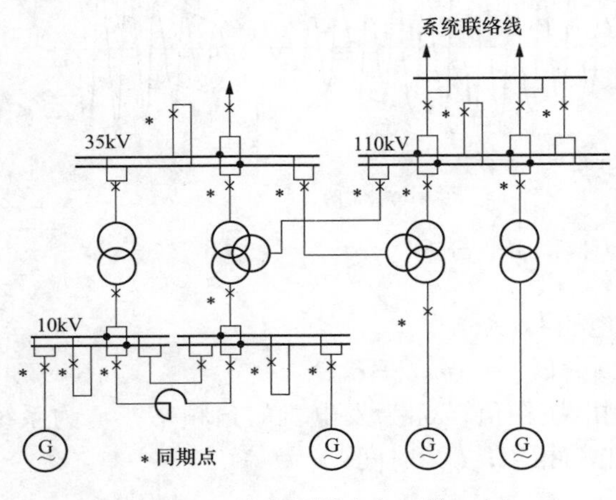

图 3-3-2　发电厂同步点（带 * 点）

同步系统的闭锁措施包括：

（1）各同步装置之间设闭锁，同一时间只允许一套同步装置进入工作，每次只允许一个同步点进行同步操作。

（2）手动调速（调压）时切除自动准同期装置的调速（调压）回路。

（3）自动准同期装置除投入、退出功能外，还有试验功能。

同步系统一般由手动和自动准同步装置、同期母线、各电压互感器及电压母线和设同步点的断路器的相关回路组成。以前的同步系统多采用三相同步接线方式，需要配置同步转角变压器，接线较为复杂。由于单相式整步技术的广泛应用，现多采用单相同步接线。

二、自动准同步装置

准同期装置按其功能大致可分为三类：

（1）用于发电厂发电机的自动准同期装置，要检测系统和发电机的压差、频差和相角差，同时能自动对发电机的电压和频率进行调节，符合准同期并网条件时给发电机发出断路器合闸脉冲，发电机并入系统。

（2）用于发电厂、变电所的线路、母线分段联系断路器，检测并列点两侧的压差、频差和相角差，并能区别是差频并网还是同频并网，如为同频并网，在功角及压差为允许范围内时，给断路器发出合闸脉冲，使两系统合环并列。

(3) 用于线路、旁路断路器的自动准同步捕捉和无压检定，前者为检测两系统间的压差、频差和相角差，在压差和频差符合条件时，计算相角差过零点越前时间给断路器发出合闸脉冲。后者为线路断路器的重合闸回路，其中一侧无电压或任何一侧无电压时，即给断路器发出合闸脉冲。

自动准同期装置的基本组成如图 3-3-3 所示。其中，频差控制单元的任务是检测发电机电压U_G与系统电压U_S间的滑差角频率且调节发电机转速，使它们之间的频率差小于规定值；压差控制单元的功能是检测U_G与U_S间的电压差，且调节发电机电压，使它们之间电压差值小于规定值；合闸信号控制单元，检查并列条件，当待并机组的频率和电压都满足并列条件时，控制单元就选择合适的时间发出合闸信号，使并列断路器的主触头接通时，相角差接近于零或控制在允许范围以内。

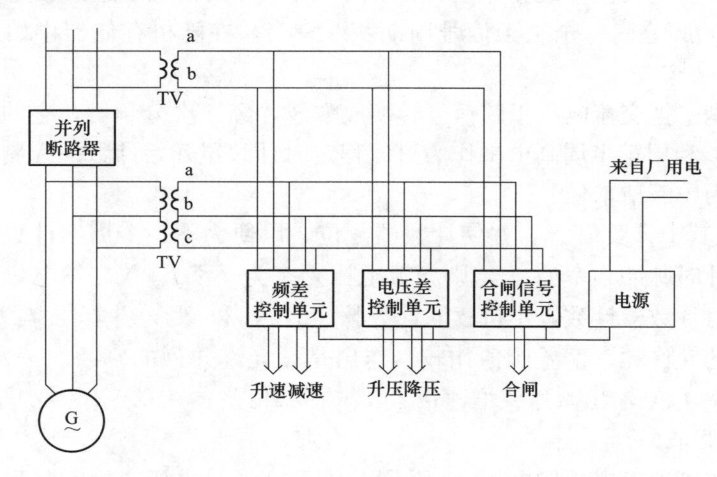

图 3-3-3　自动准同期装置的基本组成

微机型自动准同期装置与原模拟式准同期装置相比，在各项技术指标及功能上已生产了质的飞跃。微机型自动准同期装置的主要功能有：能适应电压互感器的不同相别和电压值；有良好的均频均压控制品质；能实现无逆功率并网；确保在相差为零度时同步并网；不失时机地捕获第一次出现的同步时机；具备低压和高压闭锁功能。

微机型自动准同步装置类型很多，但其基本组成是类同的，如微型计算机，频差、相角差鉴别电路，压差鉴别电路，开关量输入电路（含键盘输入），输出电路（显示部件、继电器组），装置电源，试验装置。

1. 微型计算机

微型计算机由单片机、存储器及相应的输入/输出接口电路构成，同步装置运行程序放在程序存储器（只读存储器 EPROM）中，同步参数整定值存放在存储器（电可擦存储器 EEROM）中，装置运行过程中的采样数据、计算中间结果及最终结果存放在数据存储器（静态随机存储器 RAM），输入/输出接口电路为可编程并行接口，用以采集并列点选择信号、远方复位信号、断路器辅助触点信号、键盘信号、压差越限信号等开关量，并控制输出继电器群实现调压、调速、合闸、报警等功能。

2. 压差鉴别电路

压差鉴别电路从外部输入装置的 TV1 及 TV2 两电压互感器二次侧提取压差超出整定值的数值及极性信号。微机系统把交流电压 u 转换成直流电压 U，其输出的直流电压大小与输入的交流电压成正比。CPU 从 A/D 转换接口读取的数字电压量 D_G、D_S（分别表示该量的有效值）。设机组并列时允许电压偏差设定值为 $D_{\Delta U}$，当 $|D_S-D_G|>D_{\Delta U}$时，不允许合闸信号输出；当 $|D_S-D_G|\leqslant D_{\Delta U}$时，允许合闸信号输出；当 $D_S>D_G$时，并行口输出升压信号，输出调节信号的宽度与差值成比例，反之则发出降压信号。

3. 频差、相角差鉴别电路

来自并列点断路器两侧 TV1 和 TV2 的二次电压经过隔离电路后，通过相敏电路将正弦波转换为相同周期的矩形波，通过对矩形波电压的过零点检测，即可从频差、相角差鉴别电路中获取计算待并发电机侧及运行系统侧的频率 f_G、f_S的信息，进而获得频差 Δf_D、角频率差 ω_D。这些值可以在每一个工频信号周期获取一个，在随机存储器中始终保留一个时段的这些值。

(1) 频差鉴别。把交流电压正弦信号转换成方波，经二次分频后，它的半波时间即为交流电压的周期 T。利用正半周高电平作为可编程定时计数器开始计数的控制信号，其下降沿即停止计数并作为中断请求信号。

由 CPU 读取其中计数值 N，并使计数器复位，以便为下一个周期计数作好准备。设编程定时计数器的计时脉冲频率为 f_c，则交流电压频率为 $f=f_c/N$。发电机电压和系统电压分别由可编程定时计数器计数，主机读取计数脉冲值 N_G和 N_S，并算得 f_G和 f_S。把频率差的绝对值与设定的允许频率偏差阀值比较，作出是否允许并列的判断。按发电机频率 f_G高于或低于系统频率 f_S来输出减速或增速信号。选择相角差 φ 在 0°～180°区间，调节量按与频差值 f_d成正比例调节。

(2) 相角差鉴别。发电机侧电压 u_G和系统电压 u_S通过电压变换和整形为矩形波后，经异或门的相敏电路，两个矩形波合成为一个矩形波。该矩形波的宽度与相角差 φ 之间有一定的对应关系。在异或门的输出端是一系列宽度不等的矩形波，表示相角差的变化，如图 3-3-4 所示。图中，从电压互感器二次侧来的电压 u_S、u_G的波形如图 (a) 所示；经削波限幅后得到图 (b) 所示的方波；两方波异或得到图 (c) 中一系列宽度不等的矩形波。这一系列矩形波的宽度 τ_i与相角差 φ_i相对应。系统电压方波的宽度 τ_S为已知，它等于 $1/2T_S$，φ_i由下式求得

$$\varphi_i=\begin{cases}\dfrac{\tau_i}{\tau_S}\cdot\pi(\tau_i\geqslant\tau_{i-1})\ (0<\varphi\leqslant\pi)\ \text{矩形波逐渐变宽}\\ \left(2\pi-\dfrac{\tau_i}{\tau_S}\cdot\pi\right)=\left(2-\dfrac{\tau_i}{\tau_S}\right)\pi(\tau_i<\tau_{i-1})\ (\pi<\varphi\leqslant 2\pi)\ \text{矩形波逐渐变窄}\end{cases} \tag{3-3-8}$$

式 (3-3-8) 中 τ_S和 τ_i的值，CPU 可从定时计数器读入求得。如每一工频周期（约 20ms）作一次计算，主机可记录 φ_i的轨迹。

通过计算已知时段、始末滑差角速度 ω_D的差值及其一阶、二阶导数，为计算理想导前合闸角 φ_{dq}创造了条件。同样，从两个电压互感器 TV 二次侧电压间相邻同方向的过零点找到两电压的相角差 φ，该值与计算出的最佳合闸导前相角差值 φ_{dq}进行比较，应有

$$|(2\pi-\varphi_i)-\varphi_{dq}|\leqslant\text{计算允许误差} \tag{3-3-9}$$

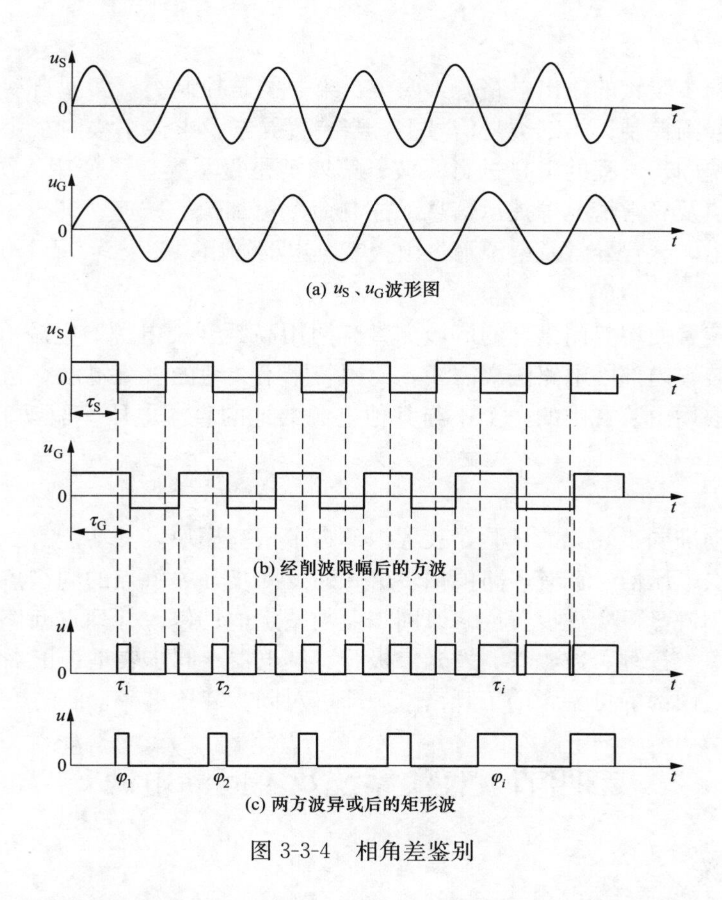

图 3-3-4 相角差鉴别

如果上式成立，则表明相角差符合要求，允许发合闸信号；如果 $|(2\pi-\varphi_i)-\varphi_{dq}|$ 大于计算允许误差，且 $(2\pi-\varphi_i)>\varphi_{dq}$，则继续进行下一点计算，直到 φ_i 逐渐逼近 φ_{dq} 符合要求为止。

角频率差 ω_D 和 $d\omega_D/dt$ 也是同步装置按模糊控制原理实施均频控制的依据，装置在调频过程中不断检测这两个量，进而改变控制脉冲宽度及间隔，以期用快速而又平稳的力度使待并发电机进入允许同步条件。

4. 输入电路

自动准同步装置的输入信号除并列点两侧的 TV 二次电压外，还要输入如下开关量信号：

(1) 并列点选择信号。同步装置可供多台发电机并网共用，但每次只能为一台服务，故确定即将执行并网的并列点后，首先从同步装置的并列点选择输入端送入一个开关量信号，这样同步装置接入后即调出相应的整定值，进行并网条件检测。

(2) 断路器辅助触点信号。并列点断路器辅助触点用来实时测量断路器合闸时间，同步装置的导前时间值越是接近断路器的实际合闸时间，并网时的相角差越小。

(3) 远方复位信号。“复位”是使微机从头再执行程序的一项操作，同步装置在自检或工作过程中出现硬件、软件问题或受干扰都可能导致出错或死机，或上次完成并网后程序进入循环显示断路器合闸状态，此时可通过复位恢复正常工作。

5. 输出电路

微机自动准同步装置的输出电路分为四类，第一类是控制类，实现自动装置对发电机组的均压、均频和合闸控制；第二类是信号类，当装置异常及电源消失时报警；第三类是录波类，对外提供反映同步过程的电量进行录波；第四类是显示类，供使用人员监视装置工况、实时参数、整定值及异常情况等提示信息。控制命令由加速、减速、升压、降压、合闸、同步闭锁继电器输出，装置异常及电源消失由报警继电器输出。

6. 电源

自动准同步装置使用专门设计的广域交直流两用高频开关电源。电源可由 48～250V 交直流电源供电。装置内部因电路隔离需要，使用若干不共地的直流电源。选择并列点的外部同步开关触点，取用由装置中的一个不与其他电源共地的直流电压作驱动光电隔离的电源，以免产生干扰。

7. 试验装置

为了便于自动准同步装置的试验，装置内部自带试验模块，其功能有：产生模拟待并侧及系统侧 TV 二次电压信号；有多路模拟多个并列点同步开关触点的同步点选择开关；由多个按键组成的控制键盘可实现设置或修改同步参数整定值；修改并列点断路器编号；检查同步装置的全部开关、按键、数码管、发光二极管、继电器、同步表是否正常。

配合同步装置内部的可调频的工频信号源即可对同步装置进行全面的检查和试验。

第四节　直流系统及不间断电源

一、直流系统

为确保重要设备的控制、保护电源始终保持高度可靠性和稳定性，发电厂一般都建立直流系统为其供电，以避免交流电源不稳定或丢失而致设备失控、保护失灵。电厂内至少有一个独立的直流系统，在有大机组的电厂中更设有多个（如单元机组控制室、网络控制室、输煤直流系统等）彼此独立的直流系统；大机组的继电保护实行主保护和后备保护由两套独立直流系统供电的双重化配置原则。

直流系统由直流电源和直流负荷构成。直流电源由蓄电池组、充放电装置和直流配电母线组成；直流负荷主要有重要电气设备的控制、保护、信号设备；自动装置；事故照明；汽轮机直流油泵，热控负荷等。

（一）直流系统电源

发电厂直流电源一般以蓄电池组为核心构建。蓄电池组的电压等级有 220V 和 110V 两种，国内电厂多用 220V。采用 110V，系统要求的绝缘水平较低，对提高系统运行安全性有利；蓄电池组的电池个数减少，可减少设备数量及占地面积；不足之处在于需增大控制回路电缆的截面，大大增加建设的造价；同时对于事故照明的供电没有像 220V 等级那样简单直接切换即可，而要采用逆变电源或其他方法来解决。

典型的发电厂直流系统接线如图 3-4-1 所示。图中，直流系统有两段母线，分别各有其蓄电池组、充电整流器、电压监视及绝缘监察装置，两母线之间有联络开关，可以互为备用但不能并列运行（机械闭锁）；两组蓄电池之间有一台公用充电整流器，作为两台充电整流器的公共备用，为防止两组蓄电池并列，也设有闭锁。正常运行时，两侧充电整流器分别向其对应的直流母线负荷供电，并以小电流对蓄电池组进行浮充电，维持直流母线电压在要求的范围内，当有较大的直流负载投入运行（如断路器电磁型操动机构合闸操作）而造成直流母线电压降低时，蓄电池组自动放电维持直流母线电压。当充电器的交流电源失去时，直流母线负荷由蓄电池组放电进行供电，一般蓄电池组的容量按持续放电一小时配置。蓄电池组放电后，由充电整流器对其进行充电。如果长时间没遇上蓄电池组放电事件，一般需要定期对蓄电池组进行校核性放电，一是检验电池储存的电量，确保其保持足够的容量；二是活化电池活性物质，长期浮充电而不进行放电会使蓄电池“钝化”而失去容量。放电通过具有逆变功能的充电整流器对交流侧电网倒送电。

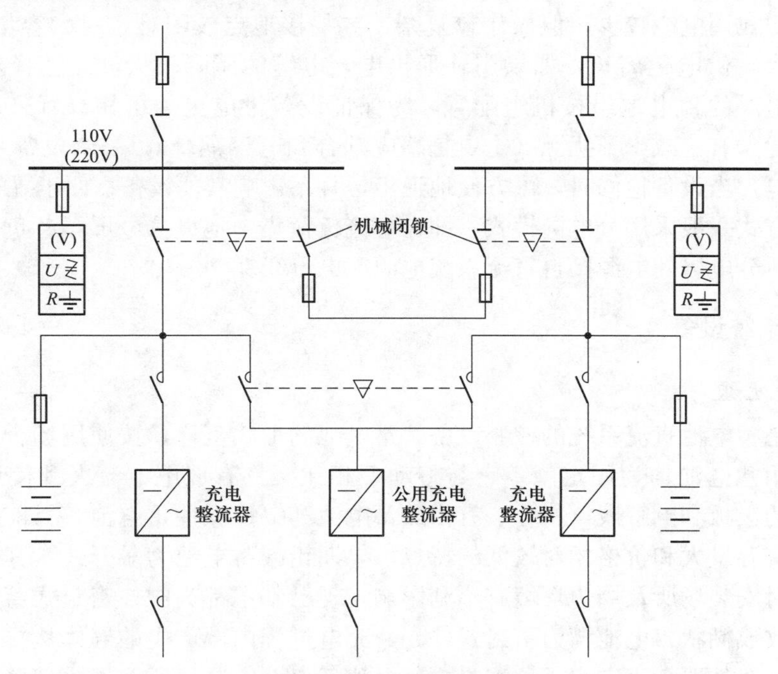

图 3-4-1　发电厂直流系统接线简图

图 3-4-1 所示方案，有利于蓄电池组的充放电维护。因为除浮充电外，全组蓄电池组的充电后期，充电电压都会高于直流母线允许的运行电压范围，故不能带着直流母线对全组蓄电池组进行充电。以前蓄电池组的配置方式设若干端电池，在蓄电池组对直流母线放电的后期，随着蓄电池端电压的下降，人为地逐步将更多的端电池划进来参与放电；在放电后带直流母线对蓄电池组恢复充电的后期，随着蓄电池端电压的上升，人为地逐步将更多的端电池划出去，以保持直流母线电压在允许的范围内。运行实践证明，此种蓄电池组配置方式，会造成端电池的长期欠充电，极板硫化失去容量而过早地报废。采用图 3-4-1 所示的配置方式，蓄电池组需要放电或充电时，整组切出直流母线，由充电整流器单独进行，充放电过程中的电压变化不影响运行系统。

（二）直流系统网络

直流系统电源通过配电母线，分别引出动力、控制、照明等若干馈线，形成对外供电网络，一般有环形供电和辐射供电两种方式。

1. 环形供电

中小型电厂多采用环形供电方式，它由直流屏引两回馈线，分别接到配电装置或其他供电对象网络的两端，经开关接入其中两个间隔或屏台，然后分别将供电对象串联起来，在适当地方用刀开关分段。当某一网络发生直流一点接地或其他故障时，可将故障段分解开，以便查寻故障点，及时消除故障，同时，不会影响其他供电对象的正常运行。如果配电装置间隔很多，也可由直流屏引三回馈线，在配电装置中间间隔处引一回馈线，分成两个网络。其他直流用电设备，如事故照明、通信备用电源、主控室经常照明等负荷用单回路供电。事故照明正常由交流电源供电，当交流电源消失时，自动切换到直流电源供电。

2. 辐射供电

环形供电方式用电缆较少，但操作较复杂，寻找接地点较困难，对大容量机组发电厂，因供电网络较大，供电距离长，如果用环形供电，电缆的压降较大，需选择较大截面的电缆。因大机组电厂的蓄电池组按机组配置，为保证设备供电更为可靠，可采用辐射供电方式。此方式的优点有：减少干扰源（主要是感应耦合和电容耦合）；一个设备或系统由 1～2 条馈线直配供电，当设备检修时，可方便地退出，且不影响其他设备；便于寻找接地故障。

辐射供电方式一般采用分电屏模式，即在直流负荷集中地设分电屏，各负荷直接接入分电屏配电母线，分电屏的电源接自直流系统电源配电母线。

二、直流系统设备

（一）蓄电池组

蓄电池组是蓄电池直流系统的核心设备。蓄电池的形式多样，按使用场合分有固定型和移动型，电厂用蓄电池均为固定型，它与移动型相比，具有放电电流大和使用寿命长的特点。按蓄电池的极板和电解液材料分，有铅酸蓄电池和镉镍碱性蓄电池，目前电厂用多为铅酸蓄电池，具有容量大和价格相对较低的特点。早期铅酸蓄电池为敞开式，其充电过程产生的氢气和酸雾对安装场所及周边环境有不利影响，现已基本都为阀控密封式蓄电池，电解液由以前的液态改成糊状，电池槽为密封式外壳，充电过程内部产生的气体从排气阀排出，电池内部的酸液不会外泄。固定型阀控密封式蓄电池不仅对安装场所及周边环境影响很小，且避免了对蓄电池的定期加水维护工作量。

蓄电池的基本结构是正负极板、电解液和蓄电池槽。

1. 极板

极板是蓄电池的主要部分，蓄电池充、放电过程，电能和化学能的相互转换就是依靠极板上活性物质和电解液中硫酸的化学反应来实现的。

极板由栅架及活性物质组成。栅架由铅锑（钙）合金浇铸而成。加锑（钙）是为了提高机械强度和铸造性能。活性物质就是极板上的工作物质。正极板上的活性物质为二氧化铅（PbO_2）、呈暗棕色；负极板上的活性物质为海绵状纯铅（Pb），呈深灰色。

将正、负极板各一片浸入电解液中，就可获得约 2.1V 的电动势。为增大蓄电池容量，将多片正、负极板分别并联，用横板焊接成正负极板组。正负极板相互交错嵌合，中间插入隔板后装入蓄电池单格内，便形成单个电池。在每个电池中负极板总比正极板多一片（两边板均为负极板）。因为正极板活性物质比较疏松，且正极板处的化学反应比负极质上的化学反应剧烈，反应前后活性物质体积变化较大，所以正极板夹在负极板之间，可使其两侧放电均匀，从而减轻正极板的翘曲和活性物质脱落。

隔板的作用是使正、负极板尽量地靠近而不至于短路，缩小蓄电池的体积，防止极板变形和活性物质脱落。隔板用微孔塑料制成，具有多孔性，有利于电解液渗透，还具有良好的耐酸性和抗氧化性。隔板的面积一般做得比极板稍大些，一面制有纵向沟槽。沟槽既能使电解液上下流通，也能使气泡沿槽上升，还能使脱落的活性物质沿槽下沉。

2. 电解液

电解液的作用是形成电离，促使极板活性物的溶离，产生可逆的电化学反应。它是由相对密度为1.84g/cm³ 的化学纯硫酸和蒸馏水按一定的比例配制而成，其相对密度一般在1.24～1.31g/cm³，使用时根据当地最低气温进行选择，见表3-4-1。

表3-4-1　　蓄电池电解液密度

使用地区最低气温（℃）	冬季密度（g/cm³）	夏季密度（g/cm³）
＜－40	1.31	1.27
－30～－40	1.29	1.25
－20～－30	1.28	1.25
0～20	1.27	1.24

电解液的纯度是影响蓄电池的电气性能和使用寿命的重要因素，因此要用行业标准二级专用硫酸和蒸馏水。工业用硫酸和一般的水中因含有铁、铜等有害杂质而增加自放电和极板损坏，不能用于蓄电池。

3. 蓄电池外壳

蓄电池外壳由蓄电池槽、蓄电池盖构成，两者之间为密封结构，蓄电池内能承受50kPa正压或负压的作用。蓄电池盖上有排气阀，排气阀开启和关闭的压力为1～49kPa。外壳材料有硬橡胶和塑料两种。外壳壳内由间壁分成三个或六个互不相通的单格，底部制有凸筋用来支持极板组。凸筋之间的空隙可积存极板脱落的活性物质，避免正负极板短路。

4. 铅酸蓄电池的工作原理

蓄电池的工作原理是通过充电将电能转换为化学能贮存起来，使用时再将化学能转换为电能释放出来，正是这种可逆转的电化学反应，使蓄电池实现了贮存电能和释放电能的功能。

（1）充电。充电时在正、负极板上的硫酸铅分别被还原成铅和二氧化铅，电解液中酸的浓度逐渐增加，电池两端的电压上升。当正、负极板上的硫酸铅都被还原成原来的活性物质时，充电结束。充电过程中负极板上产生氢气，正极板产生氧气，生成的氧和氢在电池内部“氧合”成水回到电解液中。充电过程的化学反应式为

$$2PbSO_4 + 2H_2O \longrightarrow PbO_2 + 2H_2SO_4 + Pb \tag{3-4-1}$$

（2）放电。蓄电池连接外部电路放电时，在蓄电池的电位差作用下，负极板上的电子经负载进入正极板形成电流，同时在电池内部进行化学反应：

$$PbO_2 + 2H_2SO_4 + Pb \longrightarrow 2PbSO_4 + 2H_2O \tag{3-4-2}$$

负极板上每个铅原子放出两个电子后，生成的铅离子（Pb^{2+}）与电解液中的硫酸根离子（$SO4^{2-}$）反应，在极板上生成难溶的硫酸铅（$PbSO_4$）；正极板的铅离子（Pb^{4+}）得到来自负极的两个电子（2e）后，变成二价铅离子（Pb^{2+}）与电解液中的硫酸根离子（$SO4^{2-}$）反

应，在极板上生成难溶的硫酸铅（$PbSO_4$）。正极板水解出的氧离子与电解液中的氢离子反应，生成稳定物质水。

电解液中存在的硫酸根离子和氢离子在电力场的作用下分别移向电池的正、负极，在电池内部形成电流，整个回路形成，蓄电池向外持续放电。放电时 H_2SO_4 浓度不断下降，正负极上的硫酸铅（$PbSO_2$）增加，电池内阻增大（硫酸铅不导电），电解液浓度下降，电池电动势降低。

（二）充电装置

用于对蓄电池组充电的充电装置，早期采用电动直流充电机，后随着晶闸管技术的发展成熟，晶闸管整流器被广泛应用，后又开发出功能更强的高频开关电源充电装置，为越来越多的电厂所采用。

1. 晶闸管整流器

晶闸管整流器又称可控硅整流器，按组成的器件可分为不可控、半控、全控三种；按电路结构可分为桥式电路和半波电路；按交流输入相数分为单相和三相。电厂直流系统所用充电装置为三相桥式全控整流电路。它的工作原理就是将交流电经过整流滤波变为直流，由改变晶闸管的导通相位角来控制整流器的输出电压，如果采用适当的控制电路使晶闸管的导通相位根据输入电压或负载电流变化自动调整，整流器的输出电压就能稳定不变。

蓄电池组需要定期校核放电并活化极板有效物质，放电的负载一是选择直流母线负荷，但机组正常运行时直流负荷不大且难以调整，很难适应蓄电池组放电电流要求。利用晶闸管整流装置的可逆变功能，将蓄电池的能量反馈给交流电网，既方便又节能。

整流装置在满足一定条件时可以作为逆变装置应用。即同一套电路，既可以工作在整流状态，也可以工作在逆变状态，这样的电路统称为变流装置。变流装置如果工作在逆变状态，其交流侧接在交流电网上，电网成为负载，在运行中将直流电能变换为交流电能回送到电网中去，这样的逆变称为“有源逆变”。有源逆变的两个基本条件是：

（1）外部条件。要有一个极性与晶闸管导通方向一致的直流电势源如蓄电池电势。它是使电能从变流器的直流侧回馈交流电网的源泉，其数值应稍大于变流器直流侧输出的直流平均电压。

（2）内部条件。要求变流器中晶闸管的控制角 $\alpha > \pi/2$，这样才能使变流器直流侧输出一个负的平均电压，以实现直流电源的能量向交流电网的流转。

通常把逆变工作时的控制角改用 β 表示，令 $\beta = \pi - \alpha$，称为逆变角，规定 $\alpha = \pi$ 时为计算 β 的起点。变流器整流工作时，$\alpha < \pi/2$，相应的 $\beta > \pi/2$，而在逆变工作时，$\alpha > \pi/2$ 而 $\beta < \pi/2$。逆变时，其输出电压平均值的计算公式可改写成 $U_d = -U_{d0}\cos\beta$。β 从 $\pi/2$ 逐渐减小时，其输出电压平均值 U_d 的绝对值逐渐增大，其符号为负。逆变电路中，晶闸管之间的换流完全由触发脉冲控制，其换流趋势总是从高电压向更低的阳极电压过渡。这样，对触发脉冲就提出了格外严格的要求，其脉冲必须严格按照规定的顺序发出，而且要保证触发可靠，否则极容易造成因晶闸管之间的换流失败而导致的逆变颠覆。

2. 高频开关电源

现电厂多采用以高频开关装置为核心、辅以其他功能模块组成的直流操作电源系统，系统包括交流配电单元、高频开关整流模块、硅堆降压单元、电池巡检装置、绝缘监测装置、充电监控单元、配电监控单元和集中监控模块等部分。各单元模块的功能为：

1）整流模块。对输入的交流电进行整流，模块的数量可根据电流的大小配置。

2）硅堆降压单元。根据蓄电池组输出电压与直流母线电压差值的变化自动调节串入降压硅堆（串联二极管）的数量，使直流母线的电压稳定在规定的范围内。

3）绝缘监测装置。实时在线监测直流母线的正负极对地的绝缘水平，当接地电阻下降到设定的告警电阻值时，发出接地告警信号。

4）电池巡检装置。实时在线监测蓄电池组的单体电压，当单体电池的电压超过设定的告警电压值时，发出单体电压异常信号。

5）充电监控单元。接受集中监控模块的控制指令，调节整流模块的输出电压，实现对蓄电池组的恒压限流充电和均浮充自动转换，同时上传整流模块的故障信号。

6）配电监控单元。采集系统中交流配电、整流装置、蓄电池组、直流母线和馈电回路的电压、电流运行参数，以及状态和告警接点信号，上传到集中监控模块进行运行参数显示和信号处理。

7）集中监控模块。对系统进行监测和控制，整流模块、蓄电池组、交直流配电单元的运行参数分别由充电监控电路和配电监控电路采集处理，然后通过通信口把处理后的信息上传给监控模块，由监控模块统一处理后显示在液晶屏幕上。同时监控模块可通过人机对话操作方式对系统进行运行参数的设置和运行状态的控制，还可以通过通信口接入电厂监控系统，实现对电源系统的远程监控。另外，监控模块通过对采集数据的分析和判断，能自动完成对蓄电池组充电的均浮充转换和温度补偿控制，以保证电池的正常充电，最大限度地延长电池的使用寿命。

当交流系统失电或故障时，整流模块停止工作，由蓄电池组不间断地给直流负载供电。监控模块实时监测蓄电池的放电电压和电流，当蓄电池放电到设置的终止电压时，监控模块告警。同时监控模块时刻显示、处理配电监控电路上传的数据。

（1）整流模块。整流模块就是我们通常说的高频开关整流电路，其原理框图如图 3-4-2 所示，主电路由 EMI 滤波、全桥整流、无源 PFC、高频逆变、隔离变压器、高频整流和 LC 滤波等部分构成：

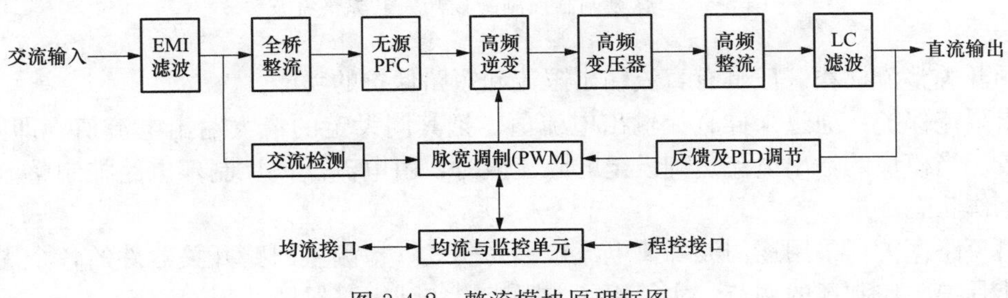

图 3-4-2　整流模块原理框图

1）EMI 滤波。滤除交流电网中其他设备产生的尖峰电压干扰分量，给模块提供干净的交流输入电源；同时阻断整流模块产生的高频干扰反向传输污染电网。

2）全桥整流。利用三相整流桥直接将交流输入电压变换为脉动直流电。

3）无源 PFC。采用无源的 LC 器件，将全桥整流所得的 300Hz 脉动直流电转换成平滑的直流电，在串联电抗器的电感量足够大的情况下，能起到很好的无源功率因数校正的作用，使交流输入功率因数接近 0.95。

4）高频逆变。采用开关器件，将输入直流电变换为脉冲宽度可调的高频交流脉冲波。

5）高频变压器。将高频交流脉冲波隔离、耦合输出，实现交流输入与直流输出的电气隔离和功率传输。由于采用了高频交流脉冲传输技术，因此变压器的体积较小、重量较轻。

6）输出高频整流。采用快恢复二极管，将高频交流脉冲波变换为高频脉动直流电。

7）输出 LC 滤波。采用无源的 LC 器件，将整流所得的高频脉动直流电转换成平滑的直流电输出。

反馈调节电路采用直流输出电压和电流反馈的 PID 调节，其控制原理为：高频逆变采用逐周波峰值电流检测模式；直流输出的电压、电流反馈信号与给定的电压、电流值进行 PID 运算、调节，输出误差放大信号，该信号与 PWM 控制芯片产生的振荡三角波进行比较，实现驱动高频逆变电路开关管导通的控制脉冲的宽度可调，达到稳定输出电压、电流的目的。

脉宽调制 PWM 控制是高频开关电源普遍采用的一种技术，由控制电路产生的控制脉冲驱动高频逆变电路中的开关管周期导通，将直流电变换成宽度可调的高频方波，再经整流平滑为直流电输出。控制开关功率器件的开关频率恒定不变，通过调节每个周期内驱动开关器件导通的控制脉冲的有效宽度，达到调节直流输出电压、电流的目的。其波形变换过程如图 3-4-3所示。其中直流输出电压

$$U_o = DU_i \tag{3-4-3}$$

式中，D 为占空比

$$D = T_{on}/T_s = T_{on}/(T_{on} + T_{off}) \tag{3-4-4}$$

式中，T_s为开关管工作周期；T_{on}为开关管导通时间；T_{off}为开关管关断时间。

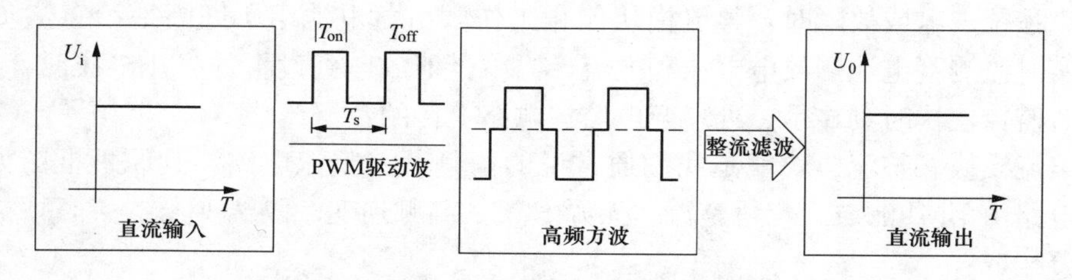

图 3-4-3　脉宽调制控制高频开关电源整流波形

高频开关整流模块一般具有直流输出限流和短路保护的功能。

输出限流保护：通过采样直流输出电流值，把其同设定的最大输出电流值（即限流值）进行比较。当模块的输出电流达到设定的限流值时，由电流反馈控制环电路控制整流模块进入限流工作状态。

输出短路保护：采用逐周波峰值电流检测的模式，检测主回路开关器件的各个周期的电流值，使其参与控制环的调节，实行逐周波限流，实现短路保护。

（2）硅堆降压装置。对于阀控式铅酸蓄电池组的个数选择大于 104 只（110V 系统大于 52 只）的直流系统，由于在对蓄电池进行均衡充电时，与蓄电池组并联的直流母线电压超出控制直流负荷电压不大于＋10％的要求，因此需要这样一个降压装置把直流母线的电压调节到控制直流负荷要求的范围内。硅堆降压就是这种调压装置，它可自动或手动调节母线电压，从而使控制直流母线的电压稳定在规定的范围内。

降压硅堆是由多个大功率硅整流二极管串联而成的，利用硅二极管 PN 结相对稳定的正向压降来作为调节电压，通过改变串入线路中二极管的数量来获得适当的电压降，达到调节

母线电压的目的。采用硅二极管降压的优点是大功率硅二极管的过载能力强、能短时耐受近20倍的冲击电流。

降压装置根据具体工程情况可将降压硅堆分为2～4节串联，在每节硅堆的两端并接控制继电器的动断触点，如果控制继电器动作，其动断触点断开，使该节硅堆串入线路中降压，直流输出电压降低；反过来，如果控制继电器的动断触点闭合，使该节硅堆被短接旁路，直流输出电压升高。

在降压硅堆回路串联有隔离开关，同时并联有旁路开关，以实现在对降压硅堆或控制电路维护时控制母线不间断供电。

（3）绝缘监测装置。发电厂内的直流操作电源系统，供电网络分布深入到各个二次设备处，发生接地的概率不小。当系统出现一点接地（正或负极直接接地或对地绝缘降低）时，虽不影响控制回路的正常工作，但当出现第二点接地时，则可能通过大地形成通路，短接二次回路接点，造成控制回路或保护装置的误动作，甚至造成直流正负极短路，从而引发事故。因此直流系统对地应有良好的绝缘，并进行实时的在线监测，当某一点出现接地故障时，立即发出告警信号，提醒工作人员及时查找并排除接地故障。直流系统的绝缘检测由母线绝缘检测和支路绝缘检测两部分组成。

1）母线绝缘检测原理。如图3-4-4所示，采用不平衡电桥测量电路，由微处理器控制开关S1和S2顺序导通，分别测得两组直流母线正负极对地的电压值数据，然后解方程求出直流母线正负极对地的绝缘电阻值。

S1闭合，S2断开时

$$\frac{U_{+1}(R+2R_z)}{RR_z}=\frac{U_{-1}(R+R_f)}{RR_f} \tag{3-4-5}$$

S2闭合，S1断开时

$$\frac{U_{+2}(R+R_z)}{RR_z}=\frac{U_{-2}(R+2R_f)}{RR_f} \tag{3-4-6}$$

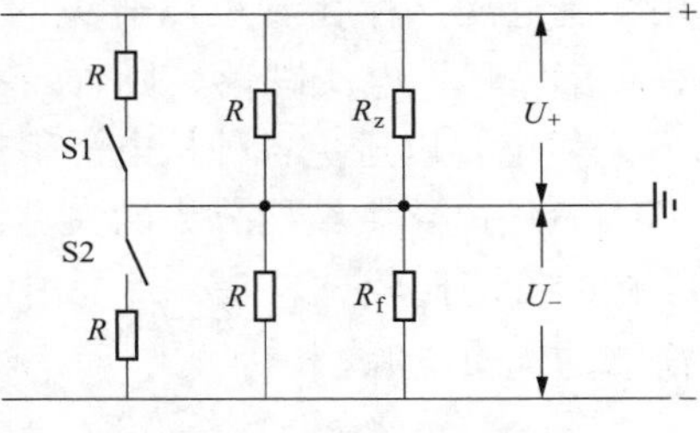

图3-4-4　母线绝缘检测原理

已知U_{+1}、U_{-1}、U_{+2}、U_{-2}和R，解方程可以分别求出直流母线正极对地的绝缘电阻R_z和负极对地的绝缘电阻R_f的值。这种母线绝缘检测技术可以准确地测量出直流系统正负极对地总的绝缘电阻，但不能确定直流系统各供电支路（直流馈电输出）的正负极对地的绝缘电阻值。

2）支路绝缘监测原理。对直流系统各馈电支路正、负极对地的绝缘电阻的检测，是在各馈电支路回路安装电流互感器，采用低频叠加或直流漏电流的原理，计算出馈电支路的正负极对地的绝缘电阻值。

①低频叠加原理。由低频信号源产生的超低频信号由直流母线对地耦合到直流系统，采用无源交流微电流传感器，感应流过各馈电支路中接地电阻与接地电容的超低频信号电流，其大小直接反映出支路接地电阻的变化。感应电流信号经过放大、相位比较、滤波、A/D转换后，进行数据处理并计算出相应的接地电阻值，判断出直流馈电支路的接地故障。这一技术的电流传感器不受一次侧电流和温度变化的影响，缺点是检测精度受分布电容和低频信号衰减的影响较大。当然可以采用信号相位比较技术进行超前校正及跟踪，消除支路分布电容对接地电阻测量精度的影响，同时克服母线上非同步交流信号的干扰，解决因判断数据不全引发的支路误报和漏报现象。

②直流漏电流原理。采用磁调制有源直流微电流传感器，馈电支路正负极穿过传感器的正常负荷电流大小相等、方向相反，在传感器中的合成直流电磁场为零，其二次输出也为零；当支路回路的正负极存在接地电阻时，就会感应产生漏电流，并且在传感器中合成漏电流磁场，其二次输出就直接反映接地漏电流的大小，结合母线绝缘检测不平衡电桥电路的对地电压测量数据，可以计算出支路对地的绝缘电阻值，从而判断出直流馈电支路的接地故障。这一技术无需在直流母线上叠加任何信号，对直流系统不会产生任何不良影响，检测精度不受直流系统对地分布电容的影响，且灵敏度高，巡检速度快。缺点是有源直流传感器设计制造复杂，温度变化对其精度有一定的影响，输出可能产生漂移，影响测量精度。需采取校正技术消除磁偏和温度的影响。

三、不间断电源（UPS）

发电机组的监控系统DCS，包括各种热工自动装置，如自动调节用组装仪表、汽轮机电液数字调节装置、锅炉联锁及安全监察系统FSSS、汽机监视仪表（TSI）、协调控制系统（CCS）等，都需要有一个可靠的电源，该电源要求无论在机组本身厂用电中断还是电网故障时，都不应中断供电，这就要求不但有可以使机组安全停机的事故保安电源，而且要求有一个为控制、监视装置及事故后状态参数记录装置提供高供电品质且不间断供电的交流不停电电源。此外，除了保证不间断的供电，重要计算机系统对供电电源的质量要求很高，直接接用交流电网，存在着难以避免的断电、雷击尖峰、浪涌、频率震荡、电压突变、电压波动、频率漂移、电压跌落、脉冲干扰等问题，因此，一些系统设备正常工作时就要求通过UPS来供电，以避免各种从电源串过来的干扰，确保其运行的稳定性和可靠性。

UPS按电路主结构分为四大类：后备式、在线式、串并联调整式和在线互动式。几种电路结构的性能比较见表3-4-2。表中显示，在线式UPS有着明显的性能优势，它可为负载提供清洁的优质电源。

表3-4-2　　几种UPS电路结构的性能比较

性能	后备式	在线式	串并联调整式	在线互动式
市电模式下逆变器状态	不工作	工作	85%能量直接市电提供	热备
输出电源质量	非常差	最高	差	差
切换时间（ms）	5～10	零	零	<10
功率范围（kVA）	<3	>1	10	<6
成本	低	高	较高	中等

在线式UPS的电路结构原理如图3-4-5所示。各主要部分的工作原理如下。

1. 整流器（充电器）

整流器把交流电变为直流电，为逆变器和蓄电池提供能量，其性能的优劣直接影响UPS的输入指标。系统的稳压功能通常是由整流器完成的，整流器件采用晶闸管或高频开关整流器，本身具有可根据外电的变化控制输出幅度的功能，从而当外电发生变化时（该变化应满足系统要求），输出幅度基本不变的整流电压。

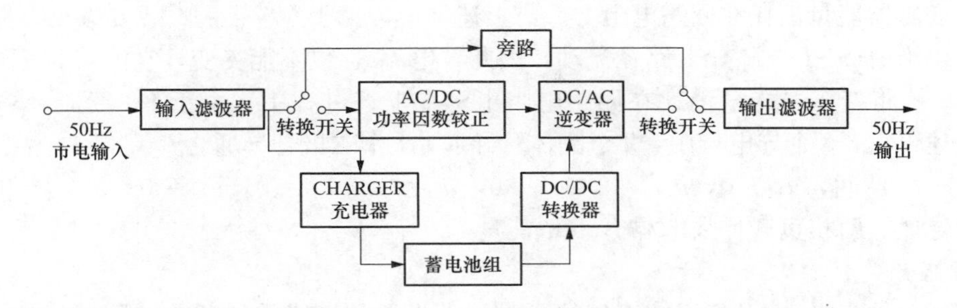

图 3-4-5　在线式 UPS 电路结构原理

大型 UPS 中广泛应用三相桥式全控整流电路，充电器通常与整流器合二为一。

2. 逆变器

逆变器用以把经整流后的直流电能或蓄电池的直流电能转换为电压和频率都比较稳定的交流电能，其性能的优劣直接影响 UPS 的输出性能指标。UPS 逆变器控制电路，除采用三相正弦脉宽调制技术外，波形叠加技术也得到了广泛应用，波形叠加技术有叠加式阶梯波、离散型阶梯波、脉宽阶梯混合波等多种，其中脉宽阶梯混合波应用较多。

三相桥式逆变电路是中、大容量 UPS 逆变器的基本电路，如图 3-4-6 所示，它是由直流电源、3 块两单元晶体管模块和输出变压器组成。市电正常供电时，直流电源 E 由整流电路提供，市电中断时，直流电源由蓄电池提供。输出变压器初级接成三角形，次级接成星型。

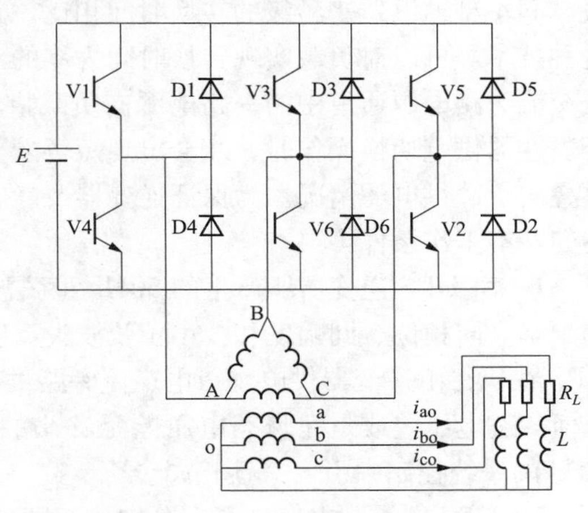

图 3-4-6　三相桥式逆变电路

在 V1～V6 的基极 b1～b6 分别加上正弦脉宽触发信号，$t_0 \sim t_1$ 期间，$u_{b1}>0$，$u_{b6}>0$，$u_{b5}>0$，$u_{b2}=0$，$u_{b4}=0$，$u_{b3}=0$，V1、V6、V5 导通，V2、V3、V4 截止。变压器初级电流 i_{AB} 沿着 E_+→V1→变压器初级绕组 AB→V6→E 路径流动。由于 V1、V6 导通，故变压器初级绕组 AB 两端电压为

$$u_{AB}=L\frac{di_{AB}}{dt}=E \tag{3-4-7}$$

变压器次级绕组 ao 感应出电压为

$$u_{ao}=M\frac{di_{AB}}{dt} \tag{3-4-8}$$

该电压推动的电流 i_{ao} 沿着 a→R_L→L→o 路径流动，变压器中能量的一部分消耗在负载电阻上，另一部分储存在负载电感中。其余两相的分析类推。由上可见，3 个导电臂中均有晶体管导通，二极管不通，负载从直流电源中获取能量。

在 $t_1 \sim t_2$ 期间，$u_{b1}>0$，$u_{b3}>0$，$u_{b5}>0$，$u_{b2}=0$，$u_{b4}=0$，$u_{b6}=0$。由于 V6 截止，i_{ao} 要减小，但是 i_{ao} 不能突变，仍沿着 a→R_L→L→0 路径流动，负载电感中能量一部分消耗在负载电阻上，另一部分存储在变压器中，电流 i_{AB} 也不能突变，它沿着 B→D3→V1→A 路径

流动，将变压器能量消耗在回路电阻上。与上述类似，由于V6截止，i_{bo}要减小，但是i_{bo}不能突变，仍沿着o→L→R_L→b路径流动，因此，电流i_{CB}也不能突变，它沿着B→D3→V5→C路径流动，将变压器能量消耗在回路电阻上。在上述过程中，由于D3续流，V3不能导通。由上述可见，3个导电臂中，2个晶体管导通，1个二极管导通。

在t_2～t_3期间，$u_{b1}>0$，$u_{b5}>0$，$u_{b6}>0$，$u_{b2}=0$，$u_{b3}=0$，$u_{b4}=0$。3个导电臂中，3个晶体管导通。两相负载均从电源E获取能量。

3. 旁路开关

旁路开关是为提高UPS系统工作的可靠性而设置的，能承受负载的瞬时过载或短路电流。因UPS的逆变器采用电子器件，当UPS供电系统出现过载或短路故障时，UPS将自动切换到旁路，以保护UPS的逆变器不会因过载而损坏。UPS供电系统转入旁路供电，待系统切除过载或短路回路后，旁路开关将自动转换回来，由UPS继续向其他负载供电。旁路开关可分为以下两种：

（1）静态旁路开关（静态转换开关）。静态旁路开关为无触点开关，由晶闸管开关器件构成。所谓电子式静态转换开关，是将一对反向并联的快速晶闸管连接起来，作为UPS在执行由市电旁路供电至逆变器供电切换操作时的元件。由于快速晶闸管的接通时间为微秒级，同小型继电器毫秒级的转换时间相比，它只是小型继电器的千分之一左右。因此，依靠这种技术，可以对负载实现转换时间为零的不间断供电。正常工作时，只有逆变器供电通道或交流旁路电源通道中的一路电源向负载供电。只有当UPS需要执行由交流旁路电源供电至逆变器供电切换操作时，才会出现短暂的（约几毫秒至几十毫秒）两路交流电源在时间上重叠向负载供电的情况。为保证逆变器及静态开关的安全运行，UPS的控制系统必须满足下述的基本工作条件：

1）由UPS逆变器所产生的50Hz正弦波电源应随时保持与市电50Hz交流旁路电源的同频率、同相位、同幅度和较小正弦波失真度的关系。因为只有在这样的条件下才有可能使UPS在执行由逆变器供电至市电交流旁路供电切换操作时，实现上述两种交流电源间不存在任何瞬态电压差或是在瞬态电压差足够小的条件下执行安全切换的操作要求。为此必须在UPS的系统控制中引入“锁相同步”。

2）UPS的控制电路应具有分别执行同步切换和非同步切换的能力，以确保UPS能在具有不同供电质量的交流旁路电源系统中正常运行。

①同步切换方式。对于图3-4-7所示的控制系统而言，由于在它的逆变器供电和市电交流旁路供电通道上都采用静态开关来作为它们的切换元件。对于晶闸管而言，一旦它被触发导通，导通状态会一直维持到流过晶闸管的电流小于它的最小维持电流或者加在晶闸管阳极上的电位低于阴极上的电位时，晶闸管才会重新恢复它的阻断能力。由此可见对于采用由反向并联的晶闸管构成的静态开关而言，唯一确保晶闸管静态开关被“关断”的条件是将流过它的电流降低到它的维持电流以下。因此，当这种类型的UPS在执行市电交流旁路供电向逆变器供电切换操作时，常采用如下控制原理：当UPS的逻辑控制板上的控制电路在执行切换操作命令时，它首先发出控制命令立即封锁原来处于导通状态的静态开关中的晶闸管的触发脉冲。与此同时，随时检测流过该晶闸管的电流，当控制电路发现流过该晶闸管的电流过零时，立即向原来处于关断状态的静态开关中的晶闸管发送触发脉冲，从而实现在两个静态开关之间换流的切换操作。由于快速晶闸管的导通时间仅是微秒数量级，所以在技术上是

能实现向负载提供切换时间为零的连续供电要求的。

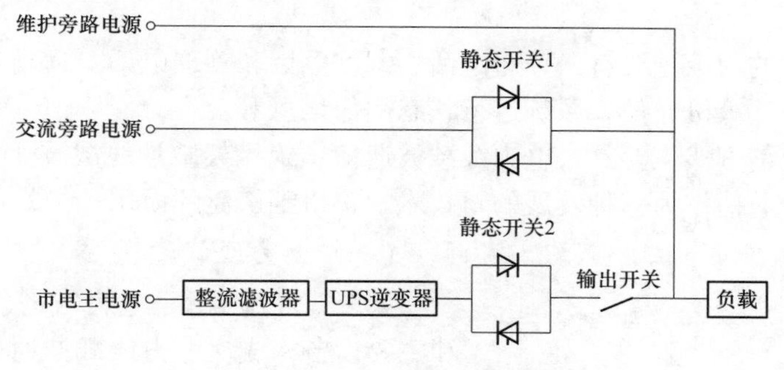

图 3-4-7　静态开关控制框图

②不同步切换方式。当交流旁路电源电压与逆变器输出电压之间的相位差过大（一般UPS允许的最大相位差在 3.6°～15°之间）或上述两种电压间的瞬态电压差过大（如超过25V以上）时，静态开关逻辑控制电路会发出禁止切换命令。在这种情况下，由市电交流旁路供电至逆变器供电的切换操作只能采取不同步切换方式，以免在执行切换操作的瞬间因环流过大而引发事故，如烧毁静态开关中的晶闸管或逆变器中的末级驱动晶体管模块。

当UPS需从逆变器供电向市电交流旁路供电切换时，是采用“先断开后接通”的控制方式来执行切换操作的。即先让位于逆变器供电通道上的接触器断开，然后在经过 0.2～0.8s 的时间延迟后，才让处于市电交流旁路通道上的静态开关中的晶闸管导通。因此，当UPS在执行不同步切换操作时，对用户的供电而言，有可能会出现 0.2～0.8s 的供电中断。

（2）动态旁路开关。动态旁路开关为有触点开关，由接触器和断路器构成，靠机械动作完成转换，动态开关转换过程会有几十毫秒的供电中断，故不能应用于重要的负载场合，现代的UPS已很少采用。

4. 蓄电池

蓄电池用以为UPS提供一定后备时间的电能输出。在市电正常时，由充电器为其提供电能并转换为化学能；在市电中断时，其将化学能再转换为电能，为逆变器提供能量。

蓄电池还有净化电源的功能，由于整流器对瞬时脉冲干扰不能消除，整流后的电压仍存在干扰脉冲。蓄电池除可存储直流电能的功能外，对整流器来说就像接了一只大电容器，其等效电容量的大小，与储能电池容量大小成正比。由于电容两端的电压是不能突变的，即利用了电容器对脉冲的平滑特性消除了脉冲干扰，起到了净化功能，也称对干扰的屏蔽。

第五节　通　信　系　统

电力系统为安全、经济地发供电、合理分配电能，及时处理和防止系统事故，要求集中管理、统一调度，必须建立专用的通信系统，以适应电力系统生产不容间断性和运行状态变化突然性的特点。发电厂作为电力系统的重要组成部分，自然纳入电网的集中管理、统一调度范畴，建立相应的电力通信终端系统，装设专用通信设施。电厂通信系统包含两个部分，一是系统通信，指的是电厂与调度和供电部门的联络、交流通道；另一个是厂内通信，指的是在发电厂厂区内生产指挥和行政管理的联络、交流通道。

一、系统通信

电力系统通信的内容主要有：普通电话、调度电话和管理电话，远动和数据信号，远方保护信号，传真，计算机通信，系统运行状态图像信息等。

电力系统的通信方式主要有：电力线载波通信、绝缘架空地线载波通信、微波通信和光纤通信。其中光纤通信作为一种发展的新技术，正得到广泛的应用。

（一）电力线载波通信

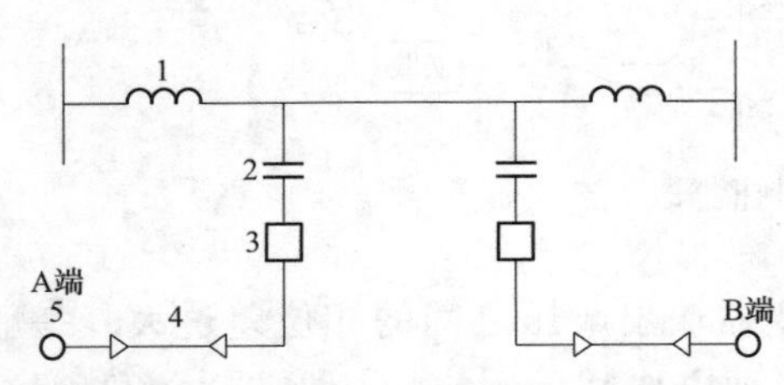

图 3-5-1 电力线载波通信主要设备构成
1—线路阻波器；2—耦合电容器；3—结合设备；4—高频电缆；5—电力线载波终端设备

如图 3-5-1 所示是电力线载波通信的基本原理和主要设备构成。电力线载波通信利用架空电力线路的相导线作为信息传输的媒介，A 端的信号通过调制变换成适合电力线传输的高频信号，经高频电缆、结合设备和耦合电容器送至电力线上，沿电力线传输，再经 B 端耦合电容器、结合设备、高频电缆进入电力线载波终端机，由相应频带的收信滤波器选取高频信号，通过反调制还原 A 端的信号。按此方式也可将 B 端的信号传输至 A 端，从而实现电力线载波通信。

电力线载波通信具有高度的可靠性和经济性，且与调度管理的分布基本一致，因此它是电力系统的基本通信方式之一，但这种通信方式，由于可用频谱的限制，难以满足全部通信需要。

（二）绝缘架空地线载波通信

利用架空电力线架空地线作为信息传输的媒介，将架空地线经放电间隙接地，正常运行时呈绝缘状态，用以传送高频电流。与电力线载波相比，具有噪声电平低、结合设备简单、造价低等优点。主要缺点是易发生瞬时中断，一般作行政管理通信和输电线路维护检修通信用。

（三）微波中继通信

微波通信是无线电通信的一种，其工作频率在 0.3～300GHz 范围内，是全部电磁波频谱的一个有限频段。数字微波通信是指利用微波（射频）携带数字信息，通过电波空间，同时传输若干相互无关的信息，并进行再生中继的一种通信方式。这种通信方式传输比较稳定可靠，通信容量大（通频带宽，可同时传送多用途的通信信号），噪声干扰小（微波段不易受大气及工业等外界干扰），通信质量高。微波的绕射能力很差，所以是视距通，远距离通信需要增设中继站，一般每隔 40～50km 设置一个微波中继站，所以叫微波中继通信。

数字微波通信系统模型如图 3-5-2 所示。发端的信源是提供原始信号的装置，其输出是数字信号。信道编码是为了提高数字信号传输的可靠性，因为信道中不可避免地存在着噪声和干扰，可能使传输的数字信号产生误码。为了在接收端能自动检查和纠正错误的码元，使用信道编码器可在输入的数字系列中，按照一定的规律加入一些附加的码元，并形成新的数字系列。在接收端，根据新的数字码元系列的规律性来检查接收信号有无误码。调制是将数字信号调制到频率较高的“载频”上去，以便适应无线信道传输。收端的解调、信道解码等几个方框与发端几个方框的功能，是一一对应的反转换。

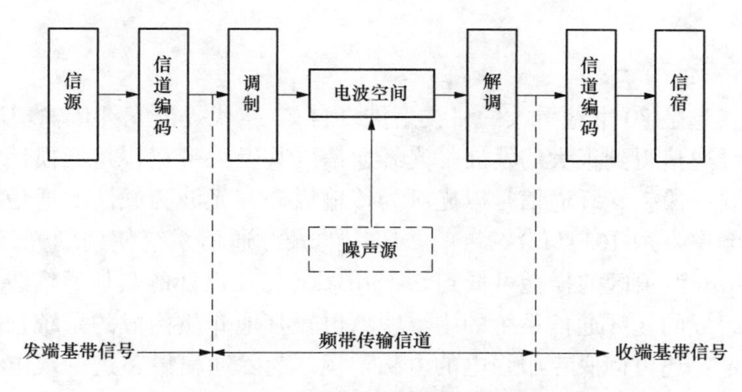

图 3-5-2　数字微波通信系统模型

微波通信接力电路主要由主站、中继站（位于微波链路任意两个站之间的站，其特点是只向两个方向通信）、枢纽站（位于微波链路中间的站，其特点是向三个以上方向通信）、终端站（位于微波链路两个终端的站，其特点是只向一个方向通信）组成。微波站的设备包括天线、收发信机、调制器、多路复用设备以及电源设备、自动控制设备等。

1. 微波天线

微波天线的作用是把发信机发出的微波能量定向辐射出去，或把接收下来的微波能量传输给收信机。为了把电波聚集起来成为波束送至远方，一般都采用抛物面天线，其聚焦作用可大大增加传送距离。

2. 馈线系统

馈线系统是连接分路系统与天线的馈线和波导部件，它有多种安装方式。目前常用的是椭圆软波导。

3. 分路系统

一般情况下，微波通信总是几个波道共用一套天馈线系统，需要分路系统把它们分开。分合路系统由环形器、分路滤波器、终端负载及连接用波导段组成。分路滤波器由带通滤波器构成，它只允许设计的某个频带通过，通频带以外的频率都不能通过。终端负载均用于发射波的吸收。环形器使信号按一定的方向前进，天线与分路系统的连接由馈线系统实现。

4. 室外单元

用于实现中频、射频信号转换，射频信号处理和放大。

5. 发信机

发信机的主要功能为：产生适当的射频频段内的本地振荡频率；利用本地振荡器来的本振信号，将从调制器来的已调中频信号变换成所要发射的频率；完成信号的中频或射频预失真，或称线性化；线性射频放大；为了将所发射的频谱保持在所要求的框架以内，进行射频滤波以消除无用的频率（谐波镜像频率、本振泄漏、杂散），在分路系统上与其他载波组合起来送到天线上。

6. 收信机

收信机用低噪声放大器放大从天线来的射频信号，并且在解调以前对射频信号进行下变频。

7. 室内单元

室内单元完成业务接入、业务调度、复接和调制解调等功能，是一套微波设备的主要部分。

（四）光纤通信

光纤通信的兴起是20世纪重大的科技事件。自70年代提出光纤传输理论，80年代走向实用化以来，光纤通信得到很大的发展。光纤通信以其巨大带宽、超低损耗和较低成本而成为干线传输的主要手段。光纤通信是以光纤为传输媒介，光波为载波的通信系统，其载波—光波具有很高的频率（约1014Hz）。目前，实用的光纤通信系统使用的光纤多为石英光纤，此类光纤在1.55μm波长区的损耗可低到0.18dB/km，比已知的其他通信线路的损耗都低得多，因此，由其组成的光纤通信系统的中继距离也较其他介质构成的系统长得多。在电力系统中运用光纤技术，还可彻底克服强电的电磁干扰，免除通信设备遭受地电位升高的危险影响。光纤是绝缘体材料，它不受自然界的雷电干扰，可用它与高压输电线平行架设或与电力导体复合构成复合光缆。因此在电力系统中得到越来越广泛的应用，除了通信用途外，还应用于输电线路的光纤纵差保护。

1. 光纤通信的基本原理

最基本的光纤通信系统由电端机、光发送设备、光纤光缆、光中继器和光接收机等组成，如图3-5-3所示。其中电端机的作用是将话音、图像、数据等电信号进行编码；光发送机的作用是将电信号转换为光信号，并将生成的光信号注入光纤。光发送机一般由驱动电路、光源和调制器构成；光缆的作用是为光信号的传送提供传送媒介（信道），将光信号由一处送到另一处；光中继器作用就是延长光信号的传输距离；光接收机的作用是将光纤送来的光信号还原成原始的电信号，最后得到对应的话音、图像、数据等信息。

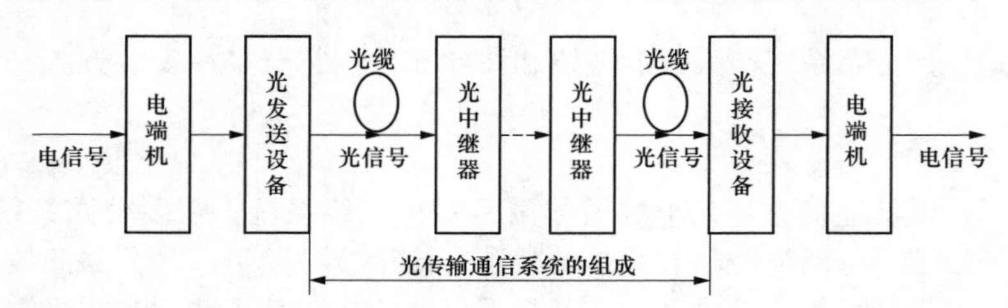

图3-5-3　光纤通信系统组成

根据调制信号的类型，光纤通信系统可以分为模拟光纤通信系统和数字光纤通信系统，与模拟通信相比较，数字通信有灵敏度高、传输质量好的优点。因此，大容量长距离的光纤通信系统大多采用数字传输方式。根据光纤的传导模数量，光纤通信系统可以分为多模光纤通信系统和单模光纤通信系统。

2. 光纤通信设备

(1) 电端机。在光纤通信系统中，光纤中传输的是二进制光脉冲“0”码和“1”码，它由二进制数字信号对光源进行通断调制而产生。而数字信号是对连续变化的模拟信号进行抽样、量化和编码产生的，称为脉冲编码调制（PCM）。多路复用是指将多路信号组合在一条物理信道上进行传输（数字信号的形式采用时分复用实现多路通信）。到接收端再用专门的设备将各路信号分离出来，多路复用可以极大地提高通信线路的利用率。电发射端机的功用是PCM编码和信号的多路复用。

(2) 光发送机（光端机）。从电端机送来的电信号是适合PCM传输的码型。信号进入光发送机后，首先进入输入接口电路，进行信道编码，变成由“0”码和“1”码组成的不归零码。然后在码型变换电路中进行码型变换，再送入光发送电路，将电信号变换成光信号，送入光纤传输。线路编码又称信道编码，其作用是消除或减少数字电信号中的直流和低频分量，以便于在光纤中传输、接收及监测。

光发送机的功能是把输入电信号转换为光信号。光发送机由光源、驱动器和调制器组成，光源是光发射机的核心。目前广泛使用的光源有半导体发光二极管（LED）和半导体激光二极管（或称激光器，LD），以及谱线宽度很小的动态单纵模分布反馈（DFB）激光器，有些场合也使用固体激光器。目前采用直接调制方式，用电信号直接调制半导体激光器或发光二极管的驱动电流，使输出光随电信号变化而实现的。这种方案技术简单、成本较低、容易实现。

（3）光中继器。传统的光中继器采用的是光-电-光的模式，光电检测器先将光纤送来的非常微弱的并失真了的光信号转换成电信号，再通过放大、整形、再定时，还原成与原来的信号一样的电脉冲信号。然后用这一电脉冲信号驱动激光器发光，又将电信号变换成光信号，向下一段光纤发送出光脉冲信号。通常把有再放大、再整形、再定时这三种功能的中继器称为“3R”中继器。这种方式过程繁琐，很不利于光纤的高速传输。自从掺铒光纤放大器问世以后，光中继实现了全光中继，通常又称为 1R 再生。此技术目前仍然是通信领域的研究热点。

目前，实用的光纤数字通信系统都是用二进制 PCM 信号对光源进行直接强度调制的。光发送机输出的经过强度调制的光脉冲信号通过光纤传输到接收端。由于受发送光功率、接收机灵敏度、光纤线路损耗甚至色散等因素的影响及限制，光端机之间的最大传输距离是有限的。例如，在 1.31μm 工作区 34Mb/s 光端机的最大传输距离一般在 50～70km，140Mb/s 光端机的最大传输距离一般在 40～60km。如果要超过这个最大传输距离，通常考虑增加光中继器，以放大和处理经衰减和变形了的光脉冲，这相当于光纤传输的接力站。如此，就可以把传输距离大大延长。

（4）光接收机。光接收机的功能是把从光纤线路输出、产生畸变和衰减的微弱光信号转换为电信号，并经放大和处理后恢复成发射前的电信号。光接收机由光检测器、放大器和相关电路组成。从光纤传来的光信号进入光接收电路，将光信号变成电信号并放大后，进行定时再生，又恢复成数字信号。光检测器是光接收机的核心。对光检测器的要求是响应度高、噪声低和响应速度快。光接收机把光信号转换为电信号的过程（常简称为光/电或 O/E 转换)，是通过光检测器的检测实现的，检测器直接把光信号转换为电信号。这种检测方式设备简单、经济实用，是当前光纤通信系统普遍采用的方式。

3. 光纤结构

光纤的芯径很细，约为 0.1mm，它只有单管同轴电缆的百分之一；光缆的直径也很小，8 芯光缆的横截面直径约为 10mm，而标准同轴电缆为 47mm。此外，光纤的重量轻，光缆的重量比电缆轻得多，例如 18 管同轴电缆 1m 的重量为 11kg，而同等容量的光缆 1m 重只有 90g。

光纤的材料主要是石英（二氧化硅），具有耐腐蚀力强、抗核辐射、能源消耗小等优点，其缺点是质地脆、机械强度低，连接比较困难，分路、耦合不方便，弯曲半径不宜太小等。

光纤就是用来导光的透明介质纤维，一根实用化的光纤是由多层透明介质构成的，一般可以分为三部分：折射率较高的纤芯、折射率较低的包层和外面的涂覆层。

按光纤中传输的模式数量，可以将光纤分为多模光纤和单模光纤，在一定的工作波上，当有多个模式在光纤中传输时，则称这种光纤为多模光纤。多模光纤的纤芯的直径远远大于光波的波长，光信号是以个模式传播的。不同的模式会有不同的速度和相位。

单模光纤是在给定的工作波长上，只传输单一基模的光纤。在单模光纤中不存在模式色散，因此它具有相当宽的传输频带，适用于长距离、大容量的传输。单模纤芯的直径与光波的波长非常接近，通常是5～10μm，只允许一种模式通过，其余的高次模全部截止。

二、厂内通信

国家标准GB 50660《大中型火力发电厂设计技术规范》对厂内通信的要求：发电厂的内部通信应包括生产管理通信和生产调度通信。300MW级及以上机组的火力发电厂可设置检修通信设施。厂内通信可配置无线对讲机。

1. 生产管理通信

生产管理及行政事务管理的对内、对外通信联系，一般通过电话交换机来进行。交换机的主要功能是：完成厂内各生产岗位及非生产岗位之间的电话交换；完成本厂与上级主管部门之间的电话交换；完成本厂与电信部门之间的电话交换；兼作生产调度通信的备用。

发电厂生产管理通信电话交换机的容量，一般按发电厂的管理体制、人员编制、自动化水平、规划装机台数和容量来选择：容量为125MW及以下的机组，以50线为基础，每台机组增加70线；容量为125～300MW的机组，以70线为基础，每台机组增加70线；容量为600MW的机组，以90线为基础，每台机组增加90线。

电话交换机目前较为广泛应用的是数字程控交换机。相对于模拟程控电话交换机，数字程控电话交换机通话距离远、传输速度快、通话音质清晰、误码少。程控数字交换机的控制方式是计算机存储程序控制。预先编好的程序存储在电子计算机内，时刻不停地监视收集交换对象的企求动态，实时地作出响应，以存储程序的指令实行智能控制，完成通话接续，称为呼叫处理。此外，存储程序控制还可为用户提供增改性能、电话网络管理等功能，只需修改或输入新程序即可实现。

2. 生产调度通信

为厂内各单元控制室、网络控制室、值长、各专业运行班长指挥生产、处理事故专设的调度通信装置。装置的主要功能是：通过调度专用电话，值长可向各生产岗位下达命令、听取汇报、召开生产会议；通过调度专用广播，值长可向各生产岗位呼叫寻人、发生事故时发出统一指挥命令和事故报警信号，也可利用广播解决厂房高噪声场所的通话；具有录音功能，以便事后分析事故处理的正确性。

随着机组容量的增大，单元控制室和网络控制室生产调度层次复杂，范围很广，当发生事故或设备异常时，各运行岗位人员一般都打电话向值长询问情况，这时值长单靠调度电话或行政电话一对一的会话将会贻误工作，故要求调度总机具有扩音呼叫功能。

3. 生产检修通信

生产检修过程的通信除了可利用生产管理通信固定电话外，还可针对其流动性的特点，设置厂内移动通信，或利用社会移动通信的集群网功能，使通信更加顺畅方便。

第六节　继　电　保　护

电气设备在投入运行后，可能因内部或外部的原因引致设备异常、故障。内部原因指因设计、制造、安装、维护和使用寿命将至等问题带来的隐患；外部原因指因外力机械或环境损伤、外电路异常、故障带来的冲击等导致超出设备自身防护能力的因素。设备故障有可能是逐渐形成的，也有可能是突发的。电气设备发生故障时，一般都会使流过的电流和加于其上的电压发生电量的突然变化，或超常规的变化，电气设备保护措施设置的思路就是要及时捕捉到这些变化的信息，并迅速作出反应，将故障设备切离电路，以免故障造成的设备损坏程度加大或扩大故障影响范围。一般的电气保护措施是基于故障已经发生的事实作出反应的，不应理解为可免使设备发生故障的“保护”措施。

电气设备的保护有一次保护和继电保护两种形式：一次保护如熔断器、热偶元件等，直接利用一次过电流的热效应，熔断熔丝或使金属片变形来切断电路，一般用在低压且容量不大的设备；对于高电压大电流的设备，故障电流比较大，需要有灭弧装置的断路器来开断，这就需要继电保护参与其中，即根据获取的故障电流、电压信息，分析判断其性质和程度，达到整定动作值时即发出报警或断路器跳闸指令，或在相邻保护范围的设备保护拒动时，作为其后备保护发出本级设备断路器跳闸指令。

继电保护技术的发展经历了电磁型（感应型、电动型）、晶体管式（整流型）、集成电路式到目前广泛使用的微机型，未来的趋势是向计算机化，网络化，智能化，保护、控制、测量和数据通信一体化发展。

一、继电保护的基本任务与基本要求

（一）继电保护的基本任务

继电保护的基本任务是：有选择性地将故障元件从电路上快速、自动地切除，使其损坏程度减至最轻，并使无故障部分迅速恢复正常运行；反应电气设备的异常运行工况，根据设备的承受能力和系统的运行条件，发出报警信号、减负荷或延时跳闸指令。

（二）继电保护的基本要求

继电保护装置为了完成它的任务，必须在技术上满足选择性、速动性、灵敏性和可靠性四个基本要求。对于作用于跳闸的继电保护，应同时满足四个基本要求，而对于作用于信号以及只反映不正常的运行情况的继电保护，这四个基本要求中有些要求可以降低。

1. 选择性

选择性指被保护元件故障时，继电保护仅将故障元件切除，不可扩大切除范围。电力系统中元件故障，往往影响的范围很大，需要继电保护作出正确的判断和选择，避免保护误动扩大故障影响范围。

2. 速动性

速动性指保护一旦动作即须迅速完成，尽快切除故障 ，以降低故障对人身或设备的损害程度，缩短对系统影响的时间。

故障切除时间包括保护装置和断路器动作时间，一般快速保护的动作时间为 0.04～0.08s，最快的可达 0.01～0.04s；一般断路器的跳闸时间为 0.06～0.15s，最快的可达

0.02～0.06s。

3. 灵敏性

灵敏性指被保护元件发生最低程度的故障，保护装置仍能敏锐反应，避免保护拒动。由于元件故障形式和系统运行方式会对元件故障电流产生影响，为此，校核保护灵敏性时，一般按最小短路电流形式和系统最小运行方式来考虑。

系统最小运行方式指：在同样短路故障情况下，系统等效阻抗为最大，通过保护装置的短路电流为最小的运行方式。

保护装置的灵敏性是用灵敏系数来衡量的。灵敏系数根据保护类型和要求等条件给出，现场不能满足的应考虑如保护装置换型、调整保护方案等方法加以解决。

4. 可靠性

可靠性包括安全性和信赖性，是对继电保护最根本的要求。

安全性：要求继电保护在不需要它动作时可靠不动作，即不发生误动。

信赖性：要求继电保护在规定的保护范围内发生了应该动作的故障时可靠动作，即不拒动。

以上四个基本要求是设计、配置和维护继电保护的依据，又是分析评价继电保护的基础。这四个基本要求之间是相互联系的，但往往又存在着矛盾。因此，要根据实际条件辩证地进行统一。

二、电力系统设备故障（异常）的类型及危害

电力系统可能发生各种类型的故障，常见的、对系统和设备危害比较严重的故障有短路、断线、放电、超温等。

（一）短路故障

所谓短路，是指电气设备正常运行情况以外的相与相之间或相与地（或中性线）发生短接的情况。在三相系统中，可能发生的短路有：三相短路、两相短路、单相接地短路和两相接地短路。三相短路也称为对称短路，系统各相与正常运行时一样仍处于对称状态。其他类型的短路都是不对称短路。电力系统运行经验表明，在各种类型的短路中，单相短路占大多数，三相短路虽然较少发生，但危害尤其严重。

产生短路的原因主要有：各种形式的过电压，设备绝缘的自然老化和外绝缘的污闪，外界人为机械损伤，设计、制造、安装不良，运行、维护不当，自然界的风、雪、雹和动物侵害等。

短路对设备和系统的危害后果有：

（1）短路电流的热效应，使故障设备和从电源到故障点流过短路电流的电气一次设备异常发热温度升高，绝缘材料因超过耐热限值而失效，载流导体因过热而严重氧化，故障点金属熔焊。

（2）短路电流产生的电动力，会破坏故障设备的动稳定，载流导体变形，固体绝缘断裂或产生裂纹。

（3）短路使电力网络电压异常降低，大范围的影响其他电力用户。

（4）当故障点离电源不远且持续时间较长的，并列运行的机组可能失去同步，破坏系统稳定，造成大面积停电。

(5)不对称的短路，不平衡电流产生不平衡磁通，对附近的通信线路产生干扰。

(二)其他故障

这里所说的其他故障指除短路故障外的设备故障。

1. 断线

三相系统中，运行中的载流导体因发热熔断、分相操作的断路器非全相合闸或分闸等，造成断线故障。运行中的电路断开，必然在断口处产生电弧，电弧的燃烧破坏了空气的绝缘强度，可导致相间或对地电弧短路。断路器的非全相合闸或分闸，不直接损坏电气设备，但对系统的影响不可小视：缺相的电源供电，将导致众多运行中的三相电动机过电流过热甚至烧坏；缺相系统运行，将使供电发电机三相电流不平衡，有可能损坏发电机转子；对中性点不接地的发电机-变压器组，可能造成中性点过电压，间隙放电短路。

2. 放电

电气设备的绝缘故障往往由局部放电发展而来，如GIS中的残存杂物，绝缘子表面的污秽，电力电缆绝缘材料中的气泡，发电机、变压器、电动机线圈的绕包绝缘层中的气隙等，在高压电场作用下，介质强度逐渐下降，局部放电越来越大，并形成恶性循环，最终演变为绝缘事故。

3. 超温

电气设备运行中因过负荷，冷却装置障碍，冷却环境条件恶化等原因，有可能引致超温故障。通常超温对电气设备的危害主要是加速其绝缘的老化，显著降低设备的使用寿命。此外对于固体绝缘设备来说，超温使绝缘材料过度膨胀，降温后不能恢复到紧贴导电体表面而留下气隙，遗留了不可弥补的缺陷，给局部放电创造了条件。对于设备的电接触，超温使其表面过度氧化，增大接触电阻，接触电阻的增大，增加了接触点的损耗，如是恶性循环将可能引致载流事故。

三、继电保护的基本原理

(一)电气设备故障(异常)的主要特征

继电保护的基本原理是根据电气元件各种形式的故障(异常)时的电量(或其他物理量)变化的特征，来分析、判断其性质和程度，再作出相应的处置动作。

1. 设备故障的主要特征

(1)电流会突然大幅增加，将由原来的负荷电流增大至若干倍。

(2)电压同时陡降，当发生相间短路和接地短路故障时，系统各点的相间电压或相电压值下降，且越靠近短路点，电压越低。

(3)电流与电压之间的相位角改变。正常运行时电流与电压间的相位角是负荷的功率因数角，一般约为20°，三相短路时，电流与电压之间的相位角显著增大。

(4)测量阻抗发生变化。测量阻抗即测量点(保护安装处)电压与电流的比值，正常运行时，测量阻抗为负荷阻抗；金属性短路时，测量阻抗转变为线路阻抗，故障后测量阻抗显著减小，而阻抗角增大。

(5)不对称短路时，出现相序分量，如两相及单相接地短路时，出现负序电流和负序电压分量。

(6)单相接地时，出现负序和零序电流和电压分量。这些分量在正常运行时是不出现的。

(7) 元件正常运行时电流流向外部，而内部故障时电流反流向内部（极性相反）。

2. 设备异常的主要特征

除短路故障外，设备异常也属继电保护的范畴。设备异常的主要特征有：

(1) 非全相运行，三相电流不平衡，甚至一相电流为零（断相）。

(2) 设备过负荷，电流持续超过额定（或整定）电流。

(3) 充油装置内部发生过热或放电，会产生大量的油气。

(4) 设备对地绝缘异常（爬电），三相对地电压不平衡。

(5) 设备超温，运行温度（温升）超过该设备绝缘等级的限值。

(二) 继电保护基本原理

依据设备故障、异常时的一些主要特征，可设计出各种原理的继电保护装置以应对处置。

1. 通用继电保护原理

(1) 电流保护：

大部分的设备故障、异常都有过电流的共同特征，因而电流保护是继电保护原理中应用中最广泛的一种保护。电流保护的原理就是以被保护元件的额定电流或正常负荷电流为基础定值，当检测到电路上的电流突变大于整定值的一定程度后，判断短路故障发生；或电流持续大于整定值的一定时间后，判断过负荷异常发生。

过电流保护又分速动、延时和反时限几种形式，速动保护即满足判据时立即驱动出口继电器动作；延时保护即满足判据后延后一段时间再出口；反时限保护随着电流的增大而动作时间缩短。

电流突然增大固然是短路的主要体现，但其他一些原因也会造成电流突然增大，如变压器的合闸励磁涌流是其额定电流的 3～8 倍；电动机的起动电流是其额定电流的 4～7 倍。为避免这类非故障电流下的误动，采用的简单应对办法就是过电流保护加延时，躲过这些元件的起动时间再投入。对于设备可能在起动时间内发生的故障，则依靠速动保护来切除，当然，速动保护的定值应能躲过元件的起动电流。

电流保护的范围，通常以动作电流和动作时间的大小，从电源到负载分成若干段，每一级的保护既主要保护本级，又作为下一级保护的后备，每一段保护范围的定值与上、下级配合，越级保护动作将扩大故障的影响范围。

此外，还有一些专用的元件保护，针对性地分析该类元件起动电流特有的波形，而不是简单地以电流大小为唯一判据，以区分是正常起动电流还是故障电流，从而降低速动保护的定值，提高保护的灵敏性和可靠性。

(2) 差动保护：

差动保护也属电流保护的范畴，它是电力系统中尤其是发电厂中重要电气设备最主要的保护形式，具有高度的选择性和灵敏性。差动保护也分横联差动（横差）和纵联差动（纵差）两种，横差用于大、中型发电机，双回输电线路等少数设备；纵差则广泛用于发电机、变压器、高压配电母线、大型电动机、输电线路等设备。

差动保护的基本原理如下：

一个被保护设备与外部有 n 个电流进、出端子，设备本身无故障时，恒有

$$\sum_{i=1}^{n} \dot{I}_i = 0 \tag{3-6-1}$$

即流入电流之和等于流出电流之和。当被保护设备本身内部发生故障时，短路点称为一个新端子，此时

$$\sum_{i=1}^{n} \dot{I}_i = \dot{I}_a \tag{3-6-2}$$

式中，$\dot{I}_a$为短路点流出的短路电流。

由此可见，只要在被保护设备的所有引出端子上均装设电流互感器（设互感器电流变比均为n_L），则在被保护设备正常运行或外部短路时将有二次电流之和 $\sum_{i=1}^{n} \dot{I}_i / n_L = 0$，这意味着差动保护对外部短路不反应，无论流过被保护设备多大的电流，都是流出等于流入，从而根本消除了外部短路引起本设备保护误动的可能性。而在被保护设备本身发生短路时，$\sum_{i=1}^{n} \dot{I}_i = \dot{I}/n_L$，其值很大，反应内部短路总电流，有利于保护的灵敏快速地动作。

考虑被保护设备各端配置的电流互感器的特性差别，尤其是变压器各端所属电压等级不同，电流互感器的类型不同，相互之间的特性差别更大，所以正常运行或外部短路时差动回路二次电流之和实际不为零，存在着不平衡电流 $I_{J.b}$（此值很小）。因而差动保护动作的判据为

$$\sum_{i=1}^{n} \dot{I}_i / n_L > \dot{I}_{J.bp.max} \tag{3-6-3}$$

式中，$\dot{I}_{J.bp.max}$为差动保护的最大不平衡电流。

（3）接地保护：

在电力系统所有类型的故障中，接地故障所占比例最大。前面提及的电流保护主要针对相间故障而言，对于接地故障，电流保护虽然也能反应，但动作电流必须大于负荷电流，而单相接地短路电流比相间短路电流小，因而灵敏度不能满足要求。对于变压器中性点直接接地系统，利用接地故障电量的特征，反应零序电流的接地保护将能取得较高的灵敏度，适用于电厂专用输电线路的保护。

接地保护是根据接地短路时的零序电量特点来设置的。交流三相系统正常运行和三相短路时，由于三相电压和电流是对称的，故没有零序电压和零序电流

$$\dot{U}_0 = \frac{1}{3}(\dot{U}_A + \dot{U}_B + \dot{U}_C) = 0 \tag{3-6-4}$$

$$\dot{I}_0 = \frac{1}{3}(\dot{I}_A + \dot{I}_B + \dot{I}_C) = 0 \tag{3-6-5}$$

两相短路时（例如 B、C 两相短路），在故障点 $\dot{U}_{dB} = \dot{U}_{dC} = -\frac{1}{2}\dot{U}_{dA}$，$\dot{I}_{dA} = 0$，$\dot{I}_{dB} = -\dot{I}_{dC}$，零序电压和零序电流为

$$\dot{U}_{d0} = \frac{1}{3}(\dot{U}_A + \dot{U}_B + \dot{U}_C) = \dot{U}_0 = \frac{1}{3}\left(\dot{U}_{dA} - \frac{1}{2}\dot{U}_{dA} - \frac{1}{2}\dot{U}_{dA}\right) = 0 \tag{3-6-6}$$

$$\dot{I}_0 = \frac{1}{3}(\dot{I}_{dA} + \dot{I}_{dB} + \dot{I}_{dC}) = \frac{1}{3}(0 + \dot{I}_{dB} - \dot{I}_{dB}) = 0 \tag{3-6-7}$$

即正常运行和相间短路时，都没有零序电压和零序电流。

如发生单相接地短路（例如A相接地短路），在故障点$\dot{U}_{dA}=0$，$\dot{U}_{dB}=\dot{U}_{B}$，$\dot{U}_{dC}=\dot{U}_{C}$；$\dot{I}_{A}=\dot{I}_{dA}$，$\dot{I}_{B}=0$，$\dot{I}_{C}=0$，故障点的零序电压和零序电流为

$$\dot{U}_{d0}^{(1)}=\frac{1}{3}(\dot{U}_{dB}+\dot{U}_{dC})=\frac{1}{3}(\dot{U}_{B}+\dot{U}_{C}) \tag{3-6-8}$$

$$\dot{I}_{0}^{(1)}=\frac{1}{3}\dot{I}_{dA} \tag{3-6-9}$$

如发生B、C相接地短路，在故障点$\dot{U}_{dB}=\dot{U}_{dC}=0$，$\dot{U}_{dA}=\dot{U}_{A}$；$\dot{I}_{dA}=0$，$\dot{I}_{dB}=\dot{I}_{dC}$，故障点的零序电压和零序电流为

$$\dot{U}_{d0}^{(1.1)}=\frac{1}{3}\dot{U}_{dA}=\frac{1}{3}\dot{U}_{A} \tag{3-6-10}$$

$$\dot{I}_{0}^{(1.1)}=\frac{1}{3}(\dot{I}_{dB}+\dot{I}_{dC}) \tag{3-6-11}$$

由此可见，出现零序电压和零序电流是接地故障区别于正常运行和相间短路的基本特征。基于这些特征和零序电压、零序电流分布的特点，构成接地保护的原理。

零序电流只在中性点接地的电网中流动，变压器中性点不接地或三相△接的电网中不存在零序电流，因此零序电流接地保护与中性点不接地电网无关，无需与其配合，从而加快了零序保护的动作速度。只要系统中性点接地的数目和分布不变，无论电源运行方式如何变化，零序网络仍保持不变，这就使零序电流保护受电源运行方式变化的影响减小。

零序电压的最高点位于接地故障处，保护装置装设处的零序电压大小主要取决于有关变压器的零序阻抗，保护的零序功率方向输入电压与输入电流之间的相位差取决于有关变压器的零序阻抗。零序功率是由故障点流向电源，即由故障线路流向母线。

2. 重要电气设备的继电保护

在火电厂中，重要电气设备的继电保护主要指：发电机保护、变压器保护、母线保护、输电线路保护、厂用电保护、电动机保护等。保护以满足“四性”的要求进行配置，主要依据国家标准GB/T 14285《继电保护和安全自动装置技术规程》和相关行业标准，涵盖各种设备各种类型的故障和异常。

（1）发电机保护。发电机可能发生的故障和异常运行形式主要有：

①定子绕组的相间和匝间短路，是危害发电机最严重的一种故障，短路点产生的电弧不但会损坏绝缘，而且可能烧坏定子铁芯，给修复带来巨大困难。

②定子绕组的单相接地，接地点的故障电流是发电机及其电压网络连接元件的对地电容电流，当其大于允许的“安全电流”，将会损坏绕组绝缘并波及铁芯，甚至发展成相间短路。故除采取限制接地电流的措施外，还要及时检测出一点接地故障，以决策应对处置方式。

③外部短路引至过电流，外部短路或系统振荡可能引起发电机定子绕组的过电流；不对称短路或过大的不平衡负荷将在发电机转子引起负序过电流。

④定子绕组过负荷，负荷电流超过了发电机的额定电流，造成定子绕组的对称过负荷。

⑤励磁回路过负荷，励磁回路发生故障，或强行励磁时间过长，造成励磁回路的过负荷。

⑥发电机失磁，励磁设备故障，励磁绕组断线，灭磁开关误动作，造成发电机失去励

磁，发电机由系统吸收大量无功，使系统电压降低，有可能破坏系统的稳定。

⑦发电机逆功率运行，汽轮机主汽门已关闭，而发电机未与系统解列，发电机从系统吸取功率变为电动机运行。

⑧发电机非全相运行，系统断相或分相操作断路器非全相动作，发电机将出现负序电流。

为反应上述各类故障、异常运行，按设计规范发电机应配置的保护有以下几种。

定子绕组：相间短路、绕组接地、匝间短路、绕组过电流、绕组过电压、绕组过负荷。其中 100MW 及以上的发电机变压器组的相间短路设双重主保护，每一套主保护具有发电机纵差和变压器纵差功能。

转子：表层（负序）过负荷、励磁绕组过负荷、绕组回路接地、失磁。

定子铁芯：过励磁。

运行：逆功率、频率异常、失步、突然加电压、起停。

国家标准 GB/T 14285《继电保护和安全自动装置技术规程》（以下简称技术规程）要求，火电厂的发电机应装设包括差动保护等十几项保护，以全面反应发电机各部位可能出现的故障、异常。

1）发电机内部相间短路的主保护：

按技术规程，对发电机定子绕组及其引出线的相间短路，均应配置相应的保护作为发电机的主保护，其中于 1MW 以上的发电机需装设纵联差动保护。

纵联差动保护是反应发电机内部相间短路的主保护，能快速而灵敏地切除保护范围内的短路故障，同时在正常运行和外部故障时，保证动作的选择性和工作的可靠性。

在发电机的各相线和中性线引出线装设同一变比、同一型号的电流互感器，当两侧互感器的极性端子在同一方向时，则将两侧互感器不同极性的二次端子相连接，差动电流继电器并联接在差回路中。比较发电机始端与末端两侧电流的大小和相位，构成发电机的差动保护。差动电流继电器的动作值为两端二次测电流差 $I_j=I_1-I_2$（设始端电流为 I_1，末端电流为 I_2），正常运行时，两侧的电流数值和相位均相同 $I_1=I_2=0$，继电器不会动作；在保护范围外短路时，情况和正常运行时相似，但实际上各电流互感器的特性不完全相同，因此，$I_j=I_1-I_2\neq0$，有不平衡电流 I_{bp}流过继电器，当继电器的动作电流 $I_d>I_{bp}$时，保护不会误动作；保护范围内短路时，则流进电流互感器的电流为两侧电流互感器的二次电流之和，即$I_j=I_1+I_2$，这时 $I_j>I_d$，保护动作。

为排除不平衡电流引致误动的可能性，保护装置通常设置制动功能，以对正常运行和本保护区外故障引起的不平衡电流进行制动，称比率制动差动保护。如果将发电机两端流过方向相同、大小相等的电流称为穿越性电流，而方向相反的电流称为非穿越性电流。发电机比率制动差动保护是以非穿越性电流作为动作量、以穿越性电流作为制动量，来区分被保护元件的正常状态、故障状态和非正常运行状态的：

①正常运行状态，穿越性电流即为负荷电流，非穿越性电流理论为零；

②内部相间短路状态，非穿越性电流剧增；

③当外部故障时，穿越性电流剧增。

在上述三个状态中，保护能灵敏反应内部相间短路状态动作出口，从而达到保护元件的目的，而在正常运行和区外故障时可靠不动作。比率差动保护的单相原理接线及动作特性如

图 3-6-1 所示，图（a）为原理接线，电抗变换器 TX2 的一次线圈作为工作线圈，将差电流转换为相应的二次侧电压，作为保护的动作量。电抗变换器 TX1 的一次线圈带中心抽头，两半个一次线圈分别接入差动保护的两侧电流回路，将和电流转换为相应的二次侧电压，作为保护的制动量。将工作电压和制动电压在比较回路中比较，前者大于后者，保护动作，反之处于制动状态。图（b）中，保护的动作特性 $I_{dz.J}=f(I_{zh})$ 曲线在不平衡电流曲线 $I_{bp}=f(I_{d.max})$ 之上，则在任何大小的外部故障穿越电流作用下，保护的实际动作电流均大于相应的不平衡电流，不会误动作。

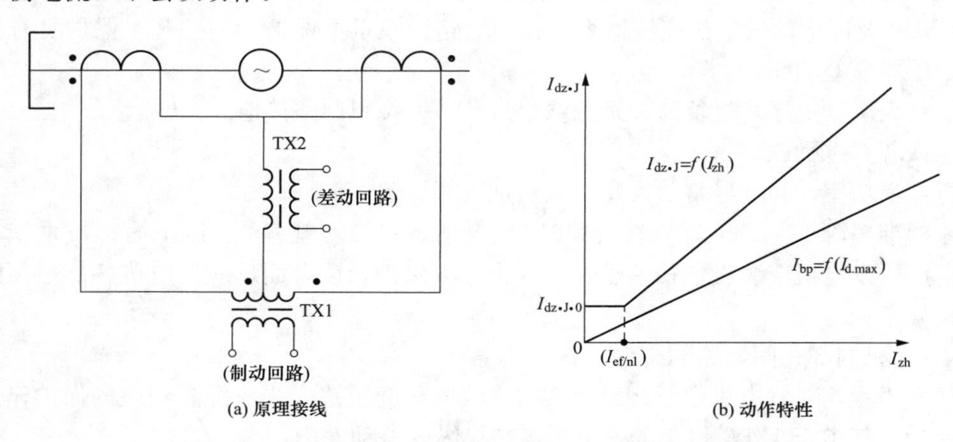

图 3-6-1　发电机比率差动保护的单相原理接线及动作特性

2）发电机定子绕组匝间保护。发电机定子绕组匝间保护分两种动作原理，一种适用于定子绕组分别引出双星形的中性点的发电机，可装设横差保护；另一种适用于定子绕组无并联分支的发电机，装设纵向零序电压保护。

①横差保护：

现代大型发电机定子绕组，每相都有两个或以上的并联分支，对于每相定子绕组的匝间或分支间的短路，称为定子绕组匝间故障。定子绕组中，同槽线棒一部分属不同相别，上下层线棒间的绝缘损坏时属相间短路，由相间短路保护反应。但是定子绕组中同槽同相的槽数也占相当大的比重（超过 30%），运行中定子线棒的伸缩变形、机械振动可使绝缘磨损；油污、电化腐蚀、自然老化使匝间绝缘逐步劣化，使定子绕组存在匝间短路的可能。发生匝间短路时，短路匝内的电流大，而在发电机引出端上电流变化不明显，因而一般纵差保护不能反应。此外对定子绕组可能发生的接头开焊故障，纵差保护也不能反应，故需利用匝间保护来反应。

发电机正常运行时，各并联分支的绕组电势相等，各供出电流相等，当定子绕组存在匝间短路时，各分支绕组电势不相等，会由于电势差而产生一个在绕组中的环流 $\dot{I}_d$。利用反应支路电流之差电流的原理，可构成定子绕组匝间短路保护即横差动保护。在差动回路中将有 $i_j=\dfrac{2I_d}{n_l}$，当此电流大于继电器的起动电流时，保护动作。短路匝数 α 越多，环流越大，而当 α 较小时，保护可能有死区。

还有一种接线及原理为零序电流型横差保护，在定子绕组两个分支引出的中性点的连线上装有一个电流互感器，当某相上的某一分支发生匝间短路时，或绕组间发生相间短路时，或某一分支绕组开焊时，两中性点出现电位差，使两中性点连线上出现电流，保护动作电流按躲过发电机外部不对称短路故障或发电机转子偏心在中性点 TA 产生的最大不平衡电流整定。

②纵向零序电压保护：

纵向零序电压原理构成的保护方案如图 3-6-2 所示。在发电机的出口装设一个专用全绝缘电压互感器 TV0，其一次绕组中性点直接与发电机中性点相连而不接地（该电压互感器二次绕组不能用来测量相对地电压）。当发电机内部发生匝间短路或者中性点不对称的各种相间短路时，破坏了三相对中性点的对称，产生了对中性点的零序电压，即纵向零序电压，在它的开口三角绕组有输出电压，即 $3U_0 \neq 0$，使零序电压匝间短路保护正确动作。为防止低定值零序电压匝间短路保护在外部短路时误动作，还采用以下制动或闭锁措施：

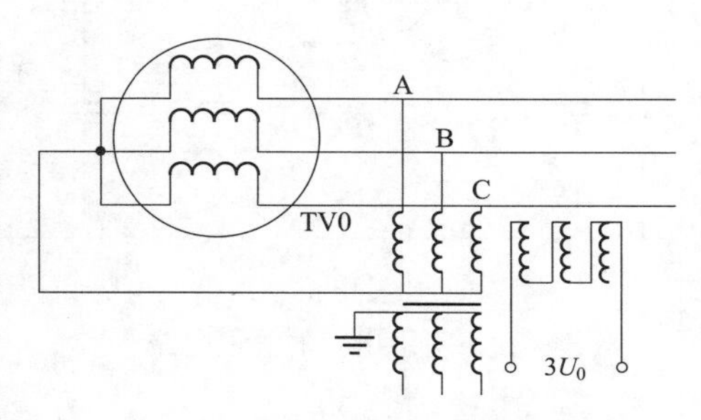

图 3-6-2　纵向零序电压原理的匝间短路保护

◇ 电压互感器断相闭锁。当专用电压互感器高压或低压侧断相（如一相或两相熔丝熔断），开口三角绕组将输出很高电压，会造成匝间保护的误动，故必须装设断相闭锁措施。

◇ 三次谐波电压滤除。发电机正常运行时，定子电压中含有一定比例的三次谐波分量，它随着负荷电流的增大而增大，在发生外部短路故障时，甚大的故障电流使三次谐波电压随之增大。由于三相中的三次谐波电势同相位，属于零序性质，专用电压互感器开口三角绕组中三相电压会相加，形成零序电压保护不平衡电压的主要因素。为此必须采取滤除加在电压继电器上的三次谐波电压的闭锁措施。

3）发电机定子绕组单相接地保护：

发电机定子绕组与铁芯间的绝缘损坏将引起定子绕组的单相接地短路。如果发电机的中性点是绝缘不接地的，此时接地点的接地电流是发电机电压系统的电容电流。该电流较大时不仅会烧伤定子绕组的绝缘还会烧损铁芯，甚至会将多层铁芯叠片烧接在一起在故障点形成涡流，使铁芯进一步加速熔化导致铁芯严重损伤。此外，单相接地将引起非故障相电位升高和产生电弧接地过电压。为此，应在发电机单相接地时，及时采取保护措施，以免其发展成相间短路或匝间短路。当单相接地电流小于安全电流时，定子接地保护动作后只发信号而不跳闸。运行人员应转移负荷、平稳停机。当单相接地电流大于安全电流时，定子接地保护应动作于跳闸。对直接与主变压器联接的大型发电机定子单相接地保护，要求能检测出发电机中性点附近的接地故障，即保护范围 100％。

目前，发电机定子绕组接地保护有三种不同的类型：利用基波零序电流构成的保护；利用基波零序电压构成的保护；利用三次谐波电压构成的保护。其中前两种对定子绕组的保护都有死区，在绕组对绕组中性点附近的故障不能有效反应，需与第三种结合，才可满足 100％保护范围的要求。

由于发电机气隙磁通密度的非正弦分布和铁磁饱和的影响，在定子绕组中感应的电势除基波分量外，还含有高次谐波分量，其中三次谐波电势虽然在线电势中可以被消除，但在相电势中依然存在。因此，发电机总有百分之几的三次谐波电势（E_3）存在。如果把发电机的对地电容等效地看作集中在发电机的中性点 N 和机端 S，每端为对地电容各一半（$C_{0f}/2$），并将接在机端的发电机一次系统设备的每相对地电容（C_{0S}）也等效在机端，则正常运行时的等效网络如图 3-6-3 所示，机端及中性点的三次谐波电压分别为

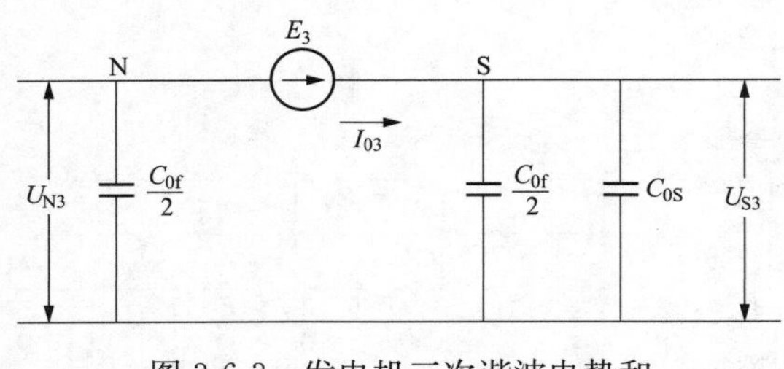

图 3-6-3　发电机三次谐波电势和对地电容的等值电路

$$U_{S3}=\frac{C_{0f}}{2(C_{0f}+C_{0S})}E_3 \quad (3\text{-}6\text{-}12)$$

$$U_{N3}=\frac{C_{0f}+2C_{0S}}{2(C_{0f}+C_{0S})}E_3 \quad (3\text{-}6\text{-}13)$$

机端与中性点的三次谐波电压之比为

$$\frac{U_{S3}}{U_{N3}}=\frac{C_{0f}}{C_{0f}+2C_{0S}}<1 \quad (3\text{-}6\text{-}14)$$

由式（3-6-14）可见，正常运行时，发电机中性点侧的三次谐波电压 U_{N3} 总是大于机端的三次谐波电压 U_{S3}，极限情况是，发电机出线端开路（即 $C_{0S}=0$），$U_{N3}=U_{S3}$。

当发电机定子绕组发生单相接地时，设接地发生在距中性点 α 处，则有

$$U_{N3}=\alpha E_3 \quad (3\text{-}6\text{-}15)$$

$$U_{S3}=(1-\alpha)E_3 \quad (3\text{-}6\text{-}16)$$

$$\frac{U_{S3}}{U_{N3}}=\frac{1-\alpha}{\alpha} \quad (3\text{-}6\text{-}17)$$

U_{S3}、U_{N3} 随 α 而变化的关系如图 3-6-4 所示。当 $\alpha<50\%$时，恒有 $U_{S3}>U_{N3}$。利用机端三次谐波电压 U_{S3} 作为动作量，中性点三次谐波电压 U_{N3} 作为制动量，可构成接地保护。且在中性点附近发生接地时，则具有很高的灵敏性。利用这种原理构成的接地保护，可以反应定子绕组中性点侧约 50%范围以内的接地故障。

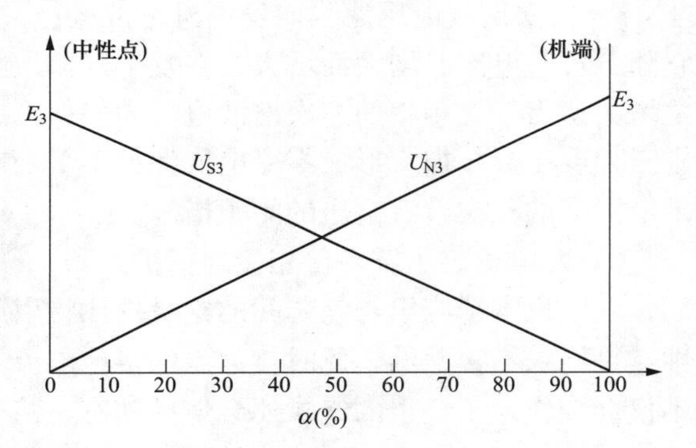

图 3-6-4　U_{S3}、U_{N3} 随 α 的变化曲线

目前广泛应用的发电机定子绕组接地保护装置，利用三次谐波电压原理的保护反应发电机绕组中 $\alpha<50\%$范围以内的单相接地故障，且故障点越接近于中性点时，保护的灵敏性越高；利用基波零序电压原理的保护，反应 $\alpha>15\%$以上范围的单相接地故障，且故障点越接近于机端时，保护的灵敏性越高。两者的组合可构成 100%的定子绕组接地保护。

4）发电机外部故障和发电机主保护的后备保护：

按照技术规程，对于 50MW 及以上的发电机，装设负序过电流保护和单元件低压起动过电流保护，作为外部短路故障和发电机主保护的后备保护，以防止发电机主保护拒动，或外部短路故障保护拒动而造成发电机过电流。这两种保护的配合，可反应各种对称和不对称短路造成的过电流。

低压启动可提高过电流保护的灵敏度。因为，单纯的过电流保护需躲过发电机正常运行时的最大负荷电流，而低压启动过电流保护动作值则可按躲过发电机的额定电流来整定，由此降低了保护的动作整定值，提高了保护的灵敏度。而由于在发电机过负荷运行情况下，电压不会显著下降，该保护的低电压不启动，保护不动作。

①发电机负序过电流保护：

当电力系统发生不对称短路或三相负荷不平衡时，在发电机定子绕组中将出现负序电流，此电流在发电机空气隙中建立的负序旋转磁场相对于转子为两倍的同步转速，因此在转子绕组、阻尼绕组以及转子铁芯上感应出100Hz的倍频电流，该电流使得转子端部、内护环表面等部位可能出现局部灼伤，甚至使护环过热松脱酿成事故。同时，负序气隙旋转磁场与转子电流之间以及正序气隙旋转磁场与定子负序电流之间所产生的100Hz交变电磁转矩，将同时作用在转子大轴和定子机座上，从而引起100Hz的振动。

负序电流在转子中所引起的发热量，正比于负序电流的平方及所持续时间的乘积

$$\int_0^t i_2^2 \mathrm{d}t = I_2^2 \cdot t = A \tag{3-6-18}$$

$$I_2 = \sqrt{\frac{\int_0^t i_2^2 \mathrm{d}t}{t}} \tag{3-6-19}$$

式中，i_2为流经发电机的负序电流；t为i_2所持续的时间；I_2为以发电机额定电流为基准的标幺值；A为与发电机类型和冷却方式有关的常数，表征发电机允许承受的负序过负荷能力，由制造厂提供。A值是发电机运行和保护定值的依据，一般随着机组容量的增大，A值随之减小，发电机能承受负序过负荷的时间很短，见表3-6-1，当负序过电流发生时，人工难以及时反应并正确处理，因此，需要装设发电机的负序过电流保护。

表3-6-1　　隐极同步电机的不平衡运行条件

项号	电机型式	连续运行时的 I_2/I_N 最大值	故障运行时的 $(I_2/I_N)^2 \times t$ 最大值（s）
	转子绕组间接冷却		
1	空冷	0.1	15
2	氢冷	0.1	10
	转子绕组直接冷却		
3	≤350MVA	0.08	8
4	<50≤900MVA	$0.08-(S_N-350)/3\times10^4$	$8-0.00545(S_N-350)$
5	<900≤1250MVA	同上	5
6	<1250≤1600MVA	0.05	5

注　S_N为额定视在功率（MVA）。

发电机负序过电流保护一般由两段式定时限和反时限两部分组成，定时限部分主要用于监视发电机负序过负荷，延时动作于信号；反时限部分动作于解列，并要求能反应负序电流变化时发电机转子的热积累过程。中小容量发电机也有装设两段式的定时限负序电流保护，Ⅰ段作用于信号，Ⅱ段作用于跳闸。

定时限负序电流保护装置主要由负序电流过滤器和接在过滤器输出端的两个电流继电器组成，一个继电器具有较大的动作电流整定值，称为不灵敏元件，动作于跳闸；另一个继电器具有较小的动作电流整定值，称为灵敏元件，动作于信号。

负序电流滤过器有多种电路结构形式，其中一种常见的电阻-电容式，如图3-6-5所示，负序电流滤过器由两个电流变换器TA1、TA2、电阻R及电容器C等组成。TA1有两个一

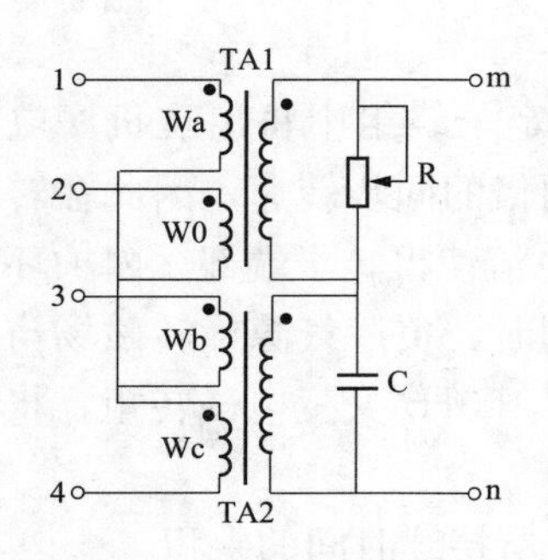

图 3-6-5 负序电流滤过器

次线圈 Wa 和 W0，1 端流入电流 $\dot{I}_A$，2 端流出电流 $3\dot{I}_0$，二次线圈连接负载 R；TA2 的两个一次线圈 Wb 和 Wc，3 端流入电流 $\dot{I}_B$，4 端流入电流 $\dot{I}_C$，二次线圈连接负载 C。将两个电流变换器的二次线圈相互串联，由 m、n 端的输出电压 $\dot{U}_{mn}=\dot{U}_R+\dot{U}_C$。

根据对负序电流滤过器的要求，当通入正序电流时，应使其输出端电压等于零，即 $\dot{U}_{mn}=\dot{U}_R+\dot{U}_C=0$。由于 $\dot{U}_{R1}$ 与 $\dot{U}_{C1}$ 相差 180°，只要使两个电压降绝对值相等，即可满足滤过器的技术要求，即 $I_A R=I_{BC}X_{C1}$。因为 $I_{BC}=\sqrt{3}I_A$，则必须满足 $R=\sqrt{3}\ X_{C1}$ 的条件，因此，可通过调整电位器 R 使之满足电阻与容抗的关系。

滤过器输入负序电流时，用同上的方法分析电流和电压相量的关系，因为 $\dot{U}_{R2}$ 与 $\dot{U}_{C2}$ 同相位，而绝对值又相等，所以输出电压为 $\dot{U}_{mn2}=\dot{U}_{R2}+\dot{U}_{C2}=2\dot{U}_{R2}=2\dot{U}_{C2}$。

滤过器输入零序电流时，要求其输出端电压等于零，即 $\dot{U}_{mn0}=\dot{U}_{R0}+\dot{U}_{C0}=0$。在电流变换器 TA2 的两个一次绕组中，零序电流 $\dot{I}_{B0}$、$\dot{I}_{C0}$ 从不同极性端子分别通入 Wb 和 Wc 中，因零序磁通相互抵消，在二次侧不会感应电势，故 $\dot{U}_{C0}=0$；在 TA1 的两个一次绕组 Wa 和 W0 中，分别从同极性端子通入电流 $\dot{I}_{A0}$ 和 $-3\dot{I}_0$，根据对负序电流滤过器的要求，当 $\dot{U}_{C0}=0$ 时，则 $\dot{U}_{R0}$ 也必须等于零，即要求两个一次绕组的安匝应当相互抵消，此时 $\dot{I}_{A0}N_a+(-3\dot{I}_0)N_0=0$。因为 $\dot{I}_{A0}=\frac{1}{3}(3\dot{I}_0)$，故 $N_0=\frac{1}{3}N_a$，因此，只要按上述条件取一次绕组 W0 的匝数 N_0，即可做到使滤过器不反应零序分量电流。

两段式的定时限负序电流保护的跳闸特性很难与发电机允许负序电流曲线配合，在允许负序电流曲线的高电流段，保护Ⅱ段的动作时限往往大于发电机的允许时间，在保护动作前发电机可能已被烧伤；而在允许负序电流曲线的中电流段，保护Ⅱ段的动作时限往往小于发电机的允许时间，过早地将发电机切除，没有充分利用发电机本身承受负序电流的能力。在允许负序电流曲线的低电流段，仅由保护Ⅰ段作用于信号，当延时过长也不安全。此外，定时限特性不能反应负序电流变化时发电机转子内的热积累过程，可能由于负序电流波动大，使延时元件来不及动作，而这时转子的温升已超过了允许值。由此对于大机组，要求装设反时限负序电流保护。

反时限负序电流保护的跳闸特性与发电机允许负序电流曲线相配合，且有一定的转子的温升裕度。保护装置的跳闸特性为

$$t=\frac{A}{I_2^2-K_2^2} \tag{3-6-20}$$

式中，K_2 为修正系数，与发电机允许长期负序电流 $I_{2\infty}$ 有关，为了将温升限制在一定的范围，要求 $K_2^2\leqslant I_{2\infty}^2$（$K$ 为安全系数，一般约取 0.6）。

图 3-6-6 所示为负序电流保护装置动作特性，图中，曲线 $t=\frac{A}{I_2^2}$ 之上为发电机负序承受能力区域，曲线 $t=\frac{A}{I_2^2-\alpha}$（式中 $\alpha=I_{2\infty}^2$）在其之上考虑了一定的转子温升裕度后的保护动作特

性。在 $I_2=I_{2\infty}$ 时，转子处于热平衡状态，温升保持为定值，转子负序发热靠冷却介质散热。当 $I_2>I_{2\infty}$ 时，转子进一步的发热温升将由（$I_2^2-I_{2\infty}^2$）$t\geqslant A$ 决定，在 $t<t_1$ 或 $t>t_2$ 时，为定时限特性；在 $t_1<t<t_2$ 时，为反时限特性。上限电流值可按躲过变压器高压侧两相短路时，流过保护装置的负序电流整定，下限电流值可按接近定时限段信号元件的动作电流整定。适当选择各段电流和延时整定值，可实现对转子有效的负序电流保护。

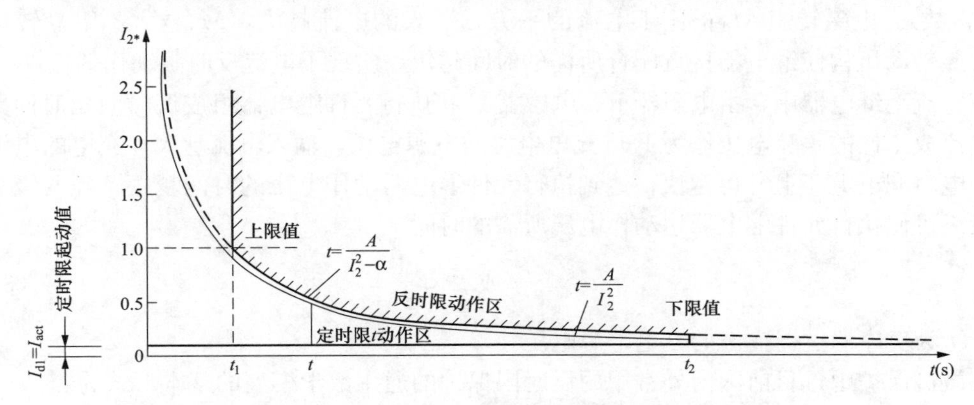

图 3-6-6　负序电流保护装置动作特性

一种定时限与反时限组合的发电机负序电流保护的原理如图 3-6-7 所示，图中 I_2 元件是负序电流滤过器，其输出电压与负序电流的大小成正比，经电压形成回路 1 和 2 整流滤波后，加到信号段元件 3 和启动元件 4 的输入端及反时限元件 t_3 的输入端。发信段元件与时间元件 t_4 组成信号段，用于在负序电流超过长期允许的负序电流 $I_{2.\infty}$ 时动作于声光信号。发信段元件除用于发信号外，还用于闭锁跳闸段，防止由于保护装置内部元件故障造成误跳闸。启动元件用于起动反时限元件 t_3 和定时限元件 t_1 和 t_2，并与与门（&₁、&₂），或门（≥1）组成跳闸段。为防止电流互感器二次侧断线引起大的负序电流致保护装置误动，设置了两个负序滤过器（I_1、I_2）和电压形成回路（1、2），一个接 3 和 4，另一个接反时限元件 t_3，而它们的输入端分别接到两组电流互感器的二次侧。这样，当任一组电流互感器断线都因与门 &₂ 的封锁而不会造成跳闸段误动。

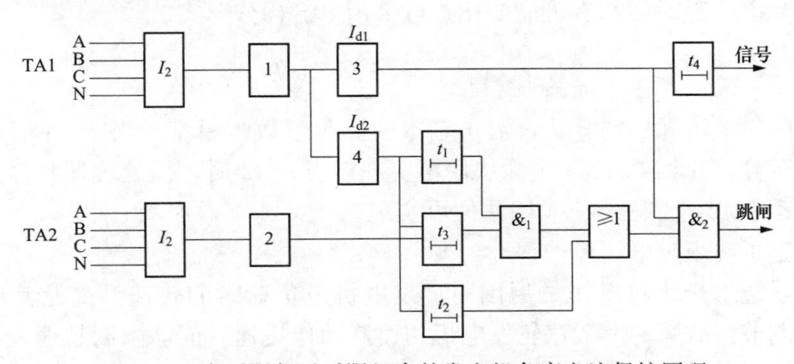

图 3-6-7　定时限与反时限组合的发电机负序电流保护原理

时间元件 t_1 延时较短（如 0.2～1s），用以割除反时限特性中 I_2 较大的部分，确定 I_2 的动作值上限；时间元件 t_2 是长延时元件（如 600～1000s），用以割除反时限特性中 I_2 较小的部分，确定 I_2 的动作值下限；反时限元件 t_3 的动作特性为 $t \geqslant \frac{A}{I_2^2 - I_{2.\infty}^2}$。

反时限电流保护特性的实现，在不同类型的装置中利用了不同的动作原理：

对于电磁型的感应式继电器，在电流线圈通入交流电，产生的交变磁通穿过可转动的铝盘并感应出铝盘上的涡流，使铝盘在线圈磁场中受力转动，铝盘转动的电磁转矩 $M_d = KI_j^2$（K 为常数）。电磁转矩 M_d 正比于电流的平方，通入的电流越大，M_d 越大，铝盘转动得越快，由此带动机构使继电器接点闭合所需的时间越短，实现了电流反时限动作的特性。

在整流型继电器中，由电阻器 R、电容器 C 和执行元件继电器组成反时限延时回路。与输入电流成正比的整流电压作为 R-C 充电电路的电源电压，输入电流越大，充电的电源电压越高，电容充电电压上升得越快，达到执行元件继电器动作电压的时间越短。经两级充电回路，最终可使执行元件继电器达动作电压所需的时间

$$t \propto \frac{1}{U^2} \text{ 或 } t \propto \frac{1}{I_2^2} \tag{3-6-21}$$

式中，U 为负序滤过器输出的充电电源电压。

在微机保护中，目前国内外常用的反时限保护的通用数学模型的基本形式为

$$t = \frac{k}{\left(\frac{I}{I_p}\right)^r - 1} \tag{3-6-22}$$

式中，I 为故障电流；I_p 为保护启动电流；r 为常数，通常取值 0～2；k 为常数，其量纲为时间。

式（3-6-22）表明，动作时间 t 是输入电流 I 的函数。其中，$\frac{I}{I_p} < 1$，则 $t<0$，保护不动作；$\frac{I}{I_p}=1$，则 $t=\infty$，保护不动作；$\frac{I}{I_p}>1$，则 $t>0$，保护动作，且 I 越大，保护动作时间越小。对于不同的 r 值，应用于不同的场合，与不同的被保护设备特性相对应：$r=1$，常用于被保护线路首末端短路电流变化大的场合；$r=2$，常用于反映过热状况的保护，如电动机、发电机转子、变压器、电缆、架空线路等，因为发热与电流的平方成正比。考虑到实际上被保护设备的故障电流随时间都有可能变化，可采用电流积分形式

$$\int_0^t \left[\left(\frac{I}{I_p}\right)^2 - 1\right] \mathrm{d}t \geqslant k \tag{3-6-23}$$

微机反时限过电流保护的算法，对于基本的反时限数学模型，当 $r=1$ 时，微处理器只需用 1 个除法运算、1 个减法、1 个除法便可实现；当 $r=2$ 时，微处理器只需用 1 个除法运算、1 个乘法运算、1 个减法、1 个除法便可实现。

②发电机定子绕组过电压保护：

发电机定子绕组产生过电压的原因有：发电机甩负荷时的转速升高及其电枢反应的消失，励磁系统调节器故障。一般汽轮发电机调速器动作迅速，能够限制超速，使发电机定子绕组电压不超过 1.1 倍额定电压，甩负荷使电枢反应消失时，电压一般也不超过 1.3 倍额定电压。但对于大型发电机组，由于它们的转动惯量相对较小，在甩负荷时，即使调速系统和调压系统完全正常，转速仍将上升，可使发电机定子绕组电压达（1.3～1.5）U_N，持续几秒钟。对比发电机的工频耐压试验水平 1.3U_N、60s，可见大型发电机组的甩负荷过电压，对

定子绕组绝缘有一定的威胁。因此，技术规程提出 100MW 及以上的汽轮发电机装设定子绕组过电压保护。

过电压保护的实现可用电压继电器接于发电机出口处电压互感器的二次侧，保护动作于发电机解列灭磁或程序跳闸。

③发电机定子绕组过负荷保护：

对过负荷引起的发电机定子绕组过电流，技术规程要求装设定子绕组过负荷保护，对于定子绕组非直接冷却（如空冷、氢冷）的发电机，装设定时限过负荷保护；对于定子绕组为直接冷却（内冷）且过负荷能力较低的发电机，装设定时限＋反时限过负荷保护。

发电机过负荷通常是由系统中突然切除了部分电源、发电机强行励磁、失磁运行、同期误操作和系统振荡等原因引起。对于大型机组，由于其线负荷较大，材料利用率高，绕组热容量与铜损的比值小，因而发热时间常数较低，为了避免温升过高，必须限制发电机过负荷的程度。发电机的过负荷能力参数一般由制造厂以过电流倍数及对应的允许时间给出。一般发电机过负荷时的温升特性关系式为

$$t=\frac{K}{I_{*}^{2}-1} \tag{3-6-24}$$

式中，t 为过负荷的允许时间；K 为常数，$K=\dfrac{(\theta_{m}-\theta_{0})C}{P_{0}}$，其中 θ_{m} 为绕组允许温度，θ_{0} 为额定负荷运行时绕组的温度，C 为绕组的热容量，P_{0} 为过负荷前的铜损，与额定电流的平方成正比；$I_{*}=\dfrac{I_{1}}{I_{e}}$ 为用标么值表示的电流倍数。考虑过负荷过程中绕组的散热效应，发挥发电机的过负荷能力，在上式中加入修正系数（取 0.01～0.02），得过负荷保护装置的跳闸特性关系式

$$t=\frac{K}{I_{*}^{2}-(1+\alpha)} \tag{3-6-25}$$

过负荷保护装置的原理与负序过电流保护相近似，区别只在于：过负荷保护反应的是发电机三相对称电流，不再需要负序滤过器；定子过负荷在 1.05 倍额定电流时允许长期运行，因此在动作判据中由额定电流引起的发热可不考虑。根据这一区别，在反时限延时回路的电压形成电路的输出电压中减去一个固定电压，作为反时限元件的工作电压，以此来模拟消除额定电流的发热效应，使特性曲线满足上述的跳闸特性。定时限过负荷保护作为反时限过负荷保护的闭锁元件，当为反时限保护装置中个别元件损坏时可避免误动。

④发电机转子表层过负荷保护：

发电机转子表层的过负荷是通过负序过电流引起的，因而装设负序电流保护可以实现发电机转子表层的过负荷保护。

5）发电机异常运行保护。

①发电机励磁绕组过负荷保护：

根据技术规程，100MW 及以上采用半导体励磁的发电机，应装设励磁绕组过负荷保护，300MW 以下装设定时限保护装置，动作于信号和降低励磁电流；300MW 及以上装设定时限＋反时限保护装置，定时限保护动作于信号和降低励磁电流，反时限保护动作于解列灭磁或程序跳闸。由于大、中型发电机大多采用半导体励磁，所以均应装设励磁绕组过负荷保护。

发电机在强行励磁或励磁系统故障（如半导体励磁系统的晶闸管控制回路失灵）时，均可能使转子励磁绕组过负荷。大型发电机转子励磁绕组承受过负荷能力低，允许过负荷时间短，一般在两倍额定励磁电流时，持续时间仅允许 20s 左右。在这样短的时间内，由人工处理是有困难的，需要保护装置来反应和处理，在转子电流超过额定值时带时限发信号，并根据发电机转子和励磁系统允许过负荷的特性，以较短的时限降低励磁电流，必要时以较长时限跳开发电机开关及灭磁开关。

大型发电机的励磁系统通常由三相中频交流发电机经可控或不可控三相桥式整流装置组成，其过负荷保护装置三相电流在交流励磁机中性点侧获取，这样既能反应转子绕组的过负荷，又能反应交流励磁机任一相的过电流。但对无刷励磁的发电机，由于结构原因，励磁绕组过负荷保护难以实现，故励磁绕组过负荷主要依赖于励磁调整装置中的过励限制元件实现保护。

定子绕组过负荷特性的关系式［式（3-6-25）］对转子励磁绕组亦适用，只是 K 值由励磁绕组的温升特性和温升裕度来确定。转子励磁绕组反时限过负荷保护的特性关系式

$$t=\frac{K}{I_{\mathrm{LC}}^{2}-(1+\alpha)} \tag{3-6-26}$$

式中，I_{LC}为发电机励磁绕组电流，按标幺值计算。

②发电机转子一点接地保护：

根据技术规程，发电机应装设专用的发电机转子一点接地保护装置，以反应发电机的转一点接地故障，保护延时动作于信号，以利于及时安排减负荷平稳停机。

发电机转子电压较低，一点接地没有形成电流回路，对发电机运行没有直接影响，但如果发展为两点接地，则后果就严重了，除损坏励磁绕组外，还会引起发电机的剧烈振动，还可能造成轴系和汽轮机的磁化。

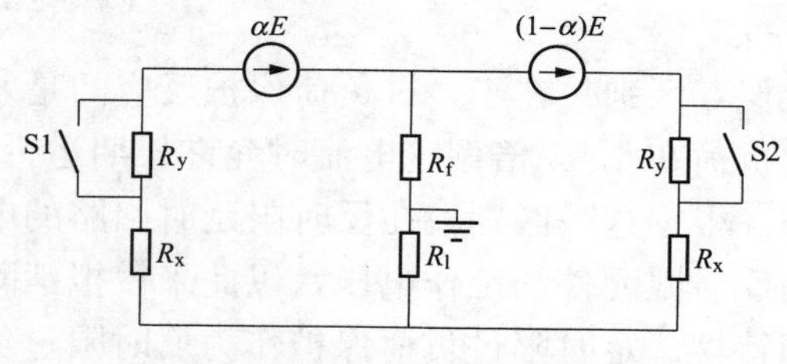

图 3-6-8　发电机转子一点接地保护

发电机转子一点接地保护装置的类型很多，如图 3-6-8 所示为一种切换采样式一点接地保护的原理接线图，图中，α 为接地故障位置；E 为励磁电势，由发电机励磁系统决定；R_{f}为接地过渡电阻；R_{1}、R_{x}和 R_{y}为采样电阻。其工作原理为：在微机控制下，经给定时间间隔使开关 S1 闭合 S2 断开，或 S1 断开 S2 闭合，得到可变的两个不同参数的电桥电路，记下相应的电势 E 和电流流过采样电阻的压降，从而计算出接地电阻 R_{f}大小和接地点的位置 α。

$$R_{\mathrm{f}}=\frac{(1-2k_{1})\ R_{1}E}{\Delta U}-R_{1}-k_{1}\ (1-k_{1})\ R_{\Sigma} \tag{3-6-27}$$

$$\alpha=k_{1}+\frac{(1-2k_{1})U_{1}}{\Delta U} \tag{3-6-28}$$

上两式中，$R_{\Sigma}=2R_{\mathrm{x}}+R_{\mathrm{y}}$；$k_{1}=R_{\mathrm{x}}/R_{\Sigma}$；$\Delta U=\dfrac{(1-2k_{1})R_{1}}{(R_{1}+R_{\mathrm{f}})+k_{1}(1-k_{1})}E$

当装置计算出 R_{f}小于整定值时保护动作，此类保护灵敏度与接地位置无关，不受转子绕组对地电容和励磁电势变化的影响。

③发电机失磁保护：

根据技术规程，对不允许失磁运行的发电机及失磁对电力系统有重大影响的发电机应装设专用的失磁保护。实际上一般发电机允许短时失磁运行，以便在励磁电源切换或故障短时处理后恢复正常运行，但为防止在这过程中人为不当处理造成不良后果，装设失磁保护是必要的。

发电机失磁是指励磁电流的异常下降超过了静态稳定极限所允许的程度，并最终过渡到异步运行状态。引起发电机失磁的原因，归结是励磁回路开路（灭磁开关误跳闸、励磁电源消失），励磁绕组短路等。

发电机从失磁开始至进入稳态异步运行可分为三个阶段：失磁后到失步前（功率角 $\delta<90°$）；静稳极限（$\delta=90°$）即临界失步点；失步后。

第一阶段，是一个等有功过程，功率角 δ 逐渐增大，但还没有失步，发电机输出的有功功率基本上保持在失磁前的原有值，而无功功率从正值变为负值。此阶段机端的测量阻抗

$$Z=\frac{U_s^2}{2P}+\mathrm{j}X_s+\frac{U_s^2}{2P}\mathrm{e}^{\mathrm{j}\theta} \tag{3-6-29}$$

式中，$\theta=2\arctan\frac{Q}{P}$；$U_s$为系统侧电压，$P$ 为发电机送至系统的有功功率，X_s为发电机与系统的联接电抗。因为 X_s为常数，P 基本不变，U_s为恒定值，只有 θ 为变数，所以测量阻抗表达式在阻抗复平面上的轨迹是一个等有功阻抗圆，其圆心坐标为$\left(\frac{U_s^2}{2P},\ X_s\right)$，圆的半径为$\frac{U_s^2}{2P}$。

第二阶段，励磁电流不断下降甚至消失，发电机电压逐渐降低，功率角增大至 $\delta=90°$，发电机到达静态稳定极限，处于临界失步状态，发电机从系统中吸收无功功率，且为一常数。此时的机端测量阻抗

$$Z=-\mathrm{j}\frac{X_d-X_s}{2}+\mathrm{j}\frac{X_d+X_s}{2}\mathrm{e}^{\mathrm{j}\theta} \tag{3-6-30}$$

式中，X_d为发电机同步阻抗。机端的测量阻抗在阻抗复平面上的轨迹是一个圆，其圆心坐标为$\left(0,\ -\frac{X_d-X_s}{2}\right)$，圆的半径为$\frac{X_d-X_s}{2}$。该阻抗圆是在静态稳定极限条件下地出的，称为临界失步阻抗圆或静稳极限阻抗圆。

第三阶段，发电机失步后进入异步运行阶段，转差率迅速增大，当平均异步转矩与汽轮机的机械转矩相平衡时，达到稳态异步运行状态，此时由于转子转速大于同步转速，汽轮机调速系统动作，使发电机的输出有功功率有所减少。发电机异步运行阶段的机端测量阻抗与转差率 s 有关，$s=0$ 时测量阻抗最大，$Z=-\mathrm{j}X_d$，极端情况 $s\to\infty$时测量阻抗最小，$Z=-\mathrm{j}X'_d$（X'_d为发电机暂态电抗）。发电机异步运行阶段的机端测量阻抗将进入临界失步圆，并最后落在 X 轴上的（$-\mathrm{j}X'_d$）到（$-\mathrm{j}X_d$）的范围内。考虑到阻尼回路的作用，当转差率到 5%左右时，电抗值实际上接近发电机次暂态电抗 X''_d，即 $Z=-\mathrm{j}X''_d$。

失磁保护的原理是将失磁过程发电机的电压、电流及其机端测量阻抗的变化规律作为动作的主要判据，同时考虑各种误动因素加入闭锁措施而构成。发电机失磁属于异常运行的范

畴，一方面它不像设备故障必须立即切除，另一方面对它异常的特征目前还是通过多种判据来判断，还需要探索更明确特有特征的动作参量和动作判据。

目前失磁保护的原理，是根据失磁过程发电机定子和转子的电流、电压及其测量阻抗变化的规律，同时排除其他一些运行异常的相似现象，在满足动作量并满足闭锁条件下保护出口。失磁保护常用的动作主要判据如下：

测量阻抗的轨迹越过静稳边界。当机端测量阻抗越过静稳边界后发电机可能失步，此时，发电机输出的有功功率发生摆动；定子绕组发生过电流并出现低电压。保护定值测量阻抗越过静稳边界的判据为

$$X_{c} < X_{com} \times \frac{U_{GN}^{2} \times n_{a}}{S_{GN} \times n_{v}} \tag{3-6-31}$$

式中，X_{com}为发电机与系统间的联系电抗（包括升压变压器阻抗，系统处于最小运行方式）标幺值（以发电机额定容量为基准）；U_{GN}为发电机额定电压；S_{GN}发电机额定视在功率；n_{a}为电流互感器变比；n_{v}为电压互感器变比。

测量阻抗的轨迹进入异步阻抗圆。在发电机失去静态稳定后，进入异步运行状态，因此可将机端测量阻抗进入异步边界圆作为低励、失磁保护的判据，参见图 3-6-9，即

$$X_{a} < -\frac{X_{d}'}{2} \times \frac{U_{GN}^{2} \times n_{a}}{S_{GN} \times n_{v}} \tag{3-6-32}$$

$$X_{b} < \left(X_{d} + \frac{X_{d}'}{2}\right) \times \frac{U_{GN}^{2} \times n_{a}}{S_{GN} \times n_{v}} \tag{3-6-33}$$

式中，X_{d} 为发电机同步电抗（不饱和值），标幺值；X_{d}'为发电机暂态电抗（不饱和值），标幺值。

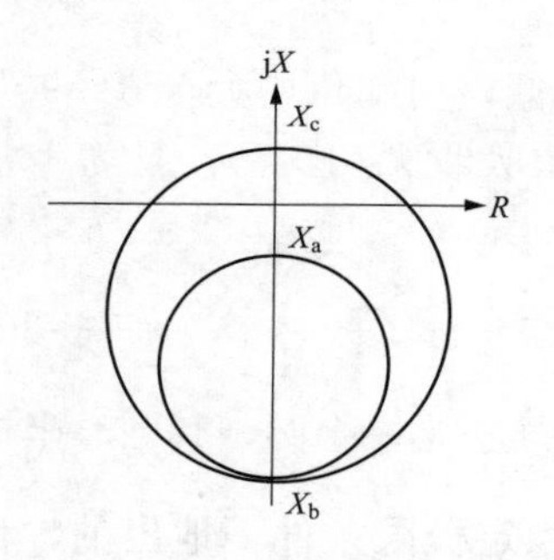

图 3-6-9　失磁保护动作判据

三相同时低电压。发电机失磁时，励磁电压下降致发电机电压下降，故失磁保护中设置三相同时低电压判据（系统侧母线或发电机端电压同时低于整定值）为

$$U_{op.3ph} < (0.85 \sim 0.90) U_{h.min}/n_{hv} \tag{3-6-34}$$

式中，$U_{op.3ph}$为三相同时低电压的动作电压；$U_{h.min}$为高压系统最低正常运行电压，对于取自母线电压的，TV 断线时闭锁本判据，对于取自机端三相电压的，一组 TV 断线时自动切换至另一组正常 TV；n_{hv}为高压侧 TV 的变比。当系统发生两相短路或单相短路不会动作，三相短路时，三相同时低电压将使该判据误动，此时依靠辅助判据来判别是否失去励磁电压以防止误动。

变励磁电压。失磁保护励磁电压动作判据不是一个固定不变的阈值，而是在发电机所带有功的工况下，根据静稳极限的技术要求必需的最低励磁电压，它随发电机所带有功的大小而变。失磁保护变励磁电压判据

$$u_{e.op} \leqslant \frac{P}{S_{GN}} X_{d\Sigma} u_{e0} \tag{3-6-35}$$

式中，$u_{e.op}$为失磁保护励磁低电压动作电压；$X_{d\Sigma} = X_{d} + X_{s}$，为标么值；$u_{e0}$为发电机空载额定励磁电压。

根据以上判据并满足失磁处理原则的一种低励、失磁保护装置的原理图如图 3-6-10 所

示。图中，阻抗元件（Z）是判断低励、失磁的主要判别元件，按静稳边界或异步边界整定；三相同时低电压元件（$U<$）用以监视母线电压；励磁低电压元件或变励磁电压元件（$U_e<$）和时间元件（t_1 和 t_2）作为闭锁元件，其中延时元件 t_1 用于躲过振荡过程中短时的电压降低。

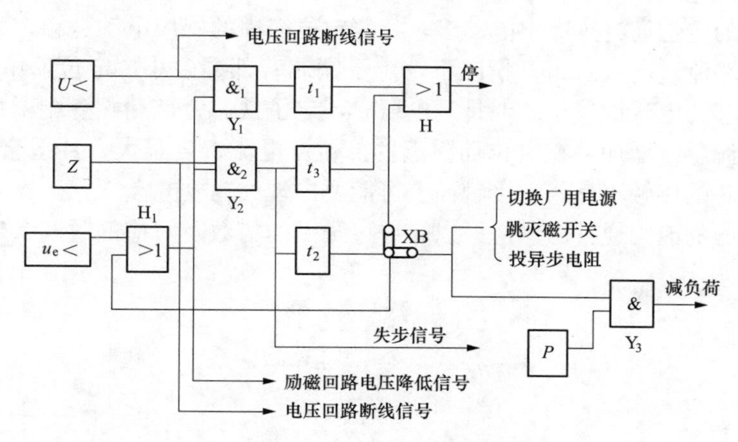

图 3-6-10　失磁保护装置原理

保护装置的工作原理为：发电机失磁后，励磁低电压元件（$u_e<$）和阻抗元件（Z）动作，此时若母线电压已下降到不能稳定运行的水平的话，则母线低电压元件动作，使与门 $\&_1$ 输出逻辑 1，经延时 t_1 动作于停机。由于有励磁低电压元件的闭锁，所以短路故障和电压回路断线时与门 $\&_1$ 都输出逻辑 0，因而不会误动停机。若母线电压未下降到不能稳定运行的水平的话，与门 $\&_1$ 也是输出逻辑 0，不会误动停机。但是，这时与门 $\&_2$ 将输出逻辑 1，发出发电机已经失步的声光信号，但还不能确切判断是系统振荡还是失磁引起失步。如果是失磁故障，经延时元件 t_2 来动作于跳灭磁开关、投入异步电阻、切换厂用电，同时通过与门 Y_3 动作于减负荷。长延时元件 t_3 用以在达到规定的异步运行时间时，自动动作于停机。

在与门 Y_3 的一个输入端接入功率元件 P，用于在发电机负荷减到给定值时自动中止减负荷过程。切换片 XB 用于在发电机运行状态不良，不允许异步运行时，将 t_2 切换到动作于停机。

失磁运行过程中，励磁电压 u_e 是交变的，励磁低电压元件（$u_e<$）将周期性的动作与返回，当 $t_2>$（$u_e<$）处于动作状态的时间时，t_2 将不能动作，从而不能保证自动减负荷或经 t_3 动作于停机。为此，设了由或门 H_1 构成的记忆回路，用以保持（$u_e<$）元件第一次动作后的状态。

④发电机过励磁保护：

技术规程要求，300MW 及以上机组应设过励磁保护。

发电机电压 U 与频率 f、发电机绕组匝数 N、发电机铁芯磁通密度 B 及截面 S 的关系为 $U=4.44fNBS$。因为 N、S 为常数，设 $K=1/4.44NS$，则铁芯磁密

$$B=K\frac{U}{f} \tag{3-6-36}$$

即电压的升高和频率的降低均可导致磁密的增大。

运行中的发电机可能因如下一些原因导致过励磁：发电机启停过程中，当转速偏低而电压为额定值时，将由低频引起过励磁；机组甩负荷时，发电机没及时减励磁，将产生过电压，由过电压引起过励磁。发电机发生过励磁时，定子铁芯饱和后谐波磁密增强，使附加损耗加大，引起局部过热。同时，定子铁芯背部漏磁场增强。背部漏磁场也是一交变磁场，在这一交变磁场中的定位筋将感应出电动势，相邻定位筋中的感应电动势存在相角差，并通过定子铁芯构成闭路流过电流。正常情况下，定子铁芯背部漏磁小，定位筋中的电动势也小，通过定位筋和铁芯的电流比较小。但是过电压时，定子铁芯背部漏磁急剧增加，从而使定位筋和铁芯中的电流急剧增加，在定位筋附近的部位，电流密度很大，甚至会造成局部烧伤。如果定位筋和铁芯的接触不良，在接触面上可能要出现火花放电。

发电机过励磁的能力通常由制造厂以允许过励磁的倍数及对应的时间参数给出，过励磁倍数为

$$n=\frac{B}{B_{\mathrm{N}}}=\frac{\dfrac{U}{U_{\mathrm{N}}}}{\dfrac{f}{f_{\mathrm{N}}}}=\frac{U_*}{f_*} \tag{3-6-37}$$

式中，B 为工作磁密；U 为工作电压；f 为工作频率；B_{N}为额定工作磁密；U_{N} 为额定电压；f_{N} 为额定频率；U_* 为以额定电压为基准的电压标幺值；f_* 为额定频率为基准的频率标幺值。

发电机的过励磁保护可以采用反应电压标幺值 U_* 和频率标幺值 f_* 比值的原理构成，如图 3-6-11 所示为一种保护装置构成原理。从发电机电压互感器的二次侧取得输入电压 $\dot{U}$，经辅助电压互感器 TV 二次变换并通过 R、C 串联回路，则可在电容 C 上分压取得输出电压 $\dot{U}_c$，将 $\dot{U}_c$ 整流和滤波后，加到执行元件电平检测器上。电容上的电压为

$$\dot{U}_C=\frac{U}{R+\dfrac{1}{\mathrm{j}2\pi fRC}}\times\frac{1}{\mathrm{j}2\pi fc} \tag{3-6-38}$$

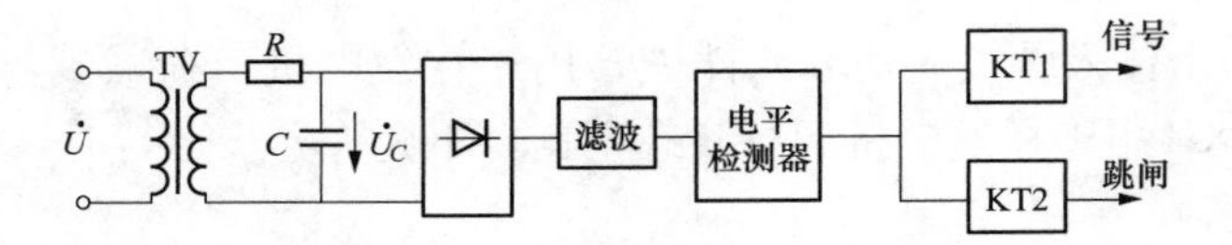

图 3-6-11　发电机过励磁保护原理

经整流、滤波后可得

$$U_C=\frac{U}{\sqrt{(2\pi fRC)^2+1}} \tag{3-6-39}$$

使 $(2\pi fRC)^2\gg 1$，且令 $K'=1/2\pi RC$，考虑，$B=K\dfrac{U}{f}$ 或 $U=\dfrac{fB}{K}$ 则有

$$U_C=K'\frac{U}{f}=\frac{K'}{K}B \tag{3-6-40}$$

可见，U_C与工作磁密成正比，能反应电压与频率比的变化。当发电机过励磁，使 U_C增大到继电器的动作电压时，执行元件电平检测器动作，发出过励磁信号或跳闸。对于发电

机、变压器共用的过励磁保护，由于发电机允许过励磁倍数较小，因此按发电机允许过励磁倍数整定动作值和动作时限。

发电机或变压器若过励磁保护采用反时限方式，应选取合适的允许过励磁倍数和 K 值，使过励磁反时限保护的动作特性与被保护设备的过励磁能力相匹配。一般规定额定频率下，持续过电压不应超过 1.05 倍额定值。对于较高值的过励磁，允许发电机的运行时间随过励磁倍数的不同而不同，其关系如图 3-6-12 反时限特性曲线所示。该曲线是在任一受热部件温度在不受损坏的情况下由生产厂家绘制，它反映了发电机或变压器的过励磁能力。

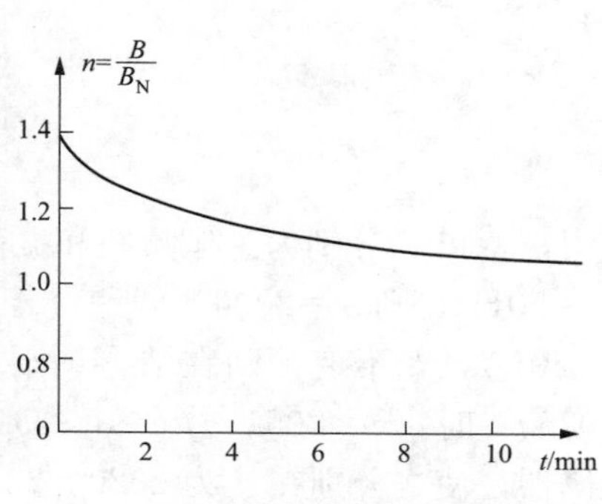

图 3-6-12　过励保护反时限特性曲线

⑤发电机逆功率保护：

技术规程要求，对发电机变电动机运行的异常运行方式，200MW 及以上的汽轮发电机宜装设逆功率保护。

当运行中的汽轮发电机因某种原因汽轮机主汽门关闭时，汽轮机处于无蒸汽状态运行，此时发电机变为电动机带动汽轮机转子旋转，汽轮机转子尾部叶片由于残留蒸汽产生摩擦而形成鼓风磨损，由过热而损坏。汽轮机处于无蒸汽状态运行时，电功率由发电机送出有功变为送入有功，即为逆功率状态，利用功率倒向可以构成逆功率保护。

逆功率保护从发电机机端 TV 二次三相电压和机端（或中性点侧）TA 二次三相电流取得的发电机测量功率 P，逆功率保护的动判据为：发电机有功功率 $P \leqslant P_{0P}$（逆功率保护的动作功率）。

逆功率保护的动作功率通常取（1%～5%）P_e（P_e为发电机二次额定功率），为主汽门关闭后，发电机变为电动机运行的有功损耗和汽轮机的有功损耗之和。

逆功率保护出口与主汽门辅助接点有“与”的关系，主汽门关闭后开放保护出口，经延时动作于信号，或汽轮机允许的逆功率运行时间延时动作于解列。

⑥发电机频率异常保护：

技术规程要求，对低于额定频率带负荷运行的 300MW 及以上的汽轮发电机应装设低频率保护；对高于额定频率带负荷运行的 100MW 及以上的汽轮发电机应装设高频率保护。

发电机频率异常保护主要用于保护汽轮机，汽轮机的叶片都有一个自振频率，如果发电机运行频率低于或高于额定值，在接近或等于叶片自振频率时，将导致共振，使材料疲劳。达到材料不允许的程度时，叶片就有可能断裂，造成严重事故。材料的疲劳是一个不可逆的积累过程，所以汽轮机都给出在规定频率下允许的累计运行时间。低频运行除对汽轮机不利外，还将威胁到厂内部分用电设备的安全，如影响电动给水泵的转速进而影响对锅炉供水的压力；部分交流电磁继电器阻抗变小而烧毁等。

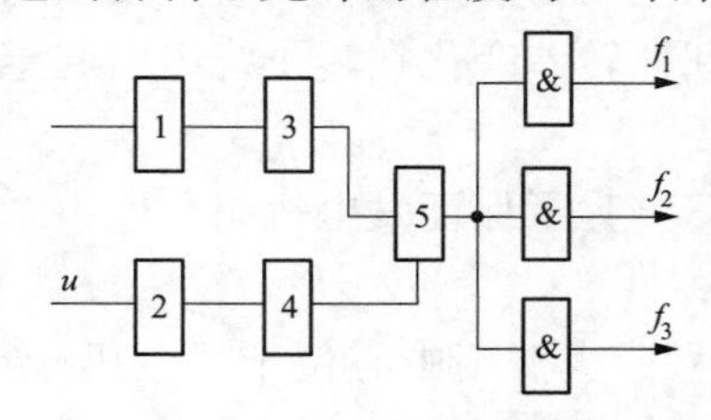

图 3-6-13　频率异常保护的原理

1—石英振荡器；2—整形元件；3、4—脉冲形成元件；5—计数器

频率异常保护的原理如图 3-6-13 所示，图中，振荡频率为 f_z 的石英振荡器 1，其输出电压经整形和脉冲形成元件 3 之后，每一周期输出一个脉冲，去推动计数器 5 计数。频率为 f 的工频电压 u（发电机端电压互感器二次某一相间

电压）经整形元件 2 和脉冲形成元件 4 之后，每一工频周期输出一个脉冲，给计数器 5 清零。这样，每次清零时计数器累计的脉冲数为

$$n=\frac{\frac{1}{f}}{\frac{1}{f_z}}=\frac{f_z}{f} \tag{3-6-41}$$

式中，f 和 f_z 分别为工作频率和振荡频率。若振荡频率为 $f_z=100\text{kHz}$，发电机的频率 $f=f_N=50\text{Hz}$，则 $n=2000$，即计数器计数为 2000 时，表示 $f=50\text{Hz}$。如发电机在低频运行，$f<50\text{Hz}$，f_z 不变，则在清零时脉冲数 $n>2000$。例如 $f_1=0.99f_N$ 时，$n=2020$；$f_2=0.975f_N$ 时，$n=2051$；$f_3=0.935f_N$ 时，$n=2139$。这样在计数器 5 的输出端接入三个与门译码器，使之分别在 n 为 2020、2051 和 2139 时输出逻辑 1，将各译码器的 n 值按各段频率保护定值整定，就可在各译码器输出端按需控制保护出口。保护动作于信号，并有累计时间显示。当保护需要动作于发电机解列时，需与电力系统的低频减负荷装置进行协调，防止出现频率连锁恶化的情况。

⑦发电机失步保护：

技术规程要求，300MW 及以上的机组装设失步保护。

失步运行是由于发电机输出功率的巨大变化，或系统中出现大扰动（如短路等）引起不稳定振荡，当发电机与系统间的功率角 δ 大于静稳极限角时，发电机将因静稳定破坏而失步；当功率角 δ 大于动稳极限角时，发电机将不能保持动态稳定而失步，从扰动出现到发电机失步要经过一段时间，若功角变化率 $\frac{\mathrm{d}\delta}{\mathrm{d}t}$ 较小，振荡过程 δ 变化在一定范围内，采取一定措施后可恢复同步运行，称为稳定振荡；若 $\frac{\mathrm{d}\delta}{\mathrm{d}t}$ 较大，δ 变化超过一定范围，发电机将不能恢复同步运行，称为非稳定振荡状态。持续的振荡将对电厂内的系统设备产生的不良影响有：

◇ 单元制接线的大型机组，它们的电抗较大，与之相联的系统等值阻抗却一般校小，一旦发生系统振荡，振荡中心往往处于发电机端附近，使厂用电电压周期性严重下降，厂用机械的稳定运行受到严重威胁。

◇ 振荡使汽轮机调速汽门时而关闭时而打开，单元制机组再热器的蒸汽需求量突变，随之压力和温度瞬变，导致锅炉水位波动，引起炉管过热。

◇ 振荡过程中，作用于发电机轴系上的制动转矩是一个周期性的扭力，将使某些应力集中的部位发生材料疲劳，造成大轴的机械损伤；当振荡角 $\delta=180°$ 时，振荡电流在较长时间内反复出现，其幅值接近机端三相短路电流的幅值，所产生的电动力和热效应，可能使发电机定子绕组遭受机械和过热损伤；另外，振荡过程中由于周期性转差变化在转子绕组引起感应电流，将会使转子绕组过热。

大型机组与系统失步，还可能导致电力系统解列甚至崩溃。为了保证发电机组和电力系统的安全，大型发电机组需装设专门的失步保护。

对发电机失步保护的基本要求：失步保护一般动作于信号；当振荡中心位于发电机-变压器组内部，或失步振荡持续时间过长，对发电机有危害时，应动作于解列；要求失步保护在振荡的第一个周期内可靠动作，对于处于加速状态的发电机，动作于快速降低原动机输出功率，必要时切除部分发电机；对于处于减速状态的发电机，应当在保证发电机不过负荷的

情况下，增加原动机输出功率，必要时切除部分负荷；在短路故障、系统稳定（同步）振荡、电压回路断线等情况下不应误动作；当保护动作于发电机解列时，应选择在振荡角 $\delta=2n\pi$（n 为整数）附近时断开断路器，避免 $\delta=180°$ 时，最大电压、最大电流下使断路器断开。

发电机失步保护的基本原理，是通过检测发电机失步工况作为动作的判据，如：发电机输出功率的变化率 $\frac{\mathrm{d}P}{\mathrm{d}t}$，当变化率为负值且绝对值大于规定值；以频率变化率 $\frac{\mathrm{d}f}{\mathrm{d}t}$ 判断发电机是处于加速或是减速状态，同时检测功角的变化率 $\frac{\mathrm{d}\delta}{\mathrm{d}t}$ 来判断是否失步，如果 $\frac{\mathrm{d}f}{\mathrm{d}t}$ 判断为加速且 $\frac{\mathrm{d}\delta}{\mathrm{d}t}$ 足够大，表明为失步；机端测量阻抗轨迹的方向及其对时间的变化，利用两个阻抗元件，如果振荡阻抗轨迹只穿过一个阻抗元件的动作边界之后又返回，说明是稳定振荡，如果振荡阻抗轨迹穿过两个阻抗元件的动作边界，说明不是稳定振荡；振荡时的电压和电流的脉动性质。

发电机-变压器组与系统等值电路和机端测量阻抗如图 3-6-14 所示。图（a）B 侧代表发电机，X_g 为发电机等值电抗，O 点为保护安装处；A 侧代表系统，Z_S 为其等值电抗。以 O 点为界，两侧等值电抗分别为 Z_{SB} 和 Z_{SA}。图（b）为失步后发电机端的测量阻抗在复数平面上的轨迹，复数平面坐标原点 O 对应保护安装处，线段 AB 表示发电机和系统间的总阻抗，δ 为发电机的功角。当 E_A、E_B 保持不变，系统非稳定振荡时，随着 δ 变化，机端非稳定振荡测量阻抗 Z_m 以不断变化的功角变化率 $\frac{\mathrm{d}\delta}{\mathrm{d}t}$ 穿过阻抗平面，其轨迹在复数平面上从右到左为圆或一条直线。当发生稳定振荡时，Z_m 只是在第一象限或第四象限的一定范围内以较小值 $\frac{\mathrm{d}\delta}{\mathrm{d}t}$ 变化。当发生短路故障时，δ 基本不变，机端测量阻抗 Z_m 由负荷阻抗突变为短路阻抗。

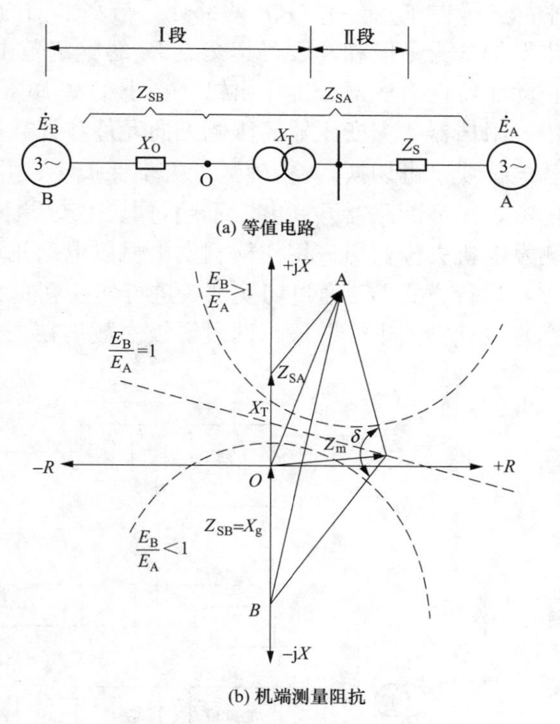

图 3-6-14　发电机-变压器组与系统等值电路和机端测量阻抗

一种发电机失步保护装置的动作特性如图 3-6-15 所示，由透镜 1、阻挡器 2、电抗线 3 三个特性组成。透镜特性 1 把阻抗平面分为透镜内动作区（I）、不动作区（A）两部分，透镜内角为 α；特性 2 把阻抗平面分为左（L）、（R）右两部分，其方向与透镜主轴相同；特性 1 和阻挡器特性 2 组合成左边透镜外（A、L）、左边透镜内（I、L）、右边透镜内（I、R）、右边透镜外（A、R）四个区域。失步保护根据机端测量阻抗 Z_m 在四个区域停留的时间作为发电机失步的判据。电抗线特性 3 把动作区分为两段：电抗线以下为Ⅰ段（U）；电抗线以上为Ⅱ段（O），实质上是用来判断机端离

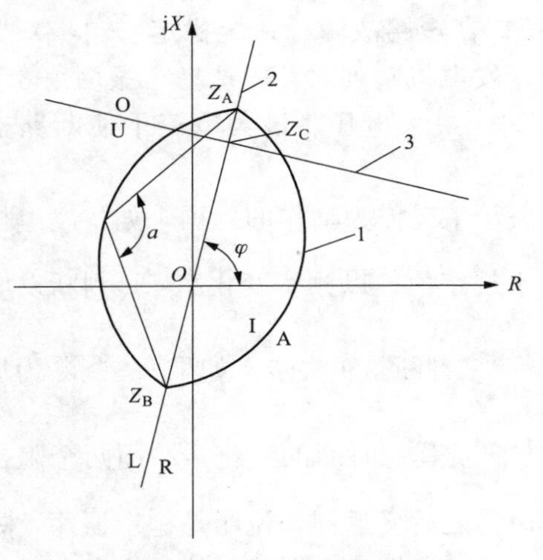

图 3-6-15 失步保护装置动作特性

振荡中心的位置的，越靠近振荡中心就越要动作快，越远离振荡中心动作就可以越慢。所以此线作为允许滑极次数的分界线，即保护Ⅰ段和Ⅱ段的分界线。

如图 3-6-16 所示为一种失步保护装置的方框示意图。图中，“测量值预处理”部分主要作用是阻抗测量。发电机机端电压$\dot{U}_{AB}$，电流 $\dot{I}_A-\dot{I}_B$为 0°接线，经变换、滤波、移相，得到产生正反向阻抗所需的电压、电流后送入测量系统。“测量系统”部分主要作用是构成保护的透镜 A/I、阻挡器 L/R、和电抗线 O/U 三个特性并送入程序逻辑。透镜的正、反向阻抗 Z_A、Z_B的整定范围 0.2～20Ω；透镜内角 α 的整定范围 90°～150°；透镜的倾斜 φ 角在“测量值预处理”中，可调范围 65°～85°。阻挡器将阻抗平面分成左（L）右（R）两部分，与水平轴的夹角即透镜的倾斜角 φ。电抗线与阻挡器将失步保护分为Ⅰ段和Ⅱ段，其交点 Z_C的整定范围 0.2～20Ω。低电流闭锁元件“$I<$”用来防止动作特性形成部分工作出错，在小于 0.15 倍发电机额定电流，即 $I<0.15\ I_N$时，闭锁透镜、阻挡器、主变压器高压侧方向元件和计数回路。“方向元件”接于主变压器高压侧，代替电抗线（可切换），精确区分失步保护Ⅰ、Ⅱ段。过电流闭锁元件“$I>$”控制断路器开断电流，保证断路器开断电流不超过其额定开断电流。“程序逻辑”包括两部分，其一用作检测发电机失步，另一用作检测发电机以电动机运行时的失步。每一逻辑插件又包括运行方式 A 和运行方式 B，通过切换开关进行切换和选择。“计数器”可进行发电机和电动机运行选择，设独立的Ⅰ、Ⅱ段，两段滑极次数均在 1～9 范围内整定。

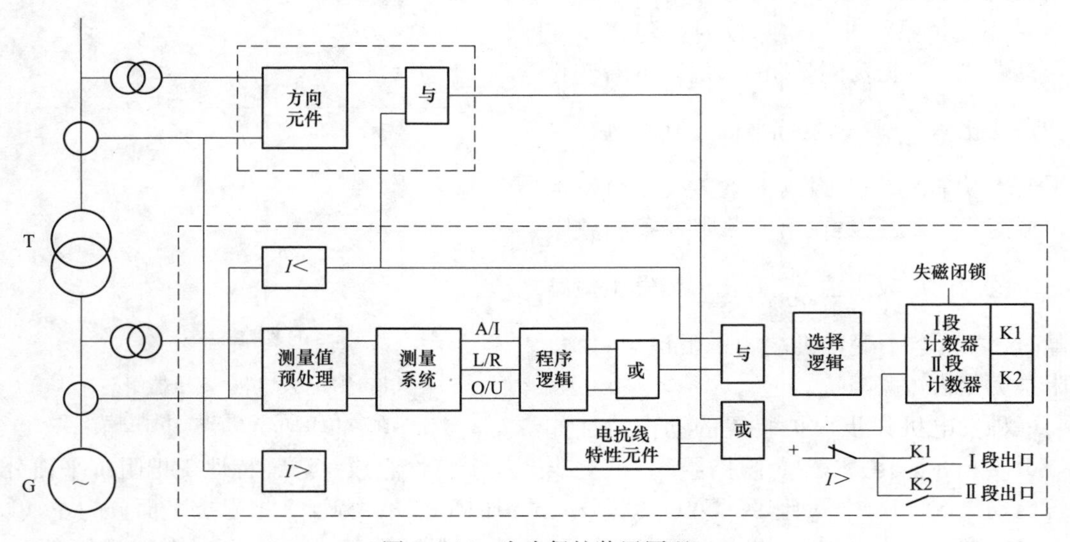

图 3-6-16 失步保护装置原理

发电机失磁时也会引起发电机失步。为了便于区分这两种情况，失磁保护动作时闭锁失步保护，可用失磁保护动作信号闭锁“计数器”的Ⅰ、Ⅱ段。通过开关控制是否引入失磁闭锁。

⑧发电机突然加电压保护：

技术规程要求，对300MW及以上的机组装设（发电机起停过程中）突然加电压保护。

突然加电压保护是对发电机在启动或停机过程中盘车状态下主开关误合闸的保护。发电机在盘车过程中，如果发生出口开关误合闸，系统电压突然加在发电机机端，使同步发电机处于异步启动状态，此时，发电机呈现次暂态电抗，发电机定子绕组电流很大；由于转子与气隙同步旋转磁场有较大滑差，转子本体长时间流过差频电流，有可能被烧伤；突然加电压引起转子的急剧加速，还可能因发电机轴系润滑油压尚低而损坏轴瓦。因此需装设突然加电压保护。

突然加电压保护构成原理如图3-6-17所示。图中，$f<$是低频元件，其启动频率可取40～50Hz，在发电机盘车过程中，低频元件动作，瞬时动作延时t返回的时间元件立即启动，如果这时定子电流I大于最小误合闸电流，满足与门条件，出口跳开发电机主开关。电流元件动作值

$$I_{op}=K_{rel}\frac{U_s}{X''_d+X_{s.max}} \tag{3-6-42}$$

式中，K_{rel}为可靠系数；$X_{s.max}$为最小运行方式下的系统等值电抗（包括升压变压器电抗）。

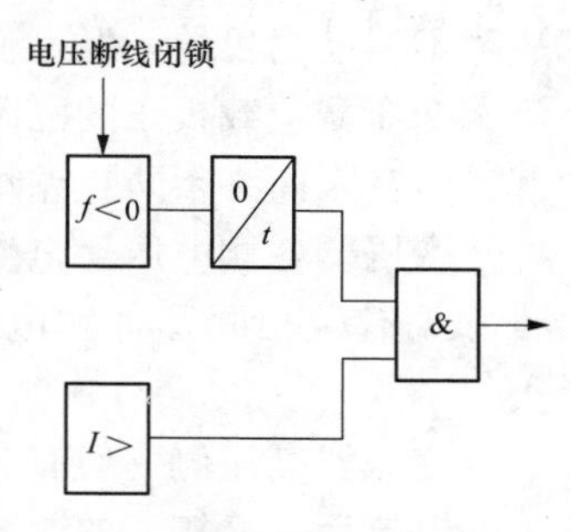

图3-6-17　突然加电压保护构成原理

（2）电力变压器保护。根据技术规程，对电力变压器的故障及异常运行状态，应有针对性的装设保护装置，如以下情况：绕组及其出线的相间短路和接地，绕组的匝间短路，外部相间短路引起的过电流，中性点直接接地系统外部接地短路引起的过电流及中性点过电压，过负荷，中性点非有效接地侧的单相接地，油面降低，变压器油温、绕组温度过高、油箱压力过高和冷却系统故障。

1）变压器瓦斯保护：

技术规程要求，0.8MVA及以上油浸式变压器均应装设瓦斯保护。

当油浸式变压器油箱内部发生故障时，由于故障点电流和电弧的作用，使变压器油及其他绝缘材料分解产生气体，它们将从油箱流向储油柜。故障程度越严重，产生气体越多，流速越快，利用这种气体的流动，在油箱与储油柜之间的连接管道上装设瓦斯继电器，反应流过连接管道中气体的体积和流速，达整定值时即出口发信或跳开变压器开关，实现变压器的瓦斯保护。为利于气流顺利通过瓦斯继电器，变压器安装要求顶盖与水平面应有1%～1.5%的坡度，接管道应有2%～4%的坡度。

瓦斯继电器的结构及原理见本书变压器结构中的气体继电器章节。

瓦斯继电器有两对触点，分别用于“轻瓦斯”保护和“重瓦斯”保护，前者在少量、慢流速气体流过时闭合后发出报警信号，有可能是内部轻微异常，或内部空气未排尽所致；后者则多为油箱内部突发故障，大量的气体快速流过使之闭合，经出口中间继电器动作于跳闸。

瓦斯保护的特点是：保护动作迅速，灵敏度高，接线简单，能反应油箱内部发生的各种故障，但不能反应油箱外的套管及引出线上的故障。

2）变压器电流速断保护与纵差保护：

按技术规程，电压10kV及以下，容量在10MVA及以下的变压器，采用电流速断保护（适用于电厂的厂用变压器）；电压10kV以上，容量在10MVA及以上的变压器，采用纵差保护（适用于电厂的主变压器和高压厂用变压器）。

变压器电流速断保护属于不带延时的通用过电流保护，它用于保护变压器部分绕组、高压侧套管以及引出线上的多相短路或单相接地短路。变压器电流速断保护所用电流互感器装于电源侧，保护的动作值按躲过变压器的励磁涌流来整定，当保护范围内发生短路时，保护无时限动作于断开变压器各侧开关。由于保护动作值较高，保护范围很小，甚至延伸不到变压器内部。变压器电流速断保护的优点是动作迅速，接线简单。

变压器纵差保护与发电机纵差保护一样，可采用比率制动式达到内部短路灵敏动作、外部故障不误动的目的，但是变压器纵差保护也存在一些特殊的问题：

①变压器空载投入的励磁涌流，只存在于变压器的一侧，在差动回路中表现为变压器的内部故障，因而必须防止差动保护在励磁涌流的作用下误动；

②变压器各侧电压、电流不相等，因此所用电流互感器的类型差别很大，而且各侧三相接线方式不尽相同，各侧电流的相位不可能一致，这将使纵差保护接线内部不平衡电流增大；

③变压器高压侧一般有分接头，有的还是有载调整，当纵差保护在某个分接头位置调好不平衡电流后，分接头的改变将使不平衡电流增大；

④对于发电机定子绕组的匝间短路，纵差保护不能反应，而变压器各侧绕组的匝间短路，通过变压器铁芯磁路的耦合，改变了各侧电流的大小和相位，使变压器纵差保护对匝间短路都有作用（匝间短路可视为变压器的一个新绕组发生单相短路）。但匝间短路故障点电流很大，流入差回路的电流却很小，尤其是短路匝数很少时，因此要求差动保护的灵敏度要够高，动作电流要小于额定电流。

针对以上问题采取的应对办法有：

①避越变压器励磁涌流产生的不平衡电流。

变压器励磁涌流的特点为其波形为尖顶波，含有很大比例的非周期分量和高次谐波分量，其中以二次谐波为主，并且在最初几个周期内完全偏于时间轴一侧，波形之间是间断的，在每个周期内有80～180°的间断角 α；励磁涌流的起始部分衰减很快，一般经过0.5～1.0s后其大小不超过0.25～0.5倍的额定电流。如图3-6-18所示。

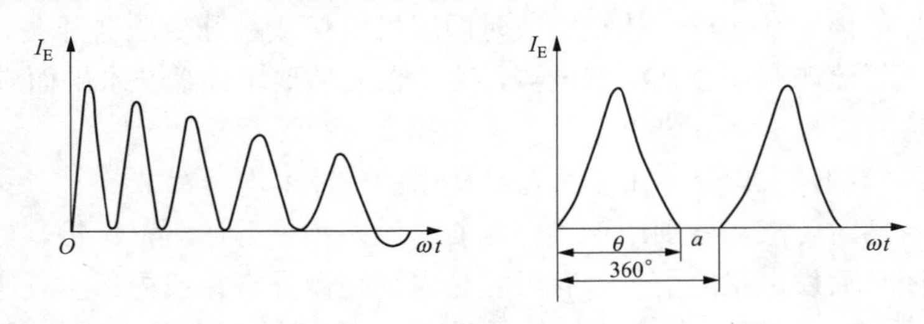

图3-6-18　变压器励磁涌流波形

根据以上特点，通常采用以下方法避越变压器励磁涌流所产生的不平衡电流：

速饱和方法。利用励磁涌流的非周期分量使保护继电器的速饱和变流器饱和，传变作用变坏，降低保护反应涌流的灵敏度，但问题是三相涌流中可能有一相无非周期分量，速饱和方法对此失去作用，用提高保护定值来避越励磁涌流影响了保护的灵敏度。

间断角判别方法。变压器内部故障时流入差动回路的稳态电流是正弦波，不会出现间断角，利用励磁涌流波形存在间断角特点，检查差电流波形当间断角大于整定值时，闭锁差动保护。

二次谐波制动方法。二次谐波电流是区分励磁涌流与短路电流的主要特征，在保护装置中，用滤波技术或算法从差动电流中分离出基波分量和二次谐波分量，将基波作为保护的动作量，将二次谐波分量作为制动量，可以有效避越励磁涌流的影响。

②平衡变压器各侧相位电流不同引起的不平衡电流。

各侧不同的三相接线方式引起的不平衡电流，采用相位校正方法解决，即将 Yd 接线的变压器星形侧的电流互感器接成三角形，三角形侧的电流互感器接成星形，使两侧电流互感器二次联接臂上的电流相位一致，如图 3-6-19 所示。但当电流互感器采用上述联结方式后，在互感器接成三角形侧的差动一臂中，电流又增大了 $\sqrt{3}$ 倍，因此必须将该侧互感器的变比变为原来的 $\sqrt{3}$ 倍，以减小二次电流，使之与另一侧的电流相等，故此时选择变比的条件是

$$n_{\mathrm{B}}=\frac{n_{l2}}{n_{l1}/\sqrt{3}} \tag{3-6-43}$$

式中，n_{l1} 和 n_{l2} 为适应 Yd 接线的需要而采用的新变比。

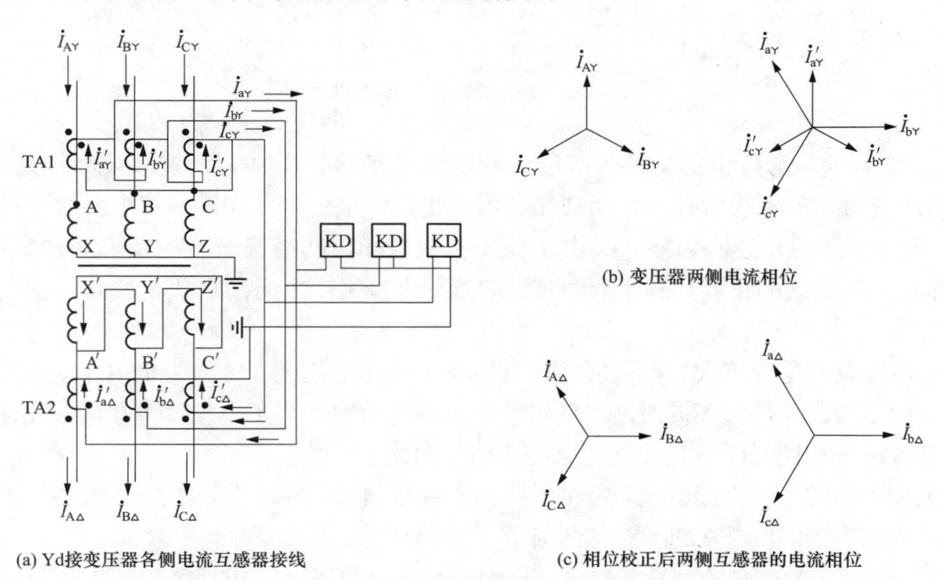

图 3-6-19　变压器各侧电流互感器接线

③补偿电流互感器计算变比与实际变比不同引起的不平衡电流。

对于由电流互感器的标准变比与实际需要的计算变比不等，在差动回路引起不平衡电流，电磁式保护利用差动继电器的平衡线圈进行补偿。在差动继电器的铁芯上绕有两个一次线圈，W_{cd} 为差动线圈，接入差动回路，W_{ph} 为平衡线圈，通常接入电流较小的保护臂上。当区外故障时 $I'_2>I''_2$，差动线圈中流过电流（$I'_2-I''_2$），为消除这个差动电流的影响，适当选择 W_{ph} 的匝数 N_{ph}，使其磁动势

$$N_{ph}I''_2=N_{cd}(I'_2-I''_2) \tag{3-6-44}$$

完全抵消此时差动线圈中的差流磁动势，则差动继电器铁芯中的磁动势为零，其二次线圈中无感应电势，从而抵消了由于电流互感器实际变比与计算变比不等产生的不平衡电流的影响。

由各侧电流互感器型号不同产生的不平衡电流、由变压器分接头调整产生的不平衡电流实际上不能消除，通常在保护定值整定时予以考虑。

一种变压器纵差保护逻辑框图如图 3-6-20 所示。图中，$\dot{I}_{A1}$、$\dot{I}_{B1}$、$\dot{I}_{C1}$…为变压器各侧差动 TA 二次各相电流。装置对一些不正常工况的对策是：

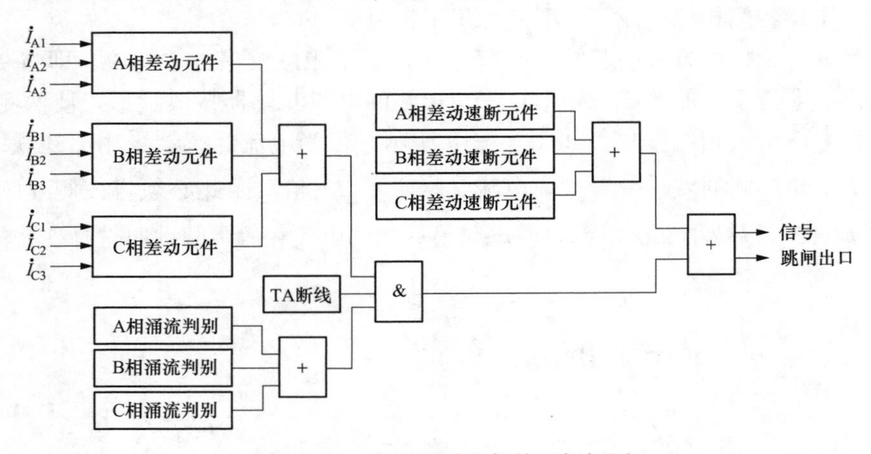

图 3-6-20　变压器纵差保护逻辑框图

TA 断线判别。为防止 TA 断线产生的差流使差动保护误动，设置 TA 断线判别环节，当判断出差流为 TA 断线所致时，闭锁差动保护出口。但由于 TA 断线有电弧暂态过程，断线初期一般电流不是迅速降为零，又由于 TA 断线检测时间需快于差动几十毫秒出口时间，这些都导致 TA 断线的正确判别十分困难。装置用电流突变方向判别 TA 断线，主要有以下判据：

◇ 一般短路时电流增大，断线时电流却减小。采用电流突变方向为负值作为主判据。

◇ 一般不考虑异侧 TA 同时断线的可能性，故电流突变为负值须发生在同一侧 TA。

◇ 不考虑三相同时断线，即突变电流不超过两路。

◇ 至少一侧的三相电流健全，TA 断线侧电流必须有一相存在，另外一相或二相偏小。

◇ 差流应小于解除 TA 断线功能差流倍数 I_{ct} 整定值。

短路故障时 TA 饱和的判别和对策。电力系统严重故障时，包括区外区内故障，短路电流非常大，TA 将严重饱和。有时短路电流中含有非周期衰减分量，TA 饱和也会产生。上述情况下，TA 传变特性变差。加上差动保护各侧 TA 变比、型号和负载及饱和程度不一致，区外故障时差动保护的差电流加大，比率制动特性将可能制动不住而产生误动。而区内故障时由于 TA 传变不精确，饱和产生波形畸变，差动保护也有可能被误闭。装置利用 TA 饱和特征量（即 TA 在故障后 1/4 周波内一般不会饱和）来判别 TA 是否饱和，并判断出 TA 饱和是因区内故障还是区外故障引起的。若是区外故障，采用陷阱技术防止差动保护误动作；若是区内故障，差动保护不仅能正确动作，而且动作时间和灵敏度丝毫不受影响。

区外故障切除时 TA 饱和的判别和对策。区外故障切除后，在 TA 回路由故障电流向正常负荷电流转变的暂态过程中，由于各侧 TA 的变比、型号及负载不同，各 TA 暂态过程也不一致。当故障电流中含有非周期分量时，这种 TA 的暂态饱和也很严重。又由于故障电流已消失，差动保护的制动电流为负荷电流，比较小，必须采取措施避免差动保护的误动。装置采用反向负跃变方法检测区外故障切除时的暂态过程，并采用负荷电流门坎，自动改善差动保护性能，避免此时 TA 饱和时差动保护的误动。此方法不影响区内故障时差动保护的动作时间和灵敏度。

3）变压器过电流保护：

按技术规程，对外部短路引起的变压器过电流，变压器应装设相间短路后备保护过电流保护，过电流保护不满足灵敏性要求的，装设复合电压起动的过电流保护或复合电流保护。

反应短路故障的后备保护，首先是作为本元件主保护的后备保护，其次作为相邻元件的后备保护，通常在以下情况时动作于断路器跳闸：变压器内部发生相间短路故障，如主保护差动保护或其他保护拒动时；变压器所连接的母线故障，而母线差动保护拒动时；连接在母线上的电气元件故障时。

简单的过电流保护，其动作值一般按躲过最大负荷电流来整定，这对于允许短时过负荷的变压器来说，最大负荷电流可能大于变压器的额定电流，较大的保护动作值，使过电流保护的灵敏度降低，有可能不满足灵敏性要求。装设复合电压起动的过电流保护，可以躲过变压器的额定电流为过电流动作整定值，使保护的灵敏性得以提高。

一种复合电压起动过电流保护装置的逻辑方框图如图 3-6-21 所示。保护装置的输入量为变压器高压侧 TV 二次三相电压和 TA 二次三相电流，保护的动作方程为

$$\begin{cases} I_{a(b,c)} > I_g \\ U_{ca} < U_1 \\ U_2 > U_{2g} \end{cases} \quad (3\text{-}6\text{-}45)$$

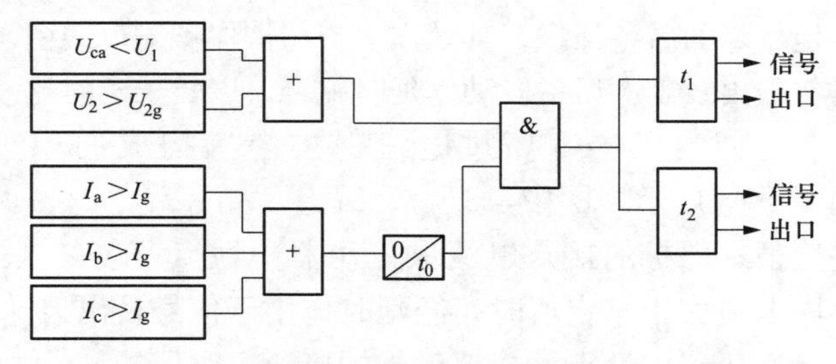

图 3-6-21　复合电压起动过电流保护逻辑方框图

其中低电压定值 U_1 按躲过变压器正常运行时可能出现的最低电压来整定（如额定电压的 70%～75%），负序电压 U_{2g} 按躲过变压器正常运行时可能出现的最大负序电压来整定（如额定电压的 8%～10%），而变压器一般过负荷运行时均不满足这些条件，则过电流定值无需考虑躲过最大负荷电流来整定，从而提高了保护的灵敏度。

4）变压器零序保护：

①中性点直接接地系统变压器的零序保护。

按技术规程要求，与 110kV 及以上中性点直接接地电网连接的变压器，对外部单相接地短路引起的过电流，应装设接地短路后备保护。接地短路后备保护包括有零序过电流保护、零序过电压保护和间隙放电零序电流保护。

中性点直接接地系统设备发生单相接地短路时，零序电流的分布与变压器中性点接地的多少和位置有关，零序电流的大小主要决定于线路零序阻抗和中性点接地变压器的零序阻抗，间接地受运行方式变化的影响。为减少零序电流的分布并使数值大小少受运行方式的影响，通常在有数个变压器的发电厂或变点所内，采用部分变压器中性点接地运行、另一部分变压器中性点不接地运行的方式。为适应变压器中性点接地运行方式的调整，变压器中性点

设备设施的配置如图 3-6-22 所示。变压器中性点接地运行时，接地刀开关 1QK（2QK）合上，零序保护电流回路接自于 1TA1（2TA1）二次侧；变压器中性点不接地运行时，接地刀开关 1QK（2QK）打开，间隙放电零序保护电流回路接自于 1TA2（2TA2）二次侧，零序电压回路接自于 1TV（2TV）开口三角绕组二次侧。

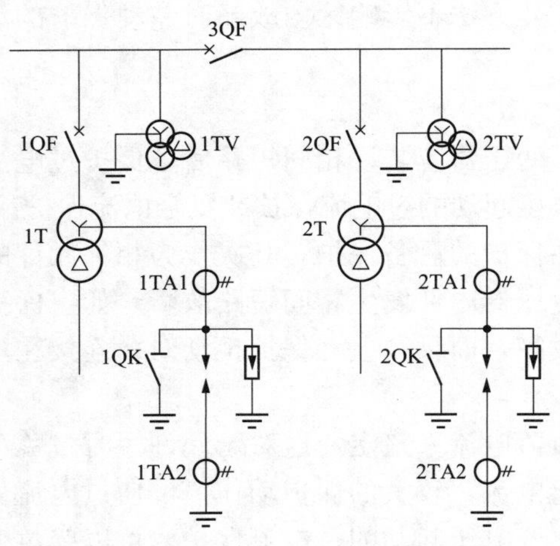

图 3-6-22　变压器中性点设备设施配置

变压器中性点接地运行的零序过电流保护：

当图 3-6-22 中的中性点接地刀开关 1QK（2QK）合上，系统发生接地故障时，变压器中性点出现零序电流 $3\dot{I}_0$，零序保护电流元件起动，当零序电流大于整定值时，保护经延时作用于先切除中性点不接地的变压器，然后切除中性点接地的变压器。

为缩小接地故障的影响范围及提高后备保护动作的快速性，一般设置两段式零序电流保护，每段各带两级时限。零序Ⅰ段作为变压器及母线的接地故障后备保护，其动作电流与引出线零序电流保护Ⅰ段配合，以较短延时作用于跳母联开关或分段开关，以较长延时作用于跳变压器。零序Ⅱ段作为引出线接地故障的后备保护，其动作电流与被保护侧母线引出线零序电流保护后备段配合，以较短延时与引出线零序后备段动作延时配合，以较长延时比短延时长一个阶梯时限。

一种变压器零序过电流保护装置构成的原理框图如图 3-6-23 所示，图中，$3I_{0g1}$、$3I_{0g2}$、t_{11}、t_{12}、t_{21}、t_{22} 为保护整定值；保护的接入电流取变压器中性点 TA 二次电流，当零序电流大于整定值时，经延时作用于信号及出口。

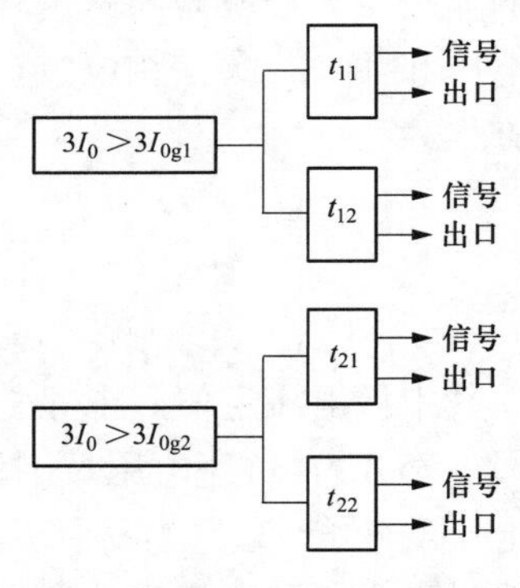

图 3-6-23　变压器零序过电流保护装置构成原理框图

变压器中性点不接地运行的接地短路保护：

对于全绝缘变压器，除了装设零序电流保护作为变压器中性点直接接地运行的保护外，还增设零序电压保护，作为变压器中性点不接地运行时的保护。当发生接地故障时，中性点接地运行变压器的零序电流保护首先将故障段分隔（如跳开图 3-6-22 中的 3QF），缩小故障影响范围。然后，故障段上中性点接地运行的变压器，用零序电流保护切除。中性点不接地运行变压器，零序电流元件 $3\dot{I}_0$ 不会起动，可由零序电压保护动作跳变压器。

对于中性点装设放电间隙的分级绝缘变压器，除了装设零序电流保护作为变压器中性点直接接地运行外，还增设零序电流电压保护，作为变压器中不接地运行时的保护。如果系统发生接地故障，且失去接地中性点，则中性点不接地变压器的中性点上将出现工频过电压，过电压若击穿放电间隙，使间隙零序保护电流动作，瞬时切除该变压器。若放电间隙没有击穿，间隙过流不会动作，由零序电压保护跳开变压器。

一种变压器间隙零序保护装置构成的原理框图如图 3-6-24 所示，图中，K 为变压器中性点接地刀开关辅助接点，当接地刀闸（如 1QK）打开时 K 接点闭合。当变压器中性点不接地运行时，间隙零序保护自动投入。保护反映变压器中性点间隙零序电流 $3I_{0jx}$ 及高压系统侧母线 TV 开口三角电压 $3U_0$，当任一个超过整定值时，经延时动作，切除变压器。

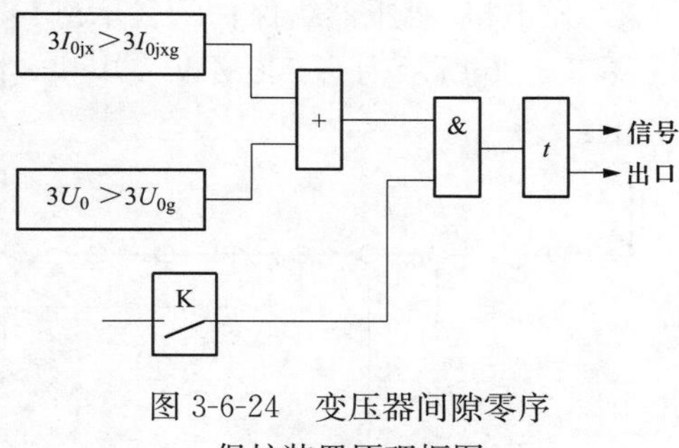

图 3-6-24　变压器间隙零序保护装置原理框图

②一次侧接非有效接地系统变压器的零序保护。

一次侧接非有效接地系统，绕组为星形-星形接线，低压侧中性点直接接地的变压器，对低压侧单相接地短路故障，在低压侧中性点回路装设零序过电流保护。变压器低压侧的零序电流保护由一个接于变压器低压侧中性线电流互感器上的反时限电流继电器构成。保护的动作电流按躲过正常运行时最大的不平衡电流和与相邻元件保护相配合整定。

5）变压器过励磁保护：

按技术规程要求，对于高压侧为 330kV 及以上的变压器，为防止由于频率降低/或电压升高引起变压器磁密过高而损坏变压器，应装设过励磁保护。

变压器过励磁的原因、危害性以及保护的原理与发电机过励磁基本相同。

（3）发电机-变压器组保护。

1）发电机-变压器组差动保护。发电机-主变压器组的纵联差动保护有几种形式，一般情况下，发电机-变压器整组装设共用差动保护，如图 3-6-25（a）所示；对于大容量发电机组，发电机应另装单独的差动保护，如图 3-6-25（b）所示；发电机、变压器之间有断路器，发电机和变压器应分别装设差动保护，并将发电机、变压器之间的断路器置于各自的保护范围内，如图 3-6-25（c）所示。发电机、变压器之间有厂用出线，应将分支线包括在差动保护范围内，如图 3-6-25（c）所示。分支线上电流互感器的变比与发电机电流互感器的变比相同。

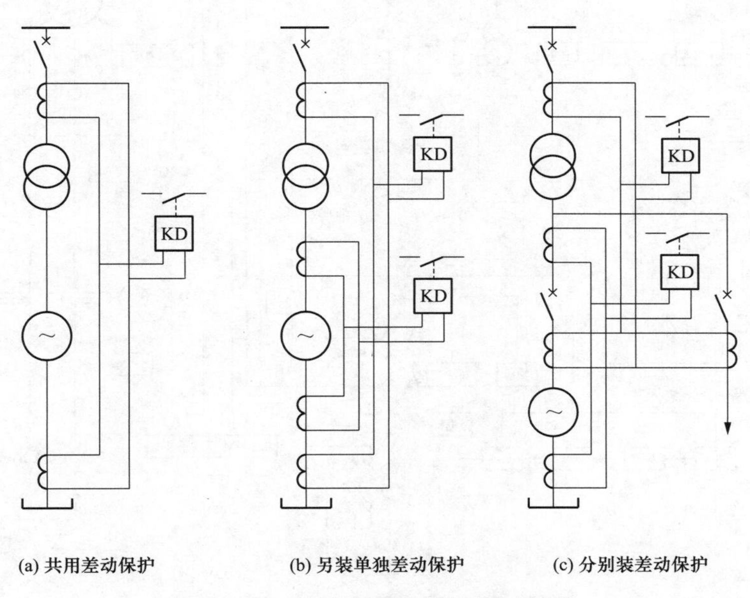

图 3-6-25　发电机-变压器组差动保护

2）发电机-变压器组保护配置示例。

图 3-6-26 所示为一 500MW 发电机-主变压器组保护的配置。图中可见的各设备保护配置如下：

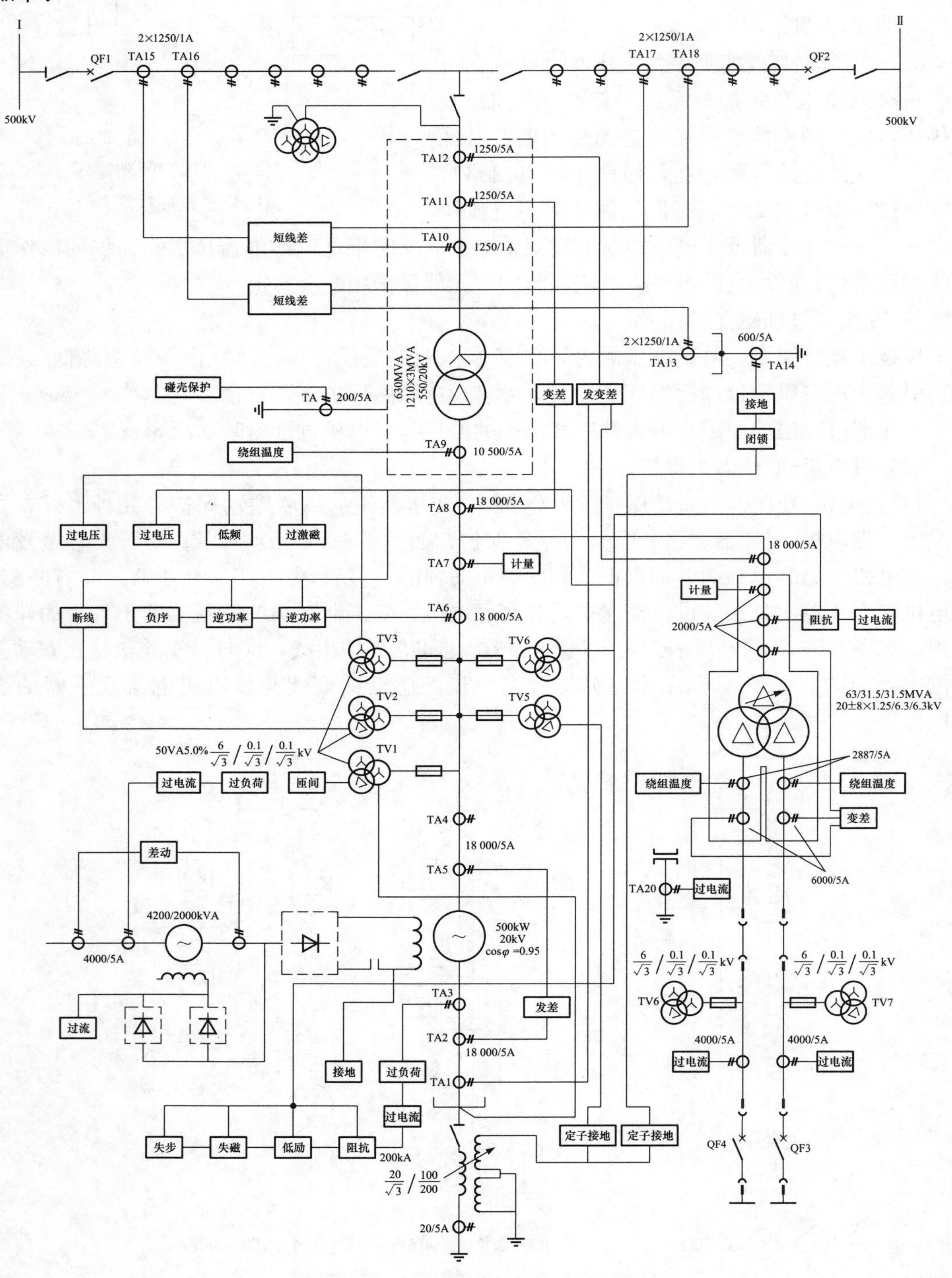

图 3-6-26　500MW 发电机-主变压器组保护配置

发电机-主变压器组：大差动，保护范围从发电机中性点的 TA1，到主变出线的 TA12 和厂用分支的第一个电流互感器，中间所有设备包括引线均在保护范围内。

发电机：纵差，保护范围从发电机中性点的 TA2 到机端的 TA4；过负荷；过电流；阻抗；低励；失磁；失步；励磁绕组接地；定子绕组匝间；定子接地；负序过电流；逆功率；过电压；低频；过激磁。

励磁系统：励磁机差动；励磁机过电流；励磁机过负荷；励磁机励磁绕组过流。

主变压器：纵差，保护范围从变压器低压侧的 TA8 到变压器高压侧的 TA11；绕组超温；中性点接地。

高压厂用变压器：纵差；阻抗；高压侧过电流；绕组超温；低压侧过流；低压侧接地。

(4) 输电线路保护。发电厂电力输出的输电线路，有电力上网线路和重要用户的专供线路，一般都在 35kV 及以上电压等级，按照技术规程，对不同电压等级输电线路的保护有相应的要求。

1) 输电线路电流速断保护：

单侧电源输电线路电流速断保护原理如图 3-6-27 所示，输电线路三相短路时，短路电流

$$I_d=\frac{E_x}{Z_\Sigma}=\frac{E_x}{Z_{xt}+Z_d} \tag{3-6-46}$$

式中，E_x为系统等效电源的相电势；Z_{xt}为保护安装处到系统等效电源之间的阻抗；Z_d为保护安装处到短路点之间的阻抗。

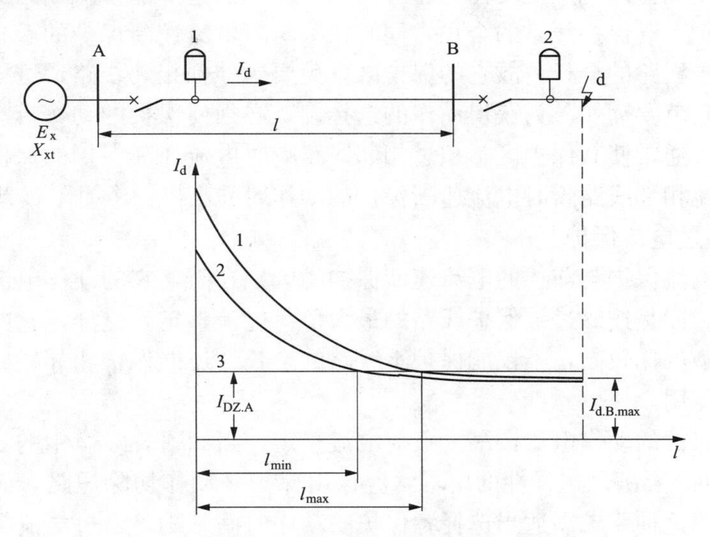

图 3-6-27　单侧电源输电线路电流保护原理

可见，系统的运行方式一定时，E_x和 Z_{xt}是常数，短路点与保护安装处之间的距离 l 越大，Z_d就越大，从而短路电流 I_d就越小。利用上式经计算可以绘出 I_d随 l 的变化曲线 $I_d=f(l)$。在最大运行方式下发生三相短路时，短路电流最大；在最小运行方式下发生两相短路时，短路电流最小。分别如图 3-6-27 中的曲线 1 和曲线 2 所示。对反应于电流增大而动作的电流保护装置来讲，能使该保护装置起动的最小电流称为保护装置的动作电流，以 I_{DZ}表示。这里以 I_{DZ}表示的保护装置动作电流是指一次侧的值，它的意义是，当被保护线路中的一次电流

达到这个值时，保护装置就能起动。显然，仅当被保护线路的短路电流 $I_{d} \geqslant I_{DZ}$时，保护装置才能起动。

电流速断保护的动作电流大于被保护线路外部短路时的最大短路电流，以保证其选择性，如图 3-6-27 中被保护线路 AB 末端变电站母线 B 上所接其他线路的首端 d 点短路时，因 d 点与 B 点间的距离（阻抗）很小，d 点或 B 点短路时，流过线路 AB 的短路电流值是一样的，所以，$I_{DZ.A}$通常按大于末端变电站母线 B 上短路时的最大短路电流选择，引入可靠系数 K_{k}写成

$$I_{DZ.A}=K_{k}I_{d.B.max} \tag{3-6-47}$$

式中，$I_{d.B.max}$为末端变电站母线 B 上发生三相短路时，流过该保护装置的最大短路电流，一般取短路最初瞬间（$t=0$）的周期分量有效值；K_{k}为可靠系数，考虑实际的短路电流可能大于计算值，短路电流的非周期分量使总电流增大，及保护装置继电器的动作电流可能小于整定值等不利因素，一般取 K_{k}的值为 1.2～1.3。

动作电流整定后是不变的，与短路点远近（或 Z_{d}）无关，如在图 3-6-27 中的直线 3，直线 3 与曲线 1 和曲线 2 各有一个交点。在交点至保护安装处的一段线路上短路时，$I_{d}>I_{DZ.A}$，保护动作；在交点以右的线路上短路时，$I_{d}<I_{DZ.A}$，保护不动作。由图可见，瞬时电流速断不能保护线路的全长，它的最大保护区是 l_{max}，最小保护区是 l_{min}。保护区通常用线路全长的百分数来表示，瞬时电流速断保护区如大于等于 50%则认为效果较好。

瞬时电流速断保护的优点是动作迅速且简单可靠，但它不能保护线路的全长，故通常设限时电流速断保护，既保护线路的全长，同时作为瞬时电流速断保护的后备。由于要求限时电流速断保护保护线路的全长，故它的保护区难免要延伸到相邻线路，这样当相邻线路出口处发生短路时，它就要动作。为获得动作的选择性，必须使保护的动作带有一定的时限。为使这一时限最短，通常使其保护区不超过相邻线路瞬时电流速断保护的保护区，这样它的动作时间只要取得比相邻线路瞬时电流速断保护的动作时间高出一个时限级差 Δt 即可。

2）输电线路过电流保护：

输电线路过电流保护与前述的电流速断保护的区别在于，它的动作电流不是按躲过一定的短路电流整定，而是按躲过被保护线路的最大负荷电流整定。这样，它的动作电流比速断保护小得多，灵敏度比较高，不仅能保护本线路的全长，还能保护相邻线路的全长，可以起到远后备保护的作用。

由于过电流保护的动作电流按最大负荷电流整定，当如图 3-6-27 中的 d 点短路时，保护 1 和保护 2 都起动，要满足选择性的要求，应该由保护 2 动作切除短路，而保护 1 在短路切除后应立即返回。这种要求靠适当选择各保护的动作时间来满足。过电流保护的动作时间按阶梯原则选择，即相邻两套保护的动作时间满足如下关系：$t_{i}=t_{(i-1).max}+\Delta t$。按照阶梯原则，输电线路上各保护的动作时间选择为：从距电源最远的保护开始，如图 3-6-27 中的保护 2 动作时间 t_{1} 已知，则保护 1 的动作时间 t_{2} 应与之配合，即 $t_{2}=t_{1}+\Delta t$。

3）输电线路阶段式电流保护：

以上讨论的输电线路各种电流保护中，瞬时速断不能保护线路全长，限时速断虽能保护线路全长，却不能作相邻线路保护的后备，过电流保护可保护本线路及相邻线路，但动作时间较长（如级数较多时，电源侧的动作时间较长）。为保证能迅速可靠地切除短路，常常将瞬时、限时和过电流保护组合在一起构成一整套保护，称为阶段式电流保护。阶段式电流保

护可以是三段，也可以是两段。在两段式电流保护中，第Ⅰ段是瞬时或限时电流速断，第Ⅱ段是过电流保护。在三段式电流保护中，第Ⅱ段是限时电流速断，第Ⅲ段是过电流保护。一般来说，在电网末端不需要与其他保护配合定值和时限时，可以采用瞬时或带 0.5s 时限的过电流保护，其动作电流按躲过电动机自起动时的最大电流整定。在靠近电源端，由于过电流保护时限太长，一般需要装设三段式电流保护。按此原则选择的动作电流和动作时限，则在被保护线路上发生短路时，要么是第Ⅰ段保护动作（在线路首端短路），要么是第Ⅱ段保护动作（在线路末端短路），其第Ⅲ段保护只是起后备作用。因此，电网中任何地点发生短路，只要不出现保护装置或断路器拒动的情况，短路一般都可在 0.5s 时限内有选择性地被切除。

4）中性点非直接接地系统的输电线路零序保护：

与中性点直接接地系统的零序保护比较，中性点不接地或经消弧线圈接地系统的零序保护有显著区别。

中性点非直接接地系统的特点是：正常运行情况下，各相对地有相同电容 C_0，在相电压的作用下，每相都有一超前 90°的电容电流流入地中，并三相电容电流之和为零，中性点对地无电压，因为电容电流很小，其在线路上产生的电压降可以忽略不计，故可认为各相电压均与各相电势相等。发生单相（例如 A 相）金属性接地时，若忽略较小的电容电流产生的电压降，则系统中各处故障相对地电压变为零。于是 A 相对地电容被短接，只有 B 相和 C 相对地电容中还存在电容电流。此时中性点对地电压上升为相电压（$-\dot{E}_A$），非故障相的对地电压变为线电压（升高为原来的 $\sqrt{3}$ 倍）。由于相电压和电容电流的对称性已经破坏，因而出现了零序电压和零序电流。零序电压 $3\dot{U}_0=-3\dot{E}_A$，零序电流有效值 $3I_0=3U_x\omega C_0$（U_x 为相电压的有效值，ω 为电源角频率）。考虑发电机和各条线路的每相对地电容，则流过故障线路保护安装处的零序电流有效值 $3I_0=3U_x\omega(C_1+C_F)$（C_1、C_F 分别为以集中电容表示的发电机和各条线路的每相对地电容），其方向为由线路流向母线。故障元件与非故障元件保护安装处的零序电流不仅方向相反，而且大小不相等。二者之比取决于 $C_{0\Sigma}$ 与 C_0 之比，一般 $C_{0\Sigma}$ 远远大于 C_0，所以，故障元件保护安装处的零序电容电流比非故障元件的要大得多。

利用故障线路零序电流远大于非故障线路零序电流这一特点，可以构成有选择性的零序电流保护。一般可由电缆型零序电流互感器与电流继电器组成这一保护。电缆型零序电流互感器铁芯中的合成磁通反应了一次侧三相电流之和，即零序电流，其二次感生的电流正比于零序电流，在被保护线路上发生接地故障时，此电流大于电流继电器的动作电流，使继电器动作，保护的动作电流应根据选择性与灵敏性的条件来确定。

对于中性点经消弧线圈接地系统，为限制接地故障电流，通常使消弧线圈的电流 $\dot{I}_L$ 不小于系统的总电容电流 $\dot{I}_{c\Sigma}$。当发生单相接地故障时，故障点的总电容电流仍为各元件的零序电容电流之和 $\dot{I}_{c\Sigma}$，经消弧线圈补偿后的残余电流 $\dot{I}_d=\dot{I}_{c\Sigma}+\dot{I}_L$，$\dot{I}_d$ 与 $\dot{I}_L$ 同相，落后于零序电压 $\dot{U}_{d0}$ 90°，故障线路首端的零序电流为该线路本身电容电流与残余电流 $\dot{I}_d$ 之差，与非故障线路的电流区别不大。此外，流经故障线路与非故障线路首端的零序电流方向相同，都是由母线流向线路，因而无法采用简单的零序电流和零序功率方向元件构成有选择性的保护。对于中性点经消弧线圈接地系统的保护方式，通常采用反应高次谐波分量或暂态零序电流的原理。此外，还有一些微机选线装置，称可有效选出故障线路，但现场使用效果不尽人意，只能当参考用。

①反应高次谐波分量的接地保护。

由于发电机转子的磁通密度不可能完全按正弦分布，所以定子电压有一定数量的谐波电压。另外，由于变压器一般在额定电压下已经饱和，故其励磁电流中包含高次谐波。高次谐波电流流经发电机绕组和线路阻抗，产生对地的高次谐波电压。高次谐波分量中以三次、五次谐波分量最大。由于三次谐波方向一致，相间没有三次谐波分量，加上三次谐波受变压器接线组别限制，故一般来说高次谐波分量中最大的是五次谐波分量。当发生接地故障时，接地电容电流和消弧线圈电流中都含有五次谐波分量。前面所讲的消弧线圈电感电流补偿故障点电容电流是对基波而言的。对五次谐波来说，由于消弧线圈的感抗 $X_L=5\omega L$ 增大五倍，故消弧线圈中的电流减小五倍，而系统对地的容抗$X_C=\frac{1}{5\omega C_\Sigma}$则减小五倍，故接地电容电流增大五倍。因此，消弧线圈的五次谐波电感电流相对于系统的五次谐波接地电容电流来说是很小的，即五次谐波的电容电流几乎未被补偿。故发生单相接地时，在中性点经消弧线圈接地的系统中，其五次谐波电容电流的分布规律与基波电容电流在中性点不接地系统的分布规律相同。即：故障线路首端的五次谐波电容电流等于非故障线路五次谐波电容电流之和；非故障线路首端的电容电流就是其本身的五次谐波电容电流；故障线路与非故障线路首端的五次谐波电容电流的相位相差 180°，其数值一般也相差比较大。利用这些差别，可实现反应五次谐波分量的电流保护和方向保护。

五次谐波分量的成分和大小与系统的运行方式、线路多少和电压水平有关，因此这种保护方式的应用受限。

②反应暂态零序电流的接地保护。

之前讨论的零序保护都是反应发生故障时的稳态电流，实际上也可以利用故障暂态过程的某些特点来实现零序保护。

如当系统 A 相接地短路时，A 相的电压突然降为零，A 相的对地电容将放电，而 B 相和 C 相的对地电容将充电（因为非故障相的电压升高为线电压），这种放电和充电过程是一种周期性的衰减振荡，其振荡频率和衰减速度取决于放电和充电回路的参数电感 L、电容 C 和电阻 R。因为故障相的放电电流只经过线路和母线，回路中的电阻和电感都比较小，故振荡的频率比较高，衰减比较快。非故障相的充电电流则是经过电源构成回路，这个回路的电阻和电感比较大，所以充电电流的频率比较低，衰减比较慢。故障点的总电流 $\dot{I}_\Sigma$ 为上述放电和充电电流之和。由于绝缘被击穿而形成的接地故障，通常最容易在相电压接近最大值的瞬间发生。理论计算和实践经验证明，暂态零序电流的频率变化范围是 200～3，000Hz，其衰减时间为 0.010～0.025s。在接地故障发生后的第一个周期的第一个半波，故障点的暂态电流值最大。暂态电流最大值与稳态电容电流值之比，近似等于振荡频率与工频之比，故暂态电流最大值要比稳态电流大几倍到几十倍。即障线路首端的暂态电流比非故障线路首端的稳态电流大得多，而且它们的方向相反。利用这些特点，可以构成反应暂态电流的幅值或相位的接地保护。考虑到暂态过程衰减很快，保护必须采用速动元件，并且在动作后要能自保持。暂态过程中电容电流的最大值与发生接地瞬间故障相电压的瞬时值有关，如果发生接地故障的时刻是在电压瞬时值为零值的附近（例如是由于外力机械破坏所造成的故障），则电容电流的暂态值很小，上述接地保护装置可能拒动，这是这种保护方式的主要缺点。

5）输电线路距离保护：

输电线路距离保护反应故障点至保护安装处之间的距离，并根据该距离的大小确定动作时限。当故障点距保护安装处越近时，保护装置感受的距离越小，保护动作的时限越短。这样，故障点总是由最近的保护先动作切除，从而保证故障线路能有选择性地被切除。

距离保护测量故障点至保护安装处之间的距离，实际上是测量故障点至保护安装处的线路阻抗。故障时，安装处的母线电压 $\dot{U}$ 与母线流向线路的电流 $\dot{I}$ 的比值 $\frac{\dot{U}}{\dot{I}}$ 即为故障点至保护安装处的线路阻抗 Z_d。保护装置将感受阻抗与整定阻抗 Z_{zd} 进行比较，当 $Z_d<Z_{zd}$ 时，表明故障在保护范围内，保护动作。因此距离保护又叫阻抗保护。距离保护的动作时限与故障点至保护安装处之间的距离的关系，称为距离保护的时限特性。目前广泛采用的三段式阶梯时限特性，它具有三个保护范围及相应的三段延时。通常距离Ⅰ段的整定阻抗 Z_{zd} 应小于本线路的全长阻抗，保护范围为被保护线路全长的80%～85%，动作时限为瞬时；距离Ⅱ段的保护范围不超过相邻下一线路距离Ⅰ段的保护范围，同时在时限上与相邻下一线路距离Ⅰ段的动作时限进行配合，即增加一个时限级差。距离Ⅰ段和距离Ⅱ段可共同作为线路的主保护。距离Ⅲ段作为本线路距离Ⅰ、Ⅱ段的近后备保护和相邻下一线路距离保护的远后备保护。

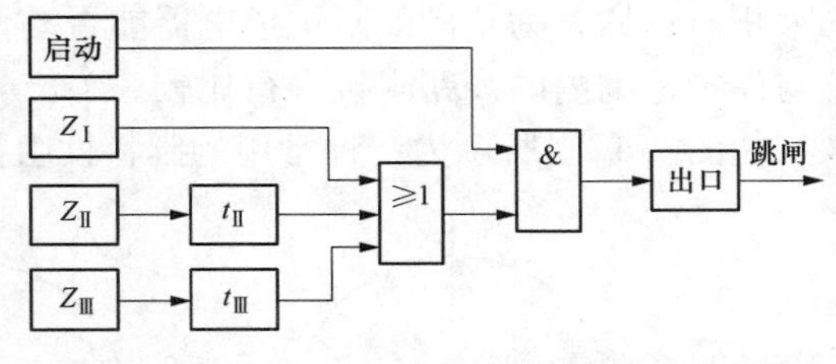

图 3-6-28　三段式距离保护基本逻辑框图

三段式距离保护基本逻辑框图如图 3-6-28 所示。图中，启动元件的作用是故障发生瞬间无论在保护范围内的哪一点均起动整套保护，并和距离元件动作后组成与门，起动出口回路动作于跳闸，以提高保护装置的可靠性。启动元件由反应电流或阻抗的继电器构成。距离元件（$Z_{Ⅰ}$、$Z_{Ⅱ}$、$Z_{Ⅲ}$）的作用是测量故障点到保护安装处之间的阻抗，一般 $Z_{Ⅰ}$、$Z_{Ⅱ}$ 采用方向阻抗继电器，$Z_{Ⅲ}$ 采用偏移特性阻抗继电器。时间元件根据预定的时限特性确定动作的时限，一般采用时间继电器。当正方向发生故障时，启动元件元件动作，故障若在距离Ⅰ段的保护范围内，$Z_{Ⅰ}$ 动作经或门和与门瞬时作用于出口回路动作于跳闸。故障若在距离Ⅱ段的保护范围内，则 $Z_{Ⅰ}$ 不动而 $Z_{Ⅱ}$ 动作，随即起动Ⅱ段的时间元件 $t_{Ⅱ}$，待 $t_{Ⅱ}$ 延时到达后，也通过或门和与门起动出口回路动作于跳闸。故障若在距离Ⅰ、Ⅱ段的保护范围以外，距离Ⅲ段的保护范围内，则 $Z_{Ⅲ}$ 动作起动经时间元件 $t_{Ⅲ}$，在 $t_{Ⅲ}$ 的延时之内，如果故障未被其他的保护动作切除，则待 $t_{Ⅲ}$ 延时到达后，也通过或门和与门起动出口回路动作于跳闸，起到后备保护作用。

阻抗继电器是距离保护装置的核心元件，其构成方式有单相式和多相式两种。单相式是指加入继电器的只有一个电压 $\dot{U}_j$（可以是相电压或线电压）和一个电流 $\dot{I}_j$，$\dot{U}_j$ 与 $\dot{I}_j$ 的比值为继电器的测量阻抗 $Z_j=\frac{\dot{U}_j}{\dot{I}_j}$。多相补充式加入继电器的是几个相的补偿后电压，它的主要优点是可反应不同相别组合的相间或接地短路。

阻抗保护的构成原理：如图 3-6-29 所示，线路 BC 上任一点故障时，阻抗继电器 KI 通入的电流是故障电流的二次值 $\dot{I}_j$，接入的电压是保护安装处的母线残余电压的二次值 $\dot{U}_j$，继电器的测量阻抗

$$Z_j=\frac{\dot{U}_j}{\dot{I}_j}=\frac{\dfrac{\dot{U}_{cy}}{n_y}}{\dfrac{\dot{I}_d}{n_1}}=Z_d\frac{n_1}{n_y} \tag{3-6-48}$$

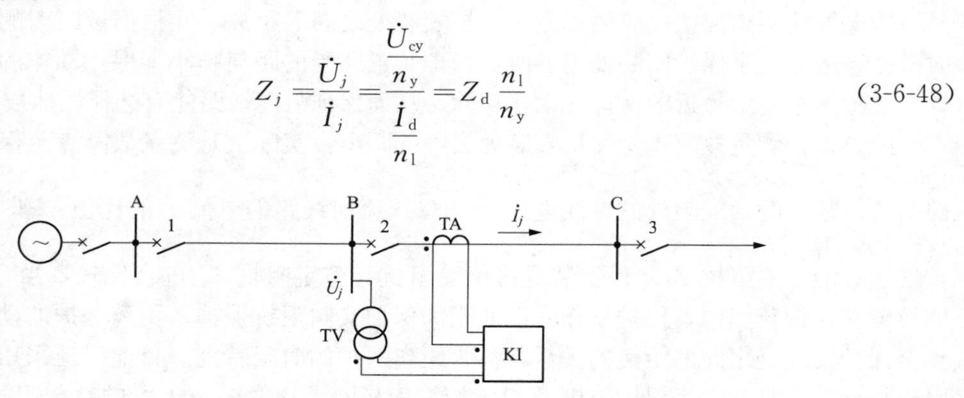

图 3-6-29　阻抗保护构成原理

由于电压互感器的变比 n_y和电流互感器的变比 n_1均不等于 1，所以故障时阻抗继电器的测量阻抗 Z_j不等于故障点到保护安装处之间的线路阻抗 Z_d，但 Z_j与 Z_d成正比，比例常数为 $\frac{n_1}{n_y}$。同理，阻抗继电器的整定阻抗也应等于该继电器所对应的保护范围内的线路阻抗与 $\frac{n_1}{n_y}$的乘积。这样，为了判断阻抗继电器能否动作，可直接用故障点到保护安装处之间的线路阻抗与保护范围内的线路阻抗进行比较。

如图 3-6-30 所示为三种常用的圆特性阻抗继电器。

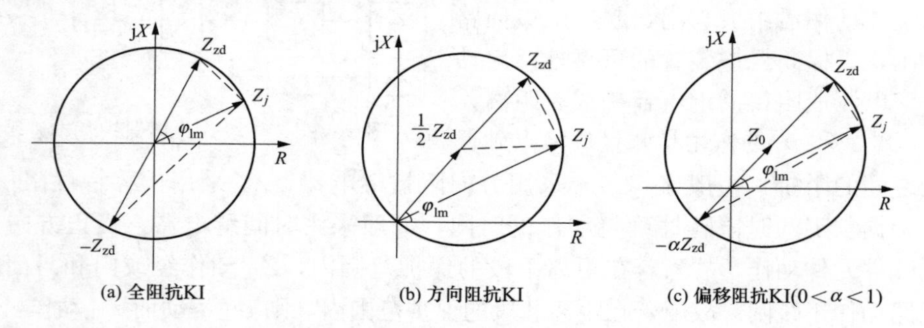

图 3-6-30　圆特性阻抗继电器

全阻抗的特性圆以坐标原点为圆心，以整定阻抗 Z_{zd}的绝对值为半径的圆，φ_{lm}为整定阻抗 Z_{zd}的最大灵敏角。圆内为动作区，圆外为非动作区，不论故障发生在正方向还是反方向，只要测量阻抗 Z_j 落在圆内，继电器就动作。幅值和相位动作条件为：

$$|Z_j|\leqslant|Z_{zd}| \tag{3-6-49}$$

$$270^\circ\geqslant\arg\frac{Z_j+Z_{zd}}{Z_j-Z_{zd}}\geqslant 90^\circ \tag{3-6-50}$$

方向阻抗继电器的特性圆是一个以整定阻抗 Z_{zd}为直径，圆周经过坐标原点的圆，圆内为动作区，测量阻抗 Z_j位于第Ⅰ象限，只要测量阻抗 Z_j落在圆内，继电器就动作。而保护反方向短路时，Z_j位于第Ⅲ象限内，不可能落在圆内，继电器不可能动作，故继电器具有方

向性。幅值和相位动作条件为：

$$|Z_j-\frac{1}{2}Z_{zd}|\leqslant|\frac{1}{2}Z_{zd}| \tag{3-6-51}$$

$$270^\circ\geqslant\arg\frac{Z_j}{Z_j-Z_{zd}}\geqslant 90^\circ \tag{3-6-52}$$

偏移阻抗继电器的特性圆向第Ⅲ象限偏移，使坐标原点落在圆内，则母线附近的故障也在保护范围内，因而不存在电压死区。当正方向整定阻抗为Z_{zd}时，同时向反方向偏移一个αZ_{zd}（$0<\alpha<1$，一般α为0.1～0.2）。圆心坐标$Z_0=\frac{1}{2}(1-\alpha)Z_{zd}$，直径为$|(1+\alpha)Z_{zd}|$。幅值和相位动作条件为：

$$|Z_j-Z_0|\leqslant|Z_{zd}-Z_0| \tag{3-6-53}$$

$$270^\circ\geqslant\arg\frac{Z_j+\alpha Z_{zd}}{Z_j-Z_{zd}}\geqslant 90^\circ \tag{3-6-54}$$

（5）母线保护。母线起着汇总和分配电能的作用，母线一旦发生故障，将影响所有接于母线上的设备及其所属系统的正常运行；此外，母线短路故障产生的短路电流很大，保护动作的延时将造成母线设备的严重损坏，检修和停电倒母线造成的损失也很大。为此，对于高压重要母线应装设专门的快速母线保护。对于35kV及以下电压等级的母线，通常不装设专门的母线保护，而是利用供电组件的保护来切除母线故障。

母线保护按工作原理可分为以下几类：用相邻回路保护实现的母线保护，电流差动原理母线保护（不完全差动保护和完全差动保护），母联电流相位比较原理母线保护等。母线保护按差动回路电阻大小分为低阻抗型、中阻抗型和高阻抗型母线差动保护。

1）母线完全差动保护：

与其他元件的差动保护一样，母线完全差动保护也是按环流法接线构成。母线完全差动保护在母线的所有各连接元件上装设变比相等的电流互感器，所有电流互感器的二次绕组，极性相同的端子互相连接，然后接入差动电流继电器。母线不完全差动保护与母线完全差动保护的区别是，仅对有电源的连接元件上装设电流互感器，即发电机、变压器、分段断路器及母联断路器上装设。由于这种保护的电流互感器不是在所有与母线连接的元件上装设，因此称为不完全差动电流保护。

母线完全电流差动的原理接线如图3-6-31所示。图（a）为外部故障时的电流分布，如图中k点短路，在母线的所有连接元件中，流入母线的电流等于流出母线的电流，即

$$\dot{I}_k=\dot{I}_1+\dot{I}_2+\dot{I}_3=0 \tag{3-6-55}$$

流入差动继电器KD的只是不平衡电流。

图（b）为内部故障时的电流分布。如图中k点短路，所有带电源的连接元件都会向短路点供给短路电流，这时流入继电器KD的电流即故障点的全部短路电流，即

$$\dot{I}_k=\dot{I}_1+\dot{I}_2+\dot{I}_3 \tag{3-6-56}$$

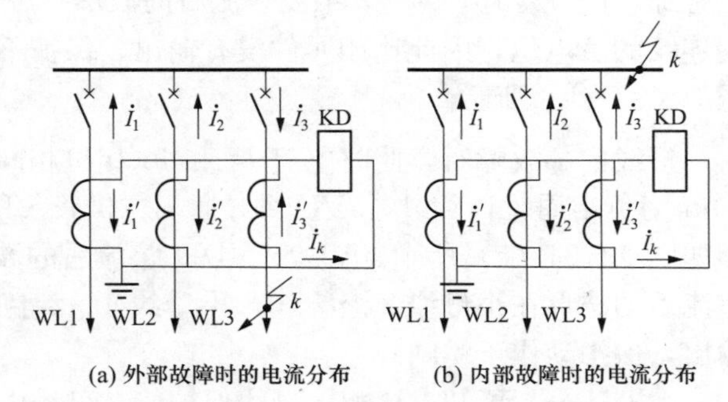

图3-6-31　母线完全电流差动原理接线

因此，母线完全电流差动保护不反应负荷电流和外部短路电流，只反应各电流互感器之间的电气设备故障时的短路电流，故母差保护不必和其他保护作时限配合，因而可瞬时动作。

2）电流比相式母线差动保护：

母线完全电流差动保护的动作电流必须躲开外部故障时最大不平衡电流，若不平衡电流较大，则内部短路时，保护的灵敏性较低。电流比相式母线差动保护不存在这个问题。

电流比相式母线保护的基本原理是根据母线在内部故障和外部故障时，各连元件电流相位的变化来实现的。母线故障时，所有和电源连接的元件都向故障点供应短路电流，在理想条件下，所有供电元件的电流相位相同；而在正常运行或外部故障时，至少有一个元件的电流相位和其余元件的电流相位相反，即流入电流和流出电流的相位相反。利用这一原理可以构成比相式母线保护。正常运行或外部故障时，流进母线的电流 $\dot{I}_1$ 和流出母线的电流 $\dot{I}_2$ 大小相等，相位相差 180°；而在内部故障时，电流 $\dot{I}_1$ 和 $\dot{I}_2$ 都流向母线，在理想情况下，两电流相位相同。

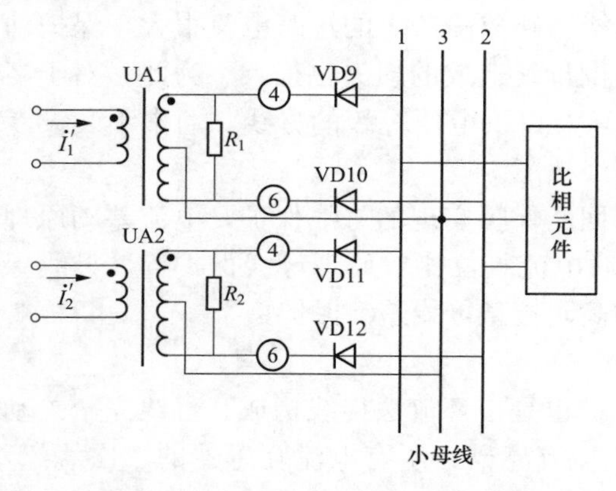

图 3-6-32 电流比相式母线保护原理

一种电流比相式母线保护装置的原理如图 3-6-32 所示。母线上两个间隔的电流 $\dot{I}_1$ 和 $\dot{I}_2$ 经过电流互感器变换为二次电流 $\dot{I}_1'$和 $\dot{I}_2'$，分别输入中间电流变换器 UA1 和 UA2 的一次绕组。中间变流器的二次电流在其负载电阻上的电压降落形成其二次电压。中间电流变换器 UA1 和 UA2 的二次输出电压分为两组，分别经二极管 VD9、VD10、VD11、VD12 半波整流，接至小母线 1、2、3 上。小母线输出再接至相位比较元件。

正常运行或外部故障时，此时电流 $\dot{I}_1$ 和 $\dot{I}_2$ 相位相差 180°，i'_1 和 i'_2 的波形如图 3-6-33（a）所示。当为负半周时，UA1 二次侧④为一，⑥端为＋，因此二极管 VD9 导通；而当为正半周时，④端为＋，⑥端为一，因此二极管 VD10 导通。同理，当为负半周时，V11 导通；为正半周时，V12 导通。由于二极管 VD9、VD11 的正极接于小母线 1 上，二极管的负极各经 UA1、UA2 的二次绕组接于小母线 3 上，因此经 V9、VD11 半波整流后的波形在小母线 1 上叠加。同理 V10、VD12 半波整流后的波形在小母线 2 上叠加。由于此时小母线 1、2 上呈现连续的负电位，因此比相元件没有输出，保护不会动作于跳闸。工作过程各部分的波形如图 3-6-33（b）所示。

母线内部故障时，此时电流 $\dot{I}_1$ 和 $\dot{I}_2$ 相位相同。i'_1 和 i'_2 的波形如图 3-6-34（a）所示。i'_1和i'_2 为负半周时，VD10、VD12 导通。二极管 VD9、VD10、VD11、VD12 半波整流后的波形如图 3-6-34（b）所示。VD9、VD11 整流后的波形在小母线 1 上叠加；VD10、VD12 半波整流后的波形在小母线 2 上叠加。小母线 1、2 上呈现相间的断续负电位，一次比相元件有输出，保护动作于跳闸。

由上述分析可知，比相式母线保护能在母线内部故障时正确动作于跳闸；而在正常运行或外部故障时可靠不动作。由于这种母线保护的工作原理是基于电流相位比较的，因而对电

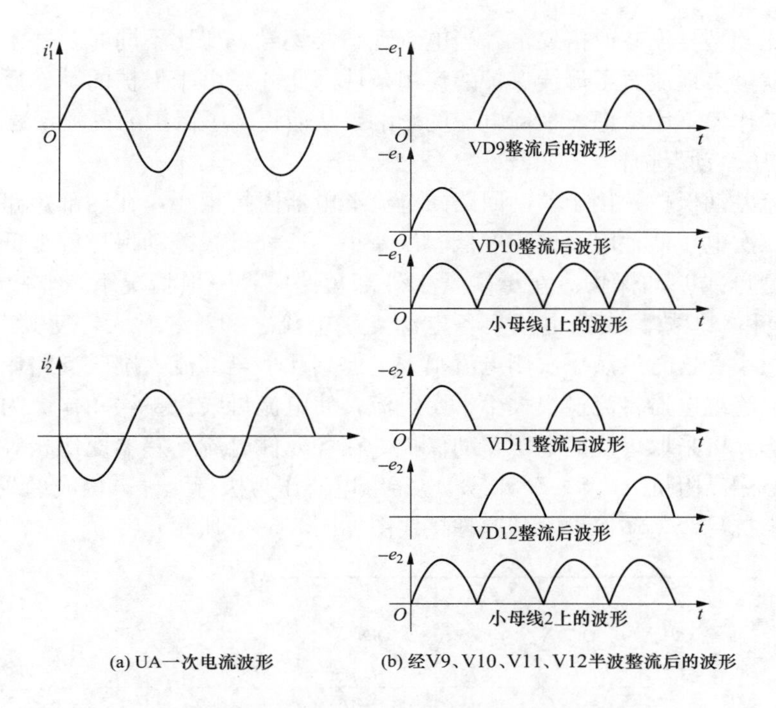

图 3-6-33 母线正常和故障时 UA 一次侧和二次侧电流波形

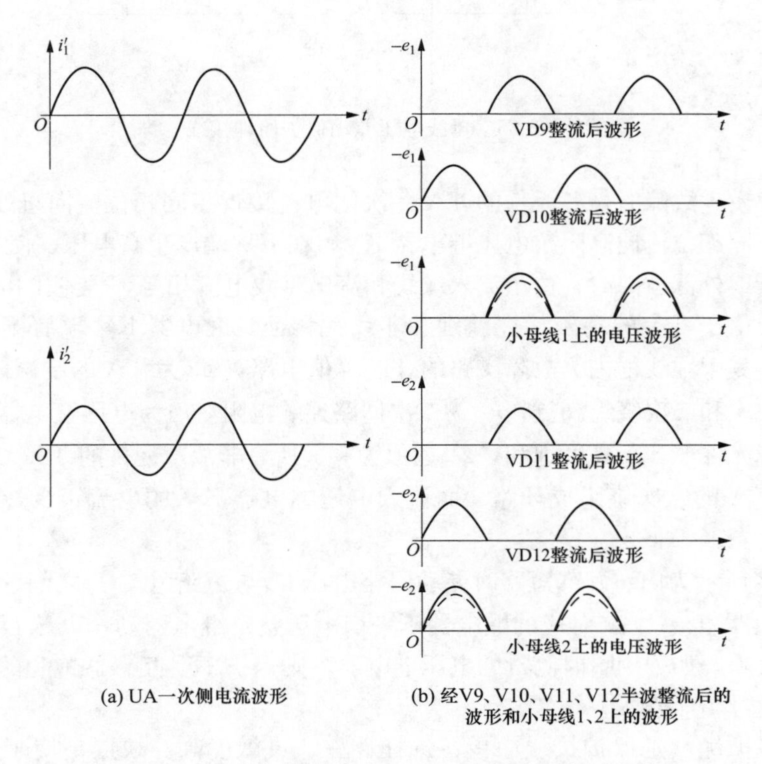

图 3-6-34 母线内部故障时，UA 一次侧和二次侧的波形

流互感器的变比和型号没有严格要求。当电流互感器型号、变比不同时，并不妨碍该保护动作的使用，这就极大地放宽了母线保护的使用条件。此外，由于保护的动作原理和电流幅值无关，保护的动作值不用考虑不平衡电流的影响，从而提高了保护的灵敏系数。

3）母线电压差动保护：

母线的电流差动保护，接于差动回路的电流继电器阻抗很小，在内部短路时，电流互感器的负荷小，二次电压低，因而饱和度低、误差小。这种母线差动保护都是低阻抗型，所以也称为低阻抗型母线差动保护。在母线发生外部短路时，一般情况下，非故障支路电流不大，TA 不易饱和，但故障支路电流集各电源支路电流之和，非常大，使其 TA 高度饱和，相应励磁阻抗很小。这时虽然一次侧电流很大，但其几乎全部流入励磁支路，其二次电流近似为零。这时电流继电器将流过很大不平衡电流，使电流母线保护误动作。为避免上述情况母线保护误动作，可采取母线的电压差动保护。在各元件电流互感器变比相等的环流法接线的差动回路中，用高阻抗（2.5～7.5kΩ）电压继电器作为执行元件，构成母线的电压差动保护，也称为高阻抗母线差动保护。其原理接线图如图 3-6-35 所示。

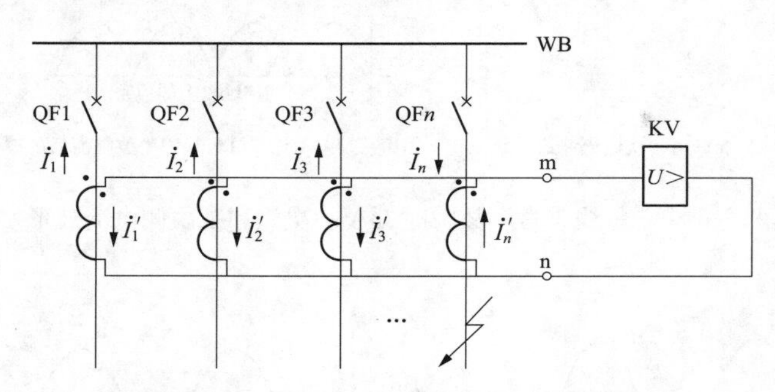

图 3-6-35　母线电压差动保护原理接线

当母线内部发生故障时，各元件的 TA 一次侧电流接近于同相位流向母线，TA 的二次侧电流也接近于同相位流向高阻抗电压继电器 KV，在 KV 端产生高电压，使 KV 动作。

在正常运行或外部故障时，由于流入母线和流出母线电流相等，理论上电压继电器端电压为零。实际上由于 TA 的励磁特性差别和非线性特征，继电器 KV 端有不平衡电压。如图 3-6-36 所示，其中虚线框内为故障支路的 TA 等值电路，Z_m 为 TA 的励磁阻抗，Z_1' 和 Z_2 分别为 TA 的一次和二次绕组漏抗，r_1 为二次回路连线电阻，r_u 为电压继电器的内阻。在外部故障时，故障元件的 TA 高度饱和，Z_m 近似为零。所有非故障元件的 TA 二次电流被强制流入故障元件 TA 的二次绕组成环路。而流入电压继电器 KV 的电流很少，所以 KV 不会动作。

如图 3-6-37 所示为内、外部短路时差动回路电压 U_d 与短路电流 I_k 之间的关系，只要按大于最大外部短路电流 $I_{k.max}$ 对应的继电器不平衡电压整定继电器动作电压 $U_{op.r}$，就能区分保护区内、外故障，如采用瞬时测量的电压继电器，则保护不受互感器饱和的影响，并且保护动作时间不超过 10 毫秒。

电压差动保护优点是保护接线简单、选择性好、灵敏度高。缺点是用于双母线系统的 TA 二次回路不能随一次回路切换。在保护区内故障时，由于 TA 二次侧有可能出现非常高的电压，所以二次回路电缆和其他部件应采取加强绝缘水平措施。

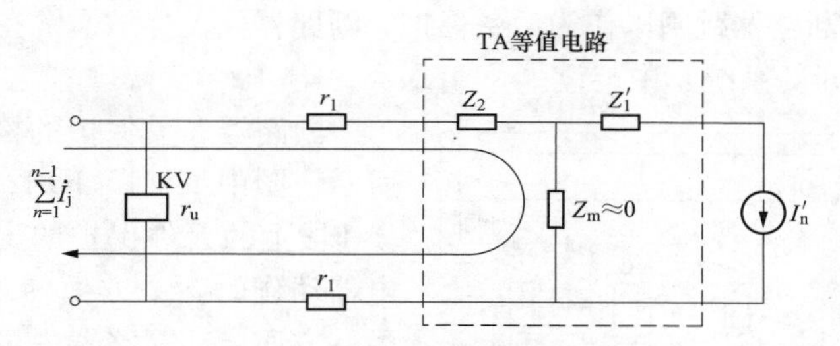

图 3-6-36　外部故障时的不平衡电压

4）具有比率制动特性的母线电流差动保护。在各元件电流互感器选用相同变比的环流接线的电流母线差动保护中，以不同的制动量可以构成各种类型的带制动特性的电流差动保护。

①最大值制动式。以各元件二次电流中最大值作为制动量，保护装置动作方程为

$$\left|\sum_{i=1}^{n} \dot{I}_i\right| - K_{\text{res}} \{|\dot{I}_i|\}_{\max} \geqslant I_{\text{set.0}} \tag{3-6-57}$$

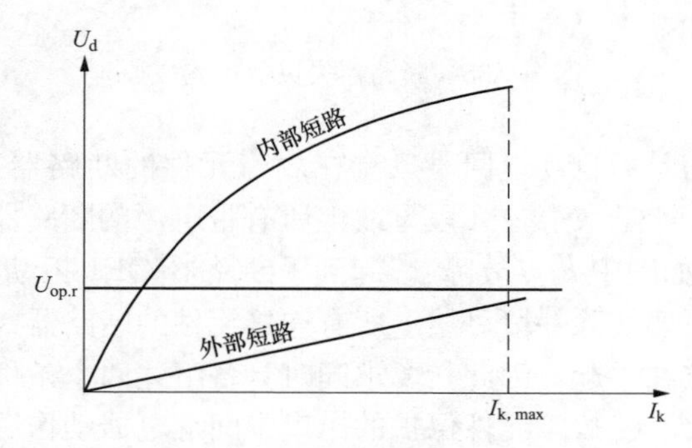

图 3-6-37　内外部故障时的电压电流关系

式中，$\left|\sum_{i=1}^{n} \dot{I}_i\right|$ 为保护动作量，当正常运行及外部短路时为最大不平衡电流，当内部短路故障时为总的短路电流；K_{res} 为制动系数；$I_{\text{set.0}}$ 为动作电流门槛值。

②绝对值之和制动式。以各元件 TA 二次电流绝对值之和为制动量，保护装置动作方程为

$$\left|\sum_{i=1}^{n} \dot{I}_i\right| - K_{\text{res}} \sum_{i=1}^{n} |\dot{I}_i| \geqslant I_{\text{set.0}} \tag{3-6-58}$$

③综合制动式。利用差电流与二次电流的综合量作为制动量称为综合制动方式，综合量制动量有不同构成方式，典型的制动方式制动量为

$$I_{\text{res}} = \{|\dot{I}_i|\}_{\max} - K\left|\sum_{i=1}^{n} \dot{I}_i\right| \tag{3-6-59}$$

上式中 K 为系数，I_{res} 只取正值，为负值时取零。

保护装置动作方程为

$$\left|\sum_{i=1}^{n} \dot{I}_i\right| - K_{\text{res}} I_{\text{res}} \geqslant I_{\text{set.0}} \tag{3-6-60}$$

以上最大值制动式和绝对值之和制动式母线电流差动保护在母线内、外故障时均有制动作用。综合制动式可保证在内部故障时制动量为零，在外部故障时有较高的制动特性。因此，在内部故障时有较高的灵敏性，在外部故障时具有更好躲过不平衡电流的特性。

5）断路器失灵保护：

在母线的连接元件上发生故障，而其断路器拒绝动作，或者故障发生在断路器与电流互感器之间，断路器已跳开但故障未切除，此时利用故障元件的保护，以较短时限，动作于同

一母线上其他有关的断路器跳闸以作为后备保护。断路器失灵保护通常在220kV及以上系统（以及个别重要的110kV系统）中装设。

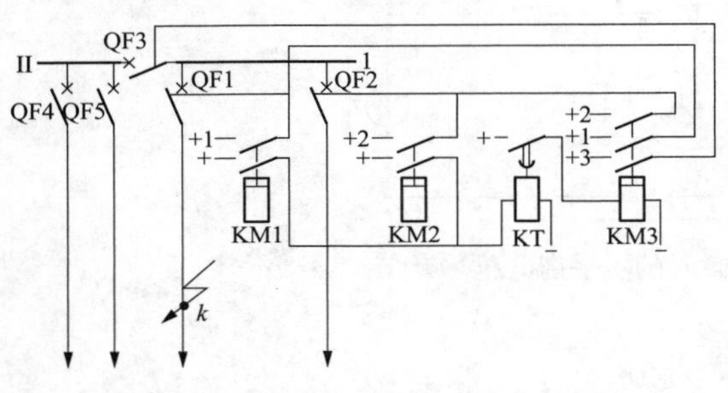

图3-6-38 断路器失灵保护构成原理

断路器失灵保护的构成原理如图3-6-38所示。图中KM1、KM2为连接在单母线分段I段上的元件保护的出口继电器。这些继电器动作时，一方面使本身的断路器跳闸，另一方面启动断路器失灵保护的公用时间继电器KT。时间继电器的延时整定得大于故障元件断路器的跳闸时间与保护装置返回时间之和。因此，断路器失灵保护在故障元件保护正常跳闸时不会动作跳闸，而是在故障切除后自动返回。只有在故障元件的断路器拒动时，才由时间继电器KT启动出口继电器KM3，使接在I段母线上所有带电源的断路器跳闸，从而代替故障处拒动的断路器切除故障（如图中k点故障），起到了断路器QF1拒动时后备保护的作用。由于断路器失灵保护动作时要切除一段母线上所有连接元件的断路器，而且保护接线中是将所有断路器的操作回路连接在一起，因此，要求同时具备下述两个条件时保护才能动作：

①故障元件保护的出口中间继电器动作后不返回。

②在故障元件的被保护范围内仍存在故障。当母线上连接的元件较多时，一般采用检查故障母线电压的方式以确定故障仍然是否没有切除；当连接元件较少或一套保护动作于几个断路器（如采用多角形接线时）以及采用单相合闸时，一般采用检查通过每个或每相断路器的故障电流的方式，作为判别断路器拒动且故障仍未消除之用。

（6）电动机保护。火电厂内所用电动机多为异步电动机，按技术规程要求，对3kV及以上异步电动机应装设的保护有：定子绕组的相间短路、单相接地、过负荷、低电压、相电流不平衡及断相；对2MW以下电动机装设电流速断保护；对2MW及以上电动机装设纵联差动保护；对单相接地电流大于5A的电动机装设单相接地保护；对易过负荷的电动机装设过负荷保护；对不允许或不需要自起动的电动机装设低电压保护。

1）电动机电流速断保护：

电动机电流速断保护与其他类型元件电流速断保护构成原理一样，但由于电动机启动电流很大，速断保护动作定值为躲过这一电流而定得比较高，降低了正常运行时速断保护的灵敏性。为此，可采用高低定值方法应对。即电动机启动时按高定值动作，启动结束后按低定值动作。高、低定值按行业标准DL/T 1502《厂用电继电保护整定计算导则》所载方法整定。

动作电流高定值$I_{op.h}$按躲过电动机最大启动电流计算，即

$$I_{op.h}=K_{rel}K_{st}I_{e} \tag{3-6-61}$$

式中，K_{rel}为可靠系数，取1.5；K_{st}为电动机启动电流倍数（在6～8之间），如无实测值可取7；I_e为电动机额定二次电流。

动作电流低定值I_{opl}按躲过电动机自启动电流，或按躲过区外出口短路时最大电动机反馈电流计算，取最大值。

按躲过电动机自启动电流计算，即

$$I_{opl}=K_{rel}K_{ast}I_{e} \tag{3-6-62}$$

式中，K_{rel}为可靠系数，取1.3；K_{ast}为电动机自启动电流倍数，如无实测值可取5。

按躲过区外出口短路时最大电动机反馈电流计算，即

$$I_{opl}=K_{rel}K_{fb}I_e \quad (3\text{-}6\text{-}63)$$

式中，K_{rel}为可靠系数，取1.3；K_{fb}为区外出口短路时最大反馈电流倍数，可取6。

一种电动机保护装置电流速断保护动作逻辑如图3-6-39所示。图中，三相电流I_a或I_b或$I_c > I_{szd}$，且电动机启动中（启动判断投入）时，速断保护（经压板、时间整定）出口；电动机启动结束后，保护定值将一半，三相电流$I_a/2$或$I_b/2$或$I_c/2 > I_{szd}$即可出口。

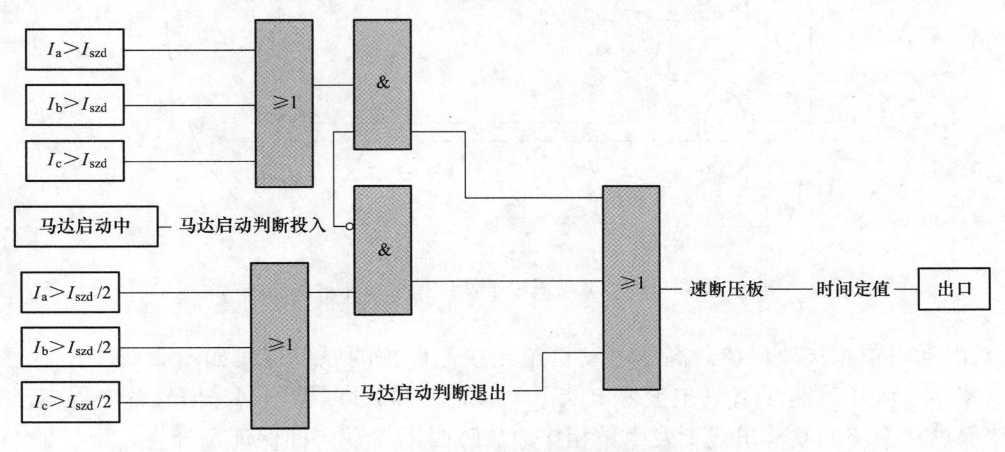

图3-6-39　电动机速断保护动作逻辑

2）电动机差动保护。

电动机电流速断保护因动作定值要躲过电动机启动电流而降低了灵敏度，对电动机内部保护区较小，因此，大容量电动机应装设差动保护。

通常的电动机差动保护基于电流平衡原理，在电动机各相线和中性点出线上装设电流互感器，与发电机纵差原理一样，通过鉴别各绕组电流的方向来判断故障。但因现场机端TA和中性侧TA二次电缆可能长度不一致，甚至相差很大，造成TA二次负载相差较大，出现电流传变特性不一致，产生一定的不平衡差动电流；在电动机自起动和外部短路暂态过程中，由于两侧电流互感器对穿越性暂态电流的传变特性不一致，产生不小的暂态不平衡差动电流，这些因素有可能会造成差动保护误动。

此外有一种基于磁平衡原理的电动机差动保护，如图3-6-40所示，将电动机每相绕组的始端（机端）和终端（中性侧）引线分别引入、引出磁平衡电流互感器TA0的环形铁芯各一次，各TA0二次侧接入磁平衡差动保护装置。电动机正常运行或外部短路时，各相始端和终端电流一进一出，互感器一次安匝为零，二次无输出，保护不动作。由此可见，在电动机没有发生相间短路的情况下，依靠互感器一次励磁安匝的磁平衡，互感器二次侧没有不平衡电流，从而彻底根除电动机自起动和外部故障短路暂态过程中的误动作。而电机内部故障时，磁平衡被破坏，电流互感器二次侧产生电流，当电流超过定值时保护动作，切除故障。

磁平衡差动保护动作电流的整定按以下原则计算，并取最大值：按躲过电动机启动时产生的最大磁不平衡电流计算；按躲过外部单相接地时的不平衡电流。动作时间按躲过电容暂态过程的影响，可取100～120ms。

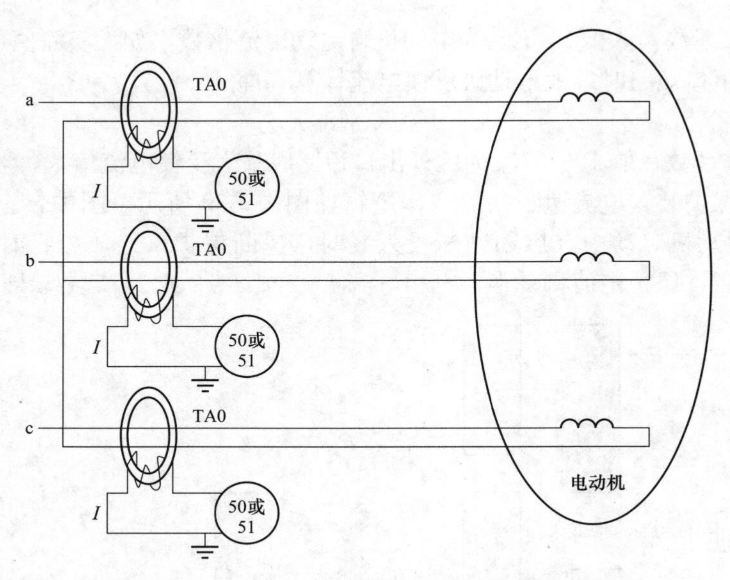

图 3-6-40 电动机磁平衡保护接线原理图

3）电动机单相接地保护。高压电动机单相接地保护的原理接线如图 3-6-41 所示，保护装置由零序电流互感器 TA0、电流继电器 KA0 以及中间继电器 KM、信号继电器 KS 组成。为了使保护在系统的其他出线上发生单相接地故障时不误动，即保证选择性，保护的动作电流应大于本电动机的电容电流。

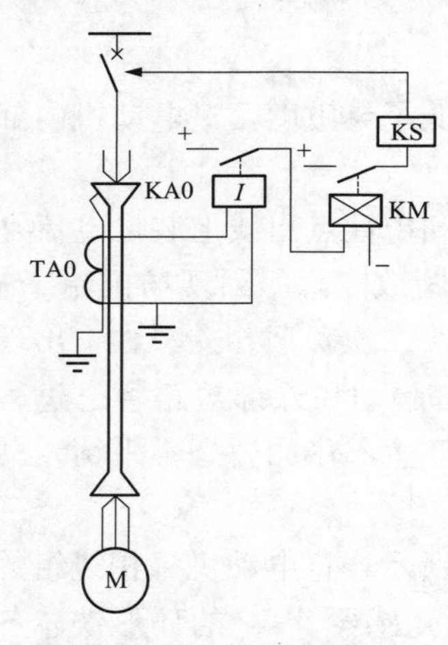

图 3-6-41 电动机接地保护原理接线

低压电动机所在系统的电源中性点一般直接接地，其接地保护通常由相间保护采用三相式接线兼作即可。但是，由于低压变压器的零序阻抗较大，单相接地短路电流较小，而相间保护的动作值又比较大，因而兼作单相接地保护的灵敏度可能难以满足要求，此时可考虑装设零序电流保护，动作电流按躲过电动机启动和自启动的不平衡电流整定。

4）电动机过负荷保护。引起电动机过负荷一般有以下几种情况：

①启动时间过长。由异步电动机的启动特性可得，其启动转矩倍数

$$k_{m}=\frac{M_{st}}{M_{N}} \tag{3-6-64}$$

式中，M_{st}为电动机的最初启动转矩；M_{N}是电动机的额定转矩。常用的鼠笼式电动机k_{m}的值为 1.0～2.0，如果受某些因素影响使电动机负载转矩增大，电动机启动困难，启动时间拖得过长，或自启动时负载的阻力矩大于电动机的启动力矩，电动机不能转动起来，造成电动机的过负荷。

②断相运行。在电动机负荷不变的情况下，断相运行使健全两相电流增大，如果在额定负荷下断线，约增大到额定电流的 1.6～2.5 倍，相当于电动机过负荷运行。

③因负荷变化造成的过负荷，如将湿煤送入碎煤机、磨煤机中，磨煤机内的煤粉过满等。

电动机的过负荷能力特性由过电流倍数与过负荷时间的关系式表示为

$$t = T \times \frac{\alpha - 1}{k_{\mathrm{m}}^{2} - 1} \tag{3-6-65}$$

式中，t 为过负荷允许的时间，s；T 为发热时间常数，s；α 为系数，平均取 1.3 左右。

电动机过负荷保护的特性应与电动机的过负荷能力特性相配合。传统的电动机过负荷保护采用具有反时限特性的电流继电器来实现，因为这种继电器的反时限特性曲线与电动机的过负荷特性曲线有相似的形状。这种方式的保护具有结构简单的优点，不足的是当过电流倍数不大时，继电器的动作时限不够长，不能充分利用电动机的过负荷能力。

现代微机型电动机过负荷保护其动作原理有多种，如曲线式过负荷保护，热映像过负荷保护，温度传感器过负荷保护等。

曲线式过负荷保护采用输入电动机额定电流、堵转电流、堵转时间及工作系数等数据，从电动机微机保护装置的多条标准过负荷曲线，或 $I^{2}t$ 过负荷曲线等曲线中，选择一条刚好低于电动机损坏的曲线，以便更好地与电动机的热特性相匹配，不但考虑了电动机的启动与运行，而且具有描述停运时冷却状态的返回曲线。

热映像过负荷保护基于负荷电流计算得到等效电流 I_{eq}，再计算定子和转子的热效应，在其内部生成一个描述电动机热状态的热映像，为各种过负荷引起的过热提供保护，也作为短路、启动时间过长、堵转等保护的后备。

温度传感器过负荷保护是由电阻温度探测器、热敏电阻或热电偶直接检测电动机各部的实际温度而实现的，比基于检测相电流的热映像计算法具有更高的可靠性和准确性，并可消除环境温度变化导致的误差，不但可用于电动机的绕组过负荷保护，也可用于电动机轴承磨损或润滑不良引起的轴承局部过热保护，而且还可对热映像计算法进行环境温度的补偿。当电动机停转时，温度传感器监测定子绕组温度，可精确地跟踪冷却过程，测出冷却时间常数。微机电动机保护装置通常设有多个温度传感器输入，可以针对性地将其放置在电动机容易过热的各部位。由于温度传感器的反应速度较慢，因此不能代替基于检测相电流的热映像电动机过负荷保护。

一种电动机保护装置的过热保护工作原理为：过热保护主要防止由过负荷、不对称过负荷、定子断线等引起的电动机过热，也作为电动机短路、启动时间过长、堵转等其他故障的后备保护。装置可以在任何工况下建立电动机的发热模型，从而提供准确的过热保护。由于正、负序电流的热效应不同，引起发热的等效电流可用下式计算

$$I_{\mathrm{eq}} = \sqrt{K_{1} I_{1}^{2} + K_{2} I_{2}^{2}} \tag{3-6-66}$$

式中，K_1 为正序电流发热系数，电机启动过程中 $K_1=0.5$，电机运行过程中 $K_1=1$；K_2 为负序电流发热系数，取 K_2 的值为 3～10；I_1 为电动机实际运行电流的正序分量；I_2 为电机实际运行电流的负序分量。

为躲过启动电流，K_1 随启动过程变化。由于负序电流在转子中的热效应比正序电流高，在比例上等于两倍系统频率下转子交流阻抗对直流阻抗之比。所以为准确反应负序电流在发热模型中的热效应，K_2 另行整定为较大值。电动机的热积累值

$$\theta = \int_{0}^{t} \left[I_{\mathrm{eq}}^{2} - (1.05\, I_{\mathrm{s}})^{2} \right] \mathrm{d}t \tag{3-6-67}$$

式中，I_{s} 为基本电流，使用额定电流或由制造厂家规定。

过热保护的运行时间-电流关系为

$$t=\frac{\tau_1}{\left(\frac{I_{eq}}{I_s}\right)^2-1.05^2} \tag{3-6-68}$$

式中，τ_1 为发热时间常数，可在 2.5～40 调节。

过热保护分两段，当热积累值大于 0.75 时发出告警信号；如过负荷跳闸压板投运，当过负荷累加量大于 1 时，则发出口跳闸命令，出口继电器动作。当电动机工作时，散热时间常数 τ_2 等于发热时间常数 τ_1，当电动机停转时，电动机的散热效果变差，为获得准确的发热模型，电动机停转时，散热时间常数自动增加到原来的 1～4.5 倍，即 $\tau_2=k_c\tau_1$（k_c为冷却系数，范围为 1～4.5，级差为 0.1）。

过热出口继电器动作之后，在电动机再次启动之前，按照电动机停转进行散热计算，若热积累值大于 0.75，则保护出口继电器保持，禁止电动机再启动。如果需要紧急启动，则可通过装置外部开入量使热积累值复归为零，即置电动机为“冷态”。

5）电动机低电压保护。发电厂厂用电系统 3～6kV 和 380V 母线一般都装设有低电压保护。装设目的是：当母线电压降低至允许值甚至失压时，将部分负载从母线上切除（不重要的、不容许和不需要自启动的电动机），以利母线恢复电压时重要电动机的自启动。为了实施低电压保护，一般将厂用电动机分为三类：

①Ⅰ类。属重要负荷电动机，例如给水泵、循环水泵、凝结水泵、引风机和给粉机等电动机，一旦停电将造成发电厂出力下降甚至停电，在这类电动机上不装设低电压保护，在母线电压恢复时应尽快让其自启动，但当这些重要电动机装设有备用设备自动投入装置时，可装设低电压保护，以 9～10s 的延时动作于跳闸。

②Ⅱ类。不重要负荷的电动机，如磨煤机、碎煤机、灰浆泵、热网水泵、软水泵等，暂时断电不致影响发电厂机、电、炉的出力，这类电动机上装设有低电压保护，在母线电压降低时，首先被从电网中切除，保护的动作时限与电动机速断保护配合，一般取 0.5s。

③Ⅲ类。属于那些电源电压长时间消失时，由于生产过程或技术保安条件不允许自启动的重要电动机，在这类电动机上，也要装设低电压保护，但保护的动作电压整定得较低，一般为 $0.4\sim0.5U_N$，动作时限则取 9～10s。

如图 3-6-42 所示为 3～6kV 厂用电动机低电压保护的原理接线图。图中，低电压继电器 KV1～KV4 接自电压互感器二次侧的电压小母线 WV1、WV2、WV3 间。其中，KV1、KV2、KV3 与 KT1 构成不重要电动机的低电压保护，以 0.5s 的延时动作于跳闸，并兼作电压回路断线信号；KV4 和 KT2 则构成为重要电动机的低电压保护，保护以 9s 的延时切除那些电源电压长时间消失后不允许不需要自启动的电动机。

当母线电压消失或对称下降至 $0.6\sim0.7U_N$时，KV1～KV3 均动作，其动断触点闭合，通过 KM1 的动断触点启动 KT1，KT1 经 0.5s 的延时后触点闭合，把正电源加到跳闸母线 W1 上，接自该母线上的不重要电动机全部跳闸。若母线电压仍未恢复，在母线电压继续下降到 $0.4\sim0.5U_N$时，KV4 动作，其动断触点闭合，启动 KT2，经 9s 延时后，KT2 触点闭合，将操作正电源加到第二组跳闸母线 W2 上，把不参加自启动的重要电动机全部切除。

在电压回路一相断线时，KV1～KV3 中相应的两相动作，其动断触点闭合，通过第三个电压继电器的动合触点启动 KM1，KM1 动作后，一对动断触点去断开时间继电器 KT1、KT2 的启动回路，将低电压保护闭锁，另一对动合触点使光字牌发亮，并发出“电压回路断

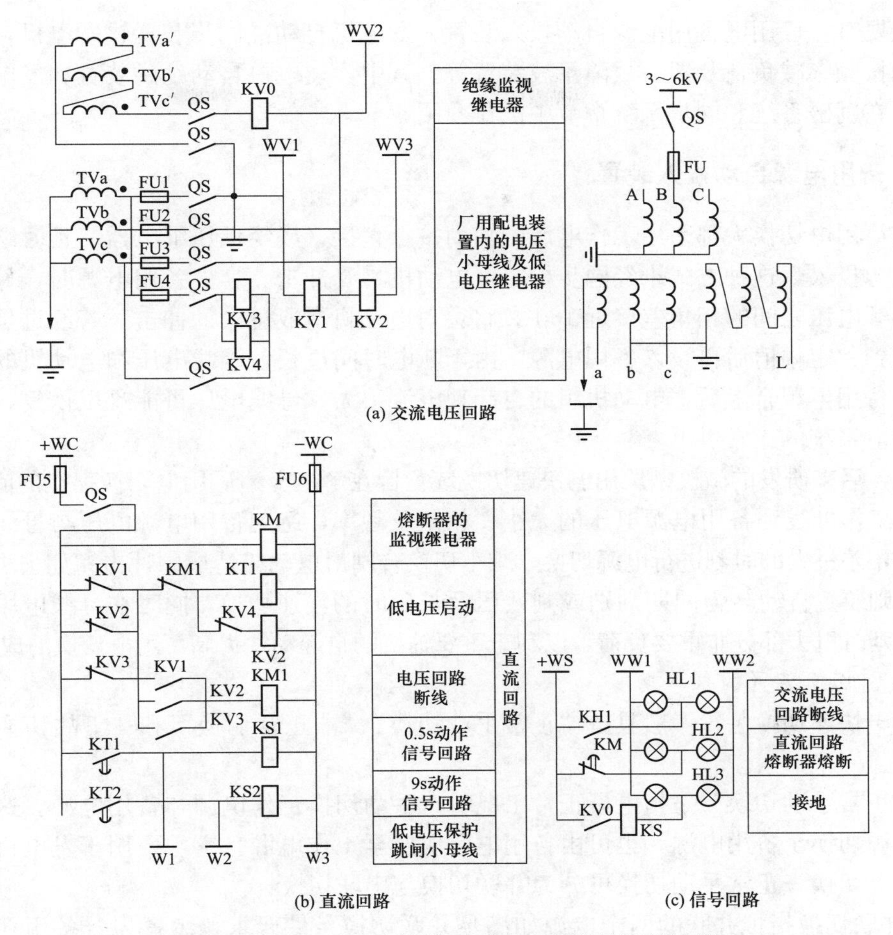

(a) 交流电压回路

(b) 直流回路　　(c) 信号回路

图 3-6-42　3～6kV 厂用电动机低电压保护原理接线

线”信号。电压回路两相、三相断线亦是如此，但断线期间如果厂用母线真正失去电压或下降到整定值，低电压保护仍能正确动作。

当电压互感器一次侧隔离开关由于误操作被断开时，隔离开关在直流回路的动合辅助触点自动断开保护的操作电源，以防止误动，并点亮光字牌发出直流回路熔断器熔断信号；与此同时，隔离开关在交流回路的辅助触点断开电压继电器的交流回路，以防止二次设备向停用的电压互感器倒送电。在直流操作回路熔断器熔断时，同样点亮光字牌发出直流回路熔断器熔断信号。

上述接线在电压不对称下降时可能不会动作，但由于低电压保护主要是为了改善重要电动机的自启动条件，如果在电压不对称下降时保护不动作，则在电压恢复正常时所有电动机都将参与自启动，这样，由于启动电流太大将使母线电压严重下降，这个时候低电压保护才能动作。

第七节　自　动　装　置

为利于发电系统的可靠、经济运行，免除复杂运行操作中的不合理、不准确处理以及误操作导致的不良后果，各发电厂根据自身发电系统的技术要求和条件，装设各种自动装置，常用的主要有：厂用电备用电源自动投入装置、发电机自动准同步装置、发电机自动励磁装置、自动按频率减负荷装置、故障录波装置等。其中，发电机自动励磁装置和发电机自动准同步装置在励磁系统和同步系统章节中已作介绍。

一、备用电源自动投入装置

以前厂用电切换大都采用工作电源的辅助接点直接（或经低压继电器、延时继电器）起动备用电源投入，这种方式未经同步检定，电动机易受冲击。合上备用电源时，母线残压如与备用电源电压之间的相角差接近180°，将会对电动机造成过大的冲击。若经过延时待母线残压衰减到一定幅值后再投入备用电源，由于断电时间过长，母线电压和电动机的转速均下降过大，备用电源合上后，电动机组的自起动电流很大，母线电压可能难以恢复，从而严重影响厂用电系统的正常供电。

为此，后来研发的微机型厂用电快速切换装置旨在解决上述厂用电切换存在的问题。装置通过检测工作母线和备用电源电压的大小、相角及频率，避免备用电源电压与母线残压在相角、频率相差过大的时刻进行电源切换，减小切换合闸对电动机造成的冲击；如失去快速切换的机会，则装置自动转为同期判别或判残压及长延时的慢速切换，同时在母线电压跌落过程中，可按延时甩去部分非重要负荷，以利于重要辅机的自起动，提高厂用电切换的成功率。

1. 快速切换装置的基本功能

厂用电快速切换装置一般具备“正常手动切换”“非正常切换”和“事故切换”的基本功能。

（1）正常手动切换。是指电厂正常工况时，手动切换工作电源与备用电源。这种方式可由工作电源切换至备用电源，也可由备用电源切换至工作电源。它主要用于发电机起、停机时的厂用电切换。正常手动切换可分为并联切换与串联切换：

1）并联切换指拟并联的两个电源如满足并联切换条件要求，装置先合备用（工作）开关，经一定延时后再自动（或人工）跳开工作（备用）开关。两电源并联条件满足是指：两电源电压幅值差、频率差和电压相角差小于整定值，工作、备用电源开关一个在合位、另一个在分位，目标电源电压大于所设定的电压值，母线电压互感器正常。

2）串联切换指手动起动切换，先发跳工作电源开关指令，不等开关辅助接点返回，在切换条件满足时，发合备用（工作）开关命令。

由于厂用工作变压器和起动/备用变压器引自不同的母线和电压等级，它们之间往往有不同数值的阻抗及阻抗角，当变压器带上负荷时，两电源之间的电压将存在一定的相位差，此相位差通常称作“初始相角差”。初始相角差的存在，使手动并联切换时，两台变压器之间会产生环流，如环流过大，对变压器是十分有害的。初始相角差在20°时，环流的幅值大约等于变压器的额定电流。因此当初始相角差超过20°时，慎用手动并联方式。

（2）非正常切换。是指装置检测到不正常运行情况时自行起动，单向操作，只能由工作电源切向备用电源。该切换有以下两种情况：当母线三相电压均低于整定值且时间大于所整定延时定值时，装置根据选定方式进行串联或同时切换；快速切换不成功时自动转入同期判别、残压及长延时切换。

（3）事故切换。指由发变组、高压厂用变压器保护（或其他跳工作电源开关的保护）接点起动，单向操作，只能由工作电源切向备用电源。事故切换一般有两种方式：

1）事故串联切换。由保护接点起动，先跳开工作电源开关，在确认工作电源开关已跳开且切换条件满足时，合上备用电源开关。快速切换不成功时自动转入同期判别、残压及长延时切换。

2）事故同时切换。由保护接点起动，先发跳工作电源开关指令，不等待工作开关辅助接点变位，一旦切换条件满足时，立即发合备用电源开关命令（或经整定的短延时“同时切换合备用延时”发合备用电源开关命令）。“同时切换合备用延时”定值可用来防止电源并列。快速切换不成功时自动转入同期判别、残压及长延时切换。

2. 快速切换原理

如图 3-7-1 所示为厂用电系统的典型接线图。正常运行时，高压厂用母线电源由发电机经厂用高压工作变压器提供，备用电源由电厂高压配电母线或由系统经备用变压器提供。当发电机组保护动作或工作电源侧故障时，工作分支开关 1Q 将被跳开，此时连接在高压厂用母线上的部分电动机将作为发电机方式运行，部分电动机将惰行，母线上电压（残压）的频率和幅值将逐渐衰减，此时如备用电源 2Q 及 3Q 合上，可能对厂用母线上的电动机造成冲击。

图 3-7-2 所示为电动机重新接通电源时的等值电路图和相角图，图中 U_S 为备用电源电压；X_S 为备用电源等值阻抗；X_m 为母线上电动机组和低压负荷折算到高压厂用电压后的等值电抗；U_d 为母线残压；ΔU 为备用电源电压和残压之间的差拍电压，从图中可以看出，不同的 θ 角（电源电压和电动机残压二者之间的夹角），对应不同的 ΔU 值，如 $\theta=180°$ 时，ΔU 值最大，如果此时重新合上电源，对电动机的冲击最严重。根据母线上成组电动机的残压特性和电动机耐受电流的能力，在极坐标上可绘出其残压曲线，如图 3-7-3 所示。

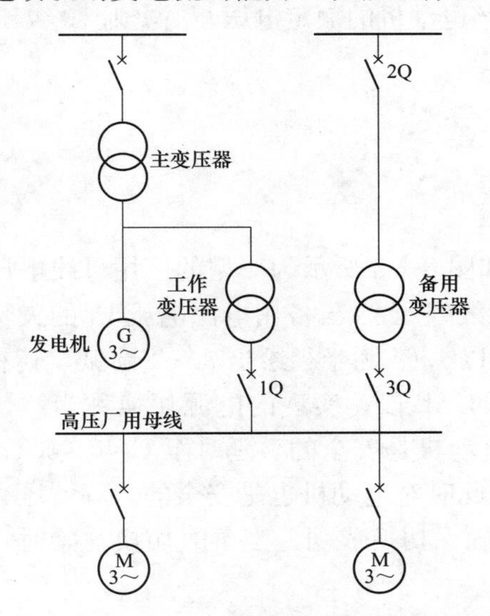

图 3-7-1　厂用电系统典型接线

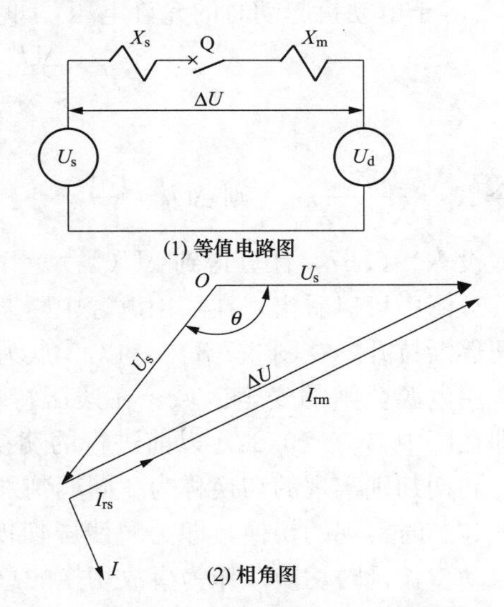

图 3-7-2　电动机重新接通电源时的等值电路图和相角图

电动机重新合上电源时，电动机上的电压 U_m 为

$$U_m=\Delta U\frac{X_m}{X_s+X_m} \tag{3-7-1}$$

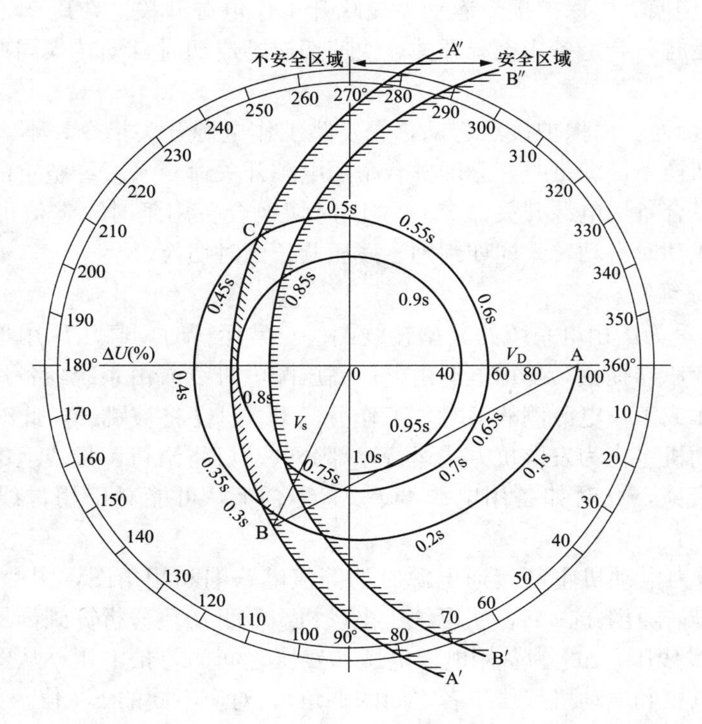

图 3-7-3　电动机残压曲线

如令 U_m 等于电动机起动时的允许电压，即为 1.1 倍电动机的额定电压 U_{DN}，则

$$\frac{\Delta U}{U_{DN}}=\frac{1.1}{\dfrac{X_m}{X_s+X_m}} \tag{3-7-2}$$

令 $K=\dfrac{X_m}{X_s+X_m}$，则 $\Delta U=\dfrac{1.1}{K}$。

假设 $K=0.67$，计算得到 $\Delta U(\%)=1.64$。如图 3-7-3 所示为典型的厂用母线电压衰减曲线。从图中可以看出，在厂用电源中断期间，母线残压 V_S 与备用电源电压 V_D 的矢量角差随时间逐渐拉开，在图 3-7-3 中，以 A 点为圆心，以 1.64 为半径绘出 A′-A″圆弧，其右侧为电厂备用电源合闸的安全区域。在残压特性曲线的 AB 段，实现的电源切换称为“快速切换”即在图中 B 点（0.3s）以前进行的切换，对电动机是安全的。延时至 C 点（0.47s）以后进行同期判别实现的切换称为“同期判别切换”此时对电动机也是安全的。等残压衰减到 20%～40%时实现的切换，即为“残压切换”。为确保切换成功，当事故切换开始时，装置自动启动“长延时切换”作为事故切换的总后备。

（1）快速切换。K 值（分压系数），与机组负荷有关，负荷轻时，投入的辅机少一些。此时，X_m 增大，K 值也增大，允许的 ΔU 则减小，此时在图 3-7-3 中，以较小的 ΔU（%）画出的圆弧就向 A′-A″曲线右侧移动，如图中的 B′-B″曲线。据有关资料分析，按 $K=0.67$ 作出的允许极限是最危险的，因此 K 值应该取一个较大的数值，对同期判别及其他慢速切换，$\Delta U(\%)$ 取 110%；对快速切换，$\Delta U(\%)$ 取 100%；如取 $\Delta U(\%)=100\%$ 则从图 3-7-3 可看出此时残压与备用电源之间的相位差约为 65°，此时若开关的固有时间为 100mS，则合开关的指令约需提前40°左右，即残压向量与母线电压向量夹角为25°以内时实现的快速切换对电动机是安全的。

(2) 同期判别切换。在厂用电源快速切换装置中，厂用电源母线电压（事故切换时为残压）的采样采用自动频率跟踪技术，各电源电压的频率、相位及相位差采用软件测量。在同期判别过程中，装置计算出目标电源与残压之间相角差速度及加速度，按照设定的目标电源开关的合闸时间进行计算得出合闸提前量，从而保障在残压与目标电压向量在第一次相位重合时合闸。设某时刻残压与目标电源角差速度为v，加速度为a，目标电源开关的固有合闸时间为T，则目标开关发合闸指令的提前角度为

$$\theta = vT + 0.5aT^2 \tag{3-7-3}$$

设当前残压与目标电源之间相位差为φ，则条件：$|360-(\varphi+\theta)| \leqslant \xi$；$\varphi \geqslant 180°$且第一次过反相点；$\xi$为一固定小值同时满足时，装置发合目标电源开关指令，实现同期判别切换功能。

(3) 残压切换。当母线电压（残压）下降至20%～40%额定电压时，实现的切换称为“残压切换”，该切换作为快速切换及同期判别功能的后备，以提高厂用电切换的成功率。

(4) 长延时切换。当某些情况下，母线上的残压有可能不易衰减，此时如残压定值设置不当，可能会推迟或不再进行合闸操作。因此在装置中另设了长延时切换功能，作为以上三种切换的总后备。

装置实现上述功能其中的事故及非正常工况同时切换逻辑示意图如图3-7-4所示。

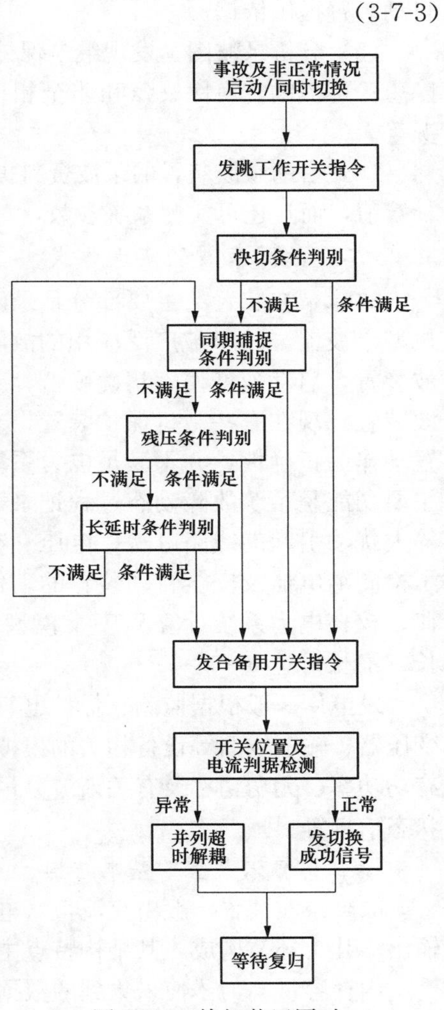

图3-7-4　快切装置同时切换逻辑示意图

二、故障录波装置

为了分析电力系统故障及便于快速判定线路故障点，需要掌握事故时继电保护及安全自动装置动作情况，以及电网中电流、电压、功率等的变化，一般在发电厂中都装设故障录波装置。

电力系统运行监控、保护的设置计算，一般基于不太复杂的条件，当电力系统发生故障时，电力系统潮流计算、短路电流计算的理论值往往与实际值的差距较大。继电保护、自动装置的实际动作情况如何，电气设备受冲击的程度怎样，这些在理论上很难模拟且又不能通过实验获得的瞬时信息，对电力系统安全稳定运行具有十分重要的意义，而利用故障录波装置就能获得这些信息。

(一) 故障录波装置的作用

(1) 根据所录故障过程的波形图和有关数据，可以准确反映故障类型、相别、故障电流和电压、断路器跳合闸时间和重合闸动作情况等，从而可以分析和确定事故原因，研究有效

的对策，为及时处理事故提供可靠的依据。

（2）根据录取的波形图和数据，准确评价继电保护和自动装置工作的正确性，这也是十分难得的实验数据，特别是在发生转换性故障时这些数据尤为重要。

（3）根据录取的波形图和数据，结合短路电流计算结果，较准确地判断故障地点范围，便于寻找故障点，加速处理事故进程，最新微机型故障录波装置判断故障准确度误差在2%以内。

（4）从录波图可以清楚反映振荡发生、失步、同步振荡、异步振荡和再同步全过程以及振荡周期、振荡频率、振荡电流和振荡电压特性等，为研究防止振荡对策、改进继电保护和自动装置提供依据。

（5）分析录波图，发现继电保护和自动装置的缺陷及一次设备的缺陷，可及时消除事故隐患；可提供转换性故障和非全相运行再故障的信息；还可反映电力系统内部过电压的情况等。

（6）借助录波装置的录波资料提供的波形和数据，不仅可反映用于核对系统参数和短路计算值，而且还可实测系统参数，对理论上计算的系统参数做必要修正。

（二）故障录波的实现方式

故障录波装置的主要部分是录波器，根据录波原理的不同，可分为光线式录波器和微机型录波器。较早被广泛应用的故障录波装置多为采用光线式记录原理构成的，为机械录波装置，启动速度慢，精确度低，录波时间短，已很少采用。目前广泛使用的是微机型录波装置。现在有些微机保护装置也有录波功能，但它的作用在于分析故障状态下该保护装置动作的正确性，并不满足电力系统动态过程记录装置的要求。专用的微机故障录波装置主要功能是系统故障动态过程记录，要求记录系统因短路故障、系统振荡和频率电压崩溃等大扰动引起的线路电流、电压、有功、无功及系统频率等参数的全过程变化。其作用除了检测继电器及安全自动装置的动作行为外，还可分析系统动态过程中各电参量的变化规律、校核电力系统计算程序及模型参数的正确性。专用的故障录波装置要求记录的时间长，最长可达600s。

发电厂一般根据监测、保护电气设备的要求选择故障录波装置的录取量，录取发电机、变压器、输电线路等设备相关的模拟量如三相电压、三相电流、零序电压、零序电流、三相有功功率、无功功率及有关谐波分量；录取的开关量是与上述设备有关的断路器和隔离开关状态信息等。

1. 故障录波装置的基本结构

故障录波装置一般由交流量（电压、电流等）变换、A/D转换、数据采集和处理、打印输出等几个环节构成，其结构特点主要有：

内存容量。为了使采集到的数据能连成曲线，每0.02s（每周期）最少采集20点。如果采集5s，则有5×50×20=5000点，若有20通道则要求有100kB以上的内存容量。若采用12位的A/D转换板，则内存容量要增加一倍。

数据压缩。解决数据量大的问题光靠扩充内存容量是不够的，还必须采用数据压缩技术，对于变化比较慢的过程用重复系数或其他数据压缩技术来避免重复储存，以节省内存空间，使有限的内存空间能记录较长故障时间的波形。

采样速度。故障录波对采样速度要求也是比较高的。为了保证每0.02s（每周期）采集到足够的点数，A/D转换板必须保证一定的转换速度，其周期 $T(\mu s)=1/50NS$，其中 N 为通道数，S 为每0.02s（每周期）采样点数。

启动录波方式。故障录波装置一般具有多种启动录波方式，以便根据装设地点的具体情况加以选择，一般有以下几种方法：零序电流 I_0 及零序电压 U_0 越线，过电流及低电压，开关量变位，外部启动元件触发，负序电压 U_2 越线等。

追忆功能。为了分析故障前后电网的运作情况，故障录波要求具有追忆功能。一般要求保留故障前0.04s（2周波）的测量值并记录故障后4～5s内的测量值。为此，微机在正常时采用先入先出的方式不断更新数据。在发生故障时将故障前几十毫秒（若干周期）的数据冻结起来，并与故障后的数据相衔接，以得到故障前后全过程的波形。

故障录波装置的基本配置由三部分组成：辅助变换器；前置机部分和后台机部分。如图3-7-5所示。

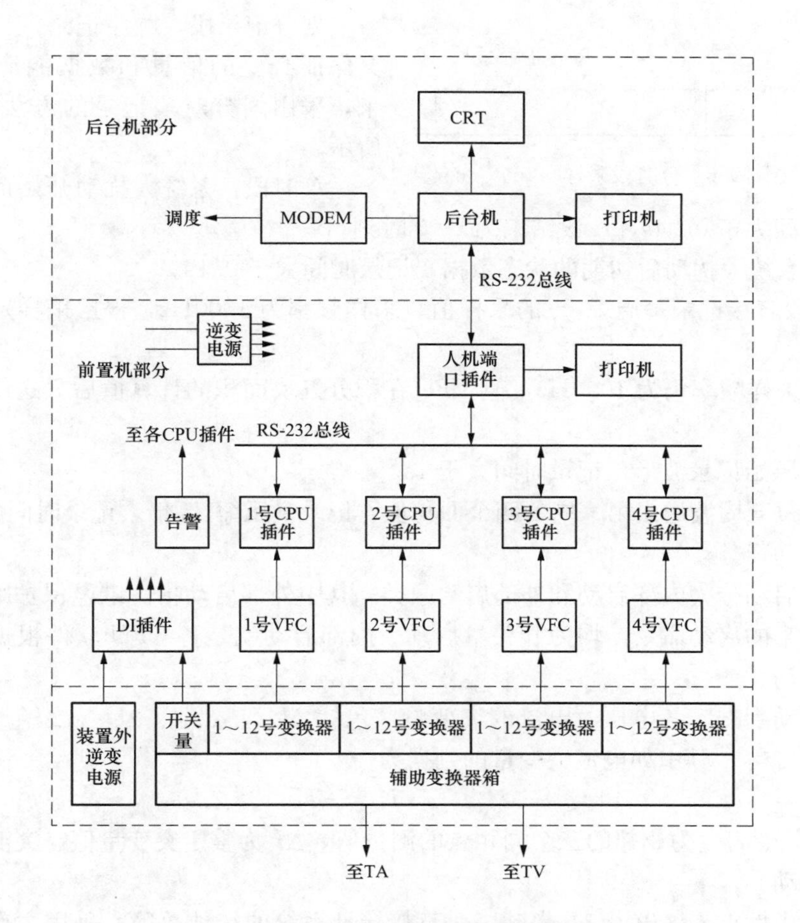

图3-7-5　故障录波装置的基本配置

（1）辅助变换器。用于变换电流、电压等模拟量，以适应A/D变换要求。

（2）前置机。前置机用于数据采集和启动判断，将故障信息快速及时传到后台机。它是一个多CPU系统，由数据采集CPU插件、人机接口插件、开关量输入插件、逆变电源及告警插件组成。多CPU插件配置用来满足每次600s动态过程存储记录的要求。为提高装置的抗干扰能力及速率，采用 VFC 式 A/D 变换方式（电压频率转换器 VFC 是一种实现模数转换功能的器件，它将模拟电压量变换为脉冲信号，该输出脉冲信号的频率与输入电压的大小成正比），VFC 变换后的频率信号经光电隔离后送 CPU 采样。

1）前置机的主要功能。

①完成数据采集任务：

数据采集。接收人机插件发出的同步采集信息，根据 1000Hz 的采样率，即 1ms 进行一次定时采样及计算，每次定时采样均进入中断服务程序，因此数据采集是在采样中断服务程序中完成的。

保留故障前数据。正常运行时，不断采用计算并不断刷新 10 周正常运行采样计算数据，一旦装置启动，立即保留 3 周波正常运行的最新数据作为首段数据记录，以助于分析系统故障。

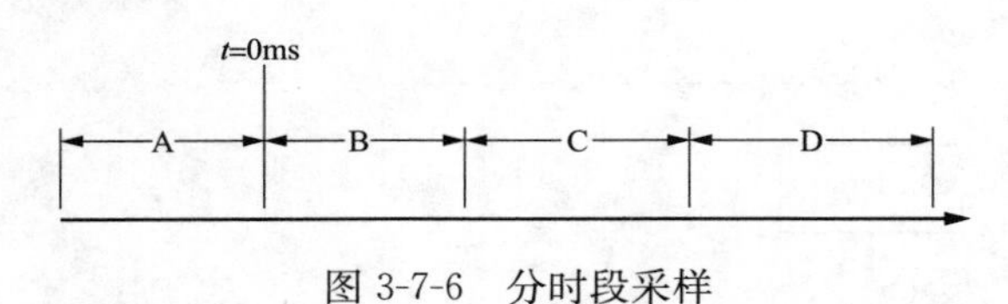

图 3-7-6　分时段采样

划分记录段，顺序记录。为节省内存但又保证必要的信息和数据能清晰地记录下来，采用划分时段记录的方法，如图 3-7-6 所示。

A 时段：系统大扰动开始前初期的状态数据，记录时间大于 0.04s，A 段结束为 t=0 时刻。

B 时段：系统大扰动后初期的状态数据，记录时间大于 0.1s。

A、B 时段直接记录每周 20 点的采样值。采样频率为 1000Hz，根据采样定理可观察到 10 次谐波。

C 时段：采样频率仍为 1000Hz，但 VFC 在积分五块面积的计算值后只送出一个数，记录量压缩 5 倍。

输出低速原始记录波形，记录时间大于 1s。

D 时段：每五周波送出第一周的四个面积值，记录量压缩 25 倍。记录时间大于 20s。

②判断启动任务：

故障录波启动分为内部启动和外部启动两类。其中外部启动指由继电保护跳闸动作信号启动，或调度来的启动命令，均为开关量启动。内部启动就是各 CPU 软件根据以下自启动判据超定值启动：

突变量启动判据。各电压、电流的突变量，包括 ΔU_A、ΔU_B、ΔU_C、ΔU_L、ΔU_0、ΔI_a、ΔI_b、ΔI_c、ΔI_0 等，其中如电流突变量的判据为

$$||I_{k-2}-I_{k-1}|-|I_{k-1}-I_k||\geqslant \Delta I \tag{3-7-4}$$

式中，I_k、I_{k-1}、I_{k-2}为相邻的三个同相点的测量值，ΔI 为整定突变量值。突变量启动方式是故障分量启动。

主变压器中性点零序电流 $3I_0$启动。对直接接地系统的接地故障，采用主变压器中性点零序电流 $3I_0$启动灵敏度高且较为可靠。

正序、负序和零序电压启动判据。电力系统故障时，正序、负序和零序电压均可视为故障分量，利用这些分量的变化启动录波：$U_2\geqslant 3‰U_N$；$U_0\geqslant 2‰U_N$；$U_0\leqslant 90‰U_N$。

线路一相电流在 0.5s 内的最大最小之差不小于 10‰。

母线频率变化启动录波判据。$f\leqslant 49.4\text{Hz}$；$df/dt\geqslant 0.1\text{Hz/s}$。

③数据通信任务：

将数据采集信息通过串行总线传送到人机接口插件，利用人机接口插件中的串行口通信中断服务程序，将录波的数据信息再传入后台机，存入磁盘永久保存。

2）前置机的软件原理。前置机 CPU 插件软件由三个部分组成，即主程序、采样中断服务程序和故障录波程序。

①主程序原理。前置机 CPU 插件的主程序：上电复位初始化（对各芯片的功能及方式初始化）→CPU 插件自检（对储存器和 CPU 本身自检）→同步采样信号检测（各数据采集 CPU 插件对录波信号的采样同步）→系统自检（TA、TV 二次断线自检或者其他专业自检）→录波自启动判断（系统故障的电压 U_0、U_1、U_2 是否超过定值）。如果系统自检无故障，系统电压各序分量也没超过定值，程序就一直在这里循环检测。

②采样中断服务程序原理。进入采样中断服务程序后，采样计算 VFC 输出的脉冲数。对采样 CPU 插件的模拟量全部采样结束，将最近的 10 周波中采样计数存储单元所存储的采样值全部刷新换为最新的采样值。

根据刚刚刷新的计数值，计算各通道已选定的突变量，判断是否大于整定值，如大于整定值，则使启动标志位置 1，修改返回地址为故障录波程序首地址，即进入故障录波程序；如不大于整定值，则进入开关量自启动判断程序，如选定的自启动开关量状态为 1，立即启动标志位，转入故障录波程序，否则结束采样中断服务程序回到主程序中循环。

③故障录波程序原理。根据故障录波的划分时段、顺序记录的原理，检测启动标志后就保留 3 周的首段记录，随即清启动标志位（以便在故障录波过程中，定时进入中断服务程序时检测是否有再启动），然后按顺序赋值录波段，再进入按时段压缩数据自程序（数据处理程序）并保留被压缩的数据。如在录波及数据处理过程中，检出系统又发生故障（即检出再启动），则录波重新进行，转入录波初始程序。整个故障录波过程就是按时段逐段顺序记录不断循环完成录波的。

(3) 后台机部分。后台机主要用于数据处理和管理。在前置机给出启动命令后即进入运行：接收前置机送来的故障录波数据、信息，通过数据处理及管理，进行故障测距计算，然后给出各种统计数据表格、绘图打印输出。输出的信息可以在显示器上显示，也可以存软盘或通过 MODEM 送至远方调度。

三、电调速装置

火电厂发电工艺中需要经常调整的物理量主要有风、水和煤的流量等，传统的调节方法主要有：调节风门或水门的开度来控制流量；调节电动机的电气参数（电枢串电阻、调整电源电压）来控制电动机的转速，或调节磁力/液力耦合器的耦合度，控制动力的输出量及机械转速，进而控制流量。方法各异但存在损失介质压力浪费能源、阀门阀瓣磨损严重、设备环节复杂影响其运行可靠性等不足。近年来随着交流变频器技术的发展，采用变频器直接控制交流异步电动机的转速来进行物理量的调整，具有简单可靠、节能、减少设备磨损和适用范围广等优势，在低压电动机领域逐步替代传统的调速方式。在高压电动机领域，一是因为高压变频器价格较高，二是需新增布置变频器的场地，三是需要进一步评估变频调速模式对整个工艺系统的影响，所以一般只在一定范围内试用。

变频器是一种将工频交流电变换成频率、电压连续可调的交流电的电能控制装置。变频器的种类很多，分类方法也有多种，常见的分类方式见表 3-7-1。

表 3-7-1　　变频器分类

分类方式	种　类	分类方式	种　类
按供电电压分	低压变频器（110V，220V，380V） 中压变频器（500V，660V，1140V） 高压变频器（3kV，3.3kV，6kV，6.6kV，10kV）	按控制方式分	U/f 控制变频器 转差频率控制变频器 矢量控制变频器
按输出功率分	小功率变频器 中功率变频器 大功率变频器	按用途分	通用变频器 高性能专用变频器 高频变频器
按直流电源性质分	电流型变频器 电压型变频器	按供电电源相数分	单相输入变频器 三相输入变频器
按输出电压调制方式分	PAM（脉幅调制）控制变频器 PWM（脉宽调制）控制变频器	按变换环节分	交-直-交变频器 交-交变频器

（一）变频器的基本结构

目前，变频器的变换环节大多采用交-直-交变频变压方式。交-直-交变频器是先把工频交流电通过整流器变成直流电，然后再把直流电逆变成频率、电压可调的交流电。通用变频器主要由主电路和控制电路组成，而主电路又包括整流电路、直流中间电路和逆变电路三部分，其基本构成框图如图 3-7-7 所示，通用变频器的主电路图 3-7-8 所示。对于高压变频器，在通用主电路前还要加装多相变压器，将高电压降低后再接入低压整流器电路。

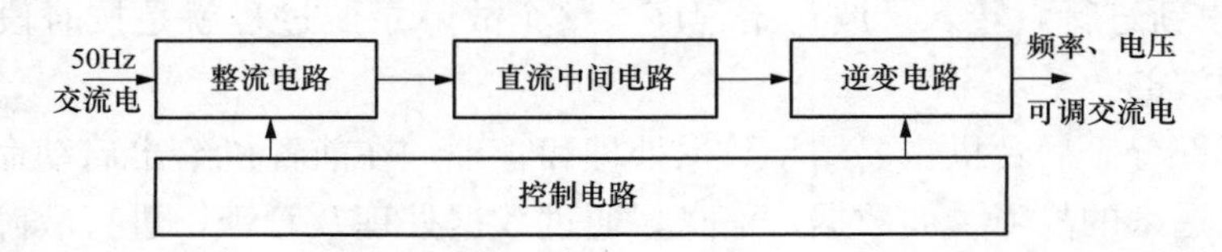

图 3-7-7　变频器的基本构成

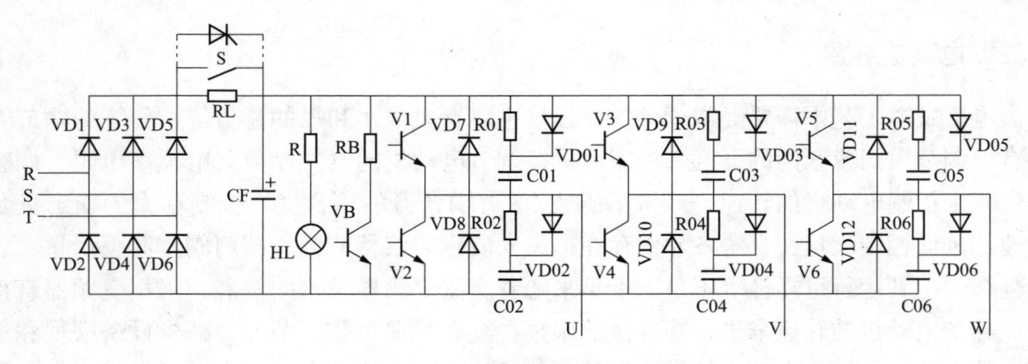

图 3-7-8　通用变频器的基本电路

图 3-7-8 中，各部分的功用如表 3-7-2 所列。

表 3-7-2　　变频器基本电路各部分功能

元件		作用
整流电路部分（将频率固定的三相交流电变成直流电）	三相整流桥	将交流电变换成脉动直流电。若电源线电压为 UL，则整流后的平均电压 UD=1.35UL
	滤波电容器 CF	滤平桥式整流后的电压纹波，保持直流电压平稳
	限流电阻 RL 与开关 S	接通电源时，将电容器 CF 的充电冲击电流限制在允许范围内，以保护整流桥。而当 CF 充电到一定程度时，令开关 S 接通，将 RL 短路。在有些变频器里，S 由晶闸管代替
	电源指示灯 HL	HL 除了表示电源是否接通外，另一个功能是变频器切断电源后，指示电容器 CF 上的电荷是否已经释放完毕。在维修变频器时，必须等 HL 完全熄灭后才能接触变频器的内部带电部分，以保证安全
逆变电路部分（将直流电逆变成频率、幅值都可调的交流电）	三相逆变桥 V1～V6	通过逆变管 V1～V6 按一定规律轮流导通和截止，将直流电逆变成频率、幅值都可调的三相交流电
	续流二极管 VD7～VD12	在换相过程中为电流提供通路
	缓冲电路 R01～R06、VD01～VD06、C01～C06	限制过高的电流和电压，保护逆变管免遭损坏
	制动电阻 RB 和制动三极管 VB	当电动机减速、变频器输出频率下降过快时，消耗因电动机处于发电制动状态而回馈到直流电路中的能量，以避免变频器本身的过电压保护电路动作而切断变频器的正常输出

（二）变频器的工作原理

我们知道三相交流异步电动机的转速为

$$n = n_0(1-s) = \frac{60f}{p}(1-s) \tag{3-7-5}$$

式中，n_0 为电动机的空载转速；s 为转差率；f 为电动机电源的频率，Hz；p 为电动机定子绕组的磁极对数。

可见，在定子磁极对数 p 不变、转差率 s 变化不大的情况下，可以认为调节电动机电源频率 f 时，电动机的转速 n 也大致随频率 f 成正比变化。若均匀调节电动机电源频率 f，则可以平滑地改变电动机的转速。

变频器在对输入端的交流电整流后，再经逆变电路将直流变换为频率和电压可调可控的交流电输出，实现对接入的交流异步电动机转速的控制和调整。

在变频调速的过程中，当电动机电源的频率变化时，电动机的阻抗随之变化，从而引起励磁电流的变化，使电动机出现励磁不足或励磁过强的情况。励磁不足时，电动机的输出转矩将降低，而励磁过强时，又会使铁芯中的磁通处于饱和状态，使电动机中流过很大的励磁电流，增加电动机的铁耗，降低其效率和功率因数，并易使电动机温升过高。因此变频器在改变频率进行调速时，必须采取措施保持磁通恒定并为额定值。由异步电动机定子绕组感应电动势的有效值近似等于定子绕组外加电压

$$U_1 \approx E_1 = 4.44 f_1 \omega_1 k_1 \phi_m = C_1 f_1 \phi_m \tag{3-7-6}$$

显然，要使电动机的磁通在整个调速过程中保持不变，只要在改变电源频率 f_1 的同时改变电动机的感应电动势 E，使其满足 $\frac{E}{f}$ 为常数即可。但在电动机的实际调速控制过程中，电动机感应电动势的检测和控制较困难，考虑到正常运行时电动机的电源电压与感应电动势近似相等，只要控制电源 U 和频率 f，使 $\frac{U}{f}$ 等于常数，即可使电动机的磁通基本保持不变，采用这种控制方式的变频器称为 $\frac{U}{f}$ 控制变频器。

由于电动机实际电路中定子阻抗上存在压降，尤其是当电动机低速运行时，感应电动势较低，定子阻抗上的压降不能忽略，采用 $\frac{U}{f}$ 控制的调速系统中工作频率较低时，电动机的输出转矩将下降。为了改善低频时转矩特性，可采用补偿电源电压的方法，即低频时适当提升电压 U 来补偿电子阻抗上的压降，以保证电动机在低速区域运行时仍能得到极大的输出转矩，这种补偿功能称为变频器的转矩提升功能。通常将这种变频器称为变频变压（VVVF）型变频器。

实现变频变压的方法有多种，目前应用较多的是脉冲宽度调制技术，简称 PWM 技术。PWM 技术是指在保持整流得到的直流电压大小不变的条件下，在改变输出频率的同时，通过改变输出脉冲的宽度（或用占比表示），达到改变等效输出电压的一种方法。PWM 的输出电压基本波形在半个周期内，输出电压平均值的大小由半周中输出脉冲的总宽度决定。在半周中保持脉冲个数不变而改变脉冲宽度，可改变半周内输出电压的平均值，从而达到改变输出电压有效值的目的。PWM 输出电压的波形是非正弦波，用于驱动三相异步电动机运行时性能较差。如果使整个半周内脉冲宽度按正弦规律变化，即使脉冲宽度先逐步增大，然后再逐渐减小，则输出电压也会按正弦规律变化。这就是目前工程实际中应用最多的正弦 PWM 法，简称 SPWM。其波形产生的方法是：在变频器的控制电路中，由调制波信号发生器提供的一组三相对称正弦波调制信号作为变频器输出的基波，与三角波振荡器提供的三角波载波信号相叠加，通过其交点时刻控制主电路半导体开关器件 V1～V6 的通断，从而得到一组等幅而不等宽且两侧窄、中间宽的脉冲电压波形，其大小和频率通过调节正弦波调制信号的幅值和频率而改变，即按正弦规律变化。

变频器的典型应用接线如图 3-7-9 所示，外部接线简单即可满足多种调速场合使用要求。三相交流电源接变频器的 L1、L2、L3 端子，电动机接 U、V、W 端子，为电力主回路。电动机转速的设定与调整通过外接频率设定器来进行，设定器可以是简单的电位器，也可以是直流 4～20mA 的电流输入，或 0～5V 的电压输入；正/反转启动电动机可由“STF”/“STR”端子接点输入；频率调节状况可由“AM”端子输出模拟信号，供使用者监视；变频器运行状态及异常均有输出端子供信号远传。各端子的功能可根据需要在变频器功能参数设置时设定。

四、电除尘装置工作原理

燃煤电厂排放的烟气带有大量的粉尘，为满足不断提高的环境保护要求，需装设专门的除尘装置。除尘方式一般有机械除尘、水膜除尘、布袋除尘、电除尘等多种方式，电厂目前广泛采用的是电除尘器，因为它更适用于烟气处理量大（每小时处理能力可超过 $10^6 m^3$，可

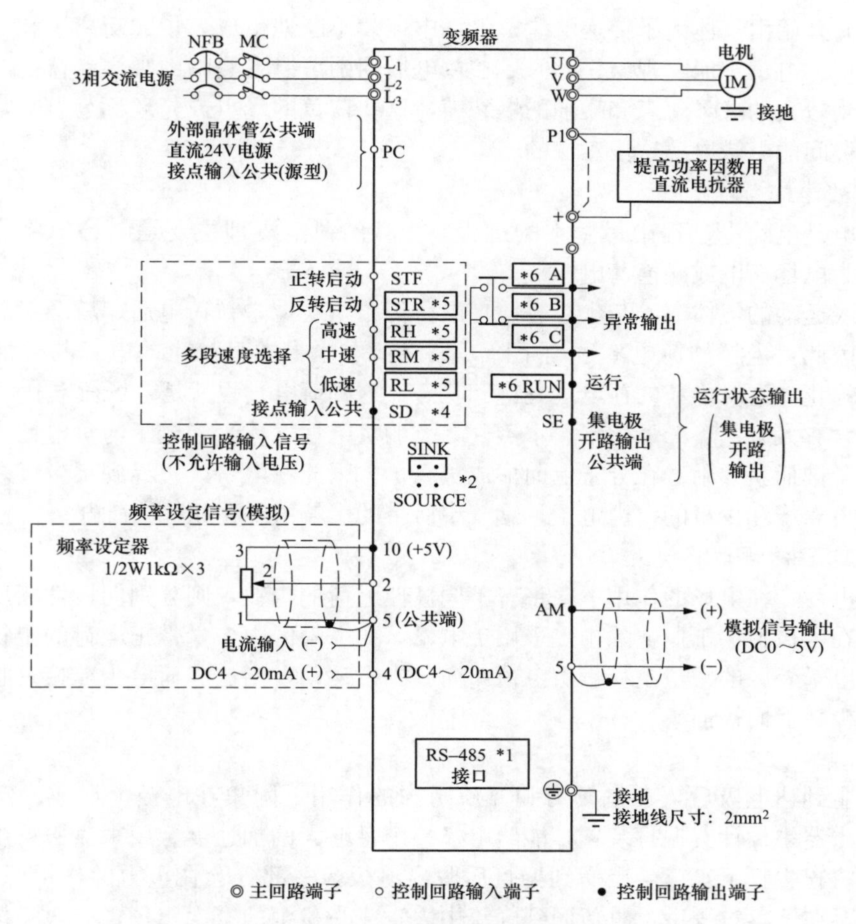

图 3-7-9　变频器典型应用接线

满足 750MW 乃至 1000MW 的火力发电机组的锅炉烟气净化）、压力损失小（200～500Pa，约为袋式除尘器的 1/5，可降低能耗）、允许烟温高（超过 250℃）的特点，其除参尘效率一般都高于 99%。此外，经电除尘器回收的粉尘可作为优良的商品水泥添加剂，可变废为宝。

电除尘的基本原理为：在两组金属极板（线）上施加高压直流电，使其产生一个足以使气体电离的静电场，当带尘气体经过电场，气体被电离后生成的电子、阴离子和阳离子，使粉尘荷电。荷电粉尘在电场力的作用下，向极性相反的电极运动而沉积在电极上，从而达到粉尘和气体分离的目的。当沉积在电极上的粉尘达到一定厚度时，借助于振打机构击打电极，使沉积的粉尘落入下部灰斗中而被回收。用电除尘的方法分离气体中的悬浮尘粒，主要包括以下四个复杂而又相互有关的物理过程：气体的电离，悬浮尘粒的荷电，荷电尘粒向电极运动，荷电尘粒沉积在电极上。

1. 气体的电离

空气在正常状态下几乎是不能导电的绝缘体，但是当气体分子获得能量时就可能使气体分子中的电子脱离原子核束缚而成为自由电子，这些电子成为输送电流的媒介，气体就具有导电的能力了。使气体具有导电能力的过程就称之为气体的电离。在高压电场中，部分电子获得足够的动能，足以使与之碰撞的气体中性分子发生电离，结果在气体中开始产生新的电子和离子，并开始由气体离子传递电流；电场中连续不断地生成大量的新离子和电子，使气体电离中出现“电子雪崩”现象。此时，在放电极周围可以在黑暗中观察到蓝色的光点，同时还可以听到较大的咝咝之声和噼啪的爆裂声，这些蓝色的光点或光环称为电晕，电除尘器就是利用两极间的电晕电离这段工作的。

2. 烟气粉尘的荷电

尘粒荷电是电除尘过程中最基本的过程。尘粒的荷电机理主要是电场中离子的依附荷电，通常称为电场荷电或碰撞荷电。

沿电力线运动的气体离子与尘粒碰撞将电荷传给尘粒，尘粒荷电后，就会对后来的离子产生斥力，因此，尘粒的荷电率逐渐下降，最终荷电尘粒本身产生的电场与外加电场平衡时，荷电便停止。这时尘粒的荷电达到饱和状态，这种荷电过程就是电场荷电。

烟气中含有大量氧、二氧化碳、水蒸气之类的负电性气体，当电子与负电性气体分子相碰撞后，电子被捕获并附着在分子上而形成负离子，因此在电晕区边界到集尘极之间的区域内含有大量负离子和少量的自由电子。烟气中所带的尘粒主要在此区域荷电。

3. 荷电尘粒的运动及捕集

粉尘荷电后，在电场的作用下，带有不同极性电荷的尘粒，则分别向极性相反的电极运动，并沉积在电极上。工业电除尘多采用负电晕，在电晕区内少量带正电荷的尘粒沉积到电晕极上，而电晕外区的大量尘粒带负电荷，向收尘极运动，当这些荷电尘粒接近收尘极表面时，沉积在极板上而被捕集。

4. 振打清灰及灰料输送

荷电粉尘到达电极后，在电场力和介质阻力的作用下附集在电极上形成一定厚度的尘层，在电除尘器中设计有振打装置，能给电极一个足够大的加速度，用来克服粉尘在电极上的附着力，将粉尘打下来。尘层受到振打后脱离电极，一部分会在重力的作用下落入灰斗，而另一部分会在下落过程中，重新回到气流中去，成为粉尘的二次飞扬，二次飞扬影响除尘效率，在电除尘过程中难以避免，但又需要努力去控制减少它，除了设计有利于克服二次飞扬的收尘极结构外，选取合理的振打方式也很重要。理论和实践都证明，粉尘层在电极上形成一定厚度后再振打，让粉尘成块状下落有利于避免引起较大的二次飞扬。积聚在灰斗中的粉尘采用合适的卸、输灰设备输送到灰库或灰场。

五、电除尘器的电气设备

为实现上述的电除尘功能，电除尘器在结构上由两大部分组成，一部分是除尘器本体，包含了钢结构框架、壳体、正极板、负极线、振打、平台及楼梯、灰斗等；另一部分是电气部分，包含产生高压直流电的供电装置，电磁振打装置（电机或线圈）、电极支持瓷套管及电加热器、除尘器的监控系统等。此外，还有作为输送干灰用的输灰系统和空气压缩系统，作为较大的厂用电负荷，一般也设专用的除尘变压器及配电装置。

（一）除尘器供电装置

除尘器供电装置的功能是将厂用电380V三相交流电转换成电压、电流均可调整的高压直流电（50kV以上），供高压电场形成电晕捕集粉尘之用。传统的工频电源供电装置，其基本结构原理如图3-7-10所示：两相380V交流电压输入，经双向晶闸管环节，变为可调的交流电压，接至整流变压器的低压侧，经变压器升至高压，再由整流器整流，输出直流高压至电除尘器电场（ESP）；在直流高压输出端取出电压、电流信号，反馈至控制器，由控制器闭环控制晶闸管的导通角，满足电场电压的调节控制需求。

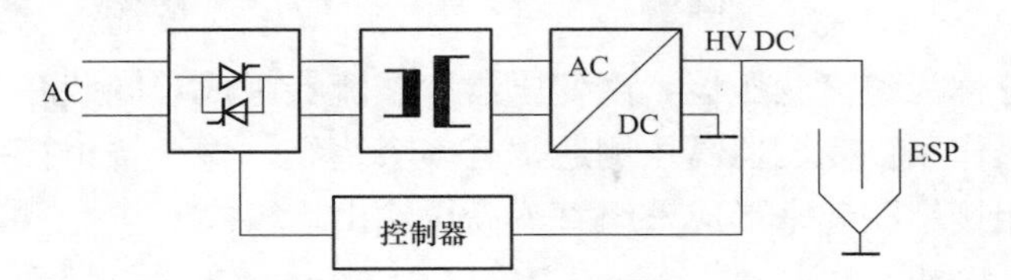

图 3-7-10　除尘器工频电源电路原理

电除尘器要保证高的收尘率，就要求电场电压够高，并有一定的二次电流。但经一段时间运行，电场中电极往往被收尘紧紧包裹，电压、电流都升不上去，影响了收尘效果。同时电除尘器理论上需消耗电能对于 300MW 机组，每小时收尘量 110t 需要电能小于 10kWh，而实际消耗电能 400～1300kWh。电能利用率低的原因主要有粉尘荷电电能利用率低（<1%）。

针对以上问题，采用高频脉冲供电方法，可减少无效的电离能量，提高粉尘荷电利用率，增加粉尘荷电量提高除尘效率。与传统的工频电源供电装置相比，可提高收尘效率（减少粉尘排放量在 30%以上），降低除尘能耗（节能 20%以上），改善电压调节特性，其组成如图 3-7-11 所示。图中主回路包括设备主回路、操作控制电路和辅助电路（如冷却风机）等几个部分。三相交流 380V 电源经断路器、接触器接入，经三相整流桥整流后，作为直流电源供全桥串联/局域并联谐振电路工作，谐振电路工作时，一次能量经高频高压硅整流变压器传输到次级，次级输出直流负高压提供给除尘器。反馈取样电路将工作电流和电压取样信号送至单片机控制器，由微处理机系统进行运算处理后，输出脉冲信号控制脉冲驱动电路的开关频率，形成闭环的自动控制系统。

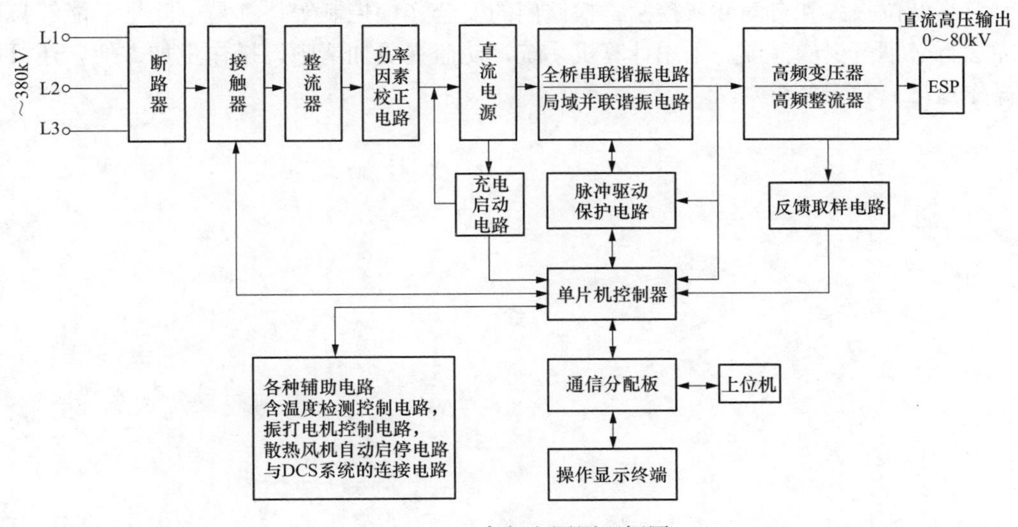

图 3-7-11　高频电源原理框图

高频电源供电是由一系列的窄脉冲形成的（脉冲宽度小于 50μs），可以控制脉冲的个数和幅度，形成各种所需的供电波形，从而为提高电除尘器的除尘效率提供了能力。它增加了电除尘器内粉尘的荷电强度，提高了粉尘驱进速度，尤其在粉尘比电阻很高，容易出现反电晕时，能够明显地抑制反电晕，提高供电电压，从而提高的除尘效率，并节约除尘器供电功耗。

装置的高压部分称为整流变压器，由变压器和整流器组成，同装在一个油箱内。变压器油同时起绝缘和散热作用。变压器高压侧通常有多个绕组，每个绕组接一组整流桥，然后将多组直流电压首尾相接串联起来形成整组直流高压输出。

（二）电磁振打装置

除尘器的振打装置有布置在除尘器顶部的电磁振打和布置在中部的电机拖动侧向振打两类，前者可避免振打加速度不均匀而导致的极线断线、瓷轴爬电等问题，采用更为广泛。

电磁振打装置主要由振打棒和线圈组成，线圈通电时，电磁力吸引振打棒向上运动，线圈断电时，振打棒自由落下，击打其下部的瓷棒，通过瓷棒将击打击力传递到悬挂的电极线（板），使电极线（板）振动，抖落吸附其表面的粉尘。采用微机控制方式，可对电极的振打间隔、振打周期进行优化调节。

（三）电极支持套管及加热器

电除尘器的负极线工作时带有直流高电压，它通常是连成一排排悬挂在除尘器的顶部，悬挂支撑点就是高压瓷套管。套管的工作环境使它表面都是粉尘，如果空气潮湿会引起爬电。电除尘器正常工作时，电场通过的烟气温度较高，不存在潮湿问题。但电除尘器停用后重新投入运行时，就有可能会有潮气，所以在电场加压前应先投加热器驱潮，待电场内温度升高后再退出加热器。

（四）除尘器的监控系统

除尘器的监控系统包括两部分，一个是高压电场的电流电压监控部分，由各个电场独立的监控调节单元组成；另一个是其他所有电场温度检测、恒温加热控制、振打周期控制、灰位指示、高低位报警和自动卸灰控制、检修门的安全连锁控制等，都是电除尘器能够长期安全可靠运行必不可少的保证。采用计算机系统，使监视更加清晰，操作更加方便，还可以事件和操作追忆，利于分析判断。

第四章
电 气 运 行 维 护

火电厂内，发电系统设备在基建、技改、检修后交付运行，设备的备用维护、投入运行、运行监控、日常巡视维护、投退操作及事故障碍异常处理，直到退出运行的全过程，均属电气运行维护范畴。在以上了解电气系统设备的结构与工作原理基础上，还应了解这些系统设备的运行特性、故障异常特征及相应的处理方法，这样才能在电气运行维护的工作中，做到心中有数、有条不紊、准确无误。

第一节　电气运行维护基础

电气运行维护的基础工作，主要指编制现场运行规程、电气一次系统图册、电气二次系统图册、继电保护定值书、典型操作票等，供所有上岗人员学习熟悉，并在工作中严格遵循。

一、电气运行规程

各个电厂都有自己的电气运行规程，规程编制主要依据现行电力行业技术规范、电气设备制造厂的使用说明书、本项目设计院的设计文件、电力行业内的反事故技术措施、火电机组电气运行典型规程等资料，结合本厂实际情况及要求编制而成，其形式和内容大致相同，主要包括以下几部分。

1. 总则

明确设备调度范围的划分、系统的倒闸操作原则及规定、事故处理的基本原则。

（1）设备调度范围划分。

火电厂属于设备密集型单位，为利于生产的有序开展，一般将电气设备的调度范围及权限按系统划分给各级调度负责，每一级对上一级负责。如汽轮发电机组的启停与负载调整、220kV 及以上系统设备的投退归省一级（或区域网）调度中心调度，110kV 系统设备的投退归市一级调度中心调度，其余电气系统设备的投退归本厂值长调度。设备的投退包括了一次设备及其继电保护投入或退出。

（2）倒闸操作原则及规定。

电气设备投入运行系统，不仅投入设备本身的状态发生变化（如由无压变为带压，由无电流变为带电流，由静止变为旋转运动），而且会给运行系统带来影响。所以，除个别规定的单项操作外，一般需要填写操作票，按操作票所列顺序逐项操作。倒闸操作的原则如下：

1）满足安全“五防”的要求，即防止误分、误合断路器；防止带负荷拉、合隔离开关或手车触头；防止带电挂（合）接地线（接地刀闸）；防止带接地线（接地刀闸）合断路器（隔离开关）；防止误入带电间隔。

2）电气一次设备投入前，须将该设备的继电保护投入，以防带病设备投入系统。

3）对于两系统间的并列操作，必须同时满足并列条件（相序、相位、频率、电压）。

4）对于系统解、合环操作，必须同时考虑解合环后电网的继电保护和自动装置使用情况，潮流不超过稳定极限，设备不过负荷，电压在正常范围内。

5）母线停电操作时，须断开电压互感器二次侧空气开关，防止电压互感器二次侧向母线反送电。

6）隔离开关拉、合电流的范围：电压互感器和避雷器；220kV及以下母线的充电电流；500kV母线环流（经试验许可的）。

7）高压设备的操作，应在NCS（电力网络计算机监控系统）、DCS（分散控制系统）控制屏上或就地集中控制柜上进行，防止操作事故伤人。

8）断路器、隔离开关等设备发生误动或拒动时，必须经处理并传动试验完好后才能投入运行或列为备用。

9）变压器中性点接地隔离开关的切换操作，应先合上备用设备再拉开原运行设备。

（3）事故处理的基本原则。

厂内发生设备事故时，根据不同的系统设备采取相应的处理方法，对于机组事故处理的基本原则如下：

1）值长是负责处理事故的统一组织者和指挥者，对属于系统调度的设备，调度员的操作指令通过值长传达执行。

2）发生机组事故时，现场情况复杂，电气运行人员需要把握的要点是：

a. 根据报警信号和设备现状，迅速判断事故的范围、性质及危害程度，采取必要的手段，首先排除事故对人身安全和设备损坏的威胁；

b. 采取有效手段保证厂用电源，如果厂用电失去工作电源，备用电源又自投不成功，在排除一次设备故障原因下人工操作投入备用电源；

c. 维持非事故设备的正常运行，核查保护跳闸设备，与机、炉专业一起评估机组恢复运行的可行性；

d. 根据评估结论进行重新开机或停机的程序。

2. 各电气系统设备的运行规定

各电气系统设备一般分为发电机、主变压器、厂用电系统、直流系统、UPS（不间断电源）系统、配电装置、电动机、继电保护及自动装置等。运行规定内容包括正常运行方式，设备的投入与退出，运行监视与调整，事故和异常处理等。

3. 设备主要规范

将所管辖的电气设备的主要规范收列，以作为运行监控的基础依据。

二、电气图册

电气运行岗位必须备有与现场设备状况一一对应的电气图纸，供运行人员学习熟悉，在操作票编审、工作票审核、运行分析等环节均需以图纸为依据。当设备发生变更时，在所有对应的图纸上明确标出。电气图纸一般分一次部分和二次部分。

1. 电气一次图纸

主要是各系统的一次接线图：

（1）全厂主接线图，描绘全厂各发电机及其一次系统、主变压器、升压站高压配电装置、高压厂用变压器、启动/备用变压器的设备配置及连接关系。

（2）厂用电系统图，描绘全厂从各高压厂用变压器、启动/备用变压器始，到各380V动力/负荷中心厂用电源的设备配置及连接关系，包括各高压厂用配电母线，高压启动/备用配电母线，各机、炉配电母线，各辅助设备系统（如输煤、化水、除灰、除尘、脱硫、公用等）配电母线，各动力/负荷中心的配电母线等。

（3）厂用电各配电装置配置接线图，描绘各配电母线所接的负载及其容量大小。

（4）直流系统图，描绘全厂从直流电源始，到各直流负载的设备配置及连接关系，包括充电器、蓄电池、直流母线、直流馈线、直流负载等。

（5）UPS系统图，描绘全厂各UPS的配置及其负载的连接关系。

（6）交流事故保安电源接线图，描绘全厂各交流事故保安电源及其负载的连接关系。

（7）照明系统图，描绘全厂各照明电源的配置及其负载的连接关系。

2. 电气二次图纸

电气二次图纸一般按一次设备为单位分别绘制，原则上每台一次设备一套图纸，属于同类型设备的通常合用一套图纸。每套电气二次图纸一般包含控制信号回路图，保护回路图，电流电压回路图，安装接线图，端子排图等。发动机-变压器组等涉及一台以上设备保护的应有保护配置图，以明示保护范围及设备间的联锁关系。

除单台设备的二次图纸外，还有共用部分的二次图纸，如中央信号回路图，同期回路图等。

三、继电保护定值书

每台新机组投运前，由运行单位人员计算机组的继电保护定值，计算结果编成继电保护定值书，内容包括机组各电气设备的保护配置，电流互感器和电压互感器变比，保护装置型号，各短路点短路电流计算，各元件保护动作信号和跳闸定值及时限定值计算，保护动作跳闸范围及跳闸断路器，保护动作联锁等。

四、典型操作票

将全厂电气设备各种状态转换的操作程序编出典型操作票，实际运用时，调出对应设备的典型操作票为基础，再根据实际操作任务增加或减少部分项目内容，但顺序程序不可改变，这样既可提高工作效率，又可避免或减少出错的可能。

电气设备状态转换的方式可分为几类：由冷备用转热备用，由热备用转运行，由检修转运行，由运行转热备用，由运行转冷备用，由运行转检修。

第二节 发电机运行维护

一、发电机运行技术

（一）发电机的运行特性

同步发电机在转速保持恒定、负载功率因数不变的条件下，有三个主要变量：定子端电压U、负载电流I、励磁电流I_f。三个量之中保持一个量为常数，求其他两个量之间的函数关系就是同步发电机的运行特性。它包含了五种基本特性：空载特性、短路特性、负载特性、外特性和调整特性。以下着重介绍前两项特性。

1. 发电机空载特性

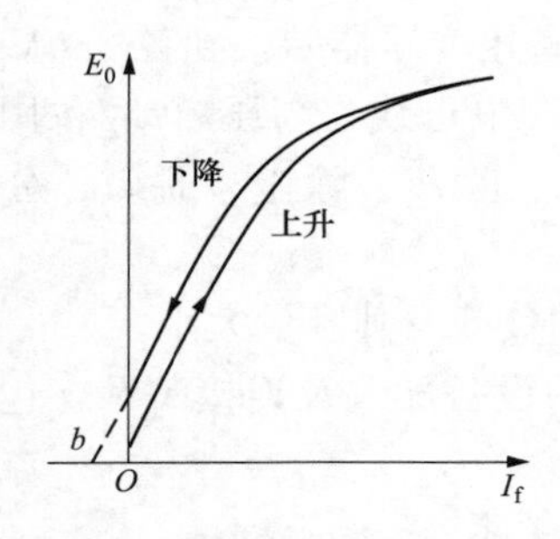

图 4-2-1　发电机空载特性曲线

同步发电机达到同步转速后，加入励磁电流I_f，改变励磁电流的大小，空载电势E_0也随之改变。发电机空载运行状态下，表征空载电势E_0与励磁电流I_f间的关系$E_0=f(I_f)$称为发电机空载特性，空载特性曲线如图 4-2-1 所示。发电机空载时，发电机端电压U与感应电势E_0相等。随着发电机励磁电流I_f的增大及产生的磁场增强，发电机定子铁芯进入磁饱和状态，发电机定子电压与转子励磁电流不再是线性关系了，曲线开始弯曲。由于发电机定子铁芯铁磁材料的磁滞效应，励磁电流由零增至最大值和由最大值减到零时，将测得上升分支和下降分支两条特性曲线。上升分支与下降分支差别不大，线性段斜率差不多，饱和段很接近，一般取下降分支作为空载特性。

空载特性是发电机的一个最基本特性，空载特性曲线与发电机其他特性曲线配合，可以计算出发电机的许多重要参数。新投运和大修后的发电机在开机时，均要做发电机的空载特性试验，主要目的如下：

（1）试验发电机转子绕组有无匝间短路。试验数据与上次数据对比，如果差别比较大，可以反映转子绕组严重的匝间短路故障。

（2）进行定子绕组匝间耐压试验。试验电压从零升到最大值一般为额定电压的 1.3 倍，并在最高电压下保持 5min，相当于对定子绕组实施了匝间耐压试验，以检验定子绕组耐受过电压的能力。

（3）检查三相定子电压的对称性及测定发电机定子残压。

（4）进行发电机励磁电流运行参数的测定。新装机组投产时的空载特性试验，将所测定的发电机定子额定电压下对应的励磁电流值，填入电气运行规程中，以作为未来发电机运行的重要参照数据。

2. 发电机短路特性

发电机以同步转速旋转，将定子绕组三相短接；改变励磁电流I_f的大小，电枢绕组的短路电流I_k随之变化，I_k与I_f的关系$I_k=f(I_f)$曲线，称为该发电机的短路特性。

发电机在三相稳态短路时，端电压$U=0$，限制短路电流的仅是发电机的内部阻抗。同步发电机的电枢电阻远小于同步电抗，短路电流可认为是纯感性的，于是短路电流所产生的电枢磁势基本上是一个纯去磁的直轴磁势，减少了电机中的磁通及感应电势，电机磁路处于不饱和状态，故短路特性是一条通过原点的直线，如图 4-2-2 所示。

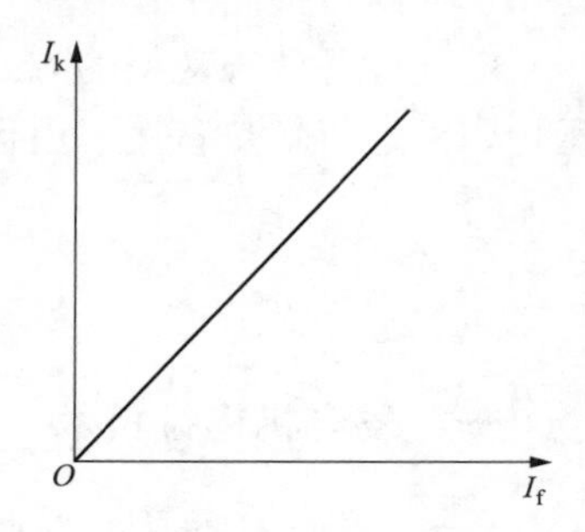

图 4-2-2　发电机短路特性曲线

短路特性与空载特性一样，是发电机的一个最基本特性，短路特性曲线与发电机其他特性曲线配合，可以计算出电机的许多重要参数。新投运和更换绕组后的发电机在开机时，均要做发电机的短路特性试验，它可作为检查电机转子在高速运转过程中有无匝间严重短路的一种方法，比空载特性试验灵敏。当匝间短路超过3%匝数时，该试验能明显反映出来。

（二）发电机的功角特性

1. 发电机电动势平衡

运行中发电机带上负荷后，定子电流在其气隙产生的电枢磁通势基波，与转子电流产生的励磁磁通势基波相互作用电枢反应的效果，取决于负荷电流的性质和大小。发电机在功率因数滞后（带感性负荷）时，电枢反应起去磁作用；在功率因数超前（带容性负荷）时，电枢反应起助磁作用。对于隐极同步发电机，不必将电枢反应分解为纵轴分量和横轴分量。隐极同步发电机带感性负荷时的电动势方程式为

$$\dot{E}_0+\dot{E}_a+\dot{E}_s=\dot{U}+\dot{I}R_a$$

式中：$\dot{E}_0$为空载电动势；$\dot{E}_a$为电枢反应电动势；$\dot{E}_s$为漏电动势；$\dot{U}$为发电机定子相电压；$\dot{I}$为发电机定子相电流；R_a为发电机定子绕组电阻。

在纵轴和横轴方向上，$X_{ad}\approx X_{aq}=X_a$称为电枢反应电抗，则电枢反应电动势$\dot{E}_a=-\mathrm{j}\dot{I}X_a$。

隐极同步发电机的同步电抗$X_d=X_a+X_S$（X_S为漏电抗），是发电机的特征参数，对于不同型式的发电机，其数值不同，该数值影响发电机端电压随负荷波动的程度。而运行中的发电机端电压随负荷变化的程度，则取决于负荷电流的大小和性质（即功率因数$\cos\varphi$值）。

在大、中型发电机中，定子绕组的电阻较其同步电抗小得多，定子绕组电阻造成的压降小于其定子端电压的2%时可以忽略，因此隐极同步发电机的电动势方程式简化为

$$\dot{E}_0=\dot{U}+\mathrm{j}\dot{I}X_d$$

隐极同步发电机带对称感性负荷运行时，不计及铁芯饱和影响的电动势相量图如图4-2-3所示，图中δ为功角；ψ为内功率因数角；ϕ为功率因数角。

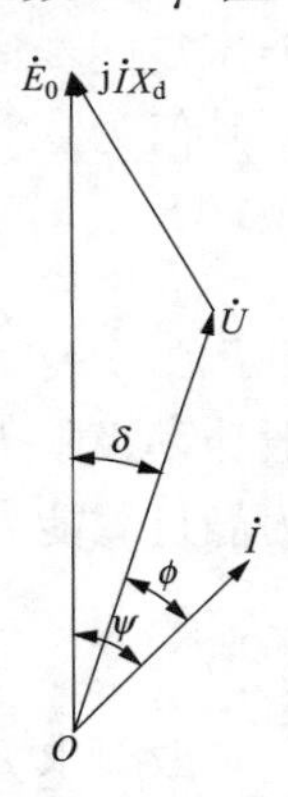

图4-2-3　发电机电动势相量

2. 发电机电磁功率与功角特性

对于运行中的发电机，转轴上输入的原动机的机械功率，是通过电磁感应从转子传递到定子而转变为电功率供给负荷的。发电机能够稳定输出电功率的能力与本身的参数和电磁量的关系，可用功角特性来表述。发电机带负荷稳定运行时的功率平衡关系为

$$P_1-P_0=P_e=P+P_c$$

式中：P_1为输入的机械功率；P_0为空载损耗功率；P_e为电磁功率；P为输出有功功率；P_c为定子绕组铜损。

对于大、中型同步发电机，额定负荷时定子铜损所消耗的功率不到额定功率的1%，因此电磁功率P_e近似等于发电机输出有功功率P，即

$$P_e\approx P=3UI\cos\varphi$$

式中：U、I为发电机相电压和相电流；φ为功率因数角。

利用图4-2-3可导出隐极同步同步发电机电磁功率与功角的关系

$$P_e=\frac{E_0U}{X_d}\sin\delta$$

可见，电磁功率P_e随δ角成正弦函数变化，这一特性称为功角特性，此特性说明，在电网电压恒定并保持并网运行发电机的励磁电流恒定（即E_0、U为常数）时，电磁功率P_e的大小只取决于功角δ值。

当$0°<\delta<90°$时，电磁功率P_e随δ角增大而增加；当$90°<\delta<180°$时，随着δ角增大电磁功率P_e反而减小；当$\delta=90°$时，电磁功率达到极限值$P_{em}=E_0U/X_d$。

当δ角为正时，P_e为正，表明同步电机供给电网有功功率而作发电机运行；反之，当δ角为负时，P_e为负，表明同步电机从电网吸收有功功率而作电动机运行。功角δ的意义：δ是时间相角，它表明了在时间相位上感应电动势$\dot{E}_0$超前端电压$\dot{U}$的角度，其值随该机带负荷的轻重和负荷性质的改变而不同；δ是空间夹角。它既表示转子主磁通$\dot{\Phi}_0$沿转子旋转方向超前于气隙合成磁通$\dot{\Phi}_\delta$的空间夹角，也表示转子磁极轴线沿转子旋转方向超前于气隙合成磁通极轴线的空间角度，即转子为拖动者。由此δ角实际反映了气隙合成磁通扭歪的程度，δ角越大，磁场产生切向的力越大，电磁功率越大，转子轴上的电磁转矩也越大。因此，它们之间的相对位置决定了同步电机的运行情况。

（三）发电机的静稳定

发电机保持同步运行的能力，由以下特性体现：当外界扰动造成发电机偏离同步转速，功角δ增大时，发电机电磁功率$\Delta P_e>0$；δ减小时，$\Delta P_e<0$，一旦外界扰动消失，发电机就能恢复同步运行。这种恢复同步运行的能力称为整步功率P_r，P_r是发电机稳定运行的判据，其值为

$$P_r=\frac{E_0U}{X_d}\cos\delta$$

$P_r>0$表明有整步能力，能稳定运行，$P_r=0$对应于$\delta=90°$时达到静稳定功率极限P_{em}。一般功率极限P_{en}比额定功率大一定的倍数，以使发电机有足够的静稳储备。P_{em}与P_{en}之比称为静过载能力，其计算公式为

$$K_m=\frac{P_{em}}{P_{en}}=\frac{1}{\sin\delta_n}$$

一般要求$K_m>1.7$，因此额定功率角δ_n在30°左右。

对于一些远离电网的区域火电厂，发电机并入电网后，电网电压视为恒定，发电机端电压是随负荷电流而变化的，发电机的输出有功功率为

$$P=\frac{E_0U_{st}}{X_d+X_{\Sigma s}}\sin\delta_s$$

式中：E_0为发电机的励磁电动势；U_{st}为电网电压；X_d为发电机同步电抗；$X_{\Sigma s}$为升压变压器、输电线路和降压变压器的电抗之和；δ_s为发电机的励磁电动势与电网电压之间的夹角。由于外部电抗的存在，发电机的功率极限值和静稳定储备将降低。

现代发电机一般都装设自动励磁调节装置，其功能是保持发电机端电压的恒定，从而显著提高发电机的静稳定运行能力。在装设自动励磁调节装置的发电机输出有功功率为

$$P=\frac{UU_{st}}{X_{\Sigma s}}\sin\delta_s$$

式中：δ_s为发电机端电压与电网电压之间的夹角；$X_{\Sigma s}$为发电机端与电网之间的外部电抗。当保持机端电压恒定时，相当于消除了发电机同步电抗X_d的影响，从而提高了发电机的功率

稳定极限。图 4-2-4 所示为自动励磁调节装置作用对功角特性和静稳定影响的过程：当将发电机有功功率调高时，励磁调节装置按设定值维持发电机端电压，自动调整励磁电流随之调增大，功角特性由原来的 3 曲线上移至 4、5 曲线，发电机的运行点是在一条 E_0 为变数的曲线上移动，如图中的 a、b、c 点，这条由于自动励磁调节励磁电流使发电机端电压保持恒定而得到的功角特性曲线称为外功角特性曲线（曲线 6）。该曲线即使在 $\delta > 90°$ 的一定范围内，发电机的功率随功角的增大仍具有上升的空间，能满足稳定的条件，稳定范围由原来的自然稳定区 1 增大了人工稳定区 2。

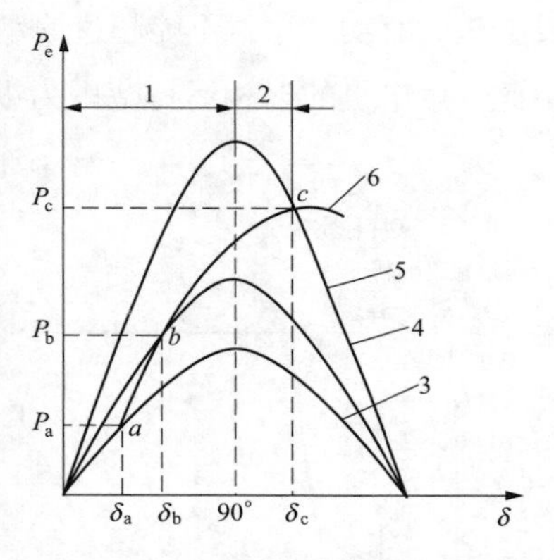

图 4-2-4　发电机功角特性的变化

（四）发电机功率图

在电动势相量图（图 4-2-3）中，将电势三角形的各边乘以 $3U/X_d$ 即可得隐极发电机的功率图如图 4-2-5 所示。图中，发电机的额定容量为 $S_n = \overline{OC} = 3UI$；$\overline{OC}$ 在纵轴和横轴上的投影分别代表有功功率和无功功率，即 $P_n = 3UI\cos\varphi_n$ 和 $Q_n = 3UI\sin\varphi_n$；C 点对应于发电机的额定运行工况（即定子额定电压 U_n，定子额定电流 I_n，额定功率因数 $\cos\varphi_n$，冷却介质额定参数时的运行点）。此时的额定功角为 δ_n；纵轴（$+P$ 轴）与 $\cos\varphi=1$ 对应，横轴（$+Q$ 轴）与 $\cos\varphi=0$（滞后）对应，$-Q$ 轴与 $\cos\varphi=0$（超前）对应；随着功角增大，当 $\delta=90°$ 时，容量线移到 OC'，极限功率为 MC'，OM 代表发电机与无限大电网并联运行，$P=0$ 时可吸收的最大无功功率。

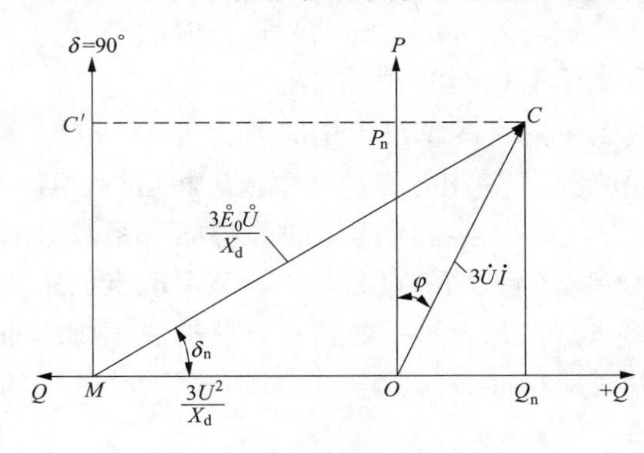

图 4-2-5　发电机功率图

（五）发电机运行容量图（P-Q 曲线图）

将图 4-2-5 的功率三角形用额定容量为基准的标么值表示（把电压、电动势、功率等参数都以标么值表示），可得图 4-2-6 的发电机的运行容量图。图 4-2-6 中，令 $\overline{OC}=1$ 并代表定子电流额定值 I_N；$\overline{MC}$ 代表额定励磁电流，通过 φ 角的变化可反映 $\cos\varphi$ 值的大小和发电机容量的变化情况。

1. 迟相运行范围

发电机迟相运行，在冷却介质温度不变时，为了保证发电机定子、转子绕组的温升不超过允许值，定子、转子绕组的电流不得超过额定值。如图 4-2-6 中的“定子发热限制”圆弧线为定子绕组电流的约束值（以 O 点为圆心，定子额定电流 $\overline{OC}$ 为半径作圆弧）；圆弧 $\overset{\frown}{CD}$ 为转子绕组电流的约束值（以 M 点为圆心，转子额定电流 $\overline{MC}$ 为半径作圆弧）。这两段圆弧的交点 C 对应发电机定子电流和转子电流同时达到额定值。当 $\cos\varphi$ 降低（角 φ 增大）时，受转子绕组电流的约束，发电机运行点不能越过弧线 $\overset{\frown}{CD}$。D 点为 $\cos\varphi=0$ 时发电机输出的无功功率最大值。当 $\cos\varphi$ 增大（角 φ 减小）时，受定子绕组电流的约束，发电机运行点不能越过弧线 $\overset{\frown}{BC}$。对于发电机的有功功率，不能超过原动机的出力限制，图 4-2-6 中与横坐标平行的水平直线 HBG。由此，发电机的迟相运行范围为纵坐标与 HBG 直线、“定子发热限制”圆弧线、$\widehat{CD}$ 圆弧线和横坐标围成的闭合区域。

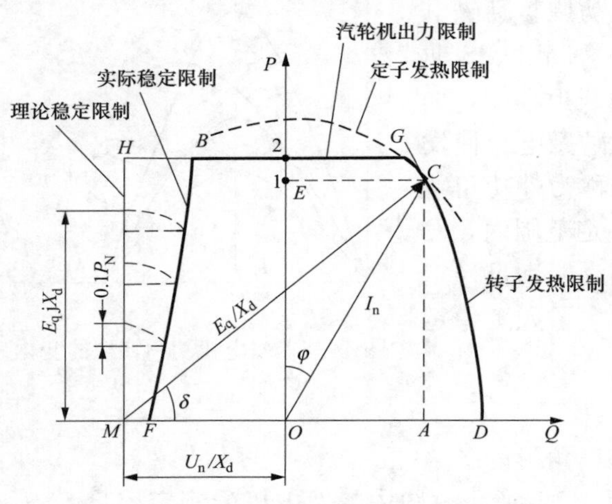

图 4-2-6　发电机运行容量图（P-Q 曲线图）

2. 进相运行范围

发电机进相运行时处于低励状态，此时发电机电势降低，电磁转矩减小，功角增大，静稳定裕度减小，易失去静稳定，同时，发电机定子端部漏磁趋于严重，损耗增加。进相运行有功和无功的容量，由定子铁芯端部过热、静稳定极限或定子过电流三者中的最小定值确定。

由发电机定子端部温升确定容量，由于端部结构、材料和冷却条件等诸因素较复杂，要准确计算各部位的温升很困难，故估算端部发热限制容量的方法是，在发电机运行容量图上，以发电机在额定有功功率 P_n、$\cos\varphi=0.95$（超前）运行时的坐标为一点，与落在 $-Q$ 轴上、数值为 $0.65S_n$的另一点连成的直线，作为控制线。

发电机进相运行理论静稳定极限如 P-Q 曲线图中的直线 MH，相应的功角 $\delta=90°$。实际静稳定限制的容量，以发电机不带自动励磁调节装置，输出各有功功率值进相运行，且运行功角 $\delta=90°$（$X_{\Sigma s}=0$）时确定的功率极限值为基础，再考虑适当的静稳储备系数（如 10%）来确定：在理论静稳定边界线上先取一些点，然后以 M 点为圆心，至所取点的距离（E_q/X_d）为半径作弧，找出实际功率比理论功率低 $0.1PN$ 的一些新点，就构成了 BF 曲线。（也可采用 $\delta=70°$画一斜直线作为静稳定限制线，此时 $1/\sin70°=1.06$，发电机有 6%的静稳储备）。

上述的发电机运行容量图可以直观地指导发电机的运行，一般情况下，如果没有调度的负荷限制或设备原因限制，通常首先考虑发电机尽量带满有功功率。在此基础上，再视发电机电压、定子绕组温度、冷却介质温度等参数，调整相应的运行参数。

（六）发电机的有功功率调节

汽轮发电机有功功率的调整，通过调整汽轮机汽门的开度和调整锅炉蒸汽参数来实现。图 4-2-7 所示为调整发电机有功功率对运行状态影响的过程。在调节有功功率时如不相应调节励磁电流，将使无功功率发生改变，其定子电流的大小和性质也将发生改变，从而改变发电机的运行状态。图中，P_1 为发电机迟相运行的有功功率，Q_1、I_1、E_{01}、δ_1、φ_1 为对应的各量。其中

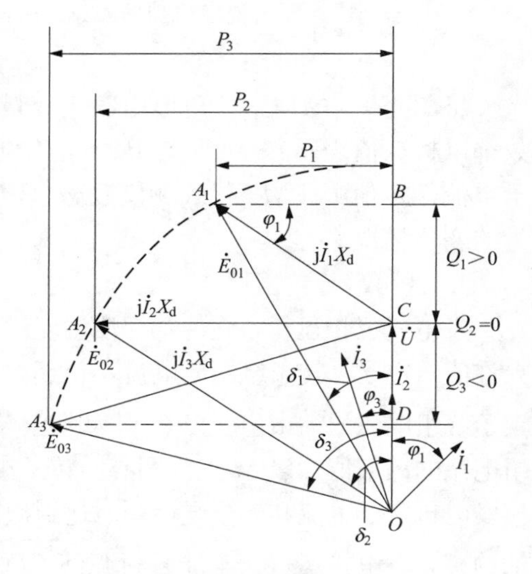

图 4-2-7　发电机有功功率调节

$$\overline{A_1B}=\overline{A_1C}\cos\varphi_1=\frac{U}{U}I_1\ X_d\cos\varphi_1=KP_1$$

$$\overline{BC}=\frac{U}{U}I_1\ X_d\sin\varphi_1=K\,Q_1$$

式中：$K=\frac{X_d}{U}$ 为常数；$\overline{A_1B}$ 与有功功率成正比；$\overline{BC}$ 与无功功率成正比。

当有功功率增加为 P_2，图 4-2-7 中对应各量的下标为 2。由于 E_0 不变，E_0 的变化轨迹为以 O 为圆心的圆，此时 $\varphi_2=0$；$\overline{A_2C}=\overline{A_2C}\cos\varphi_2=\frac{U}{U}I_2\ X_d=KP_2$；$\overline{BC}=0$。

当有功功率继续增加至 P_3，图中对应各量的下标为 3。功率因数为超前，发电机进入进相运行

$$\overline{A_3D}=\overline{A_3C}\cos\varphi_3=\frac{U}{U}I_3\ X_d\cos\varphi_3=KP_3$$

$$\overline{CD}=\frac{U}{U}I_3\ X_d\sin\varphi_3=KQ_3$$

可见，调节增加发电机有功功率时，应相应增大励磁电流，尽量保持其功率因数为额定值，这样既可充分利用发电机的容量，也保证了发电机具有一定的静稳定能力。

（七）发电机的无功功率调节

当电网中出现无功不足导致电网电压偏低时，应增加发电机送出无功功率，弥补电网无功缺额。当发电机增加感性无功功率时，电枢反应的去磁作用增强，必须增加其励磁电流，才能维持发电机的端电压，即调节发电机的励磁电流，便调节了无功功率。调节励磁时，如原动机的输入有功功率保持不变，如图 4-2-8 所示，对应某一励磁电流发电机的功角特性曲线为 P_e，无功特性曲线为 Q，设输入到发电机的有功功率为 P_1 且不变，运行点在 a 点，此时发电机的功率角为 δ_a，无功功率为 Q_a。当增加励磁电流后，功角特性曲线为 P'_e，无功特性曲线为 Q'，此时的运行点在 b 点，发电机的功率角为 δ_b，无功功率为 Q_b，从而实现了无功功率的调节。其实，发电机正常迟相运行时，需要电气运行人员调节的操作不多，尤其在装设了自动励磁调节装置后，需由电气操作的励磁电流调节基本都由自动励磁调节装置自动完成，无需人工干预。但有时候受冷却系统工况不佳或运行自然冷却条件（如气温、水温）超出设计条件值时，发电机冷却效果不佳，导致发电机部分温度偏高时，除了排除冷却系统缺陷外，应考虑适当降低发电机的定子电流，减少绕组损耗热量。如图 4-2-9 所示的“V 形曲线”，在迟相区，调低发电机的励磁电流 I_f，可降低发电机的定子电流 I。

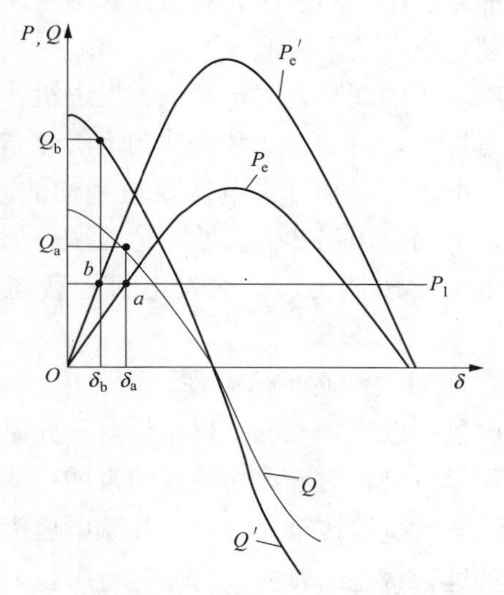

图 4-2-8　发电机无功功率调节

（八）发电机的进相运行

随着大机组、大电网的发展，电网中电力负荷低谷时段，常出现运行电压升高甚至超上

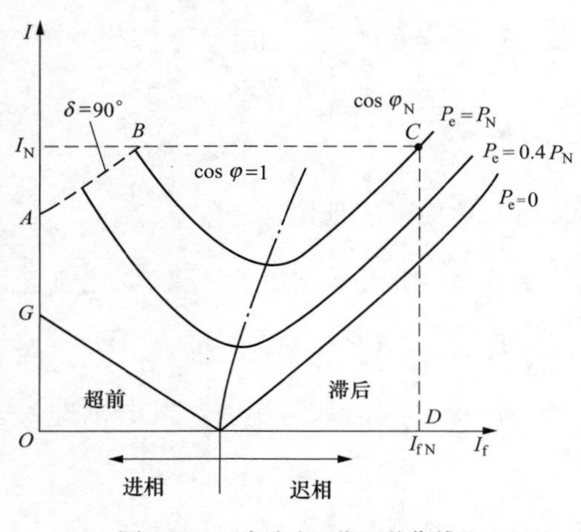

图 4-2-9　发电机"V形曲线"

限的情况，因此，对并网发电机要求具有一定的进相运行能力。

1. 大电网运行的特点

大电网为了满足远距离输送电能的需求，输电线路的电压等级不断提高；现代化城市的供电网络高压电缆化，形成了现代电力系统的特点。输电线路运行时，其充电电容电流和无功功率与线路参数的关系为

$$I_c = U\omega C_0 L$$

$$S_c = 3UI_c$$

式中：I_c为输电线路每相充电电容电流；U为线路额定相电压；C_0为线路单位长度的等效电容；L为线路长度；S_c为三相充电无功功率。

架空输电线路每千米的充电无功功率，110kV 级约为 34kvar，220kV 级约为 130kvar，330kV 级约为 400kvar，500kV 级约为 1000kvar。而电缆线路的充电电容电流和无功功率比同电压等级的架空输电线路大得多。当电力负荷低谷时，轻载长线路和部分网络的容性无功功率可能超过用户的感性无功负荷和网络无功损耗之和，以至会因电容效应引起运行电压偏高甚至超过规定的上限值。

电网电压的调整方式包括调整发电机、调相机和静止补偿器的无功功率，投、切并联电容器或电抗器，改变有功和无功功率的分布，改变网络参数，发电机进相运行等。按照无功电力分（电压）层和分供电区就地平衡的原则，调度部门将采取前三项办法来调整电网电压，如果电网电压仍然偏高的，适时调整部分发电机进相运行。实践证明，发电机进相运行是增加电网调压能力、扩大发电机运行范围、满足电力生产需要有效而经济的运行技术措施。

2. 发电机进相运行的条件

发电机一般运行工况是迟相运行，此时定子电流滞后端电压，发电机处于过励磁运行状态。进相运行是相对于迟相运行而言的。此时定子电流超前端电压，发电机处于欠励磁运行状态。发电机直接接至大电网，其端电压为U_g，当U_g和有功功率不变时，调节励磁电流可实现两种运行状态的转换。迟相运行时，发电机向系统供出有功功率及无功功率；进相运行时发电机向系统供出有功功率和吸收无功功率。

发电机能否进相运行，由以下条件确定，其中前三项属于设备本身的约束因素，第四项属于发电厂系统方面的约束因素：

（1）静态稳定性的极限。

发电机在输出一定有功功率的情况下，进相运行时（如 P—Q 曲线图中的Q 区），励磁电流下降，功角上升，导致静态稳定储备减小，当考虑外部电抗时，静态稳定将进一步降低。静态稳定是限制进相运行容许输出的主要因素。

（2）端部漏磁引起的发热。

发电机的端部漏磁是由定子绕组端部漏磁和转子绕组端部漏磁组成的合成磁通。其大小

与发电机的结构、型式、材料、短路比等因素有关，还与定子电流的大小、功率因数的高低等因素有关。如果进相运行使发电机的端部过热，则进相运行受到限制。

发电机由迟相转为进相运行，定子端部合成漏磁通Φ_e将逐渐增大，随着进相深度的增加（进相功率因数降低）吸收的无功功率增多，漏磁密（或Φ_e）则越大，如图 4-2-10 所示。而发电机端部损耗发热引起的温升与Φ_e的平方成正比，若其任一部位的温升超过限值，则限制了该机的进相容量。

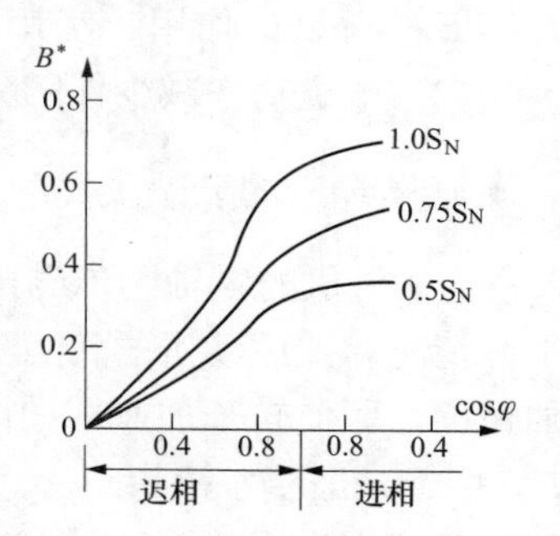

图 4-2-10　功率因数与发电机漏磁密的关系

3. 定子电流的限制

如 V 形曲线图所示的，发电机进相运行时，随着励磁电流的减小，取自电网的无功功率增多，定子电流在增大，如果超过允许值，则定子电流成了进相运行的限制条件。

4. 厂用电电压的降低

厂用电通常取自发电机出口。进相运行时随着发电机电压的降低，厂用电电压也相应降低。如果电压过低严重影响了厂用设备的出力，进而影响到机组的安全运行，则厂用电电压的降低成了进相运行的限制条件。

（九）发电机的失磁异步运行

同步发电机失磁异步运行是指发电机失去励磁后仍带有一定有功功率以低转差与电网并列运行的一种特殊运行方式。发电机承受失磁运行的能力按国家标准 GB/T 7064《隐极同步发电机技术要求》的要求：300MW 及以下的发电机失磁后应在 60s 内将负荷降至 60%，90s 内降至 40%，总的失磁时间不超过 15min，600MW 及以上发电机由制造厂与用户协商解决。发电机的失磁运行也应按此原则把握。

发电机失磁后运行状态的变化分三个阶段：从失磁到失步的阶段，从暂态异步进入稳态异步的阶段，励磁恢复后地再同步阶段。

1. 从失磁到失步的阶段

（1）转子电流衰减过程。发电机在刚失磁瞬间，转子仍处于同步运行状态，虽然转子电压已降至零，但因转子励磁回路有较大的电感，转子电流有一个按指数衰减的过程

$$i_{e(t)}=i_{e(0)}\,e^{-\frac{t}{T_e}}$$

式中：$i_{e(t)}$为失磁后 t 时的转子电流；$i_{e(0)}$为失磁前瞬间 $t=0$ 时的转子电流；T_e为转子回路的时间常数。

（2）定子电动势衰减过程。随着转子电流的衰减，发电机定子绕组感应电动势也在下降，失磁的初始暂态时间内（即由于转子惯性所致，在 $\frac{d\delta}{dt}=0$ 的短暂时间内），同步电动势为

$$E_{0(t)}=E_{0(r)}e^{-\frac{t}{T_e}}+E_s$$

式中：$E_{0(t)}$为失磁后 t 时的定子绕组感应电动势；E_{0r}为由于剩磁在定子绕组中产生的感应电动势；E_s为转差电动势；

当功角 δ 随时间而增大时，$\frac{d\delta}{dt}>0$，在 $0°<\delta<180°$ 的范围内，转差电动势 $E_s>0$，起到补偿 $E_{0(t)}$ 降低的作用，使其下降的速度比指数规律慢，并且不按指数规律衰减。

（3）电磁功率减少伴随失步过程。

随着 $E_{0(t)}$ 的衰减，发电机的电磁功率 $P_e=\frac{E_{0(t)}U}{X_{d\Sigma}}\sin\delta$ 也在减小（U 为发电机的端电压；$X_{d\Sigma}$ 为发电机的纵轴同步电抗 X_d 与系统联系电抗 $X_{d\Sigma S}$ 的总和），由此在转子上就会出现不平衡情况，即原动机的转矩除了用以抵消电磁转矩以外，还有剩余转矩，使机组产生机械角加速度，驱使转子加速。如图 4-2-11 所示。曲线 P_{e1} 为发电机正常运行时的功角特性曲线，P_m 为原动机的功率曲线，s 为转差曲线，P_{as} 为异步功率曲线，1 点为失磁前的正常运行点，失磁后，由于 $E_{0(t)}$ 的下降，功角特性曲线逐步按 P_{e1}、P_{e2}、P_{e3}、P_{e4}…逐次下移。当功角特性下移到 P_{e2} 即运行点 2 还不会失步；当功角特性下移到 P_{e3} 时，功角 $\delta=90°$ 到了静稳极限角，发电机则临界失步。之后，$E_{0(t)}$ 的继续下降，功角特性曲线的继续下移，原动机的机械功率大于电磁功率，转子在剩余功率（剩余转矩）的作用下加速而超过同步转速，发电机转子与定子旋转磁场已不同步而出现了转差，在发电机定子回路中出现了与转差成正比的转差电动势 E_s，并随着转差 s 的增加而增大，对感应电动势 $E_{0(t)}$ 的衰减起了补偿作用，延缓了发电机电磁功率的衰减。

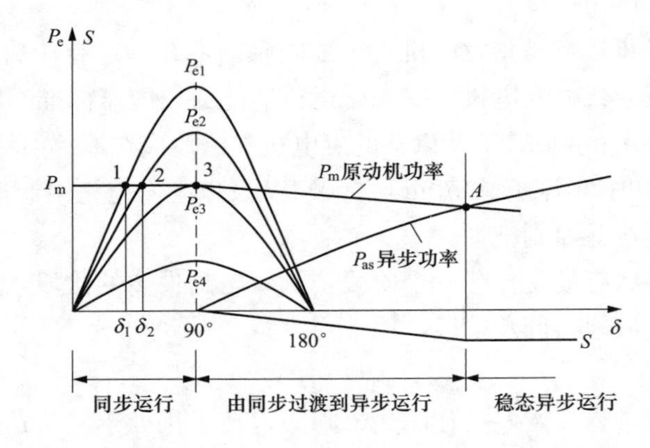

图 4-2-11 发电机失磁、失步、异步运行过程分析示意图

当 δ 趋近于 180°时，$\sin\delta$ 趋近于零值，转差电动势 E_s 的增加已不能抵偿 $E_{0(t)}$ 的衰减，发电机的电磁功率趋近于零值，转子滑入失步。从失磁到临界失步所经历的时间与以下的因素有关：失磁前的静稳储备系数越大，或励磁回路的时间常数越大，则时间越长；失磁前的有功功率越大，无功功率越小，则时间越短；若发电机空载运行，则失磁不会失步。此外，发电机本身的参数及系统参数也有关。

2. 从暂态异步进入稳态异步的阶段

当发电机进入异步运行后，发电机转子与定子旋转磁场之间有了相对运动出现转差，即

$$s=\frac{n_c-n_r}{n_c}\times100\%$$

式中：n_c为定子旋转磁场同步转速；n_r为转子的转速。

由于定子与转子旋转磁场之间的转差 s，在发电机转子回路（转子绕组、阻尼绕组）、转子齿部、槽楔、铁轭等部件中出现转差频率的电势和单相交流电流，该电流建立脉振磁场 B，该脉振磁场可分解为两个转向相反、速度相同的旋转磁场 B_1 和 B_2（如图 4-2-12 所示）。此时定子旋转磁场的转速为 n_s，转子转速为 $n_r=n_s+sn_s$。

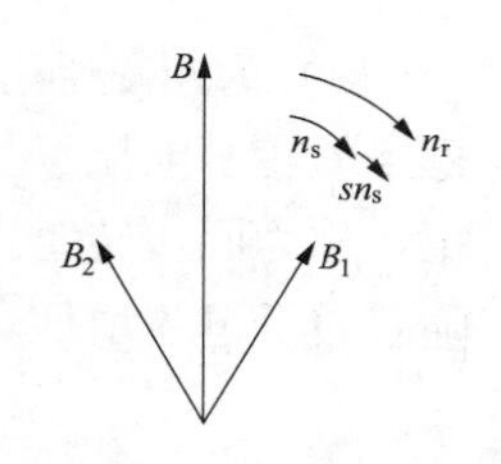

图 4-2-12　脉振磁场的分解

正向旋转磁场 B_1 相对于定子的转速为 $n_r+sn_s=n_s+2sn_s$；B_1 切割定子感应频率为 n_s+2sn_s的电势及电流，B_1 相对于定子旋转磁场的转速为 $n_s+2sn_s-n_s=2sn_s$。B_1 与定子旋转磁场以两倍转差相对运动，产生周期性交变转矩分量，其平均转矩值为零，并引起功率摆动。

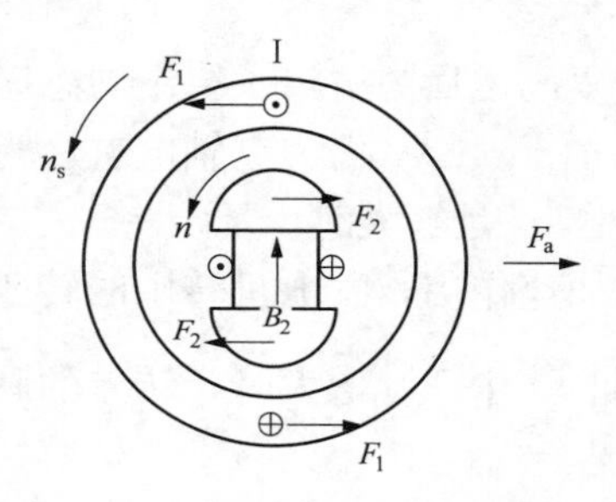

图 4-2-13　失磁后转子所受制动转矩示意图

反向旋转磁场 B_2 相对于定子的转速为 $n_r-sn_s=n_s$；B_2 切割定子感应频率为 n_s的电势及电流，感应电势频率为 50Hz 工频，等效于同步运行时的直流励磁磁场；B_2 相对于定子旋转磁场的转速为 $n_s-n_s=0$。两磁场相对静止，两者相互作用产生恒定转矩分量，如图 4-2-13 所示。B_2 与定子电流 I 相互作用产生电磁力 F_1，相当于转子上受到一个反作用力 F_2，F_2 对应的转矩与转子转向相反为制动性质，称之为异步转矩，它与原动机输入转矩相平衡，只在出现转差时才能产生，当转差为零时，该转矩也为零。此时发电机向电网输送电能。

同理，在转子阻尼绕组、转子齿部、槽楔、铁轭等部件中也感应出相当于转差频率的单相交流电流，产生脉振磁场并分解为两个旋转磁场，其中正向磁场产生双倍转差频率交变的异步转矩分量，反向磁场产生恒定异步转矩。发电机失磁后在异步状态运行时，其异步转矩为以上各分量之和，在一定运行范围内，转速越高，异步转矩越大。

3. 励磁恢复后再同步阶段

处于异步运行状态的发电机，当恢复直流励磁电流后，发电机由异步运行状态转入同步运行状态的过程称为再同步。再同步的过程中作用在转子上转矩的性质及作用有：

（1）机械转矩。机械转矩包括原动机转矩和摩擦转矩。原动机转矩为驱使转子旋转的主力矩，摩擦转矩是阻止转子旋转的阻力矩。

（2）异步转矩。恒定的异步转矩是由定子同步旋转磁场与转子反向磁场相互作用而产生的，它是趋向使转子接近同步转速的转矩。当转子的转速高于同步转速时，转差为负值，平均异步转矩为正，它是阻力矩，拖住转子；当转子的转速低于同步转速时，转差为正值，平均异步转矩为负，它是主力矩，使转子加速。上述两种情况均不能把转子拖入同步，因为仅在有转差存在时，才能产生异步转矩，当转差接近于零时，它也趋于零了。此外，异步转矩中两倍转差频率的交变转矩分量，某一时刻使转子加速，另一时刻则使转子减速，其平均值接近于零（当转差等于零时其幅值也为零）。因此，在再同步过程中可以不考虑它的作用。

（3）同步转矩。恢复励磁后，发电机的励磁电流由零增加到稳定值，即

$$i_{e}(t)=i_{e(\infty)}(1-e^{-\frac{t}{Td}})$$

式中，$i_{e}(t)$ 为恢复励磁后 t 时的转子电流；$i_{e(\infty)}$ 为恢复励磁后稳定的转子电流。

稳定的转子电流建立起相应的转子恒定磁场，该磁场与定子同步旋转磁场相互作用产生的转矩，称为同步转矩。该转矩将发电机转子拖入同步起主要作用。

随着转子电流增加，发电机的电势 E_0 也相应增高，电磁功率及转矩随之变化，即

$$E_{0(t)}=E_{0(\infty)}(1-e^{-\frac{t}{Td}})$$

$$P_{e}=\frac{E_{0(t)}U}{X_{d(s)}}\sin(\delta_0-st)$$

$$M_{e}=\frac{P_{e}}{1+s}$$

式中：U 为发电机的端电压；P_e 为电磁功率；$E_{0(t)}$ 为发电机恢复励磁后 t 时定子绕组的感应电动势；δ_0 为 $t=0$ 时刻的 δ 角，δ 为 E_0 与 U 之间的夹角，$\delta=\delta_0-st$；$X_{d(s)}$ 为纵轴电抗，为转差 s 的函数，当 $s=0$ 时，$X_{d(s)}=X_d$，当 s 增大时，$X_{d(s)}$ 减小，s 足够大时，$X_{d(s)}=X''_d$。

从上式看出，在拉入同步前，同步转矩交替地起着制动和加速作用，发电机转子的转速围绕着平均转差 s_{av} 而脉动，脉动的幅度与 $\frac{E_{0(t)}U}{X_{d(s)}}$ 成正比。因此，当 $E_{0(t)}$ 增大时，转差的脉动分量 $s_{\sim}$ 的幅值也增大。其合成转差为

$$s=s_{av}+s_{\sim}$$

当 $s=0$ 时，发电机出现了同步运行状态。如图 4-2-14 中的 A 点，即为同步点。为实现再同步，以下两点为有利条件：

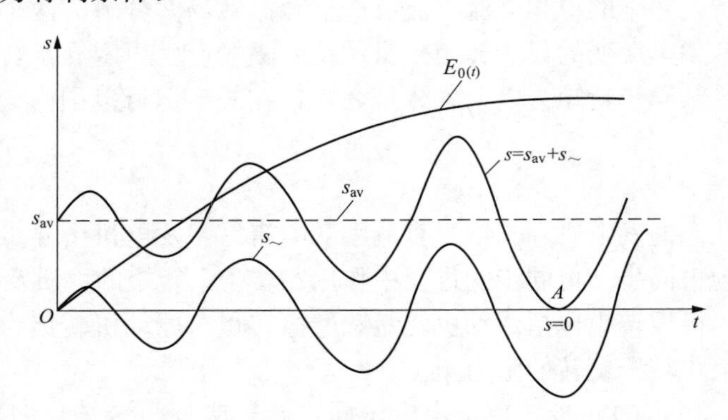

图 4-2-14　恢复励磁再同步过程

1）加入的励磁电流要大，以保证有足够的同步转矩，使 $s_{\sim}$ 分量的幅值较大，从而能尽快达到 $s_{min}=0$ 的同步运行点。

2）发电机的输出功率要小。发电机失磁异步运行输出的功率较小时，其平均转差 s_{sv} 较小，这样在恢复励磁后，在同步转矩的作用下，发电机可能经过小于 360°电角度的角度变化即拖入了同步。

（十）发电机的不对称负荷运行

发电机正常运行时所带负荷一般是三相对称的，但也可能遇到三相不平衡负荷情况，如

输电回路断相、大量的非三相平衡负荷运行等，使发电机中含有了负序电流分量、相电流及端电压偏离了平衡负荷时的理想关系。

发电机三相不对称运行时，定子绕组内除正序电流外还有负序电流。正序电流是由发电机电势产生的，它所产生的正序磁场与转子保持同步转速而同方向旋转，对转子而言是相对静止的，在转子中不产生感应电流，此时转子的发热主要来自励磁电流的作用。负序电流出现后，它和正序电流叠加时，定子绕组相电流可能超过允许值。此外，负序电流形成的负序旋转磁场，以同步转速与转子旋转的方向相反旋转，并穿过定子与转子间的气隙到达转子。对转子而言，是受到以两倍同步转速旋转的负序气隙磁场的切割，并在转子阻尼部件（槽楔、齿部、阻尼绕组）和转子中，产生两倍频率的附加电流，该电流流经转子本体，在转子本体中产生附加损耗发热，将在转子表面导致额外的损耗和局部发热。

发电机的不平衡电枢电流也会引起转子倍频转矩脉振，这个脉动转矩同时也出现在定子铁芯上。

发电机所带不对称负荷容许范围的确定主要取决于下列三个条件：负荷最重一相的定子电流不应超过额定电流的容许上限；转子任何一点的温度不应超过转子绝缘材料的容许温度；不对称运行时出现的机械振动不应超过容许范围。

GB 755《旋转电机 定额和性能》要求，三相同步电机应能在不平衡系统中连续运行，该系统的各相电流均不超过额定电流，且电流的负序分量（I_2）与额定电流（I_N）之比不超过规定的数值：

1）隐极同步电机-转子间接冷却（空冷、氢冷）：$I_2/I_N=0.1$；

2）隐极同步电机-转子直接冷却（内冷）电机不同的视在功率S_N对应不同的值：

$S_N \leqslant 350\text{MVA}$：$I_2/I_N=0.08$；

$350\text{MVA} < S_N \leqslant 1250\text{MVA}$：$I_2/I_N=0.08-\dfrac{S_N-350}{3\times10^4}$；

$1250\text{MVA} < S_N \leqslant 1600\text{MVA}$：$I_2/I_N=0.05$。

二、发电机运行监控

（一）发电机运行监视

发电机正常运行时，按照发电机制造厂规定的技术条件，以及在这些技术条件允许变化范围内稳定运行，此时，发电机处于同步转速，三相电气量对称且在允许范围内，发电机各部分、部件以及冷却介质的温升、温度均在允许范围内。当发电机按照额定参数运行时，发电机转矩稳定、损耗小、效率高，能充分发挥设备的发电能力，能保证长期连续运行，从而获得最大的经济效益，发电机的寿命也可以达到预期的使用年限，因而是技术上和经济上最有利的。

发电机正常运行时，需要监视其主要参数的变化，虽然现代发电机控制系统均有自动调节控制的功能，但仍然不能放弃人工监视，当显示的参数出现异常波动时，需要监视人员及时分析判断其原因，作出相应的处理。发电机的运行监视参数很多，尤其是大型机组，除了发电机的各种电量外，还要监视包括冷却系统的非电量参数。表 4-2-1 为一台 1000MW 发电机的运行监视参数。

表 4-2-1　　发电机的运行监视参数

项　目	单位	正常	报警	跳闸	备　注
额定容量	MVA	1112			
额定功率	MW	1，000			
额定电流	A	23，778			
额定电压	kV	27		1.2U_N延时动作；1.45U_N立即动作	变化范围±5%
频率	Hz	50			变化范围±0.5Hz
额定功率因数（cosφ）		0.9（滞后）			发电机具有进相运行能力
额定励磁电压	V	437			空载励磁电压约为 144V
额定励磁电流	A	5，887			空载励磁电流约为 1，952A
发电机负序电流	%	6			短时负序电流满足 $I_2^2 \cdot t \leqslant 6s$
发电机氢油压差	kPa	80～130	80		油压大于氢压
发电机氢压	MPa	0.5	≤0.47，≥0.52		
机内冷氢温度	℃	≤46	48	53	
机内冷氢与定子内冷水温差	K	5	3		在所有运行工况下，定子内冷水温度比冷氢温度高 5K
机内氢气露点	℃	－25～－5			
氢气纯度	%	≥98	95		
发电机漏氢量	Nm^3/d	≤12			
补充氢气压力	MPa	1	≤0.6，≥1.4		
补充氢气流量	m^3/h	＜1	≥1		
氢冷却器进水温度	℃	≤39			
氢冷却器进水流量	m^3/h	725			
定子绕组冷却水进水温度	℃	45～50	≥53	58	定子冷却水温大于冷氢温度 5℃
定子绕组出水温度	℃	70	75		
定子线棒汽端总出水管温度	℃	70	≥85		
定子绕组槽内层间温度	℃	＜90			
定子铁芯端部温度	℃	最高点 105	120		
定子铁芯端部磁屏蔽温度	℃	最高点 105	120		
发电机轴瓦温度	℃	＜90	90	107	轴瓦钨金材料最高允许温度 130℃
发电机轴承座振动	mm/s		9.3	14.7	保护动作后跳汽轮机
密封油进油温度	℃	35～45	≤35，≥50		轴封处油温不应低于 38℃
密封油出油温度	℃	65			
定子冷却水流量	t/h	120	108	96	
氢压高于水压	MPa	≥0.035			

续表

项　目	单　位	正　常	报　警	跳　闸	备　　注
定子水电导率	μs/cm	≤2	2		
补充水电导率	μs/cm	<1	1		
励磁机冷风温度	℃	25～40	42		调节冷却器出口调节阀控制冷空气温度
励磁机热风温度	℃	55～70	75	80	
整流盘出风温度	℃	45～60	75		
励磁机轴承温度	℃	60～70	90	120	
发电机强行励磁持续时间	s	>10			

（二）发电机运行各参量的允许变化范围

发电机正常运行时，应尽量控制其参数在额定值附近运行，但受外部条件影响而偏离额定值一定范围，如发电机的有功功率，需执行调度带负荷指令或机组发电量计划安排而多带或少带；发电机的功率因数，因系统电压偏高或偏低而偏离额定值；发电机的定子电流，因环境气温（冷却介质温度）高于设计条件值，机组冷却效果不佳而受到限制等等，此时发电机将在其允许的运行参数范围内运行。这个允许范围通常由各厂的电气运行规程给出，且应源自发电机制造厂家随产品发出的使用说明书中的规定，当然这些规定首先要符合国家关于发电机产品的设计标准和制造标准，同时符合用户订货技术条件及安装地点的使用条件。

电压、频率的允许变化范围

GB/T 7064《隐极同步发电机技术要求》中对发电机运行期间电压和频率综合变化的限值如图 4-2-15 所示，图中阴影（区域 A）部分为发电机在额定功率因数下电压偏差±5%、频率偏差±2%时能够长期输出额定功率。随着运行点偏离电压和频率的额定值，温升或温度将逐渐增加，如发电机带额定负荷在阴影部分的边界上运行，温升或温度增加约 10K。若发电机带额定功率因数、电压±5%、频率$^{+3}_{-5}$% 在如图 4-2-1 所示虚线边界上运行，温升将进一步增加，因此避免发电机使用寿命因温度或温升影响而缩短，在阴影区域外运行应在数值、持续时间及发生频率等方面加以限制。

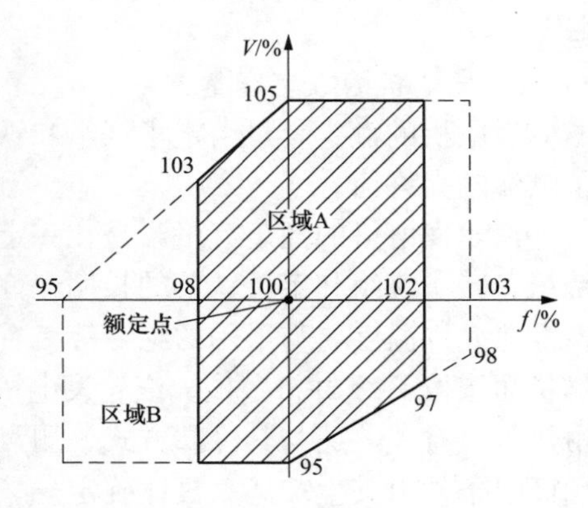

图 4-2-15　发电机运行电压和频率的限值

（1）电压偏离的影响。当发电机电压超过额定值的 5%时，将引起励磁电流和发电机的磁通密度显著增加，而近代大容量内冷发电机在正常运行时，其定子铁芯就已在比较高饱和程度下工作，所以，即使电压提高不多，也会使铁芯进入过饱和，并导致定子铁芯温度升高和转子及定子结构中附加损耗增加。当发电机电压低于额定值的 90%，因为电压过低后，不仅会影响并列运行的稳定性，还会使厂用电动机的运行情况恶化、转矩降低，从而使机炉的正常运行受到影响。

（2）频率偏离的影响。运行频率比额定值偏高较多时，由于发电机的转速升高，转子上承受的离心力增大，可能使转子的某些部件损坏，因此频率增高主要受转子机械强度的限制。同时，频率增高，转速增大时，通风摩擦损耗也要增多，发电机的效率下降。频率降低，转速下降，使发电机内风扇的送风量降低，其后果是使发电机的冷却条件变坏，各部分的温度升高。频率降低时，为维持额定电压不变，就得增加磁通，由于漏磁增加而产生局部过热。频率降低还可能使汽轮机叶片损坏，厂用电动机也可能由于频率下降，使厂用机械出力受到严重影响。

（三）发电机的安全运行极限条件

在稳态运行条件下，发电机的安全运行极限决定于下列四个条件。

1. 原动机输出功率极限

原动机（汽轮机）的额定功率一般都稍大于或等于发电机的额定功率而选定。汽轮机发电机组的有功出力与汽轮机的工况有关：

（1）铭牌工况（TRL）。在满足设计条件下，机组以铭牌额定功率输出，能安全、经济连续运行，此工况也是出力保证值的验收出力。

（2）最大保证出力工况（T-MCR）。汽轮机进汽量等于铭牌进汽量，在满足设计条件下安全连续运行。此工况下发电机输出的功率称为最大保证出力，此工况也称为最大保证工况。

（3）调节阀全开工况（VWO）。汽轮机所有调节阀全部开足，其他条件同上述二条，汽轮机的进汽量不小于105％的铭牌工况（T-MCR）进汽量，此工况称为VWO工况。

如果主蒸汽压力再提高到105％额定值，此工况称为VWO＋5％OP工况，此时汽轮机的输入功率达到了最大。发电机与汽轮机VWO＋5％OP工况出力相匹配，能够长期连续运行。

2. 发电机的额定容量

发电机的额定容量由定子绕组和铁芯发热决定的安全运行极限。在一定电压下决定了定子电流的允许值。

汽轮发电机的额定容量，是在一定冷却介质（空气、氢气和水）温度和氢压下，在定子绕组、转子绕组和定子铁芯的长期允许发热温度的范围内确定的。发电机的绕组和铁芯的长期发热允许温度，与采用的绝缘等级有关。大容量发电机一般都采用耐热等级为F级的绝缘材料而按按B级材料考核。汽轮发电机关键部件的允许运行温度，不但与其使用的绝缘材料耐热等级有关，还与其冷却方式、测点位置、测量方法等有关。故每台发电机的该项安全运行极限条件由其生产厂家具体确定。

3. 发电机的最大励磁电流

通常由转子的发热决定。

4. 进相运行时的稳定度

当发电机功率因数小于零（电流超前电压）而转入进相运行时，E_q和U之间的夹角增大，此时发电机的有功功率输出受到静稳定条件的限制。此外，对内冷发电机还可能受到端部发热限制。

上述条件，决定了发电机工作的允许范围。

三、发电机运行维护

发电机的运行维护指设备处于非大、小修状态下的检查清理、局部调整、简单维修，以使设备保持或恢复健康状况。发电机的运行维护包括运行期间的维护和停机期间的维护。

（一）运行期间的维护

发电机运行期间的维护的原则是通过有效的、预防性的维护工作，减少发电机意外的运行中断。

1. 运行中的巡视检查

运行中发电机定时巡视检查的内容主要有：检查发电机声音、各部振动情况；检查集电环、电刷状况；检查发电机本体冷却水系统有无渗漏水现象，各压力表、温度表计指示是否正常；检查发电机冷却系统各部分温度是否在允许范围内，有无泄漏、漏氢等异常现象；检查发电机电流、电压互感器有无异常声音、放电现象，有无进水或空气受潮情况；检查漏氢检测装置运行情况、有无报警现象；检查封闭母线有无放电及过热现象，测量外壳温度应不超过规程规定值。

2. 集电环、电刷的维护

（1）日常检查维护。

1）集电环上电刷有无出现火花，参照表 4-2-2 进行处理。

表 4-2-2　　集电环火花及其消除方法

出现火花可能的原因和性质	消除的方法
电刷研磨不良，其表面未能全部工作	应重磨电刷或发电机在轻负荷下作长时间运行，一直到磨好为止
电刷牌号不符合规定，或不同牌号的电刷用在同一集电环上	检查电刷牌号，更换成制造厂指定的或经过试验适用的电刷
电刷架的位置不对	重新调整刷架位置，并使其轴线与集电环的轴线平行
刷盒与集电环之间的间隙不符合规定	重新调整刷盒与集电环之间的间隙，使其符合制造厂的规定
电刷和引线、引线和接线端子间的连接松动，发生局部火花；电刷引线回路中的接触电阻大，造成负荷分配不均匀	检查电刷与刷辫的接触及引线回路中的各螺栓是否拧紧，接触是否良好。
弹簧发热变软、失去弹性；电刷压力不均匀	更换弹簧，正常弹簧压力为 2×5.88±7%N
电刷磨损后长度过短	更换电刷，一般刷块长度不小于 30mm
电刷在刷盒内摇摆或因积垢不能在刷盒中自由移动，火花随负荷而增加	检查电刷在刷盒内的情况，能否上下自由活动，更换摇摆的和滞涩的电刷。清理刷块及刷盒间碳粉，电刷在刷盒内的间隙应控制在 0.1～0.2mm
电刷振动，火花依振动大小而不同，其原因可能如下：集电环磨损不均或表面不平，跳动过大，机组振动过大等	查明振动原因并消除之；在停机时检查集电环的状态，必要时进行车削处理

2）电刷在刷盒内有无摇动或卡住情形，电刷在刷盒内应能上下活动，但不得有摇摆情形。

3）刷辫是否完好，接触是否良好，有无过热现象；如出现发黑、烧伤等现象，则应更换电刷。

4）电刷压力是否正常；每个电刷对集电环的压力都应基本相等，电刷压力应是 2×5.88±7%N。

5）电刷的磨耗程度是否良好，刷块边缘是否存在剥落现象。如果电刷磨损厉害或刷块有剥离现象，就必须更换电刷。

6）有无电刷颤振的情形；集电环磨损不均，电刷松弛，机组振动等原因将会引起的电刷颤振。如电刷发生颤振，必须将其从刷盒中拨出来检查是否有损坏情形。查明颤振原因并消除之。

一般情况下，在同一时间内，每个刷架上最多只许换 1/5 的电刷，且新旧牌号必须一致。不同牌号的电刷不能用到同一个集电环上。按被更换的旧电刷的形状修刮新电刷，并在与集电环直径相等的模型上研磨良好，电刷与集电环的接触面积应超过总面积的 70%。运行中更换电刷及弹簧时，操作者应很好地对地绝缘并确信身体的每个部分都保护得很好以免受电击；避免同时触摸两个极性的带电部件。

（2）半年期或停机期间的检查维护。停机之后，清理刷块及刷盒内壁，集电环表面以及电刷架上的碳粉及脏物；检查集电环的表面的粗糙度及圆周跳动，如有异常应及时处理；定期更换集电环的极性（因为正、负极的磨损状态是不同的）。

3. 冷却器的维护

定期清洗氢气冷却器，如果冷却水管结垢将会降低冷却器的效率。原则上，如果用正常温度及正常流量的冷却水已不能获得合适的冷却气体温度，冷却器就应该清洗。在停机期间，拆下冷却器，用特殊的尼龙刷子清洗冷却器水管。

4. 发生短路故障后的检查

在发电机承受了一次严重故障后，如三相短路、两相短路线或单相对地短路，或严重的非同期合闸，应安排对发电机定子绕组及转子进行仔细检查。重点检查的内容：

（1）定子机座在基础上的位移；

（2）端部绕组的紧固状态，检查端部绑扎带、支架、环形引线、过渡引线等，并确认无松动现象；

（3）检查线棒表面及高电压出线套管是否有裂纹；

（4）检查挡油盖及轴瓦是否有损坏；

（5）对于不对称短路，还应该检查转子表面，特别是护环搭接面是否有负序烧伤；

（6）检查联轴器销有无变形。

（二）停机期间的维护

1. 长期停机

在长时间停机期间，氢气已排出机外，密封油系统及其他辅助系统都已停止工作，应进行如下内容的维护：

（1）排净机内氢气。用压缩空气吹扫机座顶部的各个“死区”，排掉可能汇集在气密罩中的氢气。

（2）排干定子绕组水路中的存水。打开汽、励两端汇流管下方的排污口，让汇流管中的存水流出。用压缩空气把定子绕组水路中的水吹出，然后用抽真空方法，抽出用压缩空气难以吹出的、仍然积在定子绕组水路中的存水。

（3）定子绕组水路的维护。为了避免空心铜线内壁氧化，定子绕组水路应定期用氮气经进、出水口慢慢地冲刷。之后，封上进、出水法兰。

（4）氢气冷却器维护。清洗氢气冷却器；清洗完毕后排干存水并用压缩空气吹干水管以防腐蚀。

（5）防止机内结露。拆下人孔盖，安装空气加热器或空气干燥器，使机内空气得到持续的干燥。

（6）转子的维护。在长期停机期间，如果转子长时间置于机内，转子应每隔三天旋转90°，以避免转子产生弯曲永久变形。

2. 短期停机

在短时停机期间，发电机内仍充满了氢气，油密封系统处于正常运行，定子绕组冷却水系统正常运行。一般的维护措施就是避免机内结露、确保足够的密封油油量。保持定子绕组冷却水的低电导率，以便能够尽快地重新启机。为此，应定时监测并记录下列参数：密封油的温度、压力；氢气纯度、湿度及压力；在封闭母线中可能汇集的漏氢；定子冷却水的温度及水电导率。

四、发电机启停

汽轮发电机的启停涉及比较多的电气设备，如一次系统设备、励磁系统设备、冷却系统设备和厂用电设备等。在新机组投入、机组大修后的启动还要与机、炉专业配合进行各种动态试验。所以，发电机组的启停在火电厂内是一个系统操控过程，须按部就班有序进行。

（一）发电机的启动

发电机的启动一般分三个阶段：准备阶段，冲转并网阶段和带负荷阶段。过程由电气人员与机、炉专业人员配合进行（各厂分工界面可能有所分别）。

1. 发电机启动准备

本阶段的主要工作是对所有与启动相关的设备进行检查并确认其可投入状况：

（1）检查辅助系统：氢气系统，定子冷却水系统，氢气冷却器水系统，集电环通风管道，各设备应外观完好，试运转及联锁动作正常；

（2）检查发电机本体及一次系统，检查发电机转子回路及通风管道，检查主变压器、高压厂用变压器，进行开关传动试验，所有检查试验完毕后，置设备于运行备用状态；

（3）冷却介质氢气、定子冷却水、氢气冷却水取样检验各项指标合格；

（4）检查发电机定子绕组、转子绕组及励端轴瓦的绝缘电阻；

（5）检查滑环、电刷应清洁完整，电刷应能在刷盒内上下自由移动，电刷压力正常：

（6）检查检温计（埋入式检温计及就地直读式温度表）的读数是否正常合理，这些读数应接近环境温度或机内温度。

2. 发电机启动升速并网

（1）投入密封油系统，置换机内气体。由于少量氢气可能通过油密封混入轴承润滑油中，所以轴承润滑油系统中的抽氢气装置必须处于连续运行状态。

（2）供轴承润滑油。

（3）定子冷却水投入运行。检查并确认进水温度应接近于额定进水温度（至少应高于机内氢气温度5℃）。全开供水阀门，同时打开回水管的排气口排气（水压不能高于氢压）。当从排气口看不到水泡时，关闭排气口。

（4）冷却器投入运行。首先全开冷却器的进水阀门，调节出水阀门以便让冷却器充满水并只让小流量水通过冷却器。打开排气口，完全排出冷却器内空气，然后关闭排气口。用出水阀门调节水流量，把水流量设置在5%～10%额定流量。如果氢气冷却器通以过量的水，冷氢温度将明显下降并导致机内氢压下降以及氢温过低。当冷却器增加水流量时应密切注意机内氢温变化。

（5）顶轴油系统投入运行。

（6）启动盘车装置。检查并确认在静止部件与运动部件间，特别是在密封环、挡油盖周围无摩擦及碰撞现象。

（7）发电机冲转升速。确认在轴承、集电环及电刷等处无异常噪音。检查轴承及密封环的润滑情况。

（8）顶轴油系统退出运行。当发电机转速达到设定值时，按汽轮机规定停止顶轴油系统运行。

（9）升速到额定转速，监测振动。在发电机升速过程中，密切监视轴承及轴振动。发电机转速必须迅速、平滑地通过发电机一阶临界转速区，其振动幅值不应超过规定值。

（10）监测油温、瓦温等参数。监测轴瓦、轴承回油及密封回油的温度，检查定子冷却水的温度、水压及流量，密封油压、氢压等，均应正常。

（11）检查电刷工作状况。检查电刷及集电环的工作情况，看是否有跳动、卡涩、接触不良以及过热现象。如有，则应设法消除它们。

（12）发电机加励磁。合上励磁开关，提升发电机电压至额定值。发电机加励磁后，检查电刷运行情况，如出现火花，查明原因并消除之。

（13）提高氢气冷却器的水流量。当机内冷氢温度达到设定值时，逐步增加冷却器水量。

（14）发电机并网。用自动同步器把发电机并入电网。

3. 发电机加负荷

逐步给发电机加负荷，同时调节功率因数。运行工作点必须位于发电机容量曲线范围内。发电机在容量曲线范围内的任何负荷下运行都是允许的，其负荷变化速度原则上遵循汽机负荷曲线执行。

发电机已处于正常运行状态后，监测发电机各部分的温度、振动。监视电刷、励磁装置的工作状态。

（二）发电机停机

发电机正常停机按如下步骤进行：

（1）发电机减负荷。逐步减少发电机有功功率，同时减少无功功率。

（2）发电机从系统解列。断开发电机组主开关，使发电机与电网解列。

（3）发电机灭磁。降低励磁电压，逆变灭磁，然后断开磁场开关。

（4）降低转速，投入顶轴油。当转速降至设定值时，按汽轮机规定将顶轴油系统投入运行。

（5）减少氢气冷却器的水流量。减小氢气冷却器的水流量并设置在5%～10%额定流量。冷却器应在设置的水流量下运行15h后，停止供水。

（6）启动盘车装置。发电机组应盘车足够长时间，以使发电机转子温度接近环境温度从而避免导致轴弯曲。

（7）停止定子绕组的供水。

（8）发电机停定。根据汽轮机各部温度参数达到停止盘车要求，停止盘车。

五、发电机运行故障（异常）处理

发电机运行中可能因为设计、制造、运输、安装、运行、检修过程中遗留的隐患暴露，或外部因素冲击、干扰而发生故障或异常时，往往情况复杂、发展迅速，要求运行人员正确判断、果断处理，这有赖于现场人员对设备系统结构、特性及状态的掌握。为有助于上岗人员提升故障（异常）处理能力，通常在现场规程列出常见故障（异常）现象、特征及处理方法和步骤，作为指导操作的重要依据。

（一）紧急停机故障处理

当运行中的发电机出现以下状况时，应作紧急停机处理：

（1）发电机内有明显的异声（如撞击、摩擦声）。可能内部有部件脱落，不紧急停机有可能扩大故障范围和加深损坏程度。现场曾见定子铁芯端部压件脱落，被转子带着在膛内旋转扫伤定子绕组端部绝缘事故。

（2）发电机内着火。可能因为发电机两端轴承动密封部分失效，润滑油渗透至定子内部，油污在遇上局部过热或放电引燃所致；在紧急停机的同时，迅速向机内充 CO_2/1211 或干式灭火剂进行灭火，同时排出氢气。对水内冷机组，在灭火过程中不得停用冷却水，因为发电机转动过程中仍需进行冷却。

（3）发电机内严重漏水。可能因为发电机内水冷系统个别接头密封失效，或引水管爆裂，严重威胁发电机的绝缘安全。

（4）发电机、主变压器及其一次系统和励磁系统故障而保护拒动，包括设备内部故障和外电路短路超时、继电保护应动作而未动的，需人工操作补救。

（5）其他直接威胁人身安全或机组设备损坏的紧急情况。

电气运行的紧急停机操作，是手动断开发电机主开关和灭磁开关，然后检查厂用电源是否联动切换成功，如不成功，则在确认工作电源已失压、备用电源电压正常情况下，手动操作合闸备用电源。紧急操作完后，主要工作是检查故障设备和保护装置状态及发出的信号，综合分析判断设备恢复运行的可能性。

紧急停机固然会带来一定的设备风险和经济损失，但与保人身安全和防止重要设备直接损坏原则相比，更应该选择后者。设备风险主要来自热机系统，甩负荷令汽轮机超速，锅炉蒸汽系统压力骤升安全门动作，随之执行一系列停机程序，当所有（或主要部分）保护和联锁动作都正常时，机组将安全、平稳地停下来。也有可能某些设备因状态变化太大，或控制、保护回路异常而引发其他故障。

（二）机组突然跳闸处理

火电厂中引致运行机组跳闸的回路不少，有可能是电气的继电保护动作，也有可能来自机炉的热工保护动作信号。发生机组跳闸后，运行人员在按紧急停机后的要求进行操作处理后，应检查动作信号来自何方，有时因为联动的缘故，多个保护动作信号同时显示出来，需要调出计算机监控记录或故障录波器数据进行分析，确定动作的源头（不排除人为误动、干扰因素）。结合现场设备检查情况，判断故障设备所在。现场设备检查内容，主要是外观检查有无故障痕迹，再进行设备绝缘测量和操动试验，如果所有检查结果无异常的，则人为误动、干扰的可能性比较大，应尽快恢复设备运行状态，机组重新启动。如属于非电气原因的机组跳闸，电气运行人员在保证厂用电供电的同时，应检查动作过的设备并将其置备用状态。

（三）其他故障或异常处理

这里所指的其他故障或异常，就是指机组处于非正常的运行状态，在运行中某些机组参数失调，但未造成恶果的运行状态。

机组异常运行时，应有报警信号，有关表计也会有所指示。运行人员可根据这些指示和信号，分析并消除故障，使机组恢复正常运行。如果故障不能消除，而且有危及机组安全的发展趋势，则应停机处理。常见的异常运行及处理有以下几种。

1. 发电机过负荷处理

发电机正常运行时是不允许过负荷的，但在系统发生事故的情况下，如系统中个别机组跳闸，为维持系统静态稳定，允许发电机在短时间内过负荷运行。因在额定工况下，其运行温度以其所用绝缘材料的最高允许温度为基础，有10～15℃的裕度，故短时过负荷不影响发电机的绝缘寿命。但短时过负荷值及允许时间应遵守厂家的规定，表4-2-3为某发电机制造厂家的规定。

表 4-2-3　　**300MW 机组事故过负荷、转子过电压倍数及允许时间**

过负荷倍数 I/I_N	1.16	1.30	1.54	2.26	转子过电压倍数 U/U_N	1.12	1.25	1.46	2.08
定子电流（A）	11，820	13，250	15，960	23，030	转子电压（A）	409	456	533	759
定子允许过负荷时间（s）	120	60	30	10	转子子允许过电压时间（s）	120	60	30	10

如发电机制造厂家没有给出过负荷具体规定，可以根据国标GB/T 7064《隐极同步发电机技术要求》关于定子过电流的要求结合实际情况，来制定现场规程：

额定容量在1200MVA及以下的电机，应能承受1.5倍的额定定子电流历时30s而无损伤。电机允许的过电流时间与过电流倍数为（I^2-1）$t=37.5$s（其中，I为定子过电流的标么值；t为持续时间，适用范围10s～60s）。

发电机过负荷运行时，“发电机过负荷”光字牌信号亮，并伴随警铃声；发电机定子电流指示超过额定值，发电机有功、无功指示超过额定值。发电机的过负荷应根据过负荷产生的原因，有针对性地加以处理。此时，应监视定子绕组内冷却水参数，并密切监视发电机各部位温度不超限。如果系统无故障而发生某台机组过负荷，若系统电压正常，应减少无功负荷，使定子电流降低到额定值以内，但功率因数不超过0.95，定子电压不低于0.95倍额定电压。若减少无功负荷不能满足要求时，则降低发电机有功负荷。若因励磁调节器运行通道故障引起定子过负荷时，应将调节器切至备用通道运行。

2. 发电机三相电流不平衡超限处理

发电机不对称运行时，定子三相电流指示互不相等，三相电流差较大，负序电流指示值也增大。当不平衡超限且超过规定运行时间时，负序信号装置发“发电机不对称过负荷”报警信号。三相电流不平衡超限，可能是下述原因造成的：发电机及其回路一相断开；某条输电线路非全相运行；系统单相负荷过大等。有时，定子电流表或表计回路故障也会使定子三相电流表指示不对称，需首先排除。若判明不是表计回路故障引起，应立即降低机组的负荷（可以降低无功负荷，也可以降低有功负荷，调节过程中应注意机组的功率因数不得超过允许值），使不平衡电流降至允许值以下，然后向系统调度汇报。等三相电流平衡以后，可根据调度命令再增加机组负荷。

若发电机并列操作后出现三相定子电流不平衡，应立即检查断路器的合闸位置指示，如果确实是断路器一相未合上，可重新发出一次合闸脉冲，如无效，则应立即降低发电机的有功负荷、无功负荷至零后将机组解列，待查明故障原因后方可将机组重新并列。如果是断路器两相未合上，则应尽快将合上的一相断路器切开。

发电机解列时，如发现尚有定子电流，应立即检查相关断路器的跳闸位置指示，如果是断路器两相未断开引起，可首先调节发电机励磁电流，使定子电压升至正常值，然后合上断路器断开的一相，使定子电流恢复平衡。此时，该断路器已不能进行正常解列操作，应在调整运行方式后，用其他断路器（如母联断路器）将机组解列。如果是断路器一相未断开，机组通过一相与系统联络，机组可能已处于失步状态，必须迅速进行处理。此时，不应采用再发出合闸脉冲合断路器其余两相的方法，应以其他断路器（如母联断路器）的方法将机组解列。若机组已由继电保护动作跳闸，则按停机处理，待查明原因并消除故障后重新将机组并网。为了能及早发现上述情况，执行发电机解列操作时，可在保留5Mvar左右无功负荷的情况下切开高压断路器，此时即使发生不对称运行，也能尽快发现并及时进行正确处理。

3. 发电机温度异常处理

引起发电机运行温度异常的因素如下：

（1）检测元件或回路故障引起，可对比相同部位及工况的温度显示，分析其可能性；

（2）由线路负荷三相电流不平衡引起；

（3）由三相电压不平衡引起；

（4）由冷却水系统故障引起；

（5）由机组过负荷引起。

为判明原因对症处理，可采用检查测量回路及设备、检查冷却系统及冷却介质温度、加强冷却措施、降（负荷）电流等方法，观察温度变化情况，综合分析判断确定无法运行中根本改善的，应汇报上级做进一步处理。

4. 发电机失磁运行处理

当发电机励磁系统由于励磁调节装置原因或其他故障失去励磁，使发电机由发出感性无功功率变为吸收系统感性无功功率，定子电流由滞后于机端电压变为超前于机端电压运行。此时的运行处理原则如下：

（1）迅速降低有功功率到允许值（参见前述的发电机失磁运行内容，如300MW及以下的发电机失磁后应在60s内将负荷降至60%，90s内降至40%）；

（2）退出自动电压调节装置和强行励磁装置；

（3）对励磁系统进行检查，如属工作励磁系统问题，迅速投入备用励磁系统恢复励磁；

（4）恢复励磁后，逐步加回有功功率；

（5）如在规定时间内不能恢复励磁的，按停机处理。

5. 发电机定子单相接地处理

发电机定子单相接地故障时，应由继电保护动作于报警和跳闸，但鉴于目前发电机定子单相接地保护原理还不是很完善，判据信号主要是来自发电机端口电压互感器反应的零序电压（基波），在排除电压互感器（TV）断线条件后，还有发电机一次系统设备单相接地的可能性没被排除，所以当发电机定子接地报警信号发出后，应检查发电机本体及一次回路，如接地点在发电机外部，应设法消除。如将厂用电倒为备用电源供电观察接地是否消失。如果接地无法消除，对于200MW及以上机组，应在30min内停机。如果查明接地点在发电机内部（在窥视孔能见到放电火花或电弧），应立即减负荷解列停机。如果现场检查不能发现明显故障，但定子接地报警又不消失，应视为发电机内部接地，30min内必须停机检查处理。

6. 发电机转子接地处理

发电机转子接地有转子一点接地和两点接地，另外还会发生转子层间和匝间短路故障。转子接地的原因可能有：工作人员在励磁回路上工作时，因不慎误碰或其他原因造成转子接地；转子滑环、槽及槽口、端部、引线等部位绝缘损坏；长期运行绝缘老化，因杂物或振动使转子部分匝间绝缘垫片位移，将转子通风孔局部堵塞，使转子绕组绝缘局部过热老化引起转子接地；鼠类等小动物窜入励磁回路接地；定子进出水支路绝缘引水管破裂漏水。

转子回路一点接地时，因一点接地不形成电流回路，故障点无电流通过，励磁系统仍保持正常状态，故不影响机组的正常运行。此时，运行人员应检查“转子一点接地”光字牌信号是否能够复归。若能复归，则为瞬时接地。若不能复归，通知检修人员检查转子一点接地保护是否正常。若正常，则可利用转子电压表通过切换开关测量正、负极对地电压，鉴定是否发生了接地。如发现某极对地电压降到零，另一极对地电压升至全电压（正、负极之间的电压），说明确实发生了一点接地。具体处理步骤：

（1）检查励磁回路是否有人工作，如是工作人员引起，应予以纠正。

（2）检查励磁回路各部位有无明显损伤或因脏污接地，若因脏污接地应进行吹扫。

（3）对有关回路进行详细外部检查，必要时轮流停用整流柜，以判明是否由于整流柜直流回路接地引起。

（4）检查区分接地是在励磁回路还是在测量保护回路。

（5）若转子接地为一点稳定金属性接地，且无法查明故障点，除加强监视机组运行外，在取得调度同意后，将转子两点接地保护作用于跳闸，并申请尽快停机处理。

（6）转子带一点接地运行时，若机组又发生欠励磁或失步，一般可认为转子接地已发展为两点接地，这时转子两点接地保护动作跳闸，否则应立即人为停机。对于双水内冷机组，在转子一点接地时又发生漏水，应立即停机。

转子两点接地或层间短路的现象及处理。当转子发生两点接地时，转子电流表指示剧增，转子和定子电压表指示降低，无功功率表指示明显降低，功率因数提高甚至进相，“转子一点接地”光字牌亮、警铃响、机组振动较大。严重时，可能发生发电机失步或失磁操护动作跳闸。

由于转子两点接地时，转子电流增加很多，造成励磁回路设备过热甚至损坏。如果其中一接地点发生在转子绕组内部，部分转子绕组也要出现过热。另外，转子两点接地使磁场的对称性遭到破坏，故机组产生强烈振动，特别是两点接地时除发生刺耳的尖叫声外，发电机两端轴承间隙还可能向外喷带火苗的黑烟。

发电机发生转子两点接地时，应立即紧急停机。如果“转子一点接地”光字牌未亮，由于转子层间短路引起机组振动超过允许值或转子电流明显增大时，应立即减小负荷，使振动和转子电流减少至允许范围。经处理无效时，根据具体情况申请停机。

7. 发电机的非同期并列处理

在不满足同期条件时，人为操作或借助自动装置操作将发电机并入系统，这种并列操作称非同期并列。非同期并列的危害性前已述及。发电机非同期并列时，发电机定子产生巨大的电流冲击，定子电流表剧烈摆动，定子电压表也随之摆动，发电机发生剧烈振动，发出轰鸣声，其节奏与表计摆动相同。发电机的非同期并列应根据事故现象正确判断处理，当同期条件相差不悬殊时，发电机组无强烈的振动和轰鸣声，且表计摆动能很快趋于缓和，则机组不必停机，机组会很快被系统拉入同步，进入稳定运行状态。若非同期并列对发电机产生很大的冲击和引起强烈的振动，表计摆动剧烈且不衰减时，应立即解列停机，待试验检查确认机组无损坏后，方可重新启动开机。

8. 发电机振荡处理

同步发电机正常运行时，定子磁场与转子磁场之间可看成有弹性的磁力线联系。当负载增加时，功角将增大，这相当于把磁力线拉长；当负载减小时，功角将减小，这相当于磁力线缩短。当负载突然变化时，由于转子有惯性，转子功角不能立即稳定在新的数值，而是在新的稳定值左右要经过若干次摆动，这种现象称为同步发电机的振荡。

振荡有两种类型：一种是振荡的幅度越来越小，功角的摆明逐渐衰减，最后稳定在某一新的功角下，仍以同步转速稳定运行，称为同步振荡；另一种是振荡的幅度越来越大，功角不断增大，直至脱出稳定范围，使发电机失步，发电机进入异步运行，称为非同步振荡。

发电机振荡和失步的原因可能有：发电机与电网联系的阻抗突然增加；电力系统的功率突然发生不平衡；大机组失磁；原动机调速系统失灵；发电机运行时电动势过低或功率因数过高；电源间非同期并列未能拉入同步。

发电机振荡或失步时的现象如下：

(1) 定子电流表指示超出正常值，且往复剧烈摆动；

(2) 定子电压表和其他母线电压表指针指那低于正常值，且往复摆动；

(3) 有功负荷与无功负荷大幅度剧烈摆动；

(4) 转子电压表、电流表的指针在正常值附近摆动；

(5) 频率表忽高忽低地摆动；

(6) 发电机发出有节奏的鸣声，并与表计指针摆动节奏合拍；

(7) 低电压过负荷保护可能动作报警；

(8) 在控制室可能听到有关继电器发出有节奏的动作和释放的响声，其节奏与表计摆动节奏合拍。

单机失步引起的振荡与系统性振荡的区别如下：

(1) 失步机组的表计摆动幅度比其他机组表计摆动幅度要大；

(2) 失步机组的有功功率表指针摆动方向正好与其他机组的相反，失步机组有功功率表扭动可能满刻度，其他机组在正常值附近摆动；

(3) 系统性振荡时，所有发电机表计的摆动是同步的。

当发生振荡或失步时，应迅速判断是否为本厂误操作所引起，并观察是否有某台发电机发生了失磁。如本厂情况正常，应了解系统是否发生故障，以判断发生振荡或失步的原因。发电机发生振荡或失步的处理如下：

(1) 如果不是某台发电机失磁引起，则应立即增加发电机的励磁电流，以提高发电机电动势，增加功率极限，提高发电机稳定性。这是由于励磁电流的增加，使定子、转子磁极间的拉力增加，削弱了转子的惯性，在发电机到达平衡点时拉入同步。这时，如果发电机励磁系统处在强励状态，1min 内不应干预。

（2）如果是由于单机高功率因数引起，则应降低有功功率，同时增加励磁电流。这样既可以降低转子惯性，也由于提高了功率极限而增加了机组稳定运行能力。

（3）当振荡是由于系统故障引起时，应立即增加各发电机的励磁电流，并根据本厂在系统中的地位进行处理。如本厂处于送端，为高频率系统，应降低机组的有功功率；反之，本厂处于受端且为低频率系统，则应增加有功功率。

（4）如果是单机失步引起的振荡，采取上述措施经一定时间仍未达到地人同步状态时，可根据现场规程规定，将机组与系统解列或按调度要求将同期的两部分系统解列。

以上处理，必须在系统调度统一指挥下进行。

第三节　变压器运行维护

一、变压器运行技术

（一）变压器的运行特性

变压器的运行特性主要有外特性和效率特性。变压器在负载运行时，一次、二次绕组的内阻抗压降随负载变化而变化。负载电流增大时，内阻抗压降增大，二次绕组的端电压变化就大。变压器在传递功率的过程中，不可避免地要消耗一部分有功功率，即要产生各种损耗。衡量变压器运行性能的好坏，就是看二次侧绕组端电压的变化程度和各种损耗的大小，可用电压变化率和效率两个指标来衡量。

1. 变压器的电压调整率

当变压器一次侧接额定电压、二次侧开路时，二次侧的端电压 U_{20} 就是二次侧的额定电压 U_{2N}，带上负载以后，二次侧电压 U_2 与空载时二次侧端电压 U_{2N} 相比，变化了 $U_{2N}-U_2$，它与额定电压 U_{2N} 的比值称为电压变化率，用 ΔU 表示为

$$\Delta U=\frac{U_{2N}-U_2}{U_{2N}}\times 100\%$$

电压变化率 ΔU 与变压器短路阻抗的标么值 z_{*k}、负载的大小和性质之间的关系如下式

$$\Delta U=\beta(r_{*k}\cos\varphi_2+x_{*k}\sin\varphi_2)$$

式中：β 为负载系数，$\beta=\frac{I_2}{I_{2N}}$；r_{*k} 为短路电阻标么值；φ_2 为负载阻抗角；x_{*k} 为短路电抗标么值。

当变压器带额定负载时，计算出来的 ΔU 称为变压器的额定电压调整率，它是变压器的一个重要的运行性能指标，标志着变压器输出电压的稳定程度。

从电压变化率看，变压器漏阻抗（又称短路阻抗或短路电压）$z_{*k}=r_{*k}+jx_{*k}$ 越小，则 ΔU 越小，供电越稳定，因此希望变压器漏阻抗取得小些；但是如果出现变压器次级回路短路故障时，漏阻抗越小则短路电流越大，对变压器及其次级回路承受短路电流的动、热效应有更高的要求。一般配电变压器选择较小的短路阻抗以获得较为稳定的输出电压（如 4%～6%）；安装点在电厂内等靠近大电源处时，有时为降低变压器及其次级回路的短路电流，变压器短路阻抗会选择较大值。

2. 变压器的外特性

当变压器电源电压 U_1 和负载功率因数 $\cos\varphi_2$ 等于常数时，二次侧端压 U_2 随负载电流 I_2

的变化规律，即$U_2=f(I_2)$曲线称为变压器的外特性曲线，如图4-3-1所示。图4-3-1中可见，变压器二次电压的大小不仅与负载电流的大小有关，还和负载的功率因数有关。当纯电阻负载和感性负载时，外特性是下降的；容性负载时，外特性可能上翘。

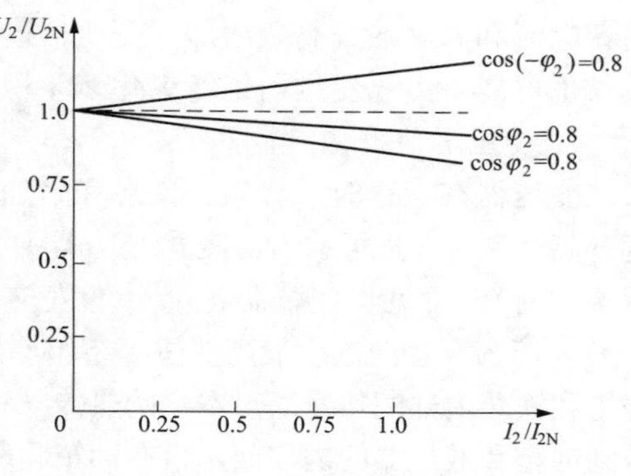

图4-3-1　变压器外特性

3. 变压器的效率特性

变压器的损耗主要是铁损耗和铜损耗两种，铁损耗包括基本铁损耗和附加铁损耗。基本铁损耗为磁滞损耗和涡流损耗。附加损耗包括由铁芯叠片间绝缘损伤引起的局部涡流损耗、主磁通在结构部件中引起的涡流损耗等。铁损耗与外加电压大小有关，而与负载大小基本无关，故也称为不变损耗；铜损耗分基本铜损耗和附加铜损耗。基本铜损耗是在电流在一次、二次绕组直流电阻上的损耗；附加损耗包括因集肤效应引起的损耗以及漏磁场在结构部件中引起的涡流损耗等。铜损耗大小与负载电流二次方成正比，故也称为可变损耗。

效率是指变压器的输出功率与输入功率的比值，其大小反映变压器运行的经济性能的好坏，是表征变压器运行性能的重要指标之一。变压器效率为

$$\eta=\frac{P_2}{P_1}\times100\%=\left(1-\frac{P_0+\beta^2P_{kN}}{\beta S_N\cos\varphi_2+P_0+\beta^2P_{kN}}\right)\times100\%$$

式中：P_1为变压器初级绕组输入的有功功率；P_2为变压器次级输出的有功功率；P_0为变压器空载时输入的有功功率；P_{kN}为变压器额定电流下的铜损耗有功功率；S_N为变压器的额定容量。

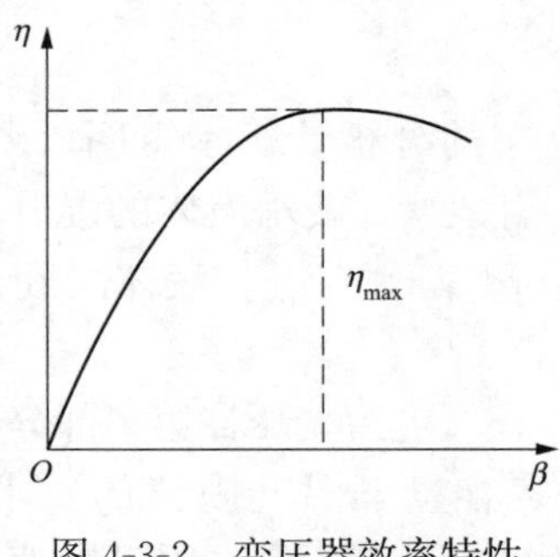

图4-3-2　变压器效率特性

从上式可以看出，对于给定的变压器，P_0和P_{kN}是一定的，运行的效率的高低与负载的大小和负载功率因数有关，当功率因数为一定时，效率与负载电流的大小有关，用$\eta=f(\beta)$表示，称为变压器的效率特性。如图4-3-2所示。那是一条具有最大值的曲线，最大值出现在铁损耗P_0与铜损耗β^2P_{kN}相等的时候。此时的效率为

$$\eta_{max}=\left(1-\frac{2P_0}{\beta_m S_N\cos\varphi_2+2P_0}\right)\times100\%$$

式中：β_m为变压器最高效率时的负载系数，$\beta_m=\sqrt{\frac{P_0}{P_{kN}}}$。

（二）油浸式变压器的负载能力

变压器的额定容量即铭牌容量，是在规定的环境温度下（国家标准环境温度最高40℃），保证变压器有正常使用寿命所能长时间连续输出的最大功率。变压器的负载能力与其绕组的绝缘老化密切相关，而绕组的绝缘老化与其运行温度有关。当变压器的负载超过额定容量运行时，将产生下列不良效应：绕组、线夹、引线、绝缘及油的温度将会升高，且有可能达到不可接受的程度；铁芯外的漏磁通密度将增加，从而使与此漏磁通耦合的金属部件由于涡流效应而发热；随着温度变化，固体绝缘和油中的水分和气体含量将发生变化；套管、分接开关、电缆终端接线装置等也将受到较高的热应力，从而使其结构和使用安全裕度受到影响。

随着电流和温度的升高，增加了变压器过早损坏的危险性。这种危险性可能是直接的短期性质，也可能是由于变压器绝缘老化多年积累造成的。

1. 变压器的发热与散热

变压器在运行时，绕组、铁芯和附加的电能损耗都将转变成热能，使变压器各部分的温度升高。图 4-3-3 所示为油浸式变压器中各部分沿高度的温度分布情况（变压器处在额定运行条件时）。可见，变压器各部分的发热很不均匀，绕组温度最高，最热点在高度方向的 70%～75%，径向温度最高处位于绕组厚度（自内径算起）的 1/3 处。变压器的散热过程为：绕组和铁芯内部的热量通过本身的热传导到导线和铁芯的表面，通过变压器油的对流，将热量带到油箱和散热器的内表面，再在油箱和散热器的外表面以对流和辐射的方式热交换到周围的空气。大容量变压器的电能损耗较大，单靠油箱和散热器内油的自然流动循环，不足以达到绕组和铁芯发热和散热的平衡，需要采用油泵来提高变压器油回路中油的流速，以提高油侧的传热能力，即强迫油循环油循环方式来进行冷却，有的还采用水冷来替代空气冷却方式。

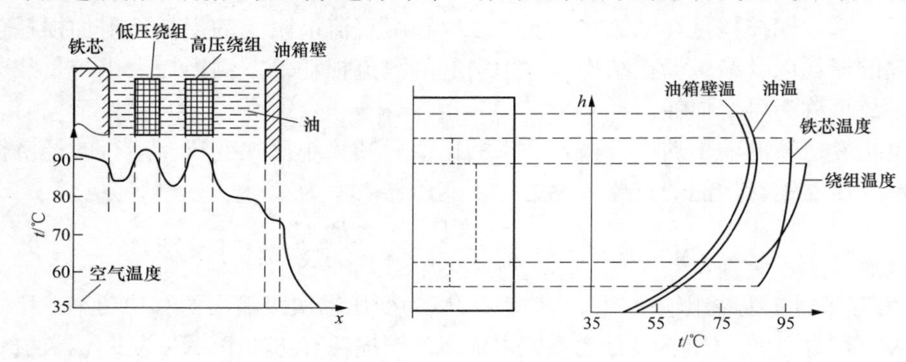

图 4-3-3　油浸式变压器沿高度的温度分布

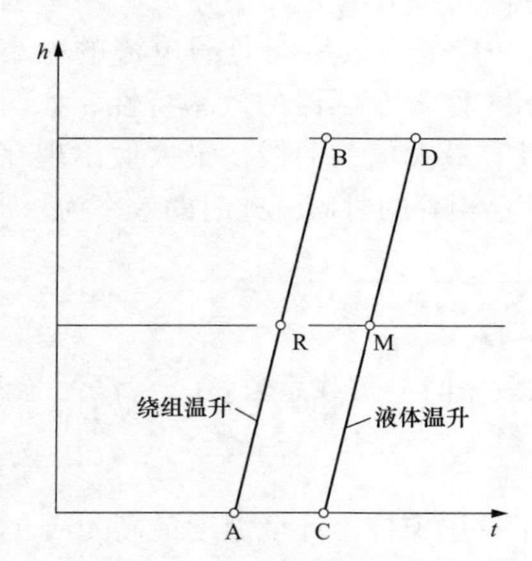

图 4-3-4　油浸式变压器沿高度的温升

图 4-3-4 所示为温升分布的分析计算示意图。图中，直线 AB 表示绕组的温升，直线 CD 表示液体的温升，两直线沿水平方向的距离 R—M 表示绕组与液体之间的平均温差。

国标 GB/T 1094.2—2013《电力变压器第 2 部分：液浸式变压器的温升》对额定容量下温升限值的要求是：顶层绝缘液体的温升限值为 60K；绕组平均温升限值 65K（ON 及 OF 冷却方式）；绕组热点温升限值 78K（热点是绕组绝缘系统中任何部位的最高温度，并假定它代表了变压器的热极限状态）。

各变压器产品一般满足或优于国标的温升限值要求。如某一型号为 DFP－240000/500 的电力变压器，其额定容量、环境温度为 40℃情况下的温升限值如表 4-3-1 所列。

表 4-3-1　　某变压器连续负载下的温升限值

部位	顶层油	绕组平均	油箱、铁芯和金属结构件热点
温升限值	52.6K	62.6K	77.6K

2. 变压器的绝缘老化

变压器的绝缘老化是指绝缘受到热或其他物理化学作用逐渐失去其机械强度和电气强度，绝缘的老化，主要是由于温度、湿度、氧化和油中分解的劣化物质的影响所致。但老化的速度主要由温度决定，绝缘的工作温度越高，化学反应（主要是氧化作用）进行得越快，绝缘的机械强度和电气强度丧失得越快，绝缘老化速度越快，变压器的使用寿命年限也越短。

一般认为当变压器绝缘的机械强度降低至其额定值的15%～20%时，变压器的寿命即算结束，所经历的时间称为变压器的预期寿命。变压器常用的A级绝缘，在80～140℃范围内，变压器的预期寿命和绕组热点温度之间的关系为

$$Z=Ae^{-p\theta}$$

式中，A为常数；p为温度系数；θ为绕组热点温度。

变压器绕组运行最热点温度若维持在设计值，变压器能获得正常预期寿命，其每天的寿命损失为正常日寿命损失。根据试验和统计资料可以得出，绕组温度每增加6℃，绝缘使用寿命缩短一半，此即绝缘老化的六度规则（热老化定律）。同理，热点温度比额定值低6℃，其额定寿命损失就会减半，变压器绝缘的实际寿命时间就会成倍增加。

3. 变压器的过负载能力

变压器的负载能力是指较短时间内所能输出的功率，在一定条件下，它可能大于变压器的额定容量。

（1）变压器的正常过负载能力。依据变压器的寿命损失可以补偿原理（过负载使绝缘寿命损失增加，低负载使绝缘寿命损失减少，可以相互补偿），不增加变压器正常寿命损失的过负载称为正常过负载。变压器的正常过负载能力，是根据日负荷曲线、冷却介质温度及过负载前变压器所带负载情况来确定，实际运行中可以采用过负载曲线来计算变压器的正常过负载能力。利用正常过负荷曲线确定过负荷倍数的方法如下：

1）将实际连续变化的日负载曲线简化为两段负载曲线；

2）把变化的负载I，按其在变压器中引起的损耗与不变负载引起的损耗等值的原则，计算等值负载I'_1或I'_2。等值起始负载I'_1（即欠负载系数K_1）由负载曲线上小于额定值的部分组成，等值过负载I'_2（即K_2）则由负载曲线上大于额定值部分组成，其计算公式为

$$I'=\sqrt{\frac{\alpha_1^2t_1+a_2^2t_2+\cdots+a_n^2t_n}{t_1+t_2+\cdots+t_n}}$$

式中，I'为等值负载；a_1、a_2、…、a_n为各段负载平均值（标么值）；t_1、t_2、…、t_n为对应各段负载的时间间隔，h。计算I'_1的时间间隔一般取1h，计算I'_2的时间间隔则取≤0.5h。

3）根据上式计算出的欠负载系数K_1和过负载时间t，从图4-3-5所示的变压器过负载曲线图上查出过负载倍数K_2。其中日等值空气温度为20℃时的自然油循环和强迫油循环变压器的过负载曲线如图4-3-5（a）和（b）所示。图中K_1和K_2分别表示两段式负载曲线中的欠负载系数和过负载倍数（都是实际负荷对额定容量的比值），t为过负载的容许持续时间。自然油循环变压器的过负载倍数不能超过1.3，强迫油循环变压器的过负载倍数不能超过1.2，也即图4-3-5中虚线部分。

（2）变压器的事故过负载。由于系统中发生了一个或多个事故，严重干扰了系统的正常负载分配，从而产生的暂态（少于30min）严重过载，称为短期急救负载或事故过负载。短期急救负载会使导体热点温度上升，可能使绝缘强度呈暂时性的降低。短期故障的主要危险

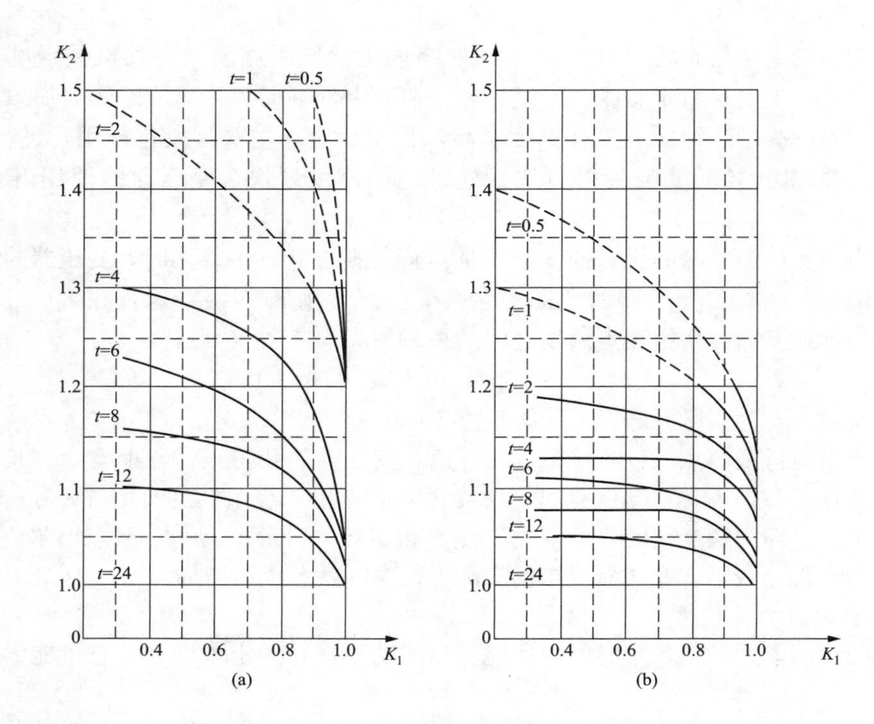

图 4-3-5 变压器过负载曲线图

是由于在高场强区域内（即在绕组和引线处）可能出现气泡，使其绝缘强度下降；在较高温度下，变压器的机械特性会出现暂时的变劣，这可能降低其短路强度；套管内部的压力升高可能会漏油，从而引起故障，如果绝缘的温度超过 140℃，电容式套管内部将产生气泡；储油柜中的油因膨胀可能会溢出。

国标 GB/T 1094.7《电力变压器　第 7 部分：油浸式电力变压器负载导则》对超铭牌额定值负载时的电流和温度限值做出了规定，其中包括对变压器事故过负载（短期急救负载）的限制要求。如表 4-3-2 所列。

表 4-3-2　　超铭牌额定值负载时的电流和温度限值

负载类型		配电变压器	中型变压器	大型变压器
正常周期性负载	电流（p.u.）	1.5	1.5	1.3
	绕组热点温度和与纤维绝缘材料接触的金属部件的温度（℃）	120	120	120
	顶层油温（℃）	105	105	105
	其他金属部件的热点温度（与油、芳族聚酰胺纸、玻璃纤维材料接触）（℃）	140	140	140
长期急救周期性负载	电流（p.u.）	1.8	1.5	1.3
	绕组热点温度和与纤维绝缘材料接触的金属部件的温度（℃）	140	140	140
	其他金属部件的热点温度（与油、芳族聚酰胺纸、玻璃纤维材料接触）（℃）	160	160	160
	顶层油温（℃）	115	115	115

续表

负载类型		配电变压器	中型变压器	大型变压器
短期急救负载	电流（p.u.）	2.0	1.8	1.5
	绕组热点温度和与纤维绝缘材料接触的金属部件的温度（℃）	见 7.2.1	160	160
	其他金属部件的热点温度（与油、芳族聚酰胺纸、玻璃纤维材料接触）（℃）	见 7.2.1	180	180
	顶层油温（℃）	见 7.2.1	115	115

注　温度和电流限值不同时适用，电流可以比表中的限值低一些，以满足温度限制的要求；温度可以比表中的限值低一些，以满足电流限制的要求。

表 4-3-5 中的“见 7.2.1”的相关内容为：“表中未规定配电变压器短期急救负载的顶层油温度和热点温度限值，这是因为要在配电变压器控制急救负载的持续时间通常是不现实的。应当注意到，当热点温度超过 140℃时，可能产生气泡，从而使变压器的绝缘强度下降”。

4. 变压器部分冷却器停用的负载能力

变压器的负载能力与其所配的冷却系统工况有关，当冷却系统设备因故不能全部正常投入运行时，变压器所带负载的大小及持续时间将受到限制，限制值一般由变压器制造厂给出。表 4-3-3 所示为某型变压器冷却器运行组数与变压器运行负载率关系。变压器满载运行时，当全部冷却器退出运行后，允许继续运行时间至少 30min；当油面温度不超过 75℃时，允许上升到 75℃，但切除冷却器后的变压器允许继续运行 1h。

表 4-3-3　变压器冷却器运行组数与运行负载率关系

运行冷却器数	满负载运行时间（min）				持续运行的负载率			
	10℃	20℃	30℃	40℃	10℃	20℃	30℃	40℃
一组	250	200	160	100	55%	50%	45%	40%
二组	480	400	300	200	90%	85%	80%	75%
三组	连续	连续	连续	连续	100%	100%	100%	100%

（三）干式变压器的负载能力

干式变压器与油浸式变压器类似，变压器的负载能力也是与其运行温升、绝缘老化、环境温度等因素有关。图 4-3-6 为某型干式变压器的输出功率与环境温度的关系曲线。当环境温度低于限定值时，变压器的输出功率可略高于额定值。反之，当降低使用容量时，变压器可在较高环境温度下运行。

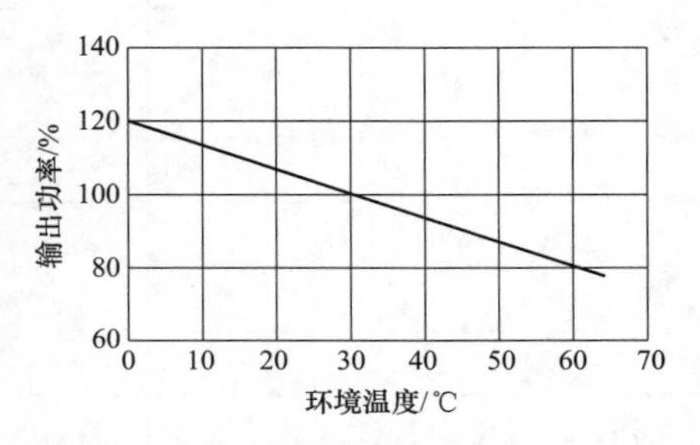

图 4-3-6　干式变压器的输出功率与环境温度的关系曲线

1. 干式变压器的发热与散热

干式变压器的发热与散热过程是：运行中绕组导线的发热量通过热传导到（环氧树脂）绕组外表面，再以辐射和对流的方式，将热量散发到绕组外表面周围的冷却介质空气中，通过受热空气的自然流动或机械通风进行散热。变压器正常运行的温升限值（见国标 GB/T 1094.11）如表

4-3-4 所列。表中“绝缘系统温度”一栏的含义：绝缘系统是由一种或几种电气绝缘材料与电工产品中所用的导电部件一起组成的绝缘结构；温度代号 105（A）/120(E)/130(B)/155(F)/180(H)表示其耐热等级（字母表示）。

表 4-3-4　干式变压器绕组温升限值

绝缘系统温度（℃）	额定电流下的绕组平均温升限值（K）	绝缘系统温度（℃）	额定电流下的绕组平均温升限值（K）
105（A）	60	180（H）	125
120（E）	75	200	135
130（B）	80	220	150
155（F）	100		

变压器按额定参数正常运行时，其寿命大于 20 年。

2. 干式变压器的绝缘老化

当主要由变压器损耗产生的热量传递到绝缘系统时，化学过程便开始了。这个过程改变组成绝缘系统的材料的分子结构。传递给系统的热量越多，老化率越大。这个过程是积累的且不可逆的，这意味着当传热停止，温度下降时，材料也不会恢复到最初的分子结构。

在恒定的热点温度 T 下，变压器的预期寿命为

$$L = a \times e^{\frac{b}{T}}$$

式中：a、b 为不同绝缘系统温度下的常数；T 为绝缘系统温度。

上式是基于温度增加 6K，老化率加倍；绝缘材料性能失效是变压器寿命终结的原因等条件计算得出的。

3. 干式变压器的过负载能力

当负载超过铭牌额定值时，变压器的过负载能力大约是 1.5 倍额定电流，但需满足绕组热点温度不超过国标 GB/T 1094.12—2013《电力变压器　第 12 部分：干式电力变压器负载导则》中所列限值，见表 4-3-5。

表 4-3-5　超铭牌额定值的电流和温度限值

绝缘系统温度（℃）	最大电流（p.u.）	最高热点温度（℃）
105（A）	1.5	130
120（E）	1.5	145
130（B）	1.5	155
155（F）	1.5	180
180（H）	1.5	205
200	1.5	225
220	1.5	245

注　1. 温度和电流的限值不是同时有效，可以将电流限制为比表中的值小，以满足温度限值要求。相反，可以将温度限制为比表中的值小，以满足电流限值要求。

2. 计算表明，在表中的最高热点温度下，一台新变压器的寿命只有几千小时。

（四）变压器的过励磁能力

过励磁对变压器的影响主要表现在发热温升方面，过励磁使变压器主磁通的磁密加大，

将数倍地增加主磁通铁损；过励磁使变压器漏磁通穿过绕组导体引起的涡流损耗和铁芯表面引起的涡流损耗大幅增加。国标GB/T 1094.1—2013《电力变压器 第1部分：总则》对过励磁能力的要求是："在设备最高电压（U_m）规定值内，当电压与频率之比超过额定电压与额定频率之比，但不超过5%的'过励磁'时，变压器应能在额定容量下连续运行而不损坏"；"空载时，变压器应能在电压与频率之比为110%的额定电压与额定频率之比连续运行"。表4-3-6所列为某型油浸式电力变压器的过励磁能力参数。

表 4-3-6　变压器过励磁能力

工频电压升高倍数	相-相	1.05	1.10	1.25	1.30	1.40	1.50	1.58
	相-地	1.05	1.10	1.25	1.30	1.40	1.90	2.00
持续时间（满载）		连续	30min	60s	20s	2s	1s	0.1s
持续时间（空载）		连续	连续	120s	20s	5s	1s	0.1s

（五）变压器的并列运行

变压器的并列运行是指把两台或以上的变压器一次、二次绕组相同标号的出线端连在一起，分别接到公共的母线上去。并列运行的变压器的理想运行情况是：空载时每一台变压器次级电流都为零，与单独空载运行时一样，各变压器间无环流；负载运行时各台变压器分担的负载电流与它们的容量成正比。为达理想情况，变压器并列运行的基本条件为：一次、二次侧额定电压相同；绕组连接组别相同；短路阻抗标么值相等。其中第二个条件必须满足，其他两个条件允许稍有出入。电厂内一般不会将两台变压器长时间并列运行，但由厂用电源切换而将两台变压器短时并列运行则为常有的操作。

1. 短路阻抗不相等时的并列运行

设两台并列运行的变压器（分别为α和β）一次、二次侧额定电压和绕组连接组别均相同，只是短路阻抗不相等的运行情况，并列运行的等值电路如图4-3-7所示。图中，$\dot{U}_1$和$\dot{U}_2$为一次、二次侧并列运行时的相电压。等值电路中，a、b两点间的电压为

$$\dot{U}_{ab}=\dot{I}_\alpha z_{k\alpha}=\dot{I}_\beta z_{k\beta}$$

因此对并列运行的各变压器有

$$\dot{I}_a : \dot{I}_\beta=\frac{1}{z_{k\alpha}} : \frac{1}{z_{k\beta}}$$

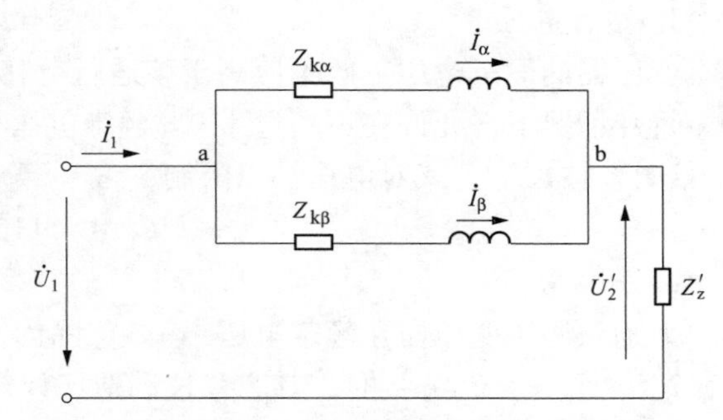

图4-3-7　变压器并列运行的等值电路

上式表明各台变压器负载电流与它们的短路阻抗成反比。即短路阻抗小的变压器承担的负载大，短路阻抗大的变压器承担的负载小。由于一般容量大的变压器短路阻抗较大，容量小的变压器短路阻抗较小，故容量小的变压器有可能过负载。一般规定短路阻抗之差不超过10%。短路阻抗不同的变压器，可适当提高短路阻抗大的变压器二次电压，使并列运行变压器的容量均能充分利用。

2. 变比不相等时的并列运行

图4-3-8所示为两台电压变比不相等的变压器并列运行的等值电路图，变压器二次侧经

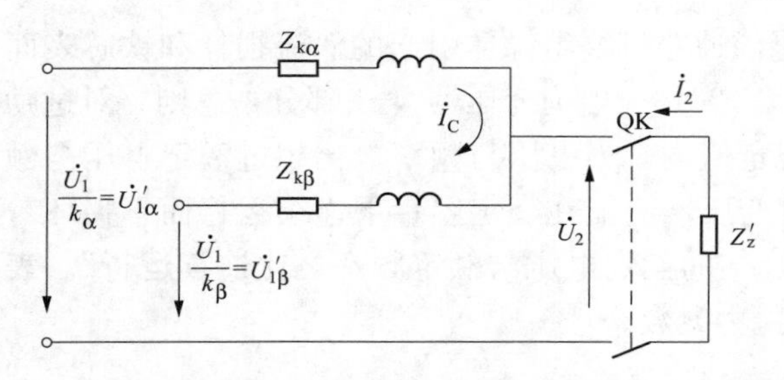

图 4-3-8　变压器变比不等并列运行的等值电路

刀开关 QK 接负载。当变压器二次侧未并列前，由于两台变压器变比不等，即 $k_\alpha \neq k_\beta$。则它们的二次侧空载电压不相等，即 $U_{20\alpha} \neq U_{20\beta}$，两电压差为

$$\Delta \dot{U}_2 = \dot{U}_{20\alpha} - \dot{U}_{20\beta} = \frac{-\dot{U}_1}{k_\alpha} - \frac{-\dot{U}_1}{k_\beta}$$

当变压器二次侧并列时，两台变压器二次侧闭合回路中就产生循环电流简称为环流。根据磁势平衡关系，一次侧闭合回路中也相应产生环流。由于变压器的短路阻抗很小，当两台变压器变比相差不多，ΔU_2 数值不大时，环流却已经比较大了，环流的大小为

$$\dot{I}_C = \frac{\dot{U}'_{1\alpha} - \dot{U}'_{1\beta}}{Z_{k\alpha} + Z_{k\beta}}$$

可见变压器带负载运行时，各变压器的电流除了负载时分配的电流之外，还各自增加了一个环流，既占用了变压器的容量又增加了它们的损耗。

3. 连接组别问题

如果并列运行的变压器连接组别不一样，会产生几倍于额定电流的环流，短时运行就会严重影响变压器的使用寿命，甚至可能使变压器的绕组烧坏。因此，绕组连接组别不同的变压器不能并列运行。

二、变压器运行条件

（一）一般运行条件

1. 运行电压

变压器的运行电压一般不应高于该运行分接电压的 105%，且不得超过系统最高运行电压。特殊情况下，允许在不超过 110%额定电压下运行。当负载电流为额定电流的 K（$K \leqslant 1$）倍时，按以下公式对电压加以限制

$$U(\%) = 110 - 5K^2$$

2. 分接容量

无励磁调压变压器在额定电压±5%范围内改换分接位置运行时，其额定容量不变，如为−7.5%和−10%分接时，其容量按制造厂规定，如无制造厂规定，则容量相应降低 2.5% 和 5%。有载调压变压器各分接位置的容量，按制造厂的规定。

3. 设备运行温度

油浸式变压器顶层油温一般不超过表 4-3-7 的规定。当冷却介质温度较低时，顶层油温也相应降低。自然循环冷却变压器的顶层油温一般不宜超过 95℃。

表 4-3-7　油浸式变压器顶层油温在额定电压下的一般限值

冷却方式	冷却介质最高温度（℃）	最高顶层温度（℃）
自然循环自冷、风冷	40	95
强迫油循环风冷	40	85
强迫油循环水冷	30	70

（二）变压器的运行方式

变压器的正常运行方式，一般为不超过其额定参数条件下运行，当因现场情况需要时，也可利用变压器的负载能力在一定范围内过载运行。

1. 正常周期性过负载运行

变压器允许在平均相对老化率小于或等于1的情况下，周期性地超额定电流运行。如变压器存在严重的缺陷（如冷却系统不正常、严重漏油、有局部过热现象、油中溶解气体分析结果异常等）或绝缘有弱点时，不宜超额定电流运行。超额定电流运行允许的负载系数和时间，应根据变压器的热特性数据和实际负载图计算结果执行。

2. 长期急救性过负载运行

长期急救性过负载运行平均相对老化率大于1甚至远大于1，将在不同程度上缩短变压器的寿命，超额定电流运行允许的负载系数和时间，应根据变压器的热特性数据和实际负载图计算结果执行。如变压器存在严重的缺陷或绝缘有弱点时，不宜超额定电流运行。

3. 短期急救负载的运行

短期急救负载下运行，相对老化率远大于1，绕组热点温度可能达到危险程度。一般不应超过0.5h，如变压器存在严重的缺陷或绝缘有弱点时，不宜超额定电流运行。

0.5h短期急救负载系数 K_2 可见电力行业标准 DL/T 572—2010《电力变压器运行规程》，如表4-3-8所列。

表4-3-8　　0.5h短期急救负载的系数 K_2 表

变压器类型	急救负载前的负载系数 K_1	环境温度/℃							
		40	30	20	10	0	−10	−20	−25
中型变压器（冷却方式ONAN或ONAF）	0.7	1.80	1.80	1.80	1.80	1.80	1.80	1.80	1.80
	0.8	1.76	1.80	1.80	1.80	1.80	1.80	1.80	1.80
	0.9	1.72	1.80	1.80	1.80	1.80	1.80	1.80	1.80
	1.0	1.64	1.75	1.80	1.80	1.80	1.80	1.80	1.80
	1.1	1.54	1.66	1.78	1.80	1.80	1.80	1.80	1.80
	1.2	1.42	1.56	1.70	1.80	1.80	1.80	1.80	1.80
中型变压器（冷却方式OFAF或OFWF）	0.7	1.50	1.62	1.70	1.78	1.80	1.80	1.80	1.80
	0.8	1.50	1.58	1.68	1.72	1.80	1.80	1.80	1.80
	0.9	1.48	1.55	1.62	1.70	1.80	1.80	1.80	1.80
	1.0	1.42	1.50	1.60	1.68	1.78	1.80	1.80	1.80
	1.1	1.38	1.48	1.58	1.66	1.72	1.80	1.80	1.80
	1.2	1.34	1.44	1.50	1.62	1.70	1.76	1.80	1.80
中型变压器（冷却方式ODAF或ODWF）	0.7	1.45	1.50	1.58	1.62	1.68	1.72	1.80	1.80
	0.8	1.42	1.48	1.55	1.60	1.66	1.70	1.78	1.80
	0.9	1.38	1.45	1.50	1.58	1.64	1.68	1.70	1.70
	1.0	1.34	1.42	1.48	1.54	1.60	1.65	1.70	1.70
	1.1	1.30	1.38	1.42	1.50	1.56	1.62	1.65	1.70
	1.2	1.26	1.32	1.38	1.45	1.50	1.58	1.60	1.70

续表

变压器类型	急救负载前的负载系数 K_1	环境温度/℃							
		40	30	20	10	0	−10	−20	−25
大型变压器（冷却方式 OFAF 或 OFWF）	0.7	1.50	1.50	1.50	1.50	1.50	1.50	1.50	1.50
	0.8	1.50	1.50	1.50	1.50	1.50	1.50	1.50	1.50
	0.9	1.48	1.50	1.50	1.50	1.50	1.50	1.50	1.50
	1.0	1.42	1.50	1.50	1.50	1.50	1.50	1.50	1.50
	1.1	1.38	1.48	1.50	1.50	1.50	1.50	1.50	1.50
	1.2	1.34	1.44	1.50	1.50	1.50	1.50	1.50	1.50
大型变压器（冷却方式 ODAF 或 ODWF）	0.7	1.45	1.50	1.50	1.50	1.50	1.50	1.50	1.50
	0.8	1.42	1.48	1.50	1.50	1.50	1.50	1.50	1.50
	0.9	1.38	1.45	1.50	1.50	1.50	1.50	1.50	1.50
	1.0	1.34	1.42	1.48	1.50	1.50	1.50	1.50	1.50
	1.1	1.30	1.38	1.42	1.50	1.50	1.50	1.50	1.50
	1.2	1.26	1.32	1.38	1.45	1.50	1.50	1.50	1.50

（三）变压器并列运行的基本条件

变压器并列运行的基本条件：连接组标号相同；电压比差值不超过±5%；阻抗电压值偏差小于10%。

当阻抗电压或电压比不等的变压器并列运行，任何一台变压器的环流应满足制造厂的要求。阻抗电压不同的变压器，可适当提高阻抗电压高的变压器二次电压，使并列运行变压器的容量均能充分利用。

三、变压器运行维护

（一）变压器运行的监控

变压器正常运行时，按照变压器制造厂规定的技术条件以及在这些技术条件允许变化范围内稳定运行，此时，变压器各部分、部件以及冷却介质的温升、温度均在允许范围内。当变压器按照额定参数运行时，变压器损耗小、效率高，能充分发挥设备的变电能力，能保证长期连续运行，从而获得最大的经济效益，变压器的寿命也可以达到预期的使用年限，因而在技术上和经济上最有利。

电厂内变压器的容量配置通常有一定裕度，正常运行多在额定参数以下，按照寿命补偿原理，特殊运行方式下的短时过负荷对变压器的寿命基本不影响。

有载调压变压器可以在运行中方便地调节其输出电压，但不宜频繁操作，分接开关的检修周期是按运行时间或切换次数确定的。分接开关的操作应遵守如下规定：

（1）应逐级调压，同时监视分接位置及电压、电流的变化；

（2）单相变压器和三相变压器分相安装的有载分接开关，其调压操作步骤宜同步或轮流逐级进行；

（3）有载调压变压器并联运行时，其调压操作步骤应轮流逐级进行；

（4）有载调压变压器与无励磁调压变压器并联运行时，其分接电压应尽量靠近无励磁调压变压器的分接位置。

变压器正常运行时，控制室监视的内容主要有三相电流和电压，上层油温、绕组温度以及变压器分接头所置档位；通过现场巡视检查的内容主要有：

（1）各部位无渗漏油现象。变压器的油温和温度计显示应正常，并与远传温度显示数值进行比较。储油柜的油位与油温相对应，符合油位—油温曲线对应的数值，如图4-3-9所示为某型变压器的油面—油温曲线，变压器注油时应按注油曲线控制油位，则变压器在运转时与停止时，油位应分别在幅度A和幅度B范围内变化，超出范围的应找出原因。

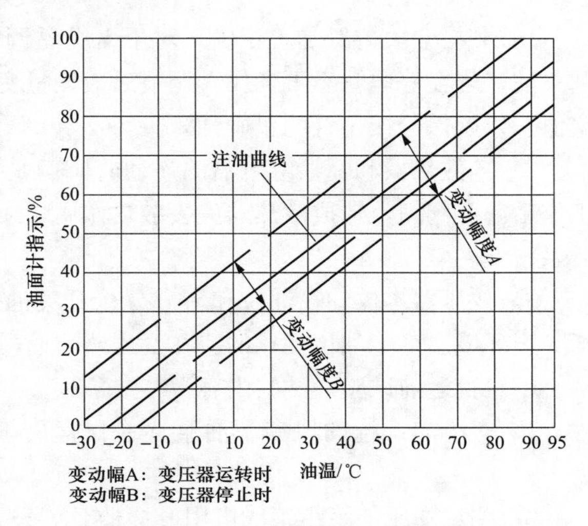

图 4-3-9　变压器的油面—油温曲线

（2）套管油位应清晰可见且处于正常位置。套管外部无破损裂纹、无严重油污和放电痕迹。如果油位不可见而外部又看不到渗漏油现象的，则有可能套管下部密封失效，套管油漏进变压器本体油箱。油位过低会使油纸套管的电容芯子浸不到油，绝缘强度大幅下降，将有发生套管绝缘事故的危险，所以，套管看不到油位的应尽快停运处理。

（3）变压器无内部异常声音。变压器正常运行时内部仅有规律的电磁振动响声而不应有其他声音。

（4）各散热器手感温度应相近。温度特别低的应检查其上、下阀门是否打开；温度特别高的应检查其风扇运转是否正常。检查冷却系统各风扇、油泵、水泵的运转情况，有无异声或过热现象。检查油流继电器工作情况。

（5）水冷却系统的水冷却器的水压小于油压。检查冷却水中有无油迹，以判断油管是否渗漏油。

（6）吸湿器完好，吸附剂为蓝颜色（由蓝色变紫色需更换或干燥），检查吸湿器底部油盒内的油位在油位线上。

（7）各引线接头、电缆、母线无过热迹象，应用便携非接触式红外线测温仪进行测量。

（8）压力释放阀、安全气道及防爆膜应完好无损，检查压力释放阀四周有无喷过油的痕迹。

（9）有载分接开关的分接位置、油位和电源指示正常，分接位置与远传显示位置对应。

（10）检查气体继电器内气体情况。

（11）各控制箱和端子箱、机构箱应关严，无受潮现象，温控装置工作正常。

（12）干式变压器箱门应关严，注意勿随便碰触箱门，防止箱门误动跳闸变压器。检查各防护小动物措施应完好。

（13）干式变压器温控器及其温度显示正常，冷却风机有无按温控定值启动运转。

（二）变压器投运与停运

1. 投运前准备工作要点

（1）除电气设备投运前准备的必要安全检查外，变压器从备用或检修状态转换到运行状态前，重点关注：

1）分接开关位置是否正确。对于无励磁调节变压器，根据运行电压情况需要调节分接开关的，均在停电状态下操作，调节后应测量变压器直流电阻，三相阻值不平衡不应超过规定值，以确保分接位置的正确性。

2）各散热器和瓦斯继电器的连通管阀门是否在打开位置。以防停电期间的检修或调试工作后漏开阀门，造成散热器失去散热作用，或变压器本体油失去热胀冷缩自然呼吸的不良后果。

3）变压器本体油箱油位和有载分接开关油位是否正常。变压器停电后，其内部温度逐渐降至环境温度，油位变化的应在变压器油面—油温曲线的停运时幅度范围。

（2）投运前试验。试验内容：

1）对冷却系统的风扇、油泵逐一试运转，检查其旋转方向的正确性和运转时的振动大小。

2）测量变压器绕组绝缘电阻和吸收比，测量结果应与上次数值比较无明显的下降（如不低于上次值的70%）。

3）变压器各侧开关传动试验。

4）各项试验完成后，对于中性点接地系统的变压器，合上中性点接地开关。

5）新装变压器，或经检修、换油等曾将本体油排去大部分的变压器，在投入前静止时间不少于：110kV—24h；220kV—48h；500（330）kV—72h；750kV—96h。

2. 投运操作要点

变压器投运操作程序一般在电气运行现场规程中列出，其遵守的规定主要有：

（1）强油循环变压器投运时应逐台投入冷却器，并按负载情况控制投入冷却器的台数；水冷却器应先启动油泵，再开启水系统。

（2）变压器的充电应在有保护装置的电源侧用断路器操作，一般由变压器的高压侧投入。变压器合闸前先将保护投入。

（3）新投运的变压器，应进行五次全电压冲击合闸，第一次受电后持续时间不应少于10min，励磁涌流不应引起保护装置的误动；经绕组更换改造的变压器，冲击合闸次数为三次。对发电机变压器组结线的变压器，当发电机与变压器间无操作断开点时，可不做全电压冲击合闸，可由发电机零起升压，电压徐徐升到额定电压，并按变压器制造厂规定保持一段空载运行时间。对于有载调压变压器，有载分接开关在额定电压下电动操作两周，最后调整到额定分接位置。

（4）新投运的变压器在并列前，应核对相位。

3. 停运操作要点

（1）110kV及以上中性点接地系统变压器的停运操作，中性点必须先接地。

（2）变压器的停运操作先停负载侧，后停电源侧。

（3）水冷变压器停电操作先停水后再停油泵。

四、变压器运行故障（异常）处理

（一）立即停运故障处理

运行中的变压器出现以下故障时应立即停运：

（1）变压器声响明显增大，内部有爆裂声，可能内部有放电或其他故障，不立即停运有可能加大损坏程度。

（2）变压器严重漏油或喷油，使油面下降到低于油位计的指示限度。油浸变压器绕组以油纸为主要绝缘，其绝缘强度有赖于高强度的变压器油浸泡，当变压器油位过度降低致使绕组露空，将可能发生绝缘击穿事故或绕组受潮故障。

（3）套管有严重的破损和放电现象。油纸套管破损可使电容芯子露空，将可能发生绝缘击穿或受潮故障。

（4）变压器冒烟着火。冒烟着火意味着故障已经发生，为防止事故的蔓延，必须立即停运变压器。

（5）变压器保护跳闸拒动时，人工操作变压器停运。变压器保护动作于跳闸，意味着变压器内部已发生严重故障必须立即切除，或外部故障已对变压器的安全构成严重威胁，由于保护装置或开关机构等缺陷致开关拒动时，当由人工操作补救。

（6）变压器附近的设备着火、爆炸或其他情况，对变压器构成严重威胁时。

停运操作包括切开变压器各侧开关，停用变压器冷却系统，做必要的安全措施等。

（二）变压器温度异常升高处理

（1）检查变压器的负载和冷却介质的温度，并与在同一负载和冷却介质温度下正常的温度核对；

（2）核对温度测量装置；

（3）检查变压器冷却装置或变压器室的通风情况；

（4）若温度异常升高是由于冷却系统的故障，且在运行中无法修理者，应采取增加临时通风冷却设施、减低变压器负载直至停运变压器等措施进行处理；

（5）在正常负载和冷却条件下，变压器温度不正常且不断上升，应查明原因，必要时将变压器停运；

（6）变压器在各种超额定电流方式下运行，若顶层油温超过105℃时，应立即降低负载。

（三）变压器油位异常处理

（1）当变压器油面较当时油温所应有的油位显著降低时，应查明原因。需要补油时，禁止从变压器下部入油，以免冲起底部沉降杂物及带进气泡。补油时瓦斯保护投信号。

（2）当变压器油面较当时油温所应有的油位显著升高时，应查明原因。在排除假油位可能性后，则应放油，使油位降至当时油温相对应的高度，以免溢油或引起其他异常。

（四）气体继电器动作处理

瓦斯保护信号动作时，应立即对变压器进行检查，判断是因积聚空气/油位降低/二次回路故障，还是变压器内部故障造成的。如气体继电器内有气体（窥视窗可见油位降低），则应记录气量，观察气体颜色及试验是否可燃，并取气样及油样做色谱分析，以判断故障的性质。

若气体为无色、无臭且不可燃，色谱分析判断为空气，则变压器可继续运行，分析进气的原因，是投运前空气未排清，还是存在进气缺陷，对于后者应及时消除之；若气体为可燃或油样色谱分析结果异常，应综合判断确定变压器是否停运。

瓦斯保护动作跳闸时，在查明原因消除故障前不得将变压器投入运行。为查明原因应重点考虑以下因素，做出综合判断：

（1）是否呼吸不畅或排气未尽；

（2）保护及直流二次回路是否正常；

（3）变压器外观有无明显反映故障性质的异常现象；

（4）气体继电器中积集气体量，是否可燃；

（5）气体继电器中的气体和油中溶解气体的色谱分析结果；

（6）必要的电气试验结果（如绝缘电阻，直流电阻，介质损失角正切值 $\tan\delta$ 等，有条件的做绕组变形测试）；

（7）变压器其他保护动作情况。

（五）变压器冷却装置故障处理

（1）油浸（自然循环）风冷和干式风冷变压器，风扇停止工作时，允许的负载和运行时间，按制造厂的规定执行。其中在油浸风冷变压器当冷却系统部分故障停风扇后，顶层油温不超过 65℃时，允许带额定负载运行。

（2）强油循环风冷和强油循环水冷变压器，当冷却系统发生故障切除全部或部分冷却器时，应密切监视变压器的负载和油温，油面温度允许上升到 75℃，必要时减负载；变压器允许所带负载及持续时间按制造厂的规定执行。

（六）变压器跳闸和着火处理

变压器跳闸后，应立即查明原因。如综合判断非变压器故障引起，可重新投入运行。若有变压器故障的征象，应进一步检查核实，通过必要的电气试验确认后，变压器转换为检修状态。

变压器着火时，应立即断开电源，停运冷却器，迅速采取灭火措施，防止火势蔓延。

第四节　配电装置运行维护

配电装置通常包含的设备主要有断路器、隔离开关、电流互感器、电压互感器、避雷器、母线等，起着接受和分配电能的功用。配电装置的运行维护，就是对这些设备进行运行状态监视、投入退出操作、巡视维护以及故障异常处理。

一、高压断路器运行维护

（一）高压断路器的运行条件

高压断路器接入高压系统发挥其功用，其主要技术参数须满足所在系统的运行条件，在规定的外部环境条件（电压、气温、海拔高度）下，可以长期连续通过额定电流及开断铭牌规定的短路电流。在此情况下，断路器的瓷件、介质质量、压力、温度以及机械部分等均应处于良好状态。为了保证高压断路器处于良好运行状态，高压断路器运行时，应按下列允许方式运行。

1. 断路器运行参数

各种高压断路器允许按断路器铭牌规定的额定技术参数长期运行。断路器铭牌上标有额定电压、额定电流、额定短路开断电流、额定短路持续时间等参数。

（1）额定电压。根据国标 GB/T 11022《高压开关设备和控制设备标准的共用技术要求》，高压开关类的额定电压等于开关设备所在系统的最高电压。它表示设备用于的电网的“系统最高电压”的最大值。而一般电气设备的额定电压通常等于其所在系统的标称电压。我国交流三相系统及相关设备的标准电压如表 4-4-1 所列。因此，断路器的额定电压至少应等于运行系统的最高电压。

表 4-4-1　　交流三相系统及相关设备的标准电压　　单位：kV

系统标称电压	设备最高电压	系统标称电压	设备最高电压
3 (3.3)*	3.6*	110	126
6*	7.2*	220	252
10	12	330	363
20	24	500	550
35	40.5	750	800
66	72.5	1000	1100

注　表中数值为线电压。

* 不得用于公共配电系统。

（2）额定电流。高压断路器原则上不允许过电流运行，正如国标 GB/T 1984—2014《交流高压断路器》中指出的：“应注意，没有规定断路器的连续过电流能力。所以当选择断路器时，应使其额定电流适应于运行中可能出现的任何负载电流。”因此，如果断路器曾经过电流运行，就应该加强断路器载流部分的运行温度监测，防止过热故障发生。

（3）额定短路开断电流。断路器的额定短路开断电流应大于安装处的最大短路电流，断路器才能成功开断该处的任何形式的短路故障，通常设计人员在断路器选型时会考虑满足这一条件。当无满足条件的断路器可选时，通常采用以下措施来降低安装处短路电流：

1）限制运行方式。如不允许多电源并列运行，电路环路解环等，以减小短路电流的电源容量，降低系统的短路水平。

2）设置继电保护分级动作或延时措施。如当某点发生短路且短路电流很大时，先将两个及以上电源的其中一个先断开，再跳该点的断路器；或者在电气距离发电机出口不远处的短路，利用发电机短路电流非周期分量随时间衰减的特性，设置继电保护延时动作，可将断路器的开断电流降低到额定值以内。

当系统结构或参数变化时，应重新核算这一条件还是否满足。如果断路器的短路开断电流能力小于其实际开断电流，造成开断失败，将会烧毁断路器。

（4）额定短路持续时间。电力系统中短路电流的能量巨大，短路电流的热效应可能使断路器触头过热熔焊，在继电保护装置动作切除短路故障的动作时间＋断路器分闸时间内，断路器必须能够承受短路电流的热效应，而不会丧失开断额定短路电流的能力。我国的开关设备额定短路持续时间标准值为 2s，推荐值为 3s 和 4s。这个时长起码满足了两级保护的动作时间。一般断路器的铭牌额定短路持续时间多为3s或4s。如果短路持续时间大于额定短路持续时间时，电流和时间的关系为：$I^2 \times t = k$（k为常数）。

2. 断路器运行温度

高压断路器运行中载流部分的温度会随着负载的大小而变化，高压开关设备各部运行温度和温升极限如表4-4-2所列。当断路器的运行电流达60%额定电流以上时，应加强对断路器载流部分相对薄弱点的温度监测，如进、出线接线端子，大电流断路器的主触头系统等。

表4-4-2　　高压开关设备各部运行温度和温升极限

<table>
<tr><th colspan="3" rowspan="2">部件、材料和绝缘介质的类别</th><th colspan="2">最大值</th></tr>
<tr><th>温度（℃）</th><th>周围空气温度不超过40℃时的温升（K）</th></tr>
<tr><td rowspan="6">触头</td><td rowspan="2">裸铜或裸铜合金</td><td>在空气中</td><td>75</td><td>35</td></tr>
<tr><td>在SF_6中</td><td>105</td><td>65</td></tr>
<tr><td rowspan="4">镀银或镀镍</td><td>在油中</td><td>80</td><td>40</td></tr>
<tr><td>在空气中</td><td>105</td><td>65</td></tr>
<tr><td>在SF_6中</td><td>105</td><td>65</td></tr>
<tr><td>在油中</td><td>90</td><td>50</td></tr>
<tr><td rowspan="6">用螺栓的连接</td><td rowspan="3">裸铜、裸铜合金或裸铝合金</td><td>在空气中</td><td>90</td><td>50</td></tr>
<tr><td>在SF_6中</td><td>115</td><td>75</td></tr>
<tr><td>在油中</td><td>100</td><td>60</td></tr>
<tr><td rowspan="3">镀银或镀镍</td><td>在空气中</td><td>115</td><td>75</td></tr>
<tr><td>在SF_6中</td><td>115</td><td>75</td></tr>
<tr><td>在油中</td><td>100</td><td>60</td></tr>
<tr><td rowspan="2">用螺栓与外部导体连接的端子</td><td colspan="2">裸的</td><td>90</td><td>50</td></tr>
<tr><td colspan="2">镀银、镀镍或镀锡</td><td>105</td><td>65</td></tr>
<tr><td colspan="3">油开关装置用油</td><td>90</td><td>50</td></tr>
<tr><td colspan="3">除触头外，与油接触的任何金属或绝缘件</td><td>100</td><td>60</td></tr>
</table>

3. 断路器的故障电流开断次数

断路器开断短路电流的能力，还体现在成功开断短路电流后无需检修而可继续运行的次数，各型式断路器允许开断故障电流次数的差别较大。SF_6断路器一般允许超过10次，真空断路器一般允许超过30次，而油断路器一般每次开断短路电流后都要对断路器进行检查。具体视各制造厂的规定。

为此，运行部门应建立断路器开断短路电流的档案，当断路器开断短路次数达到规定值后，应退出运行，进行全面检查。

4. 断路器的操作能源

断路器无论采用何种操动机构（电磁式、弹簧式、气动式、液压式），运行中均应经常保持足够的操作能源。

（1）电磁式操动机构，合闸电源应保持稳定，电压满足规定值要求（0.85～1.1倍额定操作电压），脱扣线圈的动作电压应在规定值范围内（不小于65%额定操作电压）。

(2) 弹簧操动机构在分、合闸操作后，均应能自动再次储能。

(3) 液压或气动式操动机构，其工作压力应保持在规定的范围内。

(4) 液压操动机构油箱内的油位线也应在刻度范围内，以免缺油或看不见油位时，油泵启动，将空气压到高压油回路中，造成油泵内有空气存在，使液压压力建立不起来，同时，高压油中有大量空气存在，造成断路器动作特性不稳定，影响断路器技术性能，甚至引起事故。

5. 气体灭弧介质断路器的气体运行压力

用气体介质（空气、SF_6）灭弧的断路器，在正常条件下运行时，气体灭弧介质的运行压力应在制造厂规定的允许范围内。气体灭弧介质的压力对断路器开断性能和绝缘性能有很大影响。为了保证断路器的开断能力和绝缘强度，当气体压力下降到一定数值时，应发出报警信号，继续下降到一定数值时，对断路器的动作进行闭锁，先闭锁合闸动作，后闭锁分闸动作。

6. 断路器的绝缘电阻

绝缘电阻能反映断路器的绝缘缺陷（如受潮），在投入运行前，应测量其绝缘，测量时，应在合闸状态下测量导电部分对地的绝缘和分闸状态下测量断口之间的绝缘。不同的电压等级，不同类型的高压断路器，以及所连接的不同结构（长度）的一次回路，其绝缘电阻值没有统一规定，一般应与上次测量结果相近，底线为每千伏（电压）1MΩ。操作回路、油泵电动机等绝缘电阻应不小于0.5MΩ。绝缘电阻符合规定才能投入运行。

（二）高压断路器的操作

1. 投运前操作

经检修或停止运行时间较长的断路器，在投入运行前，应做远方控制的分、合闸试验，以保证断路器可靠合闸和分闸。试验时，断路器两侧的隔离开关应拉开，或小车断路器在试验位置，以防止试验时误送电。

2. 就地操作

所有断路器禁止带工作电压用手动机械进行合闸，或带工作电压就地操作按钮分、合闸，以确保操作人员的人身安全。因手动机械操作合闸功能只为检修调试用，合闸速度较慢。当带电手动机械合闸时，断路器动、静触头在接触之前，触头间会发生预击穿引弧，由于合闸速度较慢而燃弧时间过长，若断路器合闸于有短路故障的电路，则短路电流流可使触头、灭弧室烧坏，甚至造成断路器喷油或爆炸，危及人身和设备安全。禁止带工作电压就地操作按钮合闸，也是基于防止断路器发生意外故障对操作人员的伤害。

3. 手动分闸

当断路器远方遥控跳闸失灵或发生人身及严重设备事故而来不及遥控断开断路器时，允许用手动机械分闸，或者就地操作按钮分闸。但对于液压、气动操动机构的断路器，就地分闸操作的前提是液（气）压机械的油（气）压正常。因为电磁和弹簧机构断路器分闸的动力来自弹簧的储能（弹簧拉长），分闸是弹簧能量的释放，结构简单而可靠，分闸速度有保障；而液压（气）动操动机构断路器分闸的动力来自油（气）压缩能量的释放，当油（气）压低于规定值时，会闭锁分闸电动操作，但不能闭锁手动操作，此时如强行手动分闸，将造成断路器慢分闸。由于分闸速度不足，燃弧时间过长，有可能造成断路器触头烧坏甚至喷油、爆炸后果。

（三）高压断路器的运行巡视

1. 巡视检查的一般方法

巡视高压断路器时，一般用目测、耳听、鼻嗅的方法进行检查。

目测法。巡视人员用目视观察断路器的各个部位，是否有异常现象，如变色、变形、破裂、松动、打火冒烟、闪络、渗漏油、油位过高或过低以及气压过低等。

耳听法。高压断路器正常运行时是无声音的，如果巡视时听到断路器内有异常声音，如绝缘件表面爬电的放电声，固定件松动的振动声等。

鼻嗅法。巡视检查时，如果闻到焦臭味，应查找焦臭味来自何处，观察断路器本体过热部位，可用红外线非接触式测温仪测量发热部位的温度来确认。

各种型式断路器一般的巡视项目：

（1）检查绝缘子是否清洁、无裂纹、无破损、无放电痕迹和闪络现象；

（2）检查断路器的分、合闸机械位置指示器指示是否正确，与当时实际运行位置是否相符；

（3）检查操动机构应完好，液（气）压机构油（气）压、油位是否正常，无渗、漏油现象，油（气）泵启停及运转正常；

（4）检查接线端子、大电流主触头接触部位应无过热现象；

（5）检查控制、信号电源是否正常，控制方式选择开关在“遥控”位置；

（6）当环境湿度较大时，检查开关柜加热器是否已投入运行、发热正常；

（7）检查断路器运行环境无滴水、化学腐蚀气体及剧烈振动。

2. 真空断路器的运行巡视

（1）检查灭弧室，正常情况下，玻璃泡应清晰，屏蔽罩内颜色应无变化。开断电流时，分闸弧光呈微蓝色。当运行中屏蔽罩出现橙红色或乳白色辉光时，则表明灭弧室的真空已失常，应停止使用并更换灭弧室。

（2）检查断路器绝缘拉杆应完整无断裂现象，各连杆应无弯曲。

3. SF_6 断路器的运行巡视

（1）运行声音的检查。断路器内无噪声、放电声、漏气声和振动声。

（2）SF_6 气体压力的检查。断路器内 SF_6 气体的压力应正常，额定压力一般为 0.4～0.6MPa（20℃）。SF_6 气体的压力和环境温度，应与制造厂的压力温度关系曲线数据对应相符。

4. GIS 的运行巡视

（1）检查断路器、隔离开关、接地开关的位置指示器是否正常，从窥视孔检查隔离开关、接地开关的触头接触是否正常。

（2）检查各气室的 SF_6 气体压力是否正常，应与制造厂的压力温度关系曲线数据对应相符。

（3）异常声音的检查与判别。当 GIS（高压配电装置）内部出现局部放电时，会通过 SF_6 气体和外壳传出具有某些特征的声音。由于电流通过导体产生的电磁力、静电力而出现的微振动，都会从外壳传出的声音变化反映出来。巡视检查时，应留心辨别音质特性的变化、持续时间的差异，并判别出是否有异常声音。

（4）发热检查。正常运行时，GIS 外壳温升应不超过允许值。当 GIS 内导体接触不良，或外壳间连接导体接触不良均会导致外壳出现温升异常现象。

5. 油断路器的运行巡视

检查各相油位在油位计上、下限之间；油色一般比较清澈（油中带碳粒不影响运行，如果油色太黑，应考虑曾开断过短路电流，或较为频繁的负荷电流开、合，评估是否需要将断路器停运检查）；油箱应无渗漏油现象；油箱面及周围应无喷油迹像。

（四）高压断路器的运行故障（异常）处理

高压断路器的运行故障异常，典型的有以下几种，需要运行人员正确处理：拒动，非全相动作，液压机构失压，渗漏油，载流超温，绝缘破坏短路等。

1. 断路器拒动的处理

拒动包括断路器对人工操作和保护动作的指令拒不执行，究其原因可归纳为二次回路故障和机械障碍两种。

（1）二次回路故障。二次回路故障常见的现象有：

1）操作电源中断，如电源熔断器熔断，有可能是熔丝老化，也有可能操作回路有元件短路。

2）合、分闸回路的各种接点接触不良（如断路器辅助开关触点、各种行程开关触点），这些触点因为容量较小，接触压力有限，在空气中易被氧化或污染，导致接触电阻过大而使合、分闸回路不通。也有可能这些二次开关调整不当，动作过程不是很到位。

3）合、分闸线圈断线或短路烧坏。这些线圈的漆包线径很小，在绕制过程易受伤遗留隐患，运行日久而暴露。

（2）机械障碍。机械障碍常见的现象有：

1）机械式断路器的操动机构和传动机构环节较多，常见障碍的是部件脱落，或调整不当引起的关键部件动作过程不到位，使操动动力不能有效传递到动触头系统。

2）液压式断路器的液压系统油压很高，在动作过程中，会因一些油管突然增压使有缺陷的接头爆脱，瞬间泄去油压，导致断路器失去动作原动力。

3）断路器动触头系统运动部分卡涩。这在油断路器中时有发生，因固定安装部分运行中松动变位，使导向瓷瓶与可动部分（通常是导电杆）产生过大的摩擦力，阻止可动部分的动作。

（3）合闸操作拒动检查处理。遇到合闸操作拒动故障，操作人员应根据现场相关信息初步判断故障范围，进行针对性的检查处理：

1）首先将断路器两侧隔离开关断开，或将断路器小车拉至试验位置，避免断路器带电检查处理；

2）检查控制回路，包括控制电源；

3）检查操动机构和传动机构。

根据检查的结果进行相应的处理，但除更换熔断器等简单工作可由运行人员进行外，一般需要通知检修人员前来处理。处理完毕后须经试验正常才可投入运行或置备用状态。

（4）断路器拒分闸处理。运行状态下的断路器拒绝分闸，应先拉开其上一级断路器（对于电磁式机构，可尝试手动操作机械跳闸开关），再做下一步处理。断路器拒分闸的可能原因及检查处理与上述的拒合闸类似，检查处理完毕并分闸该断路器后，再重新合上上一级断路器。

2. 断路器非全相动作的处理

断路器操作合闸时，若发生非全相合闸，应立即将已合上的相断开，重新操作合闸一次。如仍不正常，则应断开并查明原因。在分闸时发生非全相分闸，应立即拉开控制电源，用手动断开拒动相并查明原因。在缺陷未消除前，均不得进行第二次合、分闸操作。

3. 液压机构失油压处理

液压机构式断路器运行中失去油压，无非两种原因：液压系统漏油或油泵打压控制回路异常。无论何种原因引起，均不得贸然重新打压。

（1）合闸状态下的处理。

液压机构式断路器合闸后，由于自保持机构和触头系统的夹紧作用，即使液压机构失去油压，也能保持断路器在合闸状态。但液压机构在失去油压后，液压系统内可能会自动复位到分闸状态，当重新建立油压时，徐徐上升的油压会驱动其工作缸做分闸运动，从而带动断路器动触头慢慢分闸，引致断路器的慢分事故。后期的液压机构对该部分的结构进行了改进，使得一般情况下不会出现慢分现象，但也不能完全排除异常情况下慢分动作。为稳妥起见，制造厂家专配了防慢分工具，在重新建立油压前，在三相连动连杆上放置防慢分工具，以防慢分故障发生。因此，断路器合闸状态下失去油压的处理方法：

1）放置防慢分工具或拉开上一级断路器；

2）检查处理液压机构是否发生故障；

3）重新建立油压；

4）做断路器合闸操作；

5）取出防慢分工具或合上上一级断路器，恢复原运行方式。

（2）分闸状态下的处理。液压机构式断路器分闸状态下，重新建立油压出现慢合闸的可能性要比慢分闸小得多，但液压系统内的特定部位密封异常，不排除慢合可能性。因此，断路器分闸状态下失去油压的处理方法：

1）拉开断路器两侧隔离开关；

2）检查处理液压机构是否发生故障；

3）重新建立油压；

4）做断路器分闸操作；

5）合上两侧隔离开关，恢复原运行方式。

4. 断路器渗漏油处理

断路器渗漏油包括油断路器本体渗漏油和液压机构渗漏油两种情况。

（1）油断路器本体渗漏油处理。如果渗漏油情况不严重且没有发展趋势、油位尚在下限线以上的，可监视运行。如果是断路器下部油箱（地电位）渗漏油，可在运行人员监护下，由检修人员进行谨慎的上紧密封螺栓处理（事前应评估进一步恶化的可能性）。如果渗漏油情况严重，已经看不到油位了，应立即将断路器退出运行。

（2）液压机构渗漏油处理。液压机构渗漏油包括内漏和外漏两种情况，内漏指液压系统内的高压油渗漏到常压系统，使打压油泵频繁启动打压（正常约 24h 打一次压），如果能维持 24h 打两到三次压，尚可暂时维持运行。一般要消除液压机构渗漏油缺陷，需要退出液压机构。因为即使简单的接头漏油，要带油压进行紧固都比较危险，万一紧固过程接头崩脱将危及人身安全。运行处理应按将断路器退出运行进行操作。

5. 断路器载流超温故障处理

断路器载流部分主要是触头、接线端子运行中温度超过允许值时，往往状态恶化发展很快，由发热——发红——打火——起弧，到金属蒸气破坏空气绝缘，最后导致相对地或相间短路事故。因此，一旦发现断路器超温运行时，应根据运行条件分别采取降电流、分流或退出运行等措施，不应任由其发展。

二、母线及隔离开关运行维护

（一）母线及隔离开关的运行条件

1. 运行电压和运行电流

高压母线及隔离开关属于高压开关设备范畴，其额定电压等于所在系统的最高电压，因而运行电压不得超过其额定电压。对于隔离开关，它与断路器一样不允许任何的过电流，其触头系统虽然结构简单，但由于长期暴露在空气中，受氧化污染的影响很大，仅靠操作时的摩擦自洁作用有限，因而是一个相对薄弱环节。现场曾见因系统特殊运行方式导致隔离开关过电流运行，时间虽然不长，事后就发现其触头系统中出现局部金属熔化现象。

2. 运行温度

高压母线及隔离开关载流部分的运行温度监控，适用表 4-4-2 中所列各部在空气中的对应数值，镀银、镀镍或镀锌处理过的部件允许温升值比裸铜或裸铜合金高得多，但需注意的是，经多次操作摩擦过的触头，其镀层可能被磨损，接触电阻会增大，再用原来的允许温升值可能偏大了。过高的运行温度会加速金属表面的氧化，形成接触电阻增大→接触损耗增加→接触面温度升高→氧化加速的恶性循环。

3. 绝缘电阻

对母线和隔离开关的绝缘电阻要求与对断路器绝缘电阻的要求相同。

（二）隔离开关的操作

1. 允许操作范围

（1）拉、合无故障的电压互感器和避雷器。

（2）拉、合无故障的母线和连接在母线上的设备的电容电流。

（3）在系统无接地故障的情况下，拉、合变压器中性点的接地隔离开关和拉开变压器中性点的消弧线圈。

（4）断路器在合闸位置时，接通或断开断路器的旁路电流。

（5）拉、合电容电流不超过 5A 的空载线路。

（6）拉、合励磁电流不超过 2A 的空载变压器。

2. 操作要点

（1）操作隔离开关之前，应检查与隔离开关连接的断路器确实处在断开位置，以防带负荷拉、合隔离开关。

（2）手动合隔离开关时，开始要缓慢，当两触头接近嘴时，要迅速果断合上，以防产生弧光。但在合到终了时，不得用力过猛，防止冲击力过大而损坏支持绝缘子。

（3）手动拉闸时，应按“慢—快—慢”的过程进行。开始时，将动触头从固定触头中缓慢拉出，使之有一小间隙。若有较大电弧（错拉），应迅速合上停止操作；若电弧较小，迅速将动触头拉开，以利于灭弧。拉至接近终了应缓慢，防止冲击力过大损坏隔离开关支持绝缘子和操动机构。但在切断空载变压器、空载线路、空载母线时，应快而果断，使电弧迅速熄灭。

（4）隔离开关手动拉闸操作完毕，应锁好定位销子，防止滑脱引起带负荷切合电路或带地线合闸。

（5）远方操作的隔离开关，不得在带电压下就地动手操作，以免失去电气闭锁。

（6）装有电气闭锁的隔离开关，禁止随意解除闭锁进行操作。

（7）隔离开关操作完毕，应检查其开、合位置，合闸后工作触头应接触良好，拉闸后，断口张开的角度或拉开的距离符合要求。

（三）母线、隔离开关的巡视检查

1. 母线的常规巡视检查

（1）母线绝缘子的检查。检查母线绝缘子、穿墙套管、支柱绝缘子应清洁、无破损、无裂纹和放电痕迹。

（2）母线线夹的检查。检查软母线耐张线夹和硬母线（矩形、槽形、管形）T形线夹应无松动、脱落。

（3）母线本体的检查。检查软母线应无断股，铝排和管形母线应无弯曲变形，母线无烧伤。

（4）母线接头的检查。伸缩接头应无断裂、放电、母线上螺丝应无松动。

（5）母线运行温度的检查。母线和接头运行温度应正常，温度不超过允许值，无发热受红的现象。

2. 母线的特殊巡视检查

当运行中气候条件突然大幅变化，会对户外设备安全构成威胁时，应加强对户外母线的巡视检查：风力较大时，检查软母线的摆动幅度有无过大，是否符合安全距离要求，母线上应无异常飘落物悬挂；雷电后，检查母线支持绝缘子有无放电闪络痕迹；雨雪天气，检查接头处是否冒汽或落雪立即融化；气温突变时，母线有无张弛过大或收缩过紧现象；大雾天时，检查绝缘子有无污闪。

3. 隔离开关的巡视检查

（1）隔离开关触头和接线端子的检查。触头或接线端子应清洁，接触良好，无螺丝断裂或松动现象，无严重发热和变形现象，无烧伤痕迹、运行温度应不超过允许值（可定期用红外测温仪检测触头和接线端子的运行温度）。

（2）支持绝缘子的检查。瓷绝缘子表面应清洁，无裂纹、无破损、无电晕和放电现象。

（3）本体部件的检查。隔离开关本体、连杆、转轴等机械部分无变形；各部件连接良好，位置正确。

（4）引线的检查。引线无松动、无严重摆动和烧伤断股现象，均压环牢固且不偏斜。

（5）操动机构的检查。操动机构各部件应完好无损，各部件紧固、无锈蚀、无变形、无松动、无脱落；操动机构箱和辅助触点盒应关闭且密封良好，能防雨防潮。操动机构箱内应无异常，熔断器、热耦继电器、二次接线、端子连接、加热器等应完好。

（6）闭锁装置的检查。防误闭锁装置应完好，电磁锁或机械锁无损坏，其辅助触点位置正确、接触良好。隔离开关的辅助切换触点安装牢固，切换正确，接触良好，防雨罩壳密封良好。

（7）接地开关的检查。带有接地刀闸的隔离开关，刀片、刀嘴应接触面良好，闭锁机构应完好。

（四）母线、隔离开关的故障（异常）处理

1. 母线、隔离开关过热的处理

当母线、隔离开关因负荷电流较大原因使运行温度超过允许值时，应降低其运行电流，并加强对发热部位的温度监测；若隔离开关触头因接触不良而过热，可尝试用相应电压等级的绝缘棒推动触头，以期使其接触改善，但须谨慎不得用力过猛，以免滑脱扩大故障。如效果不明显且有恶化趋势的，则需考虑降低负荷电流、加装临时通风装置加强冷却、变换运行方式（如双母线接线的，可将该回路倒换到另一母线上运行；旁路母线接线的，母线隔离开关或线路隔离开关过热，可以倒至旁路运行）、将隔离开关退出运行等方法来处理。

2. 母线、隔离开关绝缘子损坏、爬电的处理

运行中的户外母线、隔离开关绝缘子存在破损、表明积灰严重等现象时，在大雾雨水作用下，易发生表面爬电、闪络障碍，轻者使绝缘子表面引起烧伤痕迹，更易积灰；严重时产生短路、绝缘子爆炸事故。

运行中，若绝缘子损坏程度或爬电情况不严重时，可暂不停电加强监视运行。如果绝缘子破损严重，或表面爬电距离较长时，则应立即停电处理。

3. 隔离开关拒动的处理

当用手动或电动操作隔离开关，出现拒分、拒合现象时，其可能原因如下：

（1）操动机构故障。手动操作的操动机构发生冰冻、锈蚀、卡死、瓷件破裂或断裂、操作杆断裂或销子脱落，以及检修后机械部分未连接，使隔离开关拒绝分、合闸。若是气动、液压的操动机构，其压力降低，也使隔离开关拒绝分、合闸。隔离开关本身的传动机构故障也会使隔离开关拒绝分、合闸。

（2）电气回路故障。电动操作的隔离开关，如动力回路动力熔断器熔断，电动机运转不正常或烧坏，电源不正常；操作回路如断路器或隔离开关的辅助触点接触不良，隔离开关的行程开关、控制开关切换不良，隔离开关箱的门控开关未接通等均会使隔离开关拒分、合闸。

（3）误操作或防误装置失灵。断路器与隔离开关之间装有防止误操作的闭锁装置。当操作顺序错误时，由于被闭锁隔离开关拒绝分、合闸；当防误装置失灵时，隔离开关也会拒动。

针对上述的各种可能故障，分别做相应处理，如属冰冻、生锈、机械卡涩、部件损坏、主触头受阻或熔焊等故障的，不得强行冲击操作，应确定障碍原因并消除之，方可进行分、合闸操作。

4. 误拉、合隔离开关处理

在倒闸操作时，由于误操作，可能出现误拉、误合隔离开关。由于带负荷误拉、误合隔离开关会产生异常电弧，甚至引起三相电弧短路，故在倒闸操作过程中，应严防隔离开关的误拉、误合。当发生带负荷误拉、误合隔离开关时，按隔离开关传动机构装置型式的不同，分别按下列方法处理：

（1）对手动操作的隔离开关。当带负荷误拉闸时，若动触头刚离开静触头便有异常电弧产生，此时应立即将触头合上，电弧便熄灭，避免发生事故。若动触头已全部拉开，则不允

许将动触头再合上。若再合上，会造成带负荷合隔离开关，产生三相电弧短路，扩大事故。

(2) 对电动操作的隔离开关。因这种隔离开关分闸时间短，比人力直接操作快，当带负荷误拉闸时，应将最初操作一直继续操作完毕，操作中严禁中断，禁止再合闸。

(3) 对手动蜗轮型的传动机构。因拉开过程很慢，在主触点断开不大时（2mm 以下）就能发现火花。这时应迅速作反方向操作，可立即熄灭电弧，避免发生事故。

(4) 当带负荷误合隔离开关时。即使错合，甚至在合闸时产生电弧，也不允许再拉开隔离开关。否则，会形成带负荷拉刀闸，造成三相电弧短路。只有在采取措施后，先用断路器将该隔离开关回路断开，才可再拉开误合的隔离开关。

三、互感器运行维护

互感器包括电压互感器（TV）和电流互感器（TA），互感器的一次侧与一次设备相连，二次侧与二次设备相连，它又是一次系统和二次系统之间的联络元件（只有磁的联系，而无电的联系），能可靠地将一次、二次设备隔开。由于互感器的运行既影响一次系统，又影响二次系统，故要求互感器的运行有更高的可靠性。

（一）电压互感器的运行条件

1. 运行容量

电压互感器运行容量不超过铭牌规定的额定容量可以长期运行。铭牌上标有多个准确度等级及其相应的二次额定容量。为了保证电压互感器测量误差不超过准确度等级，应根据二次负荷对准确度等级的要求，使其二次负荷运行容量不超过与准确度等级相应的二次额定容量。

2. 运行电压

由国标 GB 1207《电磁式电压互感器》和 GB/T 4703《电容式电压互感器》规定可知，电压互感器的最高连续运行电压，必须低于或等于设备最高电压（对于接到三相系统的相与地间的电压互感器，还须除以 $\sqrt{3}$ ）或额定一次电压乘以 1.2 二者中较小的一个。

电压互感器的额定一次电压一般等于其应用于系统的标称电压，则互感器的额定电压与其设备最高电压的关系如表 4-4-3 所列。

表 4-4-3　　电压互感器的一次额定电压与其设备最高电压的关系　　单位：kV

一次额定电压	设备最高电压	最高电压/额定电压	一次额定电压	设备最高电压	最高电压/额定电压
3	3.6	1.2	110	126	1.15
6	7.2	1.2	220	252	1.15
10	12	1.2	330	363	1.10
20	24	1.2	500	550	1.10
35	40.5	1.16	750	800	1.07
66	72.5	1.10	1000	1100	1.10

可见，电压互感器的设备最高电压不大于 1.2 倍的额定一次电压，电压互感器的最高连续运行电压应为其设备最高电压。

在小接地电流系统中，当发生一相接地时，非接地相对地电压升高 $\sqrt{3}$ 倍。上述国标还规定，用于小接地电流系统中的电压互感器，应能承受1.9倍额定一次电压8h运行。因此，运行中发生接地时，允许运行时间不超过8h。

3. 二次绕组一点接地

二次绕组必须有一点接地，且只能有一点接地。这是为了防止一次、二次绕组之间的绝缘击穿时，高电压窜入低压侧，危及二次设备和人身安全。

4. 油位及吸湿剂

油浸式电压互感器装有油位计和呼吸器，正常运行时，电压互感器的油位应正常，呼吸器内的吸湿剂颜色应正常。

（二）电流互感器的运行条件

1. 运行容量

电流互感器应在铭牌规定的额定容量范围内运行。如果超过铭牌额定容量运行，则使准确度降低，测量误差增大，表计读数不准，这一点与电压互感器相同。

2. 运行温升

带有固定一次绕组的电流互感器，其运行温升不应超过如下限值：

油浸式互感器：60K，全密封65K。

干式互感器：Y级45K；A级60K；E级75K；B级85K；F级110K；H级135K。

互感器绕组出头或接触连接处的温升不应超过50K。

3. 二次侧接线

运行中电流互感器的二次侧不能开路。如果运行中的电流互感器二次侧开路，则二次侧会出现高电压，从而危及二次设备和人身安全。若工作需要断开二次回路（如拆、换仪表）时，在断开前，应先将其二次侧端子用连接片可靠短接。

二次绕组必须有一点接地，且只能有一点接地，原因同电压互感器。

（三）互感器的运行维护

1. 投入运行前的准备

（1）检查充油式互感器的油位、油色是否正常，有无渗、漏油现象；检查一次侧中性点接地和二次绕组一点接地是否良好。测量互感器绕组绝缘电阻。

（2）定相。大修后的电压互感器（含二次回路更动）或新装电压互感器投入运行前应定相。所谓定相，就是将两个电压互感器一次侧接在同一电源上，测定它们的二次侧电压相位是否相同。若相位不相同，会造成如下结果：破坏了同期的正确性；倒母线时，两母线的电压互感器会短时并列运行，此时二次侧会产生很大的环流，造成二次侧熔断器熔断，使保护装置误动或拒动。

2. 互感器的运行巡视检查

（1）检查互感器套管应清洁，无破损、无裂纹，无放电现象。

（2）检查充油互感器的油位应正常，油色应透明不发黑，无渗、漏油现象。

（3）检查互感器的呼吸器内的吸湿剂颜色应正常，无潮解，吸湿剂变色超过1/2应更换。

（4）检查互感器内部声音应正常，无放电或剧烈电磁振动声，无焦臭味。

（5）检查一次侧引线接头连接应良好，无松动，无过热；高压熔断器限流电阻及断线保护用电容器应完好；各部位螺丝应牢固，无松动。

3. 电压互感器的故障（异常）运行处理

（1）电压回路断线处理。电压回路断线时，显示“TV回路断线”光字牌亮、警铃响；电压表指示为零或三相电压不一致，有功功率表指示失常，电能表停转；低压继电器动作，同期鉴定继电器可能有响声；可能有接地信号发出；绝缘监视电压表较正常值偏低，正常相电压表指示正常。可能原因：高、低压熔断器熔断或接触不良；TV二次回路切换开关触点接触不良；二次侧快速自动空气开关脱扣跳闸或因二次侧短路自动跳闸；二次回路接线头松动或断线。处理方法：

1）停用该电压回路所供的继电保护与自动装置，以防止误动。

2）检查高、低压熔断器是否熔断。若高压熔断器熔断，应拉开高压侧隔离开关并取下低压侧熔断器，经验电、放电后，再检查排除互感器绕组短路后更换高压熔断器；若低压熔断器熔断，应检查排除二次电压回路短路后予以更换。

3）检查二次电压回路的接点有无松动、有无断线现象，切换回路有无接触不良，二次侧自动空气开关是否脱扣。

（2）电压互感器故障处理。互感器运行中出现漏油、超温、冒烟、内部有异声等故障时，应停用该互感器。在停用电压互感器时，应该使用隔离开关断开电源后再取下熔断器。

4. 电流互感器的故障（异常）运行处理

（1）二次回路开路处理。故障现象：铁芯发热，有异常气味或冒烟；铁芯电磁振动大，有异常噪声；二次导线连接端子螺丝松动处，可能有滋火现象和放电响声；有关表计指针摆动；电流表、功率表、电能表指示值减小或为零；差动保护“回路断线”光字牌亮。可能原因：因振动使二次导线端子松脱开路；保护或控制屏上TA的接线端子连接片因带电测试时误断开或连接片未压好，造成二次开路；二次导线因机械损伤断线，使二次开路；更换仪表、保护时未加短接片。处理方法：

1）停用有关保护，防止保护误动。

2）若系二次接线端子螺丝松动造成二次开路，在降低负荷和采取必要安全措施的情况下（有人监护、有足够安全距离、使用有绝缘柄的工具），可以不停电拧紧松动的螺丝。

（2）互感器故障处理。互感器运行中出现漏油、超温、冒烟、内部有异声等故障时，做停用该互感器处理。

第五节　电动机运行维护

一、电动机运行条件

1. 电动机的供电电源

电动机的供电电源电压、频率、对称性应符合国标GB/T 755《旋转电机　定额和性能》的要求：

（1）电动机的额定电压应符合所接电网的标称电压，供电电源电压允许变化范围为额定电压的0.95～1.03（标么值）。

（2）供电电源频率允许变化范围为额定频率的0.90～1.10（标么值）。

（3）三相交流电动机应能在三相电压系统的电压负序分量不超过正序分量的1%（长期

运行)，或不超过1.5%（不超过几分钟的短时运行）且零序分量不超过正序分量1%的条件下运行。

火电厂内厂用电母线电压水平一般按以下原则校验：

(1) 正常单台电动机启动时，母线电压最低允许值为额定电压的70%。当电动机功率(kW) 为电源容量(kVA) 的20%以上时，应验算正常直接启动时的厂用电母线电压水平。对2000kW及以下的6kV电动机、200kW及以下的380V电动机，一般不需校验（高压厂用变压器、低压厂用变压器容量足够大)。

(2) 成组自启动时，高压厂用电母线电压最低允许值为额定电压的65%～70%；低压厂用电母线电压最低允许值为额定电压的60%；低压母线与高压母线串联自启动，低压母线电压最低允许值为额定电压的55%。

按照上述原则配置的厂用电源容量，厂用母线电压水平一般满足电动机直接启动的启动方式。但电动机直接启动时的电流冲击对厂用电母线电压的影响，对变频器等电子设备极为不利，电子设备一般按照常规设计，对电源电压的要求的为不低于额定电压的85%，而且电子设备反应灵敏，故电厂内电动机的直接启动导致变频器跳闸事件经常发生，需要采取特别措施予以解决。

2. 电动机的允许温度和温升

电动机在运行过程中所产生的各种能量损耗（铜耗、铁耗、附加损耗等)，都转化为热量，引起电动机绕组、铁芯及轴承等部位的温度升高。根据国标GB/T 755，电动机绕组的允许温升由其所使用的绝缘材料来决定，不同绝缘材料对应的极限温度和温升（电阻法）如表4-5-1所列。表中，电动机绕组允许温升的基准冷却空气温度为+40℃；目前的电动机绕组绝缘材料的绝缘等级多为B级和F级；功率小于600W的电动机允许温升比表中数值大一些。当电动机的冷却介质（空气）温度高于或低于+40℃（小于等于60℃）时，温升的限值在表4-5-1数值基础上加上或减去冷却介质40℃的值。短时工作制的电动机温升限值增加10K。

表4-5-1　电动机绕组的允许温度和温升

绝缘等级	B	F	H
极限允许温度（℃）	130	155	180
极限允许温升（K）	80	105	125

电动机轴承的允许温度：滚动轴承95℃；滑动轴承80℃。

3. 电动机的偶然过电流

额定输出315kW及以下和额定电压在1kV及以下的多相电动机（不包括换向器电动机和永磁电动机)，允许偶然过电流1.5倍额定电流历时2min。

4. 电动机的振动强度

电动机的振动强度与振动等级、轴中心高（对应不同的电机功率和同步转速)、安装方式等有关，表4-5-2所列为电厂厂用电动机运行的轴承振动限值，数据源自国标GB/T 10068《轴中心高为56mm及以上电机的机械振动　振动的测量、评定及限值》。表4-5-2中，只列出A级（对振动无特殊要求)；刚性安装（常用的安装方式)；位移（传统的振动表示方式)、常用功率以及对应的同步转速值。

表 4-5-2　　电动机振动强度限值

轴中心高（mm）	56≤H≤132	132<H≤280	H>280
电机功率（kW）	7.5 及以下	11～90	>90
位移（μm）	21	29	37

5. 电动机的绝缘电阻

检修后的电动机或停用时间较长的电动机，在送电前应测量电动机的绝缘电阻；处于备用状态的电动机也应定期测量其绝缘电阻；备用电机进水、进汽时，应立即测量其绝缘。

绝缘电阻值因为绝缘结构等原因的差异一般没有统一规定，电厂的传统做法是：高压电动机用 2500V 绝缘电阻表测量，其绝缘电阻应不低于 1MΩ/kV；且在相同环境温度下测量，不应低于上次测量的 1/3～1/5；测量吸收比（R_{60}/R_{15}）应大于 1.3；380/220V 交、直流电动机，用 500V 绝缘电阻表测量，绝缘电阻值应不低于 0.5MΩ。

6. 电动机的旋转方向

电动机不允许在运行中反接电源逆转或制动，线绕电动机允许在停止后逆转，Y 系列电动机（目前国标通用鼠笼式异步电动机）只允许单方向旋转，主要是因为为提升电动机内部通风冷却的效果，电动机转子的结构按一个方向旋转来设计。

二、电动机运行维护

1. 电动机启动前的检查与启动

（1）启动前的检查。

1）检查电动机外壳接地线及各部螺栓应牢固完整，电缆接引良好，靠背轮、安全罩、端线盒牢固；

2）检查电动机所带的机械应已具备运行条件；

3）检查滑动轴承装置中应有油，油色应透明，油盖应坚固，并检查油面，如系强油循环润滑，则应使油系统投入运行，轴承用水冷却时，则应开启冷却水；

4）检查启动装置，对于绕线式电动机，检查滑环的接触面和电刷在滑环上应紧密，检查启动电阻器状态和滑环短接用具的状态；

5）如有条件的设法转动转子，以判断转子不存在摩擦、卡涩异常。

（2）电动机启动。启动电动机时，应按电流表监视启动过程，启动结束后，应按电流表检查电动机的电流是否超过额定值，三相电流是否平衡（盘表或钳表检查），并检查电动机应转动平稳，声音及振动无异常。由于笼型电动机的启动电流很大，启动时间虽然很短，但在短时间内会产生很多热量，使线圈温度升得很高，同时启动电流使线圈的导线产生电动力压挤绝缘。因此，一般电动机在正常运行时，允许在实际冷状态下连续启动 2 次（两次启动之间电动机应自然停机），在额定运行后热状态下只允许启动一次。

2. 电动机运行中的监视与检查

（1）正常运行时，电动机电流、电压不应超过额定值；三相电流基本平衡。

（2）电动机的温度、温升在允许范围内，测温装置及显示回路完好。

（3）电动机运转的声音正常，轴承声音均匀无杂音，振动不超过允许限值。

（4）电动机轴承润滑正常，油位，油色正常；油环转动灵活，润滑油系统工作正常，轴承盖密封良好无渗漏油现象。

（5）电动机各防护罩、接线盒、接地线、控制箱应完好无异常。

3. 滑环及电刷的检查维护

对于绕线式电动机来说，重点在于检查、维护滑环及电刷。定期检查的内容应包括下列各项：

（1）检查滑环上的电刷是否冒火花，如火花较大应进行处理；

（2）检查电刷上的压力应适当，电刷在刷握内无晃动和卡住现象；

（3）检查电刷软导线应完整，接触应紧密，没有与外壳碰触现象；

（4）检查电刷磨得过短时应及时更换。更换电刷时，应换同一型号的电刷。

三、电动机事故预防与事故处理

1. 紧急情况的处理

发生下列情况时，应立即将电动机开关拉开：

（1）发生需要立即停用电动机以免危及人身安全的情况时；

（2）电动机及所带动的机械设备损坏时；

（3）电动机强烈振动或电动机所带动的机械部分强烈振动时；

（4）电动机发生冒烟着火等严重的重大故障时。

2. 运行异常的处理

发生下列情况时，可先启动备动电动机、然后再停运行中的电动机：

（1）电动机有不正常的声响或绝缘有烧焦的气味；

（2）电动机电流超过正常运行数值；

（3）电动机振动超过允许值；

（4）轴冷却水系统发生故障且影响或危及电动机的安全运行；

（5）电动机轴承温度不正常的升高、采取措施无效时。

3. 电动机误跳闸的处理

确认是由于人员误碰、误停或电压瞬间消失而引起电动机自动跳闸时，应重新启动电动机运行。对于重要的厂用电动机在没有备用机组或不能迅速启动备用机组的情况下，允许将已跳闸的电动机进行一次重合，但下列情况除外：

（1）电动机或其启动装置上有明显的短路或损坏现象；

（2）发生危及人身安全需要立即停机的情况；

（3）电动机所带动的机械设备损坏。

4. 厂用电压下降或消失的处理

当厂用电电压下降或消失时，不应立即手动拉开电动机开关，应等1min后（低电压保护动作后），电源电压仍未恢复，再拉开电动机开关。

5. 电动机着火的处理

电动机着火时，应先将电动机的电源切断才可灭火。灭火时应使用四氯化碳、二氧化碳或干粉等灭火器，禁止将大量水注入电动机内灭火。

6. 电动机不能启动的处理

当合上电源开关后电动机不转且发出鸣声，电流表指示“0”或达到满刻度时，可能的原因有：缺相启动；转子回路开路；机械负荷太重或卡死等。处理方法：

（1）立即拉开关切断电源；

（2）有条件的应人为盘车，以确定是否转动机械问题；

（3）若机械部分正常，应检查开关是否一次触头有问题或电动机接线有问题；

（4）对于低压电动机还应检查接触器是否有问题，电动机接线盒是否有问题。

7. 电动机保护跳闸的处理

电动机运行中跳闸的原因可能有：

（1）热继电器保护动作。一般低压中、小容量电动机采用热继电器来做过流保护，具有结构简单的特点。当电动机的一次运行电流（因电动机过载或缺相运行）超过热继电器的整定值时，热继电器的热金属片变形，带动其上的触点，断开电动机电源接触器线圈的控制回路，电动机跳闸。但热继电器的热金属片动作特性分散性比较大，动作值不精确，不排除误动可能性。近年来广泛应用的电动机控制保护器，模拟热继电器的动作特性（也就是电动机的电流热特性），在动作数值上可以克服分散性，但动作值整定不像热继电器那样简单直观。

（2）电源熔断器熔断。一般低压中、小容量电动机采用熔断器作为电动机的短路保护，运行中熔断器熔断，应是电动机绕组发生短路故障所致，但也不排除熔断器熔丝老化不正常熔断可能性。

（3）电动机轴承损坏或机械故障。电动机轴承损坏或机械故障，最终都会导致电动机的过载而热保护动作跳闸。

（4）继电保护动作或误动。一般高压电动机和重要负载低压电动机都装设专用继电保护装置来保护，保护功能基本包括所有类型的电动机故障形式，如相间短路、接地短路、负序过流、断相、过载、低电压等。当电动机故障电量和时间达保护定值时，保护动作跳闸电动机电源断路器。

电动机运行中跳闸的处理方法：

1）检查备用电动机是否联动成功，如果备用电动机没有联动应强合备用电动机一次；

2）检查跳闸开关确认保护动作情况复归保护装置；

3）就地检查跳闸电动机本体与所带机械部分是否正常；

4）测量跳闸电动机绝缘电阻值；

5）若检查跳闸的电动机和转机均无异常可试启动一次；

6）若确认是由于人员误碰保护误动或电压瞬间消失而引起，可重新启动运行。

第六节　继电保护、自动装置运行

继电保护及自动装置要能发挥其功能作用，需要必须的运行条件和良好的运行维护。

一、继电保护及自动装置运行条件

继电保护及自动装置投入运行应具备的基本条件如下。

1. 装置的电源

继电保护及自动装置的使用电源一般为交流220V和直流220V/110V，其允许变化范围为额定电压的－15％～＋10％（有些装置要求的范围大一些）。重要保护装置要求有双直流电源供电。

2. 装置的输入信号

继电保护及自动装置的输入信号主要有被控制保护设备的交流电压信号和电流信号，以及本身和其他相关设备的非电量（如位置、温度、位移）信号。

交流电压信号：100V 或 $\frac{100}{\sqrt{3}}$ V；交流电流信号：5A 或 1A；非电量信号：机械接点的接通与断开。

3. 装置的输出

继电保护及自动装置的输出通常是无源继电器接点，以实现与接收信号设备相互间的电隔离。

4. 装置的时钟

同一单位的微机型保护装置与保护信息管理系统、机组监控系统应采用同一时钟源，以利于保护动作与各相关设备状态关联情况的分析判断。

二、继电保护及自动装置运行

（一）一般规定

（1）电气设备不允许无保护运行，必要时可停用部分保护，但主保护不允许同时停用。在一次设备送电前，应先投入其保护装置。一次设备停电、保护装置及二次回路无工作时，保护装置可不停用，但其跳其他运行设备开关的出口压板应解除。

（2）直流系统接地，用拉合支路直流电源方法寻找接地点时，在断开直流电源前，应将可能误动的保护停用，恢复电源后立即投入。

（3）新安装或电气一次设备、二次回路异动过的差动保护和带方向保护，在设备带负荷电流前退出保护压板，待保护的方向或不平衡电压、电流测量无异后再投入保护压板。

（4）当电压互感器或其二次回路发生故障（异常），交流电压回路失压时，应将距离保护、低电压保护、低频低电压减负载装置和其他可能误动的保护装置退出。

（5）继电保护及自动装置停用的条件。下列情况下应停用继电保护及自动装置：

1）在保护装置使用的交流电压、交流电流、开关量输入、开关量输出回路上的作业。

2）装置故障及故障处理作业。

3）装置校验及定值更改。

（二）继电保护及自动装置的投入、退出

继电保护、自动装置的投入、退出操作应由运行人员进行。保护装置出口压板的投入、退出操作一般由运行值班人员进行；保护装置的功能投退（软压板）操作一般由继电保护专业人员进行。

1. 继电保护及自动装置的投入步骤

装置投入的一般步骤：合上装置屏柜的交流电源开关→合上装置屏柜的直流电源开关→观察装置运行灯亮，显示屏正常→核对装置时钟→检查装置各信号灯正常→开启打印机→投入装置的各功能压板→投入装置的各出口压板。

保护投入前必须检查保护无动作出口信号等异常情况，核对保护压板名称与实际正确一致，再用高内阻万用表（直流电压挡）分别测量保护出口压板两端子对地电位应正常，两端

无异极性电压。禁止直接跨接测量上下两端电压。

2. 继电保护自动装置的停用步骤

装置退出的一般步骤：退出装置的各出口压板→退装置的各功能压板→断开装置屏柜的直流电源开关→装置运行灯灭，显示屏无显示。

3. 交流电压回路切换操作

接有交流电压的保护装置，当交流电压失去时，有可能误动作，因此在倒闸操作过程中不允许保护装置失去电压。双母线或多分段母线每段各有一组电压互感器，在母线倒闸操作时，必须一次侧先并列，然后二次侧才允许并列；解开时必须二次侧先解列，然后再解列一次侧，以免通过电压互感器由二次向一次母线反充电。

（三）继电保护及自动装置的巡视检查

运行人员定时巡视检查继电保护及自动装置的主要内容：检查装置屏柜外观完好；屏柜内无异响、异味；端子接线无脱落、跳火；各开关、熔断器按运行方式正常投入；各指示灯、信号灯与实际运行状态对应相符；各压板标识清晰、完好，与当时运行方式的保护投、退规定对照无漏投误投；有无告警信号；装置显示的日期、时间、电压、电流等数据正确并实时更新；打印机状态正常，打印纸充足。

（四）各类设备继电保护及自动装置的运行

1. 发电机（变压器组）保护运行

（1）发电机（变压器组）保护的种类比较多，涵盖了发电机、主变压器、励磁系统、高压厂用变压器等设备的保护，各种保护的使用选择，各厂根据设备状况、现场条件等实际需要确定。但正常运行状态下保护的投退各厂机组大致相同，如表4-6-1所列为某厂发电机-变压器组的保护压板投退清单。

表4-6-1　　发电机-变压器组保护压板投退表

压板名称	压板类别	正常状态	投/退说明
发电机-变压器组保护A、B屏			
主变压器差动保护	功能压板	投入	两套均投入
主变压器相间后备保护	功能压板	投入	两套均投入
主变压器接地零序保护	功能压板	投入	两套均投入
主变压器间隙零序保护	功能压板	退出	两套均投入
高压厂用变压器差动保护	功能压板	投入	两套均投入
高压厂用变压器高压侧后备保护	功能压板	投入	两套均投入
高压厂用变压器A分支后备保护	功能压板	投入	两套均投入
高压厂用变压器B分支后备保护	功能压板	投入	两套均投入
发电机-变压器组差动保护	功能压板	投入	两套均投入
发电机差动保护	功能压板	投入	两套均投入
发电机相间后备保护	功能压板	投入	两套均投入
发电机匝间保护	功能压板	投入	两套均投入
定子接地零序电压保护	功能压板	投入	两套均投入
定子接地三次谐波电压	功能压板	投入	两套均投入
转子一点接地保护	功能压板	投入	两套只投一套

续表

压板名称	压板类别	正常状态	投/退说明
发电机-变压器组保护 A、B 屏			
转子两点接地保护	功能压板	投入	两套只投一套
定子对称过负荷保护	功能压板	投入	两套均投入
定子负序过负荷保护	功能压板	投入	两套均投入
发电机失磁保护	功能压板	投入	两套均投入
发电机失步保护	功能压板	投入	两套均投入
发电机过电压保护	功能压板	投入	两套均投入
过励磁保护	功能压板	投入	两套均投入
发电机逆功率保护	功能压板	投入	两套均投入
发电机频率保护	功能压板	投入	两套均投入
发电机误上电保护	功能压板	投入	两套均投入
发电机启停机保护	功能压板	投入	两套均投入
励磁后备保护	功能压板	投入	两套均投入
安稳出口投	功能压板	投入	两套均投入
跳高压侧Ⅰ或Ⅱ	出口压板	投入	两套各跳一
关主汽门 1	出口压板	投入	两套均投入
关主汽门 2	出口压板	投入	两套均投入
跳灭磁开关 1	出口压板	投入	两套均投入
跳灭磁开关 2	出口压板	投入	两套均投入
启动失灵	出口压板	投入	两套均投入，并网前投入，解列后退出
跳母联Ⅰ	出口压板	投入	两套均投入，并网前投入，解列后退出
跳母联Ⅱ	出口压板	投入	两套均投入，并网前投入，解列后退出
减出力	出口压板	投入	两套均投入
减励磁	出口压板	投入	两套均投入
汽机甩负荷	出口压板	投入	两套均投入
跳 A 分支	出口压板	投入	两套均投入
跳 B 分支	出口压板	投入	两套均投入
启动 A 分支切换	出口压板	投入	两套均投入
闭锁 A 分支切换	出口压板	投入	两套均投入
启动 B 分支切换	出口压板	投入	两套均投入
闭锁 B 分支切换	出口压板	投入	两套均投入
解除复压闭锁	出口压板	投入	两套均投入
发电机-变压器组 C 屏			
非全相保护	功能压板	退出	
非电量延时保护	功能压板	投入	
主变压器冷控失电启动跳闸	功能压板	投入	
热工保护启动跳闸	功能压板	投入	并网前投入，解列后退出
断水保护启动跳闸	功能压板	投入	并网前投入，解列后退出
主变压器重瓦斯启动跳闸	功能压板	投入	
主变压器压力突变启动跳闸	功能压板	退出	
主变压器压力释放启动跳闸	功能压板	退出	

续表

压板名称	压板类别	正常状态	投/退说明
发电机-变压器组C屏			
主变压器绕组过温启动跳闸	功能压板	退出	
主变压器油温超高启动跳闸	功能压板	退出	
母线及失灵启动跳闸	功能压板	退出	
系统保护备用启动跳闸	功能压板	退出	
厂用变压器重瓦斯启动跳闸	功能压板	投入	
厂用变压器压力释放启动跳闸	功能压板	退出	
厂用变压器绕组超温启动跳闸	功能压板	退出	
厂用变压器油温超温启动跳闸	功能压板	退出	
厂用变压器冷却器故障启动跳闸	功能压板	退出	
励磁系统故障启动跳闸	功能压板	投入	
励磁变压器温度过高启动跳闸	功能压板	退出	
跳高压侧1	出口压板	投入	
跳高压侧2	出口压板	投入	
关主汽门1	出口压板	投入	
关主汽门2	出口压板	投入	
跳灭磁开关1	出口压板	投入	
跳灭磁开关2	出口压板	投入	
跳厂用变压器A分支	出口压板	投入	
跳厂用变压器B分支	出口压板	投入	
启动厂用变压器A分支切换	出口压板	投入	
启动厂用变压器B分支切换	出口压板	投入	

(2) 机组停运后，发电机-变压器组保护装置的操作：

1) 没有特别需要的情况下，发电机-变压器组保护装置不需停电。

2) 发电机-变压器组保护启动失灵及跳母联出口保护压板、发电机断水保护压板、热工保护压板退出，并网前投入。

(3) 运行中保护装置异常处理。发电机组正常运行中，当保护装置CPU检测到装置本身硬件故障时，会发出装置闭锁信号，闭锁整套保护；或CPU检测到装置长期启动、不对应启动、装置内部通信出错、TA断线、TV断线、保护报警信号时发出装置报警信号，此时装置还可以继续工作。

运行中当保护装置出现“装置闭锁与报警”信号时，应立即报告值长，通知继保人员检查处理，同时加强对相关一次设备和保护装置的监视，做好事故预想。

2. 变压器保护运行

(1) 启动备用变压器保护。对于高压侧通常接于中性点直接接地系统的启动备用变压器，其保护投入的种类主要有：差动；高压侧相间后备；高压侧接地零序；分支后备；分支零序；高压侧启动失灵；非电量延时；冷却器故障；本体重瓦斯；有载调压开关重瓦斯；绕组温度高（信号）；压力释放（信号）；油温高及油压速动（信号）。保护出口跳闸：启动备用变压器高压侧开关；分支开关；母联开关。

（2）瓦斯保护是变压器内部故障的主保护。轻瓦斯保护反映变压器内部的轻微故障或不正常现象，动作于信号。重瓦斯保护反映变压器内部的匝间短路和相间短路等严重故障，动作于跳闸。对于运行中的变压器进行加油、滤油、清理呼吸道，以及打开各种放气及放油阀门、换硅胶等工作前，应先将重瓦斯压板改接于信号位置。工作完毕待完全停止排除气泡时，方可将重瓦斯压板恢复至跳闸位置。经过大修或换油后投入运行的变压器，应在变压器静止时间达到规定值后，重瓦斯才能投入保护跳闸。当轻瓦斯发出信号时，应鉴定继电器内聚集的气体性质，重瓦斯应继续运行。当重瓦斯动作跳闸后，变压器未经检查、试验禁止投入运行。

（3）中性点放电间隙保护应在变压器中性点接地开关断开后投入，接地开关合上前停用。

（4）两台及以上变压器的联跳保护，当其中一台变压器停运时，应将该变联跳其他变压器的出口压板解除。

3. 母线保护运行

大、中型机组的高压配电母线通常为双母线运行方式，母线保护通常为母差保护。

（1）一般规定。

1）母线差动保护装置利用隔离开关辅助触点判别母线运行方式，因此隔离开关辅助触点的可靠性直接影响到保护的安全运行。为此，母差保护装置可配套母线一次系统模拟盘使用，以减小隔离开关辅助触点的不可靠性对保护的影响。运行中母线差动保护装置不断地对隔离开关辅助触点进行自检，当发现与实际不符（如某条支路有电流而无隔离开关位置），则发出隔离开关位置报警，在人员检修处理隔离开关辅助触点缺陷期间，可以通过模拟盘强制指定相应的隔离开关位置，保证母差保护在此期间的正常运行。

2）正常运行时，保护直流电源开关应在合上位置。

3）用母联开关对母线充电前，应核对充电保护定值的正确性，再将充电保护压板投入，充电正常后，应将压板断开。

4）正常运行时母线互联压板在开位；倒换母线操作前，应将母差保护互联压板投入，实现单母运行方式，并检查互联指示灯亮，操作完毕后将互联压板断开，恢复双母运行方式。

5）母线分列运行后，即母联开关处于冷备用或检修状态时，应投入分列压板。分列运行结束前，应退出分列压板恢复双母方式。

6）正常运行时，失灵保护投入，各元件启动失灵及失灵保护跳闸出口压板均应投入。

7）母线倒换操作及线路停送电操作过程中，在拉合母线侧隔离开关后，应立即检查母差及失灵屏上隔离开关运行方式与实际状态是否一致。若不一致，则应立即停止操作，查明原因。

8）双母线接线方式，当一条母线退出运行时，母线保护应正常投入，且母线保护二次回路不允许有工作。

（2）保护装置投入步骤。确认所有压板退出→合保护装置直流电源→送装置交流电压，检查交流回路良好，电压正常，无差流→确认母线模拟图的显示与实际的运行方式一致→确认相关信号灯指示正常，校对装置时钟→按需要投入保护压板。

（3）保护装置退出步骤。退出保护出口压板→断开装置直流电源→断开装置交流电压。

（4）保护装置告警处理。保护装置告警信号发出后，运行人员应根据当时运行方式和信号信息，初步判断可能发生的设备故障或异常范围，参照表4-6-2的内容进行检查处理。

表 4-6-2　　　　保护装置告警处理方法

告警信号	可能原因	导致后果	处理方法
TA 断线	TA 变比设置错误；TA 极性接反；TA 断线；其他持续使差电流大于 CT 断线门槛定值的情况	闭锁差动保护	查看各间隔电流幅值、相位关系；确认变比设置正确；确认电流回路接线正确。如仍无法排除，则退出装置待检修
TV 断线	TV 电压相序接错；TV 断线或检修；母线停运；保护元件电压回路异常	保护元件中该段母线失去电压闭锁	查看各段母线电压幅值、相位；确认电压回路接线正确；确认二次电压开关处于合位；待检修
母线互联	母线处于经隔离开关互联状态或投入互联压板	保护进入非选择状态，大差比率动作则切除互联母线	确认是否符合当时的运行方式，是则不用干预，否则使用强制功能恢复保护与系统的对应关系
	母线互联硬压板投入	保护进入非选择状态，大差比率动作则切除互联母线	确认是否需要强制母线互联，否则解除压板
	母联 TA 断线		查看母联支路电流幅值、相位关系；确认变比设置正确；确认电流回路接线正确。如仍无法排除，则退出装置待检修
运行异常	失灵误开入	闭锁该失灵开入	（1）复归信号； （2）检查相应的失灵启动回路
	主变压器失灵解闭锁误开入	对应主压器变间隔的失灵闭锁电压开放	（1）复归信号； （2）检查相应的主变压器失灵解闭锁开入回路
	误投“母线分列运行”压板	可能导致母差保护判断母线运行方式错误，小差流的计算及大差制动系数的切换不正确	复归信号；检查“母线分列运行”压板投入是否正确
	母联 TWJ（跳闸位置继电器）接点状态与实际不对应		复归信号；检查母联 TWJ 接点是否正确
隔离开关告警	开入接点变化	告警	确认变位的接点状态显示是否符合当时的运行方式，是则复归信号，否则检查开入回路
	隔离开关位置修正	修正隔离开关	复归信号；检查变化的隔离开关辅助接点回路
装置异常	装置硬件故障	退出保护功能	退出保护装置；查看装置自检菜单，确定故障原因；待检修处理

4．输电线路保护运行

（1）保护功能。110kV 及以上输电线路配置并投入的保护通常有：纵联差动；距离一段、二段、三段；零序一段；零序其他段；零序反时限；过电压；收信过压等。保护出口：分相操作的 A、B、C 相开关；分相失灵启动；启动重合闸；运传命令；过压启动远跳等。

（2）保护投、退。线路投入运行，应先投入线路差动保护、远跳及过电压保护、重合闸，然后进行送电操作；线路退出运行且需退出保护的，应先停线路，然后退出线路差动保护、远跳及过电压保护、重合闸。线路两侧纵联保护，保护通道应同时投入、退出，纵联保护的后备保护可单独投退。

（3）保护装置异常处理。

1）线路纵联保护、远跳及过电压保护的通道故障告警，信号能复归时，可暂时继续运行，但应加强监视；信号不能复归时，应同时退出线路两侧通道异常的线路纵联保护、远跳及过电压保护。

2）TV 断线告警：在 TV 断线条件下所有距离元件、负序方向元件、带方向的零序保护也退出工作，纵联电流差动保护不受 TV 断线的影响，可以继续工作，但电容电流补偿功能自动退出，差动保护的动作值自动抬高。装置继续监视电压，一旦电压恢复，各元件自动重新投入运行。处理：查看循环显示、打印采样值，待检修检查处理电压回路。

3）TA 断线告警：TA 断线后，闭锁零序各段保护及差动保护。处理：查看循环显示、打印采样值，如无法排除，则退出装置待检修检查处理。

4）过负荷告警：检查线路负荷电流及静稳失稳值，降低负荷电流。

5）跳位开入异常告警：开关跳位仍有电流时发此告警。检查该开关状态和开入触点及开入回路。

6）通信中断告警：检查定值、通信速率、通信时钟是否设置正确；检查光纤接口是否连接牢固，光功率是否正常；检查通信通道。

7）永跳失败告警：发永跳令后 5s 电流未断，则发此告警，检查跳闸回路。

8）3 次谐波过量告警：打印采样值，检查电压回路。

5. 电动机保护运行

与通用的电动机智能控制器不同，电厂一般选用可靠性更高的专用电动机保护装置来保护厂用电动机，这些保护装置针对电动机的各种类型故障和异常，采用不同的保护原理配置相应的保护，用户可根据实际需要选择全部或部分投入运行。一般高压电动机和低压重要电动机投入的保护有：电流速断保护；负序过流一段保护；负序过流二段保护；接地保护；过热保护；过热禁止再启动保护；堵转保护；长启动保护；正序过流保护；过负荷保护；欠压保护（不参与自启动的电机用）；熔断器保护等。对于高压大型电动机，还投用差动速断保护。

6. 低压厂用变压器保护

低压厂用变压器一般投用的保护有：高压侧电流速断保护；高压侧电流限时速断保护；高压侧过流保护；高压侧过负荷保护；高压侧负序过流一段保护；高压侧负序过流二段保护；高压侧接地保护；低压侧零序过流保护；非电量保护等。对 5600kVA 及以上特大型低压变压器，加装低压变压器差动保护。

三、自动装置运行

（一）发电机励磁调节系统运行

自并励静止励磁调节系统主要由整流器、自动励磁调节器及转子过电压保护与灭磁装置等组成。

1. 整流器运行

（1）运行巡视检查。检查整流柜上的输入电压、电流及输出电压、电流表指示值正常，各指示灯的指示与实际运行工况相符；柜内冷却风机运行正常，各隔离开关、母线及元件无发热、松动、放电等异常现象。

（2）整流器投入操作要点。

1）送上励磁整流柜风机电源，合上整流柜风机工作、备用、稳压电源开关；

2）将整流柜风机控制开关置“自动”位置；

3）合上励磁整流柜交流输入隔离开关和直流输出隔离开关；

4）投入各励磁整流柜脉冲电源开关；

5）检查励磁整流柜的输入、输出电流、电压正常。

（3）整流器退出操作要点。

1）断开励磁整流柜脉冲电源开关，检查励磁整流柜输入、输出电流为0；

2）拉开励磁整流柜直流输出隔离开关和交流输入隔离开关；

3）断开整流柜风机工作、备用、稳压电源开关，停止风机运行；

4）停用励磁整流柜风机电源。

2. 自动励磁调节器运行

数字式励磁调节装置通常具有手动和双自动通道，各通道之间相互独立，可随时停用任一通道进行检修。各备用通道可相互跟踪，保证无扰动切换。装置具有如下保护功能：过电压保护；TV断线防误强励功能；防止失磁措施低励切换功能；失磁检测可保护；过励磁保护。

（1）运行巡视检查。检查装置各指示灯（电源灯，各插件灯，自动运行灯等）应点亮；“运行闪烁”绿灯正常闪烁；故障、告警红灯不亮。

（2）装置投入操作要点。

1）送上装置柜交、直流电源熔断器，合上装置柜交、直流电源开关；

2）合上“双路供电”“脉冲电源”“系统电源”插件电源开关，主CPU插件开关置“运行”位置，检查各电源指示灯正常点亮；

3）按A套“主从切换”按钮，检查A套“主/从”绿灯亮（表示主套运行），“运行闪烁”绿灯亮。

（3）装置退出操作要点。

1）断开“双路供电”“脉冲电源”“系统电源”插件电源开关；

2）断开装置柜交、直流电源开关，取下装置柜交、直流电源熔断器。

（4）装置A、B通道的切换。由A切至B套运行：按下B套“主从切换”按钮；检查B套“主/从”绿灯亮，“脉冲输出”绿灯亮，显示器显示“B为主机”；检查A套“主/从”黄灯灭，“脉冲输出”绿灯灭”。

由B切至A套运行方法类同。

（二）自动准同期装置运行

发电机并网规定采用自动准同期并网方式。

正常情况下，各机同期继电器屏的同期开关置“自动”位，同期闭锁开关置“闭锁”位，同期方式选择开关置“自动”位，灭磁开关压板置“投入”位。

发电机并网时，在DCS（分布式控制系统）发电机-变压器组系统界面操作“同期投入”按钮，即投入同期装置，并网后同期装置自动退出。

自动准同期装置的辅助电源一般取自机端TV的二次侧，如“TV断线”发信号，将导致自动准同期工作不正常，此时禁止投入自动准同期装置。

（三）厂用电快切装置运行

（1）机组正常运行时，应将切换装置投入运行。运行巡视检查内容：

1）“电源”指示灯亮，“运行”指示灯每1s闪烁一次，其他指示灯灭；

2）装置液晶面板上显示的电流、电压等值应与实际值一致；

3）装置开入状态应与实际设备状态一致；

4）装置当前所选运行定值区号应该正确；

5）装置液晶界面上的两个通信状态显示应该与装置实际通信运行状态一致；

6）装置液晶上显示的装置通信地址正确。

（2）6kV厂用电正常情况下的切换操作，切换方式选择为“并联、自动”。

（3）在机组事故情况下，发电机主开关已跳开而厂用电未切换时，应手动拉开工作开关，由切换装置自动投入备用开关。

（4）每次切换前，应检查机组及厂用电系统稳定正常，快切装置电源及信号正常，出口压板按正常方式加用，无闭锁信号。每切换完毕一次后，应立即手动复归告警信号，为下一次切换做好准备。

（5）装置出现异常切换后时，应记录装置面板指示，必要时打印追忆录波数据，以供事故分析或记录残压曲线。

（四）电力系统稳定器（PSS）运行

电力系统稳定器PSS原则上并网后投入，投入前应检查励磁系统正常，各定值参数正确。投入时注意检查发电机各运行参数无明显变化，若出现波动应立即将PSS退出。

发电机并网运行时，PSS只在发电机有功功率高于预设值、AVR自动方式并且发电机出口电压在整定范围内等条件下才能起控制作用。如在有功功率大于30%额定功率时投用，在有功功率小于30%额定功率时闭锁投用。

PSS只在电力系统发生低频振荡时才起作用，当振荡平息后，作用将自动中止。运行中若系统出现振荡时，应由PSS自动调节，不得自行将PSS退出。

当PSS故障，出现发电机无功功率幅度摆动，AVR（自动电压调节器）输出电流、电压摆动，发电机励磁电流、电压摆动等现象时，应立即向调度申请将PSS退出运行。

（五）故障录波器运行

故障录波器在电网发生事故或振荡时，能自动记录整个过程中各种电气量的变化，便于准确判断分析事故发展过程和类型，查找电气故障点，评价保护动作情况。因此，故障录波器必须始终在投入运行状态。

正常运行时，值班人员应定期检查前置机面板各指示灯状态，判断其是否处于正常运行状态。

故障录波器的投退操作；正常维护；录波数据及波形的读取、拷贝及分析报告的打印；装置的异常处理等，通常由继电保护人员进行。运行人员发现故障录波器的启动、失电、故障、打印机故障等信号后，应保留现场信号不得复位，及时联系继电保护人员进行处理。

第五章 电气设备的过电压保护与绝缘配合

过电压的定义：以U_S表示三相系统的最高电压，则峰值超过系统最高相对地电压峰值（$U_S \times \sqrt{2}/\sqrt{3}$）或最高相间电压峰值$\sqrt{2}U_S$的任何波形的相对地或相间电压，分别为相对地或相间过电压。当过电压值用标么值表示时，相对地、相间过电压的基准值分别为$U_S \times \sqrt{2}/\sqrt{3}$和$\sqrt{2}U_S$（以 p. u. 表示）。

电气设备投入运行后，其绝缘上作用的电压有：

(1) 持续运行电压，其值不超过所接系统的最高电压，持续时间等于设备的设计寿命。

(2) 暂时过电压（较长持续时间的工频过电压），包括工频过电压和谐振过电压。其中工频过电压虽然其幅值不大，但其他内部过电压是在它的基础上发展的；谐振过电压的持续时间较长，而现有的限压保护装置的通流能力和热容量都很有限，无法防护谐振过电压。一般在选择电力系统的绝缘水平时，要求各种设备绝缘均能可靠地耐受有可能出现的谐振过电压，而不再专门采取限压保护措施。

(3) 操作过电压。所指的操作应理解为电网参数的突变，如断路器操作、电网故障等，这一类过电压的幅值较大，可采用限压保护装置和其他技术措施来加以限制；

(4) 雷电过电压，包括直击雷过电压、感应雷过电压和雷电波侵入雷过电压；

(5) 特快速瞬态过电压（VFTO），气体绝缘金属封闭开关设备（GIS）和复合电器（HGIS）的隔离开关在某些操作方式下，产生频率为数十万赫兹至数兆赫兹的高频振荡过电压。

以上所述的过电压，是电力系统运行中出现的一种暂时性的电压升高现象，它会危及电气设备的绝缘。根据电气设备在系统中可能承受的各种电压，并考虑过电压的限制措施和设备的绝缘性能后来确定电气设备的绝缘水平，以便把作用于电气设备上的各种电压（正常工作电压及过电压）所引起的绝缘损坏降低到经济上和运行上所能接受的水平，是高电压专业的任务。

根据国标 GB/T 50064—2014《交流电气装置的过电压保护和绝缘配合设计规范》，对电气设备所接系统最高电压U_m的范围划分为两类：

范围Ⅰ，$7.2kV \leqslant U_m \leqslant 252kV$；

范围Ⅱ，$252kV < U_m \leqslant 800kV$；

范围Ⅰ指系统标称电压为 6～220kV 的低、中、高压系统，范围Ⅱ指 330kV 及以上超高压系统。

第一节 暂时过电压及限制

电力系统中，经常出现一类过电压——内部过电压。由于断路器操作、系统故障或其他原因，使系统参数发生变化，引起系统内部电磁能量的振荡转化或传递引起的电压升高，称为电力系统内部过电压。以上所列的各种过电压，除雷电过电压又称外部过电压外，其余统属内部过电压。

内部过电压分为两大类，即因操作或故障引起的瞬间（以毫秒计）电压升高，称操作过电压；在瞬间过程完毕后出现的稳态性质的工频电压升高或谐振现象，称暂时过电压。暂时过电压包括工频过电压和谐振过电压。

相对地暂时过电压的标么值基准电压：当系统最高电压有效值为U_m时，工频过电压的基准电压（1.0p.u.）为$U_m/\sqrt{3}$；谐振过电压、操作过电压和 VFTO 的基准电压（1.0p.u.）为$\sqrt{2}U_m/\sqrt{3}$。

一、工频过电压

引起工频过电压的原因可分为三类：不对称短路引起的工频电压升高；甩负荷引起的工频电压升高和空载长线电容效应引起的工频电压升高。

（一）不对称短路引起的工频过电压

不对称短路是电力系统中最常见的故障形式，当发生单相或两相对地短路时，健全相上的电压都会升高，其中单相接地引起的电压升高更大一些。设当 A 相接地时，B、C 两健全相上的电压为

$$U_B=U_C=\sqrt{3}\frac{\sqrt{1+k+k^2}}{k+2}U_A=\alpha U_A$$

式中：$k=\frac{X_0}{X_1}$，X_0 为系统零序电抗；X_1 为系统正序电抗；α 为单相接地系数，是单相接地时故障点非故障相对地电压与故障前故障相对地电压之比，$\alpha=\sqrt{3}\frac{\sqrt{1+k+k^2}}{k+2}$。

α 与 k 的关系曲线如图 5-1-1 所示，当 $k\to\infty$时，α 从较低值趋于$\sqrt{3}$；当 $k\to-\infty$时，α 从较高值趋于$\sqrt{3}$；当$k=-2$时，出现工频谐振，电压趋于无穷大。

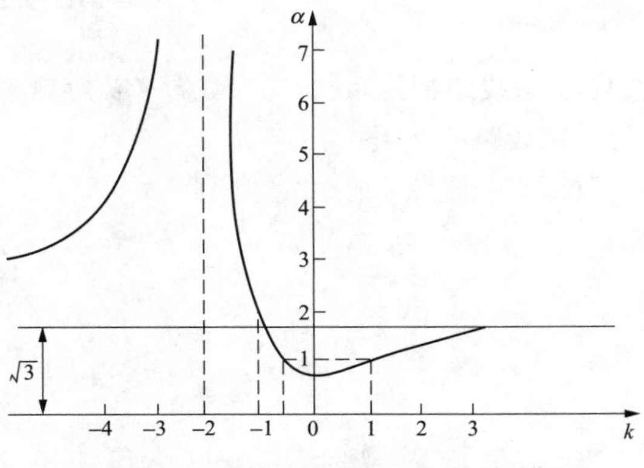

图 5-1-1　单相接地系数 α 与 k 的关系

在中性点不接地系统中，X_0 是线路对地容抗，其值很大，X_1 是感抗，所有 k 为负值。中性点经消弧线圈接地系统，不论是欠补偿或是过补偿，总有 $k\to-\infty$或 $k\to\infty$，故 $\alpha\to\sqrt{3}$。中性点直接接地系统或低阻抗接地系统，X_0 是感抗，因此 k 是正的，通常 $k\leqslant3$，$\alpha=0.72\times\sqrt{3}$。

（二）甩负荷引起的工频过电压

电力系统输电线路运行中突然失去负荷，发电机-变压器只带空载线路，此时可能出现工频过电压。发电机突然甩负荷，根据磁链不能突变原理，开断瞬间暂态电势 E_d' 保持原有

数值不变，暂态电势的大小由甩负荷前的运行状态决定，可按下式估算：

$$E'_{\mathrm{d}}=\sqrt{(U_{\mathrm{xg}}+I_{\mathrm{xg}}X_{\mathrm{s}}\sin\theta)^2+(I_{\mathrm{xg}}X_{\mathrm{s}}\cos\theta)^2}$$

式中：U_{xg}为最高运行相电压；I_{xg}为线路电流；X_{s}为发电机暂态电抗与变压器漏抗之和；θ为U_{xg}与I_{xg}之间的夹角。

可见，甩负荷前段传输功率越大，E'_{d}值越高，甩负荷后的工频过电压也越高。同时，由于原动机的惰性，导致发电机加速旋转，造成电动势和频率都上升的结果，增强了长线电容效应。设甩负荷后发电机的最高转速与同步转速之比为S_{f}（约为1.1～1.5），相应地，发电机励磁电动势会升高至$S_{\mathrm{t}}E'_{\mathrm{d}}$，甩负荷时空载线路末端电压$U_2$为

$$U_2=\frac{S_{\mathrm{f}}E'_{\mathrm{d}}}{\cos S_{\mathrm{f}}\alpha l-\dfrac{S_{\mathrm{f}}X_{\mathrm{s}}}{Z}\sin S_{\mathrm{f}}\alpha l}$$

式中：α为线路相位系数，$\alpha=\omega/v$，ω为频率，v为光速；l为线路长度。

（三）空载长线电容效应引起的工频过电压

一般空载长线路的工频容抗X_{C}远大于工频感抗X_{L}，在电源电动势E的作用下，线路中通过的电容电流在感抗上的压降U_{L}将使容抗上的电压U_{C}高于电源电动势，$U_{\mathrm{C}}=E+U_{\mathrm{L}}$。即空载长线路上的电压将高于电源电压，这就是空载长线电容效应引起的工频过电压。

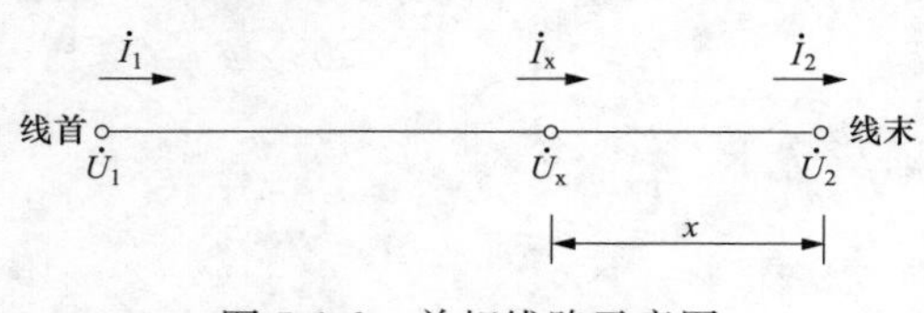

图5-1-2　单相线路示意图

设三相线路均匀、对称，并不考虑大地回路的影响，在略去线路电阻、对地电导条件下，单相线路示意图如图5-1-2所示。图中，$\dot{U}_{\mathrm{x}}$和$\dot{I}_{\mathrm{x}}$为以线路末端作起点计算距离为x处的线路电压和电流。由图5-1-2得无损线路稳态方程为

$$\dot{U}_{\mathrm{x}}=\dot{U}_2\cos\alpha x+\mathrm{j}\,\dot{I}_2 Z\sin\alpha x$$

$$\dot{I}_{\mathrm{x}}=\dot{I}_2\cos\alpha x+\mathrm{j}\frac{\dot{U}_2}{Z}\sin\alpha x$$

式中：α为线路相位系数，$\alpha=\omega/v$（ω为频率，v为光速），架空输电线路的$\alpha=0.06°/\mathrm{km}$；Z为无损线路的波阻抗。

对于空载线路，$\dot{I}_2=0$，则有

$$\dot{U}_{\mathrm{x}}=\dot{U}_2\cos\alpha x$$

$$\dot{I}_{\mathrm{x}}=\mathrm{j}\frac{\dot{U}_2}{Z}\sin\alpha x$$

当线路长度$x=l$时，$\dot{U}_{\mathrm{x}}=\dot{U}_1$，得

$$\dot{U}_2=\frac{\dot{U}_1}{\cos\alpha l}\tag{5-1-1}$$

$$\dot{U}_{\mathrm{x}}=\frac{\dot{U}_1}{\cos\alpha l}\cos\alpha x\tag{5-1-2}$$

式（5-1-1）表明，线路长度 l 越大，线路末端工频电压升高得越多。对于架空线路，当 $\alpha l=\frac{\pi}{2}$，即 $l=\frac{\pi v}{2\omega}=1500$（km）时，$U_2$ 趋于无穷大，此时线路处于谐振状态。

式（5-1-2）表明，均匀无损空载线路沿线电压分布呈余弦规律，线路各段导线中的电容电流值不同，沿线沿电压升高不均匀，线路末端电压最高。

（四）工频过电压的允许水平

根据国标 GB/T 50064—2014《交流电气装置的过电压保护和绝缘配合设计规范》，工频过电压幅值的允许水平：

范围Ⅰ系统中的不接地系统：$1.1\sqrt{3}$ p. u.；

中性点谐振接地、低电阻接地、高电阻接地系统：$\sqrt{3}$ p. u.；

110kV、220kV 系统：1.3p. u.；

范围Ⅱ系统中的线路断路器变电站侧：1.3p. u.；线路断路器线路侧 1.4p. u.，持续时间：≤0.5s。

在一般情况下，220kV 及以下的电网中不需要采取特殊措施来限制工频电压升高。但对于 110kV 及 220kV 有效接地系统中偶然形成的局部不接地系统产生较高的工频过电压，一般采取继电保护措施来应对：不接地的变压器中性点专设间隙保护，当因接地故障形成局部不接地系统时，该间隙动作，将遭受过电压威胁的设备切除。

在 330～800kV 超高压电网中，采用并联电抗器或静止补偿装置等措施，将工频电压升高限制在 1.3～1.4 倍相电压以下。

二、谐振过电压

（一）谐振过电压的性质

电力系统中的电气设备总具有电感、电容及电阻的属性，如发电机、变压器、电抗器、消弧线圈、电磁式电压互感器、导线电感等可作为电感元件；补偿电容器、高压设备杂散电容、导线对地电容、相间电容等可作为电容元件。在正常运行时，这些元件的参数不会形成串联谐振，但当发生故障或操作时，系统中某些回路被割裂、重新组合而构成各种振荡回路，在一定电源的作用下将产生串联谐振，使得某一自由振荡频率与外加强迫频率相等，形成周期性或准周期性的剧烈振荡，电压振幅急剧上升，出现严重谐振过电压。谐振过电压的持续时间较长，甚至可以稳定存在，直到破坏谐振条件为止。谐振过电压可以在各级电网中发生，危及绝缘，也可能因谐振出现过电流烧毁小容量的电感元件设备（如电压互感器），破坏保护设备的保护性能。

各种谐振过电压可以归纳为三类：线性谐振过电压、参数谐振过电压和铁磁谐振过电压。限制谐振过电压的基本方法，一是防止它发生，在设计时适当选择电网参数；二是缩短谐振存在时间，降低谐振的幅值，削弱谐振的影响，一般是采用电阻阻尼进行抑制。

（二）线性谐振过电压及限制

1. 线性谐振过电压的产生

对由线性电感 L、电容 C 和电阻 R 组成的串联回路，当回路自振频率与电源频率相等或接近时，则可能发生线性谐振。

对复杂的线性电路，其谐振条件是：从电源侧向外看去的工频入口阻抗的虚部为零，即此时只有阻抗的实部部分，电源电压与相应的电流处于同相位。如由电源 E、电阻 R、电感 L 和电容 C 组成的串联电路中，其谐振条件为

$$\omega L=\frac{1}{\omega C}\text{ 或 }\omega=\frac{1}{\sqrt{LC}}=\omega_0$$

式中：ω_0为不计回路损耗电阻 R 的自振角频率，当 $R\to 0$，回路电流 $I\to\infty$，电感 L 和电容 C 上的压降 U_L、U_C趋于无穷大。

考虑损耗电阻 R 后，回路自振角频率为

$$\omega_0'=\sqrt{\omega_0^2-\mu^2}$$

其中，$\mu=\frac{R}{2L}$。通常 R 很小，$\mu<\omega_0$，故线性谐振条件为

$$\omega_0'\approx\omega_0$$

一般情况下，电容 C 上的稳态电压为

$$U_C=\frac{E}{\sqrt{\left(1-\frac{\omega^2}{\omega_0^2}\right)^2+\left(\frac{2\mu\omega}{\omega_0^2}\right)^2}}$$

2. 线性谐振过电压的限制

（1）变压器传递过电压的限制。变压器高压侧发生不对称接地故障、断路器非全相或不同期动作而出现零序电压时，将通过电容耦合传递至低压侧，此时低压侧的传递过电压为

$$U_2=U_0\frac{C_{12}}{C_{12}+3C_0}$$

式中：U_0为高压侧出现的零序电压；C_{12}为高低压绕组之间的电容；C_0为低压侧相对地电容。

这种过电压具有工频性质。避免产生零序过电压是防止变压器传递过电压的根本措施。这就要求尽量使断路器三相同期动作、避免在高压侧采用熔断器设备。此外，在低压侧加装 0.1μF 以上的对地电容器，加大 C_0，是一种可靠的限制方法。

（2）超高压线路谐振过电压的限制。在线路断路器出现非全相操作时，合上相的电压将通过相间电容传递至未合相上。超高压输电线路上往往装有并联电抗器，当参数配合适当时，传递回路将构成谐振回路，在未合相上出现较高的基频谐振过电压。为此，设计时要适当选择电抗器的容量，避开谐振区域，或在电抗器的中性点与地之间串接小电抗，以增大电抗器的零序电抗，消除工频共振的条件。

（三）参数谐振过电压及限制

由电感参数作周期性变化的电感元件和系统的电容元件（如空载长线）组成回路，当参数配合时，通过电感的周期变化，不断向谐振系统输送能量，将会造成参数谐振过电压。

1. 参数谐振的原因

同步发电机在不同情况下运行，同步电抗参数发生周期性变化，如果发电机接有容性负载时，而且参数配合得当，即使励磁电流很小，也可激发工频参数谐振，引起发电机的端电压和电流急剧上升，最终产生很高的过电压，称为自励磁过电压。

同步发电机电抗参数变化示意图如图 5-1-2 所示。同步电抗：$X_d=\omega L_d$、$X_q=\omega L_q$，异步电抗：X_d' 和X_q' 周期变化，每个电源周期内在 L_d和 L_q间变化两周。

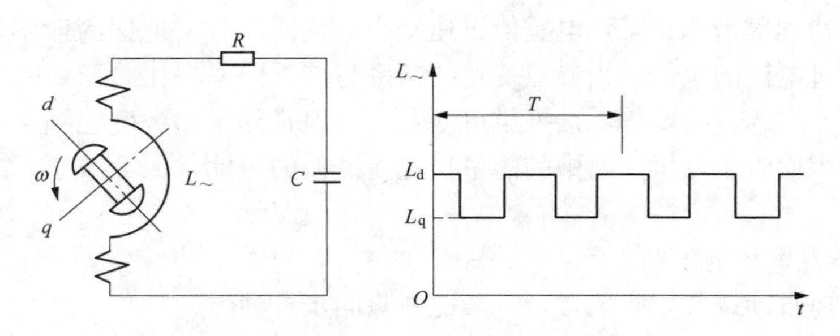

图 5-1-2　同步发电机电抗参数变化示意图

2. 参数谐振发展过程

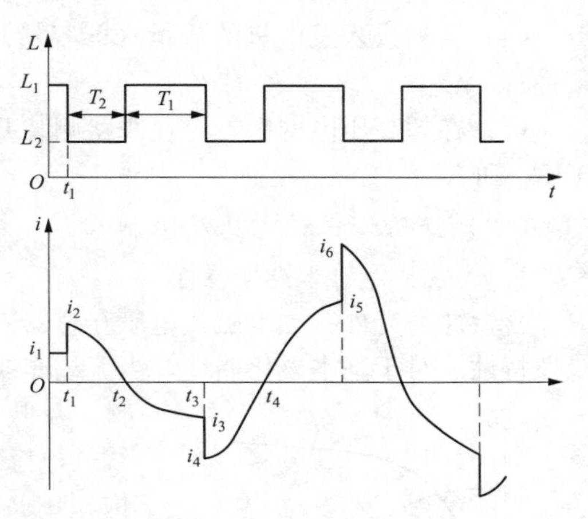

图 5-1-3　参数谐振发展过程

参数谐振发展过程如图 5-1-3 所示。设：$L_1=2L_2$，$t=0$ 时，回路有微小电流 $i_1=1$，电感储能 $W_1=\frac{1}{2}L_1i_1^2$；$t=t_1$ 时，电感突变（$L_1\rightarrow L_2$），磁链不能突变：$L_1i_1=L_2i_2$，电流发生突变至 $i_2=2$，储能增加一倍 $W_2=\frac{1}{2}L_2i_2^2=L_1i_1^2=2W_1$，能量增加来自使参数发生变化的机械能；$t_1<t\leqslant t_2$，周期为 T_2 的自由振荡；$t=t_2$ 时，电感突变（$L_2\rightarrow L_1$），电流过零，磁能为零，能量以电能形式贮存在电容 C 中，$\frac{1}{2}CU^2=2W_1$，$U=2\sqrt{w_1/C}$；$t_2<t\leqslant t_3$，周期为 T_1 的自由振荡；$t=t_3$，电能全部转化为磁能，根据能量不灭定理：$\frac{1}{2}L_1i_3^2=L_1i_1^2$，电流升至 $i_3=\sqrt{2}\,i_1=\sqrt{2}$；$t=t_3$，电感突变（$L_1\rightarrow L_2$），磁链不能突变，$L_1i_3=L_2i_4$，电流发生突变至 $i_4=2\sqrt{2}\,i_1=2\sqrt{2}$，储能为 $W_4=\frac{1}{2}L_2i_4^2=4W_1$；$t=t_4$，电感突变（$L_2\rightarrow L_1$），电流过零时电容端电压为 $U=2\sqrt{2W_1/C}$。

如此循环，电流依次递增，$i_5=\sqrt{2}\,i_3=2i_1$，$i_6=\sqrt{2}\,i_4=4i_1$，经过电磁振荡，不断把机械能转化为电磁能，回路中能量越积越多，电感电流和电容电压越来越大。

3. 参数谐振过电压的特点

谐振所需的能量由改变参数的原功机所供给，不需要单独的电源电压。对于同步电机来说，改变参数的能源就是汽轮机或水轮机。同时，在起始阶段，只要回路中具有某些残余能量，例如，转子剩磁割切绕组而产生不大的感应电压，或电容两端有微小的残压，就可保证谐振现象的持续发展。实际电网中存在着一定的损耗电阻，所以每次参数变化所引入的能量应当足够大，即（L_1-L_2）应足够大，不仅可以补偿电阻中的能量损耗，并使回路中的储能越积越多，促成谐振的发展。

谐振发生后，回路中的电流和电压的幅值，理论上能趋于无穷大，这与线性谐振现象有着显著区别（即使在完全谐振的条件下，其振荡的幅值也受损耗电阻所限制）；随着电流的增大，电感线圈达到磁饱和状态，电感值迅速变小，使回路自动地偏离谐振条件，从而限制了谐振过电压和过电流的幅值。当参数变化的频率与谐振频率之比等于 2 时，谐振最容易引发。如比值等于 1、2/3、1/2 等，谐振虽可能发生，但是随着参数变化频率的减小，能量的引入相应减小，因而难于抵偿回路中的能量损耗，谐振的可能性大大减小，或者甚至变成不可能

4. 参数谐振过电压的限制

（1）采用快速自动调节励磁装置，一般能消除同步自励磁；

（2）增大回路中的阻尼电阻 R，使它大于 R_1 和 R_2 值，则可防止自励磁；

（3）空载线路的充电合闸，应在大容量的系统侧进行，不在孤立电机侧进行；

（4）增加投入发电机的数量（即容量），使总的 X_d 和 X_q 小于 X_C，破坏产生自励磁的条件；

（5）在超高压电网中，可在线路侧装并联电抗器 X_L，补偿容抗 X_C，使总的等值容抗大于 X_d 和 X_q。

（四）铁磁谐振过电压及限制

1. 铁磁元件的非线性特性

含铁芯的元件（如电磁式电压互感器）由于铁磁元件的磁饱和现象，使它的电感呈现非线性特性。对于基本磁化曲线，当流过非线性电感的电流较小时，可以认为磁链 Ψ 与 i 成正比，反映这一比值的电感值 $L=\Psi/i$ 基本不变，可看成是线性电感；当 i 增加时，铁芯中磁链逐渐增加，铁芯开始饱和，Ψ 与 i 的关系呈现非线性特性，线圈电感不再是常数，而是随着 i 的增加而逐渐减少，其相互关系可以用动态电感来描述 $L=d\Psi/di$，如图 5-1-4 所示。交流电源作用于电感，若磁链 Ψ 保持正弦波形，则电流 i 的波形发生畸变，波形中有 3、5、……奇次谐波。动态电感值 L_d 在电流或磁链变化一周期内，电感参数变化了两次，得到按二倍电源频率变化的电感的波形。

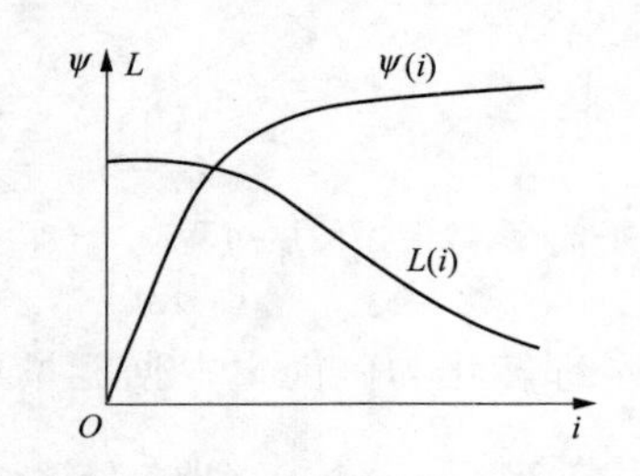

图 5-1-4　铁磁元件的非线性特性

2. 铁磁谐振的产生与特点

在交流电源作用下铁芯元件的电感值做周期性变化，这是产生铁磁谐振的基本原因。在铁芯电感的振荡回路中，如果满足不同条件，可产生三种谐振状态：谐振频率等于工频的称为基波谐振；谐振频率等于工频整数倍（2、3、5 倍等）的称为高次谐波谐振；谐振频率等于工频分数倍（1/2、1/3、1/5、2/3、3/5 倍等）的称为分次谐波谐振。

图 5-1-5 所示为最简单的非线性振荡回路，图中 $\dot{E}$ 为工频电源电动势、电阻 R 和电容 C 均为线性元件，L 为带铁芯的非线性电感元件（如空载变压器、电磁式电压互感器），如只讨论工频谐振，所有的电压、电流均可用有效值表示，铁芯电感参数用其电压、电流的有效值关系表示，即其伏安特性曲线 $U_L=f(I)$。如令 $R=0$，电路有 $\dot{E}=\dot{U}_C+\dot{U}_L$，因 $\dot{U}_C$ 与 $\dot{U}_L$ 反相，$\Delta U=|U_C-U_L|$，$E=\Delta U$。

图 5-1-6 为电容和铁芯电感的伏安特性曲线图。电容的伏安特性是一根直线 U_C，斜率是其容抗 X_C；铁芯电感的特性曲线的起始段也是一段斜直线，其斜率为起始感抗（因此时铁

芯尚未饱和)，随电压、电流的增大，特性曲线将弯曲，U_L不再是直线，这是因为铁芯磁饱和而使感抗减小。$\Delta U=|U_C-U_L|=f(I)$ 的伏安特性曲线满足 $E=\Delta U$ 条件的有三个点(1、2、3)。其中点1、3为稳定工作点，点2为非稳定工作点：若扰动使回路中的电流有所增加时，E 将大于 ΔU，使得回路电流继续增大，直至达到新的平衡点3为止；反之，若扰动使电流减小，则此时 E 将小于 ΔU，使得回路电流继续减小，直至达到新的平衡点1为止，可见平衡点2不能经受任何微小的扰动，是不稳定点。

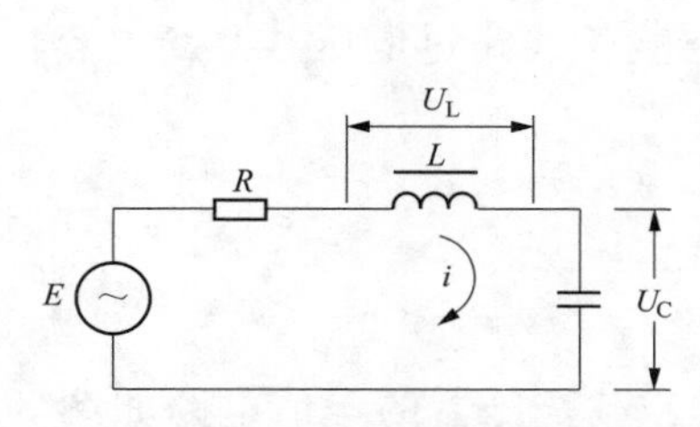

图 5-1-5　串联铁磁谐振电路

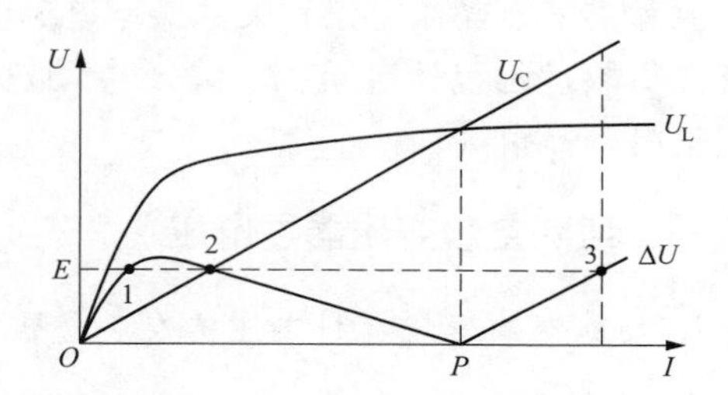

图 5-1-6　串联铁磁谐振回路的伏安特性

正常情况下，系统工作在工作点1上，$U_L>U_C$，回路呈感性，电感和电容上的电压都不高，回路处于非谐振工作状态。当系统遭受强烈的冲击（如电源突然合闸）时，会使回路从工作点1跃变到点3，这时 $U_L<U_C$，回路呈容性，不仅回路电流较大，而且在电感和电容上都会产生较高的过电压，回路处于谐振工作状态。

根据以上分析，基波的铁磁谐振有以下特点：

(1) 产生串联铁磁谐振的必要条件是电感和电容的伏安特性曲线必须相交，$\omega L>\dfrac{1}{\omega C}$，因而铁磁谐振可以在较大范围内产生。

(2) 在铁磁谐振回路，在同一电源电动势作用下，回路可能有不止一种稳定工作状态。在外界激发下，回路可能从非谐振工作状态跃变到谐振工作状态，电路从感性变为容性，发生相位反倾，同时产生过电压和过电流。

(3) 非线性电感是产生铁磁谐振的根本原因，但其饱和特性本身又限制了过电压的幅值，此外，回路中的损耗，会使过电压降低，当回路电阻值大到一定数值时，就不会出现强烈的谐振现象。

(4) 谐振现象的建立，除了参数条件之外，还需要“冲击扰动”，包括系统的突然合闸、发生故障以及故障的消除等外界因素的激发，一旦“激发”起来以后，谐振状态可以“自保持”，维持很长时间不会衰减。

3. 铁磁谐振过电压的限制

为了限制和消除铁磁谐振过电压，可以采取以下措施：

(1) 改善电磁式电压互感器的励磁特性，或改用电容式电压互感器。

(2) 在零序回路中加阻尼电阻。电压互感器开口三角绕组为零序电压绕组，在此绕组两端接入阻尼电阻，或在电压互感器一次绕组的中性点对地接入非线性电阻。

(3) 增大对地电容，可以破坏谐振条件。在10kV及以下母线上，装设中性点接地的星形接线电容器组。

第二节 操作过电压及限制

电网中的电容、电感等储能元件，在电网发生故障或操作时，由于其工作状态发生突变，将产生充电再充电或能量转换的过渡过程，电压的强制分量叠加以暂态分量形成操作过电压，其作用时间约在几毫秒到数十毫秒之间。操作过电压的幅值与波形与电网的运行方式、故障类型、操作对象有关。操作过电压产生的主要形式：切除空载变压器过电压（开断电感性负载，还包括电抗器、高压电动机等）；分合空载长线路过电压（开断电容性负载，还包括电容器组等）。

一、切除空载变压器过电压

1. 切除空载变压器过电压的发展过程

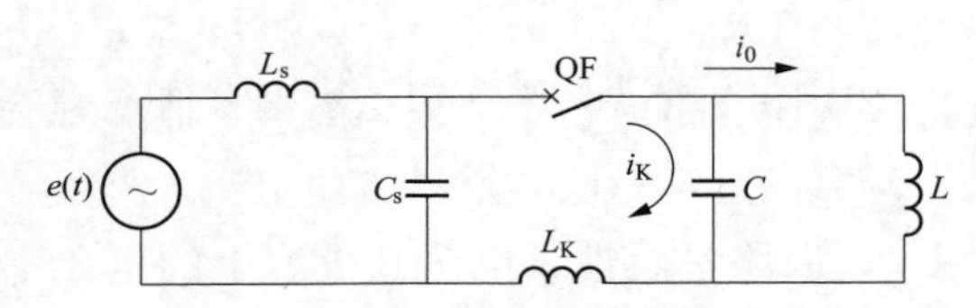

图 5-2-1 切除空载变压器单相等值电路

切除空载变压器的等值电路如图 5-2-1 所示，图中，$e(t)$ 为电源电动势，$e(t)=E_m\cos\omega t$；L_S为电源等值电感；C_S为电源对地杂散电容；QF 为断路器；L_K为母线至变压器联系电感；C 为变压器绕组及引线等值电容；L 为空载变压器的励磁电感。

开断空载变压器时，流过断路器 QF 的电流为变压器的励磁电流 i_0，通常 i_0为额定电流的 0.2%～5%，有效值约几安到几十安。用断路器开断此电流的过程与断路器灭弧性能有关，如一般多油断路器，切断小电流的熄弧能力较弱，通常不会产生在电流过零前熄弧的现象；而压缩空气断路器、真空断路器等，其灭弧能力与开断电流大小关系不大，当它开断很小的励磁电流时，可能会在励磁电流自然过零前被强制截断，甚至在接近幅值 I_m时被截断。截流前后变压器绕组上的电流、电压波形如图 5-2-2 所示，其中图 5-2-2（a）为在 i_0上升部分截流，图 5-2-2（b）为在 i_0下降部分截流。

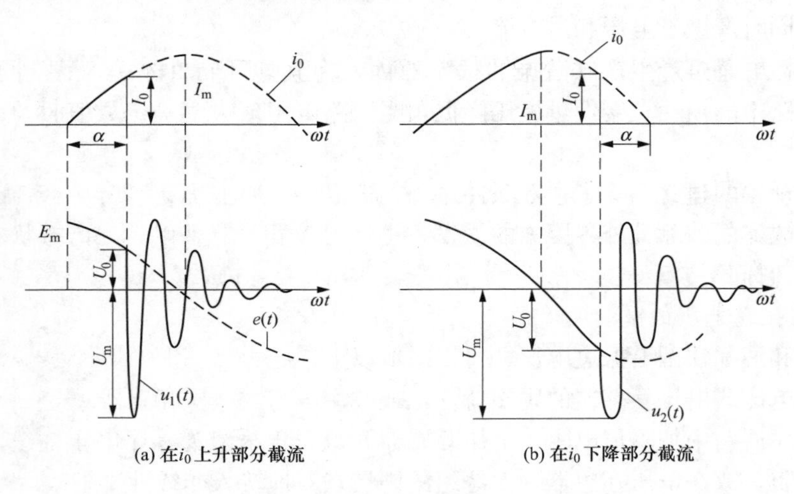

图 5-2-2 截流前后变压器绕组上的电流、电压波形

由于断路器将励磁电流突然截断，使回路电流变化 $\frac{di}{dt}$ 甚大，在变压器绕组电感 L 上产生的压降 $L\frac{di}{dt}$ 也甚大，形成了过电压。如断路器截流时，$I_0=I_m\sin\alpha$，$U_0=E_m\cos\alpha$，则变压器储存的电场能 W_C 和磁场能 W_L 分别为

$$W_C=\frac{1}{2}CU_0^2=\frac{C}{2}E_m^2\cos^2\alpha$$

$$W_L=\frac{1}{2}LI_0^2=\frac{L}{2}I_m^2\sin^2\alpha$$

QF 断开后，上述能量将在图 5-2-1 所示的回路中产生振荡。当回路所储存总能量全部转化为电场能时，电容 C 上的电压为 U_m，则有 $W_L+W_C=\frac{1}{2}CU_m^2$，故得

$$U_m=\sqrt{U_0^2+\frac{L}{C}I_0^2}=\sqrt{E_m^2\cos^2\alpha+\frac{L}{C}I_m^2\sin^2\alpha}$$

截流后过电压倍数为

$$K_n=\sqrt{\cos^2\alpha+\eta_m\left(\frac{f_0}{f}\right)^2\sin^2\alpha}$$

式中：η_m 为小于 1 的能量转化系数（通常在 0.3～0.5 范围内），为考虑磁场能量转化为电场能量损耗的修正系数，其值与变压器绕组铁芯材料特性及振荡频率有关，频率越高，η_m 越小；f_0 为回路自振荡频率，$f_0=\frac{1}{2\pi\sqrt{LC}}$，$f_0$ 与变压器的参数和结构有关，一般高压变压器的 f_0 值最高可达工频的 10 倍左右，超高压大容量变压器的 f_0 值只有工频的几倍，相应的过电压较低。

2. 切除空载变压器过电压的限制

目前限制切除空载变压器过电压的主要措施是采用避雷器。切除空载变压器过电压幅值虽较高，但持续时间短，能量不大，用于限制雷电过电压的避雷器，其通流容量完全满足限制切除空载变压器过电压的要求。用来限制切除空载变压器过电压的避雷器应接在变压器侧，保证断路器开断后，避雷器仍与变压器相连。此外，此避雷器在非雷雨季节也不能退出运行。

二、分合空载长线路过电压

（一）切除空载长线路过电压

1. 分闸过电压的发展过程

切除空载长线路时若断路器触头间电弧多次重燃，则被切除的线路会通过回路中电磁能量的振荡，从电源处继续获得能量并积累起来，形成过电压。这种过电压不仅幅值高，持续时间也较长。

切除空载长线路的等值电路如图 5-2-3 所示，图中，$e(t)$ 为电源电动势，$e(t)=E_m\cos\omega t$；L_1 为电源等值漏感；C_1 为电源侧对地电容；QF 为电源侧断路器；L_2 为线路等值电感；C_2 为线路等值电容。

切除空载长线路过电压的形成过程如图 5-2-4 所示。当线路工频电容电流 $i(t)$ 自然过零

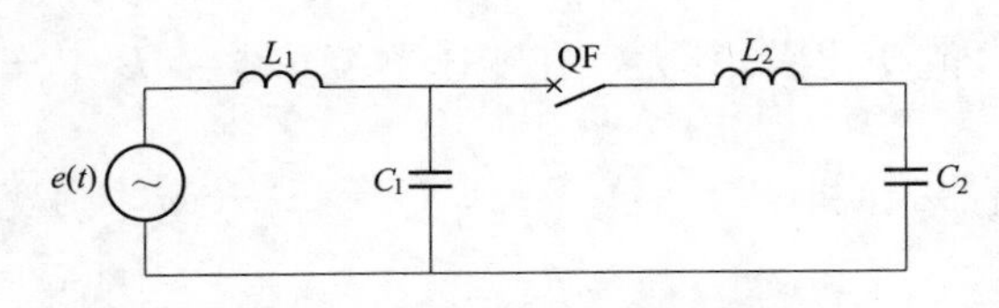

图 5-2-3 切除空载线路单相等值电路

时（$t=t_1$），QF 触头间熄弧，此时 C_2 上的电压为 $-E_m$，熄弧后该电压保持不变，而 C_1 上的电压则随电源电压按余弦规律变化。经过半个工频周期（$T/2=0.01s$），$t=t_2$ 时，断路器触头间恢复电压达最大为 $2E_m$。若此时触头间介质不能承受此恢复电压，电弧重燃，则线路电容 C_2 上的电压从原来的 $-E_m$ 振荡过渡到稳态值 $+E_m$，过渡过程中出现的最大电压 $U_{2m}=2E_m-(-E_m)=3E_m$。重燃时流过断路器的电流主要是高频振荡电流，设高频电流第一次过零时（$t=t_3$）触头间电弧熄灭，这时的高频振荡电压正是最大值，线路电容 C_2 上保留电压 $3E_m$。又经过半个工频周期，$t=t_4$ 时，断路器触头间恢复电压为 $4E_m$，电弧第二次重燃，这时线路上的电压要从 $3E_m$ 过渡到该时刻的 $-E_m$，振荡过程中 C_2 上的电压 $U_{2m}=2(-E_m)-3E_m=-5E_m$，这次振荡的高频电流在 $t=t_5$ 时过零，触头间熄弧，C_2 上保留电压 $-5E_m$。循此以往，每隔半个工频周期就重燃一次和熄弧一次，过电压将按 $7E_m$，$-9E_m$……逐次增加，直到触头间已有足够的绝缘强度，电弧不再重燃为止。由此可知，切空载线路时，断路器重燃是产生过电压的根本原因，而且重燃次数越多，过电压的数值越大。

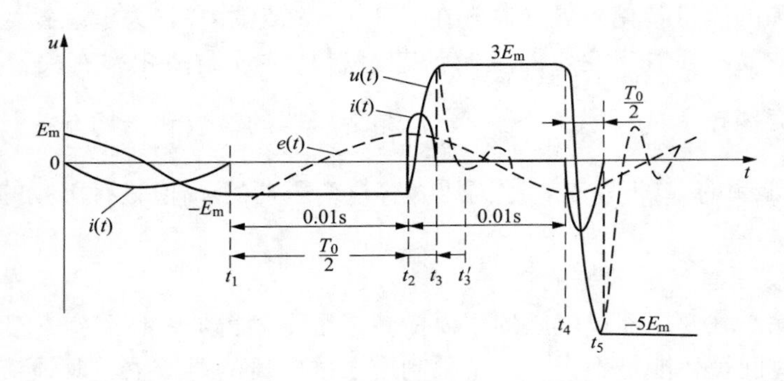

图 5-2-4 切除空载长线路过电压的形成过程

2. 分闸过电压的限制

实际上在考虑切除空载长线路过程一些复杂因素的影响后，过电压值要比上述分析低一些：首先，断路器触头重燃及电弧熄灭具有随机性，即使重燃也不一定在电源电压为最大值并与线路残留电压（C_2 上的电压）极性相反时发生。若重燃提前发生、重燃后不是在高频电流第一次过零时熄弧等情况，都将降低过电压水平。其次，当母线上有其他出线时，相当于加大了母线的对地电容。在断路器重燃瞬间，断开线路上的残余电荷迅速在各条线路对地电容间重新分配，使线路上的起始电压与该瞬间的电源电压差别减小，从而降低了过电压。当过电压较高时，线路上会产生强烈的电晕，引起能量损耗，从而也会限制过电压的升高。

切电容负载时产生过电压的根本原因是断路器的重燃，改进断路器结构，提高触头间介质强度的恢复速度，避免重燃，可从根本上消除这种过电压。采用外能式方法灭弧（如 SF_6，压缩空气，带压油活塞的少油断路器），切除空载线时可做到不重燃。此外，限制切空载线路过电压的办法有：

（1）断路器触头间加装并联电阻。在线路断路器的主触头 QF1 两端并接有带并联电阻 R 的辅助触头 QF2，开断线路时，QF1 先断开，QF2 仍在闭合状态，R 串联在回路中，线路中的残留电荷将通过 R 泄漏，经 1～2 个工频周期，QF2 断开，完成开断线路的动作过程。R 的作用主要是降低断路器触头在开断过程中的恢复电压。

（2）线路断路器的线路侧装电磁式电压互感器。当断路器灭弧后，线路中的残余电荷通过电压互感器绕组阻尼振荡泄放，几个工频周期内残余电荷释放掉，降低断路器两端的恢复电压，避免重燃或减小重燃后产生的过电压。

（3）线路侧接并联电抗器。当断路器触头间断弧后，并联电抗器与线路电容构成振荡回路，使线路中的残余电压成为交流电压。此时，断路器两端的恢复电压呈现拍频波形，幅值上升速度降低，断路器电弧重燃的可能性较小，出现高幅值过电压的概率下降。

（4）在线路首端和末端安装氧化锌避雷器。当断路器开断空载线路发生的过电压达避雷器动作电压时，避雷器的对地电阻瞬间减小，将线路中的残余电荷释放，限制线路过电压的幅值。

（二）空载线路合闸过电压

1. 合闸过电压的发展过程

空载线的合闸分为两种情况，即正常合闸和自动重合闸。这时出现的操作过电压称为合空线过电压或合闸过电压，重合闸过电压是合闸过电压中最严重的一种。合闸过电压在超高压系统的绝缘配合中，变为主要问题，成为选择超高压系统绝缘水平的决定性因素。

在正常合闸时，若断路器的三相完全同步动作，则按单相电路进行分相研究，可得到如图 5-2-5（a）所示的等值电路，其中空载线路用一 T 型等值电路来代替，R_T、L_T、C_T分别为其等值电阻、电感和电容，$u(t)=U_\varphi\cos\omega t$ 为电源相电动势，R_0、L_0分别为电源的电阻和电感。在忽略电源合线路电阻的作用，进一步简化成图 5-2-5（a）所示的简单振荡回路，其中电感 $L=L_0+\dfrac{L_T}{2}$。考虑最不利的情况，即在电源电压正好经过幅值 U_φ时合闸，可得

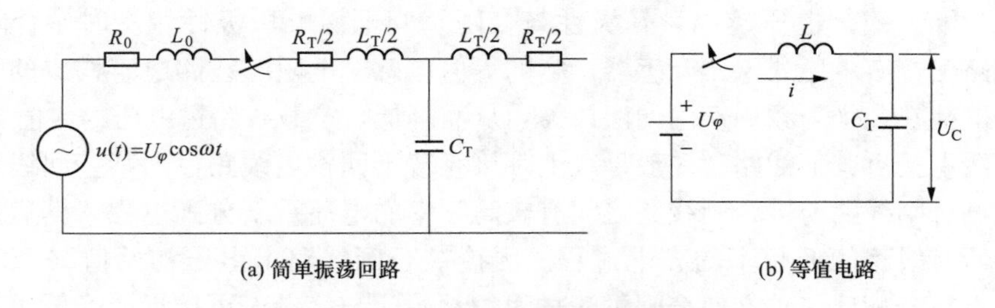

图 5-2-5　空载长线路合闸等值电路

$$U_c=U_\varphi+A\sin\omega_0 t+B\cos\omega_0 t$$

式中：ω_0为振荡回路的自振角频率；A、B 为积分常数。

当 $t=\dfrac{\pi}{\omega_0}$ 时，U_c达到最大值，即 $U_c=2U_\varphi$。实际上，回路存在电阻与能量损耗，振荡将是衰减的，通常以衰减系数 δ 来表示，可得

$$U_c=U_\varphi(1-e^{-\delta t}\cos\omega_0 t)$$

其最大值U_C将略小于$2U_\varphi$。电源电压并非直流电压U_φ，而是工频交流电压$U(t)$，这时的$U(t)$表达式将为

$$U_c = U_\varphi(\cos\omega t - e^{-\delta t}\cos\omega_0 t)$$

以上是正常合闸的情况，空载线路上没有残余电荷，初始电压$U_c=0$。如果是自动重合闸的情况，那么条件将更为不利，主要原因在于这时线路上有一定残余电荷和初始电压，重合闸时振荡将更加激烈。

如果采用的是单相自动重合闸，只切除故障相，而健全相不与电源电压相脱离，那么当故障相重合闸时，因该相导线上不存在残余电荷和初始电压，就不会出现高幅值重合闸过电压。在合闸过电压中，以三相重合闸的情况最为严重，其过电压理论幅值可达$3U_\varphi$。例如线路的A相发生单相接地故障，线路一端的断路器（如QF2）先跳闸，另一端的断路器（如QF1）再跳闸。在QF2跳闸后，流过QF1健全相的电流为线路的电容电流，所以QF1动作后，B、C两相的触头间的电弧将分别在该相电容电流过零时熄灭，这时B、C两相导线上的电压绝对值为U_φ。经过0.5s左右，QF1或QF2自动重合闸，如果B、C两相导线上的残余电荷没有泄漏掉，仍然保持着原有的对地电压，在最不利的情况下，B、C两相中有一相的电源电压在重合闸瞬间正好经过幅值，而且极性与该相导线上的残余电压相反，则重合后出现的振荡将使该相导线上出现最大的过电压，其值为$2U_\varphi-(-U_\varphi)=3U_\varphi$。

2. 合闸过电压的限制

以上对合闸过电压的分析是考虑最严重的条件、最不利的情况。实际出现的过电压幅值会受到一系列因素的影响，最主要的有：

（1）合闸相位。电源电压在合闸瞬间的相位角是一个随机量，与断路器合闸速度及合闸过程中的预击穿特性有关。如果合闸不是在电源电压接近幅值U_φ时发生，出现的合闸过电压自然就较低了。

（2）线路损耗。线路损耗的主要来源：线路及电源的电阻；当过电压超过导线的电晕起始电压后，导线上出现的电晕损耗。线路损耗能减弱振荡，从而降低过电压。

（3）线路残余电压的极性和大小。重合闸时线路上留有残余电压，其大小取决于线路绝缘子表面的泄漏。残余电压越高，其极性与合闸瞬间电源电压极性相反时，合闸过电压越高。如果线路侧接有电磁式电压互感器，它的等值电感、电阻与线路电容构成的阻尼振荡回路，使残余电荷在几个工频周期内便泄放掉，从而降低合空载线路过电压的数值。

（4）母线上接有其他线路。一般母线上都接有若干回输电线路，当某一回线路断路器合闸时，首先已合闸线路与被合闸线路之间有较高频率的电荷重新分配过程，其后是电源对接于母线上的所有线路的低频率的充电过程。无论被合闸线路上电压初始值与合闸的相位如何，经电荷重新分配后，总会使合闸过渡过程的起始值与稳态值更接近，降低了过电压。母线上的其他线路越长，合闸时吸收被合闸线路的振荡能量越多，降压作用越大。

针对过电压的形成及其影响因素，限制、降低合闸过电压的措施主要有：

（1）采用单相（故障相）自动重合闸。因故障相的初始电压为零，重合闸时不会出现高幅值的过电压。

（2）装设并联合闸电阻。它是限制合空线过电压最有效的措施。并联合闸电阻的接法与分闸电阻相同。不过这时先合QF2，后合QF1，整个合闸过程的两个阶段对阻值的要求是不同的：在QF2的第一阶段，R对振荡起阻尼作用，使过渡过程的电压最大值有所降低，R

越大阻尼作用越大，过电压越小；大约经过 8～15ms，开始合闸的第二阶段，QF1 闭合将 R 短接，使线路与电源相连，完成合闸操作。在第二阶段，R 越大过电压越大。两个阶段相互矛盾的要求，可通过选择适中的电阻值，兼顾两方面的要求，这个阻值一般在 400～1000Ω 的范围内。对于合闸过电压不高的线路，也可不装设合闸电阻。

（3）利用避雷器来保护。在线路首、末端（线路断路器的线路侧）安装 ZnO 或磁吹避雷器，可限制线路合闸过电压。在断路器并联电阻失灵或其他意外情况，出现较高幅值的过电压时，避雷器动作将过电压限制在允许范围内，作为后备保护配置。因为避雷器的保护范围通常在 100～200km，所以在超高压系统中，线路较长需在线路的首、末端同时装设避雷器。

3. 空载线路合闸过电压的允许水平

按照国标 GB/T 50064—2014 的要求，范围Ⅱ系统空载线路合闸和重合闸过电压，对 330kV、500kV 和 750kV 系统分别不大于 2.2p.u.、2.0p.u. 和 1.8p.u.。

第三节　雷电过电压及限制

一、雷电放电过程

就其本质而言，雷电放电是一种超长气隙的火花放电，与金属电极间的长气隙放电是相似的。所不同的是由于雷云的物理性质毕竟与金属板不同，因而具有多次重复雷击等现象和特点。

关于雷电的形成机理有很多的理论，它们或从微观的物理过程出发，或从宏观的大气现象出发，对雷云形成过程中的电荷分离、电荷的积聚分布、雷云电场的形成等进行分析、研究，其中比较有代表性的有感应起电、对流起电、温差起电、水滴分裂起电、融化起电、冻结起电等，但至今尚无定论。通常认为，在含有饱和水蒸气的大气中，当遇到强烈的上升气流时，会使空气中水滴带电，这些带电的水滴被气流所驱动，逐渐在云层的某部位集中起来，形成带电雷云。雷云中的电荷一般不是在云中均匀分布的，而是集中在几个带电中心。雷云的上部带正电荷，下部带负电荷。正电荷云层分布在大约 4～10km 的高度，负电荷云层分布在大约 1.5～5km 的高度。直接击向地面的放电通常从负电荷中心的边缘开始。大多数雷电发生在雷云之间，对地面没有直接影响。雷云对大地的放电虽然只占少数，但它是造成雷害事故的主要因素。

雷电放电的发展过程如图 5-3-1 所示，其中图 5-3-1（a）部分为多重雷电放电的过程，图中 b 部分为相应的放电电流波形。雷电放电过程可分为先导放电、主放电和余辉放电三个阶段。

（一）先导放电阶段

云层中富含电荷，但电荷传导困难，云内气流运动可以裹携电荷位移。雷云下部大部分带负电荷，所以大多数的雷击是负极性的，雷云中的负电荷会在地面感应出大量正电荷。这样地面与大地之间或两块带异号电荷的雷云之间，会形成强大的电场，其电位差可达数兆伏甚至数十兆伏，使空气游离。当某一段空气游离后，这段空气由原来的绝缘状态变为导电性的通道，称为先导放电通道。

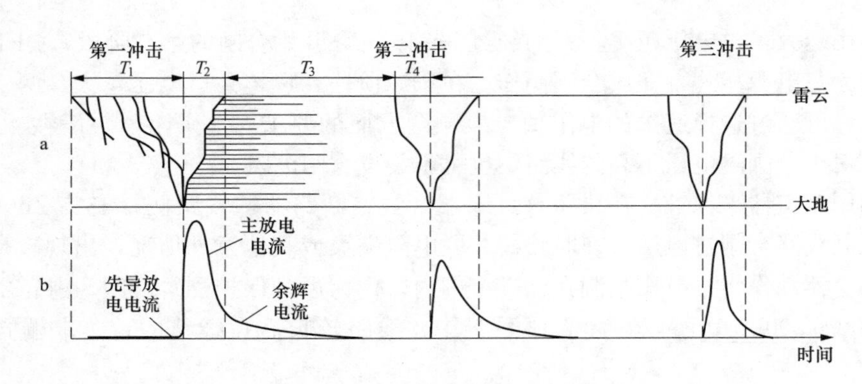

图 5-3-1　雷电放电的发展过程

通常“云—地”之间的线状雷电在开始时往往是一微弱发光的通道从雷云向地面伸展，它以逐级推进的方式向下发展，每级长度约 25～50m，每级的伸展速度约 104km/s，平均发展速度 100～800km/s，出现的电流不大，通道内的游离不是很强烈，通道的导电性不是很好，雷云中的电荷下移需要一定的时间，这种预放电称为先导放电。

在先导通道发展的初始阶段，其发展方向受到一些偶然因素的影响并不固定，但当它发展到距地面一定高度时，先导通道会向地面上某个电场强度较强的方向发展。当先导放电接近地面时，地面上一些高耸的物体因周围电场强度达到了能使空气电离的程度，会发出向上的迎面先导。迎面先导在很大程度上影响下行先导的发展方向。

（二）主放电阶段

当先导通道的头部与迎面先导上的异性感应电荷或与地面之间的距离很小时，剩余空气间隙中的电场强度达到极高的数值，造成空气间隙强烈游离，最后形成高导电通道，将先导头部与大地接通，这就是主放电阶段的开始，游离出来的电子通过被击物流入地中，形成很大的冲击电流，留下的正离子则向上运动去中和先导通道中的负电荷。剩余间隙形成新的放电通道，由于其电离程度比先导通道强烈得多，电荷密度很大，故通道具有很高的导电性。主放电的发展速度很高，约为 2×10^{7}～1.5×10^{8}m/s，放电电流幅值达到几千安、几十千安、甚至数百千安，产生强烈的光和热，使空气急剧膨胀震动，出现雷鸣和闪光。这段时间极短，只有 50～100μs，它是沿着负的下行先导通道，由下而上逆向发展的，当主放电到达云端时，放电过程结束。

（三）余辉放电阶段

第一次主放电后，经过 0.03～0.05s 间隔时间后，云层纵深区域电荷向第一次主放电形成的电荷空白区域移动，借助通道再放电，形成第二次放电。此后的放电不再分级，而连续进行。云层边缘区域零星电荷向电荷空白区域移动，在放电末期形成余辉放电。余辉放电电流不大，持续时间较长。由于云中同时可能存在几个带电中心，所以雷电放电往往是重复的，一般约重复 2～3 次。

一次主放电的电荷量其实是不太大的。如放电时间为 50～100μs、放电幅值为 100kA 时，则电荷量为 10C，相当于 10A 电流维持 1s 。但雷击放电的高电压、电流幅值所携带的瞬时能量是巨大的。设雷击幅值电流 100kA，通道和接地阻抗 2Ω，则幅值电压为 200kV、其放电幅值电功率为 2000 万 kW。

二、雷电参数

雷电放电与气象、地形、地质等许多自然因素有关，具有很大的随机性，所以用来表征雷电特性的参数就带有统计的性质。雷电参数是防雷设计、合理采用防雷保护措施的重要依据。典型的雷电特征参数如表5-3-1所列。

表5-3-1　　典型的雷电特征参数

参数	数值	参数	数值	参数	数值
电位	30MV	最大的 di/dt	40kA/μs	连续电流	140A/μs
电流幅值	34kA	雷击之间的时间间隔	30ms	连续电流时延	150ms

1. 雷电活动频度

一个地区雷电活动的频繁程度，以该地区多年统计所得的平均出现的雷暴天数或雷暴小时数来表示。雷暴日是一年中有雷电的天数，在一天内只要听到雷声就算作一个雷暴日。雷暴小时是一年中有雷电的小时数，在一个小时内只要听到雷声就算作一个雷暴小时。三个雷暴小时可折合为一个雷暴日。地区雷暴日数以国家公布的当地年平均雷暴日数为准。地区雷暴日等级根据年平均雷暴日数划分为少雷区、中雷区、多雷区和强雷区。年平均雷暴日在25天及以下的地区为少雷区；年平均雷暴日在大于25天不超过40天的为中雷区；年平均雷暴日在大于40天不超过90天的为多雷区；年平均雷暴日超过90天的为强雷区。

雷电活动的频繁程度与地球的纬度及气象条件有关。我国达强雷区雷暴日数的主要分布在海南省的海口市、广东省的湛江市和茂名市、广西壮族自治区的南宁市和梧州市、云南省的景洪县等，年平均雷暴日在94～114天之间；多雷区主要分布在广东、广西、福建、浙江、安徽、云南、四川和西藏的部分地区。

2. 地面落雷密度

雷暴日或雷暴小时仅表示雷电活动的强弱，它没有区分是雷云之间的放电还是雷云对地面的放电。因为造成雷害事故的是雷云对地面的放电，所以用地面落雷密度（γ）来表示在一个雷暴日中，每平方千米地面上的平均落雷次数，表征雷云对地的放电的频繁程度。根据国标GB 50057—2010《建筑物防雷设计规范》，雷击大地的年平均密度，首先应按当地气象台、站资料确定；若无此资料，可按下式计算：

$$N_g = 0.1T_d \ [次/(km^2 \cdot a)]$$

式中：N_g为建筑物所处地区雷击大地的年平均密度，次/(km^2·a)；T_d为年平均雷暴日。

3. 雷电流的极性

雷电流的极性是按照从雷云流入大地的电荷极性决定的。根据国内外的实测统计，75%～90%的雷电流是负极性的，加之负极性的冲击过电压波沿线路传播时衰减小，对设备危害大，故在电气设备的防雷保护和绝缘配合通常都按负极性考虑。

4. 雷电流的幅值、波头、波长和陡度

对于脉冲波形的雷电流，由以下主要参数来表征：幅值、波头、波长和陡度。幅值是指脉冲电流所达到的最高值；波头是指电流上升到幅值的时间；波长是指脉冲电流的持续时间；幅值和波头又决定了雷电流随时间上升的变化率，称为雷电流的陡度。

（1）雷电流的幅值。雷电流的幅值与云层中电荷的多少、气象及自然条件有关，是一个随机变量，是通过大量的实测来分析估计其概率分布规律。国标 GB/T 50064—2014 给出的雷电流幅值的概率计算公式为（对于一般地区输电线路杆塔）

$$P(I_0 \geqslant i_0)=10^{-\frac{i_0}{88}}$$

式中：I_0为雷电流幅值的变量；i_0为给定的雷电流幅值；$P(I_0 \geqslant i_0)$为雷电流幅值超过 i_0（kA）的概率。

国标 GB/T 21714.1—2015《雷电防护》中关于雷电流峰值与概率的关系如表 5-3-2 所列。

表 5-3-2　概率 *P* 与雷电流 *I* 的关系

I(kA)	P	I(kA)	P	I(kA)	P	I(kA)	P	I(kA)	P	I(kA)	P
0	0.1	10	0.9	35	0.5	60	0.2	150	0.02	400	0.002
3	0.99	20	0.8	40	0.4	80	0.1	200	0.01	600	0.001
5	0.95	30	0.6	50	0.3	100	0.05	300	0.005		

（2）雷电流的波头、波长和陡度。虽然雷电流幅值随自然条件不同而差别很大，但雷电流的波形却基本一致。雷电冲击波大多都在 1～5μs 范围内，平均为 2～2.5μs。雷电流的波长（半峰值时间）在 20～100μs 范围内，平均约为 50μs。在防雷设计中，雷电流的波形采用 2.6/50μs。

由于雷电流的波头长度变化范围不大，所以雷电流的陡度和幅值必然密切相关。我国采用 2.6μs 的固定波头长度，雷电流波头的平均陡度为

$$\alpha=\frac{I}{2.6}\ (\text{kA}/\mu\text{s})$$

即幅值较大的雷电流其陡度也较大。

三、雷电过电压及防护

通常将雷电引起的电力系统过电压，称为大气过电压，雷云放电在电气设备上产生的过电压，是由于雷云的影响而产生的，所以也称作雷电过电压。大气过电压可分为直击雷过电压、雷电反击过电压、感应雷过电压和雷电侵入波过电压。

直击雷过电压指雷云直接对电器设备或电力线路放电，雷电流流过这些设备时，在雷电流流通路径的阻抗（包括接地电阻）上产生冲击电压引起的过电压。

雷电反击过电压指雷云对电力架空线路的杆塔或者架空避雷线放电，雷电流经杆塔入地时，在杆塔阻抗＋接地装置阻抗上出现高电位，这个高电位作用于线路的绝缘结构上，有可能产生绝缘击穿，这种情况称为雷电反击过电压。

感应雷过电压是指在架空电力线路的附近不远处发生闪电，虽然雷电没有直接击中线路，但在导线上感应出大量的电荷形成的过电压。其形成过程：当雷云处于先导放电阶段，先导通道中的电荷对输电线路产生静电感应，将与雷云异性的电荷由导线两端拉到靠近先导放电的一段导线上成为束缚电荷。雷云在主放电阶段先导通道中的电荷迅速中和，这时输电线路导线上原有束缚电荷立即转为自由电荷，自由电荷向导线两侧流动而造成的过电压为感应过电压。

雷电侵入波过电压。因直接雷击或感应雷击在输电线路导线中形成迅速流动的电荷称它

为雷电进行波。雷电进行波对其前进道路上的电气设备构成威胁，因此也称为雷电侵入波。一般的发电厂都有架空进出线，则必须考虑对雷电侵入波的预防。雷电侵入波对电气设备的严重威胁还在于：当雷电侵入波前行时，例如遇到处于分闸状态的线路开关，或者来到变压器绕组尾端中性点处，则会产生进行波的全反射。这个反射与侵入波叠加，过电压增高一倍，极容易造成击穿事故。

（一）直击雷过电压及防护

1. 直击雷过电压

（1）架空输电线的直击雷过电压。当雷电直接击于架空输电线的导线（设为 A 点）时，等于沿主线放电通道（其波阻抗为 Z_0）袭来一个 $\frac{i}{2}$ 的电流波，由于输电线的长度远大于雷电波的波长，输电线可视为无限长导线，此时雷电波碰到的是两侧导线的波阻抗相并联后的 $\frac{Z}{2}$，由于 $Z_0=\frac{Z}{2}$，所以可近似认为此时在 A 点没有波的折反射发生，A 点的直击雷过电压为

$$u_A=\frac{i}{2}\times\frac{Z}{2}=\frac{iZ}{4}$$

（2）避雷针的直击雷过电压。当雷击避雷针的顶端，雷电流流过针体和接地装置时，避雷针上将会出现高电位，避雷针高度 h 处的电位为 u_a，接地装置上的电位为 u_e，它们分别为

$$u_a=iR_i+L_0h\frac{di}{dt}$$

$$u_e=iR_i$$

式中：i 为流过避雷针的电流，kA；R_i为避雷针的冲击接地电阻，Ω；L_0为避雷针单位高度的等值电感，μH/m；$\frac{di}{dt}$ 为雷电流的陡度，kA/μs。

（3）避雷线的直击雷过电压。避雷线的直击雷过电压分为两种。

1）避雷线一端绝缘直击雷过电压。架空避雷线的接地方式有两种，一种是线的一端绝缘，另一端接地；另一种是线的两端均接地。对于一端绝缘的避雷线，雷击悬挂绝缘子串附近的开路端点（称其 C 点）的过电压最高，该点的过电压为

$$u_C=iR_i+L_0(h+\Delta l)\frac{di}{dt}$$

式中：L_0为避雷线与接地架构单位长度的平均电感，μH/m；h 为避雷线支柱的高度，m；Δl 为避雷线上校验的雷击点与接地支柱的距离，m。

2）对于两端接地的避雷线，雷击校验点 C 的过电压为

$$u_C=i_1R_1+L_0(h_1+\Delta l)\frac{di_1}{dt}$$

式中：i_1 为流向架构 1 的雷电流；R_1、h_1 分别为架构 1 的冲击接地电阻和架构 1 的高度；Δl 为避雷线上校验的雷击点与最近支柱间的距离。

2. 直击雷过电压的防护

发电厂对直击雷的防护措施包括两个方面，一是在厂区范围内装设避雷针，避雷针的保护范围覆盖厂内所有设备（即使机械设备其动力和控制部分也是电气设备）；建筑物装防雷带及接地网；利用主厂房基础设主接地网或另设主接地网。二是电厂的专属输电线路装设架空地线和接地装置。

（1）避雷针（线）及保护范围。

避雷针由接闪器、引下线和接地体三部分构成，接闪器是避雷针的最高部分，其头部一般做成球面，用来接受雷电放电；引下线用于将接闪器上的雷电流安全导入接地体，可用圆钢、扁钢制成，钢质避雷针本身也可作为引下体，但必须保证其通流截面满足要求；接地体的作用是使雷电流顺利入地，并且降低雷电流通过时的压降，为此使用钢材尽量与土地有更深更多更紧密的接触。

避雷针（线）的保护原理是，当雷云接近地面时，它使地面电场发生畸变，在避雷针（线）的顶端，形成局部电场强度集中的空间，影响雷电先导放电的发展方向。据此装设避雷装置，引导雷电向避雷针（线）放电，再通过接地引下线和接地装置将雷电流引入大地，从而使被保护物体遭受雷击。雷云在高空随机漂移，先导放电的开始阶段随机地向任意方向发展，不受地面物体的影响。当先导放电向地面发展到某一高度 H 以后，才会在一定范围内受到避雷针（线）的影响，对避雷针（线）放电。H 称为定向高度，与避雷针的高度 h 有关，当 $h \leqslant 30$m 时，$H \approx 20$m；当 $h > 30$m 时，$H \approx 600$m。

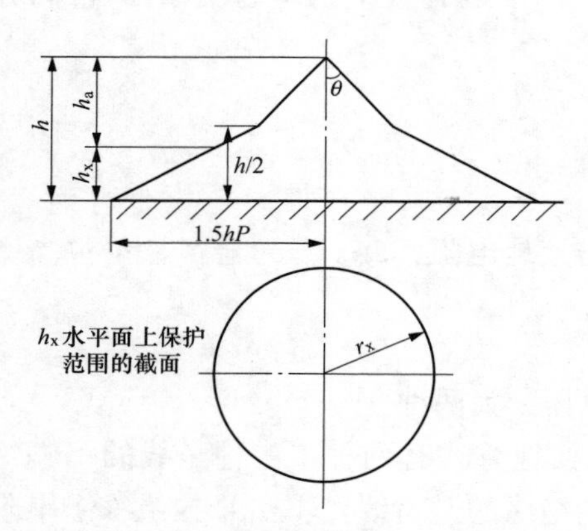

图 5-3-2　单根避雷针的保护范围

避雷针（线）的保护范围是指被保护物体在此空间范围内不致遭受雷击。关于避雷针保护范围的计算方法有所谓折线法和滚球法，其中后者适用于建筑物的防雷设计，前者适用于户外电气装置的防雷设计。多年来电力系统多按行业标准使用折线法，在国标 GB/T 50064—2014《交流电气装置的过电压保护和绝缘配合设计规范》中，避雷针的保护范围也采用了这一方法。它是按保护概率 99.9%确定的，也就是说，保护范围内并不是绝对保险的，而是相对于某一保护概率而言。

1）单根避雷针的保护范围。单根避雷针的保护范围如图 5-3-2 所示。①避雷针在地面上的保护半径为

$$r = 1.5hP$$

式中：h 为避雷针的高度，m，当 $h > 120$m 时，可取其等于 120m；P 为高度影响系数，$h \leqslant 30$m 时，$P = 1$；30m$< h \leqslant$120m 时，$P = \frac{5.5}{\sqrt{h}}$；$h > 120$m 时，$P = 0.5$。②在被保护物高度 h_x 水平面上的保护半径

当 $h_x \geqslant 0.5h$ 时，保护半径为

$$r_x = (h - h_x)P = h_a P$$

式中：h_x 为被保护物的高度，m；h_a 为避雷针的有效高度，m。

当 $h_x < 0.5h$ 时，保护半径为

$$r_x = (1.5h - 2h_x)P$$

2）两支等高避雷针的保护范围。两支等高避雷针的保护范围如图 5-3-3 所示。保护范围的确定方法为：①两针外侧的保护范围按单支避雷针的计算方法确定。②两针间的保护范围通过两针顶点及保护范围上部边缘最低点 O 的圆弧确定，圆弧的半径为 R'_O。O 为假想避雷针的顶点，其高度为

$$h_O = h - \frac{D}{7P}$$

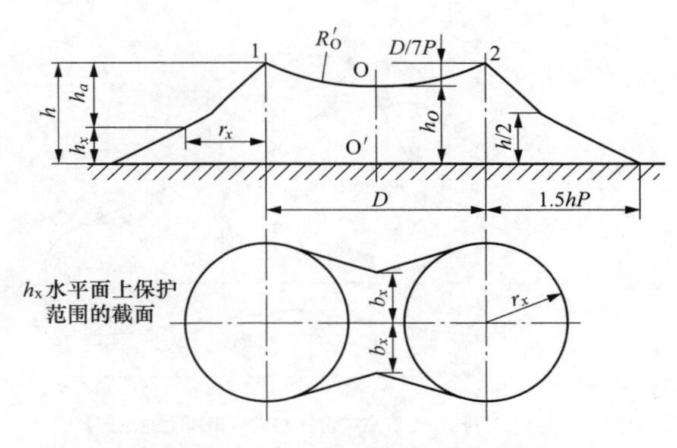

图 5-3-3　两支等高避雷针的保护范围

式中：h_O为两针间保护范围上部边缘最低点高度，m；D 为两避雷针的距离，m。③两针间 h_x水平面上保护范围的一侧最小宽度 b_x按图 5-3-4 确定。当 b_x大于 r_x时，取 $b_x = r_x$。④两针间距离与针高之比 D/h 不宜大于 5。

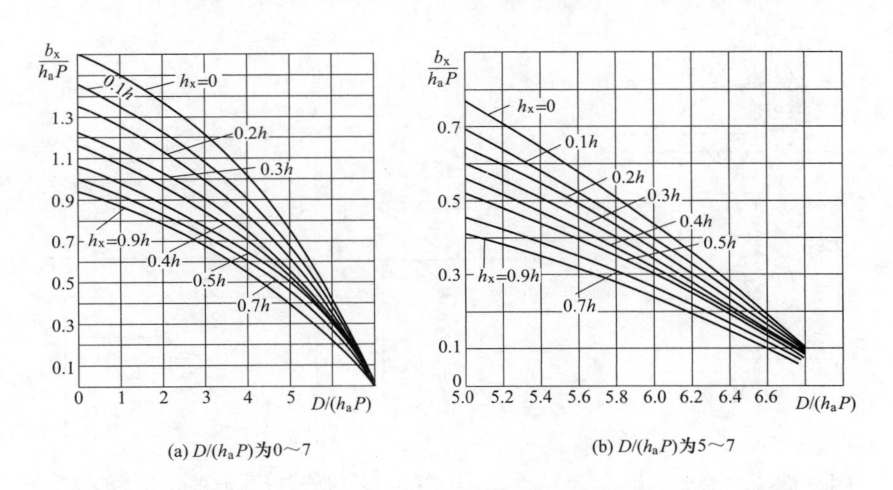

图 5-3-4　两等高避雷针间保护范围的一侧最小宽度（b_x）与 $D/(h_aP)$ 的关系

3）多支等高避雷针的保护范围。多支等高避雷针的保护范围如图 5-3-5 所示。三支等高避雷针所形成的三角形的外侧保护范围分别按两支等高避雷针的计算方法确定。在三角形内被保护物最大高度 h_x水平面上，各相邻避雷针间保护范围的一侧最小宽度 $b_x \geqslant 0$ 时，全部面积可受到保护。四支及以上等高避雷针所形成的四角形或多边形，先将其分成两个或数个三角形，然后分别按三支等高避雷针的方法计算。

4）单根避雷线在 h_x水平面上每侧保护范围的宽度单根避雷线的保护范围如图 5-3-6 所示。

当 $h_x \geqslant h/2$ 时，每侧保护范围的宽度为

$$r_x = 0.47(h - h_x)P$$

当 $h_x < h/2$ 时，每侧保护范围的宽度为

$$r_x = (h - 1.53h_x)P$$

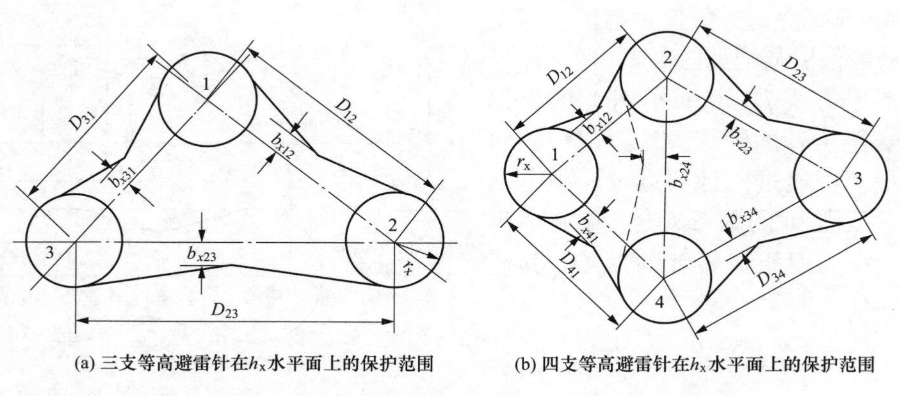

图 5-3-5 多支等高避雷针的保护范围

5）两根等高平行避雷线的保护范围。两根等高平行避雷线的保护范围如图 5-3-7 所示。

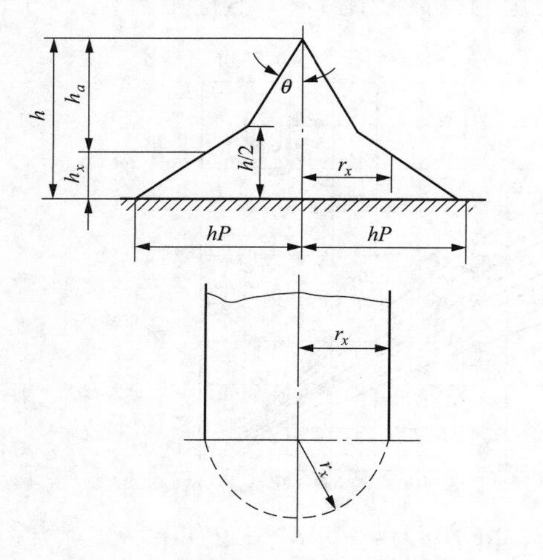

图 5-3-6 单根避雷线的保护范围

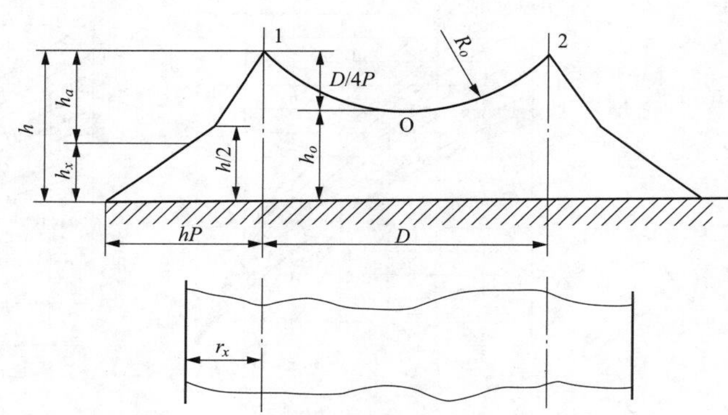

图 5-3-7 两根等高平行避雷线的保护范围

①两避雷线外侧的保护范围按单根避雷线的计算方法确定。②两避雷线间各横截面的保护范围由通过两避雷线及保护范围边缘最低点 O 的圆弧确定。O 的高度为

$$h_O = h - D/(4P)$$

式中：D 为两避雷线间的距离，m。③两避雷线端部的外侧保护范围按单根避雷线保护范围计算。两线间端部保护最小宽度 b_x 的确定为

$$b_x = 0.47(h_O - h_x)P（当 h_x \geqslant h/2 时）$$

$$b_x = (h_O - 1.53h_x)P（当 h_x < h/2 时）$$

6）不等高避雷针、避雷线的保护范围。不等高避雷针、避雷线的保护范围如图 5-3-8 所示。①两支不等高避雷针外侧的保护范围分别按单支避雷针的计算方法确定。②两支不等高避雷针间的保护范围按单支避雷针的计算方法，先确定较高避雷针 1 的保护范围，然后由较低避雷针 2 的顶点，做水平线与避雷针 1 的保护范围相交于点 3，取点 3 等效避雷针的计算方法确定避雷针 2 和 3 间的保护范围。通过避雷针 2、3 顶点及保护范围上部边缘最低点的圆弧，其弓高为

$$f=D'/(7P)$$

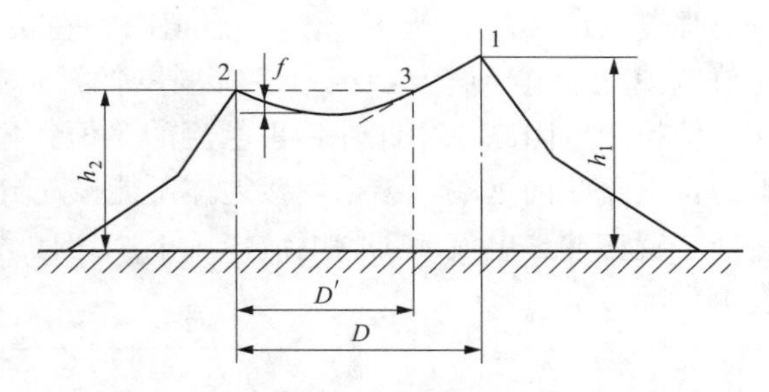

图 5-3-8　两支不等高避雷针的保护范围

式中：D'为避雷针 2 和等效避雷针 3 间的距离，m。③多支不等高避雷针所形成的多边形，各相邻两避雷针的外侧保护范围按两支不等高避雷针的计算方法确定；三支不等高避雷针，在三角形内被保护物最大高度 h_x水平面上，各相邻避雷针间保护范围一侧最小宽度 $b_x \geqslant 0$ 时，全部面积可受到保护；四支及以上不等高避雷针所形成的多边形，其内侧保护范围可仿照等高避雷针的方法确定。④两支不等高避雷线各横截面的保护范围，仿照两支不等高避雷针的计算方法确定。

（2）接地装置。前已述及直击雷过电压的大小与避雷设施的接地装置接地电阻有关，降低接地电阻是降低雷过电压的有效措施。

1）接地装置的接地电阻。埋入地下与土壤有良好接触的金属导体称为接地体，连接接地体和电气装置接地部分的导线称为接地线。接地装置是接地体和接地线的总称，其作用是减小接地电阻，以降低电流流入大地时的电压。

电位的高低是相对而言的，考虑到大地是个导体，在没有通过电流时是等电位的，把它作为电位的参考点称为零电位。如果地面上的金属物体与大地良好接触，在没有流过电流时，金属物体与大地之间没有电位差，该物体就具有了大地的零电位，这就是接地的含义。

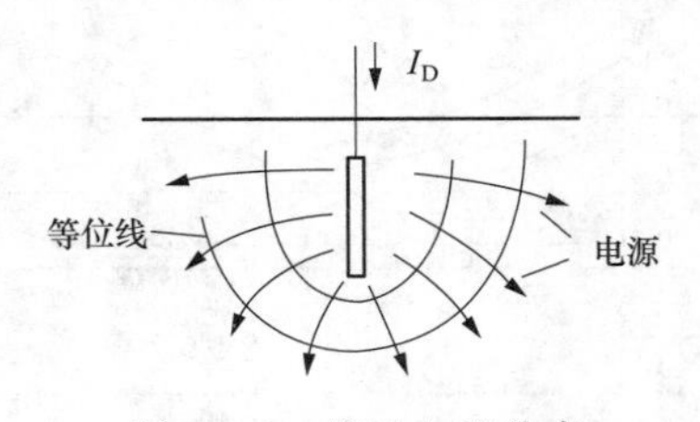

图 5-3-9　接地电流分布

实际上大地并不是理想导体，它具有一定的电阻率，有电流流过时，大地则不再保持等电位。从地面上流进大地的电流以一点注入，进入大地后则以电流场的形式向四周扩散，则大地中呈现相应的电场分布，如图 5-3-9 所示。设土壤电阻率为 ρ，地中某点电流密度为 δ，则该点的电场强度 $E=\rho\delta$。离电流注入点越远，地中电流密度越小，电场强度越弱。因此认为在无穷远处，地中电流密度 δ 和电场强度 E 接近零，该处为零电位。由此可见，当接地点有电流流入大地时，该点相对于远处的零电位来说，具有确定的电位升高。图 5-3-9 中的等位线 $U=f(r)$ 表示地表面的电位分布情况。

接地装置的接地电阻等于接地处的电位与接地电流的比值，当接地电流为定值时，接地电阻越小，则电位越低，所以为降低雷电反击过电压，应尽可能降低接地电阻。

电气强电接地按作用分类可分为工作接地、保护接地、防雷接地。工作接地如系统的中性点接地，其主要作用是迅速切除故障设备；降低电气设备和输电线路的绝缘水平。保护接地就是将电气设备的金属部分与接地体连接，确保设备外壳处于地电位，以防设备绝缘损坏导致触电事故。防雷接地的作用如下所述。

2）防雷接地。防雷接地的作用是使雷电流顺利入地，减小雷电流通过时的电位升高。对工作接地和保护接地来说，接地电阻是指工频或直流电流流过时的接地电阻，称为工频或直流电阻。而当接地装置上流过雷电冲击电流时，所呈现的电阻称为冲击接地电阻，即接地体上的冲击电压与冲击电流幅值之比。与工频接地短路电流相比，雷电冲击电流具有幅值大、等值频率高的特点。雷电电流的幅值大，会使地中电流密度 δ 增大，因而提高了地中的电场强度（$E=\rho\delta$）。当 E 超过一定值时，在接地体周围的土壤中会发生局部火花放电。火花放电使土壤电导增大，接地装置周围像被良好导电物质包围，相当于接地电极的尺寸加大，使接地电阻减小。此外，雷电流的等值频率高，会使接地体本身呈现明显的电感作用，阻碍雷电流流向远端，结果使接地体不能被充分利用，则冲击电阻大于工频电阻。因而同一接地装置在冲击电流或工频电流作用下，具有不同的电阻，两者之间的关系用冲击系数 α 来表示，即

$$\alpha=\frac{R_{\mathrm{i}}}{R_{\mathrm{g}}}$$

式中：R_{i}、R_{g}分别为冲击接地电阻和工频接地电阻。

冲击系数 α 与雷电流幅值、土壤电阻率及接地体的几何尺寸有关。一般情况下，火花效应的影响大于电感效应的影响，故 $\alpha<1$；但对于伸长接地体来说，其电感效应更明显，则 α 可能大于 1。参见图 5-3-10 所示。其中，图 5-3-10（a）为垂直接地，图 5-3-10（b）为水平接地，图 5-3-10（c）为接地网。

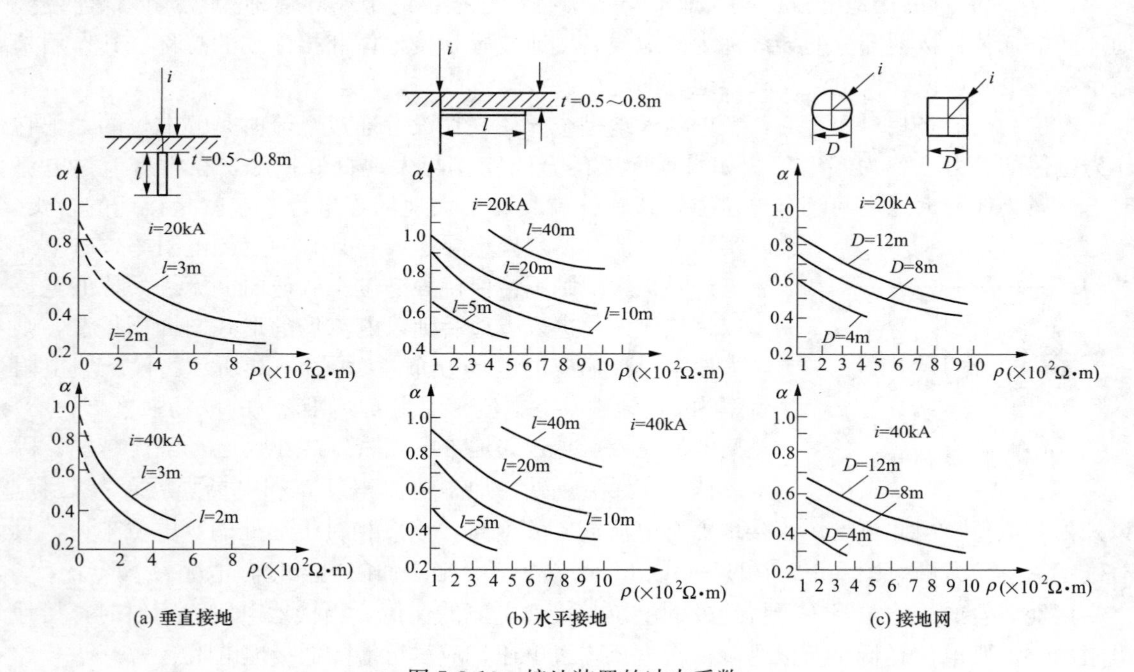

图 5-3-10　接地装置的冲击系数

3）典型接地装置。接地体通常由角钢、圆钢、钢管、扁钢等钢材组成，水平接地体用扁钢或圆钢埋于地表面下 0.5～1m 处；垂直接地体用长度约 2.5m 的角钢或钢管打入地中。它们的接地电阻分别为：

垂直接地体电阻　　$R=\frac{\rho}{2\pi l}\left(\ln\frac{8l}{d}-1\right)(\Omega)$

水平接地体电阻　　$R=\frac{\rho}{2\pi L}\left(\ln\frac{L^{2}}{dh}+A\right)(\Omega)$

接地网总电阻
$$R=\frac{0.44\rho}{\sqrt{S}}+\frac{\rho}{L}(\Omega)$$

式中：ρ 为土壤电阻率，$\Omega\cdot m$；l 为垂直接地体长度，m；d 为接地体直径，m；L 为水平接地体的总长度，m；h 为水平接地体的埋设深度，m；A 为因受屏蔽影响使接地电阻增加的系数，其值参见表 5-3-3；S 为接地网的总面积，m^2。

表 5-3-3　　水平接地体屏蔽系数

序号	1	2	3	4	5	6	7	8
接地体形式								
屏蔽系数 A	−0.6	−0.18	0	0.48	0.89	1	3.03	5.65

以上公式计算出来的是工频电阻，其冲击电阻需乘上冲击系数 α。

接地装置中，一般单一接地体的接地电阻值难以满足设计要求，需要由多个接地体并联组成接地装置，称为复式接地装置。在复式接地装置中，由于各接地体之间相互屏蔽的效应，以及各接地体与连接用的水平电极之间相互屏蔽的影响（如图 5-3-11 所示），相邻电极的电流线存在重叠情况，使接地体的利用情况恶化，总的接地电阻 R_Σ 要比 R/n 略大，总接地电阻 R_Σ 为

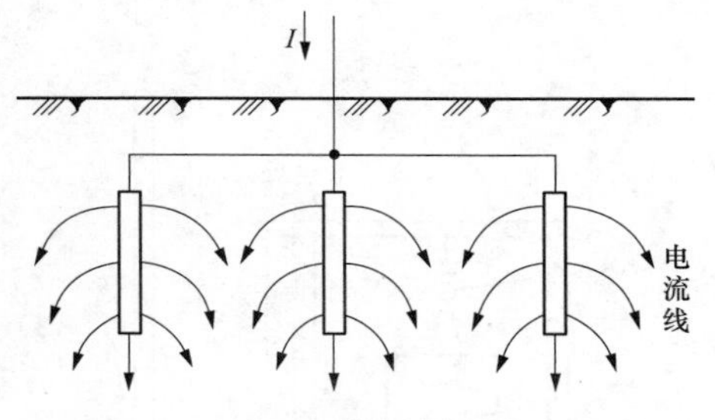

图 5-3-11　三垂直接地体的屏蔽效应

$$R_\Sigma=\frac{R}{\eta n}$$

式中：η 为利用系数，表示由于电流相互屏蔽而使接地体不能充分利用的程度，一般 η 为 0.65～0.8，与流经接地体的电流是工频或是冲击电流有关。

从几种接地体的接地电阻计算公式可以看出，接地电阻的大小与接地体的长度 l 或 L、直径 d、接地体的埋设深度 h、接地网的面积 S 以及土壤的电阻率 ρ 有关。要有效降低接地装置的接地电阻，增大接地体与土壤的接触面积和埋设的深度是主要方法。此外，在一些电阻率较高的土壤，则要通过加入降阻剂才能有效降低其接地电阻。

对于不同场所、设备、设施的接地电阻，国标 GB/T 50064—2014 的要求如表 5-3-4 所列。

表 5-3-4　　各种场所、设备、设施的接地电阻

类　型	接地电阻值（Ω）	备　　注
避雷针接地电阻	10	
露天贮罐接地体接地电阻	30	无独立避雷针保护时为 10Ω。接地点不少于 2 处
架空管道接地电阻	30	每隔 20～25m 接地一次
线路杆塔工频接地电阻	10～30	根据土壤电阻率确定；杆塔全高超过 40m 的接地电阻值为 50%
变电站进线杆塔工频接地电阻	10	
变电站接地	4	35kV 变电站在变压器门型架上装设避雷针时

(3) 其他防直击雷措施。防护直击雷的设施除避雷针、避雷线外，还有就是建筑物的避雷设（措）施：①钢筋混凝土结构屋顶，将其焊接成网并接地。②非导电结构的屋顶，采用避雷带保护，避雷带的网格为 8～10m，每隔 10～20m 设接地引下线，引下线与主地网连接，并在连接处加装集中接地装置。③将建筑物屋顶上的金属部分（包括设备金属外壳、电缆金属外皮和建筑物金属构件）接地。

（二）雷电反击过电压的防护

当雷击于避雷针时，它们的对地电位很高，如果它们与周围的物体之间的距离不够大，则有可能在避雷针、避雷线与周围物体之间发生放电，这种现象称为避雷针（线）对物体的反击。反击可能在空气中发生，也可能在地下土壤中发生。发生反击时，高电位如加到电气设备上，则电气设备上出现反击过电压，有可能导致电气设备的绝缘损坏。雷电反击过电压的防护原则是电气装置远离防雷装置。

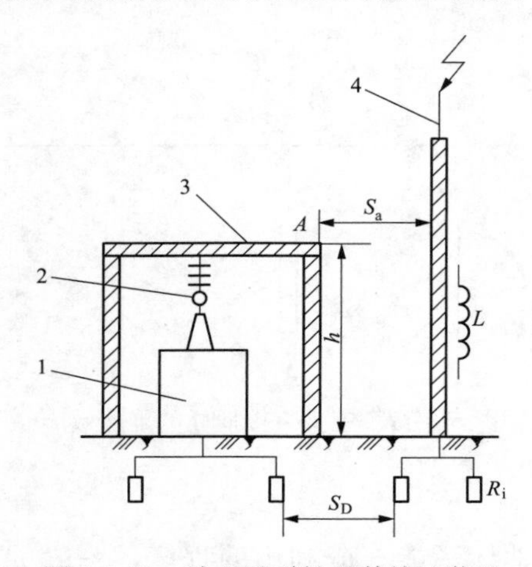

图 5-3-12　独立避雷针及其接地装置与周围物体的距离

1—变压器；2—架空母线；3—构架；4—避雷针

1. 电气装置与防雷装置的安全距离要求

避雷针及其接地装置与周围物体的距离要求示如图 5-3-12 所示。

按照国标 GB/T 50064—2014 的要求，独立避雷针、避雷线与电气装置的距离应满足：

1）独立避雷针与电气装置的带电部分、接地部分间的空气距离为

$$S_a \geqslant 0.2R_i + 0.1h_j$$

式中，R_i为避雷针的冲击接地电阻，Ω；h_j为避雷针校验点的冲击高度，m。

2）独立避雷针的接地装置与接地网间的地中距离为

$$S_e \geqslant 0.3R_i$$

3）避雷线与电气装置的带电部分、接地部分以及构架接地间的空气距离为

$$S_a \geqslant 0.2R_i + 0.1\ (h + \Delta l)\text{（对一端绝缘、另一端接地的避雷线）}$$

$$S_a \geqslant \beta'\ [0.2R_i + 0.1\ (h + \Delta l)]\text{（对两端接地的避雷线）}$$

式中，Δl 为避雷线上校验点的雷击点与最近接地支柱的距离，m；β'为避雷线分流系数，按下式计算

$$\beta' = \frac{l' - \Delta l + h}{l' + 2h}$$

式中，l'为避雷线两支柱间的距离，m。

2. 电厂其他雷电反击过电压的防护措施

(1) 电气设备的接地点远离主厂房的避雷针（带）接地引下线接地点。

(2) 避雷针与易燃油贮罐和氢气天然气罐体的的距离除满足上述的空气中、地中距离外，避雷针与罐体呼吸阀的水平距离不小于 3m（与 5000m^3 以上贮罐的距离不小于 5m），避雷针尖高出呼吸阀不小于 3m（高出 5000m^3 以上贮罐不小于 5m），避雷针的保护范围边缘高

出呼吸阀顶部不小于2m。

(3) 烟囱和装避雷针(线)架构附近的电源线采用带金属外皮的电缆，并将金属外皮接地。

(三) 感应雷过电压和雷电侵入波过电压及防护

1. 感应雷过电压

当雷击避雷针而使针体电位抬高时，在高电位电场的作用下，在避雷针(设其上某点N点)附近的导体(设其上某点P点)上将出现静电感应过电压U_j，其值为

$$U_j = U_N \frac{C_{12}}{C_{12} + C_{22}}$$

式中：U_N为避雷针体上N点的电压；C_{12}为N点与P点间的等效电容；C_{22}为P点对地的等效电容。

当雷击架空输电线路附近的地面时，会在线路的导线上感应出过电压。感应过电压的幅值U_g与雷电主放电电流幅值I成正比，与雷击地面点距导线的距离成反比。当雷击地面点与线路的距离大于65m时，U_g值近似为

$$U_g = 25 \frac{I h_d}{S}$$

式中：I为雷电流幅值，kA；h_d为导线悬挂的平均高度，m；S为雷击地面点与线路的距离，m。

2. 流动波过电压

(1) 波的传播。当架空线在直击雷或感应雷作用下出现过电压时，过电压波将沿导线向两侧传播，并伴随有电流波的传播。电压波与电流波的流动就是电磁波沿线路的传播过程，这种以波的形式沿导传播通常称为行波。同一时刻、同一地点、同一方向电压波与电流波的比值Z称为线路的波阻抗。电流波i和电压波u的关系由线路的波阻Z决定，即

$$Z = \frac{u}{i} = \sqrt{\frac{L_0}{C_0}}$$

式中：L_0、C_0分别为线路每单位长度的电感和电容值，对于架空线路来说，$L_0 \approx 1.6 \times 10^{-6}$ H/m；$C_0 \approx 7 \times 10^{-12}$F/m。

当行波沿架空线路传播到另一种波阻抗不同的载体时，两者的连接点(简称节点)实际上是两个不同波阻抗值的分界点，当行波沿架空线路传播到节点时，会产生一个电磁波能量重新分配的过程，即在节点处产生行波的折射和反射。当一电压波U_{1q}沿波阻抗为Z_1的导线向节点A运动时，称U_{1q}为A点的入射波，从A点反方向运动的电压波U_{1f}称为反射波，由于入射波U_{1q}的折射作用，将有一个前行电压波U_{2q}传播到阻抗为Z_2的导线上，称为折射波，如果Z_2线路为有限长，该折射波又将会在其线路的末端再次发生反射。

当末端短路(即$Z_2=0$)时，即电压波为负全反射，使在反射波所到之处的电压下降为零，而电流上升一倍。从能量守恒的角度看，这是由于末端短路接地，末端电压为零，入射波的全部能量转变为磁场能量之故。

当末端开路（即 $Z_2 \to \infty$）时，即电压波为正全反射，使在反射波所到之处的电压上升一倍，而电流下降为零。从能量守恒的角度看，这是由于末端开路，末端电流为零，入射波的全部能量转变为电场能量之故。

当末端接集中负载 R 时，且 $R=Z_1$，即折射电压等于入射电压，反射电压为零，表明线路既无反射电压波，也无反射电流波。由 Z_1 传输过来的能量全部消耗在 R 中，线路上电压波及电流波不发生任何变化，不同之处在于波阻抗 Z_2 不消耗能量，而集中负载 R 将消耗能量，这种情况称为阻抗匹配。

（2）波的衰减与变形。当电压波沿导线传播时，会因各种因素的影响导致波的衰减和变形：

1）导线电阻和泄漏电导的影响。导线电阻和对地电导都会消耗能量，因而一般都会引起传输过程中波的衰减和变形（除非 $R_0C_0=L_0G_0$，此时电磁波只会衰减而不会变形）。

2）冲击电晕的影响。当高幅值的冲击电压波作用于导线时，导线周围局部产生局部放电即电晕放电现象。线路发生冲击电晕后，在导线周围沿导线径向形成导电性的电晕套，电晕套内充满电荷，相当于增大了导线的半径，导线的对地电容随之增大，于是线路的波阻抗 Z 减小，波速也下降。由冲击电晕引起的损耗可以使波在传播过程中产生强烈的衰减和变形，从而使波的陡度减小，波的幅值降低。

3. 雷电侵入波过电压及防护

发电厂的防雷在避雷针（线、带）保护下，雷害事故率很低。而架空输电线路受雷击则比较频繁，且线路的绝缘水平高于发电厂电气设备的绝缘水平，因而雷电侵入波是发电厂雷害的主要危险源。当雷击发电厂的架空输电线路，雷电波 U 沿输电线路传输到发电厂断开的线路开关端口时，相当于上述分析的波传输末端开路（即 $Z_2 \to \infty$）时，电压波为正全反射，使在反射波所到之处的电压上升一倍，即反射使电压上升为 $2U$。如果不采取有效的防护措施，雷电侵入波过电压将危及厂内电气设备的绝缘。

发电厂对雷电侵入波过电压的防护，主要措施有：

（1）架空进线段保护。如果在靠近电厂的线路上发生雷电绕击或反击，进入电厂的雷电过电压的陡度和流过避雷器的冲击电流幅值都很大，避雷器保护的可靠性受到影响，故要求在靠近电厂 1～2km 的一段进线上加强防雷保护措施，如这段线必须架设避雷线，避雷线的保护角不超过 20°，杆塔的冲击接地电阻不大于 10Ω，杆塔的耐雷水平满足表 5-3-5 的要求。这样一方面可降低进线段的雷击概率，消除最具危害性的近区雷害源；另一方面波经该段冲击电晕的衰减，削弱远方雷电侵入波的波前陡度和幅值，限制通过进线避雷器的雷电流。

表 5-3-5　　有地线线路的反击耐雷水平　　单位：kA

系统标称电压（kV）	35	66	110	220	330	500	750
单回线路	22～36	31～47	56～68	87～96	120～151	158～177	208～232
同塔双回线路	—	—	50～61	79～92	108～137	142～162	192～224

注　发电厂进线保护段杆塔耐雷水平不低于表中的较高数值。

（2）进线的防雷保护。在电厂架空线路的进线上装设避雷器，利用避雷器的限压特性

(阀式避雷器的放电电压和残压，氧化锌避雷器的非线性伏安特性)，限制侵入波过电压的水平。当厂内电气设备上受到的最大冲击电压值 U_{im} 小于设备本身的多次截波耐压值 U_j，则设备不会发生雷害事故，因此必须满足 $U_{im}<U_j$。

对于 35kV 及以上电压等级的电缆进线，在电缆与架空线的连接处，由于波的多次折、反射，可能形成很高的过电压，因而需在此处装设避雷器保护，避雷器的接地端与电缆金属外皮连接。对三芯电缆，末端的金属外皮直接接地。对单芯电缆，因为不允许外皮流过工频感应电流而不能两端同时接地，又需限制末端的过电压，所以经电缆保护层保护器或保护间隙接地，当电缆外皮出现危险电压时，保护器或保护间隙动作放电，将电压限制在允许的水平。

(3) 高压配电母线的防雷保护。装于电气设备端口上的避雷器，可以有效保护该设备免受过电压的损害，但不可能在每台设备上都装设一组避雷器，因此避雷器与需保护设备之间往往总有一段距离。此时，被保护设备上的电压将不完全等于避雷器的动作电压。设雷电波 $U(t)=\alpha t$ 沿线路的 L 点进入，经一段距离 l_1 到达避雷器接线点 A，再有一段距离 l_2 到被保护设备点 T 反射回来，避雷器动作并保持为避雷器的残压。避雷器动作后点 L 和点 T 的最高电压分别为

$$U_L=U_r+2\alpha\frac{l_1}{v}$$

$$U_T=U_r+2\alpha\frac{l_2}{v}$$

式中：U_r 为避雷器的残压；α 为感应过电压系数，其值等于以 kA/μs 为单位的雷电流平均陡度值；v 为电磁波的传播速度。

可见，当避雷器与被保护设备之间相隔一段电气距离 l 时，避雷器动作以后，被保护设备上出现的电压最大值会高出避雷器残压 U_r，其差值为

$$\Delta U=2\alpha\frac{l}{v}$$

引起差值 ΔU 的起因，对点 L 是因为当侵入波 αt 到达和 L 点以后，避雷器放电所起的保护作用要延迟 $\frac{2l_1}{v}$ 的时间才能波及 L 点；对点 T 是因为末端开路的全反射作用。

由上可知避雷器的保护范围是有一定限度的，避雷器的最大保护距离 l_m 与侵入波陡度 α 等的基本关系为

$$l_m=\frac{U_j-U_r}{2\frac{\alpha}{v}}$$

国标 GB/T 50064—2014 对避雷器保护范围的要求是：具有架空进线的 35kV 及以上发电厂敞开式高压配电装置，避雷器安装在母线上。无论配电装置的电气主接线如何，只要保证每一段可能单独运行的母线上都有一组避雷器，就可以使整个配电装置得到保护。避雷器至主变压器的最大电气距离按表 5-3-6 所列数值确定（括号内的数值对应的雷电冲击全波耐受电压为 850kV)，当超过规定值时，在主变压器附近增设一组避雷器；对其他设备的最大电气距离相应增加 35%。

表 5-3-6　　无间隙氧化物避雷器至主变压器的最大电气距离　　单位：m

系统标称电压（kV）	进线长度（km）	进线路数			
		1	2	3	≥4
35	1.0	25	40	50	55
	1.5	40	55	65	75
	2.0	50	75	90	105
66	1.0	45	65	80	90
	1.5	60	85	105	115
	2.0	80	105	130	145
110	1.0	55	85	105	115
	1.5	90	120	145	165
	2.0	125	170	205	230
220	2.0	125（90）	195（140）	235（170）	265（190）

（4）变压器的防雷保护。

1）三绕组变压器的防雷保护。当变压器高压侧有雷电波侵入时，通过绕组之间的静电感应和电磁感应，会使低压侧出现过电压。双绕组变压器在正常运行时，高压侧和低压侧的断路器都是闭合的，两侧都有避雷器保护，所以一侧来波感应产生的过电压，不会对绕组绝缘造成损害。

三绕组变压器在正常运行时，可能出现只有高、中压绕组工作而低压绕组开路的情况。此时，当高压或中压侧有雷电波侵入时，因处于开路状态的低压侧对地电容较小，可能使低压绕组上的感应过电压静电分量达到很高的数值，以致危害低压绕组的绝缘，所以有必要考虑保护问题。

由于静电感应过电压使低压绕组三相电位同时升高，所以只要在一相绕组出口处对地加装一个避雷器，即可保护三相绕组。三绕组变压器的中压侧虽然也有开路运行的可能，但其绝缘水平较高，所以除了高中压绕组的变比很大的以外，一般都不装设限制静电感应过电压的避雷器。

分裂绕组变压器和三绕组变压器类似，在运行中同样可能有一个分支绕组开路，所以也在每个分支绕组的任一相出口处，装设一个避雷器保护。

2）自耦变压器的防雷保护。自耦的耦是电磁耦合的意思，普通的变压器是通过一次、二次侧绕组电磁耦合来传递能量，一次、二次侧绕组没有直接的电的联系，自耦变压器一次、二次侧有直接的电的联系，它的低压绕组就是高压绕组的一部分。为了减小系统的零序阻抗和改善电压波形，自耦变压器除了高、中压绕组外，还有一个三角形接线的非自耦低压绕组。由于自耦变压器波过程有其自身的特点，所以它的保护模式和其他变压器也有所区别。

自耦变压器的运行方式，可能有高、低压绕组运行，中压绕组开路，或中、低压绕组运行，高压绕组开路。由于高、中压自耦绕组的中性点均直接接地，当有幅值为 U_0 的侵入波加在自耦变压器的高压端 A_1 时，自耦绕组中各点电位的过电压分布如图 5-3-13（a）所示。其中图 5-3-13（a）高压端 A_1 进波；图 5-3-13（b）中压端 A_2 进波。在开路的中压端子 A_2 上可能出现的最大的电压约为高压侧电压 U_0 的 $2/k$ 倍（k 为高、中压绕组的变比），这可能使处于开路状态的中压端套管闪络，因此在中压套管与断路器之间应设置避雷器。

当高压侧开路，中压端子 A_2 上出现幅值为 U_0' 的侵入波时，自耦绕组中各点电位的过电压分布如图 5-3-13（b）所示。由 A_2 到 O 这段绕组的稳态电位分布和末端接地的变压器绕组相同，由 A_2 到开路的高压端子 A_1 之间的稳态电位分布是由中压端 A_2 到中性点 O 的稳态分布的电磁感应所产生的，即高压端子 A_1 的稳态电压为 kU_0'。在振荡过程中，A_1 点的电位最高可达 $2kU_0'$，因而将危及开路的高压端绝缘。

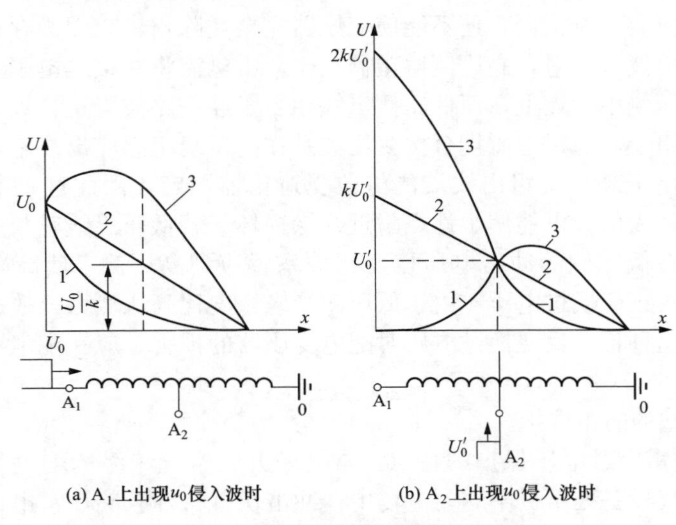

图 5-3-13　雷电波侵入自耦变压器时的过电压分布

1—初始电压分布；2—稳态电压分布；3—最大电位包络线

此外，当中压侧接有出线时，相当于 A_2 点经线路波阻抗接地。若高压侧有雷电波入侵时，由于线路波阻抗比变压器绕组的波阻抗小得多，所以 A_2 点相当于接地，过电压大部分加在 A_1A_2 段绕组上，可能使这段绕组的绝缘损坏。同理，当高压侧接有出线而中压侧有雷电波入侵时也会造成类似的后果，并且，A_1A_2 段绕组越短，危险性越大。因此，当变压器高压、中压绕组的变比 k 小于 1.25 时，在 A_1A_2 之间应加装一组避雷器。

3）变压器中性点的防雷保护。对于 110kV 及以上的中性点接地的系统，为了减小单相接地短路电流，可能有一部分变压器的中性点为不接地运行，这时变压器的中性点需要保护。用于这种系统的变压器，其中性点对地绝缘有两类：一是全绝缘，即中性点的绝缘水平与绕组首端的绝缘水平相等；二是分级绝缘，即中性点的绝缘水平低于绕组首端的绝缘水平。

当变压器中性点为全绝缘时，其中性点一般不需要保护。若厂内存在单台变压器且为单路进行运行方式时，在三相同时进波的情况下，中性点的最大电位可达绕组首端电位的 2 倍，这种情况虽属少见，但变压器中性点绝缘损坏后果严重，故需在中性点加装一个与首端同样等级的避雷器。

当变压器中性点为分级绝缘时，应选用与中性点绝缘等级相同的避雷器加以保护。

对于 35～66kV 中性点不接地或经消弧线圈或高电阻接地的系统，变压器中性点为全绝缘，由于三相同时进波的概率很小，且进出线较多，对雷电流有分流作用，变压器绝缘也有一定的裕度，所以变压器的中性点不需装设防雷保护装置。

4）配电变压器的防雷保护。由于配电网电压等级较低，变压器耐雷水平低，往往容易发生雷害事故，因此应采用避雷器加以保护。

配电变压器高压侧装设避雷器时，应尽量减小连接线的长度，以减小雷电流在连接线电感上的电压降，使变压器绕组与避雷器之间不致产生大的电位差。避雷器的接地线与变压器的金属外壳以及低压侧中性点（中性点不接地时则为中性点的击穿保险器的接地端）连接在一起接地。这样如果高压侧来波，作用在高压侧主绝缘上的电压就只是避雷器的残压，而不包括接地电阻上的电压降。

如果只在高压侧装设避雷器，还不能使变压器完全免除雷害，因为存在着正、反变换过电压。高压侧有雷电波入侵时，高压侧避雷器动作，雷电流将在接地电阻上产生电压降，这一电压将作用到低压侧中性点上，而低压侧出线相当于经线路波阻抗接地，因而这个压降绝大部分加在低压绕组上，通过电磁耦合按变比关系在高压绕组感应出高电压，这种过电压即为反变换过电压。由于高压绕组出线端的电位受避雷器固定，因此这个电压沿高压绕组分布，在中性点处达最大值，可能使中性点附近绝缘损坏。若低压出线较长且位于室外，当线路遭雷击时，作用在低压侧的冲击电压按变比关系感应到高压侧，使高压绕组上出现过电压，这种过电压即为正变换过电压。由于低压侧绝缘裕度比高压侧大，故有可能使高压侧绝缘击穿。为了防止这种正、反变换过电压对配电变压器的损害，应在配电变压器的低压侧加装避雷器进行保护。

（5）GIS 变电站的防雷保护。

1）GIS 变电站雷电过电压保护的特点。常规敞开式空气绝缘的配电装置，空气绝缘间隙距离大，高压电气设备处于极不均匀电场中，冲击伏秒特性较陡，雷电冲击绝缘水平与操作冲击绝缘水平的比值较大。而在 GIS 变电站中，SF_6 气体绝缘结构为均匀或稍不均匀电场，其冲击伏秒特性较平坦，雷电冲击绝缘水平与操作冲击绝缘水平十分接近，GIS 变电站的绝缘水平取决于雷电冲击水平。

GIS 变电站的波阻抗比架空线路低，折射系数较小，从架空线路进入 GIS 的折射波幅值和陡度，都比到达 GIS 变电站入口的侵入波小得多，对 GIS 变电站的保护特别有利。

GIS 变电站结构紧凑，设备之间的电气距离小，避雷器离被保护设备较近，防雷保护措施比敞开式变电站容易实现。

GIS 绝缘不允许发生电晕，一旦发生电晕将立即击穿，而且不能恢复原有的电气强度，甚至导致整个 GIS 系统损坏。因此要求 GIS 装置的过电压有较高的可靠性，在设备绝缘配合上留有足够的裕度。

2）GIS 的典型防雷保护方式。①与架空线路直接相连接的 GIS 变电站防雷保护。对于母线长度不大（66kV 不超过 50m，110kV 及 220kV 不超过 130m）的 GIS 变电站，在 GIS 入口装设一组避雷器，其接地端与管道金属外壳连接。对于母线长度较大的 GIS 变电站，考虑在变压器出口处加装一组避雷器。连接 GIS 管道的架空线路进线保护段的长度不小于 2km，且进线保护段范围内的杆塔耐雷水平符合国标要求。②经电缆段进线的 GIS 变电站防雷保护。雷电波从架空线传播到变压器，要经过架空线—电缆—GIS—变压器的多次折射、反射，具体条件不同，折、反射的情况可能比较复杂。对有电缆段进线的 GIS 变电站的防雷保护，可采用图 5-3-14 所示接线方式。在电缆段与架空线路的连接处装设避雷器（MOA1），其接地端与电缆的金属外皮连接。对三芯电缆，末端的金属外皮与 GIS 管道金属外壳连接接地，如图 5-3-14（a）所示。对单芯电缆，经电缆护层保护器（CP）接地，如图 5-3-14（b）所示。电缆末端至变压器的距离较小、装一组避雷器符合保护要求时，可不装设 MOA2。

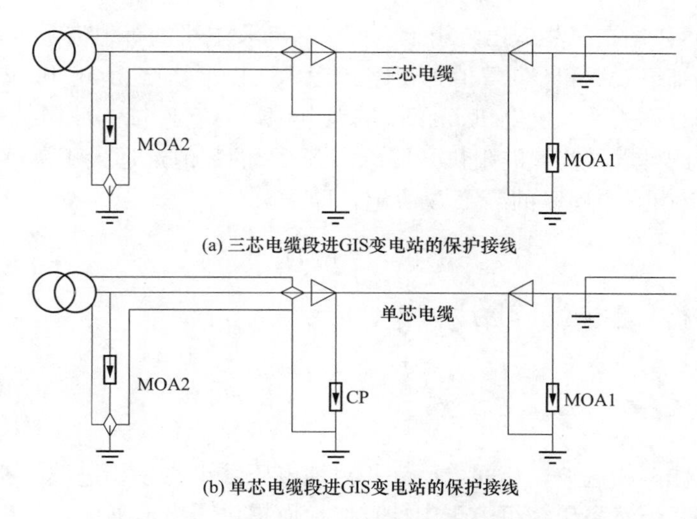

图 5-3-14　经电缆段进线的 GIS 的保护接线

（6）旋转电机的防雷保护。旋转电机包括发电机、电动机等在正常运行时处于高速旋转状态的电气设备，其中以发电机最为重要，一旦遭受雷害，损失会很严重。由于在结构和工艺上的特点，旋转电机属于“薄绝缘”类，其冲击绝缘水平在相同电压等级的电气设备中特别低。电机绕组绝缘特别是导线出槽处，电场极不均匀，在过电压作用后，会有局部的轻微损伤，使绝缘老化；此外，电机运行时的机械振动、污秽、潮湿、散热环境差等不利条件，相对其他电气设备更为严重，更易导致绕组绝缘劣化，容易在冲击电压作用下引起击穿。由电机绕组结构布置特点，特别是大容量电机，匝间电容很小，起不了改善冲击电压分布的作用，当有冲击波作用时，绕组匝间绝缘上所受电压与侵入波陡度成正比，因此必须限制侵入波的陡度，采用装设避雷器、电容器等保护措施。如果单纯依靠提高发电机绝缘水平来承受这些过电压，不但在经济上是不合理的，而且在技术上往往亦是不可能的。按照国标 GB 50064—2014 要求，容量在 25000kW 及以上的旋转电机，应在每台电机出线处装设一组旋转电机 MOA（无间隙金属氧化物避雷器），所以发电厂一般在发电机一次系统装设避雷器，目的是限制从线路传递过来的雷电过电压和操作过电压，当过电压到来时，避雷器立即动作，将发电机端的电压钳制在保护水平，过电压过去以后避雷器迅速恢复截止状态，系统恢复正常状态。

经变压器连接的发电机，不能完全排除雷害的威胁。因为作用在变压器高压绕组上的侵入波过电压，可能通过高低压绕组之间的静电感应和电磁感应传递到低压绕组。当发电机投入运行时，由于变压器低压侧所连接的等值电容比较大，静电感应分量相对来说是次要的。对于电磁感应分量，高低压绕组之间仍保持着变比关系。对于发电厂常用的 YNd 接线主变压器，当其高压侧单相（如 A 相）进波 U_0 时，图 5-3-15 所示为高低压两侧的线电压变比归化为 1∶1 以后的变压器等值电路。此时，低压侧的 a、c 绕组感应出

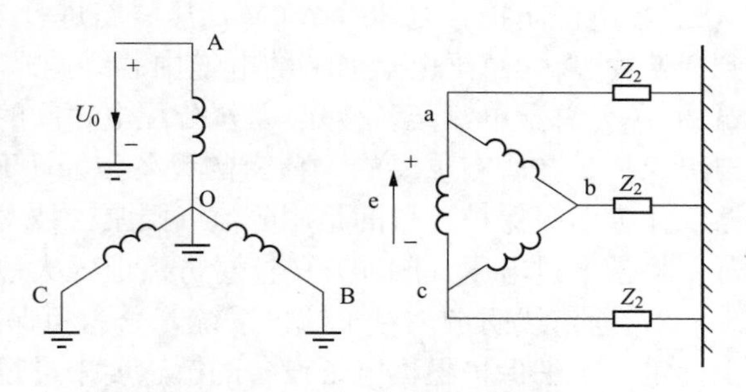

图 5-3-15　YNd 接线变压器的电磁感应（A 相进波）

电动势 $e=\sqrt{3}\ u_0$，作用在三相低压绕组上，同时还有发电机的等值波阻抗作为负载 Z_2 接在电路上。因为高压绕组 OB 和 OC 等值为短路状态，所以低压绕组 ab 和 bc 所呈现的电感仅仅是漏感 L。由于对称关系，发电机 b 相保持地电位，与它连接的波阻抗两端没有电位差，没有电流通过，因此可以认为该波阻抗开路。由于 Z_2 的数值远远大于漏感 L 的阻抗，所以电压 U_{ac} 可以认为仅由三个串联的漏感 L 决定，即

$$U_{ac}=\frac{2}{3}\sqrt{3}\ U_0$$

而发电机侧各相对地电位分别为

$$U_a=-U_c=\frac{1}{2}U_{ac}=\frac{U_0}{\sqrt{3}}$$

$$U_b=0$$

当变压器高压侧两相进波，相间电压和相对地电压结果与一相进波时相同。当高压侧三相同时有侵入波时，虽然高压绕组由于中性点接地而提供了电流通路，但因低压绕组为三角形接线，感应电动势互相抵消，所以在发电机上不会出现过电压。

根据以上对发电机侧过电压水平的估算，可见加装发电机侧避雷器的必要性。

（7）电子设备的防雷保护。随着电力电子技术的成熟，电力系统内电子设备的应用日益广泛，电厂内除了成系统应用的机组监控 DCS、网络监控 NCS、电话系统外，还有众多的继电保护装置、辅助系统监控 PLC（可编程控制器）以及各种热工、电量传感器遍布厂内的各个角落，有在建筑物内安装的，也有在露天布置的。作为弱电设备，其耐压水平和抗干扰能力都比较弱，雷电波通过各种耦合方式侵入弱电系统（设备）内，产生的干扰电压，会使这些设备误动或损坏，它们都是发电系统的一部分，其正常运行是发电生产工艺持续稳定进行的必要条件，因此，必须采取有效措施进行保护。雷电对弱电系统的干扰途径主要有：

1）电源线路，如雷击或反击低压架空线路，或从变压器高压侧传递过来的干扰电压，经弱电设备的供电电源窜入；

2）通信信号电缆，雷电流经避雷器入地后，使得地网上的电位分布极不均匀，同时引起地电位升高，对屏蔽层接在地网上的通信电缆的信号产生干扰；

3）设备安装地点的雷电电磁空间，当雷电流经导体入地时，在导体的周围形成电磁场，对附近的电子设备产生电磁干扰。

针对雷电对弱电系统的干扰途径，电子设备的雷电防护主要有：电源防护、通信线防护、雷电电磁干扰防护。

1）电源防护。对 380/220V 低压线路进行三级过电压保护：在配电变压器（配电母线）到建筑物/单元总配电盘前端的电缆内芯线两端对地加装电涌保护器，作为一级保护；在建筑物/单元总配电盘至各楼层/单位分配电箱间的电缆内芯线两端对地加装电涌保护器，作为二级保护；在所有重要的、精密的设备以及 UPS（不间断电源）的前端对地加装电涌保护器，作为三级保护。目的是用分流（限幅）技术，即采用高吸收能量的分流设备（电涌保护器）将雷电过电压（脉冲）的能量分流泄入大地，达到保护目的。

2）通信线防护。对于信息系统，分为粗保护和精细保护。粗保护根据所属保护区的级别确定，精细保护根据电子设备的敏感度来进行确定。其主要考虑的对象如监控系统、网络专线系统、电话系统等。通信电缆采用屏蔽电缆，屏蔽层的两端接地，并在电缆芯线和屏蔽层间加装压敏电阻。当电缆有多余芯线时，将多余芯线与屏蔽层相连，以加强屏蔽效果。如

果通信电缆只有薄金属箔无法焊接时，将导线穿入埋地铁管中并将备用芯两端接地来实现屏蔽。为加大通信的安全性，通信线路也要采用多级保护，在线间、线与地之间加装限压器件，在线中串入限流电阻等。

3）雷电电磁干扰防护。由于雷电电流有极大峰值和陡度，在它周围产生瞬变电磁场，处在这瞬变电磁场中的导体会感应出较大的电动势。此瞬变电磁场，会在空间一定的范围内产生电磁作用，如脉冲电磁波辐射。这种空间雷电电磁脉冲波在三维空间范围里对一切电子设备发生作用。因瞬变时间极短或感应的电压很高，以致产生电火花，其电磁脉冲往往超过2.4G（约20kA/m）。电子元件对雷电电磁干扰十分敏感，为此应根据需要保护的设备类型、重要性、耐冲击电压额定值及所要求的电磁场环境等情况，选择雷电电磁脉冲的防护措施：等电位连接和接地；电磁屏蔽；合理布线；能量配合的浪涌保护器防护。①等电位连接和接地。计算机房内电子设备应进行等电位连接，等电位连接的结构形式如图5-3-16所示，应采用S型（房内所有设备接地线直接连接于接地基准点）、M型（房内所有设备接地线连接成网格）或它们的组合。电气和电子设备的金属外壳、机柜、机架、金属管、槽、屏蔽线缆金属外层、电子设备防静电接地、安全保护接地、功能性接地、浪涌保护器接地端等均以最短的距离与S型结构的接地基准点或M型结构的网格连接。机房等电位连接网络与共用接地系统连接。②屏蔽及布线。为减小雷电电磁脉冲在电子信息系统内产生的浪涌，应采用建筑物屏蔽、机房屏蔽、设备屏蔽、线缆屏蔽和合理布线措施。建筑物屏蔽是利用建筑物的金属框架、混凝土中的钢筋、金属墙面、金属屋顶等自然金属部件与防雷装置连接构成格栅型大空间屏蔽。当建筑物屏蔽不能满足电磁环境要求时，增加机房屏蔽措施。线缆屏蔽措施如下：信号电缆采用屏蔽电缆，在屏蔽层两端做等电位连接并接地。当系统要求单端接地时，采用两层屏蔽或穿钢管敷设，外层屏蔽或钢管按前述要求处理；当户外采用非屏蔽电缆时，从人孔井或手孔到机房的引入线应穿钢管埋地引入，埋地长度（不小于15m）为

$$l \geqslant 2\sqrt{\rho}$$

式中：ρ 为埋地电缆处的土壤电阻率。

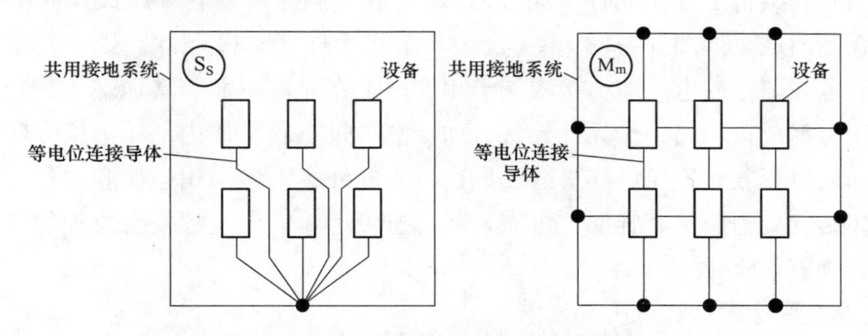

图5-3-16　电子信息系统等电位连接网络的基本方法

光缆的所有金属接头、金属护层、金属挡潮层、金属加强芯等，在进入建筑物处直接接地。

第四节　过电压限制器件

以上介绍了电力系统运行中可能出现的各种过电压相应的防护措施，这些措施中很多都

需要借助专门的保护器件来实现。如对于高压设备上幅值较大，作用时间较短，因而能量有限的雷电过电压和操作过电压，采用避雷器来限制过电压；对于低压或电子设备上的过电压，采用浪涌保护器来吸收其能量。而对于幅值不大，作用时间较长，因而能量较大的工频过电压，则采用提高设备绝缘水平＋放电间隙来应对。

一、避雷器

（一）避雷器的基本工作原理

避雷器早期主要用于限制雷电过电压的幅值，后来发展到用于限制某些小能量的操作过电压等用途。避雷器的保护原理与避雷针不同，它实质上是一种放电器，并联连接在被保护设备附近，当作用电压超过避雷器的放电电压时，避雷器即先放电，限制了过电压的幅值，使与之并联的电气设备得到保护。

当避雷器在冲击电压作用下动作（放电）时，电路通过避雷器的体电阻与大地接通，泄放冲击电压的能量，冲击电流流过避雷器的体电阻，产生一定的压降称为残压，在整个放电过程，电路上的电压被钳制在残压水平。避雷器的残压必须小于被保护设备的冲击绝缘强度并留有一定的裕度，才能起到电压保护作用。当避雷器动作后，由于系统还有工频电压的作用，避雷器中将流过工频短路电流，称为工频续流，以电弧放电的形式存在。工频续流源于系统电源，其能量源源不断地供出，避雷器将不胜负荷而热崩溃。因此，避雷器必须在过电压作用过后，迅速切断工频续流，使电路恢复正常运行状态，完成一次限制冲击过电压的过程。

（二）氧化锌避雷器的基本结构

1. 氧化锌避雷器的整体结构

避雷器的基本结构由工作元件（阀片）、金属放电间隙、外套等组成，其中工作元件由若干件阀片叠制而成。如图 5-4-1 所示。图中，工作元件（ZnO 阀片）置于瓷套内，工作元件上接金属放电间隙，放电间隙与接线端子相连；工作元件下面与接地端子相连；瓷套上面有防爆膜和压力释放口，当工作元件异常（如受潮、过热等）使内部压力增大时，可通过防爆膜和压力释放口释放，避免爆炸事故。现在避雷器外套大多采用硅橡胶取代瓷套，没有防爆结构，整体结构更为简单、轻便、可靠，既可避免运输安装过程瓷套碰损的麻烦，又可避免内部故障的爆破危险。

2. 氧化锌避雷器阀片的结构及性能

避雷器阀片由碳化硅（SiC）或氧化锌（ZnO）为原材料烧结而成，早期避雷器多用碳化硅，后因避雷器技术的发展，氧化锌以其优良的非线性伏安特性和通流容量大等优点而逐渐取代碳化硅。

氧化锌阀片又称非线性金属氧化物电阻片（NOR）（以下简称电阻片），它以氧化锌（ZnO）为主要原材料，并以少量的其他金属氧化物作添加剂，在 1000℃高温中烧结而成。电阻片的外形如图 5-4-2 所示。阀片的直径可根据通流容量选择；阀片的叠制数量可按使用要求选配。

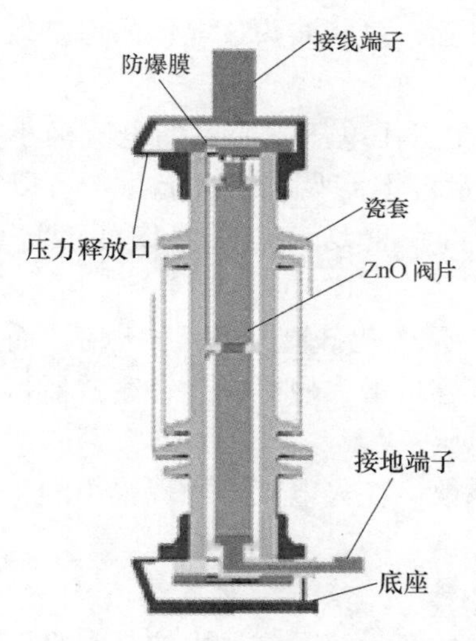

图 5-4-1　避雷器的基本结构

图 5-4-2　氧化锌阀片

非线性金属氧化物电阻片的伏安特性如图 5-4-3 所示，它在（$10^{-3}\sim10^{4}$）A 的整个宽广范围内呈现出平坦的优良特性。图 5-4-3 中电阻片的全伏安特性分为三个典型区域，区域一为低电场区（小电流区电流在 1mA 以下），是避雷器的自身安全区，从保证自身安全出发，应尽可能抬高区域一的特性；区域二为中电场区，又叫击穿区，是避雷器的保护特性区，是通常所说的残压区；区域三为高电场区，又叫大电流区，ZnO 晶粒的固有电阻起支配作用，$I\propto U$，伏安特性曲线上翘。中、高电场区是保护电力设备安全段，从保护水平出发，这两区的特性越低越好，即保护特性越低越好，冲击电流下的残压值越低越好。

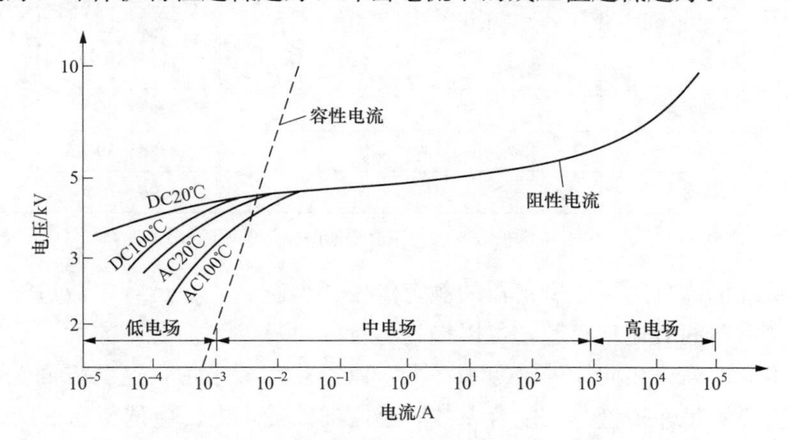

图 5-4-3　非线性金属氧化物电阻片伏安特性

从非线性金属氧化物电阻片的伏安特性可以看出，当流过的电流变化 6 个数量级时，而电压只变动 50％～60％；即在过电压情况下，流过极大的电流而保持较低的残压值；过电压过去后，在系统工作电压作用下，MOR 呈高阻属性，将工频电流限制到数十微安水平，实际上可视为无续流。与由碳化硅和串联间隙的传统避雷器相比，由电阻片构成的氧化锌避雷器具有下述优点：

（1）保护性能好。由于电阻片具有优异的伏安特性，降低其保护水平和被保护设备绝缘水平潜力很大；无间隙氧化锌避雷它没有间隙放电的时延，对陡波头过电压的保护效果尤为显著。

（2）无续流，动作负载轻，耐重复动作能力强。在工作电压下流过的电流极小为微安级，在雷击或操作过电压作用下，只需吸收过电流能量，不需吸收续流能量，可以在重复动作的冲击作用下，保持特性稳定，具有耐受多重雷和重复动作的操作冲击过电压的能力。

（3）通流容量大。氧化锌阀片单位面积的通流能力是碳化硅阀片的4～5倍，而且很容易采用多柱阀片并联的办法进一步增大通流容量。通流容量增大使得氧化锌避雷器可以用来限制操作过电压，也可以耐受一定持续时间的暂时过电压。

（4）温度特性好。在低电流范围内呈现负的温度系数，在大电流段呈现很小的正温度系数，通常可以忽略，因此其保护特性不受温度变化的影响。

3. 无间隙金属氧化物避雷器（MOA）的主要电气参数

由非线性金属氧化物电阻片串联和（或）并联组成的氧化锌避雷器中按是否带间隙分为无间隙和带间隙两种，带间隙中又分为带串联间隙和带并联间隙两种，目前国内广泛应用的多为无间隙氧化锌避雷器（MOA）。MOA的主要电气参数有：

（1）避雷器的额定电压（U_r）。避雷器的额定电压U_r指加到避雷器端子间的最大允许工频电压有效值，按照此电压所设计的避雷器，能在所规定的暂时过电压下正确地工作。额定电压是决定避雷器各种特性的基准参数，但它不等于系统标称电压。避雷器的额定电压标准值，在规定的电压范围内以相等的电压级差如表5-4-1所列。

表5-4-1　　MOA额定电压的级差

额定电压范围（kV）	额定电压级差（kV）	额定电压范围（kV）	额定电压级差（kV）	额定电压范围（kV）	额定电压级差（kV）
<30	不做规定			96～288	12
3～30	1	54～96	6	288～396	18
30～54	3			396～756	24

注　其他额定电压值也可接受，但需是6的倍数（电机用避雷器的额定电压除外）。

在相同的系统标称电压下，避雷器的额定电压选得越高，在运行中流过避雷器的漏电流越小，对减轻避雷器的劣化越有利，可以提高运行的可靠性。但另一方面，避雷器的额定电压变高，残压相应增高，在同样的绝缘水平下，保护裕度减小了，这两方面是矛盾的。一般考虑的原则：只要满足保护绝缘的配合系数，避雷器的额定电压应选得高一些。

（2）避雷器的持续运行电压（U_c）。避雷器的持续运行电压U_c是允许持久地施加在避雷器端子间的工频电压有效值，对于无间隙避雷器，运行电压直接作用在避雷器的电阻片上，会引起电阻片的劣化。该电压决定了避雷器长期工作的老化性能，即当避雷器吸收过电压能量后温度升高后，在此电压下应能正常冷却，不发生热崩溃。避雷器的持续运行电压一般等于避雷器所接系统的最大工作相电压。

（3）避雷器的标称放电电流（I_n）。用来划分避雷器等级的、具有8/20μs波形的雷电冲击电流峰值。国标GB/T 11032—2010的避雷器分类如表5-4-2所列。

表 5-4-2　　避雷器分类

项目	标准标称放电电流				
	20000A	10000A	5000A	2500A	1500A
额定电压 U_r(kV)	$360<U_r\leqslant756$	$3\leqslant U_r\leqslant468$	$U_r\leqslant132$	$U_r\leqslant36$	$U_r\leqslant207$
备注	电站用避雷器；线路避雷器	电站用避雷器；线路避雷器；电气化铁道用避雷器	电站用避雷器；线路避雷器；发电机用避雷器；配电用避雷器；并联补充电容器用避雷器；电气化铁道用避雷器	电动机用避雷器	电机中性点用避雷器；变压器中性点用避雷器；低压避雷器

(4) 避雷器的参考电压（U_{ref}）。参考电压分为工频参考电压（$U_{a.c.ref}$）和直流参考电压（$U_{d.c.ref}$）。

1) 避雷器的工频参考电压（$U_{a.c.ref}$）。在避雷器通过工频参考电流时测出的避雷器的工频电压峰值除以 $\sqrt{2}$。多元件串联组成的避雷器的电压是每个元件工频参考电压之和。该电压大致位于氧化锌电阻片伏安特性曲线由小电流区域上升部分进入大电流区域平坦部分的转折处，从这一电压开始，认为避雷器已进入限制过电压的工作范围，所以也称转折电压。通常以通过 1mA 工频电流阻性分量峰值时的避雷器两端电压峰值 U_{1mA} 来定义参考电压。

2) 避雷器的直流参考电压（$U_{d.c.ref}$）。在避雷器通过直流参考电流时测出的避雷器的直流电压平均值。如果电压与极性有关，取低值。直流参考电压是其伏安特性曲线拐点附近的某一电流值，其值大约为 1mA。直流 1mA 参考电压（U_{1mA}）值一般等于或大于避雷器的额定电压的峰值。

(5) 避雷器的残压（U_{res}）。放电电流流过避雷器时其端子间的最大电压峰值，包括三种放电电流波形下的残压，陡波冲击电流下的残压，雷电波冲击电流下的残压和操作波冲击电流下的残压。

(6) 0.75 倍直流参考电压下漏电流。0.75 倍直流参考电压下漏电流一般不超过 50μA。多柱并联和额定电压 216kV 以上的避雷器漏电流由制造厂和用户协商规定。

(7) 避雷器的耐污秽性能。避雷器外套的最小公称爬电比距应符合要求：Ⅰ级轻污秽地区，17mm/kV；Ⅱ级中等污秽地区，20mm/kV；Ⅲ级重污秽地区，25mm/kV；Ⅳ级特重污秽地区，31mm/kV。

4. 评价无间隙氧化锌避雷器性能优劣的指标

(1) 压比。避雷器的保护性能一般以压比（压比＝残压 U_{res}/参考电压 U_{ref}）来说明，压比越小，则避雷器的保护性能越好。

(2) 荷电率。它表征单位电阻阀片上的电压负荷，是氧化锌避雷器的持续运行电压峰值与参考电压之比。荷电率的高低直接影响到避雷器的老化过程，荷电率高将加速避雷器的老化，降低荷电率减缓避雷器的老化过程，增长使用寿命，但荷电率的降低会使避雷器的保护性能变差。避雷器的荷电率越高说明避雷器稳定性越好，耐老化性越好，能在靠近伏安特性曲线的转折点上长期工作。荷电率一般在45%～75%范围内。在中性点非直接接地系统中，由于单相接地时健全相电压升高的持续时间较长，一般采用较低的荷电率；而在中性点直接接地系统中则可采用较高的荷电率。

（3）保护比。指标称放电电流下的残压与持续运行电压峰值之比，或压比与荷电率之比，即

$$保护比=\frac{额定残压}{持续运行电压(峰值)}=\frac{压比}{荷电率}$$

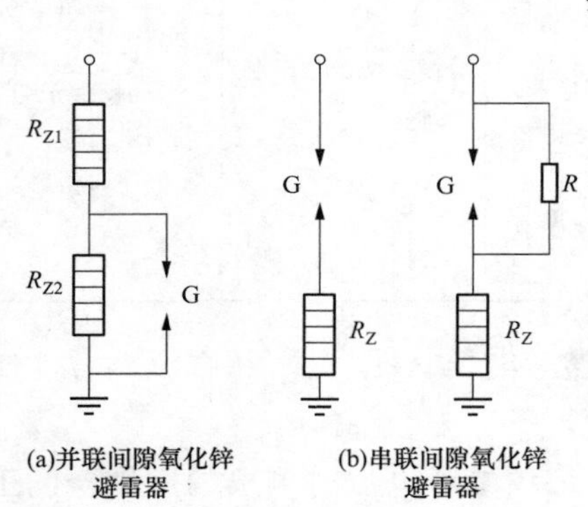

图 5-4-4　带间隙氧化锌避雷

5. 带间隙的氧化锌避雷器

虽然无间隙氧化锌避雷器基本满足各种场合电气设备的冲击过电压要求，但配合以某种间隙可以改进其某一方面的性能，以适应某些特殊的需要。例如对于超高压避雷器或需要大幅度降低压比时，可以采用并联或串联间隙的方法，既能降低避雷器在大电流时的残压，又不增加电阻片在正常运行时的电压负担（即荷电率）。带间隙氧化锌避雷如图 5-4-4 所示。

（1）并联间隙氧化锌避雷器。如图 5-4-4（a）所示，图中 R_{Z1} 和 R_{Z2} 均为氧化锌电阻片，G 为并联火花间隙，正常运行时，由 R_{Z1} 和 R_{Z2} 共同承担工作电压，荷电率较低，可以将泄漏电流限制到足够低的水平。当避雷器动作冲击电流太大，避雷器残压有可能超过要求的保护水平时，G 被击穿将 R_{Z2} 短路，整个避雷器的残压仅由 R_{Z1} 决定。因为避雷器的参考电压 U_{ref} 由 R_{Z1} 和 R_{Z2} 共同决定，所以其压比＝残压 U_{res}/参考电压 U_{ref} 可以降低，改善避雷器的保护性能。

（2）串联间隙氧化锌避雷器。串联间隙氧化锌避雷器的结构有简单间隙和并联电阻等两种型式，分别如图 5-4-4（b）所示。

1）简单串联间隙氧化锌避雷器。参照碳化硅避雷器结构，在氧化锌阀片 R_Z 与电力线之间增加一个放电间隙 G，使阀片免受长期运行电压作用，处于良好的自我保护状态，只在电力线上出现过电压时，击穿放电间隙，放电电流通过氧化锌阀片并建立“残压”，钳制电压不让其继续上升，起到保护电气绝缘的作用。

2）串联间隙并联 SiC 非线性电阻。在串联放电间隙 G 两端并接碳化硅分路电阻 R，在正常工作情况下，分路电阻 R 又与氧化锌阀片构成一个分压器，分担整个避雷器的电压负荷，降低氧化锌电阻片的荷电率。当过电压袭来时，R 上的电压升高，G 击穿，避雷器的残压完全由氧化锌电阻片决定。在灭弧过程中，间隙仅负担一半的恢复电压，其余一半由降低氧化锌电阻片分担，大大减轻了间隙的灭弧负担。对于碳化硅避雷器和无间隙氧化锌避雷器结构，工作元件阀片长期承受全部稳态电压，而对于串联间隙氧化锌电阻片＋SiC 并联电阻结构，工作元件阀片与串联间隙的并联电阻分担稳态电压，当暂态过电压升高时，因间隙 SiC 电阻元件 R 电阻降低率比元件要缓慢，暂态过电压很大一部分转移到 SiC 并联电阻元件上，使得暂态过电压产生延滞作用，由此提高避雷器承受暂态过的电压能力。此外还具有以下的优点：①降低标称放电电流残压。由于在运行电压下，间隙将电压与阀片分隔，工作元件可用较少数量的阀片（相叠），从而使其放电电流残压比较低，改善保护特性。②改善放电电流特性。在冲击时，并联电阻由间隙放电短接，并联电阻上无冲击负载，由工作元件氧

化锌电阻片吸收能量并发热，冲击过后，间隙立即截断工频续流，冷态的并联电阻接入，承受了避雷器总压的一部分，降低了工作元件氧化锌电阻片上的电压并降低了其发热程度，有利于提高氧化锌电阻片的热容量。

串联间隙氧化锌避雷器保护性能优于无间隙氧化锌避雷器，但结构相对复杂，保护间隙的放电特性有一定的分散性，目前应用较为广泛的还是不带间隙的MOA。

（三）限制操作过电压用MOA的基本要求

避雷器本来主要用途是限制雷电过电压对电气设备的侵害的，雷电过电压的特点是幅值高、电流大；但作用时间短、所含能量有限。后来拓展到用于限制部分操作过电压场合，由于电网暂态过电压在MOA的电阻片应力很大，故对限制操作过电压用MOA提出一些基本要求。

1. MOA持续运行电压的选择

电气装置保护用相对地MOA的持续运行电压不低于系统的最高相电压；变压器、并联电抗器中性点MOA的续运行电压按额定电压和适当的荷电率确定。

旋转电机用MOA的持续运行电压不低于MOA额定电压的80%；电机中性点用MOA的额定电压不低于相应相对地MOA额定电压的$1/\sqrt{3}$。

2. MOA额定电压的选择

电气装置保护用相对地MOA的额定电压按下式选取：有效接地和低电阻接地系统，接地故障清除时间不大于10s：$U_R \geqslant U_T$。

非有效接地系统，接地故障清除时间大于10s：$U_R \geqslant 1.25U_T$。

其中，U_R为MOA的额定电压；U_T为系统的暂时过电压。

旋转电机相对地MOA的额定电压，对应接地故障清除时间不大于10s时，不应低于电机额定电压的1.05倍；接地故障清除时间大于10s时，不应低于电机额定电压的1.3倍。

各种系统MOA的持续运行电压和额定电压可按表5-4-3（摘自GB/T 50064—2014）选择。

表5-4-3　MOA的持续运行电压和额定电压

系统中性点接地方式		持续运行电压（kV）		额定电压（kV）	
		相地	中性点	相地	中性点
有效接地	110kV	$U_m/\sqrt{3}$	$0.27U_m/0.46U_m$	$0.75U_m$	$0.35U_m/0.58U_m$
	220kV	$U_m/\sqrt{3}$	$0.10U_m$ $(0.27U_m/0.46U_m)$	$0.75U_m$	$0.35kU_m$ $(0.35U_m/0.58U_m)$
	330～750kV	$U_m/\sqrt{3}$	$0.10U_m$	$0.75U_m$	$0.35kU_m$
非有效接地	不接地	$1.10U_m$	$0.64U_m$	$1.38U_m$	$0.80U_m$
	谐振接地	U_m	$U_m/\sqrt{3}$	$1.25U_m$	$0.72U_m$
	低电阻接地	$0.80U_m$	$0.46U_m$	U_m	$U_m/\sqrt{3}$
	高电阻接地	U_m	$U_m/\sqrt{3}$	$1.25U_m$	$U_m/\sqrt{3}$

注　1. 110kV、220kV中性点斜线的上、下方数据分别对应系统无和有失地的条件。

2. 220kV括号外、内数据分别对应变压器中性点经接地电抗器接地和不接地。

3. 220kV变压器中性点经接地电抗器接地和330～750kV变压器或高压并联电抗器中性点经接地电抗器接地，当接地电抗器的电抗与变压器或高压并联电抗器的零序电抗之比等于n时，k为$3n/(1+3n)$。

二、浪涌保护器

浪涌保护器，也叫防雷器，是一种为各种电子设备、仪器仪表、通信线路提供安全防护的电子装置。当电气回路或者通信线路中因为外界的干扰突然产生尖峰电流或者电压时，浪涌保护器能在极短的时间内导通分流，从而避免浪涌对回路中其他设备的损害。浪涌保护器适用于交流50/60Hz，额定电压220V至380V的供电系统中，对间接雷电和直接雷电影响或其他瞬时过压的电涌进行保护，适用于工业等领域电子设备保护的要求。现代高压浪涌保护器，不仅用于限制电力系统中因雷电引起的过电压，也用于限制因系统操作产生的过电压。

随着电子、微电子集成化设备在电力系统的大量应用，雷电过电压和雷击电磁脉冲所造成的系统和设备的损坏增多。因此，安装浪涌保护器（SPD）抑制线路上的浪涌和瞬时过电压、泄放线路上的过电流成为现代防雷技术的重要环节。

（一）浪涌保护器的工作原理

按其工作原理分类，SPD可以分为电压开关型、限压型及组合型。电压开关型SPD指在没有瞬时过电压时呈现高阻抗，一旦响应雷电瞬时过电压，其阻抗就突变为低阻抗，允许雷电流通过，也被称为短路开关型SPD；限压型SPD，当没有瞬时过电压时，为高阻抗，但随电涌电流和电压的增加，其阻抗会不断减小，其电流电压特性为强烈非线性，有时被称为钳压型SPD；组合型SPD，由电压开关型组件和限压型组件组合而成，为电压开关型或限压型或两者兼有的特性，这取决于所加电压的特性。

浪涌保护器的类型和结构按不同的用途有所不同，但它至少应包含一个非线性电压限制元件。用于浪涌保护器的基本元器件有：放电间隙、充气放电管、压敏电阻、抑制二极管和扼流线圈等。

（二）浪涌保护器的结构及性能

1. 放电间隙（又称保护间隙）

放电间隙一般由暴露在空气中的两根相隔一定间隙的金属棒组成，其中一根金属棒与所需保护设备的电源相线（L1）或零线（N）相连，另一根金属棒与接地线（PE）相连接，当瞬时过电压袭来时，间隙被击穿，把一部分过电压的电荷引入大地，避免了被保护设备上的电压升高。这种放电间隙的两金属棒之间的距离可按需要调整，结构较简单，其缺点是灭弧性能差。改进型的放电间隙为角型间隙，它的灭弧功能较前者为好，它是靠回路的电动力F作用以及热气流的上升作用而使电弧熄灭的。

2. 气体放电管

气体放电管是由相互离开的一对冷阴板封装在充有一定的惰性气体（Ar）的玻璃管或陶瓷管内组成的。为了提高放电管的触发概率，在放电管内还有助触发剂。这种充气放电管有二极型的，也有三极型的。

气体放电管的技术参数主要有：直流放电电压U_{dc}；冲击放电电压U_p（一般情况下$U_p \approx 2 \sim 3U_{dc}$）；工频耐受电流$I_n$；冲击耐受电流$I_p$；绝缘电阻$R$；极间电容。

气体放电管可在直流和交流条件下使用，其所选用的直流放电电压U_{dc}分别如下：在直流条件下使用：$U_{dc} \geqslant 1.8U_0$（U_0为线路正常工作的直流电压）；在交流条件下使用：$U_{dc} \geqslant 1.44U_n$（U_n为线路正常工作的交流电压有效值）。

3. 压敏电阻

它是以 ZnO 为主要成分的金属氧化物半导体非线性电阻，当作用在其两端的电压达到一定数值后，电阻对电压十分敏感。它的工作原理相当于多个半导体 P-N 的串并联。压敏电阻的特点是非线性特性好（$I=CU^{\alpha}$中的非线性系数 α），通流容量大（$\approx 2\text{kA/cm}^2$），常态泄漏电流小（为 $10^{-7}\sim 10^{-6}$A），残压低（取决于压敏电阻的工作电压和通流容量），对瞬时过电压响应时间快（$\approx 10^{-8}$s），无续流。

压敏电阻的技术参数主要有：压敏电压（即开关电压）U_N，参考电压 U_{lmA}，残压 U_{res}，残压比 K（$K=U_{\text{res}}/U_N$），最大通流容量 $I_{\max}$，泄漏电流，响应时间。

压敏电阻的使用条件有：压敏电压：$U_N \geqslant \dfrac{1.2\sqrt{2}}{0.7}U_0$（$U_0$为工频电源额定电压）；最小参考电压：$U_{\text{lmA}} \geqslant$（1.8～2）$U_{\text{ac}}$（直流条件下使用）；$U_{\text{lmA}} \geqslant$（2.2～2.5）$U_{\text{ac}}$（在交流条件下使用，$U_{\text{ac}}$为交流工作电压）。

压敏电阻的最大参考电压应由被保护电子设备的耐受电压来确定，应使压敏电阻的残压低于被保护电子设备的损坏电压水平，即 $U_{\text{lmA.max}} \leqslant U_b/K$，$K$ 为残压比，U_b为被保护设备的损坏电压。

4. 抑制二极管

抑制二极管具有箝位限压功能，它是工作在反向击穿区，由于它具有箝位电压低和动作响应快的优点，特别适合用作多级保护电路中的最末几级保护元件。

抑制二极管的技术参数如下：

（1）击穿电压，它是指在指定反向击穿电流（常为 1mA）下的击穿电压，齐纳二极管额定击穿电压一般在 2.9～4.7V 范围内，而雪崩二极管的额定击穿电压常在 5.6～200V 范围内。

（2）最大箝位电压：它是指管子在通过规定波形的大电流时，其两端出现的最高电压。

（3）脉冲功率：它是指在规定的电流波形（如 10/1000μs）下，管子两端的最大箝位电压与管子中电流等值之积。

（4）反向变位电压：它是指管子在反向泄漏区，其两端所能施加的最大电压，在此电压下管子不应击穿。此反向变位电压应明显高于被保护电子系统的最高运行电压峰值，即不能在系统正常运行时处于弱导通状态。

（5）最大泄漏电流：它是指在反向变位电压作用下，管子中流过的最大反向电流。

（6）响应时间：10～11s。

5. 扼流线圈

扼流线圈是一个以铁氧体为磁芯的共模干扰抑制器件，它由两个尺寸相同，匝数相同的线圈对称地绕制在同一个铁氧体环形磁芯上，形成一个四端器件，要对于共模信号呈现出大电感具有抑制作用，而对于差模信号呈现出很小的漏电感几乎不起作用。扼流线圈使用在平衡线路中能有效地抑制共模干扰信号（如雷电干扰），而对线路正常传输的差模信号无影响。

6. 1/4 波长短路器

1/4 波长短路器是根据雷电波的频谱分析和天馈线的驻波理论所制作的微波信号浪涌保护器，这种保护器中的金属短路棒长度是根据工作信号频率（如 900MHz 或 1800MHz）的 1/4 波长的大小来确定的。此并联的短路棒长度对于该工作信号频率来说，其阻抗无穷大，相当于开路，不影响该信号的传输，但对于雷电波来说，由于雷电能量主要分布在 n+kHz 以下，此短路棒对于雷电波阻抗很小，相当于短路，雷电能量级被泄放入地。

由于 1/4 波长短路棒的直径一般为几毫米，因此耐冲击电流性能好，可达到 30kA（8/20μs）以上，而且残压很小，此残压主要是由短路棒的自身电感所引起的，其不足之处是工频带较窄，带宽约为 2%～20%左右，另一个缺点是不能对天馈设施加直流偏置，使某些应用受到限制。

（三）分级防护

电源浪涌防护一般采用三级防护模式：进入建筑物的交流供电线路，在线路总配电箱设置第一级防护；在配电线路分配电箱、电子设备机房配电箱设置第二级防护；特殊重要的电子信息设备电源端口设置第三级防护。

1. 第一级防护

第一级防护目的是将数万至数十万伏的浪涌电压限制到 2500～3000V。

电力变压器低压侧安装的电源防雷器作为第一级保护时为三相电压开关型电源防雷器，其雷电通流量不应低于 60kA。该级电源防雷器是连接在单位供电系统入口进线各相和大地之间的大容量电源防雷器。一般要求该级电源防雷器具备每相 100kA 以上的最大冲击容量，要求的限制电压小于 2500V。这些电磁防雷器是专为承受雷电和感应雷击的大电流以及吸引高能量浪涌而设计的，可将大量的浪涌电流分流到大地。它们仅提供限制电压（冲击电流流过电源防雷器时，线路上出现的最大电压称为限制电压）为中等级别的保护，仅靠它们是不能完全保护供电系统内部的敏感用电设备的。

第一级电源防雷器可防范 10/350μs、100kA 的雷电波，达到 IEC 规定的最高防护标准。其技术参考为：雷电通流量大于或等于 100kA（10/350μs）；残压值不大于 2.5kV；响应时间小于或等于 100ns。

2. 第二级防护

第二级防护目的是进一步将通过第一级防雷器的残余浪涌电压的值限制到 1500～2000V。

分配电柜线路输出的电源防雷器作为第二级保护时为限压型电源防雷器，其雷电流容量不低于 20kA，安装在向重要或敏感用电设备供电的分路配电处。这些电源防雷器对于通过了用户供电入口处浪涌放电器的剩余浪涌能量进行更完善的吸收，对于瞬态过电压具有极好的抑制作用。该处使用的电源防雷器要求的最大冲击容量为每相 45kA 以上，要求的限制电压应小于 1200V。一般单位供电系统做到第二级保护就可以达到用电设备运行的要求了。

第二级电源防雷器采用 C 类保护器进行相—中、相—地以及中—地的全模式保护，主要技术参数为：雷电通流容量大于或等于 40kA（8/20μs）；残压峰值不大于 1000V；响应时间不大于 25ns。

3. 第三级防护

第三级防护目的是最终保护设备的手段，将残余浪涌电压的值降低到 1000V 以内，使浪涌的能量不致损坏设备。

在电子信息设备交流电源进线端安装的电源防雷器作为第三级保护时为串联式限压型电源防雷器，其雷电通流容量不应低于 10kA。

最后的防线可在用电设备内部电源部分采用一个内置式的电源防雷器，以达到完全消除微小的瞬态过电压的目的。该处使用的电源防雷器要求的最大冲击容量为每相20kA或更低一些，要求的限制电压小于1000V。对于一些特别重要或特别敏感的电子设备具备第三级保护是必要的，同时也可以保护用电设备免受系统内部产生的瞬态过电压影响。

4. 第四级及以上防护

根据被保护设备的耐压等级，假如两级防雷就可以做到限制电压低于设备的耐压水平，就只需要做两级保护，假如设备的耐压水平较低，可能需要四级甚至更多级的保护。第四级保护其雷电通流容量不应低于5kA。

第五节　电力系统绝缘配合

电力系统中电气设备的绝缘在运行中，除了要长期承受额定工作电压的作用外，有时还要承受系统中出现的各种过电压的作用，将绝缘水平提高到足以耐受任何形式的最大过电压并不科学，一方面会过大地增加设备投入，另一方面也会影响设备的其他性能，如绝缘层厚度的增加会影响设备工作热量的散发；绝缘体的增大会增加设备的结构尺寸及质量，影响设备的机械运动性能等；而且随着电力系统电压等级的不断提高，要实现起来技术上越来越困难。因此，以概率较大的系统过电压水平为基础，综合考虑安全、技术、经济等方面的要求，以合理的绝缘裕度来确定电气设备的绝缘水平，才是科学的态度。

一、绝缘配合原则

根据电气设备在系统中可能承受的各种电压，并考虑过电压的限制措施和设备的绝缘性能后来确定电气设备的绝缘水平，以使设备的造价、维护费用和设备绝缘故障所引起的事故损失达到在经济上和安全运行上总体效益最高的目的。

绝缘配合的最终目的是确定电气设备的绝缘水平。电气设备的绝缘水平是指该设备可以承受的耐受电压试验标准，在试验电压作用下，设备不会发生闪络或击穿其他损坏。耐受电压试验如下。

（1）额定短时工频耐受电压试验。短时工频试验用以检验设备在工频运行电压和暂时过电压下的绝缘性能，试验是对绝缘结构端子施加一规定的额定耐受电压，持续时间为60s，如果没有出现破坏性放电，则认为绝缘通过试验。

（2）额定雷电冲击电压试验。用全波雷电冲击电压进行试验，检验设备绝缘耐受雷电冲击过电压的性能。标准雷电冲击电压为具有波前时间为1.2μs和半峰值时间为50μs的冲击电压。

（3）额定操作冲击电压试验。用规定波形操作冲击电压进行试验，检验设备绝缘耐受操作冲击过电压的性能。标准操作冲击电压为具有峰值时间为250μs和半峰值时间为2500μs的冲击电压。

（4）长时间的工频试验。考虑到在长期工作电压和工频过电压作用下内绝缘的老化和外绝缘的抗污秽性能，规定设备的长时间工频试验电压。

绝缘配合原则对各种电压作用下的绝缘配合要求主要有：持续运行电压和暂时过电压下的绝缘配合要求；操作过电压下的绝缘配合要求和雷电过电压下的绝缘配合要求。

（一）持续运行电压和暂时过电压下的绝缘配合

1. 外绝缘符合现场污秽等级下的耐受持续运行电压要求

（1）污秽等级。电气装置的外绝缘受运行环境影响很大，能导致闪络的外绝缘污秽基本类型主要有两类：

A类污秽：最常见于内陆地区、荒漠地区、工业污秽地区。A类污秽有两种主要成分，即湿润时形成导电层的可溶污秽物和与可溶污秽物黏合在一起的不溶污秽物（灰尘、沙、泥土、油等）；

B类污秽：最常见于沿海地区，由盐水或导电物沉降在外绝缘表面形成，或其他来源：喷洒农药、化学雾、酸雨。

关于污秽等级，国标GB/T 26218.1—2011标准化地定义了五个污秽等级，表征现场污秽度（SPS）从很轻逐渐变化到很重的分布：a—很轻；b—轻；c—中等；d—重；e—很重。污秽度主要与污染源（如海、荒漠或开阔干燥的陆地、人为污染源、大中城市及工业区）的距离；当地气候条件（如主导风、雨水、浓雾）有关。

（2）爬电比距。电气装置外绝缘要符合现场污秽等级下的耐受持续运行电压要求，就是要满足不同的污秽条件下电气设备外绝缘的爬电比距的要求。现国标使用统一爬电比距（USCD），其定义为：绝缘子的爬电距离除以该绝缘子上的最高运行电压（方均根值）。图5-5-1所示为统一爬电比距USCD与污秽等级SPS的关系曲线，图中纵坐标为基准USCD（mm/kV）；直方形代表了每一等级最低要求的优先选用值，如果SPS等级估计趋向邻近的较高的等级，可沿着曲线选用。由设备安装现场的污秽环境选择对应的设备外绝缘的爬电比距。

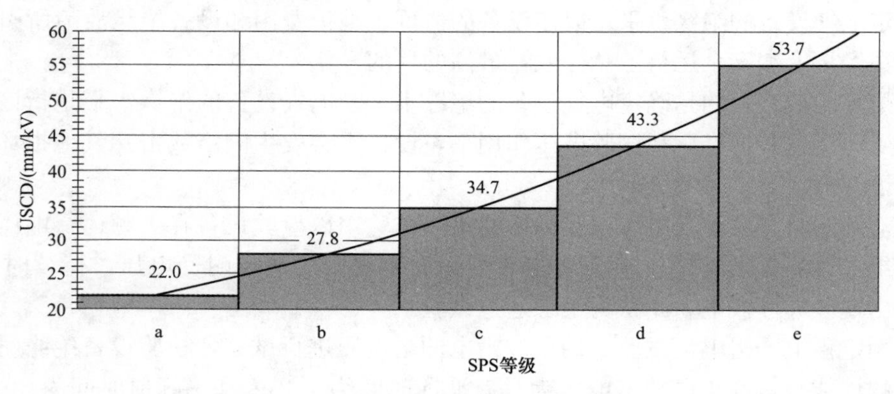

图5-5-1　USCD与SPS的关系曲线

2. 寿命期内的承受持续运行电压要求

电气设备的设计寿命期通常比较长，在此期间内，设备的绝缘除逐渐自然老化外，运行中还受温度变化、电场作用和环境污染等影响，加速绝缘劣化的过程，要求在考虑了这些不利因素后，设备绝缘在设计寿命期内仍具有承受持续运行电压的性能。

3. 承受暂时过电压的要求

暂时过电压包括工频过电压和谐振过电压。工频过电压幅值一般不是很高，但有可能持续时间较长，要求电气设备运行中其绝缘具备耐受工频过电压而不会故障的能力，系统中不专门设置限压保护措施。谐振过电压的幅值有可能较高，持续时间也有可能较长，而现有的限压保护装置的通流能力和热容量都有限，无法防护谐振过电压，故要求电气设备能承受一定幅值的（而不是所有的）谐振过电压。

（二）操作过电压下的绝缘配合

1. 范围Ⅰ系统操作过电压的绝缘配合要求

范围Ⅰ系统中操作过电压要求的绝缘子串和空气间隙的绝缘强度，以最大操作过电压为基础，将绝缘强度作为随机变量加以确定，范围Ⅰ系统计算用相对地最大操作过电压的标么值按表5-5-1规定选取。

6～220kV系统，相间操作过电压取相对地过电压的1.3～1.4倍。

表5-5-1　范围Ⅰ系统计算用相对地最大操作过电压的标么值

系　统	操作过电压的标么值（p.u.）
35kV及以下低电阻接地系统	3.0
66kV及以下非有效接地系统（不含低电阻接地系统）	4.0
110kV及220kV系统	3.0

2. 范围Ⅱ系统操作过电压的绝缘配合要求

范围Ⅱ的绝缘子串、空气间隙的操作冲击绝缘强度，以避雷器冲击保护水平为基础，将绝缘强度作为随机变量加以确定。

（三）雷电过电压下的绝缘配合

(1) 电厂（站）绝缘子串、空气间隙的雷电冲击强度，以避雷器雷电冲击保护水平为基础，将绝缘强度作为随机变量加以确定。

(2) 电气设备内、外绝缘雷电冲击绝缘水平，以避雷器雷电冲击保护水平为基础，采用确定法确定。

（四）冲击电压波形规定

1. 操作冲击电压波形

对范围Ⅰ系统，操作冲击电压的波形取波前时间为250μs，波尾时间为2500μs。

对范围Ⅱ系统，操作冲击电压的波形取波前时间比250μs长，电气设备绝缘配合操作冲击电压的波形取波前时间为250μs，波尾时间为2500μs。

2. 雷电冲击电压的波形

取波前时间为1.2μs，波尾时间为50μs。

二、绝缘配合方法

电力系统绝缘配合的方法有确定性法（惯用法），统计法及简化统计法。

1. 确定性法（惯用法）

确定性法是长期以来被广泛采用的方法，其原则是在惯用过电压（即可接受的接近于设备安装点的预期最大过电压）与耐受电压之间，按设备制造和电力系统的运行经验选取适宜的配合系数。即首先确定设备上可能出现的最危险的过电压，或以避雷器的保护特性作为绝缘配合的基础，然后乘上一个考虑各种影响因素和具有一定裕度的配合系数，从而确定绝缘应有的耐压水平。但由于实际的过电压值和绝缘强度都是随机变量，很难按照一个严格的规则去估计它们的上、下限，为保险起见，采取留有较大裕度的办法来解决，因而确定性法确定的绝缘水平是偏严格的。对于超高压、特高压系统，若仍采用确定性法来确定设备的绝缘水平，水平将被定得较高，或对保护装置提出较高的要求，将为此付出过高的经济代价。降低超高压、特高压系统的绝缘水平将带来显著的经济效益，故后来形成一种新的绝缘配合方法——统计法。

2. 统计法

统计法就是用统计的观点及方法来处理绝缘配合问题，以获得优化的总经济指标。即在已知过电压幅值和绝缘闪络电压的概率分布后，用计算的方法求出绝缘闪络的概率和线路的跳闸率，在技术经济比较的基础上来选择绝缘水平。这种方法不仅定量给出设计的安全程度，并能按照设备费、每年的运行费以及每年的事故损失费的总和为最小的原则，确定一个输电系统的最佳绝缘设计方案。

实际上采用统计法的困难很多，随机因素多、各种需要的概率分布统计数据并非都已知等。所以，只有当降低绝缘水平具有显著经济效益，特别是当操作过电压成为控制因素时，统计法才特别有价值。因此统计法仅用于U_m为252kV以上设备的操作过电压下的绝缘配合。对各电压等级的非自恢复绝缘、220kV及以下自恢复绝缘的绝缘水平均采用确定性法。

3. 简化统计法

绝缘配合的简化统计法，对概率曲线的形状做若干假定（如已知标准偏差的正态分布），从而可用与一给定概率相对应的点来代表一条曲线。在过电压概率曲线中称该点的纵坐标为统计过电压，其概率不大于2%，而在耐受电压曲线中则称该点的纵坐标为统计冲击耐受电压，设备的冲击耐受电压的参考概率取为90%。简化统计法是对某类过电压在统计耐受电压和统计过电压之间选取一个统计配合系数，使所确定的绝缘故障率从系统的运行可靠性和费用两方面来看是可以接受的一种绝缘配合方法。

三、发电厂内的绝缘配合

发电厂内的绝缘配合原则，是按照厂内系统中可能出现的各种过电压和限压保护装置的特性，确定电气设备的绝缘配合，使设备造价、系统维护及故障损失三方统筹兼顾，以求可靠、经济、方便。

（一）厂（站）内绝缘子串及空气间隙的绝缘配合要求

1. 绝缘子串的绝缘配合要求

（1）每串绝缘子片数应符合现场污秽等级下耐受持续运行电压的要求。根据国标GB/T 26218.1—2011，将污秽等级划分为五个等级，将典型环境划分为E1～E7共七个区。燃煤电厂应属于E7重污秽区：直接遭受高导电率的污秽物（化工、燃煤等）或高浓度的水泥型灰尘，并且频繁受到雾或毛毛雨湿润。近年来，燃煤电厂虽普遍加大了粉尘的环境治理力度，排烟除尘效率很高，但不可能做到除尘效率达到100%，故不少粉尘免不了一定程度污染自身及周边环境。据此可在图 5-5-1 的统一爬电比距 USCD 与污秽等级 SPS 的关系曲线中，找到符合厂内现场污秽等级下的统一爬电比距。

（2）绝缘子串正极性操作冲击电压 50%放电电压为

$$u_{s.i.s} \geqslant k_4 U_{s.p}$$

式中：k_4 为绝缘子串操作过电压配合系数，取 1.27；$U_{s.p}$为避雷器操作冲击保护水平。

（3）绝缘子串正极性雷电冲击电压 50%放电电压为

$$u_{s.i.l} \geqslant k_5 U_{l.p}$$

式中：k_5 为绝缘子串雷电过电压配合系数，取 1.4；$U_{l.p}$为避雷器雷电冲击保护水平。

2. 户外导线对构架空气间隙要求

（1）持续运行电压下风偏后导线对杆塔空气间隙的工频 50%放电电压为

$$u_{s.\sim} \geqslant k_2 \sqrt{2}\, U_m / \sqrt{3}$$

式中：k_2 为线路空气间隙持续运行电压统计配合系数，取 1.13。

（2）相对地工频过电压下无风偏导线对构架空气间隙的工频 50%放电电压为

$$u_{s.\sim.v} \geqslant k_6 U_{p.g}$$

式中：k_6 为导线对构架无风偏空气间隙的工频过电压配合系数，取 1.15；$U_{p.g}$为相对地最大工频过电压，取 1.4p. u. 。

（3）相对地空气间隙的正极性操作冲击电压波 50%放电电压为

$$u_{s.s.s} \geqslant k_7 U_{s.p}$$

式中：k_7 为相对地空气间隙操作过电压配合系数，对有风偏间隙取 1.1，对无风偏间隙取 1.27。

（4）相对地空气间隙的正极性雷电冲击电压波 50%放电电压为

$$u_{s.l} \geqslant k_8 U_{l.p}$$

式中：k_8 为相对地空气间隙雷电过电压配合系数，取 1.4。

3. 厂（站）内相间空气间隙要求

（1）相间工频过电压下相间空气间隙的工频 50%放电电压为

$$u_{s.\sim.p.p} \geqslant k_9 U_{P.P}$$

式中：k_9 为相间空气间隙工频过电压配合系数，取 1.15；$U_{P.P}$为母线处相间最大工频过电压，取 $1.3\sqrt{3}$ p. u. 。

（2）相间空气间隙的 50%操作冲击电压波放电电压为

$$u_{s.s.p.p} \geqslant k_{10} U_{s.p}$$

式中：k_{10}为相间空气间隙操作过电压配合系数，取 2.0。

（3）相间空气间隙取雷电放电电压要求的相对地空气间隙的 1.1 倍。

4. 厂（站）内最小空气间隙

（1）海拔高度 1000m 及以下地区厂（站）内 6kV～20kV 高压配电装置的最小相对地或

相间空气间隙要求如表 5-5-2 所列。

表 5-5-2　6kV～20kV 高压配电装置的最小空气间隙　单位：mm

系统标称电压/kV	户外	户内	系统标称电压/kV	户外	户内
6	200	100	15	300	150
10	200	125	20	300	180

（2）海拔高度 1000m 及以下地区厂（站）内 35kV 及以上电气装置的最小空气间隙如表 5-5-3 所列。

表 5-5-3　35kV 及以上电气装置的最小空气间隙　单位：mm

系统标称电压（kV）	持续运行电压	工频过电压		操作过电压		雷电过电压	
	相对地	相对地	相间	相对地	相间	相对地	相间
35	100	150	150	400	400	400	400
66	200	300	300	650	650	650	650
110	250	300	500	900	1000	900	1000
220	550	600	900	1800	2000	1800	2000
330	900	1100	1700	2000	2300	1800	2000
500	1300	1600	2400	3000	3700	2500	2800
750	1900	2200	3750	4800	6500	4300	4800

（二）厂（站）内电气设备的绝缘配合要求

1. 电气设备外绝缘耐受持续运行电压要求

电气设备外绝缘应符合现场污秽等级下耐受持续运行电压的要求，如上述的厂（站）内绝缘子符合现场污秽等级下耐受持续运行电压要求相同。

2. 电气设备耐受持续运行电压要求

（1）电气设备内绝缘短时工频耐受电压（有效值）为

$$u_{e.\sim.i} \geqslant k_{11} U_{p.g}$$

式中：k_{11} 为设备外绝缘短时工频耐压配合系数，取 1.15。

（2）电气设备外绝缘短时工频耐受电压（有效值）为

$$u_{e.\sim.o} \geqslant k_{12} U_{p.g}$$

式中：k_{12} 为设备外绝缘短时工频耐压配合系数，取 1.15。

3. 电气设备承受暂时过电压的要求

电气设备承受暂时过电压幅值和时间的要求如表 5-5-4 和表 5-5-5 所列。其中，变压器上过电压的基准电压取相应分接头下的额定电压，其余设备上过电压的基准电压取最高相电压。

表 5-5-4　　110kV～330kV 电气设备耐受暂时过电压的要求（p. u.）

时间/s	1200	20	1	0.1
电力变压器和自耦变压器	1.10/1.10	1.25/1.25	1.90/1.50	2.00/1.58
分流电抗器和电磁式电压互感器	1.15/1.15	1.35/1.35	2.00/1.50	2.10/1.58
开关设备、电容式电压互感器、电流互感器、耦合电容器和汇流排支柱	1.15/1.15	1.60/1.60	2.20/1.70	2.40/1.80

注　分子的数值代表相对地绝缘；分母的数值代表相对相绝缘。

表 5-5-5　　500kV 设备承受暂时过电压的要求（p. u.）

时间	连续	8h	2h	30min	1min	30s
变压器	1.1			1.2	1.3	
电容式电压互感器	1.1	1.2	1.3			1.5
耦合电容器			1.3			1.5

4. 电气设备耐受操作过电压的要求

（1）电气设备内绝缘相对地操作冲击耐受电压为

$$u_{e.s.i} \geqslant k_{13} U_{s.p}$$

式中：k_{13}为设备内绝缘相对地操作冲击耐压配合系数，取 1.15。

（2）GIS 雷电冲击耐受电压为

$$u_{GIS.l.i} \geqslant k_{14} U_{lw.p}$$

式中：k_{14}为 GIS 相对地 VFTO 配合系数，取 1.15；$U_{lw.p}$为避雷器陡波冲击保护水平。

（3）电气设备外绝缘相对地操作冲击耐受电压为

$$u_{e.s.0} \geqslant k_{15} U_{s.p}$$

式中：k_{15}为设备外绝缘相对地操作冲击耐压配合系数，取 1.05。

5. 电气设备耐受雷电过电压的要求

（1）电气设备内绝缘的雷电冲击耐受电压为

$$u_{e.l.i} \geqslant k_{16} U_{l.p}$$

式中：k_{16}为设备内绝缘的雷电冲击耐受电压配合系数，MOA 靠近设备时取 1.25，其他情况取 1.40。

（2）变压器、并联电抗器及电流互感器截波雷电冲击耐压取相应设备全波雷电冲击耐压的 1.1 倍。

（3）电气设备外绝缘的雷电冲击耐受电压为

$$u_{e.l.O} \geqslant k_{17} U_{l.p}$$

式中：k_{17}为设备外绝缘的雷电冲击耐受电压配合系数，取 1.40。

四、电气设备绝缘水平的确定

发电厂电气设备包括电机、变压器、断路器、隔离开关、互感器等，这些设备的绝缘分为内绝缘和外绝缘两部分。内绝缘指在设备外壳内不受大气和其他外部条件影响的固体、液体或气体绝缘。外绝缘指空气间隙和设备固体绝缘外露在大气中的表面，它承受作用电压并受大气和如污秽、湿度、虫害等的影响。

范围Ⅰ系统设备一般以雷电过电压决定设备的绝缘水平，而限制雷电过电压的主要措施是装设避雷器，以避雷器的雷电冲击水平（残压）来确定设备的绝缘水平。此绝缘水平在正常情况下，要求电气设备正常能承受操作过电压的作用，因此不采用专门的限制内部过电压的措施。在操作过电压作用时，避雷器不动作。

范围Ⅱ系统设备，操作过电压的幅值随电压等级而提高，在现有的防雷措施下，雷电过电压一般不如操作过电压的危险性大。我国对超高压系统中内部过电压的保护原则主要是通过改进断路器的性能，将操作过电压限制到一定的水平，然后以避雷器作为操作过电压的后备保护，因此实际上，超高压系统中电气设备绝缘水平也是以雷电过电压的保护特性为基础确定的。

（一）额定绝缘水平的选择

电气设备额定绝缘水平的选择，是指选取足以证明绝缘满足全部要求耐受电压最经济的一组标准耐受电压（U_w）。

设备最高电压应选为等于或高于设备安装处的最高运行电压的标准值U_m；而U_m至少应等于系统最高电压U_s。

额定耐受电压值应从标准额定耐受电压的系列数中选取。

1. 标准额定短时工频耐受电压系列

已经标准化的工频电压有效值（kV）：10，20，28，38，42，50，70，85，95，115，140，185，230，275，325，360，395，460，510，570，630，680，710，740，790，830，900，960，975，1050，1100，1200。

2. 标准额定冲击耐受电压系列

已经标准化的耐受电压峰值（kV）：20，40，60，75，95，125，145，170，185，200，250，325，380，450，550，650，750，850，950，1050，1175，1300，1425，1550，1675，1800，1950，2100，2250，2400，2550，2700，2900，3100。

（二）标准绝缘水平

为了加强标准化以及充分利用按标准设计的系统的运行经验，标准额定耐受电压与设备的最高电压之间的对应关系已经标准化。表5-5-6和表5-5-7分别列出了范围Ⅰ和范围Ⅱ的标准绝缘水平，两表中：同一横栏中的一组绝缘水平构成标准绝缘水平；对同一设备最高电压，给出两个及以上的绝缘水平，在选用设备的额定耐受电压及其组合时，应考虑到电网结构及过电压水平、过电压保护装置的配置及其性能、设备类型及绝缘特性、可接受的绝缘故障率等。

表5-5-6　　范围Ⅰ的标准绝缘水平　　单位：kV

系统标称电压U_S（有效值）	设备最高电压U_m（有效值）	额定雷电冲击耐受电压（峰值）		短时工频耐受电压（有效值）
		系列Ⅰ	系列Ⅱ	
3	3.6	20	40	18
6	7.2	40	60	25
10	12.0	60	75　90	30/42[c]；35

续表

系统标称电压 U_S（有效值）	设备最高电压 U_m（有效值）	额定雷电冲击耐受电压（峰值）		短时工频耐受电压（有效值）
		系列Ⅰ	系列Ⅱ	
15	18	75	95 105	40；45
20	24.0	95	125	50；55
35	40.5	185/220[a]		80/95[c]；85
66	72.5	325		140
110	126	450/480[a]		185；200
220	252	(750)[b]		(325)[b]
		850		360
		950		395
		1050		460

[a] 该栏斜线下之数据仅用于变压器类的内绝缘。

[b] 220kV设备，括号内的数据不推荐使用。

[c] 该栏斜线上之数据为设备外绝缘在湿状态下之耐受电压（或称为湿耐受电压）；该栏斜线下之数据为设备外绝缘在干燥状态下之耐受电压（或称为干耐受电压）。在分号“；”之后的数据仅用于变压器类的内绝缘。

表 5-5-7　　范围Ⅱ的标准绝缘水平　　单位：kV

系统标称电压 U_S（有效值）	设备最高电压 U_m（有效值）	额定操作冲击耐受电压（峰值）					额定雷电冲击耐受电压（峰值）		额定短时工频耐受电压（有效值）
		相对地	相间	相间与相对地之比	纵绝缘[b]		相对地	纵绝缘	相对地
1	2	3	4	5	6	7	8	9	10
330	363	850	1300	1.50	950	850 (+295)[a]	1050	见注	460
		950	1425	1.50			1175		510
500	550	1050	1675	1.60	1175	1050 (+450)[a]	1425		630
		1175	1800	1.50			1550		680
		1300[c]	1950[c]	1.50			1675		740
750	800	1425	—	—	1550	1425 (+650)[a]	1950		900
		1550	—	—			2100		960
1000	1100	—	—	—	1800	1675 (+900)[a]	2250	2400 (+900)[a]	1100
		1800	—	—			2400		

[a] 对于纵绝缘，联合耐受电压的标准操作冲击分量在本表中给出，而反极性工频分量的峰值为 $U_m \times \sqrt{2}/\sqrt{3}$；联合耐受电压的标准雷电冲击分量等于相应的相对地耐受电压，而反极性工频分量的峰值为 $(0.7 \sim 1.0) U_m \times \sqrt{2}/\sqrt{3}$。栏7和栏9括号中之数值是加在同一极对应端子上的反极性工频电压的峰值。

[b] 绝缘的操作冲击耐受电压选取栏6或栏7之数值，取决于设备的工作条件。

[c] 表示除变压器以外的其他设备。

考虑不同的性能指标或过电压类型，对大多数设备的最高电压可预计到不止一种优先选用的组合，对此种优先选用的组合，只需用两种标准额定耐受电压足以定义设备的额定绝缘水平：对于范围Ⅰ内的设备：标准额定雷电冲击耐受电压和标准额定短时工频耐受电压；对于范围Ⅱ内的设备：标准额定操作冲击耐受电压和标准额定雷电冲击耐受电压。

（三）各类设备的标准绝缘水平

表 5-5-8～表 5-5-10 给出了各类电气设备的额定耐受电压，实际应用时可从中选取。

表 5-5-8　各类设备的雷电冲击耐受电压　　单位：kV

系统标称电压（有效值）	设备最高电压（有效值）	额定雷电冲击耐受电压（峰值）						截断雷电冲击耐受电压（峰值）
		变压器	并联电抗器	耦合电容器、电压互感器	高压电力电缆	高压电器类	母线支柱绝缘子、穿墙套管	
3	3.6	40	40	40	—	40	40	45
6	7.2	60	60	60	—	60	60	65
10	12	75	75	75	—	75	75	85
15	18	105	105	105	105	105	105	115
20	24	125	125	125	125	125	125	140
35	40.5	185/200[a]	185/200[a]	185/200[a]	200	185	185	220
66	72.5	325	325	325	325	325	325	360
		350	350	350	350	350	350	385
110	126	450/480[a]	450/480[a]	450/480[a]	450	450	450	530
		550	550	550	550	550		
220	252	850	850	850	850	850	850	950
		950	950	950	950 1050	950 1050	950 1050	1050
330	363	1050	—	—	—	1050	1050	1175
		1175	1175	1175	1175 1300	1175	1175	1300
500	550	1425	—	—	1425	1425	1425	1550
		1550	1550	1550	1550	1550	1550	1675
		—	1675	1675	1675	1675	1675	—
750	800	1950	1950	1950	1950	1950	1950	2145
		—	2100	2100	2100	2100	2100	2310
		2250	2250	2250	2250	2250	2250	2400
		—	2400	2400	2400	2400	2700	2560

注　1. 表中所列的 3～20kV 的额定雷电冲击耐受电压为表 5-5-6 中系列Ⅱ绝缘水平。

2. 对高压电力电缆是指热态状态下的耐受电压。

[a]斜线下之数据仅用于该类设备的内绝缘。

表 5-5-9　　各类设备的短时（1min）工频耐受电压（有效值）　　单位：kV

系统标称电压（有效值）	设备最高电压（有效值）	内绝缘、外绝缘（湿试/干试）				母线支柱绝缘子	
		变压器	并联电抗器	耦合电容器、高压电器类、电压互感器、电流和穿墙套管	高压电力电缆	湿试	干试
1	2	3[a]	4[a]	5[b]	6[b]	7	8
3	3.6	18	18	18/25		18	25
6	7.2	25	25	23/30		23	32
10	12	30/35	30/35	30/42		30	42
15	18	40/45	40/45	40/55	40/45	40	57
20	24	50/55	50/55	50/65	50/55	50	68
35	40.5	85/85	85/85	85/95	85/85	80	100
66	72.5	140	140	140	140	140	165
		160	160	160	160	160	185
110	126	185/200	185/200	185/200	185/200	185	265
220	252	360	360	360	360	360	450
		395	395	395	395	395	495
					460		
330	363	460	460	460	460		
		510	510	510	510 570	570	
500	550	630	630	630	630		
		680	680	680	680	680	
				740	740		
750	800	900	900	900	900	900	
				960	960		
1000	1100	1100[c]	1100	1100	1100	1100	

注　表中 330kV～1000kV 设备之短时工频耐受电压仅供参考。

[a]该栏斜线下的数据为该类设备的内绝缘和外绝缘干耐受电压；该栏斜线上的数据为该类设备的外绝缘湿耐受电压。

[b]该栏斜线下的数据为该类设备的外绝缘干耐受电压。

[c]对于特高压电力变压器，工频耐受电压时间为 5min。

表 5-5-10　　电力变压器中性点绝缘水平　　单位：kV

系统标称电压（有效值）	设备最高电压有效值）	中性点接地方式	雷电全波和截波耐受电压（峰值）	短时工频耐受电压（有效值）（内、外绝缘，干试与湿试）
110	126	不固定接地	250	95
220	252	固定接地	185	85
		不固定接地	400	200

续表

系统标称电压（有效值）	设备最高电压有效值）	中性点接地方式	雷电全波和截波耐受电压（峰值）	短时工频耐受电压（有效值）（内、外绝缘，干试与湿试）
330	363	固定接地	185	85
		不固定接地	550	230
500	550	固定接地	185	85
		经小电抗接地	325	140
750	800	固定接地	185	85
1100	1100	固定接地	325	140
			185	85

第六章 电气设备的检修与预防性试验

电力系统不断向高电压、远距离、大容量方向发展，在提高经济性的同时，系统设备可靠性始终是电力生产的首要原则。电力系统重大事故，不仅会造成巨大的经济损失，而且危及社会秩序。因此，不断改善电力系统的可靠性，预防电力系统事故发生，是电力行业内各发、供电单位的主要任务。

第一节　发电设备可靠性

可靠性是指系统、设备或元件在规定的条件下和预定时间内完成规定功能的能力。从可靠性观点来看，元件分为可修复元件和不可修复元件两大类。如果元件使用一段时间后发生故障，经过修理就能再次恢复到原来的工作状态，这种元件称为可修复元件；如果元件使用一段时间后发生故障，不能修复或虽能修复但很不经济，这种元件称为不可修复元件。电力元件发电机、变压器、断路器、高压母线等设备大部分属于可修复元件。对于可修复元件，在考虑可靠性的同时必须考虑维修性。可修复元件的主要可靠性指标包括：

(1) 可靠度。可靠度指元件在起始时刻正常的条件下，在时间区间 $[0, t)$ 不发生故障的概率。

(2) 可用率。可用率指元件在起始时刻正常的条件下，时刻 t 正常工作的概率。

(3) 故障率。故障率指元件在起始时刻直至 t 完好条件下，在时刻 t 以后单位时间里发生故障的概率。

(4) 平均无故障工作时间。

一、发电设备状态划分

在电力行业标准 DL/T 793.1—2017《发电设备可靠性评价规程　第 1 部分：通则》、DL/T 793.2—2017《发电设备可靠性评价规程　第 2 部分：燃煤机组》中，为全面评价发电设备各种状态下的可靠性，对发电机组状态划分为在使用和停用两大类，其中停用指机组按国家有关政策，经规定部门批准封存停用或进行长时间改造而停用的状态，简称停用状态；而在使用状态又分为可用和不可用两类。

（一）发电设备可用状态

发电设备的可用状态指设备处于能够执行预定功能的状态，而不论其是否在运行，也不论其能够提供多少出力。可用状态包含了运行和备用两种状态。

1. 运行状态

运行状态对于机组指发电机在电气上处于连接到电力系统工作（包括试运行）的状态，

可以是全出力运行，计划或非计划降低出力运行；对于辅助设备，指正在为机组工作。机组运行状态划分为全出力和降低出力两种状态。

（1）全出力运行状态指机组达到毛最大容量运行或备用的状态（毛最大容量指机组在某一给定期间内，能够连续承载的最大容量。一般可取机组的额定容量）。

（2）降低出力运行状态指机组达不到毛最大容量运行或备用的状态（不包括按负荷曲线正常调整出力）。机组降低出力可分为计划降低出力和非计划降低出力：

1）计划降低出力指机组按计划在既定时期内的降低出力。如季节性降低出力，按月度计划安排的降低出力等。机组处于运行状态，则为计划降低出力运行。

2）非计划降低出力指不能预计的机组降低出力。机组处于运行状态，则为非计划降低出力运行。按机组降低出力的紧迫程度分为以下 4 类：

第 1 类非计划降低出力：机组需要立即降低出力者；

第 2 类非计划降低出力：机组虽不需立即降低出力，但需在 6h 内降低出力者；

第 3 类非计划降低出力：机组可以延至 6h 以后，但需在 72h 内降低出力者；

第 4 类非计划降低出力：机组可以延至 72h 以后，但需在下次计划停运前降低出力者。

2. 备用状态

备用状态指设备处于可用状态，但不在运行状态。对于机组，备用分为全出力备用、计划或非计划降低出力备用。备用状态下有关出力和计划的含义与上述运行状态的规定相同。

（二）发电设备不可用状态

不可用状态指设备不论何种原因处于不能运行或备用的状态。不可用状态分为计划停运和非计划停运。

1. 计划停运

机组或辅助设备处于计划检修期内的状态（包括进行检查、试验、技术改造，或进行检修等而处于不可用状态）。计划停运应是事先安排好进度，并有既定期限。

1）对于机组，计划停运分为 A 级、B 级、C 级和 D 级检修四类。

2）对于辅助设备，计划停运分为大修、小修和定期维护三类。

2. 非计划停运

设备处于不可用而又不是计划停运的状态。对于机组，根据停运的紧迫程度分为以下 5 类：

第 1 类非计划停运：机组需立即停运或被迫不能按规定立即投入运行的状态（如启动失败）。

第 2 类非计划停运：机组虽不需立即停运，但需在 6h 以内停运的状态。

第 3 类非计划停运：机组可延迟至 6h 以后，但需在 72h 以内停运的状态。

第 4 类非计划停运：机组可延迟至 72h 以后，但需在下次计划停运前停运的状态。

第 5 类非计划停运：计划停运的机组因故超过计划停运期限的延长停运状态。

上述第 1 类～第 3 类非计划停运状态称为强迫停运。

二、发电设备可靠性评价指标

（一）单机指标（部分）

（1）计划停运系数为

$$计划停运系数=\frac{计划停运小时}{统计期间小时}\times 100\%$$

该指标反映了在统计期间内设备计划检修或维护的时间所占比例，它也反映了设备使用的（时间）成本。

（2）非计划停运系数为

$$非计划停运系数=\frac{非计划停运小时}{统计期间小时}\times 100\%$$

该指标反映在统计期内，机组非计划的临时（检修）停用时间所占比例，从中可以分析出发电机组的可靠性水平。非计划停运系数大，意味着设备状况堪忧。

（3）强迫停运系数为

$$强迫停运系数=\frac{强迫停运小时}{统计期间小时}\times 100\%$$

该指标反映在统计期内，机组发生故障紧急停用处理的事件及时长所占比例。

（4）可用系数为

$$可用系数=\frac{可用小时}{统计期间小时}\times 100\%$$

该指标反映了设备的基本健康水平。

（5）运行系数为

$$运行系数=\frac{运行小时}{统计期间小时}\times 100\%$$

该指标反映了设备在统计期内的实际利用率。

（6）毛容量系数为

$$毛容量系数=\frac{毛实际发电量}{统计期间小时\times 毛最大容量}\times 100\%$$

式中：毛实际发电量为机组在给定期间内实际发现的电量。

该指标反映了在统计期间设备容量的利用率。

（7）非计划停运率为

$$非计划停运率=\frac{非计划停运小时}{非计划停运小时+运行小时}\times 100\%$$

上述指标从不同的方面来评价发电机组的实际利用率、设备故障率等情况。其中有代表性的指标，如运行系数指标反映了在统计期内机组的实际利用程度，从后面的 2016 年的全国 100MW 及以上容量火电机组统计数据看，运行系数平均水平在 68.68%，其余超过 30% 的时间区间，已装机组容量在停用状态，包括备用、检修状态；等效可用系数指标反映了发电机组的总体健康水平，2016 年的统计数据为 92.77%；非计划停运率反映了发电机组的故障率，2016 年统计的年非计划停运次数为 0.35 次/台年。

（二）国内火电机组可靠性指标水平

2016 年全国各地区 100MW 及以上容量火电机组运行可靠性指标如表 6-1-1 所列（不包括燃气轮机组）。

表 6-1-1　　2016 年全国各地区 100MW 及以上容量火电机组运行可靠性指标

地区	统计台数（台）	平均容量（MW/台）	每千瓦装机发电量（MWh/kW）	运行系数（%）	等效可用系数（%）	非计划停运次数（次/台年）
华北	532	349.57	4.71	73.68	93.83	0.33
东北	165	333.24	3.93	69.95	94.57	0.27
华东	342	524.62	4.61	72.69	90.50	0.30
华中	273	439.65	3.65	61.03	92.09	0.21
西北	208	351.56	4.29	70.82	93.51	0.57
南方	232	421.39	3.43	59.00	94.13	0.49
全部	1752	405.99	4.23	68.68	92.77	0.35

2016 年全国 200MW 及以上容量火电机组主要辅助设备运行可靠性指标如表 6-1-2 所列。主要辅助设备是指磨煤机、给水泵组、送风机、引风机和高压加热器。

表 6-1-2　　2016 年火电机组主要辅助设备运行可靠性指标

辅助设备分类	统计台数（台）	运行系数（%）	可用系数（%）	计划停运系数（%）	非计划停运系数（%）	非计划停运率（%）
磨煤机	6211	53.73	92.94	7.01	0.05	0.09
给水泵组	3495	46.31	93.99	5.97	0.04	0.08
送风机	2511	66.69	93.50	6.50	0.00	0
引风机	2556	66.73	93.60	6.39	0.02	0
高压加热器	3854	66.37	93.82	6.13	0.05	0.07

三、可靠性评价的应用

开展发电设备可靠性评价的目的是找出影响设备可靠性的问题所在，为未来制定提高设备可靠性解决方案提供依据，主要有以下几个方面的应用。

1. 设备可靠性定性评估

通过可靠性逻辑框图法，可以绘制设备或系统的可靠性逻辑框图，分析各个元件在系统中所起到的作用，确认影响系统整体可靠性的关键元件。从而，通过加强对关键元件的检查和维护，提高整个系统的可靠性。

2. 设备可靠性定量评估

根据可靠性逻辑框图或数学模型，计算各设备或系统的可靠性指标，有利于建立发电厂设备可靠性数据库，进行数据指标分析和缺陷分析。从而，可以发现设备可靠性变化规律，用于指导生产管理。

3. 指导设备元件选用

通过元件可靠性数据的积累，开展元件可靠性分析，可以有效区分相同用途，不同厂家或不同批次元件的优劣，用于指导设备或元件的选用，从而提高设备可靠性和资金利用率。

4. 指导技术革新和技术改进

在选用新技术、新设备过程中，通过对比元件可靠性参数，可以做到优中选优。在改变系统结构和变更控制方式时，可以进行可靠性定性、定量分析，研究技术改进方案的合理性，实现设备可靠性预控。

5. 为检修、维护提供指导

在设备可靠性分析过程中，考虑了维修因素的影响，可以定量分析设备检修、维护水平和设备管理水平。根据修复概率 μ 在可靠性分析模型中影响大小，可以用于指导检修策略的制定，提高设备检修、维护的针对性和经济性。

改善电力系统可靠性，对于发电厂来说，主要途径和方法有：

(1) 尽可能采用可靠性高的电力设备（如发电机组、变压器、断路器等）。为了保证设备的可靠性，需要进行产品的可靠性设计，在生产过程中严格进行质量控制，加强设计、生产、使用三方的信息交流。

(2) 在保证系统满足预定功能前提下，把系统的复杂性降至最低程度。因为非必须环节（元件）的增加只会增加系统故障的概率。

(3) 在系统结构上采用贮备。典型的做法是工作设备和备用设备的配置，且设置相互之间的自动联锁。

(4) 采用科学的检修策略，通过合理的检修，恢复设备的功能和性能，保持设备的健康状况。

(5) 周到的运行维护，将设备故障消除在萌芽状态。

第二节　设备的检修模式与策略

运行设备投入运行后，随着运转时间的增长，各种磨损、老化的程度在热力、压力、电场等不利因素作用下在不断增加，健康状况和设备性能每况愈下，运行可靠性在不断降低，故障风险越来越大。为维持生产工艺系统的稳定正常运转，人们采用各种设备检修模式与策略，希望通过成本低而有效的设备维护手段，阶段性地恢复设备的健康水平及性能，从而提升投入与产出的整体效益。

一、设备故障一般规律

设备寿命包含三个含义：物理寿命，指元件从投入运行开始到不能再正常工作，退役结束所持续时间；技术寿命，指尽管元件仍可以运行，但由于技术原因而不得不被新元件所替代的持续时间；经济寿命，指虽然元件仍可以正常运行，但是本身已经不具备任何的经济价值的持续时间。

在设备寿命期内，投入运行中的设备因结构、材料、功能、性能以及运行条件等诸因素各异，出现故障的规律各不相同，按类型分有递减型、恒定型和递增型。但典型的设备故障规律则为这几种的组合：在使用初期，故障率较高，设备在设计、制造和安装调试过程中遗留的一些缺陷隐患在投入运行后逐渐暴露出来，经过检修调整，设备缺陷逐步得以消除，运行趋于稳定，此后随时间增加而故障逐渐减少，一定时间后不易发生故障；在使用的中期，在较长的时间段内，设备故障率不随时间推移而增加，在复杂系统或复杂设备中，由多种材料、多个部分（件）组成，每一部分（件）的可靠性都不可能做到100%，设备整体可靠性可能受某个部分（件）的故障影响，此时设备故障率趋于偶然，也可看成是恒定的；到了设备寿命的后期，设备进入老化期，故障率呈递增型特点。典型设备寿命期内的故障规律曲线，就像一个浴盆的形状，所以也称浴盆曲线。

二、发电设备的检修模式与策略

（一）一般的设备维修模式与策略

一般认为工业设备的检修模式发展经历了事后检修、预防性检修、状态检修等若干阶段。

1. 事后检修

事后检修指只在设备异常、故障，已经不能继续使用时才进行设备检修。这种模式在工业发展初期，设备系统相对简单，设备技术还不成熟，人们关注的重点是设备功能，对设备可能出现的各种异常状况经验不多，因而设备“物尽其用”被动性检修是一种自然选择。随着设备技术的发展，设备结构的复杂化和系统规模的增大，设备异常或故障对生产工艺流程的影响和所造成的损失越来越难以接受，因而被动性检修将为新的检修策略所取代。

2. 预防性检修

为降低设备在运行中故障的概率，产生了以预防为目的的检修方式。在预防性检修模式中，有所谓定期检修制和预防检修制两种类型。

定期检修制以设备投入运行的时间作为检修工作依据，对不同种类的设备根据其大致相同的工作条件制定不同的检修周期。这一检修模式的优点是利于长、中、短期设备检修计划的安排，利于检修方案、材料和工具的充分准备，提升检修质量和效率。但由于这一模式不区分同类型设备中不同的具体工作条件的差别，容易造成设备的过修或欠修。如有些设备实际运行时间较少，负载较轻；而另一些设备实际运行时间较多，负载较重。相同的检修周期令前者的检修必要性不大，后者则可能是迟来的挽救。

预防检修制的设备检修，是根据对每台设备周期性的检查情况和维修统计资料来确定，而且预防检修只针对高生产率、高负荷的重要设备，并非对所有设备实行预防性维修。这一检修策略针对性强，弥补了定期维修制的不足之处；但实施效果因检查技术和手段的水平以及相关人员的经验而异，故其科学性合理性有待进一步提升。

3. 状态检修

如一些供电系统推行的状态检修策略，根据其多数设备为非运动状态运行特点，对每台设备的运行时数、动作次数、负荷轻重、断路器开断故障电流大小与次数等参量进行综合分析后，确定设备检修的周期，认为哪些参量可以反映设备的健康状态。这种策略的不足在于只考虑了设备故障起因的一般情况，而事实上如上面提到的典型设备故障曲线（浴盆曲线）中期阶段，设备故障具有偶然性特点，往往故障起因不在薄弱环节（元件），而在一些人们关注重点范围以外。虽然这些起因相对来说概率不大，但分散的小概率事件足以影响了整体可靠性。

为更充分而有效地掌握设备（内部）状况，在线监测技术在不断发展，除了传统的如设备关键点的温度、振动、位移、流量、压力等物理量的运行监测外，绝缘在线监测也在逐步推广，这些都为分析和掌握设备状态，从而为科学合理制定设备检修策略提供坚实的技术基础。

（二）发电厂设备的检修修模式与策略

电力行业内发电厂的设备检修，一直遵循的是行业标准，如之前的《发电厂检修规程》，现行的DL/T 838—2017《燃煤火力发电企业设备检修导则》（以下简称《检修导则》）。针对发电厂设备系统的特点，发电机组检修的基本原则是在定期检修的基础上，逐步扩大状态检修的比例，最终形成一套融定期检修、状态检修、改进性检修和故障检修为一体的优化检修模式。

1. 检修模式

（1）定期检修。以时间为基础的预防性检修，根据设备磨损和老化的统计规律，事先确定检修等级、检修间隔、检修项目等的检修方式。对于发电厂主设备的锅炉及其附机、汽轮机、发电机，在其服役期间，大部分时间处于运行状态，而它们的运行形式基本都伴随着持续旋转运动、或承受工质冲刷、高温度/高压力/高电场强度应力等，这些因素的持续作用决定了设备的磨损和老化（包括金属疲劳）与时俱增，而磨损和老化是设备故障的重要起因。因此，发电厂机组以时间为基础的检修策略，对于预防设备故障发生是科学合理的。

（2）状态检修。根据状态监测和诊断技术提供的设备状态信息，评估设备的状况，在故障发生前进行检修的方式。当状态监测和诊断技术提供的设备状态信息能全面真实反映设备的状况，状态检修模式更为合理，更具有经济价值，因而仍应是未来的发展方向。欠修固然可能增大设备故障概率为人们力图避免的状态；而过修除了增加设备运行经济成本外，其实也在某些方面增加了安全风险——设备检修过程及其状态转换操作的非安全因素额外增加。

（3）改进式检修。对设备先天性缺陷或频发故障，按照当前设备技术水平和发展趋势进行改造，从根本上消除设备缺陷，以提高设备的技术性能和可用率，并结合检修过程实施的检修发生。

（4）故障检修。故障检修指在设备发生故障或其他失效时进行的非计划检修。

2. 检修等级

根据上述原则，《检修导则》按检修规模和停用时间将发电机组检修分为A、B、C、D四个等级（见表6-2-1）：

A级检修，指对发电机组进行全面的解体检查和修理，以保持、恢复或提高设备性能；

B级检修，指针对机组进行某些存在问题，对机组部分设备进行解体检查和修理。B级检修可根据机组设备状态评估结果，有针对性地实施部分A级检修项目或定期滚动检修项目。

表6-2-1　汽轮发电机组标准项目检修停用时间　单位：d

机组容量（MW）	检修等级			
	A级检修	B级检修	C级检修	D级检修
100≤P<200	32～38	14～22	9～12	5～7
200≤P<300	45～48	25～32	14～16	7～9
300≤P<500	50～58	25～34	18～22	9～12
500≤P<750	60～68	30～45	20～26	9～12
750≤P≤1000	70～80	35～50	26～30	9～15

注　检修停用时间已包括带负荷试验所需时间。

C级检修，指根据设备的磨损、老化规律，有重点地对机组进行检查、评估、修理、清扫。C级检修可进行少量零件的更换、设备的消缺、调整、预防性试验等作业以及实施部分A级检修项目或定期滚动检修项目。

D级检修，指当机组总体运行状况良好，而对主要设备的附属系统和设备进行消缺。D级检修除进行附属系统和设备的消缺外，还可根据设备状态的评估结果，安排部分C级检修项目。

3. 检修间隔及检修停用时间

汽轮发电机的A级检修间隔为4～6年，以该间隔为一周期，中间插入B级及以下等级的检修，组合方式为A—C(D)—C(D)—B—C(D)—C(D)—A。各等级检修停用时间如表6-2-1所列。

4. 检修标准项目

机组主要设备的检修项目分标准项目和特殊项目两类。标准项目是通常需要进行的常规检修项目，原则上在A级检修必须进行的项目；特殊项目为标准项目以外根据具体需要而增加的项目，如执行反事故措施、节能措施、技改措施等的项目。

（1）A级检修标准项目：

1）设备制造厂要求的项目。为保证设备的正常使用，制造厂通常在安装使用说明书中提出设备维护的要求和定期检修的项目及内容，这是检修标准项目及主要内容的主要依据。

2）全面解体检查、清扫、测量、调整和修理。通过全面解体，设备内部状况一目了然，许多还没发展到故障程度、在线监测还不能检测出来的设备异常，都能有效直观或试验检查出来，及时消除修理；对于磨损部分可以通过调整或更换部件，使设备恢复健康状态。

3）定期监测、试验、校验和鉴定。经过较长时间的运行，需要对设备材质内部的变化情况进行检测、试验、校验和鉴定，分析、评估其安全性和可靠性，对于不满足要求的进行更换修理。

4）按规定需要定期更换零部件的项目。对于部分使用寿命将至的零部件，即使尚可使用但不能延续到下一检修周期的，进行更换修理，以消除这些零部件故障率升高对机组运行可靠性的影响。

5）按各项技术监督规定检查项目。电力技术监督在电力行业内一直在开展，监督的内容在各时期有所变化，对于火电企业现行主要内容有：电能质量监督、绝缘监督、电测监督、保护与控制系统监督、自动化监督、信息通信监督、节能监督、环保监督、化学监督、热工监督、金属监督、汽轮机监督。各项监督都对设备解体检修设置了检查项目。

6）消除设备和系统的缺陷和隐患。

（2）B级检修项目。根据机组设备状态评价及系统的特点和运行状况，有针对性地实施部分A级检修项目和定期滚动检修项目。

（3）C级检修项目：

1）消除运行中发生的缺陷；

2）重点清扫、检查和处理易损、易磨部件，必要时进行实测和试验。

（4）D级检修项目。D级检修项目的主要内容是消除设备和系统的缺陷。

（三）火电厂电气设备的检修修模式与策略

1. 检修间隔

火电厂电气设备的计划检修，一般利用汽轮发电机组计划检修停用期间进行，因而电气设备的检修不会像电网设备那样额外付出少送电代价。通过定期检修，显著恢复或提高设备的健康水平，修后设备可靠性提高了，检修的经济价值显而易见。因此，火电厂发电机组电气设备的检修模式基本都采用随机组检修的定期检修制。其余电气设备的检修模式与策略，是以设备制造厂家的使用要求为基础，结合各厂实际工作条件而制定，通常在各厂的检修规程中确定，如表 6-2-2 所列，表中大修也称 A 级检修；小修也称 C 级检修。

表 6-2-2　　火电厂电气设备的检修间隔

设备名称	分　类	检修间隔（年）		备　注
		大修	小修	
发电机及其一次系统设备、励磁系统设备		4～6	1	随汽轮发电机组检修
变压器	油浸	10	1	大修根据运行情况和试验结果确定；第一次大修一般为投产后为 5 年左右
	干式		1	只进行小修
电动机	机、炉辅机	4～6	1	随汽轮发电机组检修
	除机、炉辅机外	3	1	一般随其拖动的机械设备检修
配电母线	厂用母线	4～6		随汽轮发电机组，只进行大修
	GIS	10～20		按预试规程要求定期预试
高压断路器	少油	2～4	1	厂用电开关随机组检修
	真空		1	只进行小修
	SF_6	10～15	1	

表中以设备型式分类，原则上检修间隔尽量随发电机组检修进行，此外还考虑的因素有：

（1）旋转电机。机、炉辅机用电动机数量较大，一般只能随机组检修。公用系统用电动机，如循环水系统、输煤系统、化水系统、除灰系统、压缩空气系统等的电动机，一般随其拖动的机械设备检修，但如果其拖动的机械设备因运行时间较少而长期不修的，电动机也要定期进行绝缘检查。

（2）变压器类设备。变压器以小修（主要内容为检查清扫消缺）为主，大修根据运行情况和试验结果确定，这里所说的运行情况，如日常负载轻重、运行温度、受故障电流冲击的次数与电流的大小等；试验结果指定期预防性试验数据情况，还有些变压器的绝缘在线装置的监测数据情况等。变压器吊罩（盖）大修，主要目的是检查内部有无异常情况，如线圈绝缘缠绕是否紧密有无松散；铁芯和线圈的压紧螺栓有无松动；底部有无水迹和杂物等，这些影响设备安全运行的隐患，难以从在线监测或定期试验中获知，只能通过大修来消除。投运后的第一次大修，重点是对其线圈的紧固结构进行检查及二次把紧，因为经过一段时间的油浸泡，线圈绝缘纸（带）及其压紧材料（如木块）体积可能会收缩，造成线圈的轴向压力减小，在外部故障电流的冲击下容易产生位移变形，所以需要通过大修恢复线圈的应有紧固压力。

（3）配电母线。配电母线的停用影响范围大，故一般只进行大修，主要内容为检查清扫消缺和预防性试验，目的是检验或恢复母线的绝缘水平（清理母线支持绝缘子或穿墙瓷套的表面污秽，更换有绝缘缺陷的支持绝缘子或穿墙瓷套）、检验或恢复母线隔离开关载流接触的可靠性（清理触头表面氧化污秽层，测量触头接触电阻）。

（4）高压断路器。高压断路器按灭弧（绝缘）介质型式确定检修模式，油断路器开断能力和可靠性相对较弱，经过多次大电流开断后，触头容易烧损，灭弧片有可能产生裂纹、内孔增大影响灭弧性能，故需通过大修来检查修复。真空断路器的核心部件真空泡为成形密封结构，一般不考虑解体大修。SF_6 断路器本体对结构密封、装配精度以及施工环境要求很高，在现场一般不具备解体大修条件，但断路器本体密封橡胶件的老化、触头的磨损等问题，要求断路器在经过一定运行时间后，进行恢复性大修。

2. 检修停用时间

设备检修停用时间主要依据是检修项目及其工作内容，也与投入的资源以及系统允许的停用时间有关，可根据具体情况和条件确定，表 6-2-3 列出了部分电气设备（本体）标准项目内容检修所需的工日（按每日工作 8h 计），可按投入的人力资源（技术工和普通工）计算检修停用时间。该表借鉴国家能源局发布的《电网检修工程预算定额（第一册）电气工程》，定额中对各种设备以电压等级、容量大小为基础，按完成标准工程量给出所需的标准工日。本体以外的附件、机构以及试验未包括在内。电动机的检修停用时间一般随其拖动的机械设备检修时间。

表 6-2-3　　火电厂部分电气设备的检修工日

设备名称	分　类		标准工日（d）		备　注
			大修	小修	
变压器	20kV		12～26	3～13	工日范围：容量 0.25MVA～10MVA，容量小的取下限，反之取上限
	20 kV（干式）			3～6	工日范围：容量 0.25MVA～4MVA，容量小的取下限，反之取上限
	35kV		24～111	5～26	工日范围：容量 1MVA～70MVA，容量小的取下限，反之取上限
	110kV		72～109	16～53	工日范围：容量 6.3MVA～120MVA，容量小的取下限，反之取上限
	220kV		126～452	39～232	工日范围：容量 20MVA～720MVA，容量小的取下限，反之取上限
	330kV		239～464	104～189	工日范围：容量 90MVA～720MVA，容量小的取下限，反之取上限
	500kV		364～677	143～250	工日范围：容量 240MVA～1000MVA，容量小的取下限，反之取上限
配电母线	矩形母线	长度 8m 以内	3		
	户内隔离开关	20～35kV	2～7		按每组计；工日范围：电压等级低的取下限，反之取上限
	管形母线	长度 20m 以内	5～10		工日范围：直径 80～20m，直径小的取下限，反之取上限
	户外隔离开关	20～220kV	8～47		按每组计；工日范围：电压等级低的取下限，反之取上限
	GIS	35～500kV	15～77		工日范围：电压等级低的取下限，反之取上限

续表

设备名称	分类		标准工日（d）		备注
			大修	小修	
高压断路器	少油	20～330kV	11～79	2～7	工日范围：电压等级低的取下限，反之取上限
	真空	20kV		2	只进行小修
	SF_6	35～500kV	10～74	4～21	工日范围：电压等级低的取下限，反之取上限

第三节　电气设备的检修项目与内容

火电厂电气设备检修一般分大修和小修两大类，大修（也称 A 级检修）指对设备的解体检查、修理；小修指对设备的检查、清理及局部缺陷消除。以下分别列出各种电气设备的大修项目及内容。

一、发电机的检修项目及内容

发电机的检修项目及内容见表 6-3-1。

表 6-3-1　发电机的检修项目及内容

设备	标准项目	特殊项目
发电机定子	（1）检查清扫端盖、护板、导风板、衬垫； （2）检查和清扫定子绕组引出线和套管； （3）检查和清扫铁芯压板、绕组端部绝缘，并检查紧固情况，必要时绕组端部喷漆； （4）检查、清扫铁芯、槽楔及通风沟处线棒绝缘，必要时更换少量槽楔； （5）水内冷定子绕组进行通水反冲洗及水压、流量试验； （6）波纹板间隙测量； （7）检查、校验测温元件； （8）绕组绝缘预防性试验	（1）更换部分定子线棒或修理线棒绝缘； （2）重新焊接部分定子端部绕组接头； （3）更换部分槽楔或端部隔木； （4）修理铁芯局部或解体重装； （5）抽查水内冷定子绕组水电接头； （6）更换水内冷定子绕组引水管； （7）定子绕组端部测振
发电机转子	（1）测量空气间隙； （2）抽出转子，检查和吹扫转子端部绕组，检查转子槽楔、护环、心环、风扇、轴颈及平衡重块； （3）检查、清扫刷架、滑环、引线，必要时打磨或车削滑环； （4）水内冷转子绕组进行通水反冲洗和水压、流量试验，氢内冷转子进行通风试验和气密试验； （5）内窥镜检查水内冷转子引水管； （6）转子大轴中心孔、护环探伤，测量转子风扇静频； （7）绕组绝缘预防性试验	（1）拔护环、处理绕组匝间短路或接地故障； （2）更换风扇叶片、滑环及引线； （3）更换转子绕组绝缘； （4）更换转子护环、心环等重要结构部件； （5）更换转子引水管

续表

设备	标准项目	特殊项目
发电机冷却系统	(1)空冷发电机。清扫风室，检查气密情况；检查清理空气冷却器和气体过滤器。 (2)水内冷发电机。检查清理冷却系统，包括水泵、水箱及管道；冷却器反冲洗并进行水压试验。 (3)更换橡胶密封垫；消除泄漏。 (4)氢冷发电机检查清理冷却器和氢气系统、二氧化碳系统，消除泄漏，更换氢气发电机密封垫；发电机整体密封性试验	(1)冷却器铜管内壁酸洗； (2)更换部分冷却器铜管
励磁系统	(1)检查、修理交流励磁机定子、转子绕组和铁芯，必要时打磨或车削滑环； (2)检查、清扫励磁变压器； (3)检查、修理无刷励磁机定子、转子绕组和铁芯，测试整流元件及其控制调节装置； (4)检查、测试静态励磁系统的功率整流装置； (5)检查、修理励磁开关及励磁回路的其他设备； (6)检查、修理通风装置和冷却器； (7)自动励磁调节装置校验和系统性能试验； (8)励磁系统设备预防性试验	(1)更换励磁机定子、转子绕组或滑环； (2)励磁变压器吊芯检修； (3)更换部分功率整流元件； (4)更换励磁调节装置的部分插件
中性点接地装置	(1)接地变压器检查、清扫；预防性试验； (2)接地电阻器检查、清扫；预防性试验	
控制保护装置	(1)控制、信号回路检查、试验； (2)保护装置、同期装置及回路检查、试验； (3)测量表计校验	

二、油浸变压器的检修项目及内容

油浸变压器的检修项目及内容见表6-3-2。

表6-3-2　　油浸变压器的检修项目及内容

设备	标准项目	特殊项目
变压器外壳与套管	(1)检查、清扫外壳、套管和附件(冷却器、储油柜)，消除渗漏油； (2)检查防爆管膜、压力释放器、气体继电器等安全保护装置； (3)检查呼吸器； (4)检查油位指示装置； (5)检查外壳和铁芯接地线	(1)更换部分散热器； (2)更换出线套管； (3)外壳补焊； (4)变压器外壳喷漆
绝缘油	(1)分别取变压器本体和出线套管油样进行电气和化学试验，取有载分接开关油样进行电气试验； (2)根据试验结果对不合格绝缘油进行过滤处理或全部油更换	

续表

设备	标　准　项　目	特　殊　项　目
铁芯与绕组	(1) 吊罩（芯）后，检查铁芯紧密情况；穿芯螺栓绝缘情况和螺帽松紧情况；铁芯绑扎带完好和紧固情况；铁芯油道通畅情况；铁芯接地情况。 (2) 检查绕组缠包绝缘紧密情况；线饼变形情况；垫块位移情况和压紧情况；绝缘老化情况。 (3) 更换大罩（盖）及其他已检查部件的橡胶密封件。 (4) 绕组绝缘和电阻预防性试验	(1) 修理铁芯； (2) 干燥处理绕组； (3) 修理或更换绕组
分接开关	检查、修理分接开关触头系统； 检查、修理分接开关传动机构； 检查、修理分接开关切换机构及其控制装置； 有载分接开关切换试验	
冷却系统	检查、修理风扇电动机及其控制回路； 检查、修理强迫油循环泵、油流继电器及其控制回路、管道、阀门； 检查、清理冷却器； 检查、试验冷却系统电源及控制装置	更换油泵或风扇； 更换冷却器芯子
控制保护装置	控制、信号回路检查、试验； 保护装置及回路检查、试验； 测量表计校验	

三、高压配电装置的检修项目及内容

高压配电装置的检修项目及内容见表 6-3-3。

表 6-3-3　　高压配电装置的检修项目及内容

设备	大　修　项　目	小　修　项　目
油断路器	(1) 断路器本体分解检修，主要内容： 1) 触头系统检查、清洗、检修，确保修后接触电阻合格； 2) 灭弧室（片）检查、冲洗，对有裂纹或内孔直径增大的灭弧片更换； 3) 少油断路器的绝缘油更换；多油断路器的绝缘油取样进行电气、化学试验，不合格的要全部更换； 4) 瓷套（外绝缘）表面检查、清扫；橡胶密封垫更换。 (2) 电磁、弹簧操动机构和传动机构的检修： 1) 各机械传动部件检修； 2) 各分合闸弹簧、电磁铁、线圈检修； 3) 储能电机、开关检修； 4) 油缓冲器补油。 (3) 液压（气动）操动机构的分解检修： 1) 蓄压筒、工作缸分解检修，更换橡胶密封胶垫； 2) 分、合闸阀、中间阀分解检修，检查密封线，更换密封不良的阀体；更换橡胶密封胶垫； 3) 油（气）泵分解检修； 4) 压力表计校验。 (4) 断路器动作调整； (5) 预防性试验； (6) 保护装置检查校验；二次回路检查试验	(1) 瓷套（外绝缘）表面检查、清扫； (2) 35kV 及以上断路器绝缘油取样简化和耐压试验； (3) 操动机构检查、转动部位添加润滑油； (4) 油缓冲器补油； (5) 断路器动作调整； (6) 预防性试验； (7) 保护装置检查校验；二次回路检查试验

续表

设备	大修项目	小修项目
SF_6 断路器	(1) 本体分解检修： 1) 触头系统检查、清理、检修，确保修后接触电阻合格； 2) 灭弧室压气缸、绝缘件、合闸电阻、并联电容器检修；零部件磨损及烧损情况检查检修；吸附剂更换； 3) 瓷套（外绝缘）表面检查、清扫；橡胶密封垫更换。 (2) SF_6 压力继电器检修，表计校验。 (3) 操动机构和传动机构的检修。 (4) 断路器动作调整。 (5) 预防性试验。 (6) 保护装置检查校验；二次回路检查试验	(1) 瓷套（外绝缘）表面检查、清扫； (2) SF_6 压力继电器检查； (3) 操动机构检查； (4) 断路器动作调整； (5) 预防性试验； (6) 保护装置检查校验；二次回路检查试验
真空断路器	(1) 支持绝缘子检查、清扫； (2) 操动机构检查，动作参数复测； (3) 断路器动作试验； (4) 预防性试验（真空泡耐压试验）； (5) 保护装置检查校验；二次回路检查试验	(1) 支持绝缘子检查、清扫； (2) 操动机构检查； (3) 断路器动作试验； (4) 绝缘试验； (5) 保护装置检查校验；二次回路检查试验
配电母线	(1) 支持绝缘子检查、清扫、检修； (2) 导电与连接部件检查、检修； (3) 预防性试验	
隔离开关	(1) 导电触头、接线座分解检查、清洁、检修、调整； (2) 绝缘部件检查、清洁； (3) 操动机构、传动机构检修； (4) 机械防误连锁装置检查； (5) 辅助开关、二次接线检查清扫； (6) 预防性试验	
互感器、避雷器	(1) 互感器绕组检查检修； (2) 二次接线检查； (3) 预防性试验	
GIS 母线	(1) 盆式绝缘子检查、清理、检修； (2) 导电与连接部件检查、检修； (3) 吸附剂更换	
GIS 开关（断路器）	(1) 开关灭弧室检修；触头系统和灭弧系统（压气缸）检修； (2) 开关绝缘件检修； (3) 吸附剂更换； (4) 操动机构和传动机构检查检修； (5) 二次回路检查检修； (6) 预防性试验	
GIS 隔离开关、接地开关	(1) 触头及触头弹簧等配件检查检修； (2) 操动机构和传动机构检查检修； (3) 二次回路检查检修； (4) 预防性试验	预防性试验

续表

设备	大 修 项 目	小 修 项 目
GIS互感器、避雷器	（1）互感器绕组检查检修。 （2）二次接线检查。 （3）吸附剂更换。 （4）预防性试验	预防性试验
SF_6气体系统	（1）阀门及管路检修； （2）SF_6气体压力继电器检修，表计校验	预防性试验

四、电动机的检修项目与内容

电动机的检修项目与内容见表6-3-4。

表6-3-4　　电动机的检修项目与内容

设备	大 修 项 目	小 修 项 目
电动机本体	（1）抽、装转子； （2）定子铁芯紧密度检查，积灰清扫； （3）定子绕组端部检查，积灰清扫；预防性试验；绝缘局部损坏修理；部分或全部线圈更换； （4）转子清扫、检修； （5）轴承检修或更换； （6）冷却装置清理、检修； （7）修后试验及试运转	（1）外观检查清扫； （2）轴承润滑油检查； （3）预防性试验； （4）转动试验
电动机开关、电缆	（1）开关按断路器项目及内容检修； （2）电缆终端头检查、清理； （3）继电保护及仪表校验	

五、电除尘器的检修项目与内容

（一）高压电场

（1）电场瓷套检查、清扫、检修。

（2）高压整流器按油浸变压器项目及内容检修。

（3）电场转换刀闸检修。

（4）电场振打装置检修。

（5）高压直流电缆终端头检查、清理。

（6）预防性试验。

（二）电场电压自动调节装置

（1）电源柜检查、清扫、检修。

（2）电压自动调节装置检查、清扫、检修。

（3）电压取样电阻检查、检修。

（4）修后升压试验。

第四节　电气设备的交接试验和预防性试验

电气设备的安装交接试验和预防性试验是检查、鉴定设备的健康状况，防止设备在运行中发生损坏的重要措施。多年来电力行业内一直坚持实施这一措施，以较小的成本和安全的形式及时检出电气设备的绝缘缺陷，避免可能造成的事故发挥了重要作用。

安装交接和预防性试验的目的，是对设备绝缘超出正常状态的物理量检出来，一般这些量的大小是微弱的，与周围的干扰量相当，再加上各种结构、各种材料特性的差异，所以对试验结果必须进行全面、历史地综合分析和比较，即要对照历次试验结果，也要对照同类设备或不同相别的试验结果，根据变化规律和趋势，经全面分析后做出判断。

目前电气设备的安装交接和预防性试验项目、周期、标准主要依据的是国家标准GB 50150—2016《电气装置安装工程　电气设备交接试验标准》和行业标准DL/T 596—2005《电力设备预防性试验规程》（以下简称《试验标准》）。各电力企业一般按照这些标准，结合自身实际情况，制定本企业的安装交接和预防性试验规程。以下按火电厂中主要电气设备的种类，分别介绍其安装交接和预防性试验的常规项目、要求及试验原理。

一、同步发电机

发电机是电气设备中最重要、结构相对复杂的设备，为全面掌握其健康状况，试验的项目较多，但不是所有设备都要求进行下列项目的试验，《试验标准》给出了各种设备在哪些特定情况下应该选择的试验项目。

（一）发电机定子

1. 测量定子绕组的绝缘电阻和吸收比或极化指数

测量绝缘电阻是指用规定的绝缘电阻表（如表6-4-1所列）对被试物施加电压一定时间（60s）下的电阻测量试验。对于高压设备，因选用的绝缘电阻表输出电压低于被试物的工作电压，故此项试验属于非破坏性试验，操作安全、简便，常用来初步检查被试物绝缘有无受潮或局部缺陷。

表6-4-1　设备电压等级与绝缘电阻表的选用关系

设备电压等级（V）	绝缘电阻表电压等级（V）	绝缘电阻表最小量程（MΩ）
＜100	250	50
＜500	500	100
＜3000	1000	2000
＜10 000	2500	10 000
≥10 000	2500或5000	10 000

测量绝缘电阻当绝缘电阻表输出电压加在被试物时，在直流电压的作用下，流过被试物介质的电流将随时间而衰减，最后趋于一稳定值。这一电流由三部分组成，即电容电流i_1、吸收电流i_2和传导电流i_3。电容电流是由介质极化引起的，一般极化过程很快，电流可认为是瞬间建立的，所以i_1只在加压瞬间出现，然后很快衰减至零。i_1的大小主要取决于被试物的几何电容、外加电压及电源内阻。吸收电流i_2也是随时间增长而减小的，但比起i_1

要慢得多，它主要是由于不均匀介质的内层极化形成的：一般电气设备绝缘多由多种绝缘介质组成，如电机绝缘中的云母和胶合剂，变压器绝缘中的油和纸；即使是一种绝缘材料，它的成分也很复杂，很可能是一种复合绝缘介质。对于使用同一种或性能接近的介质制成的电气设备绝缘，在运行中还常常会由于绝缘的局部老化而受潮，这部分绝缘电阻降低很多，造成不同部位绝缘的电气性能出现很大的差别，所以也是一种不均匀介质。当直流电压作用于不均匀介质上时，由于不同介质的介电常数及导电系数不同，电压的起始分布与稳态分布也将不同，电压从第一种分布状态过渡到第二种分布状态时，为适应电压的重新分布，在不同介质交界面上电荷必须移动，因而产生电流，称这一过渡过程为介质的内层极化过程，所产生的电流为吸收电流 i_2，吸收过程通常需要较长的时间才能结束，其时间的长短及吸收电流的大小主要取决于介质的不均匀程度和介质的结构状态。

传导电流 i_3 为一不随加压时间变化的恒定电流。由于通常所用绝缘物介质并非纯粹的绝缘体，里面有极少量的自由离子，当电压作用于介质时，正负离子分别向两极运动，形成传导电流，其大小主要取决于介质在直流电场内的电导率。

电容电流 i_1、吸收电流 i_2 和传导电流 i_3 以及总电流 i 随时间的变化曲线如图 6-4-1 所示。因电阻与电流是成反比的，所以绝缘电阻随时间的变化曲线与电流曲线是相反的，即开始加压时绝缘电阻最小，随时间的延长绝缘电阻迅速增大，经一段时间后便趋于稳定。

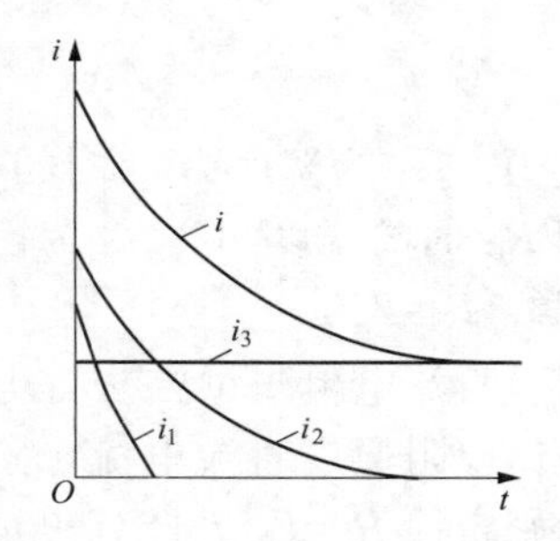

图 6-4-1　介质内所产生的电流

当被试物受潮、脏污或有贯穿性缺陷时，介质内的离子增加，因而加压后，传导电流将大大增加，绝缘电阻大幅降低，绝缘电阻值可灵敏地反映出这些绝缘缺陷。但绝缘电阻值除了与绝缘缺陷相关外，还与设备的绝缘结构、当时的环境湿度、温度等因素有关，因此无法给出统一标准数值，都是在纵向比较（与历史数据或出厂数据对比）和横向比较（三相之间试验数据对比、与同类设备数据对比）后才能做出正确的判断。如在相近试验条件（温度、湿度）下，绝缘电阻值降低到历年正常值的 1/3 以下时，应查明原因；各相或各分支绝缘电阻值的差值不应大于最小值的 100%。

测量绝缘电阻一般同时测量吸收比，即吸收比 $K=R_{60''}/R_{15''}$（60s 时的绝缘电阻值与 15s 时的绝缘电阻值之比），这个比值与被试物的尺寸、材料、容量等因素无明显关系，且受其他偶然因素影响也较小，可以更灵敏地反映被试物的受潮情况。对于不均匀的试品绝缘，如果绝缘状况良好，吸收现象很明显，K 值远大于 1；当被试物绝缘受潮时或内部有集中性的导电通道，传导电流大增，吸收电流迅速衰减，K 值接近于 1。利用绝缘的吸收规律或 K 值的变化，有助于判断绝缘的状况。《试验标准》对同步电机环氧粉云母绝缘要求吸收比不应小于 1.6。

极化指数是指在同一次试验中，加压 10min 时的绝缘电阻值与加压 1min 时的绝缘电阻值之比。对于大型电机类绝缘，由于吸收现象特别显著，时间常数较大，故《试验标准》对容量 200MW 及以上机组要求测量其极化指数，极化指数不应小于 2.0。

发电机定子绕组绝缘电阻测量接线如图 6-4-2 所示。为了克服电容充电电流的影响，绝缘电阻表的短路电流应足够大，否则会影响测量结果；测量前后应将被测量绕组三相短路对地放电 5min 以上。如果放电不充分，对同一相重复测量的结果是绝缘电阻值偏大，而换相

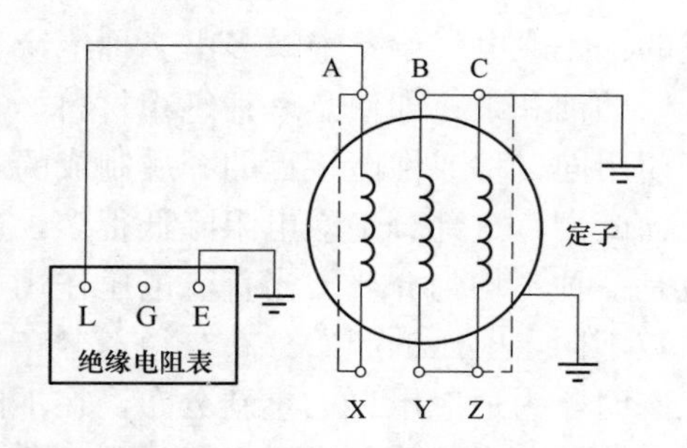

图 6-4-2　发电机定子绕组绝缘电阻测量接线

时，由于残余极化电势与绝缘电阻表的电势方向一致，会出现一个极化电荷先释放再极化的过程，造成后面测量的两相绝缘电阻偏小的假象。

2. 测量定子绕组的直流电阻

测量设备的直流电阻，目的是检查其载流部分（如线圈、接头等）的质量及回路的完好性，以发现因制造质量不良或运行中的振动和机械应力所造成的导线断裂、接头开焊、接触不良、匝间短路等缺陷。要求测量结果换算至同温度下的：

（1）安装交接时，与出厂值比较，差值不应超过 2%；

（2）预试时，各相或各分支的直流电阻值，相互间差别以及与初次（出厂或安装交接时）测量值比较，相差不得大于最小值的 1.5%。

导线温度换算公式为

$$R_2 = R_1 \frac{T + t_2}{T + t_1}$$

式中：R_1 为温度为 t_1 时的电阻值，Ω；R_2 为换算到温度为 t_2 时的电阻值，Ω；t_1 为测量电阻 R_1 时的温度，℃；t_2 为换算到的温度，℃；T 为温度换算常数，对于铜线 $T=234.5$，对于铝线 $T=225$。

直流电阻测量方法有电压降法或电桥法。电压降法即在被试电阻通以直流电流，同时测量在电阻上的电压降，利用欧姆定律 $R=U/I$ 计算出被测电阻的直流电阻。电桥法即用直流电桥测量直流电阻的方法。直流电桥原理如图 6-4-3 所示。图中，ac、cb、bd、da 四个支路为电桥的四个桥臂，其中一个桥臂接被测电阻 R_x，其余三个桥臂接可调标准电阻（R_1、R_2、R_3）。在电桥对角线 cd 之间接检流计 P，另一对角线 ab 之间接直流电源 G。电桥工作时，调节标准电阻使检流计指示为零，表示电桥达到了平衡，此时 cd 两点电位相等，所以有 $U_{ac}=U_{ad}$，$U_{cb}=U_{db}$，即 $I_{Rx}R_x=I_{R2}R_2$，$I_{R1}R_1=I_{R3}R_3$，将两式相除得

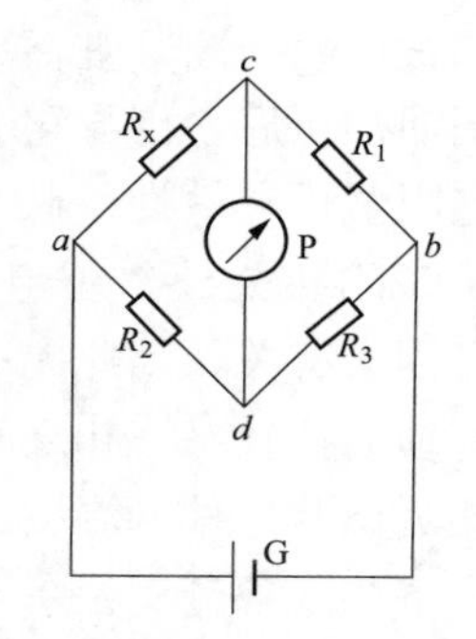

图 6-4-3　直流电桥测量原理

$$\frac{I_{Rx}R_x}{I_{R1}R_1} = \frac{I_{R2}R_2}{I_{R3}R_3}$$

当电桥平衡时，$I_{Rx}=I_{R1}$，$I_{R2}=I_{R3}$，代入上式得

$$\frac{R_x}{R_1} = \frac{R_2}{R_3}$$

$$R_x = \frac{R_1 R_2}{R_3}$$

由已知的三个桥臂电阻值，可确定另一桥臂被测电阻值。

3. 定子绕组直流耐压试验和泄漏电流测量

直流耐压试验的原理与绝缘电阻试验的原理完全相同，只是试验电压比较高，可以发现

绝缘电阻表测量绝缘电阻所不能发现的绝缘缺陷，且在试验过程中可根据泄漏电流的大小随时了解绝缘状况。被试物加上直流电压时，其充电电流（电容电流与吸收电流之和）将随时间的增长而逐渐衰减至零，传导电流则保持不变。对于良好的绝缘物，其传导电流与外加直流电压呈线性关系，但当电压超过某一数值 U_A后，被试物离子活动加剧，电流增长加快，如电压继续增高到某一值时，电流急剧增长导致绝缘击穿。实际试验电压都选择小于 U_A，因而良好绝缘的直流耐压试验伏安特性近似于直线。当被试物绝缘受潮或有缺陷时，传导电流将随施加电压的上升而急剧增大，伏安特性不再呈直线了。因此，直流耐压试验可以安全、灵敏地检出被试物的绝缘缺陷。

直流耐压试验的原理接线如图 6-4-4 所示。图中，调压器 TA 可调整输入电压，以获得所需试验电压；试验变压器 T 将试验电源电压提升至试验所需高电压；R 为限流电阻，以限制试验过程中的异常过电流；二极管 V 将交流电压半波整流为直流电压；微安表监测泄漏电流；微安表与高压引线均加屏蔽，消除各种杂散电流的影响；GS 为发电机定子绕组，试验时被试相首尾短接并接试验引线，其余相短接接地。

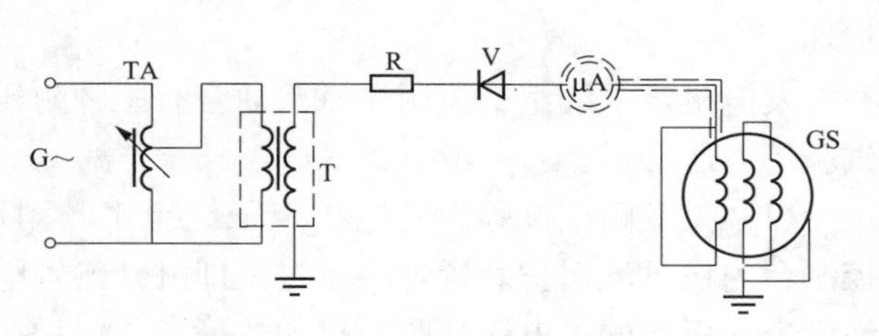

图 6-4-4　直流耐压试验的原理接线

试验电压以电机额定电压 U_n为基础：安装交接为 $3U_n$；大修前为 $2.5U_n$；小修时和大修后为 $2.0U_n$。试验时按每级 $0.5U_n$分阶段升压，每阶段停留 1min，测取试验过程的直流泄漏电流值。要求试验过程的泄漏电流不应随时间延长而增大；各相泄漏电流的差别不应大于最小值的 100％。

4. 定子绕组交流耐压试验

交流耐压试验就是对被试物施加一高于运行中可能遇到的过电压数值的交流电压，并持续一段时间，要求试验结束时设备绝缘不被击穿。发电机定子绕组的交流耐压试验电压，安装交接时按其容量大小和额定电压来选择，如表 6-4-2 所列；预试时（大修前或局部更换定子绕组并修好后）试验电压一般为发电机定子额定电压的 1.5 倍。

表 6-4-2　　发电机定子绕组交接交流耐压试验电压

容量（kW）	额定电压（V）	试验电压（V）
10 000 以下	36 以上	$(1000+2U_n)\times 0.8$，最低为 1200
10 000 及以上	24 000 以下	$(1000+2U_n)\times 0.8$
10 000 及以上	24 000 及以上	与制造厂家协商

注　U_n为发电机额定电压。

定子绕组交流耐压试验是在其绝缘电阻、直流耐压试验后进行。在前面的试验中，一般能有效地发现绝缘受潮、脏污等整体缺陷，并能通过电流与泄漏电流的关系曲线发现绝缘的局部缺陷。由于直流电压下按绝缘电阻分压，所以，能比交流更有效地发现端部绝缘缺陷。同时，因直流电压下绝缘基本上不产生介质损失，因此，直流耐压对绝缘的破坏性小。交流耐压试验在被试设备电压的若干倍以上进行，从介质损失的热击穿观点出发，可以有效地发现局部游离性缺陷及绝缘老化的弱点。由于在交变电压下主要按电容分压，故能够有效地暴露设备绝缘缺陷。直流耐压试验和工频交流耐压试验都能有效地发现绝缘缺陷，但各有特点，因此两种方法不能相互代替。交流工频耐压试验的主要优点是试验电压和工作电压的波形、频率一致，作用于绝缘内部的电压分布及击穿特性与发电机运行状态相同，以工频耐压试验对发电机主绝缘的考验更接近运行实际，可以通过该试验检出绝缘在工作电压下的薄弱点。由于交流耐压试验对于绝缘不良的被试物来说是一种破坏性试验，因此，应在对前面的试验数据综合分析后，判断被试物能承受交流试验电压才决定是否进行这一试验，否则，应在消除该设备的绝缘缺陷或疑点后再考虑进行交流耐压试验，以免造成不应有的设备绝缘损坏。

发电机定子绕组交流耐压试验通常有工频耐压试验、串联谐振耐压试验和并联谐振耐压试验等方法。

（1）工频耐压试验。发电机定子绕组工频耐压试验的接线原理如图 6-4-5 所示。图中，控制台内设过流保护装置，一旦过流即跳开输入电源；限流电阻是为了限制被试物在试验中绝缘击穿引起的过电流，防止扩大故障点；保护铜球为过压保护，在将高电压加入发电机定子绕组前，须先调整铜球间隙及其放电电压（在空载条件下，放电电压为试验电压的 1.1～1.15 倍），确保危险电压不会加至被试物；铜球保护电阻是为了限制铜球间隙击穿后的电流，使之不会灼伤铜球表面。

试验时，应从零升压，升压速度可控制在从 1/3 试验电压值到满值，用时约 10～15s，到达耐压值后，须在耐压持续时间内保持电压的稳定。

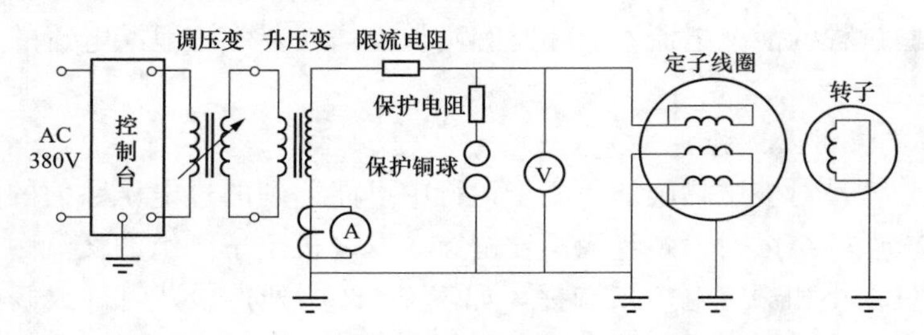

图 6-4-5　发电机定子绕组工频耐压试验接线图

（2）串联谐振试验。采用工频耐压试验，一般适用于中小型发电机。当发电机容量较大时，其定子绕组电容电流也较大，工频耐压试验需要的试验电源和试验变压器也要求随之增大，现场往往难以满足试验条件。因此，大中型电机的交流耐压试验一般都采用谐振耐压试验方法进行。

谐振耐压试验方法是通过改变试验系统的电感量和试验频率，使回路处于谐振状态，这样试验回路中试品上的大部分容性电流与电抗器上的感性电流相抵消，电源供给的能量仅为回路中消耗的用功功率，为试品容量的 $1/Q$（Q 为系统的谐振倍数）。因此试验电源的容量降低，质量大大减轻。

谐振耐压试验系统按调节方式分为调感式和调频式两种。可调电感型谐振耐压试验系统可以满足耐压要求，但由于重量大，可移动性差，主要用于试验室。变频串联谐振耐压试验是利用电抗器的电感与被试品电容实现电容谐振，在被试品上获得高电压、大电流，是当前高电压试验的一种新的方法，在国内外已经得到广泛的应用。

变频串联谐振电路原理接线如图 6-4-6 所示。图中，交流输入电源 AC380V，为串联谐振系统提供能量，当试验容量较大时，必须采用三相电源；变频主要作用是把幅值和频率都固定的 380V 工频正弦交流电转变为幅值和频率可调的正弦波，并为整套设备提供电源。励磁变压器的作用是将变频电源输出的电压升到合适的试验电压；T 为励磁变压器；高压电抗器 L 是谐振回路重要部件，当电源频率等于 $1/(2\pi\sqrt{LC_x})$ 时，它与被试品 C_X 发生串联谐振，以获得高电压；R 为回路等效电阻（主要为电抗器的内阻）；C_x 为被试品等效电容。电路采用调频调压方式，当交流电压的频率改变时，电路中的感抗和容抗随之改变，通过调节电源的频率使感抗等于容抗，电路发生串联谐振，回路中的无功几乎为零，此时电流最大，且与输入电压为同相位，使电感或电容两端获得一个高于励磁电压 Q 倍的电压。

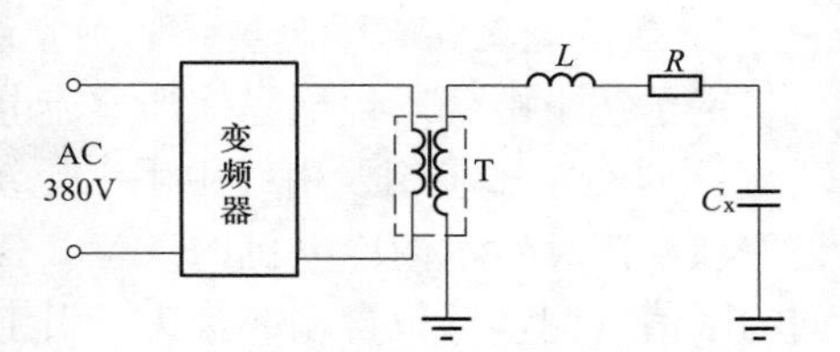

图 6-4-6　变频式串联谐振法交流耐压试验接线

试验时按规定的速度从零升压，通过调节频率的大小，观察励磁电压和试验电压的数值。当励磁电压为最小同时试验电压最大时，这时的频率就是系统的谐振频率。系统谐振后，均匀调节电压至耐压试验的数值，到达试验时间后再将电压降到零，完成耐压试验。

试验过程中，变频串联谐振电路工作在谐振状态，当被试品的绝缘点被击穿时，电流立即脱谐，回路电流迅速下降为正常试验电流的几十分之一。发生闪络击穿时，因失去谐振条件，除短路电流立即下降外，高电压也立即消失，电弧即可熄灭。其恢复电压的再建立过程很长，很容易在再次达到闪络电压断开电源，所以适用于高电压、大容量的电力设备的绝缘耐压试验。

5. 定子绕组端部动态特性测试

随着发电机单机容量的增加，定子绕组端部受到的倍频电磁力随之增大。如果定子绕组端部的固有频率接近 100Hz，在运行中绕组端部将会产生较大的谐振振幅。由此会引起绑绳、支架固定螺栓、槽内紧固件松动和线棒绝缘磨损的现象发生，因而需在电机出厂前、新机安装交接、运行中出现异常情况（例如线圈磨损或者松动等）、大修检查时，对 200MW 及以上汽轮发电机（200MW 以下的汽轮发电机根据具体情况而定）定子绕组端部动态特性进行测试。安装交接试验时，冷态下线棒、引线固有频率和端部整体椭圆固有频率避开范围应符合表 6-4-3 的规定。预试时，只需对汽轮发电机定子绕组引线自振频率的测试，要求自振频率不得介于基频或倍频的±10%范围内。

表 6-4-3　　汽轮发电机定子绕组端部局部及整体椭圆固有频率避开范围

额定转速（r/min）	支撑型式	线棒固有频率（Hz）	引线固有频率（Hz）	整体椭圆固有频率（Hz）
3000	刚性支撑	≤95，≥106	≤95，≥108	≤95，≥110
	柔性支撑	≤95，≥106	≤95，≥108	≤95，≥112

定子绕组端部动态特性测试的方法是，采用锤击定子绕组端部的测点位置，同时用加速度传感器测量其加速度响应。力信号和加速度信号经放大，送入动态信号分析仪，得到结构的频响函数，用模态分析软件对得到的频响函数进行分析、拟合，得到所需的模态参数。对落入应避开范围且振幅超过规定的，应采取绑扎加固处理等措施。

6. 定子绕组端部手包绝缘施加直流电压测量

定子绕组端部子包绝缘施加直流电压测量就是在发电机定子绕组上施加发电机额定电压 U_n，同时在定子绕组及引线由手工包绕制成的绝缘表面，测量其上的电位和对地泄漏电流，是一项专门针对水内冷电机的试验（其他类型电机参照执行）。测量结果不应超过表 6-4-4 所列的限值（测量部位含端部接头、引出线接头及过渡引线接头等全部手包绝缘）。

表 6-4-4　　发电机定子绕组手包绝缘施加直流电压测量限值

测量周期	限　值	
	测量电压（V）	测量电流（μA）
交接或现包绝缘后	1000	10
大修时	2000	20

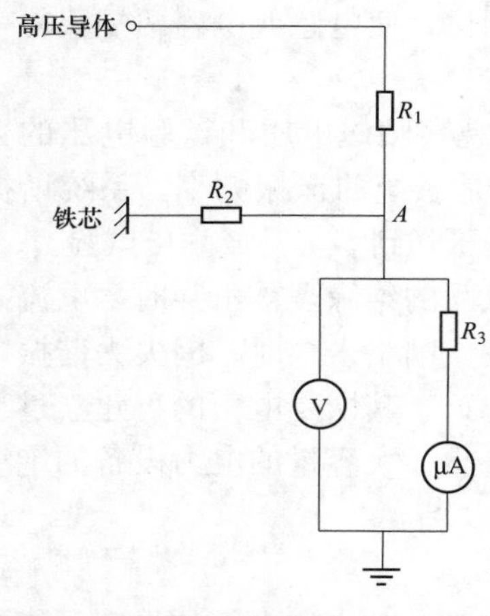

图 6-4-7　定子绕组端部手包绝缘施加直流电压测量等值电路

定子绕组端部手包绝缘施加直流电压测量的等值电路如图 6-4-7 所示，图中 R_1 为定子绕组被测部位绝缘的体积电阻，R_2 为被测部位绝缘对铁芯（地）的表面电阻，R_3 为绝缘测杆内与微安表串接的电阻，A 点为被测部位。在直流耐压试验时，A 点是悬空的，直流泄漏电流经 R_1+R_2 入铁芯，当 R_1 所代表的端部手包绝缘存在质量问题时（如缠包绝缘不充实、环氧粉云母带与环氧树脂及固化剂固化效果不良等），包括直流耐压等试验均不能灵敏检测出来，这些绝缘缺陷将在运行中发生电晕放电，逐渐劣化直至损坏端部绝缘。该项试验测量时，在 A 点包以铝箔或导电布，通过绝缘测杆内的电阻（串接微安表）接地，则可测出 A 点的电位和和仅流过 R_1 的泄漏电流。

（二）发电机转子

1. 测量转子绕组的绝缘电阻

转子绕组的工作电压较低，对其绝缘电阻值要求是不低于 0.5MΩ，对水内冷转子绕组要求不低于 5000Ω。由于转子绕组的绝缘结构要承受高速旋转下的离心力作用，所以要求在机组做超速试验的前、后，都要测量额定转速下转子绕组的绝缘电阻，以检验超速对转子绕组绝缘的影响。测量绝缘电阻时采用绝缘电阻表电压等级的选择：当转子绕组额定电压为 200V 以上时，采用 2500V 绝缘电阻表；当转子绕组额定电压为 200V 及以下时，采用 1000V 绝缘电阻表。

2. 测量转子绕组的直流电阻

测量转子绕组的直流电阻，可以发现绕组在制造、检修或运行中各种因素的作用下所造成的导线断裂、脱焊、虚焊或匝间短路等缺陷，要求测量数值与换算至同温度下的初次数值比较，差值不超过 2%，安装交接时与产品出厂值比较，预试时与安装交接或上次大修值比较。测量转子绕组直流电阻反映转子绕组匝间短路的灵敏度很低，只有当短路线匝超过总匝数的 4%以上时，才能从直流电阻的变化上发现问题，因而不是判断匝间短路的主要方法。

3. 转子绕组交流耐压试验

对于隐极式转子，安装交接时可用 2500V 绝缘电阻表测量绝缘电阻代替交流耐压；预试时，在转子局部修理槽内绝缘后及局部更换绕组才做交流耐压试验。而在拆卸套箍只修理端部绝缘时，可用 2500V 绝缘电阻表测绝缘电阻代替。

4. 测量转子绕组的交流阻抗和功率损耗

测量转子绕组的交流阻抗和功率损耗，目的是检验转子绕组是否存在匝间短路缺陷。当转子绕组有匝间短路时，由于绕组有效线匝的减小和短路电流的去磁作用，使绕组交流阻抗减小，又因为匝间短路使绕组电抗减少较多而电阻减少较少，故使绕组功率因数增大，而且电流也增大，所以功率损耗将明显增加。因此，通过测量转子绕组的交流阻抗和功率损耗，并与原始数据或历年的数据进行比较，即可灵敏地判断出转子绕组是否存在匝间短路故障。因发电机的转子交流阻抗与试验电压的数值有很大的关系，因此强调转子交流阻抗的测量必须在同一电压下进行，必须同时测量交流损耗，测量试验接线原理如图 6-4-8 所示。试验中记录电压 U、电流 I、损耗 P 的读数以及电压表的量程、分度和 TA 的变比等数据。电流和功率损耗均应乘以 TA 的变比。转子交流阻抗 Z、损耗电阻 R、感抗 X 的计算

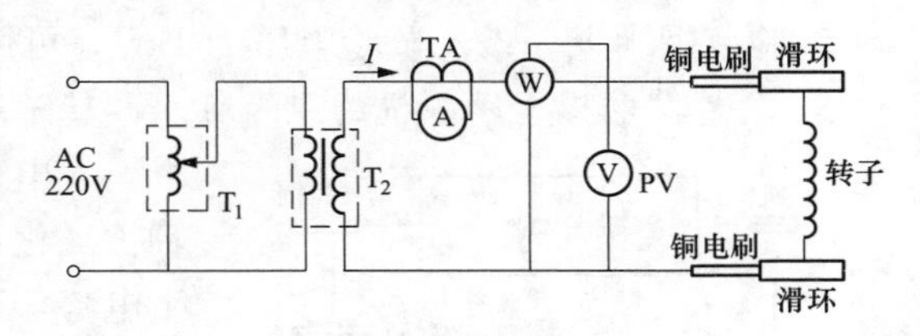

图 6-4-8　转子绕组交流阻抗和功率损耗的测量

$$Z=\frac{U}{I}$$

$$R=\frac{P}{I^2}$$

$$X=\sqrt{Z^2-R^2}$$

安装交接试验要求在定子膛内、膛外的静止状态下和在超速试验前后的额定转速下分别测量，预试时应在相同试验条件（同状态、同参数）下进行，试验结果与历年数据比较，不应有显著变化。一般在试验无误情况下，阻抗值相较历年数据平均值下降在 5％以下认为正常，超过 5％则有可能存在匝间短路故障。功率损耗增加的变化要比交流阻抗减少的变化更大一些。当这两项数据异常时，应进一步使用其他方法，来综合分析故障存在的可能性。当转子绕组不存在匝间短路时，其交流阻抗和功率损耗不会随转速有大的变化。如果在某一转速下阻抗减小很多，或者在额定转速下的阻抗值比静态值减小 10％以上，则说明转子绕组存在与转速有关的不稳定性匝间短路故障。

5. 转子通风试验

安装交接时要求进行转子通风试验，以检验设备是否满足行业标准 JB/T 6229《隐极同步发电机转子气体内冷通风道检验方法及限值》的有关规定；检验转子线圈端部、槽部各通风道的风速是否满足相关的规定限值。

6. 水流量试验

安装交接时要求对水内冷机组进行定子/转子水流量试验，以检验设备是否满足行业标准 JB/T 6228《汽轮发电机绕组内部水系统检验方法及评定》的有关规定。如水流量法：对被检件冷却水路内充入清洁水，并在流通状态下稳定于某一水压值（0.05～0.1MPa），对被检件逐件测定在恒定时间内（不少于 15s）的水流量，要求流量偏差不超过±10％～±20％。

（三）发电机附属设备

1. 测量发电机或励磁机的励磁回路连同所连接设备的绝缘电阻

发电机或励磁机的励磁回路连同所连接设备即发电机励磁系统一次设备，不同的励磁方式包含不同类型的设备，如主励磁机、副励磁机、励磁变压器、功率整流柜、灭磁柜以及设备之间的电力电缆等，都需要进行绝缘试验（不包括发电机转子和励磁机电枢，回路中有电子元器件设备的，试验时将插件拔出或将其两端短接）。绝缘电阻值要求不低于 0.5MΩ。

2. 发电机或励磁机的励磁回路连同所连接设备的交流耐压试验

试验范围同上一条。试验电压为 1kV，可用 2500V 绝缘电阻表测绝缘电阻代替。

3. 测量发电机、励磁机的绝缘轴承和转子进水支座的绝缘电阻

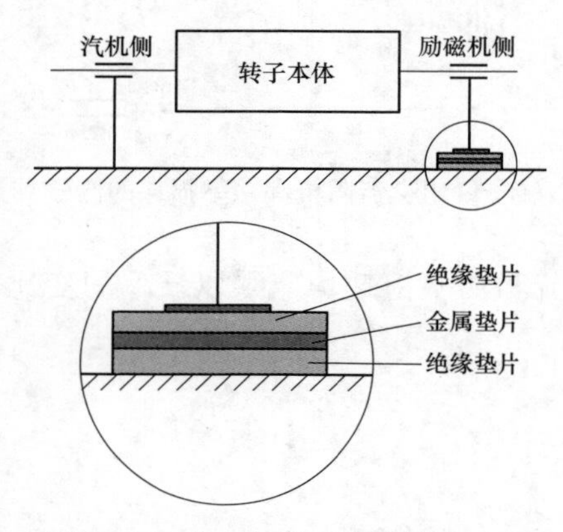

图 6-4-9　发电机轴承绝缘结构示意

发电机运行时，由于电机的磁通不平衡，电机大轴被磁化以及静电充电等原因，使发电机组的轴上产生电势，若轴承绝缘不良，轴电势就可能击穿大轴与轴瓦之间的油膜，形成一个流经大轴、轴瓦、轴承座、机座的轴电流闭合回路。虽然轴电势一般不高，但闭合回路电阻非常小，因而轴电流可能很大（可达数百安培）。轴电流会使轴承油的油质劣化，严重时会造成轴瓦和轴颈的损坏。为此，发电机、励磁机的轴承和转子进水支座均进行绝缘处理。典型的汽轮发电机轴承绝缘结构如图 6-4-9 所示。

检查要求在装好发电机轴承润滑油管后采用 1000V 绝缘电阻表测量，轴承绝缘不低于 0.5MΩ。

4. 测量埋入式测温计的绝缘电阻

为监视电机内部定子绕组、铁芯关键部位的运行温度，通常在这些部位预先埋入测温元件，这些元件通过引线接入到属于弱电设备的监测系统，而元件所埋部位处于高压电场区域，故要求埋入测温元件必须绝缘良好。由于属弱电设备，故测温元件绝缘电阻的测量应采用 250V 绝缘电阻表。

除绝缘电阻的测量外，还应检查测温元件的完好性和温度误差检验。因为这些元件容易损坏或异常（通常会有预留备用），所以在电机安装交接和大修时要对其温度显示的准确性进行检验，以免运行中被其误导。

5. 发电机励磁回路的自动灭磁装置试验

发电机励磁回路的自动灭磁装置试验内容如下：

（1）灭磁开关的动作试验。检查灭磁开关的主回路常开和常闭触头或主触头和灭弧触头的动作配合顺序，是否符合制造厂设计的动作配合顺序。关于灭磁开关的结构及工作原理在第三章已做介绍，直流电弧的成功熄灭需要断路器常开与常闭触头或主触头与灭弧触头的适当配合，故在安装交接时需进行检查试验，要求开关动作要可靠，电弧不应外喷。

（2）灭磁开关的动作电压试验。灭磁开关合分闸电压应符合产品技术文件规定，灭磁开关在额定电压 80%以上时，应可靠合闸；在 30%～65% 额定电压时，应可靠分闸；低于 30% 额定电压时，不应动作。这些规定使得开关在发电厂直流系统允许的运行电压范围内可以可靠动作；同时，因开关的控制回路中，操作线圈多串联信号灯，操作前就有信号灯电流

流过操作线圈，为防止此电流造成误动作或拒绝返回，所以要求开关的动作电压不能低于规定的下限值。

(3) 灭磁装置电阻的试验。经过一段时间运行，为检查灭磁装置中的电阻器的完好性及阻值的变化情况，大修预试时测量试验灭磁电阻器的直流电阻值，要求与铭牌或最初测得的数据比较，其差别不应超过 10%；测量试验灭磁开关的并联电阻电阻值，要求与初始值比较应无显著差别。为检验灭磁开关的灭磁性能，在发电机空载额定电压下进行灭磁试验。当发电机空载旋转至额定转速下并维持恒定时，合上灭磁开关，调节励磁电流，使定子电压升至额定值时，断开灭磁开关，观察灭磁开关灭弧应正常。

(四) 整机运行试验

发电机在安装或大修后，部分交接或预试试验项目需在发电机启动调试过程中进行。

1. 测录三相短路特性曲线

关于发电机三相短路特性曲线的含义在第四章已做过介绍，三相短路特性曲线的测录一般在发电机安装交接的初次启动时进行。在发电机启动前，先将其定子绕组在三相输出端短路；电机启动至转速为额定并维持恒定时，缓慢调节发电机励磁电流，使发电机定子电流由零逐渐调升至额定值的 1.2 倍左右，同时录取定子电流和励磁电流。然后逐步减小励磁电流，使励磁电流降低至零为止，共录取 5～7 点，然后绘制短路特性曲线 $I_k=f(I_f)$。如果三相电压对称，则除了在额定电流时录取三线电流外，其他各点可仅录取一线电流值。整理测录数据与产品出厂试验数值比较，应在测量误差范围以内。该项试验结果除可作为电机的实测参数，也可一定程度反映电机转子在高速运转中匝间短路故障的可能性，但灵敏度不高，只在短路匝数超过总匝数 3%时，才能明显反映出来。

对于发电机-变压器组，当有发电机本身的短路特性出厂试验报告时，可只录取发电机-变压器组的短路特性，其短路点设在变压器高压侧。

2. 测录空载特性曲线

关于发电机空载特性曲线的含义在第四章已做过介绍，空载特性曲线的测录一般在发电机安装交接和大修后的初次启动过程中进行。试验中在发电机额定转速并维持稳定时，慢慢调节发电机励磁电流，使发电机定子电压逐渐升至最高电压为额定值的 120%（大修后预试为额定值的 130%）；对于发电机-变压器组，试验时最高电压为额定值的 110%。当电机有匝间绝缘时，还应进行匝间耐压试验，在定子额定电压值的 130%下持续 5min。然后单方向逐步减小发电机励磁电流降到零。在试验过程中，量取 7～9 点（在额定电压附近多测几点），每点录取三线电压、励磁电流、频率（或转速）。最后录取励磁电流为零时的剩余电压。如果三线电压对称，则除了在额定电压时录取三线电压外，其他各点可仅录取一线电压值。由此录得的关系曲线 $U=f(I_f)$ 即为所求的空载特性曲线。测量结果数值与产品出厂（或以前测得的）试验数值比较，应在测量误差范围以内。

3. 测量发电机空载额定电压下的灭磁时间常数和转子过电压倍数

这是安装交接要求的试验项目，大修预试只在更换灭磁开关后才要求进行。

(1) 测量灭磁时间常数。测量发电机空载额定电压下的灭磁时间常数的方法：

发电机在定子绕组开路，定子电压与转速均为额定值时，断开灭磁开关，定子电压将按指数规律随时间衰减

$$U=(U_s-U_z)\mathrm{e}^{-\frac{t}{T_0}}+U_z$$

式中：U_s为灭磁前发电机定子电压；U_z为灭磁过程终止的定子残压；t 为断开灭磁开关后的时间；T_0为灭磁时间常数。

当 $t=T_0$时：$U_1=0.368\ (U_s-U_z)\ +U_z$，按此式算出 U_1，试验时测得由 U_s下降到 U_1所需要的时间，此时间即为灭磁时间常数。

（2）测量转子过电压倍数。在上述灭磁试验中，在测录发电机定子电压的同时，测录转子电压过程波形，从波形图中可得出灭磁过程转子电压的最大值，与其额定值相比，得出发电机空载额定电压下灭磁的转子过电压倍数。按照《试验标准》，在励磁电流小于 1.1 倍额定电流时，转子过电压不大于励磁绕组出厂试验电压值的 30％ 。此外，对励磁装置的要求，在任何情况下灭磁时，发电机转子过电压不应超过转子出厂工频耐压试验电压幅值的 60％。

4. 测量发电机定子残压

该项测量在上述灭磁时间常数试验中同时进行。

5. 测量相序

发电机新装交接或大修中改动接线后，要求启动后并网前测量定子电压相序，检查是否与待并电网的相序一致。测量相序的方法有间接测量和直接测量两种。间接测量就是采用相序表对待并点两端的二次交流电压进行测量，方法简便而安全，但若电压互感器及其二次回路接线有误时，会造成误判断；故又有直接测量方法在现场应用。其原理是采用两套电阻定相杆分别直接接触待并点两端（一次部分），一次电压通过高电阻、整流装置及微安表形成电流，当微安表电流接近或等于零时，说明待并两电源同相；若微安表电流较大时，对应的两电源异相。实际上，电阻定相杆在测量相位的同时，也就测量了两电源的相序是否一致。

6. 测量轴电压

前已介绍在安装交接和大修时，要求测量发电机的绝缘轴承和转子进水支座的绝缘电阻。除此以外，还要求分别在空载额定电压时及带负荷后测定发电机的轴电压。测量轴电压的目的，是通过测量比较发电机轴两端的电压和轴承与底座的电压来判断运行中轴承绝缘的好坏。

测量时，先测量发电机大轴两端的电压 U_1，然后将轴没有绝缘的一端与其轴承座短接（双侧绝缘的转轴短接任意一侧），测另一端对轴承座的电压 U_2（即油膜电压），再测量该轴承座对地的电压 U_3，如 $U_1=U_3$，说明绝缘良好；若 $U_1>U_3$ 且超过 U_3 的 10％，说明绝缘不良；若 $U_1<U_3$，说明测量不准确应重测。《试验标准》的要求是：汽轮发电机的轴承油膜被短路时，轴承与机座间的电压，应等于或接近于转子两端轴上的电压；汽轮发电机大轴对地电压一般小于 10V。

二、交流电动机

交流电动机在火电厂中应用广泛，大至几千千瓦的给水泵电机，小至几千瓦的化学加药泵电机，遍布各厂用负载，尤其是近些年来变频技术的发展，部分原来需要调速而采用直流电动机拖动的负载，被交流电动机＋变频器的方式所替代。

交流电动机的安装交接和大修常规预试项目及内容如下所列。其中安装交接试验按电压等级及电机容量划分，电压 1000V 以下且容量为 100kW 以下的电动机，只进行绝缘电阻（和吸收比）的试验。

1．测量绕组的绝缘电阻和吸收比

对于低压电动机（额定电压1000V以下），要求常温下绝缘电阻值不低于0.5MΩ；额定电压为1000V及以上的电动机，折算至运行温度时的绝缘电阻值，定子绕组不低于1MΩ/kV，转子绕组不应低于0.5MΩ/kV，吸收比不低于1.2。

绝缘电阻温度换算公式：

对于热塑性绝缘

$$R_t=R\times 2^{(75-t)/10}\ (\mathrm{M\Omega})$$

对于B级热固性绝缘

$$R_t=R\times 1.6^{(100-t)/10}\ (\mathrm{M\Omega})$$

式中：R为绕组热状态的绝缘电阻值；R_t为当温度为t℃时的绕组绝缘电阻值；t为测量时的温度。

2．测量绕组的直流电阻

测量交流电动机的直流电阻，包括定子绕组、绕线式电动机转子绕组的直流电阻，测量这些直流电阻的目的，是为了检查绕组有无断线和匝间短路，焊接部分有无虚焊或开焊、接触点有无接触不良等现象。测量方法与同步发电机相同。

当电动机定子或转子三相绕组各相的头尾共6个端点都引出，或三相绕组在电机内已接成星形（Y形），但除三个相线引出外，中性线（星点）也引出时，可以分别测量各相的直流电阻。

当电动机定子或转子三相绕组在电机内部已接成星形（Y）或三角形（△），只能测量每两外线端的电阻（即线电阻），而后通过公式换算对应的相电阻。电动机接线原理图如图6-4-10所示。

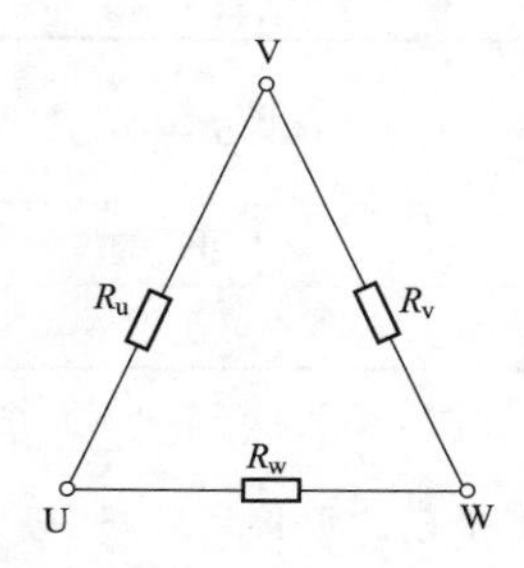

图6-4-10　电动机接线原理图

对电机为星形接法的绕组

$$R_u=R_{med}-R_{vw}$$

$$R_v=R_{med}-R_{wu}$$

$$R_w=R_{med}-R_{uv}$$

对电机为三角形接法的绕组

$$R_u=\frac{R_{vw}\times R_{wu}}{R_{med}-R_{uv}}+R_{uv}-R_{med}$$

$$R_v=\frac{R_{wu}\times R_{uv}}{R_{med}-R_{vw}}+R_{vw}-R_{med}$$

$$R_w=\frac{R_{uv}\times R_{vw}}{R_{med}-R_{wu}}+R_{wu}-R_{med}$$

式中：$R_{med}=(R_{uv}+R_{vw}+R_{wu})/2$；$R_{uv}$、$R_{vw}$和$R_{wu}$分别为出线端u与v、v与w和w与u之间测得的电阻，Ω；R_u、R_v和R_w分别为各相的相电阻，Ω。

要求电动机各相绕组直流电阻值相互差别，不超过其最小值的2%；中性点未引出的电动机可测量线间直流电阻，其相互差别不超过其最小值的1%；特殊结构的电动机各相绕组直流电阻值与出厂试验值差别不超过2%。

3. 定子绕组的直流耐压试验和泄漏电流测量

此项试验针对大功率电动机，安装交接时 1000kW 以上、大修预试时 500kW 及以上的电动机要求进行。试验电压安装交接时为定子绕组额定电压的 3 倍，大修或局部更换绕组时为 2.5 倍。要求在规定的试验电压下，各相泄漏电流的差值不应大于最小值的 100%；当最大泄漏电流在 20μA 以下，根据绝缘电阻值和交流耐压试验结果综合判断为良好时，可不考虑各相间差值。试验分相进行，如果电动机中性点连线未引出的可不进行此项试验。

4. 定子绕组的交流耐压试验

电动机定子绕组的交流耐压试验电压安装交接时如表 6-4-5 所列；大修常规预试时为 $1.5U_n$，但不低于 1000V。

表 6-4-5　电动机定子绕组交流耐压试验电压　单位：kV

额定电压	3	6	10
试验电压	6	10	16

大修常规预试，对低压和 100kW 以下不重要的电动机，交流耐压试验可用 2500V 绝缘电阻表测量代替。

5. 绕线式电动机转子绕组的交流耐压试验

绕线式电动机的转子绕组交流耐压试验电压，如表 6-4-6 所列。

表 6-4-6　绕线式电动机转子绕组交流耐压试验电压

转子工况	试验电压（V）	
	交接试验	大修预试
不可逆的	$1.5U_k+750$	$1.5U_k$，但不小于 1000V
可逆的	$3.0U_k+750$	$3.0U_k$，但不小于 2000V

注　U_k为转子静止时，在定子绕组上施加额定电压，转子绕组开路时测得的电压

6. 同步电动机转子绕组的交流耐压试验

试验电压按以下两个条件确定：试验电压为额定励磁电压的 7.5 倍，且不低于 1200V；试验电压值不高于出厂试验电压值的 75%。

7. 测量可变电阻器、启动电阻器、灭磁电阻器的绝缘电阻

可变电阻器、启动电阻器、灭磁电阻器的绝缘电阻为电动机的附属设备，作为低压设备当与回路一起测量时，要求绝缘电阻值不低于 0.5MΩ。

8. 测量可变电阻器、启动电阻器、灭磁电阻器的直流电阻

以检查这些电阻器有无开路、调节过程中接触不良和阻值变化情况，要求测得的直流电阻与产品出厂数值比较，其差值不超过 10% 。

9. 测量电动机轴承的绝缘电阻

当电动机有油管路连接时，应在油管安装后，采用 1000V 绝缘电阻表测量。要求绝缘电阻值不应低于 0.5MΩ。

10. 检查定子绕组极性及其连接的正确性

电动机在交接、接线变动以及绕组无标号时，均应检查定子绕组极性及其连接的正确性。对双绕组的电动机，还应检查二分支间连接的正确性。

试验可有多种方法，比较简单的如直流感应法：在任一相绕组上接入低电压直流电源，其中绕组的始端接电源正极，末端接负极；在其他相绕组两端接入直流电压表。当接通电源瞬间，在其他二相绕组内会感应出电势，根据感应原理，感应电势的方向与电源方向是相反的。因此，如果电压表的指针向增大方向偏转，则接表计正极的一端是该相绕组的末端，接表计负极的一端是该相绕组的始端。

11. 电动机空载转动检查和空载电流测量

电动机安装交接或检修后，都要求做空载转动试验和空载电流测量，以检查转子安装质量情况和定子三相空载电流大小和平衡情况。要求空载转动的运行时间应为 2h；三相空载电流中的任一相与三相平均值的偏差不大于平均值的 10%（电源三相电压平衡时）。

三、电力变压器

（一）绝缘油试验和 SF_6 气体试验

1. 绝缘油（变压器油）试验

（1）常规试验。油浸变压器的绝缘或 SF_6 气体绝缘变压器的 SF_6 气体，交接和运行中的常规试验见后面的专门章节。

（2）油中溶解气体的色谱分析试验。油中溶解气体的色谱分析试验就是从充油设备中取出油样，然后从油样中脱出溶解于油中的气体、检测各气体组分浓度、根据试验数据进行故障识别和诊断。分析油中溶解气体的组分和含量是监视充油电气设备安全运行的有效措施之一。该方法适用于充有矿物绝缘油和以纸或层压纸板为绝缘材料的电气设备。主要监测对判断充油电气设备内部故障有价值的气体，即氢气（H_2）、甲烷（CH_4）、乙烷（C_2H_6）、乙烯（C_2H_4）、乙炔（C_2H_2）、一氧化碳（CO）、二氧化碳（CO_2）。定义总烃为烃类气体含量的总和，即甲烷、乙烷、乙烯和乙炔含量的总和。

充油电气设备所用材料包括绝缘材料、导体（金属）材料两大类。绝缘材料主要是绝缘油、绝缘纸、树脂及绝缘漆等；导体材料主要是铜、铝、硅钢片等材料。故障下产生的气体也主要是来源于纸和油的热解裂化。

绝缘油里分解出的气体形成气泡，在油里经对流、扩散不断地溶解在油中。这些故障气体的组成和含量与故障的类型及其严重程度有密切关系。因此，分析溶解于油中的气体就能尽早发现设备内部存在的潜伏性故障，并可随时监视故障的发展状况。不同的故障类型产生的主要特征气体和次要特征气体可归纳见表 6-4-7。

表 6-4-7　　　　不同故障类型产生的气体

故障类型	主要气体组成	次要气体组成
油过热	CH_4，C_2H_4	H_2，C_2H_6
油和纸过热	CH_4，C_2H_4，CO，CO_2	H_2，C_2H_6
油纸绝缘中局部放电	H_2，CH_4，CO	C_2H_2，C_2H_6，CO_2
油中火花放电	H_2，C_2H_2	
油中电弧	H_2，C_2H_2	CH_4，C_2H_4，C_2H_6
油和纸中电弧	H_2，C_2H_2，CO，CO_2	CH_4，C_2H_4，C_2H_6

注　进水受潮或油中气泡可能使氢含量升高。

在变压器里，当产气速率大于溶解速率时，会有一部分气体进入气体继电器或储油柜中。当变压器的气体继电器内出现气体时，分析其中的气体，同样有助于对设备的状况做出判断。

电厂中色谱分析试验一般由电气人员进行油样采集，由化验人员进行试验。在交接试验中，要求电压等级在66kV及以上的变压器，在注油静置后、耐压和局部放电试验24h后、冲击合闸及额定电压下运行24h后，各进行一次变压器器身内绝缘油的油中溶解气体的色谱分析。第一次油试验是变压器油投用前的基础，后两次油试验则是检验经过高压试验后变压器内部有无异常情况的一种手段。要求各次测得的结果，氢、乙炔、总烃含量，应无明显差别；新装变压器油中总烃含量不超过20μL/L，H_2含量不超过10μL/L，C_2H_2含量不超过0.1μL/L。

运行设备的油中H_2与烃类气体含量（体积分数）超过下列任何一项值时应引起注意：总烃含量大于150×10^{-6}；H_2含量大于150×10^{-6}；C_2H_2含量大于5×10^{-6}（500kV变压器为1×10^{-6}）。烃类气体总和的产气速率大于0.25mL/h（开放式）和0.5mL/h（密封式），或相对产气速率大于10%/月则认为设备有异常。对330kV及以上的电抗器，当出现痕量（小于5×10^{-6}）乙炔时也应引起注意。如气体分析虽已出现异常，但判断不至于危及绕组和铁芯安全时，可在超过注意值较大的情况下运行。

产气速率分绝对产气速率和相对产气速率：①绝对产气速率，即每运行日产生某种气体的平均值，按下式计算

$$\gamma_a=\frac{C_{i2}-C_{i1}}{\Delta t}\times\frac{G}{\rho}$$

式中：γ_a为绝对产气速率，mL/d；C_{i1}为第一次取样测得油中某气体浓度，μL/L；C_{i2}为第二次取样测得油中某气体浓度，μL/L；Δt为两次取样时间间隔中的实际运行时间，d；G为设备总油量，t；ρ为油的密度，t/m^3。

②相对产气速率，即每运行月（或折算到月）某种气体含量增加原有值的百分数的平均值。按下式计算

$$\gamma_r(\%)=\frac{C_{i2}-C_{i1}}{C_{i1}}\times\frac{1}{\Delta t}\times100$$

式中：γ_r为相对产气速率，%/月；C_{i1}为第一次取样测得油中某气体含量，μL/L；C_{i2}为第二次取样测得油中某气体含量，μL/L；Δt为两次取样时间间隔内的实际运行时间，月。

相对产气速率也可以用来判断充油电气设备内部状况，总烃的相对产气速率大于10%时应引起注意。对总烃起始含量很低的设备不宜采用此判据。产气速率在很大程度上依赖于设备类型、负荷情况、故障类型和所用绝缘材料的体积及其老化程度。应结合这些情况进行综合分析。判断设备状况时还应考虑到呼吸系统对气体的逸散作用。

（3）油中水含量测量。当变压器密封不良或失效时，空气中的水分通过变压器的“呼吸”或直接渗入，进入变压器内部后沉降在变压器底部，通过底部取样可测量分析出油中的水含量。水分将使油的电气强度显著下降，并为油纸吸收使变压器的绝缘也随之下降，严重的则会引起绝缘击穿。各电压等级变压器的油中水含量要求不超过表6-4-8所列限值。表中，投入运行前的油指安装或新加入变压器的新油，要求油中水含量检测合格才可注入设备；运行油指经过一段时间运行才从设备中取出的油。

表 6-4-8　　油中水含量限值

电压等级（kV）	水分（mg/L）	
	投入运行前的油	运行油
66～110	≤20	≤35
220	≤15	≤25
330～750	≤10	≤15

（4）油中含气量测量。电气设备用油中溶解的气体（主要指 O_2、N_2、CO、CO_2、H_2、CH_4、C_2H_6、C_2H_4、C_2H_2 等气体）含量，以体积百分比表示。变压器油的含氧量高会加速绝缘油的老化，并且腐蚀固体绝缘。此外，溶解在变压器油中的气体可以聚集起来形成气泡，当温度和压力骤然下降，这时这种气泡在电场中被拉成长体，极易发生气体碰撞游离，造成热击穿。如果气体聚集在高场强部位，则会引起绝缘油中局部放电，加速变压器的绝缘老化进程。《试验标准》对油中含气量的要求是，投入运行前的油（交接时），电压等级为 330～750kV 的变压器，其值不应大于 1%（体积分数）；运行中的油其值不应大于 3%（体积分数）。

2. SF_6 气体含水量检验

SF_6 气体因其优异的绝缘性能被广泛应用于高压电器中，但当 SF_6 气体含水量比较高的时候，在电气绝缘材料表面结露的现象便会极易发生，致使设备绝缘下降，严重时会导致闪络击穿等事故。SF_6 气体水分的来源主要有：在气体生产过程中经过一系列热解、水洗和碱洗以及干燥吸附等工艺，复杂的生产环节导致遗留了少量的水分；气体贮存、运输、加注以及运行中空气水分的渗入等；电器内部的固体绝缘物所含水分伴随着时间的流逝而慢慢释放出来。为此，对 SF_6 气体绝缘的变压器需进行 SF_6 气体含水量检验及检漏。安装交接时要求 SF_6 气体含水量（20℃的体积分数）不大于 250μL/L，变压器应无明显泄漏点；运行中不大于 500μL/L。

（二）测量绕组连同套管的直流电阻

测量变压器绕组直流电阻的原理及方法与电机试验类同，但也有其一些特点：

（1）测量点通常在变压器各侧出现套管接线板上，所以直流电阻包含了绕组和套管导电体两部分，当测量结果电阻异常偏大时，需要分别测量绕组和套管的电阻，进一步鉴别是哪一点的问题。

（2）安装交接和大修时测量应在各分接的所有位置上进行；小修或（无励磁调压变压器）变换分接位置后测量所置分接位置上的直流电阻。

（3）测量时非被测绕组均应短接，以防测量开、合试验电源时非被测绕组感应出电压。

（4）由于变压器的电感较大，测量充电时间较长（尤其是大型变压器），必须待测量电流稳定后才能读数。

（5）测量应在变压器绕组温度稳定的情况下进行，一般可用上层油温作为绕组温度。

变压器的直流电阻要求：

1）与同温下产品出厂实测数值或以前相同部位测得值比较，相应变化不大于 2%，不同温度下电阻值的换算公式与前面电机相同。

2）1600kVA 及以下三相变压器，各相绕组相互间的差别不应大于 4%；无中性点引出的绕组，线间各绕组相互间差别不应大于2%；1600kVA以上变压器，各相绕组相互间差别不应大2%；无中性点引出的绕组，线间相互间差别不应大于1%。

（三）检查所有分接的电压比

安装交接时要求测量变压器所有分接的电压比，以检验：

（1）变压比是否与铭牌值相符；与制造厂铭牌数据相比，电压等级在35kV以下，电压比小于3的变压器电压比允许偏差±1%；其他所有变压器额定分接下电压比允许偏差不超过±0.5%；其他分接的电压比应在变压器阻抗电压值（%）的1/10以内，且允许偏差为±1%。变比不合格常见原因是内部分接头引线接错。

（2）电压分接开关指示位置是否正确。以检出外部开关指示位置与内部引线不一致异常情况。

（3）各绕组的匝数比，分析判断是否存在匝间短路。

（4）三相变压器本身变压比的不平衡度，以确定零序分量的大小。

测量时在变压器的一侧施加1%～25%额定电压的励磁电压，在被试各侧同时测量对应的电压，然后计算出变压比。

（四）检查变压器的三相接线组别和单相变压器引出线的极性

此项检查试验，目的是检验变压器的三相接线组别和单相变压器引出线的极性是否符合设计要求；接线组别和引出线的极性是否与铭牌上的标记和外壳上的符号相符。

1. 变压器三相接线组别的检查试验

变压器三相接线组别的检查试验方法很多，较为简单方便、可靠准确、工作效率较高的方法如交流相位表法，其试验接线如图6-4-11所示。试验中，将380V交流电源接入被试变压器的高压侧，相位表P的电压线圈接在电源线电压上，电流线圈通过电阻R接在对应的低压侧线电压上，通电后相位表指示出的角度便是变压器的接线组别。

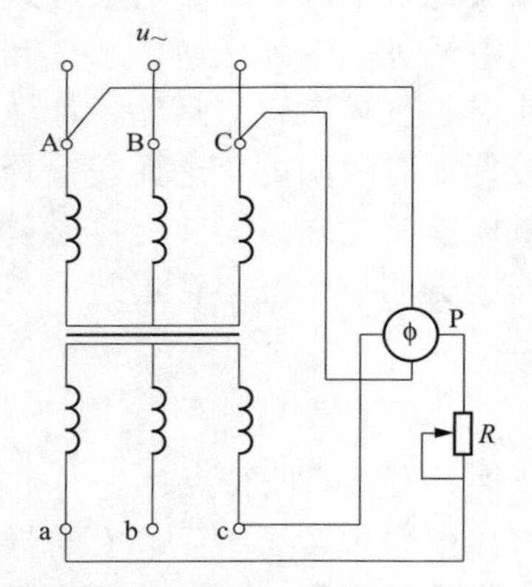

图6-4-11　交流相位表法测量三相变压器接线组别试验接线

2. 单相变压器极性的检查

关于极性是指正、负电荷在导体的两个端头分别集结的性质，正电荷集结之处称为正极性端，负电荷集结之处称为负极性端。对于交流电，某一瞬间能使电流流向外电路的线圈端头称为正极性端，反之为负极性端。

变压器的极性，是指单相线圈端头的电性质。单相变压器的一次侧和二次侧绕组处在同一铁芯上由一个共同的主磁通交链，产生各自的正、负极性端，相同极性的为同性端，不同极性的为异性端。为了更好地说明它们感应电势向量的相对关系，表示出电流流动的方向，一般用加极性或减极性来表示。这种极性关系取决于一次侧绕组和二次侧绕组的绕线方向以及绕组端头的标号。当两个绕组绕线方向相同，首、尾端标号一致（即同名同性时），它们所感应的电势方向在任何瞬间都相同，称为同极性或减极性。如果两个绕组绕线方向相同，但首、尾端标号相反（即异名同性者），它们所感应的电势方向在任何瞬间都相反，称为异极性或加极性。

单相变压器极性的测定方法有直流法和交流法。直流法简单方便，准确度一般能满足要求，其试验接线如图 6-4-12 所示。试验时于电池的正极接高压侧 A 端，负极接高压侧 X 端，机械直流毫伏表的正极接低压侧 a 端，负极接低压侧 x 端。操作开关 S 时，观察 S 合上或拉开瞬间毫伏表针的摆动方向：S 合上瞬间表针向正方向摆动，S 拉开瞬间表针向负方向摆动，则接电池正极的端子与表计正极的端子是同极性的；如果它们的标号也同名称（如 A 和 a），则此变压器是减极性的。反之，则是异极性端子，变压器是加极性的。

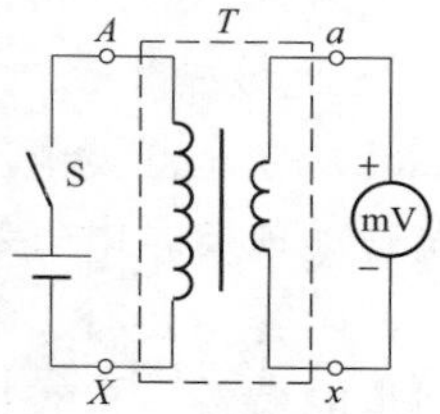

图 6-4-12　直流法测量变压器极性试验接线

（五）测量铁芯及夹件的绝缘电阻

变压器正常运行时，带电绕组及其引线与油箱外壳间构成的电场分布不均匀，变压器铁芯及其金属构件处于不均匀的电场中，必然会产生感应电压，而由于铁芯各部位在这个电场中的位置不一样，产生的感应电压大小也不一样。当铁芯对地电压或者铁芯不同两点之间的电压差达到绝缘的击穿电压时，就会发生变压器的内部放电现象。断续的放电会使变压器油分解劣化，并逐步使固体绝缘损坏，导致变压器损坏的事故发生。因此，变压器的铁芯及其夹件应与接地系统可靠连接，使铁芯对地电容被短接，而绕组之间的寄生电容由于三相对称，所以流过铁芯接地线的电容电流很小，基本为 0。但是当铁芯及夹件出现两点以上接地时，接地点之间形成闭合回路，当主磁通穿过此闭合回路时就会产生感应电流，在铁芯内部形成环流，造成铁芯局部过热，严重时会造成铁芯局部烧损事故。同时主变压器铁芯多点接地后，铁芯接地引线流过的电流增大很多，变压器变损也会增大。因此，变压器铁芯及其夹件必须接地，并且必须是一点接地。

变压器铁芯及其夹件的接地方式是在箱体内部连接于一点，再通过引线引至油箱外的瓷套上，在箱外接地；或铁芯与夹件分别引至箱外接地。变压器安装交接或预试时解开接地处即可测量铁芯及夹件的绝缘电阻。如果变压器吊罩（盖），则可对变压器内部的接地连接片解开，分别测量它们之间的绝缘电阻。安装交接试验要求测量采用 2500V 绝缘电阻表，持续时间应为 1min，应无闪络及击穿现象。大修后预试要求采用 2500V 绝缘电阻表（对运行年久的变压器可用 1000V 绝缘电阻表）测量，穿心螺栓、铁轭夹件、绑扎钢带、铁芯、线圈压环及屏蔽等的绝缘电阻，220kV 及以上者绝缘电阻不低于 500MΩ。

（六）非纯瓷套管的试验

变压器的引线套管有两种基本型式，一种是中、低压用的套管，电压低而电流大，套管的作用只是支撑和固定穿过变压器箱体的导体，为纯瓷套管；另一种是高压用的套管，电压高而电流小，套管除了支撑和固定穿过变压器箱体的导体外，还有均匀分布高压电场的作用，所以一般都采用电容芯子的充油套管或外绝缘为硅橡胶的干式套管。装在变压器上的纯瓷套管不需单独进行试验，非纯瓷套管则按后面的套管章节规定试验。

（七）有载调压切换装置的检查和试验

有载调压切换装置的检查和试验内容包含了绝缘油试验和机械操作试验两个方面。

1. 绝缘油试验

有载调压切换装置油室的油与变压器油箱内的油互不相通，故绝缘油需分别试验。安装交接时，有载调压切换装置油的击穿电压与变压器油箱内的油的击穿电压要求相同。变压器投入运行后，有载调压切换装置的带载切换不可避免有电弧产生，绝缘油会因有碳粒而使击穿电压下降，故运行油的预试，要求击穿电压低一些，一般不低于25kV。

2. 机械操作试验

（1）变压器无电压试验。分别进行手动操作和电动操作试验，要求操作过程无卡涩，没有误连动现象，电气和机械限位准确。变压器大修时，要求对有载调压装置进行全面的检查测试，内容主要有：①检查范围开关、选择开关、切换开关的动作顺序、动作角度，检查三相同步的偏差，检查单、双数触头间放电间隙是否正常、准确，是否与制造厂的技术要求相符；②测量过渡电阻的阻值，单、双数触头间非线性电阻的试验，与出厂值比较以检查是否有断裂、变值情况；③测量切换时间，机构动作是否正常、准确地最终反映在切换时间，切换时间的数值及正反向切换时间的偏差均与制造厂的技术要求相符；④检查插入触头、动静触头的接触情况，电气回路的连接情况；⑤循环操作后，进行绕组连同套管在所有分接下直流电阻和电压比测量。

（2）变压器带电压试验。在变压器无电压情况下进行的操作试验正常后，再进行变压器带电压情况下的操作试验。要求动作正常；操作过程中，各侧电压变化应符合铭牌对应参数。

（八）测量绕组连同套管的绝缘电阻、吸收比或极化指数

测量绕组连同套管的绝缘电阻、吸收比或极化指数的原理、方法与上述的电机试验相同。

1. 绝缘电阻试验

要求绝缘电阻不低于产品出厂试验值的70%或不低于10 000MΩ（20℃），当测量温度与产品出厂试验时的温度不符合时，油浸式电力变压器绝缘电阻的温度换算系数可按表6-4-9换算到同一温度时的数值进行比较。

表6-4-9　油浸式电力变压器绝缘电阻的温度换算系数

温度差 K	5	10	15	20	25	30	35	40	45	50	55	60
换算系数 A	1.2	1.5	1.8	2.3	2.8	3.4	4.1	5.1	6.2	7.5	9.2	11.2

注 1. 表中 K 为实测温度减去20℃的绝对值。
2. 测量温度以上层油温为准。

当测量绝缘电阻的温度差不是表6-4-9中所列数值时，其换算系数 A 可用线性插入法确定，也可按下式计算

$$A=1.5^{K/10}$$

当实测温度为20℃以上时，可按下式计算

$$R_{20}=AR_{t}$$

当实测温度为20℃以下时，可按下式计算

$$R_{20}=R_{t}/A$$

式中：R_{20} 为校正到20℃时的绝缘电阻值，MΩ；R_{t} 为在测量温度下的绝缘电阻值，MΩ。

2. 吸收比或极化指数试验

变压器电压等级为35kV及以上且容量在4000kVA及以上时，测量的吸收比要求与产品出厂值相比应无明显差别，一般不小于1.3；当 R_{60} 大于3000MΩ（20℃）时，吸收比可不做考核要求。

变压器电压等级为220kV及以上或容量为120MVA及以上时，用5000V绝缘电阻表测量极化指数。测得值与产品出厂值相比应无明显差别，一般不小于1.5。当R_{60}大于10 000MΩ（20℃）时，极化指数可不做考核要求。吸收比和极化指数不进行温度换算。

（九）测量绕组连同套管的介质损耗因数（tanδ）与电容量

1. 试验原理

当研究绝缘物质在电场作用下所发生的物理现象时，把绝缘物质称为电介质；而从材料的使用观点出发，在工程上把绝缘物质称为绝缘材料。任何绝缘材料在电压作用下，总会流过一定的电流，所以都有能量损耗。把在电压作用下电介质中产生的一切损耗称为介质损耗或介质损失。如果电介质损耗很大，会使电介质温度升高，促使材料发生老化（发脆、分解等），如果介质温度不断上升，甚至会把电介质熔化、烧焦，丧失绝缘能力，导致热击穿，因此电介质损耗的大小是衡量绝缘介质电性能的一项重要指标。然而不同设备由于运行电压、结构尺寸等不同，不能通过介质损耗的大小来衡量设备好坏。因此引入了介质损耗因数tanδ（又称介质损失角正切值）的概念。介质损耗因数的定义：被试品的有功功率比上被试品的无功功率所得数值。介质损耗因数tanδ只与材料特性有关，与材料的尺寸、体积无关，便于不同设备之间进行比较。

当对一绝缘介质施加交流电压时，介质上将流过电容电流I_1、吸收电流I_2和电导电流I_3，其中反映吸收过程的吸收电流，又可分解为有功分量和无功分量两部分。电容电流和反映吸收过程的无功分量是不消耗能量的，只有电导电流和吸收电流中的有功分量才消耗能量。当绝缘物上加交流电压时，可以把介质看成为一个电阻和电容并联组成的等值电路，根据等值电路可以作出电流和电压的相量图，如图6-4-13所示。由相量图可知，介质损耗由$\dot{I}_R$产生，夹角δ大时，$\dot{I}_R$就越大，故称δ为介质损失角，其正切值为

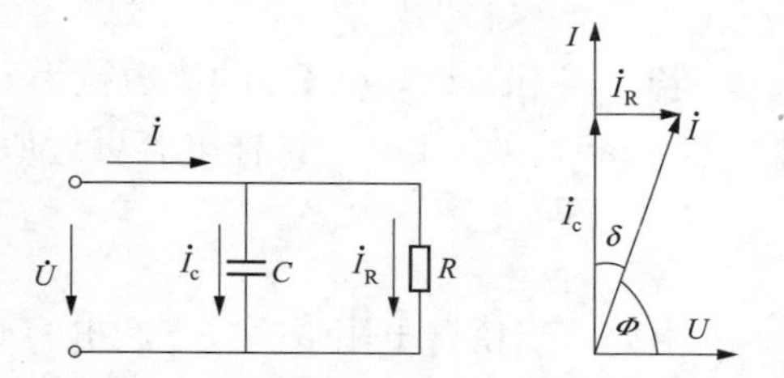

图6-4-13　在绝缘物上加交流电压时的等值电路及相量图

$$\tan\delta=\frac{I_R}{I_C}=\frac{U/R}{U/\omega C}=\frac{1}{\omega CR}$$

介质损耗为

$$P=\frac{U^2}{R}=U^2\omega C\tan\delta$$

由上式可见，当U、ω、C一定时，P正比于tanδ，所以用tanδ来表征介质损耗。

测量变压器绕组连同套管的介质损耗角正切tanδ，因为测量的tanδ灵敏度较高，可以发现绝缘的整体受潮、劣化、变质及小体积设备的局部缺陷。

2. 试验方法

变压器介质损耗的测量常用的方法有西林电桥测量法、数字式介质损耗测试仪等方法。

（1）西林电桥法。西林电桥的测量原理如图6-4-14所示。两个高压桥臂，分别由试品Z_N（$Z_N=P_X/\!/C_X$）及无损耗的标准电容器C_N组成；两个低压桥臂，分别由无感电阻R_3及无感电阻R_4与电容C_4并联组成。图6-4-14中C_X、R_X分别为被测试样的等效并联电容与电阻（如变压器绕组），R_3、R_4表示电阻比例臂，C_N为平衡试样电容C_X的标准，C_4为平衡损

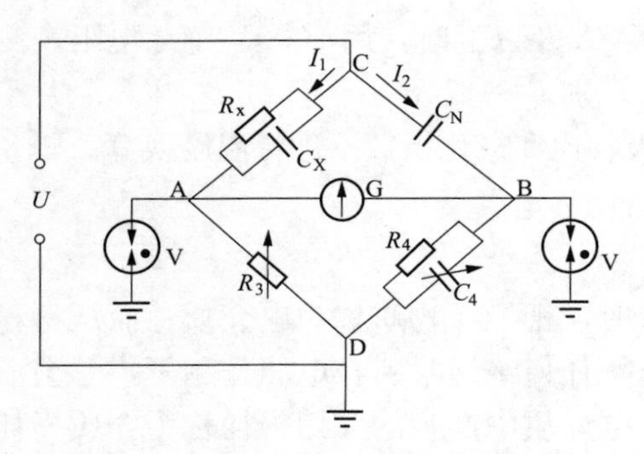

图 6-4-14　西林电桥测量原理

耗角正切的可变电容。各桥臂的导纳为

$$Y_X=\frac{1}{R_X}+j\omega C_X \quad Y_N=j\omega C_N$$

$$Y_3=\frac{1}{R_3} \quad Y_4=\frac{1}{R_4}+j\omega C_4$$

试验中调节 R_3、C_4 使电桥达到平衡时以满足

$$Y_XY_4=Y_3Y_N$$

即

$$\left(\frac{1}{R_X}+j\omega C_X\right)\left(\frac{1}{R_4}+j\omega C_4\right)=\frac{1}{R_3}j\omega C_N$$

由上式可得

$$\tan\delta=\frac{1}{\omega C_X R_X}=\omega C_4R_4$$

$$C_X=\frac{R_4}{R_3}C_N\frac{1}{1+\tan^2\delta}$$

令 $R_4=\frac{10^4}{\pi}\Omega$，则 $\tan\delta_X=\omega R_4C_4=100\pi\times\frac{10^4}{\pi}C_4=C_4\times10^6$

若 C_4 以μF 计，则 C_4 的读数就为 $\tan\delta x$ 的值。

当 $\tan\delta_X<0.1$ 时，试样电容可近似地按下式计算

$$C_X=\frac{R_4}{R_3}C_N$$

由此，当桥臂电阻 R_3、R_4 和电容 C_N、C_4 已知时，就可以求得试样电容和损耗角正切。

(2) 数字式介质损耗测试仪试验。数字式介损测试仪基本测量原理是基于传统西林电桥的原理基础上，测量系统通过标准侧 R_4 和被试侧 R_3 分别将流过标准电容器和被试品的电流信号进行高速同步采样，经模数（A/D）转换装置测量得到两组信号波形数据，再经计算处理中心分析，分别得出标准侧和被试侧正弦信号的幅值、相位关系，从而计算出被试品的电容量及介损值。

3. 试验要求

(1) 安装交接试验要求：①电压等级为 35kV 及以上且容量在 10 000kVA 及以上的变压器需测量其介质损耗因数（tanδ）。②被测绕组的 tanδ 值不大于产品出厂试验值的 130%。③当测量时的温度与产品出厂试验温度不符合时，按表 6-4-10 换算到同一温度时的数值进行比较，表中 K 为实测温度减去 20℃的绝对值；测量温度以上层油温为准。当测量时的温度差不是本标准表中所列数值时，其换算系数 A 可用线性插入法或下式确定

$$A=1.3^{K/10}$$

表 6-4-10　　介质损耗因数 tanδ（%）温度换算系数

温度差 K	5	10	15	20	25	30	35	40	45	50
换算系数 A	1.15	1.3	1.5	1.7	1.9	2.2	2.5	2.9	3.3	3.7

当测量温度在 20℃以上时，校正到 20℃时的介质损耗因数可按下式计算

$$\tan\delta_{20}=\tan\delta_t/A$$

当测量温度在20℃以下时，校正到20℃时的介质损耗因数可按下式计算

$$\tan\delta_{20}=A\tan\delta_t$$

式中：$\tan\delta_{20}$为校正到20℃时的介质损耗因数；$\tan\delta_t$为在测量温度下的介质损耗因数。④变压器本体电容量与出厂值相比允许偏差为±3%。

（2）预防性试验要求：①试验电压：绕组电压10kV及以上：10kV；绕组电压10kV以下：U_n。②20℃时$\tan\delta$不大于下列数值：330～500kV　0.6%；66～220kV　0.8%；35kV及以下1.5%。③被测绕组的$\tan\delta$值与历年的数值比较没有显著变化（一般不大于30%）。④不同温度下的$\tan\delta$值一般可按下式换算

$$\tan\delta_2=\tan\delta_1\times1.3^{(t2-t1)/10}$$

（十）变压器绕组变形试验

变压器在运行中难免会遭受到出口短路或近区短路电流的冲击，在运输安装过程中也可能受到碰撞冲击。在这些冲击力作用下，变压器绕组可能发生轴向、径向、扭曲变形，这些变形即使不立即导致变压器事故，也会留下重大隐患。因为可能尚未形成直接绝缘故障，故常规的绝缘试验不一定能检验出来变压器绕组变形异常，这就需要进行绕组变形试验。

变压器绕组变形试验，国内应用广泛的主要有以下两种方法：

低电压短路阻抗法。即在变压器的高压绕组侧加工频的低电压，低压绕组侧短路，测量变压器的短路阻抗。短路阻抗主要是漏电抗分量，由绕组的几何尺寸所决定，变压器绕组结构状态的改变势必引起变压器漏电抗的变化，从而使变压器的短路阻抗数值发生改变。

频率响应法。频响法变压器绕组变形试验，是利用精准的扫频测量技术，对被试品绕组施加1kHz～1MHz的低压扫频信号，测量绕组的频率响应特性曲线。如果绕组发生了机械变形现象，等值网络中的分布参数随之变化，其幅频特征曲线的谐振点就会发生变化。

安装交接试验标准要求，对于35kV及以下电压等级变压器，采用低电压短路阻抗法测试；对于110(66)kV及以上电压等级变压器，采用频率响应法测量绕组特征图谱。

1. 低电压短路阻抗法

变压器的短路阻抗是指该变压器的负荷阻抗为零时变压器输入端的等效阻抗。短路阻抗可分为电阻分量和电抗分量。除了小型变压器外，一般变压器电阻分量在短路阻抗中所占的比例非常小，短路阻抗值主要是电抗分量的数值。通常电抗分量相当于由漏磁通所决定的变压器漏电抗，它在短路阻抗中占据着主要部分。变压器的漏电抗$X_\sigma=\omega L_k$，L_k为漏电感与漏磁通有关，由绕组的结构、几何尺寸所决定，变压器绕组结构状态的改变势必引起变压器漏电抗的变化，从而引起变压器短路阻抗数值的改变。

变压器低电压短路阻抗测试方法，试验电源可用三相或单相；试验电流可用额定值或较低电流值（如制造厂提供了较低电流下的测量值，可在相同电流下进行比较）；接线一般是低压侧人为短路，从高压侧施加试验电压，并调节电流至额定值，测量其阻抗电压。试验结果与出厂或前次试验值相比，应无明显变化。变压器出厂前为检验其承受短路动稳定的能力有两种方式，一是试验验证，二是计算、设计和制造同步验证。其中所做的试验即为短路试验（特殊试验），在按规定的条件试验后，除了进行其他检查外，要求测量变压器绕组的短路电抗值，与原始值之差要求不大于1%～2%。

2. 频率响应法

通电的导体在磁场中会受到电动力的作用，变压器的某相绕组也处在其他二相形成的磁

场中，也会受到电动力的作用，当绕组中通过正常的负荷电流时，这个电动力很小，不会对绕组构成危害。但当变压器流过短路电流时，其绕组将产生强大的径向和轴向作用力。由于绕组的紧固方式主要依靠绕组上下螺钉压紧，和线饼之间的垫块压力传递实现的，可以满足正常工况的稳定性要求。但当绕组承受额外电流电动力的作用时，将产生绕组各线段、形式各异的变形，并可能使包裹其上的绝缘纸（带）松散、断裂；线圈（饼）移位；变压器铁芯片移位等故障。这些故障现象如未直接形成电气短路，则从变压器外观上无法掌握，且一般电气试验也难以灵敏捕捉出来。于是人们想出了一个方法，即通过绕组的频率响应特性试验，来了解绕组变形的情况。

（1）测试原理。在较高频率的电压作用下，变压器的每个绕组均可视为一个由线性电阻、电感（互感）、电容等分布参数构成的无源性双口网络，其内部特性可通过传递函数 $H(j\omega)$ 描述，如图 6-4-15 所示，图中 L、K、C 分别为绕组单位长度的分布电感、分布电容及对地分布电容；U_1、U_2 分别为激励端电压和响应端电压；U_S为正弦励源信号源电压；R_S为信号源输出阻抗；R 为匹配电阻。若绕组发生变形，绕组内部的分布电感、电容等参数必然改变，导致其等效网络递函数 $H(\mathrm{j}\omega)$ 的零点和极点发生变化，使网络的频率响应特性发生变化。用频率响应分析法检测变压器绕组变形，是通过检测变压器各个绕组的幅频响应特性，并对检测结果进行纵向、横向或综合比较，根据幅频响应特性的差异，判断变压器可能发生的绕组变形。变压器的幅频响应特性可采用图 6-4-16 所示的频率扫描方式获得。连续改变外施激励源 U_S的频率 f（角频率 $\omega=2\pi f$），测量在不同频率下的响应端电压 U_2 和激励端电压 U_1 的信号幅值之比，获得指定激励端和响应端情况下的绕组的频幅响应曲线

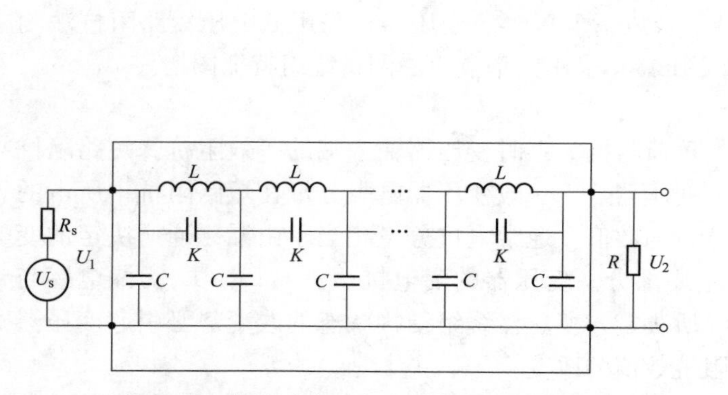

图 6-4-15　频率响应分析法的基本检测回路

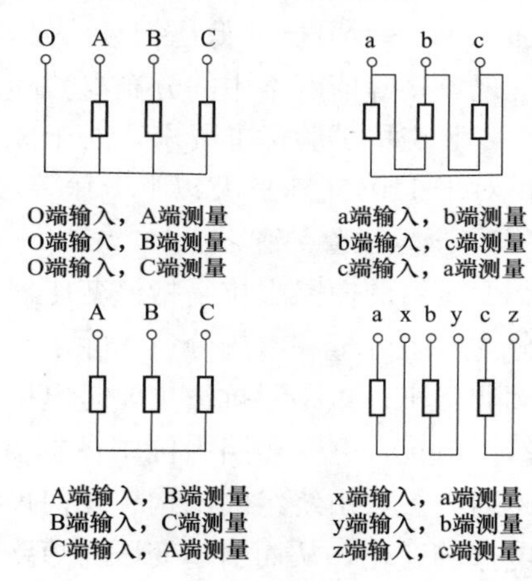

图 6-4-16　变压器频率响应测试扫描方式

$$H(f)=20\lg[U_2(f)/U_1(f)]$$

式中：$H(f)$ 为频率为 f 时传递函数的模 $|H(\mathrm{j}\omega)|$；$U_2(f)$，$U_1(f)$ 分别为频率为 f 时响应端和激励端电压的峰值或有效值 $|U_2(\mathrm{j}\omega)|$ 和 $|U_1(\mathrm{j}\omega)|$ 。

（2）测试方法。测试时，根据变压器绕组的连接结构，按照图 6-4-16 所示选定被测绕组的激励端（输入端）和响应端（测量端），其他绕组的端头悬空。在选定的激励端和响应端连接专用测量引线，然后在激励端加入连续改变频率的正弦波电压信号，在测量端逐一检测变压器各个电压等级三相绕组的频幅响应信号，并绘制出反映变压器绕组结构特征的频响特

性曲线。

（3）分析判断。用频率响应法分析判断变压器绕组变形，主要对相同电压等级的三相绕组频响曲线进行纵向、横向以及综合比较，通过相关系数判断变压器绕组幅频特性的变化。

纵向比较法是指对同一台变压器、同一绕组、同一分接开关位置、不同时期的幅频响应特性进行比较，根据特性变化来判断变压器的绕组变形，具有较高的灵敏度和准确性，但需要预先获得变压器原始的幅频响应特性。为创造这一条件，要求变压器出厂时和安装交接时进行变压器绕组的幅频响应特性测试。

横向比较法是指对变压器同一电压等级的三相绕组幅频响应特性进行比较，因为变压器设计制造完成后，其线圈和内部结构就确定下来，因此对一台多绕组的变压器线圈而言，如果电压等级相同、绕制方法相同，则每个线圈对应参数就应该是确定的，因此每个线圈的频域特征响应也随之确定，对应的三相线圈之间其频率图谱具有一定可比性。必要时借鉴同一制造厂在同一时期制造的同型号变压器的幅频响应特性，来判断变压器绕组是否变形，该方法现场应用较为方便，但应排除正常三相绕组幅频响应特性本身存在差异的可能性。

综合分析法是指对变压器的三相频响进行横向和纵向比较，根据三相频响的差异做出判断。

用相关系数辅助判断变压器绕组变形的方法，是指通过相关系数定量描述两条波形曲线之间的相似程度，作为辅助手段用于分析变压器的绕组变形情况，具体结果还应根据变压器的运行情况及其他信息综合判断。理论分析（并经实例验证）相关系数与变压器绕组变形程度的关系如表 6-4-11 所列。

表 6-4-11　　相关系数与变压器绕组变形程度的关系

绕组变形程度	相关系数 R
严重变形	$R_{LF}<0.6$
明显变形	$1.0>R_{LF}\geqslant 0.6$ 或 $R_{MF}<0.6$
轻度变形	$2.0>R_{LF}\geqslant 1.0$ 或 $0.6\leqslant R_{MF}<1.0$
正常绕组	$R_{LF}\geqslant 2.0$ 和 $R_{MF}\geqslant 1.0$ 和 $R_{HF}\geqslant 0.6$

注　在用于横向比较法时，被测变压器三相绕组的初始频响数据应较为一致，否则判断无效。R_{LF} 为曲线在低频段（1～100kHz）内的相关系数；R_{MF} 为曲线在中频段（100～600kHz）内的相关系数；R_{HF} 为曲线在高频段（600～1000kHz）内的相关系数。

（4）典型曲线。典型的变压器绕组幅频响应特性曲线，通常包含多个明显的波峰和波谷，波峰或波谷分布位置及分布数量的变化，是分析变压器绕组变形的重要依据。

图 6-4-17 为某台变压器在遭受短路电流冲击前后测得的低压绕组幅频响应特性曲线。图中，LaLx01 和 LaLx02 分别为冲击前后测得的曲线，两者比较，后者的部分波峰及波谷的频率分布位置明显向右移动，可判断变压器绕组发生变形。可见，获得变压器绕组原始频响曲线对于判断绕组变形提供了更为方便而可靠的条件。当不具备这种条件时，只能采用横向比较法来辅助判断变压器的绕组变形。

图 6-4-18 为某台变压器在遭受短路电流冲击后测得的三相低压绕组幅频响应特性曲线。曲线 LcLa 与曲线 LaLb、曲线 LbLc 相比，波峰和波谷的频率分布位置以及分布数量均存在差异，即三相绕组的幅频响应特性一致性较差，而同一制造厂在同一时期制造的同型号变压器的三相绕组的幅频响应特性一致性却较好，故可判断变压器在遭受短路电流冲击后产生了

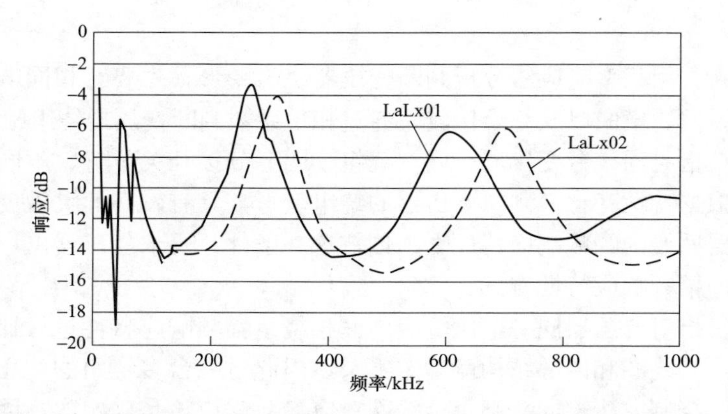

图 6-4-17　某台变压器在遭受短路电流冲击前后的幅频响应特性曲线

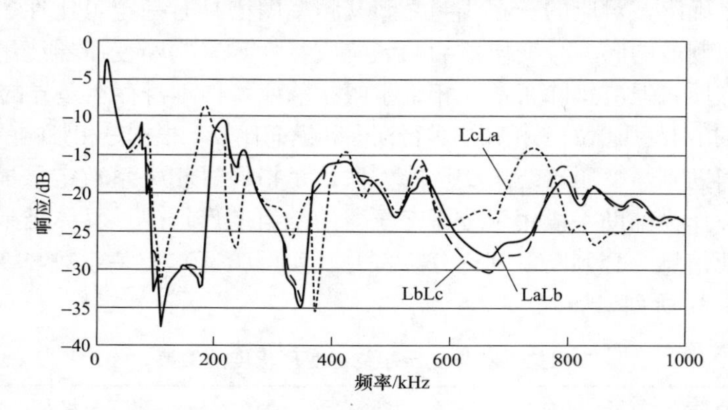

图 6-4-18　某台变压器在遭受短路电流冲击后三相低压绕组的幅频响应特性曲线

绕组变形。

（十一）绕组连同套管的交流耐压试验

交流耐压试验可以发现变压器的集中性绝缘弱点，如绕组主绝缘受潮或开裂、引线绝缘距离不足、绝缘上附着污物等缺陷。由于交流耐压试验属于破坏性试验，也是对绝缘进行最后的检验，因此必须在非破坏性试验如绝缘电阻、吸收比、直流泄漏、介质损失角正切值及绝缘油等试验合格后再进行，以免引起不必要的绝缘击穿和损坏事故。电力变压器交流耐压试验的原理及分析方法与电机试验基本相同，与变压器特点有关的试验内容如下。

1. 试验电压

安装交接时电压等级为 110kV 以下的变压器才要求进行线端交流耐压试验；绕组额定电压为 110(66)kV 及以上的变压器，只要求对其中性点进行交流耐压试验。线端和中性点试验电压分别按表 6-4-12 和表 6-4-13 的规定取值。

表 6-4-12　　　电力变压器交流耐压试验电压值　　　单位：kV

系统标称电压	设备最高电压	油浸式电力变压器		干式电力变压器	
		交接	预试	交接	预试
≤1	≤1.1	—	2.5	2	注 2
3	3.6	14	15	8	注 2

续表

系统标称电压	设备最高电压	油浸式电力变压器		干式电力变压器	
		交接	预试	交接	预试
6	7.2	20	21	16	注 2
10	12	28	30	28	注 2
15	17.5	36	38	30	注 2
20	24	44	47	40	注 2
35	40.5	68	72	56	注 2
66	72.5	112	120	—	注 2
110	126	160	170（195）	—	注 2
220	252	—	306	—	—
330	363	—	391	—	—
500	550	—	536	—	—

注　1. 括号内数值适用于不固定接地或经小电抗接地系统。

2. 按出厂试验电压值的 0.85 倍。

表 6-4-13　　电力变压器中性点交流耐压试验电压值　　单位：kV

系统标称电压	设备最高电压	中性点接地方式	出厂交流耐受电压	交接交流耐受电压	预试交流耐受电压
<1	≤1	—	—	—	2.5
3	3.5	—	—	—	15
6	6.9	—	—	—	21
10	11.5	—	—	—	30
15	17.5	—	—	—	38
20	23.0	—	—	—	47
35	40.5	—	—	—	72
66	72.5	—	—	—	120
110	126	不直接接地	95	76	80
220	252	直接接地	85	68	72
		不直接接地	200	160	170
330	363	直接接地	85	68	72
		不直接接地	230	184	195
500	550	直接接地	85	68	72
		不直接接地	140	112	—
750	800	直接接地	150	120	—

2．试验要求

（1）试验电压波形应接近正弦，试验电压值应为测量电压的峰值除以 $\sqrt{2}$ ，试验时应在高压端监测。

(2) 外施交流电压试验电压的频率不应低于 40Hz，全电压下耐受时间应为 60s。

(3) 感应电压试验时，试验电压的频率应大于额定频率。当试验电压频率小于或等于 2 倍额定频率时，全电压下试验时间为 60s；当试验电压频率大于 2 倍额定频率时，全电压下试验时间应按下式计算

$$t = 120\,(f_N/f_s)$$

式中：f_N为额定频率；f_s为试验频率；t 为全电压下试验时间，不应少于 15s 。

(4) 三相变压器的试验不必分相进行，但同一线圈的三相所有引出线均应短接后再进行试验，否则不仅会影响试验电压的准确性，同时还有可能危害被试变压器的绝缘。

(5) 试验中若试验电流突然变化，并且被试变压器有放电响声，同时保护球间隙可能放电，说明变压器绝缘有问题，应查明原因。

(十二) 绕组连同套管的长时感应耐压试验带局部放电测量

1. 感应耐压试验

变压器的耐压试验包括外施工频耐压试验和感应耐压试验。外施工频耐压试验只能检验变压器绕组的主绝缘，即绕组与绕组之间、绕组对箱壳和铁芯对地部分的绝缘，对绕组的匝间、层间纵绝缘部分则未能得到检验。而感应耐压试验可以有效地检测出变压器纵绝缘性能的好坏，试验在变压器一个绕组的端子（通常为低压绕组）上施加 2 倍额定电压以上的电压，在最高电压端子上测量。以在绕组纵绝缘缺陷处建立更高更集中的场强，绕组匝间、层间和段间的电压可达到并超过电介质缺陷处的击穿电压，起到考核绕组纵绝缘的作用。

感应耐压试验所施加电压的频率要求在 2 倍的额定频率及以上。因为变压器在工频额定电压下，铁芯伏安特性接近饱和，为了施加试验电压又不使铁芯磁通饱和，故采用增加施加电压频率的方法，较高的频率可以大大降低固体电介质的击穿电压，使得绝缘缺陷更容易被击穿。感应耐压的试验时间要求为 60s，如果试验电压频率大于两倍额定频率时，为避免频率的提高对绝缘的考验加重，试验时间 t 为

$$t = 120 \times \frac{f_N}{f_m}(\mathrm{s})$$

式中：f_N 为额定频率；f_m 为试验频率。

但试验时间不少于 15s。

如果试验电压不出现突然下降，则试验合格。

2. 局部放电测量

(1) 测试方法及原理。局部放电是指导体间绝缘仅在部分桥接的电气放电，这种放电可以在导体附近发生也可以不在导体附近发生。当电力设备的绝缘内部存在气隙或生产过程中造成一些缺陷，在高电场强度作用下，气隙首先击穿，并会发生多次的重复击穿和熄灭，而周围的绝缘介质仍保持着绝缘性能，整个绝缘结构并未形成电极间的贯穿性放电通道。局部放电一般存在于固体绝缘的空隙中，液体绝缘的气泡中，电极表面的尖锐部位或电场中的悬浮金属的表面；介质的沿面放电、层压材料中的放电、固体绝缘的表面和内层的树枝状爬电等也属于这一类。用传统的绝缘试验方法很难发现局部放电缺陷，而测试电气设备的局部放电特性，可以发现潜在绝缘薄弱部位，是一种非破坏性试验。

如果电气设备绝缘在运行电压下出现局部放电，这些微弱的放电会使绝缘材料受到电晕腐蚀、局部过热、紫外线辐射和氧化作用，产生的累积效应会使绝缘的介电性能逐渐劣化并

使局部缺陷扩大，最后导致整个绝缘击穿。如油纸绝缘在局部放电作用下会产生不饱和烃C_2H_2、H_2、CH_4 和 x 蜡，蜡质会积留在固体绝缘上，放电产生的气体又使放电增加，造成在场强高的部位或绝缘纸有损伤的部位发生击穿，或沿着层间间隙爬电，或形成树枝状放电，在放电通道上会形成整齐的碳化层，最终贯穿绝缘。但它的发展是需一定时间的，发展时间与设备本身的运行状况及局部放电种类，与其产生的位置和设备的绝缘结构等多种因素有关。

表征局部放电的主要特征：①视在放电量 q，指在试品两端注入一定电荷量，使试品端电压的变化量和局部放电时端电压变化量相同。此时注入的电荷量即称为局部放电的视在放电量，以皮库（pC）表示。实际上，视在放电量与试品实际点的放电量并不相等，后者不能直接测得。试品放电引起的电流脉冲在测量阻抗端子上所产生的电压波形可能不同于注入脉冲引起的波形，但通常可以认为这两个量在测量仪器上读到的响应值相等。②局部放电起始电压 U_i，指试验电压从不产生局部放电的较低电压逐渐增加时，在试验中局部放电量超过某一规定值时的最低电压。③局部放电熄灭电压 U_e，指试验电压从超过局部放电起始电压的较高值逐渐下降时，在试验中局部放电量小于某一规定值时的最高电压值。

电气设备绝缘内部发生局部放电时将伴随着出现许多外部现象，如产生电流脉冲、引起介质损耗增大、产生电磁波辐射等；产生光、热、噪声、气压变化和分解物等。可以利用这些现象对局部放电进行检测，根据被检测量的性质不同，局部放电的检测方法可分为电气检测法和非电检测法两大类。在大多数情况下，非电检测法的灵敏度较低，多用于定性检测，即只能判断是否存在局部放电，而不能做定量的分析。目前应用得比较广泛和成功的是电气检测法，特别是测量绝缘内部气隙发生局部放电时的脉冲电流，它不仅可以灵敏地检出是否存在局部放电，还可判定放电强弱程度。

电气检测法有以下几种方法。

无线电干扰测量法。由于局部放电会产生频谱很宽的脉冲信号（从几千赫到几十兆赫），所以可以利用无线电干扰仪测量局部放电的脉冲信号，通过试品两端直接耦合，或通过天线等其他采样元件耦合，测量试品的局部放电脉冲信号。

介质损耗法。由于局部放电伴随着能量损耗，所以可以用电桥来测量被试品的 $\tan\delta$ 随外施电压的变化，由局部放电损耗变化来分析被试品的状况。油纸电容型电流互感器和套管在实际运行中可见一些案例，如介损超标，取油样色谱分析氢和甲烷等成分明显异常，局放超标。

脉冲电流法。由于局部放电产生的电荷交换，产生高频电流脉冲，通过与试品连接的检测回路产生电压脉冲，将此电压脉冲经过合适的宽带放大器放大后由仪器测量或显示出来。这种方法灵敏度高，是目前国际电工委员会推荐进行局部放电测试的一种通用方法，也被普遍采用。

（2）测试要求。局部放电测试一般对电压等级 220kV 及以上变压器进行；电压等级为 110kV 的变压器、当对绝缘有怀疑时进行。

1）试验时间：当试验电压频率等于或小于 2 倍额定频率时，对于 $U_m \leqslant 800$kV 的变压器，其增强电压下的试验时间为 60s；对于 $U_m > 800$kV 的变压器，其增强电压下的试验时间为 300s。当试验电压频率超过两倍额定频率时，试验时间 t 为

$$t = 120 \times \frac{f_N}{f_m}(\mathrm{s})\text{，但不少于 15s}\ (U_m \leqslant 800\mathrm{kV})$$

$$或\ t=600\times\frac{f_N}{f_m}(s)，但不少于\ 75s\ (U_m>800kV)$$

2）合格标准：

安装交接时，如果满足以下所有判据，则试验合格：①试验电压不产生突然下降；②在1h局部放电试验期间，没有超过250pC的局部放电量记录；③在1h局部放电试验期间，局部放电水平无上升的趋势，在最后20min局部放电水平无突然持续增加；④在1h局部放电试验期间，局部放电水平的增加量不超过50pC；⑤在1h局部放电测量后电压降至$(1.2\times U_r)/\sqrt{3}$时测量的局部放电水平不超过100pC。

预防性试验时，在线端电压为$1.5U_m/\sqrt{3}$时，放电量一般不大于500pC；在线端电压为$1.3U_m/\sqrt{3}$时，放电量一般不大于300pC。

（十三）额定电压下的冲击合闸试验

1. 试验原理

新安装交接或绕组更换后的变压器，要求在正式投运前要做冲击合闸试验，主要是考验变压器纵差保护在大的励磁涌流作用下是否会误动。因为变压器空载投入的励磁涌流不仅数值大，且只存在于变压器的一侧，在变压器差动回路中表现为变压器的内部故障，为避免误动，保护装置采取了种种防护措施，其效果如何需要通过一定次数的合闸试验来考验。

2. 试验要求

在额定电压下对变压器的冲击合闸试验进行5次，每次间隔时间宜为5min，应无异常现象，其中750kV变压器在额定电压下，第一次冲击合闸后的带电运行时间不应少于30min，其后每次合闸后带电运行时间可逐次缩短，但不应少于5min。

冲击合闸一般在变压器高压侧进行。发电机-变压器组中间连接无操作断开点的变压器，可不进行冲击合闸试验。因为中间连接无操作断开点，为了进行冲击合闸试验，需对分相封闭母线进行几次拆装，耗费很大的人力物力及投产前的宝贵时间，且发电机-变压器组单元接线，运行中不可能发生变压器空载冲击合闸的运行方式，所以《试验标准》提出可不进行该项试验。对于无电流差动保护的干式变压器可冲击合闸试验次数减少为3次，理由是无电流差动保护的干式变压器，一般电量主保护是电流速断，其整定值躲开冲击电流的余度较差动保护要大，通过对变压器过多的冲击合闸来检验干式变压器及保护的性能，意义不大，所以规定冲击3次。

（十四）检查相位

变压器核对相位的目的，是检查确定将要新投入运行的变压器高低压侧的相位与电网相位一致。需注意的是要核对的是相位，而不是相序。因为相序正确了，相位不一定相同，而相位相同了，相序必然相同。变压器常用的核对相位方法有以下两种。

1. 用核相杆核相

对于10kV及以下电压等级的变压器，可以采用这种方法。在电压等级相符、试验后合格、试验期限有效的两个绝缘杆之间接装一只电压表或采用专用核相杆，在一次高压系统上直接核相。

电压表的两端分别接在核相杆上，核相者应该戴上绝缘手套，并站在绝缘垫上（室外应该穿上绝缘靴），由两个人各持一只核相杆，分别接在高压开关柜的两个电源电压，如电压表指示值为零或近似零，即表明对应相为同相位，否则相位不同。

2. 用电压互感器核相

在核相前，首先核对电压互感器的相位，其连接组标号应相同。核相时，可利用一只量程大于100V的交流电压表测量两端母线电压互感器二次侧的对应相的电压。如果均为零，说明同相。如果测量的结果为线电压值，则说明该两端母线或变压器对应端相位不同，需要调整母线的相应位置，并重测合格后，方可并列运行。

核对两端母线电压互感器的相位时，可先将两端母线为一路电源或一台变压器供电，然后用电压表分别测量电压互感器的对应相。当测得的电压为零时，说明两台电压互感器的相位是对应的。最后再进行一次系统核相。

（十五）测量噪音

《试验标准》要求安装交接时，对电压等级为750kV的变压器测量其在额定电压及额定频率下的噪声，噪声值声压级不应大于80dB(A)。

变压器所发出的可听到的噪声是由铁芯的磁滞伸缩变形和绕组、油箱及磁屏蔽内的电磁力引起的。电流在绕组中通过会产生电磁力，漏磁场也能使结构件产生振动。电磁力（和振动幅值）与电流的二次方成正比，而发射的声功率与振动幅值的二次方成正比。因此，发射的声功率与负载电流有明显的关系。器身（铁芯和绕组的组合体）中的振动又能使油箱、磁屏蔽产生共振。此外，由于要使变压器油和空气强迫流动，风扇和油泵还会产生宽频带噪声。

噪音测量方法：

（1）将一个绕组短路，而对另一个绕组施加额定频率的正弦波电压。所加电压均匀上升，直到短路绕组中的电流达到额定值为止。

（2）在即将测量前，先测出背景噪声。

（3）按变压器供电与否、冷却设备及油泵是否运行的组合方式进行测量。

（4）记录每一测点上的A计权声压级数值。

（5）声压级计算。

四、互感器

互感器的结构及工作原理与变压器相类似，试验方法基本上与变压器相同，其试验项目包括以下内容：

（一）绝缘电阻测量

互感器一般只测量绝缘电阻，不测量吸收比。

（1）测量一次绕组对二次绕组及外壳、各二次绕组间及其对外壳的绝缘电阻；绝缘电阻不宜低于1000MΩ。因为互感器绕组的绝缘结构相对简单，故可对其绝缘电阻合格要求做统一规定。在试验条件较好情况下，互感器二次绕组、末屏等绝缘电阻测量很容易达到1000MΩ。但是在现场，相对湿度及互感器本身的洁净度等因素对绝缘电阻影响很大，1000MΩ的绝缘电阻可作为参考值。

（2）测量电流互感器一次绕组段间的绝缘电阻，绝缘电阻不宜低于1000MΩ，由于结构原因无法测量时可不测量。一些高压电流互感器的一次绕组由若干组线圈组成，线圈的端头引出，可根据使用需要连接，这种结构电流互感器可进行该项试验。

（3）测量电容型电流互感器的末屏及电压互感器接地端（N）对外壳（地）的绝缘电阻，

绝缘电阻值不小于 1000MΩ。当末屏对地绝缘电阻小于 1000MΩ 时，应测量其 tanδ，其值不应大于 2%。

（二）测量 35kV 及以上电压等级的互感器的介质损耗因数（tanδ）及电容量

交接试验时，互感器的介质损耗因数 tanδ 限值如表 6-4-14 所列。表中的数据是在试验电压为 10kV 下测得的。当对绝缘性能有怀疑时，可采用高压法进行试验，在（0.5～1）$U_m/\sqrt{3}$ 范围内进行，其中 U_m 是设备最高电压（方均根值），tanδ 变化量不应大于 0.2%，电容变化量不应大于 0.5%。因为 10kV 下的介损测量结果不一定真实反映互感器的绝缘状态，所以，条件许可或重要的设备，应使用（0.5～1）$U_m/\sqrt{3}$ 范围试验电压测量介损。末屏 tanδ 测量的试验电压为 2kV。

表 6-4-14　　tanδ（%）限值（t：20℃）

额定电压（kV）		20～35		66～110		220		330～750	
		交接	预试	交接	预试	交接	预试	交接	预试
种类	油浸式电流互感器	2.5	—	0.8	1.0	0.6	0.8	0.5	0.7
	充硅脂及其他干式电流互感器	0.5	—	0.5	—	0.5	—	—	—
	油浸式电压互感器整体	3	3.5	2.5	2.5	2.5	2.5	—	2.5
	油浸式电流互感器末屏	—	2	2	2	2	2	2	2

电容型电流互感器的电容量与出厂试验值比较超出 5%时，应查明原因。

预试时，当 tanδ 值与出厂值或上一次试验值比较有明显增长时，应综合分析 tanδ 与温度、电压的关系，当 tanδ 随温度明显变化或试验电压由 10kV 升到 $U_m/\sqrt{3}$ 时，tanδ 增量超过±0.3%，不应继续运行。

通常互感器介质损耗因数 tanδ 及电容量在交接试验、预防性试验过程中一并完成。互感器的电容量是分析和判别互感器状态非常有效的参数，故《试验标准》进一步明确电容量测量项目要求。

前面曾介绍（变压器）介质损耗因数 tanδ 测量有电桥法和介损测试仪两种方法，对于电压互感器，电容量在十几至三十几皮法范围，介损测试仪的测量数据与高压电桥的测量数据差异较大。高压电桥的工作原理明确，结构清晰，宜以高压电桥的测量数据为准。

（三）局部放电试验

1. 安装交接试验

安装交接时的局部放电试验，对电压等级为 35～110kV 互感器的按 10% 进行抽测；电压等级为 220kV 及以上互感器在绝缘性能有怀疑时再进行测量。局部放电测量的测量电压及允许的视在放电量水平按表 6-4-15 确定。

表 6-4-15　　互感器局部放电测量电压及允许的视在放电量水平

种类	测量电压（kV）	允许的视在放电量水平（pC）	
		环氧树脂及其他干式	油浸式和气体式
电流互感器	$1.2U_m/\sqrt{3}$	50	20
	U_m	100	50

续表

<table>
<tr><th colspan="3" rowspan="2">种类</th><th rowspan="2">测量电压（kV）</th><th colspan="2">允许的视在放电量水平（pC）</th></tr>
<tr><th>环氧树脂及其他干式</th><th>油浸式和气体式</th></tr>
<tr><td rowspan="5">电压互感器</td><td colspan="2" rowspan="2">≥66kV</td><td>$1.2U_m/\sqrt{3}$</td><td>50</td><td>20</td></tr>
<tr><td>U_m</td><td>100</td><td>50</td></tr>
<tr><td rowspan="3">35kV</td><td>全绝缘结构（一次绕组均接高电压）</td><td>$1.2U_m$</td><td>100</td><td>50</td></tr>
<tr><td rowspan="2">半绝缘结构（一次绕组端直接接地）</td><td>$1.2U_m/\sqrt{3}$</td><td>50</td><td>20</td></tr>
<tr><td>$1.2U_m$（必要时）</td><td>100</td><td>50</td></tr>
</table>

注 U_m是设备最高电压（方均根值）。

局部放电测量时，为了保持测量结果的准确性，要求在高压侧监测施加一次电压。

2. 预防性试验

预防性试验要求对20～35kV固体绝缘互感器进行定期的局部放电测量，在试验电压为$1.1U_m/\sqrt{3}$时，放电量不大于100pC；在电压为$1.1U_m$时（必要时），放电量不大于500pC；110kV及以上油浸式互感器在电压为$1.1U_m/\sqrt{3}$时，放电量不大于20pC。

（四）交流耐压试验

互感器一次绕组的交流耐压试验电压安装交接时按出厂试验电压的80%进行；预试时按出厂值的85%进行，出厂值不明的按表6-4-16所列电压进行试验。二次绕组间及其对箱体（接地）的工频耐压试验电压应为2kV，可用2500V绝缘电阻表测量绝缘电阻试验替代。电压等级为110kV及以上的电流互感器末屏及电压互感器接地端（N）对地的工频耐受电压应为2kV，可用2500V绝缘电阻表测量绝缘电阻试验替代。

表6-4-16 互感器预试交流耐压试验电压 单位：kV

电压等级	3	6	10	15	20	35	66
试验电压	15	21	30	38	47	72	120

试验应在高压侧监视施加电压。电磁式电压互感器（包括电容式电压互感器的电磁单元）需进行感应耐压试验，试验电源频率和施加试验电压时间与变压器绕组试验相同。感应耐压试验前后，应各进行一次额定电压时的空载电流测量，两次测得值相比不应有明显差别。对电容式电压互感器的中间电压变压器进行感应耐压试验时，应将耦合电容分压器、阻尼器及限幅装置拆开。由于产品结构原因现场无条件拆开时，可不进行感应耐压试验。

电压等级为220kV及以上的SF_6气体绝缘互感器，特别是电压等级为500kV的互感器，应在安装完毕的情况下进行交流耐压试验；在耐压试验前，应开展U_m电压下的老练试验，时间为15min。

（五）绝缘介质性能试验

绝缘油与SF_6气体的性能按其相关标准试验。绝缘油中溶解气体色谱分析气体组分要求：

（1）总烃含量：交接时不超过10μL/L，预试时不超过100μL/L；

（2）H_2含量：交接时不超过100μL/L，预试时不超过150μL/L；

(3) C_2H_2 含量：交接时不超过 0.1μL/L，预试时不超过 2μL/L（110kV 及以下）或 1μL/L（220～500kV）。

（六）测量绕组的直流电阻

对于电压互感器，要求一次绕组直流电阻测量值，与换算到同一温度下的出厂值比较，相差不应大于 10%。二次绕组直流电阻测量值，与换算到同一温度下的出厂值比较，相差不应大于 15%。

对于电流互感器，要求同型号、同规格、同批次电流互感器绕组的直流电阻和平均值的差异不应大于 10%，一次绕组有串、并联接线方式时，对电流互感器的一次绕组的直流电阻测量应在正常运行方式下测量，或同时测量两种接线方式下的一次绕组的直流电阻，倒立式电流互感器单匝一次绕组的直流电阻之间的差异不应大于 30%。否则就要检查绕组联接端子是否有松动、接触不良或者有断线，特别是电流互感器的一次绕组。当有怀疑时，应提高施加的测量电流，测量电流（直流值）不超过额定电流（方均根值）的 50%。

（七）检查接线绕组组别和极性

电压互感器绕组组别和极性的测定方法，与电力变压器试验完全相同。目的是检查互感器是否符合设计要求，并应与铭牌和标志相符。

电流互感器绕组的极性的测定方法，有直流法和交流法两种。

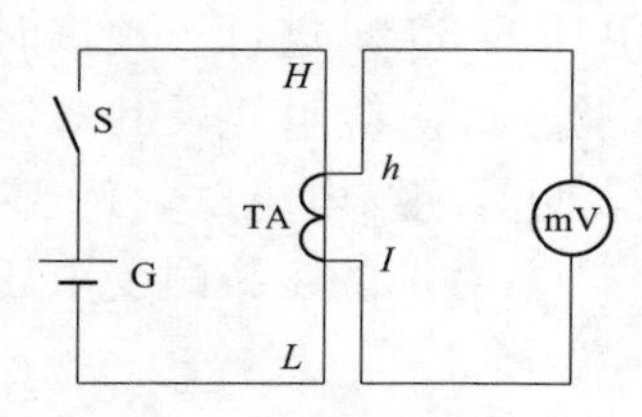

图 6-4-19　直流法测定电流互感器绕组极性接线

1. 直流法

用直流电源测定电流互感器绕组极性的试验接线如图 6-4-19 所示。当开关 S 接替时，如果毫伏表指针向正方向摆动，则电池正极和电表正极所接的电流互感器线圈的端子是同极性端子；如果毫伏表指针向负方向摆动，则为异极性端子。

2. 交流法

用交流电源测定电流互感器绕组极性的方法较多，如交流比较法，就是将被试电流互感器与已知极性且与被试互感器变比相同的电流互感器进行比较，根据电流表的指示来判断极性。

（八）变比及误差测量

检查互感器的变比，以验证其是否与制造厂铭牌值相符，对多抽头的互感器，可只检查使用分接的变比。对于关口计量用的互感器（包括电流互感器、电压互感器和组合互感器）则还要进行误差测量；对于非关口计量用互感器，如用于电网电量参量监测、继电保护及自动装置等仪器设备的互感器及绕组，也可进行误差检测，以用于内部考核，包括对设备、线路的参数（如线损）的测量；同时，误差试验也可发现互感器是否有绝缘等其他缺陷。

1. 互感器变比测量

(1) 电压互感器变比的检查。电压互感器变比的检查主要采取与标准电压互感器比较的方法，被试互感器与标准互感器高压侧并联，低压侧各接准确度等级为 0.5 级以上的电压表。试验时，调节施加于高压侧的试验电压达被试互感器额定电压，同时读取两电压表的数值，这时被试互感器的实际变比为

$$K_x = \frac{K_a U_0}{U_x}$$

变比差值为

$$\Delta K\% = \frac{K_e - K_x}{K_e} \times 100\%$$

式中：K_a 为标准互感器的变比；U_0为标准互感器的电压；U_x为被试互感器的电压；K_x为被试互感器的额定变比。

标准电压互感器要求其准确度等级不低于 0.2 级。

(2) 电流互感器变比的检查。电流互感器变比的检查也是采用与标准电流互感器比较的方法，试验时将被试互感器与准互感器一次侧串联，二次侧各接准确度为 0.5 级以上的电流表。由一次侧供给电流，将电流升至互感器的额定电流时，同时读取两电流表的数值，这时被试互感器的实际变比为

$$K = \frac{K_0 I_0}{I}$$

变比差值为

$$\Delta K\% = \frac{K_e - K}{K_e} \times 100\%$$

式中：K_0、I_0分别为标准电流互感器的变比和电流；K、I 分别为被试电流互感器的变比和电流；K_e为被试电流互感器的额定变比。

标准电流互感器要求与被试互感器的变比尽可能相同，标准互感器准确度等级要高于被试互感器。

2. 互感器误差测量

(1) 电压互感器误差测量。电压互感器的误差测量一般采用比较法进行，即以高精度电压互感器为基准，用互感器误差校验仪比较被测电压互感器与基准的差异。基准的精度足够时（比被测互感器准确级至少高两级），可忽略基准的误差。常用的测量方法有差值法和绝对值法。

1) 差值法。即对一次并联在电压源上的基准和被测互感器，利用它们二次电压的相量差电压（误差电压），用基准互感器二次电压产生的相量电位计进行测量，在变换比率适当时，测得差电压的同相分量和正交分量分别为被测互感器的电压误差和相位差。

测量试验接线如图 6-4-21 所示。图中，基准互感器 TV0 的二次电压 U_{20} 通过电阻 R 转换为毫安级电流（使 TV0 的负荷很小），再由变流器 TB 升高为安培级电流 I，电容 C 补偿电路中的漏电感，使 I 与 U_{20} 同相位。电流 I 通过互感线圈 T 和 M，分别在其二次滑线电阻上产生与 I（即 U_{20}）同相的和正交的电压降。连接两个滑线电阻的中点 O，则滑动触头 F 与 O 之间的同相电压，以及滑动触头 D 与 O 之间的正交电压，皆可正可负，构成与 U_{20} 为固定比率的相量电位计。

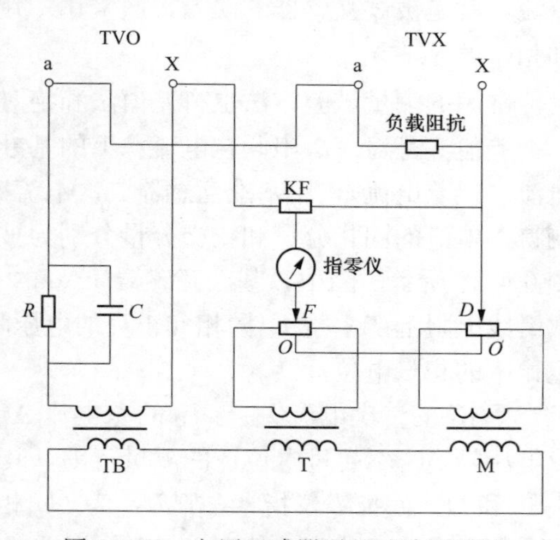

图 6-4-21　电压互感器误差试验原理图

TVX 的二次电压 U_{2x} 与 U_{20} 的差电压 ΔU_2，经分压电阻 K_F 降低为 ΔU，使它不超过电位计

的测量范围，其分压比用互感器的准确级标示。试验时，移动触头 F 和 D，使指零仪指零，则 U_{OF} 为 ΔU 相量相对于 U_{20} 的同相分量，U_{OD} 为正交分量。由电路参数确定变换比率，使 U_{OF} 与电压误差成正比，U_{OD} 与相位差成正比。

2）绝对值法。即对一次并联在电压源上的基准和被测互感器，直接比较它们的二次电压，由各自的二次无感电阻分压器产生名义值相等的两个低电压，对被测互感器的低电压相量，用基准互感器的低电压微调幅值和相位进行比较，当两者平衡时，基准的幅值增量和相位增量分别为被测互感器的电压误差和相位差。

（2）电流互感器误差测量。对于单位关口计量用互感器，涉及电量贸易结算，尤其要求检测其误差；对于非关口计量用互感器（指用于电网电量参量监测、继电保护及自动装置等仪器设备的互感器及绕组），进行误差检测的主要目的是用于内部考核，包括对设备、线路的参数（如线损）的测量；同时，误差试验也可发现互感器是否有绝缘等其他缺陷。

电流互感器如果在大电流下切断电源，或者在运行时二次绕组偶然发生开路，以及通过直流电流进行试验以后，互感器的铁芯中就可能产生剩磁，使铁芯的磁导率下降，影响互感器的性能，所以在电流互感器进行误差试验之前，一般先对互感器进行退磁，以消除剩磁对误差的影响。通常的退磁方法有以下两种：

开路（强磁场）退磁场。一次和二次绕组全部开路，并在一次或二次绕组中通以工频电流，由零增加到20%或50%额定电流，然后均匀且缓慢地降至零。重复这一过程 2～3 次，同时使每次所通入的电流按 50%、20%、10%额定电流递减。退磁完毕在切断电流之前，将二次绕组短接。

闭路（大负荷）退磁法。在二次绕组上接以相当于额定负荷 10～20 倍的电阻，一次绕组通工频电流，由零增加到 20%或 50%额定电流，然后均匀且缓慢地降至零。重复这一过程 2～3 次，同时使每次所通入的电流按 50%、20%、10%额定电流递减。

测量电流互感器的误差，一般采用比较法，即用一台标准电流互感器与被试互感器进行比较，如果标准互感器的准确级比被试互感器高两级，即标准互感器的实际误差小于被试互感器允许误差的 1/5，则标准互感器本身的误差可略去不计，两台互感器的二次电流之差即差流，就是被试互感器的误差，通常用专用互感器校验仪测出被试互感器的比值差 F_X(%)和相位差 δ_X(')。

常用的测量试验方法也有差值法和绝对值法。

差值法是对一次串联在电流源上的基准和被测电流互感器，利用它们二次电流的相量差电流（误差电流），用基准互感器二次电流产生的相量电位计进行测量，在变换比率适当时，测得差电流的同相分量和正交分量分别为被测互感器的电流误差和相位差。试验接线原理如图 6-4-22 所示。图中，基准互感器 TA0 的二次电流 I_{20}，通过互感线圈 T 和 M，分别在其二次滑线电阻上产生与 I_{20} 同相和正交的电压降。连接两个滑线电阻的中点 O，构成与 I_{20} 为固定比率的相量电位计。

TAX 的二次电流 I_{2x} 与 I_{20} 的差电流 ΔI，在电阻 R_F 上产生压降，R_F 的电阻分档，使所取电压降 ΔU 不超过电位计的测量范围，其分档值用互感器的准确级标示。试验时，移动触头 F 和 D，使指零仪指零，则 U_{OF} 为 ΔU 相量相对于 I_{20} 的同相分量，U_{OD} 为正交分量。由电路参数确定变换比率，使 U_{OF} 与电压误差成正比，U_{OD} 与相位差成正比。

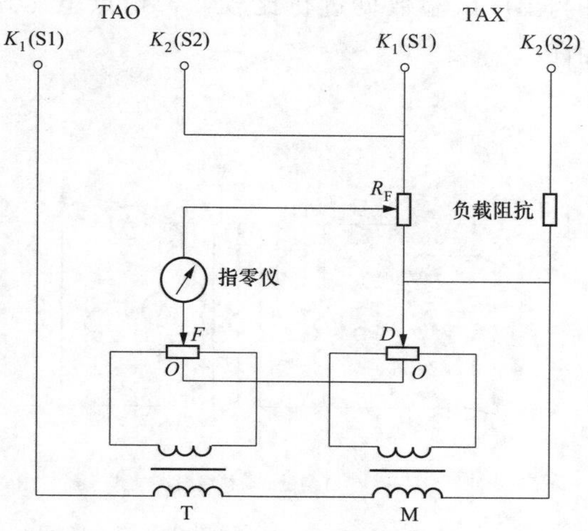

（九）测量电流互感器的励磁特性曲线

安装交接时，当继电保护对电流互感器的励磁特性有要求时，需进行励磁特性曲线测量。励磁特性测量可以初步判断电流互感器本身的特征参数是否符合铭牌标志给出值。对P级励磁曲线的测量与检查，可采用励磁曲线测量法或模拟二次负荷法两种间接的方法核查电流互感器保护级（P级）准确限值系数是否满足要求。

（1）励磁曲线测量法核查电流互感器保护级（P级）准确限值系数的方法和步骤：

1）根据电流互感器铭牌参数确定施加电压，以测试P级绕组的V-I励磁特性曲线，其中二次电阻 r_z 可用二次直流电阻 r_2 替代，漏抗 x_2 可估算，电压与电流的测量用方均根值仪表；

图 6-4-22　电流互感器误差测量试验接线原理

2）根据不同电压等级估算 x_2，x_2 估算值见表 6-4-17。

表 6-4-17　x_2 估算值

电流互感器额定电压	独立结构			GIS及套管结构
	≤35kV	66～110kV	220kV～750kV	
x_2估算值	0.1	0.15	0.2	0.1

3）施加确定的电压于二次绕组端，并实测电流，该电流大于P级准确限制电流，则判该绕组准确限值系数不合格，该电流小于P级准确限制电流，则判该绕组准确限值系数合格。

（2）模拟二次负荷法核查电流互感器保护级（P级）准确限值系数的方法和步骤：

1）进行基本误差试验时，配置相应的模拟二次负荷 Z'_L；

2）接入 Z'_L 时测量额定电流下的复合误差（$\sqrt{f^2+\delta^2}\%$）大于10%，则判为不合格，其中 δ 单位取厘弧。

通过励磁特性测量核查P级电流互感器是否满足产品铭牌上标称的参数，属于间接测量方法，与采用规定的大电流下直接测量可能会有差异。但是，间接法核查不满足要求的产品用直接法检测很少有合格的，除非间接测量方法本身的测量误差太大。

电流互感器的励磁特性是指在电流互感器一次侧开路的情况下，电流互感器二次侧励磁电流与电流互感器二次侧所加电压的关系曲线，实际上就是铁芯的磁化曲线，该曲线在初始阶段表现为线性，当铁芯磁化饱和拐点出现时，曲线表现为非线性。

测量试验接线如图 6-4-23（a）所示。图中，T1为调压器，T2为升压变压器，电流互感器一次侧开路，从二次侧施加试验电压。试验时，缓慢升压使电流逐步升至被试互感器的饱和电流，其间按每10%额定电流为一个点，读出该点的电压、电流。升压过程中，当电压调升一点即引起电流较大的变化时，说明被试互感器的铁芯已接近饱和。若电压增加10%，电流增加50%，此点电压称为拐点电压。试验后，根据试验数据绘制曲线图如图 6-4-23（b），并与出厂试验数据进行比较，若拐点电压显著降低，应考虑二次绕组存在匝间短路的可能性。

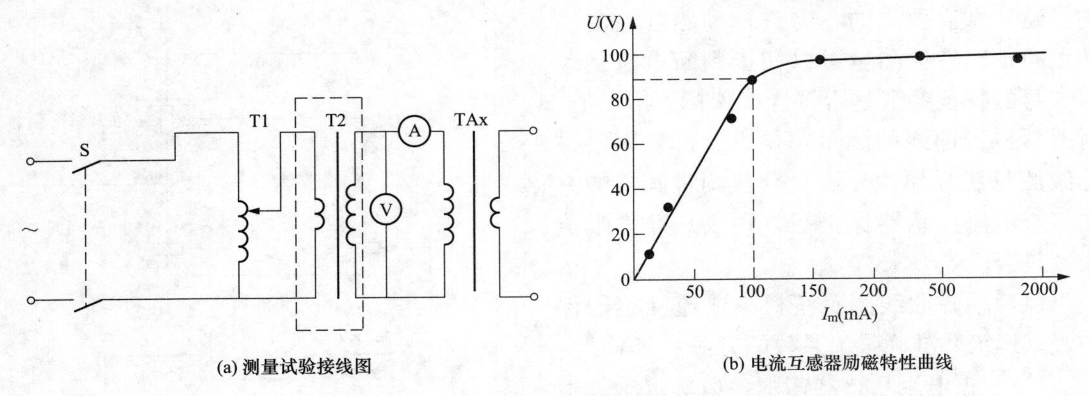

(a) 测量试验接线图

(b) 电流互感器励磁特性曲线

图 6-4-23　电流互感器励磁特性测量试验

（十）测量电磁式电压互感器的励磁特性

电磁式电压互感器，当流过其一次绕组电流较小时，可以认为磁链与电流成正比，反映这一关系的电感基本保持不变。随着电流的增加，铁芯中的磁通也随之增加，到一定程度后铁芯开始饱和，磁链和电流的关系呈现非线性，电感不是常数，而是随着电流（磁链）增加而逐渐减小。为检定互感器铁芯性能是否满足现场测量和继电保护对交流电压取样的要求，需要测量电压互感器的励磁特性。此外，通过不同时间阶段的励磁特性测量试验，可以检查互感器二次绕组是否存在匝间绝缘问题。

励磁特性通常也叫伏安特性，电压互感器励磁特性试验是把 TV 一次绕组末端出线端子接地，其他绕组均开路的情况下，在二次绕组施加电压 U，测量出相应的励磁电流 I，U 和 I 之间的关系就是电压互感器励磁特性。以 U 为横坐标，I 为纵坐标做出的曲线就是电压互感器励磁特性曲线。在励磁特性曲线中，当施加电流增加 50%，而激励出电压增加不大于10%时，则该点就是该励磁特性曲线的拐点。

电压互感器励磁特性试验接线原理如图 6-4-24 所示。图中，TV 为电压互感器，PA 为电流表，P 为低功率因数功率表，PVA 为方均根值电压表，PVP 为平均值交流电压表，Tx 为被试互感器［A、B（N）为一次绕组端子；1a、1b（1n）、2a、2b（2n）为二次绕组端子］。

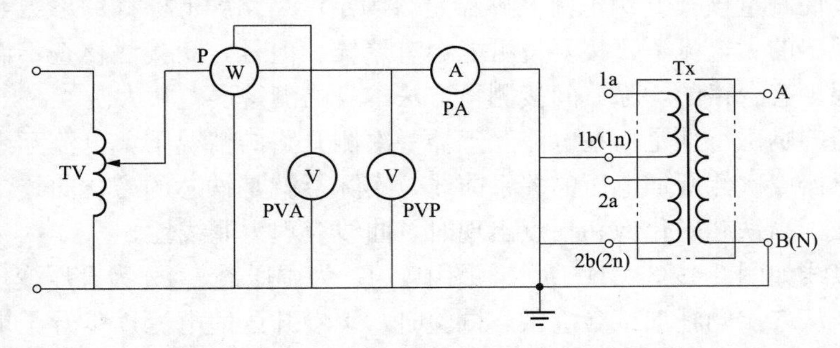

图 6-4-24　电压互感器励磁特性测量原理接线

试验时，试验电压施加在二次端子上，测量二次绕组上的损耗值和励磁电流值（若试验电压施加到一次端子上就测量一次绕组中的励磁电流），测量点至少应包括额定电压的 0.2、0.5、0.8、1.0、1.2 倍及相应于额定电压因数（1.5 或 1.9）下的电压（对于中性点直接接地的电压互感器，最高测量点为 150%；对于中性点非直接接地系统，半绝缘结构电磁式电压互感器最高测量点为 190%，全绝缘结构电磁式电压互感器最高测量点为 120%），测量出对应的励磁电流，最后根据试验数据描绘励磁特性曲线。

电磁式电压互感器励磁曲线的测量，可以用于检查产品的性能一致性，也可以用于评估在电网运行条件下的耐受铁磁谐振能力。理论上，磁密越低，越有利于降低在电网运行状态下发生铁磁谐振的概率，但是低磁密将增大电压互感器的体积和制造成本。与电流互感器不同，同一电压等级、同型号、同规格的电压互感器没有那么多的变比、级次组合及负荷的配置，其励磁曲线（包括绕组直流电阻）与出厂检测结果及型式试验报告数据不应有较大分散性，否则就说明所使用的材料、工艺甚至设计和制造发生了较大变动。如果励磁电流偏差太大，特别是成倍偏大，就要考虑是否有匝间绝缘损坏、铁芯片间短路或者是铁芯松动的可能。

（十一）电容式电压互感器（CVT）的检测

电容式电压互感器由电容分压器和电磁单元两个独立的元件组成，检测试验也分别按不同的要求进行，对电容分压器检测其电容量和介质损耗因数 $\tan\delta$；对电磁单元则检查包括中间变压器的励磁曲线测量、补偿电抗器感抗测量、阻尼器和限幅器的性能检查，交流耐压试验按照电磁式电压互感器试验，施加电压应按出厂试验的 80%执行。

CVT 电容器瓷套内装有由几百只元件组成的电容心子，很多案例表明实测电容值的改变预示着内部有元件发生击穿或其他异常情况。所以《试验标准》规定 CVT 电容分压器电容量与额定电容值比较不应超过 5%～10%，当超过范围时应引起注意，加强监测或增加试验频次，有条件时停电检修处理，以消除事故隐患。

CVT 多数情况下，耦合电容分压器的中压与电磁单元之间的中压连线在电磁单元箱体内部，中压连线不解开，电磁单元各部件无法进行检测。此时，可以进行误差特性检测，根据误差特性测量结果反映耦合电容器及电磁单元内各部件是否有缺陷，包括耦合电容器各电容元件是否有损伤，电磁单元内部接线是否正确，各元件性能是否正常。电磁单元不检测时，安装在补偿电抗器两端的限幅器（现在多为氧化锌避雷器）及中间变压器二次端子处的限幅器应解开，否则会损坏限幅器，阻尼器也吸收功率导致试验结果不准确。CVT 的误差特性受环境因素影响较大，包括气候条件及周边物体、电场等影响。CVT 在地面上与在基座（柱）上，耦合电容器的等效电容量是不一样的，受高压引线的连接方式影响也很大，误差特性测量时的 CVT 状况应尽量接近于实际运行状态。

（十二）密封性能检查

油浸式互感器的密封性能检查主要是目测，外表应无可见油渍现象；SF_6 气体绝缘互感器在定性检漏怀疑有泄漏点时，再用 SF_6 气体检漏仪进行定量检漏，要求计算年泄漏率小于 1%。

五、真空断路器

（一）测量绝缘电阻

真空断路器的绝缘电阻测量，包括一次部分的本体相间、本体对地和断口的绝缘电阻；

二次回路对地的绝缘电阻。断路器整体绝缘电阻值的大小，应符合制造厂规定（一般由产品安装使用说明书给出）。预试时，断口和用有机物制成的提升杆的绝缘电阻不应低于表 6-4-18 中的数值。真空断路器一般不进行解体大修，日常维护按表中的试验类别“运行中”数值执行。

表 6-4-18　　真空断路器的绝缘电阻

试验类别	额定电压（kV）		
	<24	24～40.5	72.5
大修后	1000	2500	5000
运行中	300	1000	3000

（二）测量每相导电回路的电阻

断路器导电回路的电阻的测量，主要是检验动静触头的接触情况和各固定接触面情况，当触头接触面烧损、动接触压力不足（触头弹簧疲劳）、接触表面氧化、静接触压力不足（螺栓没紧固）等缺陷都会导致回路电阻增大。测量要求采用电流不小于 100A 的直流压阵法进行。采用电桥法测量导电回路电阻，测量精度只能达到 $10^{-5}\Omega$ 的数量级，不能满足断路器回路电阻几微欧的测量要求；此外，因为电桥工作电压较低，测量时不足以克服触头表面的氧化膜，可能使测量结果偏大。

导电回路电阻的测试结果应符合产品技术条件的规定。因为影响回路电阻的因素很多（导电材料、接触形式、接触压力、接触面加工情况等），不同型式的断路器其电接触形式各异，所以不能统一规定要求值。试验时如电阻值大于产品技术条件规定，应分段、分接触面测试，找出异常点。一般电阻超标多是接触面氧化、污染引致，经过处理均能达标。

（三）交流耐压试验

真空断路器的交流耐压试验要求在断路器合闸和分闸状态下分别进行，试验电压如表 6-4-19 所列。

表 6-4-19　　真空断路器的交流耐受电压

额定电压（kV）	1min 工频耐受电压（kV）有效值			
	相对地	相间	断路器断口	隔离断口
3.6	25/18	25/18	25/18	27/20
7.2	30/23	30/23	30/23	34/27
12	42/30	42/30	42/30	48/36
24	65/50	65/50	65/50	79/64
40.5	95/80	95/80	95/80	118/103
72.5	140	140	140	180
	160	160	160	200

注　斜线下的数值为中性点接地系统使用的数值，亦为湿试时的数值。

合闸状态试验，即将断路器合闸，逐相进行相间及对地的耐压试验。

分闸状态试验，即对断路器的断口进行耐压试验。真空断路器分闸状态下，动、静触头间的间隙很小，当真空泡因泄漏造成真空度下降时，触头间有可能经不起耐压而击穿，这也是通过耐压试验检验真空度的一种方法。

（四）机械特性测试

1. 测量断路器的分、合闸时间

分、合闸时间是保证断路器实现其开断（关合）性能的重要参数。国标 GB/T 1984—2014《高压交流断路器》的定义如下。

（1）分闸时间。对于用任何辅助动力脱扣的断路器，分闸时间是指断路器处于分闸位置，从分闸脱扣器带电时刻到所有各极弧触头分离时刻的时间间隔；对于自脱扣断路器，分闸时间是指断路器处于合闸位置，从主回路电流达到过电流脱扣器的动作值时刻到所有各极弧触头分离时刻的时间间隔。它可能随开断电流的变化而变化（开断电流的电动力会对断路器触头系统的运动速度产生影响，但对于不带电的试验来说，不存在这个问题）；对于每极装有多个开断单元的断路器，所有各极弧触头分离时刻是指最后一极的第一个单元触头分离的时刻（对于中压真空断路器，一般每极只有一个开断单元）；分闸时间包括断路器合闸必需的、并与断路器构成一个整体的任何辅助设备的动作时间。

（2）合闸时间。合闸时间指断路器处于分闸位置，从合闸回路带电时刻到所有极的触头都接触时刻的时间间隔，包括断路器合闸必需的、并与断路器构成一个整体的任何辅助设备的动作时间。在这些时间间隔中，包含了断路器机构的操动及传动机械动作时间和动触头的运动时间，综合反映了断路器的固有机械动作的准确性，也称为断路器的固有动作时间，是继电保护配置和两个不同电源同期并列计算的基础参数之一。

用传统的电秒表法测量分闸时间：在分闸脱扣器线圈通电的同时启动电秒表，由断路器三相所有弧触头最后一个的分离来终止电秒表的行走，记录电秒表的行走时间，即为断路器的分闸时间。用传统的电秒表法测量合闸时间：在合闸接触器线圈通电的同时启动电秒表，由断路器三相所有触头最后一个的接触来终止电秒表的行走，记录电秒表的行走时间，即为断路器的合闸时间。

现多用高压开关机械特性测试仪测量断路器的分、合闸时间，其可同时完成多项机械特性试验。

分、合闸时间实测数值应符合产品技术条件的规定。考虑断路器的主要功能是开断短路电流，在结构设计上首先考虑分闸的速动性和可靠性，故一般断路器的分闸时间都小于合闸时间。如分闸时间在 15～60ms，合闸时间在 25～80ms，各型式不尽相同。因为每次测量中，断路器触头的分离/接触部位有可能不同、操动和传动机构的机械虚位状态不同而影响试验结果，所以应测量几次取平均值。

2. 测量断路器分、合闸的同期性

断路器分、合闸的同期性指断路器分/合闸时，各极间及（或）同一极各断口间的触头分离/接触瞬间的最大时间差异。

触头断路器分、合闸时，三相触头往往难以做到同时刻分离/接触，一般都会有些差异，如果这种差异太大，将对断路器本身以及控制的电路不利。断路器在开断三相电路时，首先断开相触头间的工频恢复电压为相电压的 1.5 倍，开断三相短路电流的困难在于首相，首相如能灭弧，后两相一般能顺利灭弧，但燃弧时间比首开相延长 5ms，电弧能量较大，触头烧损情况比首开相严重。如果三相触头的同期性超标，后两相的燃弧时间可能更长，使三相触头的工作条件更加不均衡，降低了断路器的开断性能。对于断路器控制的两电源并列操作，三相合闸同期性较差时，会增大并列时的冲击电流。断路器分、合闸同期性差还会使电路产生负序和零序电流，可能引起某些继电保护的误动作。

国标对断路器分、合闸同期性的要求是：

如果对极间同期操作没有规定特别的要求，分闸时触头分离时刻的最大差异不应超过额定频率的1/6周波（即3.3ms）。如果一极由多个串联的开断单元组成，则这些串联的开断单元之间触头分离时刻的最大差异不应超过额定频率的1/8周波（即2.5ms）。

如果对极间同期操作没有特别的要求，各极合闸时触头接触时刻的最大差异不应超过额定频率的1/4周波（即5ms）。如果一极由多个串联的开断单元组成，则这些串联的开断单元之间触头接触时刻的最大差异不应超过额定频率的1/6周波。

对于中压真空断路器，一极中只有一个开断单元，动触头行程短，动作时间小，因而同期性要求的时间也小，如一些制造厂给出的相间分闸同期性是不超过2ms。

由于断路器同期性测量的时间数值很小，为利于安装、检修调整，有些制造厂给出的同期性要求为动触头的行程（mm），这样就可用简单的灯珠法测量断路器的分/合闸同期：在三相触头的两端分别接一只灯珠（由干电池供电），人工缓慢操作断路器分/合闸，在某相灯珠因触头分离/接触而熄灭/点亮时，在操作连杆上作一线条记号，然后继续缓慢操作分/合闸，直到第二、三只灯珠熄灭/点亮，分别再作线条记号，测量各线条记号的距离，则为相间的同期差异数值。当然也可用三只电秒表或高压开关机械特性测试仪来测量断路器的分、合闸同期性。

3. 测量合闸时触头的弹跳时间

合闸时触头的弹跳时间指开关动触头与静触头在合闸过程中，从第一次合上开始到最后稳定地合上为止的时间。高压真空断路器的触头不像SF_6断路器或油断路器那样采用插入式接触，而是采用对接式接触，为保证动触头和静触头良好的接触，必须保证足够的触头压力。在真空断路器合闸过程中，动触头具有一定的合闸速度（一般控制在0.4～0.8m/s），合闸瞬间动触头和静触头发生弹性碰撞接触被分开，触头压力又将动触头保持在合闸位置，出现动触头反复的跳动过程，即弹跳现象产生。产生弹跳的主要原因是在动静触头合闸碰撞时，合闸冲击能量不能被触头压缩弹簧的储能全部吸收掉，剩余的能量使得动触头发生了反弹而产生的。剩余的能量也就是触头弹跳时的动能，直到该能量全部消耗完毕为止，弹跳才消失。

带载的断路器由于触头弹跳的反复作用会产生过电压，同时弹跳过程触头开距小，电弧不会熄灭，导致触头电弧烧损加重，弹跳时间过长，弹跳次数也必然增多，引起的操作过电压也高，这样对电气设备的绝缘及安全运行也极为不利，因此必须限制这种弹跳时间，并通过测量检查断路器的实际弹跳时间。

测量触头的弹跳时间，可采用光线示波器来进行。如图6-4-25所示，由电源G、开关S、可调电阻R、光线示波器振子P组成的电路中，当开关S闭合时，在电路中出现电流，调整可调电阻R，使电流的大小在示波器振子P的允许范围内，则电路电流的变化信息将被P记录在录波图上；再给录波过程加上标准时间信号尺度，则可利用这个原理，测取断路器在合闸过程动、静触头反复接触的分离的信息和弹跳时间。

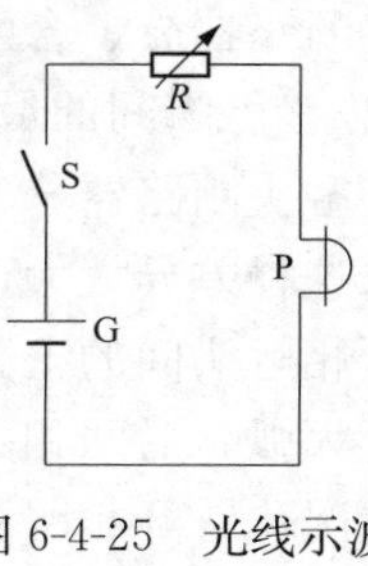

图6-4-25　光线示波器测量时间原理

《试验标准》对合闸过程中触头接触后弹跳时间的要求为：40.5kV 以下断路器不大于 2ms，40.5kV 及以上断路器不大于 3ms；对于电流 3kA 及以上的 10kV 真空断路器，弹跳时间如不满足小于 2ms，应符合产品技术条件的规定（断路器因其惯性大，部分产品的弹跳时间不能满足小于 2ms）。

（五）测量分、合闸线圈及合闸接触器线圈的绝缘电阻和直流电阻

测量分、合闸线圈及合闸接触器线圈的绝缘电阻，应不小于 10MΩ（预试不小于 2MΩ）。分、合闸线圈及合闸接触器线圈直流电阻的测量，因要求较高的测量准确度，所以不能用欧姆表测量，通常电阻大于 10Ω 时，用单臂电桥测量；电阻小于 10Ω 时，用双臂电桥测量。测量结果与产品出厂试验值相比应无明显差别。

（六）断路器操动机构的试验

断路器操动机构有电磁、弹簧、液压等多种型式，安装交接和预试时，都要对其进行多项检查试验，以检验其性能是否满足断路器的各项功能要求。

操动机构应能在（85%～110%）U_n的电压范围内可靠操作合闸；对电磁机构，当断路器关合电流峰值小于 50kA 时，直流操作电压范围为（80%～110%）U_n。U_n为额定电源电压。

并联分闸脱扣器在分闸装置的额定电压的 65%～110%时（直流）或 85%～110%（交流）范围内，应可靠地分闸；当此电压小于额定值的 30%时，不应分闸。

附装失压脱扣器的，其动作特性应符合表 6-4-20 的规定。

表 6-4-20　　附装失压脱扣器的脱扣试验

电源电压与额定电源电压的比值	小于 35%*	大于 65%	大于 85%
失压脱扣器的工作状态	铁芯应可靠地释放	铁芯不得释放	铁芯应可靠地吸合

* 当电压缓慢下降至规定比值时，铁心应可靠地释放。

试验时，首先逐渐调整操作电源电压至拟试电压，然后将该电压加到被试合/分闸回路，断路器应能可靠动作，否则，应检查调整断路器本体或机构的相关部分，直至符合要求为止。

直流电磁、永磁或弹簧机构的操动试验，应按表 6-4-21 的规定进行。

表 6-4-21　　直流电磁、永磁或弹簧机构的操动试验

操作类别	操作线圈端钮电压与额定电源电压的比值（%）	操作次数
合、分	110	3
合闸	85（80）	3
分闸	65	3
合、分、重合	100	3

注　括号内数字适用于装有自动重合闸装置的断路器。

六、SF_6 断路器

（一）测量绝缘电阻

绝缘电阻的测量试验方法如前述的其他电气设备相同。由于 SF_6 断路器多应用于高压及

以上领域，断路器对地以及断口的绝缘距离都比较大，绝缘结构相对简单，绝缘电阻一般少有问题，符合产品技术文件规定即可。

（二）测量每相导电回路的电阻

SF_6 断路器触头的接触形式虽与真空断路器不同，但每相导电回路电阻的测量方法如前述的真空断路器相同，测试结果要求符合产品技术条件的规定。

（三）交流耐压试验

SF_6 断路器交流耐压试验一般针对 110kV 以下电压等级开关设备而言，分别进行合闸对地和断口间的耐压试验，试验电压为出厂试验电压的 80%。出厂试验电压数值应在出厂试验记录上查到，其依据应是执行（断路器生产）当时的国家标准。若能在规定的试验电压下持续 1min 不发生闪络或击穿，表示交流耐压试验通过。

罐式断路器外壳是接地的金属外壳，内部如遗留杂物、安装工艺不良或运输中引起内部零件位移，就可能会改变原设计的电场分布而造成薄弱环节和隐患，因此，要求在交流耐压试验的同时进行局部放电检测。

耐压试验方式可为工频交流电压、工频交流串联谐振电压、变频交流串联谐振电压和冲击电压试验等，视产品技术条件、现场情况和试验设备而定。由于变频串联谐振电压试验具有设备轻便、要求的试验电源容量不大、对试品的损伤小等优点，因此，除制造厂另有规定外，应优先采用变频串联谐振的方式。交流电压对检查杂质较灵敏，试验电压应接近正弦，峰值和有效值之比等于 $\sqrt{2}\pm 0.07$ ，交流电压频率应在 10～300Hz 的范围内。

（四）断路器均压电容器试验

110kV 及以上电压等级的断路器有些采用多个灭弧室（断口）串联的积木式结构。尽管各个灭弧室内部结构相同，布置也是对称的，但由于对地电容的存在，每个断口在断路器开断过程中的恢复电压分布和断路器在开断位置时各断口的电压分布都是不均匀的。为此，利用容性元件电压不可跃变的特性，在多断口断路器的各断口并联断路器电容器，可使各断口电压分布均匀，降低开关在开断过程中断口间恢复电压的上升率，提升断路器的开断性能。

断路器均压电容器的试验项目：测量绝缘电阻，测量介质损耗因数（$\tan\delta$）及电容值。

1. 绝缘电阻测量

测量电容器二极间的绝缘电阻，500kV 及以下电压等级的采用 2500V 绝缘电阻表，750kV 电压等级的采用 5000V 绝缘电阻表。绝缘电阻一般不低于 5000MΩ。

2. 介质损耗因数（$\tan\delta$）及电容值测量

介质损耗因数（$\tan\delta$）测量原理、方法与之前介绍的电气设备介质损耗试验相同。安装交接时，要求测得的 $\tan\delta$ 符合产品技术条件的规定；预试时，要求 10kV 下的 $\tan\delta$ 不大于下列数值：油纸绝缘 0.005，膜纸复合绝缘 0.002 5。

电容器电容的允许偏差应为额定电容的±5% 。当电容增大时，有可能是电容器内部某些串联元件击穿；当电容减小时，有可能是电容器内部有断线松脱情况或因泄漏缺油介质变化情况。

测量电容器电容，可用专用仪器进行，也可用简单的电流电压法进行，但试验标准推荐使用电桥法进行。

（五）测量断路器的分、合闸时间

测量原理、方法与真空断路器相同，但 SF_6 断路器因触头动作行程较大，故分、合闸时间要比真空断路器大。

（六）测量断路器的分、合闸速度

分、合闸速度是断路器开断/关合性能的保障，速度过小会延长断路器的燃弧时间，有可能造成触头烧损甚至熔焊、灭弧室超压损坏等严重后果；速度过大则动触头的机械惯量和冲量随之增大，一方面可能使运动部件本身不能承受，另一方面过大的冲量对断路器其他部件产生强烈的冲击震动作用，有可能令这些部件损坏，或者长期的积累效应降低它们的使用寿命。可见一种断路器动触头的运动速度是与它的灭弧室原理和结构相配合的。理想的开关动作特性应是：

在运动总行程的初始阶段，动触头从静止状态开始运动，加速度要大，特别对于分闸，在这一阶段处于接近刚分时刻，高速运动才能使触头间隙介质绝缘强度恢复速度大于恢复电压上升速度，利于提升开断性能；在总行程的中间阶段，触头到达最大速度，保持高速对灭弧有利，尤其是合闸过程的刚合瞬间在这一阶段的末段，必须保证刚合速度；在总行程的末尾阶段，速度应该降下来，以让运动终止时剩余能量小一些，减少运动部分对断路器整体的冲击力。

不同型式的断路器操动机构动作特性各异，其中电磁和弹簧机构初始阶段速度上升较快，但最大速度保持时间较短，速度很快就衰减下去，使得刚合速度和最大分闸速度较低。液压机构的动作特性相对较为接近上述的理想特性。

测量断路器的分、合闸速度应取产品技术条件所规定区段的平均速度，通常指断路器触头的刚分速度、刚合速度及最大分闸速度。刚分速度指开关分闸过程中，动触头与静触头分离瞬间的运动速度；刚合速度指开关合闸过程中，动触头与静触头接触瞬间的运动速度。当技术条件无规定时，一般取断路器分闸过程中动静触头分离瞬间为刚分点，取断路器合闸过程中动静触头接触瞬间为刚合点，刚分后和刚合前 0.01s 内的平均速度分别作为刚分和刚合速度。最大分闸速度取断路器分闸过程中区段平均速度的最大值，区段长短按技术条件规定，无规定时，按 0.01s 计。

测量断路器的动作速度，一般有电磁振荡测速、转鼓测速、机械接触行程滑块测速、光栅测速、电位器测速、传感器测速等多种方法。测量原理均为根据断路器动触头动作过程的已知行程 S_0，测量记录采样工具通过此段行程的时间 t_0，则计算出速度为

$$v_0=\frac{S_0}{t_0}$$

试验方法的选择，视现场条件及产品技术条件中所描述的速度测量定义。早期用电磁振荡测速、转鼓测速等方法，所用仪器、工具简单，但要求操作人员工具安装精准，操作配合良好，有一定难度。现多用高压开关机械特性测试仪试验，只要按规定接好线，选好参数，操作相对简单，可同时测出多个需要数据。测试采样可根据断路器的运动结构选用位移传感器、滑线电阻传感器、角速度传感器等适用形式，将传感器安装固定在断路器的运动部分，如动触头/传动杆/水平连杆/转轴等。断路器动作时，其运动部件位移及所耗时间信息通过传感器线性地传递到测试仪记录下来，测试者可从测试仪中得到测试过程的行程—时间曲线，然后从曲线中查出所需段的平均速度，得出所需的各种速度数据。如某高压开关机械特性测试仪，配置直线传感器和旋转传感器（适用于直线传动部分被封闭在开关本体里面，直线传感器找不到安装位置的开关），接线并动作试验后，输出的结果如图 6-4-26 所示。

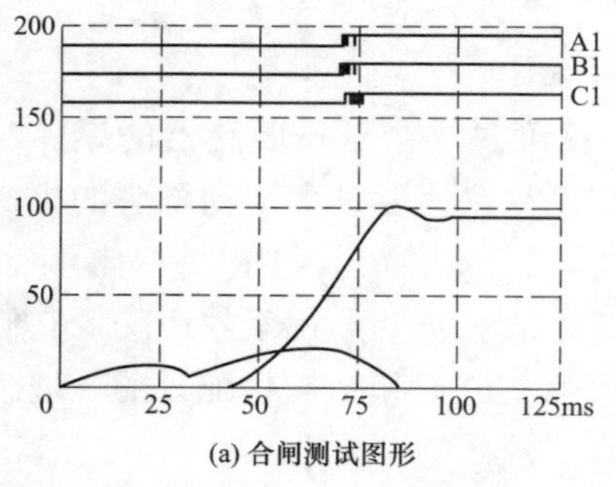

(a) 合闸测试图形

合闸	A相	B相	C相	相间
1	70.9	69.9	71.0	
2				
3				
4				
同期	0.0	0.0	0.0	1.1
合闸速度	3.29m/s	行程	95.0mm	
最大速度	3.75m/s			
线圈电流	2.27A			

(b) 合闸测试数据

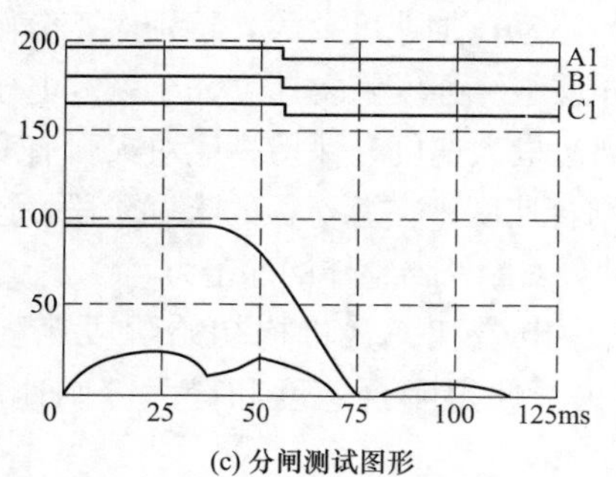

(c) 分闸测试图形

分闸	A相	B相	C相	相间
1	55.6	55.8	56.4	
2				
3				
4				
同期	0.0	0.0	0.0	0.8
分闸速度	3.39m/s	行程	95.0mm	
最大速度	4.00m/s			
线圈电流	2.41A			

(d) 分闸测试数据

图 6-4-26　分、合闸测试图形及数据

最大速度。分（合）闸过程中，动触头开始运动后，取动触头运动每 10ms 为一个计速单位，直至动触头运动停止，得到若干个速度单元值，其中最大的单元速度值即为分（合）闸最大速度。

刚分（合）速度。根据被测开关的制造厂不同，开关型号不同，各制造厂定义了不同的刚分、刚合速度，测试仪将各种不同的定义部分列入其中，供用户自己选择。

如仪器中的定义不适用，可根据时间—行程特性曲线上自行（或按上面所提的一般方法）定义刚分、刚合速度的速度取样段。

（七）测量断路器的分、合闸同期性及配合时间

安装交接时，要求测量断路器主、辅触头三相及同相各断口分、合闸的同期性及配合时间，应符合产品技术条件的规定。预试时，除制造厂另有规定外，断路器的分、合闸同期性要求：相间合闸不同期不大于 5ms；相间分闸不同期不大于 3ms；同相各断口间合闸不同期不大于 3ms；同相各断口间分闸不同期不大于 2ms。

SF_6 断路器分、合闸同期性的测试原理与前述的真空断路器试验相同，带断口并联电阻的断路器则存在主、辅触头配合时间的问题，带合闸电阻的辅助触头在合闸过程中先合，经历一定时间后，主触头再合上，短接合闸电阻使电路连通，若干毫秒后自动切除合闸电阻，完成合闸操作；而在分闸过程中，主触头先断开，经历一定时间后，再断开并联电阻，完成开断电路的动作过程。由于主、辅触头都封装在断路器内部，在外部为直接相连的，如果结构上有可方便拆卸连接件，则现场拆卸连接件后，就可按照前面介绍的断路器动作时间测试方法，同时测量主、辅触头的动作时间，进而求出配合时间。

如果结构上没有可方便拆卸连接件，可根据主触头回路的电阻与带电阻的辅助触头回路电阻的明显差别，在外部分别接入开关测试仪的两个测试端口，其中一个回路加入适当电

阻，使得合闸时，能先后记录在两个回路中产生电流的时间，进而求出配合时间。

（八）测量断路器合闸电阻的投入时间及电阻

合闸电阻的主要作用是降低线路合闸过电压。合闸电阻的投入时间是指合闸电阻的有效投入时间，就是从辅助触头刚接通到主触头闭合的一段时间。断路器合闸电阻的接入时间可在上述的主、辅触头合闸时间及配合时间测试中求得。合闸电阻的有效接入时间按制造厂规定校核。

由于合闸电阻布置在断路器内部，其电气连接通过辅助触头外引，测量合闸电阻必须在辅助触头合上状态下进行。如果主、辅触头间的连接可在断路器外部分开，则在断路器合闸状态下可方便地测量合闸电阻；如果主、辅触头间的连接不能在断路器外部分开，则需将断路器操动机构置于检修状态，人工慢合断路器（一般操动机构为便于开关检修调整需要而配置的功能），使其辅助触头合上而主触头尚未合上时，测量合闸电阻的电阻。测试结果阻值变化允许范围不得大于±5％。

（九）测量断路器分、合闸线圈绝缘电阻及直流电阻

测量原理及方法与前述的真空断路器试验相同。要求绝缘电阻不低于 10MΩ，直流电阻与产品出厂试验值相比应无明显差别。

（十）断路器操动机构的试验

SF_6 断路器的操动机构多为液压机构，近年来，随着自能灭弧技术的应用，部分断路器又回归采用弹簧机构，以避免液压机构渗漏油的问题。液压机构的试验内容主要有：液压机构应能在产品规定的液压最低及最高值下操作分、合闸可靠动作。试验时，首先人为将液压打至规定最高值，再进行操作试验；然后人为将液压泄压至最低值，再进行操作试验。断路器应能可靠动作，否则，应检查调整断路器本体或机构的相关部分，直至符合要求为止。

液压机构的操动试验，应按表 6-4-22 的规定进行。

表 6-4-22　　液压机构的操动试验

操作类别	操作线圈端钮电压与额定电源电压的比值（%）	操作液压	操作次数
合、分	110	最高操作压力	3
合、分	100	额定操作压力	3
合	85（80）	最低操作压力	3
分	65	最低操作压力	3
合、分、重合	100	最低操作压力	3

注　括号内数字适用于装有自动重合闸装置的断路器。

（十一）测量断路器内 SF_6 气体的含水量

SF_6 气体中微量水的含量是较为重要的指标，它不但影响绝缘性能，而且水分会在电弧作用下在 SF_6 气体中分解成有毒和有害的低氟化物质，其中如氢氟酸（$H_2O+SF_6\rightarrow SOF_2+2HF$）对材料还起腐蚀作用。故安装交接和预试都要求测量断路器内 SF_6 气体的含水量，质量指标：与灭弧室相通的气室，小于 150μL/L（运行中 300μL/L）；不与灭弧室相通的气室，小于 250μL/L（运行中 500μL/L）。

SF_6 气体含水量的测定可采用不同型式的湿度计，如电解式湿度仪，被测气体通过仪器时气体中的水被电解，产生稳定的电解电流，通过测量该电流大小来测定气体的湿度；电子式湿度仪，被测气体通过仪器的传感器时，气体湿度的变化引起传感器电阻、电容量的改变，从而测得气体湿度值。

测量方法：将采样气管接入断路器的充/排气口，按湿度计的操作步骤，打开流量阀，调节气体的流量符合测量要求，稳定测量一定时间后，仪器给出被测气体含水量的试验结果。

（十二）密封性试验

国标对 SF_6 开关设备的相对漏气率基本要求是每年 0.5%，补气之间的时间相差至少 10 年。预试的标准是年漏气率不大于 1%或按制造厂要求。

密封性试验方法包括定性和定量两种，首先用灵敏度不低于 0.01μL/L（体积比）的检漏仪对断路器各密封部位、管道接头等处进行检测，检漏仪不应报警；必要时可采用局部包扎法进行气体泄漏测量。包扎方法：将法兰接口等外侧用聚乙烯薄膜包扎 25h 以上，然后用灵敏度不低于 0.01μL/L 的检漏仪测定包扎腔内泄漏气体的浓度，计算绝对漏气率：

$$F=\frac{\Delta C V_{\mathrm{m}} p_{\mathrm{atm}}}{\Delta t \times \gamma} \times 10^{-6}$$

式中，ΔC 为测量时间段内包扎腔内气体浓度的增量，μL/L；V_{m} 为测量体积，m^3；p_{atm} 为测量期间的大气压力，Pa；Δt 为测量 ΔC 的间隔时间，s；γ 为试品气体容积中 SF_6 气体的体积分数，%。

相对年漏气率为

$$F_{\mathrm{y}}=\frac{F \times 31.5 \times 10^{6}}{V\ (P_{\mathrm{r}}+0.1)} \times 100\ (\%/\text{年})$$

式中：V 为试品气体密封系统体积，m^3；P_{r} 为额定充气压力（表压），MPa。

（十三）气体密度继电器、压力表和压力动作阀的检查

因为 SF_6 断路器的绝缘和灭弧性能在很大程度上取决于 SF_6 气体的纯度和密度，所以，对 SF_6 气体密度的监视显得特别重要。如果仅采用普通压力表来监视 SF_6 气体的压力，当压力指示下降时就会分不清是由于气体泄漏还是由于环境温度变化引起的。为此 SF_6 断路器装设 SF_6 气体密度继电器，继电器是带有温度补偿的压力测定装置，能区分 SF_6 气室的压力变化是由于温度变化还是由于严重泄漏引起的不正常压降。当气体泄漏到需补气的报警低压力值时，继电器接通报警接点；当气体泄漏使压力进一步下降时，气体密度继电器先后接通闭锁合闸、闭锁分闸回路接点，以确保断路器在 SF_6 气体不足时不能进行危险操作。因此安装气体密度继电器前，应先检验其本身的准确度，然后根据产品技术条件的规定，调整好补气报警、闭锁合闸及闭锁分闸等的整定值。

对单独运到现场的表计，应先进行核对性检查后再安装到断路器上。检查气体密度继电器及压力动作阀的动作值，应在充气过程中进行。试验时，平稳缓慢地升压，直到触点发生切换为止，同时在标准器上读取触点切换瞬间的压力值，这些压力值应分别符合各使用要求。

七、六氟化硫封闭式组合电器

（一）测量主回路的导电电阻

测量主回路的导电电阻，是为了检验设备制造、安装质量状况，或检查运行中是否存在因振动等原因造成的接触松动等缺陷。由于GIS所有设备都密封安装在金属外壳内，对主回路导电电阻值的测量，只能利用与其相连的引出点，如一次进/出套管、接地隔离开关外引接地的接头等处，加入试验电流，测量其压降。

试验时，闭合待测主回路上的断路器、隔离开关和接地开关，去除接地开关端子上的接地板，在每一测试区间施加不小于100A直流电流，测试结果不超过产品技术条件规定值的1.2倍。一般一个测试区间除了主导体的体电阻外，还包含了多个接触点的接触电阻，因此，测量结果需与最初值及试验条件对比，如测量结果偏大时，应分段测量缩小异常点范围。

（二）封闭式组合电器内各元件的试验

封闭式组合电器内的各元件指断路器、隔离开关、负荷开关、接地开关、避雷器、互感器、套管、母线等，元件的试验按其设备类型属性的有关规定（绝缘试验、载流试验、特性试验、动作试验等）进行。对无法分开的设备可不单独进行。

（三）密封性试验

密封性试验方法，与前述的SF_6断路器试验类同，采用灵敏度不低于1×10^{-6}（体积比）的检漏仪对各气室密封部位、管道接头等处进行检测，检漏仪不应报警；必要时采用局部包扎法进行气体泄漏测量。以24h的漏气量换算，每一个气室年漏气率不应大于1%，750kV电压等级的不应大于0.5%。

（四）测量六氟化硫气体含水量

试验方法与前述的SF_6断路器试验类同，测量结果要求有电弧分解的隔室，含水量应小于150μL/L；无电弧分解的隔室，应小于250μL/L。气体含水量的测量应在封闭式组合电器充气24h后进行。

（五）主回路的交流耐压试验

试验电压为出厂试验电压的80%；预防性试验时不包括GIS中的电磁式电压互感器及避雷器（但在投运前对它们进行试验电压为设备最高电压U_m的5min耐压试验）。试验时在$1.2U_m/\sqrt{3}$电压下进行局部放电检测。

由于GIS内部空间小工作场强很高，可能会产生局部放电：载流导体表面缺陷，如有毛刺、尖角、设计不合理、导体表面的电场强度过高等，均会引起的局部放电；绝缘体与导体的交界面上存在气隙，这种气隙可能是在产品制造时残留的，也可能是在使用中热胀冷缩形成的，气隙中分配的场强高，而气隙本身的击穿场强又低，于是在气隙中首先产生放电；浇注绝缘体中的缺陷，如气泡、裂纹等所产生的局部放电。

局部放电有多种检测方法，如受条件限制难以采用常规的脉冲电流法，可采用检测灵敏度高、抗干扰能力强的超高频检测法。其原理是通过外置的UHF（特高频无线电波）天线接收GIS内部局部放电辐射和产生的超高频和超声波信号，从而有效检测到设备内部产生的微弱局部放电信号。试验时，将UHF传感器置于未包裹金属屏蔽的GIS盆式绝缘子外侧，检测仪器开机后进行数据采集、分析，根据放电脉冲的频率、幅度、相位分布等特征，显示检测结果。如可分类为悬浮电位放电，绝缘子内部气隙放电，绝缘子沿面放电，尖端毛刺放电，自由颗粒放电，外部干扰，没有明显放电特征等。

（六）组合电器的操动试验

组合电器的操动试验除了断路器、隔离开关（接地开关）的操动外，还包括各种电气、机械联锁与闭锁装置动作的试验，电动、气动或液压装置的动作试验。

（七）气体密度继电器、压力表和压力动作阀的检查

检查原理及方法同前述的 SF_6 断路器试验相同。

八、隔离开关、绝缘子

（一）测量绝缘电阻

隔离开关的断口和相间绝缘多为空气，由于断口和相间距离都比较大，测量其绝缘电阻没有意义。隔离开关的对地绝缘采用固体绝缘，绝缘材料可分为无机如电瓷和有机如硅橡胶等。《试验标准》只对有机材料（支持绝缘子及提升杆）的绝缘电阻提出试验要求。隔离开关的有机材料传动杆的绝缘电阻，在常温下不应低于表 6-4-23 的规定。

表 6-4-23　有机材料传动杆的绝缘电阻

额定电压（kV）		3.6～12（<24）	24～40.5	72.5～252	363～800
绝缘电阻（MΩ）	交接时	1200	3000	6000	10 000
	大修后	1000	2500	—	—
	运行中	300	1000	—	—

有机材料（环氧树脂、硅橡胶）绝缘物的电气性能和憎水性都很好，其轻便、有利运输安装的特点更受人们青睐，但在运行过程中，所处电场极不均匀，高压端的绝缘子伞裙会出现电晕现象，导致硅胶表面出现电蚀损和电痕化现象，从而降低其表面性能。而在出现性能退化后，难以通过现场检测的手段发现，亟须研究并积累运行经验。

隔离开关更多地采用非有机材料支柱绝缘子作为支撑绝缘体，故隔离开关的绝缘试验更适用有关支柱绝缘子的规定。支柱绝缘子又分针式和棒式两种结构，针式支柱绝缘子的预试要求每一元件的绝缘电阻不低于 300MΩ。交接试验要求 35kV 及以下电压等级的支柱绝缘子的绝缘电阻值不低于 500MΩ。试验采用 2500V 绝缘电阻表测量绝缘子绝缘电阻值，可按同批产品数量的 10% 抽查。棒式绝缘子可不进行此项试验。

对于悬式绝缘子，绝缘电阻的要求：330kV 及以下电压等级的不低于 300MΩ；500kV 及以上电压等级的不低于 500MΩ。预试还要求对悬式绝缘子定期进行零值检测，由于零值检测费时费工，后逐渐被零值自破的玻璃绝缘子或棒式绝缘子取代。

（二）测量隔离开关导电回路的电阻值

交接试验没有要求进行该项试验，预试则要求隔离开关大修后须测量导电回路电阻，测量结果不大于制造厂规定值的 1.5 倍。隔离开关的导电回路在结构上相对于断路器而言要简单得多，可靠性的设计要求也相对低一些。运行中受大气污染、振动等影响，导电回路尤其是各固定、活动接触面的状况会逐渐劣化，需要在定期大修中进行维护性恢复，大修后导电回路电阻的测量要求是设备健康恢复的保障。试验结果如超标，应分段测量找出异常点进行

处理。

（三）交流耐压试验

35kV 及以下电压等级隔离开关的交流耐压试验，可与母线一并进行，试验电压按支柱绝缘子的试验标准执行。在交流耐压试验前、后应测量绝缘电阻，耐压后的阻值不得降低。受现场试验条件限制，一般 110kV 及以上的隔离开关，只在必要时才进行耐压试验。

悬式绝缘子的交流耐压试验电压为 60kV 。

（四）操动机构的试验

1. 动力式操动机构的分、合闸操作

（1）电动机操动机构，在电动机额定电压的 80%～110%范围内操作；

（2）压缩空气操动机构，在其额定气压的 85%～110%范围内操作；

（3）二次控制线圈和电磁闭锁装置，在其额定电压的 80%～110%范围内试验。

2. 隔离开关的机械或电气闭锁装置试验

隔离开关的机械或电气闭锁装置试验应准确无误。

（五）绝缘子表面污秽物的等值盐密测量

绝缘子表面污秽物的等值盐密，其含义是把绝缘子表面的导电污物密度转化等值为单位面积上含有多少毫克的盐（NaCl）。对绝缘子表面污秽物进行等值盐量的测量，可确定在污秽层中可溶性导电物质数量，判定所测区段电气元件受污染程度，参照标准污秽等级与对应附盐密度值，检查所测盐密值与当地污秽等级是否一致。将测量值作为调整耐污绝缘水平和监督绝缘安全运行的依据。盐密值超过规定时，应根据情况采取调爬、清扫、涂料等措施。

等值盐密的测量方法，可分别在户外能代表当地污染程度的至少一串悬垂绝缘子和一根棒式支柱上取样，测量在当地积污最重的时期进行。

测量时首先将待测瓷表面的污物用蒸馏水（或去离子水）全部清洗下来，采用电导率仪测其电导率，同时测量污液温度，然后换算到标准温度（200℃）下的电导率，再通过电导率和盐密的关系，计算出等值含盐量和等值盐密值。

普通悬式绝缘子（X-4.5，XP-70，XP-160）附盐密度与对应的发电厂污秽等级如表 6-4-24 所列。普通支柱绝缘子附盐密度与对应的发电厂污秽等级如表 6-4-25 所列。

表 6-4-24　　普通悬式绝缘子附盐密度与对应的发电厂污秽等级　　单位：mg/cm²

污秽等级	0	1	2	3	4
发电厂盐密	—	≤0.06	>0.06～0.10	>0.10～0.25	>0.25～0.35

表 6-4-25　　普通支柱绝缘子附盐密度与对应的发电厂污秽等级　　单位：mg/cm²

污秽等级	1	2	3	4
发电厂盐密	≤0.02	>0.02～0.05	>0.05～0.1	>0.1～0.2

九、电力电缆线路

电力电缆的主绝缘所用材料可有多种，由材料的绝缘机理及特性，决定了电力电缆绝缘试验的原理和方法。《试验标准》按橡塑绝缘、纸绝缘、充油绝缘电缆分类，分别给出对应的试验要求。这里所称橡塑绝缘电缆指聚氯乙烯绝缘、交联聚乙烯绝缘和乙丙橡皮绝缘电力电缆；纸绝缘电缆指粘性油浸纸绝缘电缆和不滴流油浸纸绝缘电缆。所有电缆都应有外护套，外护套的材料为热塑性材料（聚氯乙烯或聚乙烯）或弹性体护套料。

（一）主绝缘及外护层绝缘电阻测量

我国电力电缆的额定电压用$U_0/U(U_m)$表示，U_0为电缆导体对地或金属屏蔽之间的额定工频电压；U为电缆导体之间的额定工频电压；U_m为设备可使用的“最高系统电压”的最大值。单位均为kV。

绝缘电阻是反映电缆绝缘性能的重要指标，它与电缆能够承受电击穿或热击穿的能力、与绝缘中的介质损耗以及绝缘材料在工作状态下的逐步劣化等均存在着相互依赖关系。测定电缆绝缘电阻，可以发现制造工艺中的缺陷，如绝缘干燥不透或受潮，绝缘受到污染，各种原因引起的绝缘层穿透等；发现敷设安装过程中的缺陷，如电缆裁剪后端面包封不严而进水、受潮；电缆敷设强折强拉机械损伤，或电缆终端头制作工艺不良，附件内尚存气隙等；以及电缆投入运行后，在电、热应力的长期作用下，原来的微小缺陷可能逐渐发展。这些绝缘缺陷通过绝缘电阻测量可初步鉴别出来。此外电缆耐压试验后测量绝缘，是要检查耐压试验过程中产生而未暴露（即击穿）的缺陷。

1. 绝缘电阻测量方法

电缆主绝缘：分别对每一相试验，非被试相及金属屏蔽（金属护套）、铠装层一起接地。所用绝缘电阻表对于额定电压0.6/1kV电缆用1000V表；0.6/1kV以上电缆用2500V表，6/6kV及以上电缆也可用5000V绝缘电阻表。

电缆外护套、内衬层绝缘：采用500V绝缘电阻表测量，要求每千米绝缘电阻不低于0.5MΩ。

电缆所用的有机材料（纤维、矿物油、橡皮、塑料等），其绝缘电阻受温度变化的影响很大，总的特征是温度上升，电导增加，绝缘电阻降低。各种产品的绝缘电阻指标，均以20℃时的值作为基准值，然后换算到实际的环境温度。或者在实际环境温度下测得绝缘电阻换算到20℃，再与标准规定值比较。绝缘电阻的换算公式为

$$R_{20}=K_t \cdot R_t$$

式中：R_{20}为温度为20℃时的绝缘电阻值，MΩ；K_t为电力电缆绝缘电阻的温度换算系数，与电缆主绝缘材料有关；R_t为温度为t℃时实测的绝缘电阻，MΩ。

2. 铜屏蔽层电阻和导体电阻比的试验方法

预试时要求进行该项试验，试验时用双臂电桥分别测量铜屏蔽层和导体的直流电阻。测量结果当前者与后者之比与投运前相比增加时，表明铜屏蔽层的直流电阻增大，铜屏蔽层有可能被腐蚀；当该比值与投运前相比减少时，表明附件中的导体连接点的接触电阻有增大的可能。

为了实现电缆外护套绝缘电阻、内衬层绝缘电阻和铜屏蔽层电阻与导体电阻比项目的测量，要求对橡塑电缆附件安装工艺中金属层的传统接地方法加以改变，传统接地方法是将电缆内衬层和铜屏蔽层接在一起后再引出接地的。

（二）主绝缘直流耐压试验及泄漏电流测量

1. 试验电压

（1）纸绝缘电缆。统包绝缘的直流耐压试验电压按下式确定

$$U_t=5\frac{U_0+U}{2}$$

分相屏蔽绝缘的直流耐压试验电压按下式确定

$$U_t=5U_0$$

试验电压应符合表 6-4-26 的规定。

表 6-4-26　　纸绝缘电缆直流耐压试验电压　　单位：kV

电缆额定电压 U_0/U	1.8/3	3/3	3.6/6	6/6	6/10	8.7/10	21/35	26/35
直流试验电压	12	14	24	30	40	47	105	130

（2）橡塑绝缘电缆。早期电力电缆多为纸绝缘，直流耐压试验是绝缘试验的主要手段，后橡塑电缆逐渐取代纸绝缘电缆，再采用直流耐压存在明显缺点：直流电压下的电场分布与交流电压下电场分布不同，不能反映实际运行状况。国际大电网会议不推荐采用直流耐压试验作为橡塑绝缘电力电缆的竣工试验。这一点也得到了运行经验的证明，一些电缆在交接试验中直流耐压试验顺利通过，但投运不久就发生绝缘击穿事故；正常运行的电缆被直流耐压试验损坏的情况也时有发生，故 2016 版交接试验标准只保留了 18/30kV 及以下电压等级橡塑电缆的直流耐压试验要求，试验电压为 $U_t=4\times U_0$。预试的直流耐压试验电压如表 6-4-27 所列。

（3）充油绝缘电缆。充油绝缘电缆直流耐压试验的电压，交接时按表 6-4-28 取值。预试除了按电缆额定电压确定外，还需考虑电缆的雷电冲击耐受电压水平，如表 6-4-29 所列。

表 6-4-27　　橡塑绝缘电力电缆预试直流耐压试验电压　　单位：kV

电缆额定电压 U_0/U	1.8/3	3.6/6	6/6	6/10	8.7/10	21/35	26/35	48/66	64/110	127/220
直流试验电压	11	18	25	25	37	63	78	144	192	305

表 6-4-28　　充油绝缘电缆交接直流耐压试验电压　　单位：kV

电缆额定电压 U_0/U	48/66	64/110	127/220	190/330	290/500
直流试验电压	162	275	510	650	840

表 6-4-29　　充油电缆预试直流耐压试验电压　　单位：kV

电缆额定电压 U_0/U	雷电冲击耐受电压	直流试验电压
48/66	325	163
	350	175
64/110	450	225
	550	275
127/220	850	425
	950	475
	1050	510
190/330	1050	525
	1175	590
	1300	650

续表

电缆额定电压 U_0/U	雷电冲击耐受电压	直流试验电压
290/500	1425	715
	1550	775
	1675	840

2. 试验方法

试验时，试验电压可分 4 ～6 阶段均匀升压，每阶段停留 1min，并读取泄漏电流。试验电压升至规定值后维持 15min，期间读取 1min 和 15min 时泄漏电流。

3. 试验要求

纸绝缘电缆各相泄漏电流的不平衡系数（最大值与最小值之比）不应大于 2；当 6/10kV 及以上电缆的泄漏电流小于 20μA 和 6kV 及以下电缆世漏电流小于 10μA 时，其不平衡系数可不做规定。

电缆的泄漏电流具有下列情况之一者，电缆绝缘可能有缺陷，应找出缺陷部位，并予以处理：

（1）泄漏电流很不稳定；

（2）泄漏电流随试验电压升高急剧上升；

（3）泄漏电流随试验时间延长有上升现象。

（三）主绝缘交流耐压试验

前已提及直流耐压试验不适用于橡塑电缆，橡塑电缆绝缘属于整体绝缘，与油浸纸绝缘电缆的复合型绝缘不同，其绝缘介质在直流电场与交流电场下的场强分布、绝缘老化与绝缘击穿机理都是不同的，因而，橡塑绝缘电缆进行直流耐压试验无法模拟电缆实际运行状况，而且不能检测出绝缘内部存在的缺陷。交流耐压试验则更能有效检出电缆的绝缘缺陷。试验采用 20～300Hz 电压，试验电压和时间如表 6-4-30 所列。

表 6-4-30　　橡塑电缆交接交流耐压试验电压和时间

额定电压 U_0/U	试验电压	试验时间（min）
18/30kV 及以下	$2U_0$	15（或 60）
21/35～64/110kV	$2U_0$	60
127/220kV	$1.7U_0$（或 $1.4U_0$）	60
190/330kV	$1.7U_0$（或 $1.3U_0$）	60
290/500kV	$1.7U_0$（或 $1.1U_0$）	60

当电压等级较高、电缆线路较长时，电缆交流耐压试验所需试验设备容量、体积很大。为此现场试验多采用变频串联谐振装置，以较低电压、较小容量的电源设备，达至电缆交流耐压试验所需的高电压。当不具备上述试验条件或有特殊规定时，可采用施加正常系统对地电压 24h 方法代替交流耐压。

电压等级较低的电缆，如额定电压为 0.6/1kV 的电缆线路可用 2500V 绝缘电阻表测量导体对地绝缘电阻代替耐压试验，试验时间为 1min。

（四）外护套直流耐压试验

高电压大电流电力电缆多为单芯电缆，运行时电缆芯流过的工作电流，在其包裹的金属屏蔽层感应出电势，当屏蔽层两点接地时，该电势可通过大地形成电流回路，电流热效应将影响电缆线芯的散热效果，降低电缆输送电能的能力。因此，一方面要求电缆外护套绝缘良好，避免多点接地；另一方面屏蔽层采用一端接地、另一端通过保护器接地的方式，保护器只在超过一定电压时才击穿接地，从而避免正常运行时的环流。当对这种金属保护层接地方式的电缆主绝缘做耐压试验时，需将保护层过电压保护器短接，使这一端的电缆金属屏蔽或金属套临时接地。

外护套直流耐压试验在每段电缆金属屏蔽或金属套与地之间施加直流电压 5kV，加压时间 1min，不应击穿。

（五）检查电缆线路两端的相位

检查方法很多，可根据自身条件选择。如万用表法，试验时，将一端芯线依次接地，在另一端用万用表测量对地的通断，然后将两端的相位标记一致即可。

（六）充油电缆的绝缘油试验

充油电缆的绝缘结构类似于油纸电缆，也是利用绝缘油浸渍油纸组合绝缘，不同的是充油电缆采用补充浸渍剂（油）的办法消除因负荷变化而在油纸绝缘层中形成气隙，以提高电缆的电气强度。单芯自容式充油电缆的导线为中空的结构，中空部分作为油道，与电缆补充油设备如压力箱等相通，补充油设备起贮藏或补偿电缆油量变化的作用，并保持一定的油压。充油电缆所用油料一般为低粘度的矿物油或合成油，其试验的项目和要求如表 6-4-31 所列。

表 6-4-31　　充油电缆的绝缘油试验项目和要求

项目	要　求	
击穿电压	电缆及附件内	交接对于 64/110～190/330kV，不低于 50kV；对于 290/500kV，不低于 60kV。预试不低于 45kV
	压力箱中	不低于 50kV
介质损耗因数	电缆及附件内	交接对于 64/110～127/220kV 的不大于 0.005；对于 190/330～290/500kV 的不大于 0.003。预试对于 53/66～127/220kV 的不大于 0.03；对于 190/330kV 的不大于 0.01
	压力箱中	交接不大于 0.003；预试不大于 0.005（100℃时）
预试油中溶解气体组分		可燃气体总量：1500；H_2：500；C_2H_2：痕量；CO：100；CO_2：1000；CH_4：200；C_2H_6：200；C_2H_4：200

（七）交叉互联系统试验

前已提及单芯电缆金属保护层的一端接地方式，对于较长的电缆线路（如超过 1000m），常采用交叉互联的接地方式，如图 6-4-27 所示。图中，将电缆线路分成长度相等的三小段，每小段之间装设绝缘接头，经交叉互联箱进行换位连接，交叉互联箱装设有护层保护器。由于三相线芯电流的相位近似相

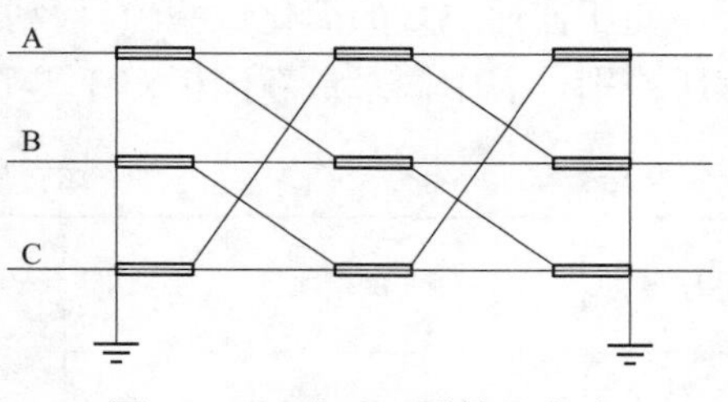

图 6-4-27　交叉互联接地方式

差 120°，金属保护层的感应电压也近似相差 120°，通过交叉互联的接地方式，将不同相的三小段金属保护层串联起来，使不同相位的感应电压相互抵消，达到电缆金属保护层两端电压差为零的目的。

交叉互联系统试验的内容及方法如下所示。

1. 电缆外护套、绝缘接头外护套与绝缘夹板的直流耐压试验

试验时将护层过电压保护器断开，在互联箱中将另一侧的三段电缆金属套都接地，使绝缘接头的绝缘夹板也能结合在一起试验，然后在每段电缆金属屏蔽或金属套与地之间施加直流电压 5kV，加压时 1min，不应击穿。

2. 非线性电阻型护层过电压保护器试验

（1）碳化硅电阻片。将连接线拆开后，分别对三组电阻片施加产品标准规定的直流电压后测量流过电阻片的电流。这三组电阻片的直流电流应在产品标准规定的最小和最大值之间。如试验时的温度不是 20℃，则被测电流值应乘以修正系数（120−t)/100（t 为电阻片的温度,℃）。

（2）氧化锌电阻片。对电阻片施加直流参考电流后测量其压降，即直流参考电压，其值应在产品标准规定的范围之内。

（3）非线性电阻片及其引线的对地绝缘电阻。将非线性电阻片的全部引线并联在一起与接地的外壳绝缘后，用 1000V 绝缘电阻表计测量引线与外壳之间的绝缘电阻，其值不应小于 10MΩ。

3. 互联箱

（1）接触电阻。本试验在护层过电压保护器试验后进行。将闸刀（或连接片）恢复到正常工作位置后，用双臂电桥测量闸刀（或连接片）的接触电阻，其值不应大于 20μΩ。

（2）闸刀（或连接片）连接位置。本试验在以上交叉互联系统的试验合格后密封互联箱之前进行。连接位置应正确。如发现连接错误而重新连接后，则必须重测闸刀（或连接片）的接触电阻。

十、绝缘油和 SF_6 气体

（一）绝缘油

电气设备用绝缘油，根据用途分变压器油和断路器油两类，对油的质量要求也分新油和运行油两类。对油的试验分简化分析和全分析两类，一般准备注入变压器、电抗器、互感器、套管的新油只需做简化分析，对油的性能有怀疑时再做全分析。

1. 变压器油

变压器油质量的简化试验项目及要求如表 6-4-32 所列，不同时期及不同标准的部分参数有所差别，表中摘录最新国标 GB/T 7595—2017《运行中变压器油质量》。

表 6-4-32　　运行中矿物变压器油质量标准

序号	试验项目	设备电压等级	质量指标		说明
			新油	运行油	
1	外观		透明，无杂质或悬浮物		外观目视
2	色度/号		≤2.0		

续表

序号	试验项目	设备电压等级	质量指标		说明
			新油	运行油	
3	水溶性酸（pH 值）		>5.4	≥4.2	
4	酸值（以 KOH 计）(mg/g)		≤0.03	≤0.10	
5	闪点（闭口）(℃)		≥135		
6	水分（mg/L）	330～1000	≤10	≤15	
		220	≤15	≤25	
		≤110 及以下	≤20	≤35	
7	界面张力（25℃）(mN/m)		≥35	≥25	
8	介质损耗因数（90℃）	500～1000	≤0.005	≤0.020	
		≤330	≤0.010	≤0.040	
9	击穿电压（kV）	750～1000	≥70	≥65	
		500	≥65	≥55	
		330	≥55	≥50	
		66～220	≥45	≥40	
		35 及以下	≥40	≥35	
10	体积电阻率（90℃）(Ω·m)	500～1000	$\geqslant 6\times10^{10}$	$\geqslant 1\times10^{10}$	
		≤330		$\geqslant 5\times10^{9}$	

表 6-41 中说明：

第 1 项，外观，是对变压器油最基本的质量要求，如不满足质量指标，可重新取样，以排除取样过程的污染因素。

第 2 项，色度，要求变压器油色度不超过 2.0。石油的颜色按照国标 GB/T 6540《石油产品颜色测定法》可用色号 0.5～8.0 来表示。质量好的新变压器油一般是清澈透明的淡黄色，亦有颜色很淡几近白色的，色度在 1 号以下。若新油在常温下出现混浊，则可能是受到水分、微生物和其他杂质污染的结果。在低温下出现混浊，除了杂质污染的原因之外，油中石蜡的析出也是可能的原因。油在长期储存或在变压器内长期运行中，由于受到氧化作用形成树脂质氧化产物，油的颜色会逐渐变深。

第 3 项，水溶性酸 pH 值。变压器油的水溶性酸是指能溶于水的矿物酸，通常用 pH 值表示。一般未用过的（新的）变压器油几乎不含酸性物质，其酸值较低，pH 值在 6～7 范围内。水溶性酸是油老化的产物之一，同时它反过来会促使油品进一步老化。油中的水溶性酸几乎对所有的金属和绝缘材料都有强烈的腐蚀作用，故需测定绝缘油中的水溶性酸，检验油中是否含有能溶于水的无机酸和低分子有机酸，判断油质的好坏。

第 4 项，酸值，是指中和 1g 试油中的酸性组分所消耗的氢氧化钾的毫克数，氢氧化钾耗量越大，含酸就越多，用酸值判断油的老化程度非常灵敏。酸值高的油会与变压器中的铜、铁等金属发生化学反应。新变压器油的酸值一般都很小，随着保管和运行时间的增长，变压器油的酸值会越来越高。油经氧化试验的酸值是评定该油氧化安定性的重要指标之一。它是反映油早期劣化阶段的主要指标，因此也是运行性能指标。

第5项，变压器油的闪点，指在加热时产生的油蒸气与空气混合后，在接触火苗时发生闪火现象的最低温度，根据所使用的仪器和方法分为闭口闪点和开口闪点，同一油品所测的开口闪点较闭口闪点高。为利于变压器的运行安全，要求变压器油有较高的闪点。闪点还作为检验油在运输、保管过程中有无污染、混油的依据。

第6项，水分，指存在于油品中的水分含量。水在油中的溶解度随温度的升高而增大，油中溶解水的能力还随芳香烃含量的增加而增加，这也是芳香烃含量过高的油的水分含量很难被处理到规定值的原因。油中游离水或溶解水遇到有纤维杂质时，将会降低油的电气强度。将油中水含量控制在较低值，一方面可防止温度降低时油中游离水的形成，另一方面也有利于控制纤维绝缘中的含水量，还可降低油纸绝缘的老化速率。

第7项，界面张力，指油与纯水（不相容且极性强）之间的界面分子力的作用，表现为反抗其本身的表面积增大的力。用来表征油中含有极性组分的量。该指标对油的运行性能没有影响，但可用于判断油处理过程中是否受到污染和油经运行一段时间后的老化程度。

第8项，介质损耗因数，与变压器、互感器、套管的介损具有相同的物理含义。它是由于介质电导和介质极化的滞后效应，在其内部引起的能量损耗，取决于油中可电离的成分和极性分子的数量，同时还受到油精制程度的影响。介质损耗因数大，表明油受到水分、带电颗粒或可溶性极性物质的污染，它对油中的污染非常敏感。

第9项，击穿电压，指在规定的试验条件下，油样发生击穿时的电压。它表征油耐受电应力的能力，该值主要受油中杂质（水分和纤维）及温度的影响，因而击穿电压其实不是油品本身的电气特性，而是对油物理状态的评定。

第10项，体积电阻率，指在恒定电压的作用下，在试验两电极间绝缘油单位体内电阻率的大小。变压器油的体积电阻率同介质损耗因数一样，可以判断变压器油的老化程度与污染程度，因为油中的水分、污染杂质和酸性产物均可影响电阻率的降低。

2. 混油试验

不同牌号新油或相同质量的运行中油，原则上不宜混合使用。如必须混合时应先进行混油试验。油样的混合比应与实际使用的混合比一致，如实际使用比不详，则采用1∶1比例混合。混油试验项目与内容：油泥析出，酸值、介质损耗因数、倾点、老化等。

3. 断路器用油

断路器用油主要是被利用来灭弧，对油的质量要求如表6-4-33所列，主要考虑电气强度的保障和对断路器内部零部件的腐蚀作用的限制，相对变压器类用油质量要求要简单得多。

表6-4-33　运行中断路器用油质量标准

序号	项　目	质　量　指　标	备　注
1	外状	透明、无游离水分、无杂质或悬浮物	外观目视
2	水溶性酸（pH值）	≥4.2	
3	击穿电压（kV）	110kV以上，投运前或大修后≥45，运行中≥40； 110kV及以下，投运前或大修后≥40，运行中≥35	

（二）SF_6气体

对SF_6气体的试验分新气和运行中气两类。

1. 新气试验

SF_6 气体应用于电气设备，主要被利用于绝缘、灭弧和散热，要求新气所含杂质要少。新的 SF_6 气体在合成制备和运输贮存过程中可能残存或混入有杂质，会对气体的性能产生不利影响，因而在新气到货后，充入设备前应对每批次的气瓶进行抽检，抽检比例如表 6-4-34 所列。并按国家标准 GB/T 12022《工业六氟化硫》验收。同一批相同出厂日期的，只测定含水量和纯度。试验时间在 SF_6 气体充入电气设备 24h 后。SF_6 气体的技术要求如表 6-4-35 所列。

表 6-4-34　SF_6 新到气瓶抽检比例

每批气瓶数	选取的最少气瓶数	每批气瓶数	选取的最少气瓶数
1	1	41～70	3
2～40	2	71 以上	4

表 6-4-35　新 SF_6 气体的技术要求

序　号	项　目　名　称	指　标
1	六氟化硫（SF_6）纯度（质量分数）/10^{-2}	≥99.9
2	空气含量（质量分数）/10^{-6}	≤300
3	四氟化硫（SF_4）含量（质量分数）/10^{-6}	≤100
4	六氟乙烷（C_2F_6）含量（质量分数）/10^{-6}	≤200
5	八氟丙烷（C_3F_8）含量（质量分数）/10^{-6}	≤50
6	水（H_2O）含量（质量分数）/10^{-6}	≤5
7	可水解氟化物（以 HF 计）含量（质量分数）/10^{-6}	≤1
8	矿物油含量（质量分数）/10^{-6}	≤4
9	毒性	生物试验无毒

2. 运行中气试验

SF_6 气体充入电气设备并经使用后，也会混入各种杂质：如充气和抽真空时可能混入空气和水蒸气；设备内部表面或从绝缘材料释放的水分；设备内部局部放电导致 SF_6 气体分解产生分解产物；分解物再与 O_2 和 H_2O 反应形成化合物；开关设备电流开断的高温电弧，导致 SF_6 气体分解产物、电极合金及有机材料的蒸发物的形成；这些产物之间的化学反应形成的杂质；开关设备触头接触摩擦产生的微粒和金属粉尘等。因而需对运行中 SF_6 气体进行定期检验，鉴别其质量状况。运行中 SF_6 气体的预防性试验项目及要求如表 6-4-36 所列。

表 6-4-36　SF_6 气体的试验项目及要求

项　目　名　称	要　求
湿度（20℃体积分数）（10^{-6}）	断路器灭弧室≤300；其他气室≤500
四氟化硫（质量分数）（%）	≤0.1
空气（质量分数）（%）	≤0.2

十一、避雷器

避雷器的型式多样，随着金属氧化物避雷器技术的趋于成熟，目前各种设备的防雷保护大多采用金属氧化物避雷器。其交接和预试的试验项目和内容如下。

（一）无间隙金属氧化物避雷器

1. 测量避雷器及基座绝缘电阻

各电压等级避雷器及基座绝缘电阻的测量要求如表6-4-37所列。测量金属氧化物避雷器的绝缘电阻，是检验其内部是否受潮的有效方法。避雷器的故障多为密封失效受潮所致，因此，对绝缘电阻测试的结果应认真分析，除符合表中要求数据外，还要进行“纵向”和“横向”比较后综合判断。“纵向”是与该设备之前的试验数据对比；“横向”是与该设备同型的试验数据对比。因为绝缘电阻异常大时，存在内部引线断开的可能性；绝缘电阻小于标准值时，也有可能出厂值就偏低的原因。

表6-4-37　　避雷器及基座绝缘电阻

电压等级	绝缘电阻表（V）	绝缘电阻（MΩ）	备　注
35kV以上	5000	2500	预试采用2500V绝缘电阻表
35kV及以下	2500	1000	
1kV以下	500	2	
基座	2500	5	

2. 测量避雷器的工频参考电压和持续电流

（1）工频参考电压测量。工频参考电压是无间隙金属氧化物避雷器的重要参数之一，它表明避雷器阀片的伏安特性曲线饱和点的位置。运行一段时间后，工频参考电压的变化能直接反映避雷器的老化、变质程度。工频参考电压测量，是指将制造厂规定的工频参考电流（取决于避雷器的标称放电电流，以阻性电流分量的峰值表示，通常约为1～20mA，典型范围为每平方厘米电阻片面积0.05～1.0mA），施加于避雷器，在避雷器两端测得的峰值电压。试验时，在被试品回路上串接避雷器阻性电流测试仪。通过调压器对避雷器施加工频电压，升压过程中密切监视阻性电流峰值检测数据，当通过试品的阻性电流等于工频参考电流时，停止升压，迅速读取并记录试验电压，测出试品上的工频电压峰值除以$\sqrt{2}$，即为该避雷器的工频参考电压。由于试验电压对避雷器而言相对较高（超过额定电压），故在达到工频参考电流时应缩短加压时间，迅速读取工频参考电压，之后立即降压，施加工频电压的时间应严格控制在10s以内，避免避雷器长时间承受工频参考电压。测量结果判断的标准是与初始值和历次测量值比较，进行测量值比较时，应将基准值和被比较值的环境气象因素考虑在内。110kV及以上的避雷器，参考电压降低超过10%时，应查明原因，若确系老化造成的，宜退出运行。

（2）持续电流测量。持续电流（或称运行电压下的交流泄漏电流）测量指对试品施加避雷器持续运行电压（该电压一般为避雷器额定电压的0.76～0.80倍），测量通过试品的全电流和阻性电流。避雷器的全电流I_X是阻性电流分量I_r和容性电流分量I_c的矢量和。它们的变化是判断避雷器劣化或受潮情况的重要依据之一，因此规定在交接和现场投运之初，必须测量避雷器的I_X，I_r和I_c，并以此为初始值存入运行初始档案。试验时，按避雷器的运行条件，对其施加工频运行相电压，可用专门的金属氧化物避雷器阻性电流测试仪直接读取测试电流数据；也可电子示波器测试，测试波形如图6-4-28所示。图中，U为工频电压，U_m为工频电压峰值，I_0为全电流，I_{rm}为阻性电流分量峰值，I_{Cm}为容性电流分量峰值。当电压瞬时值为0和U_m时，相应的电流瞬时值，即分别代表容性电流分量峰值I_{Cm}和阻性电流分量峰值I_{rm}。试验时要记录气象条件，当测试时的环境温度高于或低于测试初始值的环境温度时，应将此时所测的阻性分量电流进行温度换算后，才能与初始值相比较。温度换算的方法可按温度每升高10℃，电流增大3%～5%进行换算。

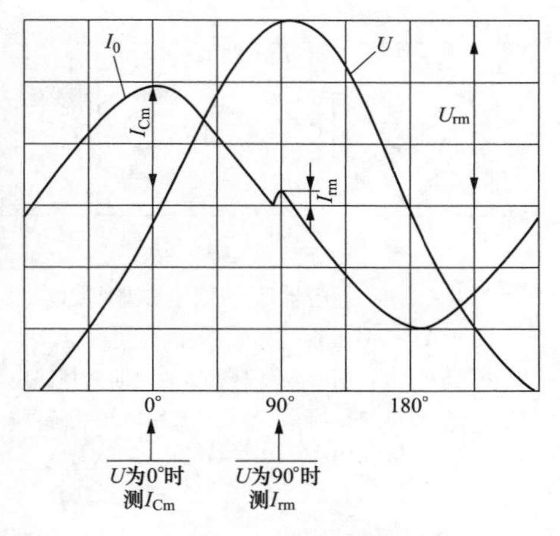

图6-4-28　金属氧化物避雷器交流泄漏电流波形

3. 测量避雷器直流参考电压和0.75倍直流参考电压下的泄漏电流

直流参考电压试验方法：对避雷器施加直流电压，当通过试品的电流等于直流参考电流（1mA）时，测出试品上的直流电压。试验接线与一般直流泄漏试验接线相同，在直流高电压发生器的高压输出端接入被试品及微安表。试验时，逐渐提升试验电压，监视微安表电流的变化，当电流达到1mA时，记录试品两端的直流电压，即为U_{1m}；然后逐渐下调试验电压，当电压至0.75倍U_{1m}时，记录流过试品的泄漏电流。

U_{1m}和0.75U_{1m}下泄漏电流是判断无间隙金属氧化物避雷器质量状况的两个重要参数，运行一段时间后，这两个参数流的变化能直接反映避雷器的老化、变质程度。特别是对采用大面积金属氧化物电阻片组装的避雷器和多柱金属氧化物电阻片并联的避雷器，用此方法很容易判断它们的质量缺陷。

直流参考电压测试结果与制造厂实测值比较：对于35kV及以下中性点非直接接地的避雷器或采用面积为20cm²及以下规格金属氧化物电阻片组装的避雷器，变化率应不大于±5%；对于35～220kV中性点直接接地的避雷器或采用面积为25～45cm²规格金属氧化物电阻片组装的避雷器，变化率应不大于±10%；对于220kV以上中性点直接接地的避雷器和多柱金属氧化物电阻片并联的避雷器或采用面积为50cm²及以上规格金属氧化物电阻片组装的避雷器，变化率应不大于±20%。0.75倍直流参考电压下的泄漏电流不应大于50μA，或符合产品技术条件的规定，变化量增加应不大于2倍。750kV电压等级的金属氧化物避雷器应测试1mA和3mA下的直流参考电压，测试值应符合产品技术条件的规定；0.75倍直流参考电压下的泄漏电流值不应大于65μA，尚且应符合产品技术条件的规定。

4. 检查放电计数器动作情况及监视电流表指示

检查方法：采用专门的能产生模拟标准雷电流、电压的避雷器放电记录器校验仪，对放电记录器进行放电检查；也可以用2500V绝缘电阻表对一只4～6μF电容充电，充好电后，除去绝缘电阻表接线，将电容器对记录器放电，观察动作情况。

（二）有间隙金属氧化物避雷器

有间隙金属氧化物避雷器是在无间隙金属氧化物避雷器基础上增加了放电间隙，由于有间隙的隔离，避雷器内部元件的性能参数无法在外部试验获得，因而只做绝缘电阻和工频放电电压试验。

有间隙金属氧化物避雷器的间隙放电电压是应用系统绝缘配合的重要参数，因而在安装交接时需要进行校核性试验。要求对每一个避雷器应做三次工频放电试验，每次间隔不小于

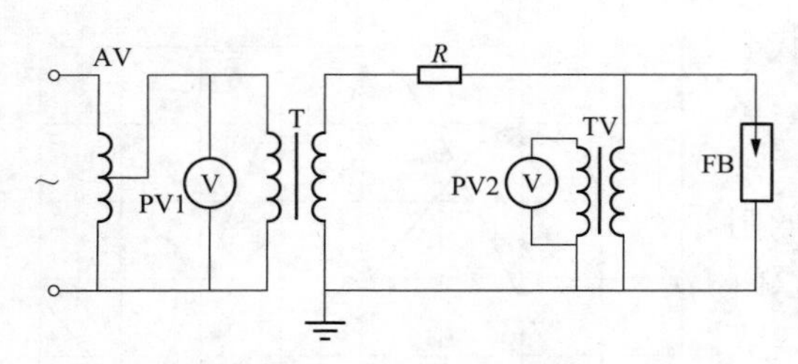

图 6-4-29　避雷器工频放电试验原理接线
AV—调压器；T—工频试验变压器；
R—保护电阻，用以限制避雷器放电时的短路电流；
FB—被试避雷器；TV—测量用电压互感器；
PV1，PV2—电压表

1min，并取三次放电电压的平均值作为该避雷器的工频放电电压。

工频放电试验接线与一般工频耐压试验接线相同，接线图如图 6-4-29 所示。由于金属氧化物避雷器阀片的电阻较大，放电电流较小，过流跳闸继电器应调整得灵敏些。调整保护电阻器，将放电电流控制在 0.2～0.7A 之间，放电后在 0.5s 内切断电源。试验电压的波形应为正弦波，为消除高次谐波的影响，必要时在调压器的电源取线电压或在试验变压器低压侧加滤波回路。

十二、电除尘器

燃煤电厂烟气的除尘大多采用电除尘器，设备型式大同小异，电除尘器的电气设备包括了交流电抗器、整流变压器、高压直流电缆、绝缘子、隔离开关、瓷套管、振打电机、加热装置和控制系统。电除尘器的试验项目及内容如下。

（一）电除尘整流变压器试验

电除尘整流变压器内装有变压器绕组和高压整流元件。工作时交流低压输入，经变压器升压为高压，再通过整流元件整流，输出直流高压。整流元件由若干个硅堆串联起来，它们固定在一绝缘板上（称为整流板），在此板上还装有阻尼电阻、电流取样电阻、电压取样电阻等（有些整流变压器将这些电阻装在油箱外）。整流变压器的试验，可分常规试验和吊芯试验。

1. 常规试验

（1）测量整流变压器低压绕组的绝缘电阻和直流电阻。整流变压器绕组高压侧与整流元件在油箱内部已连接，故在箱外只能对低压绕组进行单独试验。试验方法及要求均按一般电力变压器绕组试验类同，测量低压绕组的绝缘电阻，采用 1000V 绝缘电阻表，测量结果应大于 300MΩ；测量低压绕组的直流电阻，与同温度下产品出厂试验值比较，变化应不大于 ±2%（换算到 75℃）。

（2）测量取样电阻、阻尼电阻的电阻。

1）取样电阻。电除尘器输出电压、电流的调节控制，由其取样电阻获取的二次电流、电压信号为参考量通过运算处理后来进行，因而取样电阻的完好及阻值准确是除尘器正常工作的基础。要求取样电阻测量结果符合产品技术条件的规定，偏差不超出规定值的±5%。

2）阻尼电阻。整流变压器输出端接阻尼电阻，是为了有效吸收整流变压器二次回路的高次谐波成分，防止输出回路发生谐振，有效保护整流变压器。在任何情况下，不允许将整流变压器输出不经阻尼电阻直接与电场相连。要求阻尼电阻测量结果符合产品技术条件的规定并连接情况良好。

（3）测量高压侧对地正、反向电阻。测量整流变高压侧对的地正、反向电阻，其实就是测量内部整流元件的正、反向电阻。由于高压二极管的导通阈值电压较高，且为多个元件串联，若用内电池电压较低的普通万用表测其正向电阻，测出阻值可能很大，表针大多不动，无法判断其好坏。因此需用2500V绝缘电阻表测量，测量结果高压侧对地正向电阻应接近于零，反向电阻应符合厂家技术文件规定。

(4) 绝缘油击穿电压试验。按绝缘油击穿电压试验的相关规定执行。

2. 吊芯检查试验

整流变压器安装时要求吊芯检查，有条件对内部各部分元件分别进行试验。

(1) 测量整流变压器铁芯穿芯螺栓的绝缘电阻。按电力变压器铁芯绝缘试验的方法，测量整流变压器铁芯穿芯螺栓对地的绝缘电阻。

(2) 测量整流变压器高压绕组的绝缘电阻和直流电阻。按电力变压器绕组试验的方法，测量整流变压器高压绕组的绝缘电阻，采用2500V绝缘电阻表，高压绕组对低压绕组及对地的绝缘电阻应大于500MΩ；测量高压绕组的直流电阻，应与同温度下产品出厂试验值比较，变化不应大于2%。

(3) 测量整流元件及高压套管对地绝缘电阻。采用2500V绝缘电阻表测量硅整流元件及高压套管对地绝缘电阻。测量时整流元件两端应短路，绝缘电阻不应低于产品出厂试验值的70%。

(二) 绝缘子、隔离开关及瓷套管的绝缘电阻测量和耐压试验

绝缘子、隔离开关及瓷套管的绝缘电阻测量和耐压试验应在安装前进行，因为电瓷在搬运、运输有时难免磕碰而产生裂纹，目视不一定能发现。如果安装到除尘器上去再试验才发现缺陷，要进行更换将非常费时费工。试验中绝缘电阻测量应采用2500V绝缘电阻表，绝缘电阻不应低于1000MΩ。耐压试验的方法及要求参照一般绝缘子、隔离开关及瓷套管试验的相关规定。

除尘器电极安装完毕，对电场整体进行耐压试验。试验电压一般为直流100kV或交流72kV（或根据产品技术条件确定），持续时间为1min。

(三) 电除尘器振打及加热装置的电气设备试验

1. 测量振打电机、加热器的绝缘电阻

振打电机按低压电动机的试验方法测量绝缘电阻，阻值不应小于0.5MΩ；加热器按低压电器的试验方法测量绝缘电阻不应小于5MΩ。

2. 配电装置和馈电线路及低压电器的试验

分别按所属电器类的规定进行试验。

(四) 测量除尘器本体接地电阻

测量电除尘器本体的接地电阻不应大于1Ω。

(五) 空载升压试验

当除尘器所有安装/检修工作完成后，进行各电场的空载升压试验，所谓空载试验即电场不带烟气的试验。空载升压试验前应测量电场的绝缘电阻，应采用2500V绝缘电阻表，绝缘电阻不应低于1000MΩ。

试验电压按电场中电极间距确定，同极距为300mm的电场，电场电压应升至55kV以上，应无闪络。同极距每增加20mm，电场电压递增不应少于2.5kV。

十三、接地装置

电气设备和防雷设施的接地装置指其接地极和接地线的总和，安装交接和预试都要求对

其完好性及接地电阻进行检查试验，试验内容包括三方面：接地网电气完整性测试；接地阻抗测量；场区地表电位梯度、接触电位差、跨步电压和转移电位测量。

（一）接地网电气完整性测试

电厂内每栋建筑物、升压站地下一般都设置有接地网，主厂房更会利用其建筑物基础设置厂内的主地网。地面以上设备、设施需要接地的，或直接将接地引线接至地网上，或就近接入地网引上的环线网上。测量同一接地网各相邻设备接地线之间的电气导通情况，可以判断测量部分接地网的电气完整性。因为是金属连接，所以相邻设备接地线之间的直流电阻应该很小。

1. 测试方法

首先选定一个很可能与主地网连接良好的设备的接地引下线为参考点，再测试周围电气设备接地部分与参考点之间的直流电阻。如果开始即有很多设备测试结果不良，宜考虑更换参考点。

2. 测试范围

如果要对全厂接地网电气完整性测试，则测试范围包括各个电压等级的场区之间：各高压和低压设备，包括构架、分线箱、汇控箱、电源箱等之间；主控及内部各接地干线，场区内和附近的通信及内部各接地干线之间；独立避雷针与主地网之间；其他局部地网与主地网之间；厂房与主地网之间；各发电机单元与主地网之间；每个单元内部各重要设备及部分、避雷针、油库以及其他必要的部分与主地网之间。

3. 测试结果的判断和处理

状况良好的设备测试值应在 50mΩ 以下；50～200mΩ 的设备状况尚可，宜在以后例行测试中重点关注其变化，重要的设备宜在适当时候检查处理；200～1Ω 的设备状况不佳，对重要的设备应尽快检查处理，其他设备宜在适当时候检查处理；1Ω 以上的设备与主地网未连接，应尽快检查处理。独立避雷针的测试值应在 500mΩ 以上，否则视为没有独立。

（二）接地阻抗测量

接地阻抗指接地装置对远方电位零点的阻抗，数值上为接地装置与远方电位零点间的电位差，与通过该接地装置流入地中的电流的比值。接地阻抗 Z 是一个复数，接地电阻 R 是其实部，接地电抗 X 是其虚部。传统说法中的接地电阻值实际上是接地阻抗的模值。通常所说的接地阻抗，是指按工频电流求得的工频接地阻抗。

接地阻抗测量方法有多种，如电位降法、电流—电压表三极法、接地阻抗测试仪法和工频电流法等。其中电位降法的测量原理接线如图 6-4-30 所示。其测试原理：在地中埋设两个接地体如 G 和 C，G 为被试接地装置，C 为电流极，GC 之间有一定距离，在两个接地体之间接入试验电源，在试验电压作用下，流过被试接地装置 G 和电流极 C 的电流 I 使地面电位变化，电位极 P 从 G 的边缘逐渐向外移动，每间隔 d（50m 或 100m 或 200m）测试一次 P 与 G 之间的电位差 U，根据测试数据可绘出 U 与 x 的变化曲线（如图 6-4-31 所示）。随着与 G 点距离的增加，曲线趋向平坦，设平坦处为电位零点，与曲线起点间的电位差值即为在试验电流下被试接地装置的电位差 V_{m}，接地装置的接地阻抗 Z 有

$$Z=\frac{V_{\mathrm{m}}}{I\times K}$$

式中：K 为分流系数，对于有架空避雷线和金属屏蔽两端接地的电缆出线的电站，线路杆塔

接地装置和远方地网对试验电流 I 进行了分流，对接地装置接地阻抗的测试造成很大影响。

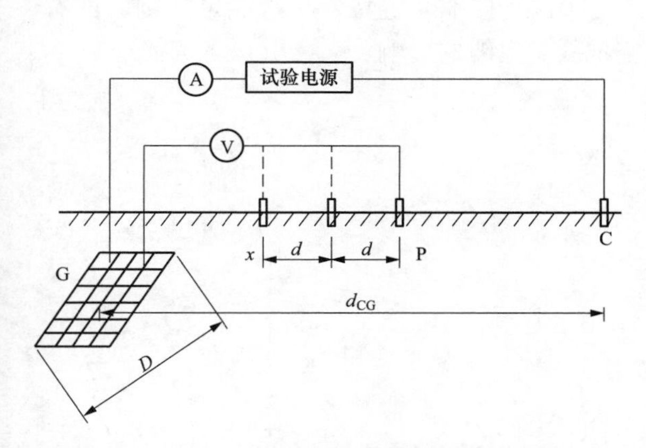

图 6-4-30　电位降法测试接地阻抗示意图

G—被试接地装置；C—电流极；P—电位极；

D—被试接地装置最大对角线长度；

d_{CG}—电流极与被试接地装置中心的距离；

x—电位极与被试接地装置边缘的距离；d—测试距离间隔

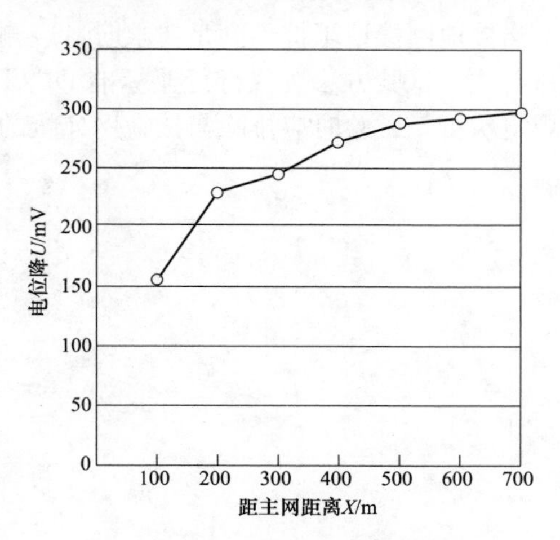

图 6-4-31　接地装置电位降实测曲线

如果电位降曲线的平坦点难以确定，则可能是受被试接地装置或电流极 C 的影响，考虑延长电流回路；或者是地下情况复杂，考虑以其他方法来测试和校验。

接地阻抗测量应满足表 6-4-38 的要求。

表 6-4-38　　接地阻抗要求

接地网类型	要　求
有效接地系统	$Z \leqslant 2000/I$ 或当 $I > 4000$A 时，$Z \leqslant 0.50\Omega$ 式中：I 为经接地装置流入地中的短路电流，A；Z 为考虑季节变化的最大接地阻抗，Ω
非有效接地系统	（1）当接地网与 1kV 及以下电压等级设备共用接地时，接地阻抗 $Z \leqslant 120/I$； （2）当接地网仅用于 1kV 以上设备时，接地阻抗 $Z \leqslant 120/I$； （3）上述两种情况下，接地阻抗不得大于 10Ω
1kV 以下电力设备	使用同一接地装置的所有这类电力设备，当总容量≥100kVA 时，接地阻抗不大于 4Ω，当总容量＜100kVA 时，则接地阻抗可大于 4Ω，但不应大于 10Ω
独立避雷针	不大于 10Ω。当与接地网连在一起时可不单独测量
烟囱附近的吸风机及该处装设的集中接地装置	不大于 10Ω。当与接地网连在一起时可不单独测量
独立的燃油、易爆气体储罐及其管道	不大于 30Ω，无独立避雷针保护的露天储罐不超过 10Ω
露天配电装置的集中接地装置及独立避雷针（线）	不大于 10Ω

（三）场区地表电位梯度、接触电位差、跨步电压和转移电位测量

当接地网接地阻抗不满足要求时，应测量场区地表电位梯度、接触电位差、跨步电压和转移电位，试验方法按现行行业标准 DL/T 475—2017《接地装置特性参数测量导则》的有关规定执行，试验时应排除与接地网连接的架空地线、电缆的影响。

参 考 文 献

[1] 巩耀武，管炳军．火力发电厂化学水处理实用技术（2014 版）．北京：中国电力出版社，2014.

[2] 陈世坤，电机设计．2 版．北京：机械工业出版社，2002.

[3] 汪耕、李希明．大型汽轮发电机设计、制造与运行．上海：上海科学技术出版社，2012.

[4] 董宝骅，大型油浸电力变压器应用技术．北京：中国电力出版社，2014．

[5] 尹克宁，变压器设计原理．北京：中国电力出版社，2003．

[6] 保定天威保变电气股份有限公司，谢毓城．电力变压器设计手册．北京：机械工业出版社，2003.

[7] 徐国政，张节容，钱家骊，等．高压断路器原理和应用．北京：清华大学出版社，2000.

[8] 王付生，电厂热工自动控制与保护．北京：中国电力出版社，2005.

[9] 中国电力顾问集团有限公司．电力工程设计手册火力发电厂电气二次设计．北京：中国电力出版社，2018.

[10] 陆继明，毛承雄，范澍，等．同步发电机微机励磁控制．北京：中国电力出版社，2006.

[11] 贺家李．电力系统继电保护原理．北京：中国电力出版社，2010．

[12] 王维俭．发电机变压器继电保护应用．2 版．北京：中国电力出版社，2005．

[13] 许建安．电力系统微机继电保护．北京：中国水利电力出版社，2008．

[14] 孙莹，王葵，电力系统自动化．2 版．北京：中国电力出版社，2007.

[15]《火力发电职业技能培训教材》编委会．电气设备运行．北京：中国电力出版社，2004.

[16] 国家电力公司东北公司，辽宁省电力有限公司，黄其励，等．电力工程师手册：电气卷．北京：中国电力出版社，2002.

[17] 杨传箭．电力系统运行．北京：水利电力出版社，1995.

[18] 周德贵，巩北宁．同步发电机运行技术与实践．2 版．北京：中国电力出版社，2004.

[19] 于国强，郑志刚，申爱兵．单元机组运行．北京：中国电力出版社，2005.

[20] 范绍彭，辽宁省电力工业局．地方电厂岗位运行培训教材：电气运行．2 版．北京：中国电力出版社，2008.

[21] 胡孔忠，纲锦贤．变压器运行与检修．合肥：合肥工业大学出版社，2013.

[22] 杨娟，史俊华．电气运行．北京：中国电力出版社，2009.

[23] 王晓玲，马文建．电气设备及运行．北京：中国电力出版社，2007.

[24] 张纬钹，何金良，高玉明．过电压防护及绝缘配合．北京：清华大学出版社，2002.

[25] 陈慈萱．过电压保护原理与运行技术．北京：中国电力出版社，2002.

[26] 张红．高电压技术．2 版．北京：中国电力出版社，2009.